改訂第3版

化学熱力学中心の基礎物理化学

杉原剛介●井上　亨●秋貞英雄●共著
G. SUGIHARA　T. INOUE　H. AKISADA

学術図書出版社

著者略歴

杉原剛介　Gohsuke SUGIHARA　理学博士
　1936（昭11）年11月18日　広島市に生まる．
　1960（昭35）年3月　防衛大学校応用物理学科卒業（第4期生）．
　1960年4月より陸上自衛隊勤務の後，
　1970（昭45）年3月　九州大学理学研究科修士課程修了．
　1970年4月より福岡大学理学部化学科勤務．
　1982（昭57）年4月より教授．
　2004（平16）年4月定年退職，福岡大学名誉教授．

井上　亨　Tohru INOUE　理学博士
　1947（昭22）年9月6日　長崎県島原市に生まる．
　1970（昭45）年3月　九州大学理学部化学科卒業．
　1974（昭49）年3月　九州大学理学研究科修士課程修了．
　1974年4月より，福岡大学理学部化学科勤務．
　1992（平4）年4月より教授，現在に至る．

秋貞英雄　Hideo AKISADA　理学博士
　1948（昭23）年3月6日　山形市に生まる．
　1970（昭45）年　九州大学理学部化学科卒業．
　1978（昭53）年　九州大学大学院理学研究科博士課程修了．
　1979（昭54）年より九州共立大学工学部環境化学科勤務．
　1988（昭63）年10月より教授．
　2010（平22）年3月退職．

はじめに

化学の基礎教育は，多くの大学で無機化学，有機化学および物理化学の三本立てで行われている．そのうち物理化学の骨組は，巨視的な系を扱う熱力学と，原子や分子のような微視的な系を扱う量子力学の2つの大きな柱と，その両柱をつなぎ合わせる統計力学の3つから構築されているといって過言ではない．（最後の統計力学は熱力学と量子力学の基礎を固めておかなければその詳細を把握することが困難なため，大学では高学年で講義されているのがふつうであろう．）このように量子力学は物理化学の重要分野であるため，これを欠くことは許せないものである．しかし，大学での限られた基礎専門教育の講義時間（1年ないし1年半）内で，熱力学とともにそれを学生に理解させながら講じるのはきわめて困難である．一方，近代化された無機化学や有機化学においては，その出発点で早くも量子力学の概念が必要とされるため，量子化学の基礎教育は無機化学か有機化学の講義にゆだねられることが多い．結局，基礎物理化学の講義は熱力学を中心とせざるをえないのが実情のようである．

著者らの二十数年前の学生時代を思い起こしてみると，吉岡甲子郎先生の著書「改著 物理化学大要」（養賢堂，昭40（1965））を使って，1年半かけた物理化学の基礎教育を受けた．受講し始めて最初の1,2回は高校の延長のような感じがして，気楽に船出したつもりでいた．が，あにはからんや，九天俄かに掻き曇り，波動関数の荒波にもまれ，不確定性原理には針路を狂わされ，さらにはカルノーの熱機関が作動せず，ついに暗礁に乗り上げてしまった経験をもつ．基礎物理化学の講義の終わり頃，先生たちが「量子力学と熱力学のどちらを難解と感じたか」というアンケートをとられたことがある．これには「熱力学」と答えた者のほうが多かった．エントロピーという名の妖怪の正体がどうしてもつかめなかったからである．著者の一人は今堀和友先生の「基礎物理化学」（東京化学同人，1964）を繰り返し読んで大要を把握しながら，詳しくはムーアの「物理化学（上），（下）」第3版（東京化学同人，1964）から学びとろうと努めたものである．学部での物理化学は，エッガースらの「物理化学（上），（下）」（廣川書店，昭41（1966））を使った教育を受けた．爾来，著者らは物理化学の分野で仕事をする立場にあるが，アインシュタイン級の天才でないかぎり，何度も参考書をひもといては繰り返し挑戦していかなければ，物理化学（だけではないが）は攻略できないことを悟って現在に至っている．アインシュタイン博士は「化学という学問は化学者に難しすぎる」といみじくものたまわった．これは化学の学徒をからかうためではなく，化学が物理学や数学を骨組にして体系づけられた学問であるから，化学において物理学や数学の重要性ならびに化学の奥深さを示唆した言葉である．

翻って，大学へ入学してくる学生たちを見てみよう．昭和50年代に高校の理数科教育の程度が異常に高く引き上げられた．これに合わせて大学の基礎教育の内容を高めるため，

教科書の多くが改訂された．しかし，高校教育も，それに引きずられた大学の基礎教育も，程度を上げた効果はほぼ皆無で，圧倒的多数の者が消化不良を患い，むしろ教育が混迷した時期であった．この反省に立って高校教育は妥当な線に戻ったが，大学の教科書は朝令暮改に応じることをしなかった．一方，時代の変遷に伴って進学率が向上し，また，国立大学の入試に共通一次試験が採用された頃から，学生の意識や資質に変化が現れてきた．学生は幼・少年のように従順だが，何でもかんでも与えられすぎる豊かさゆえに，向上心，自主性，積極性などが欠けるようになり，学生を相手とする大学の教師も授業管理（静かに，熱心に受講させるよう）に腐心せざるをえなくなった．大学に入学する学生に，もうひとつあげられる近年の特異事項として，推薦入学による学生数が増大したことである．推薦入学制度は，一律にはいえないが，数学や物理の習熟度の低い者が混入してくる可能性を秘めている．実際，微積分や統計・確率に慣れていない者が，入学当初ずいぶんとまどいを感じている様子をわれわれは見ている．

このような学生たちに，程度の高いままの教科書を与えたり，あるいはページ数を増やさないで（高い値段の教科書にならぬよう）しかも盛沢山の項目を詰め込むことを心がけた著述であるため，簡潔ではあるが，表現が抽象的に過ぎて具体的な把握がさっぱり困難な教科書を与えたりする．これでは，いくら「勉強しなさい」といっても学生たちはついていけないのがあたりまえであろう．テキストを熟読して自習しようにも，わからない言葉や数式が十分な解説もなく用いてあるので，理解しにくいうえにおもしろくもない．たちまち嫌気がさして教科書で予習・復習する習慣を放棄した学生も出てくる始末である．その点，今回本書の執筆にあたって参考にしたアメリカの教科書は，難しい新概念をわからせるために，やさしい言葉でわかりやすく説明する努力が至るところに見られ，「おもしろく読んでいるうちにいつの間にか理解できるようになる」ように，また，「痒いところに手がとどく」ようにつくられていることに感心したものだ．もっとも，そのため言葉や図表が多く，余談も挿しはさまれていたりして，1冊の本が分厚くなり（厚さ5 cm以上），そのためとても高価である．

著者らは本書の執筆に際し，入門しやすくおもしろく読み続けられ，しかも何かというとき相談相手になってくれるような教科書をつくることをめざした．序章から第5章までは，物理化学の概要を数式をあまり使うことなく述べた．同時に，物理化学を学ぶためにはどうしても必要な"言葉"ともいうべき数学と，数式による物理化学の表現例を付録としてつけ，興味と必要があれば勉強できるようにした．第6章から熱力学に本格的に取り組むようにし，さらに電解質溶液論や反応速度論にまで及んでいる．講義する立場からは，適当に取捨選択できて，場合によっては学生の自習に任せられるよう，例題を多数含めるようにした．学生諸君が物理化学に親しみを抱き，さらに深く探求したければ，ムーア，アトキンス，バーローたちの物理化学の翻訳版（下記参照）を読むことを勧める．本書は，これら上級の物理化学への橋渡しの役を荷なうために書いたつもりである．また，高専の学生諸君にも講読を勧めたいと意識しながら筆をとった．

執筆の分担は，秋貞英雄が序章から第 4 章までの物理化学概論を；杉原剛介が第 6 章から第 8 章までの化学熱力学と付録 A 章「基礎物理化学を学ぶうえで必要な数学とその応用」を；井上亨が第 5 章の化学平衡論と，第 9 章～第 11 章の反応速度論，電解質溶液論および電気化学を執筆した．分担執筆であるので，用語や表記に一部不統一が見られるかもしれないが，不統一なりに，それらが併用されているものとして受けとめて頂きたい．

　本書の出版にあたって，ふつうの基礎物理化学の教科書に比べて，ページ数が多くなりそうで，そのため低価格で学生諸君が入手できないことを，学術図書出版社の発田孝夫氏はずいぶん心配されていた．「わかりやすい教科書を」という著者らの強い念願を，氏は寛大にも受け入れて下さり，ありがたくもついに出版が可能となった．

　最後に，本書の執筆のために，多くの著書を参考にし，また有益であると思われる内容と表現については積極的に引用させて頂いた．ここに参考・引用した著書を列挙して，各著者ならびに出版社に深く感謝の意を表したい．あわせて，学生諸君には，本書のほかに下記の著書のひとつふたつを参考書として座右に呈することを勧める．

　　喜多英明著　「化学入門としての基礎物理化学」　学術図書出版社（東京）　1977.
　　吉岡甲子郎著　第二次改著　「物理化学大要」　養賢堂（東京）　1987.
　　西川　勝・渡辺　啓共著　「物理化学の基礎」　学術図書出版社（東京）　1979.
　　妹尾　学編　鳥羽山満・寺町信哉・太田弘毅共著　「基礎物理化学」　共立出版（東京）　1977.
　　阪上信次・妹尾　学・渡辺　啓共著　「概説物理化学」　共立出版（東京）　1975.
　　阪上信次・妹尾　学・渡辺　啓共著　「演習物理化学」　共立出版（東京）　1977.
　　神谷　功・宮原　豊共著　「演習基礎物理化学」　培風館（東京）　1977.
　　磯　直道著　「基礎演習　物理化学」　東京教学社（東京）　1989.
　　中村　周・平田　正・松原　顕共著　「理科教養の物理化学」　朝倉書店（東京）　1975.
　　君塚英夫著　「化学熱力学」（現代無機化学講座 6）　技報堂（東京）　1971.
　　日本化学会編　「化学便覧」　丸善（東京）　1966.
　　E. B. Smith 著　小林　宏・岩橋槙夫訳　「基礎化学熱力学」　化学同人（京都）　1992.
　　P. W. Atkins 著　千原秀昭・中村亘男訳　「アトキンス　物理化学（上），（下）」（第 2 版）　東京化学同人（東京）　1984.
　　C. F. Reid 著　石井忠浩・上野　實・金元哲夫・小出直之訳　「リード　化学熱力学」　マグロウヒル出版（東京）　1991.
　　W. J. Moore 著　細矢治夫・湯田坂雅子訳　「ムーア　基礎物理化学（上），（下）」　東京化学同人（東京）　1985.
　　W. J. Moore 著　藤代亮一訳　「ムーア　物理化学（上），（下）」（第 4 版）　東京化学同人（東京）　1974.
　　G. M. Barrow 著　藤代亮一訳　「バーロー　物理化学（上），（下）」（第 5 版）　東京化学

同人（東京）1990.

I. N. Levin "Physical Chemistry" McGraw-Hill Kogakusha (Tokyo) 1978.

A. G. Marshall "Biophysical Chemistry——Principle, Techniques and Applications John Wiley & Sons (New York, N. Y., etc.) 1978.

I. Tinoco, Jr., K. Sauer, J. C. Wang "Physical Chemistry——Principles and Applications in Biological Sciences" (Second Edition) Prentice-Hall (Englewood Cliffs, N. J.) 1985.

D. Eisenberg, D. Crothers "Physical Chemistry with Applications to the Life Sciences" The Benjamin/Cummings Publishing Co. (Menlo Park, Calif., etc.) 1979.

J. E. Brady, G. E. Humiston "General Chemistry —— Principles and Structure" (Third Edition) John Wiley & Sons (New York, N. Y., etc.) 1982.

1994（平成6）年10月30日

著 者 一 同

追記

　天気予報や気象通報にみられるように，圧力の単位としてパスカル（Pa）が多用されるようになった．ちなみに気圧はかつて1気圧＝1013ミリバールを使っていたが，現在は1気圧＝1013ヘクトパスカル（hPa）が用いられている．気体の圧力として，水銀柱の高さで表される時代も長く続いた（1 atm ＝ 760 mmHg）．atm も mmHg も感覚的に理解しやすく，便利な圧力単位であるが，物理学と化学の間で共通した単位を使うことも大いに有益である．このため国際単位系（SI単位系）のPaが採用されたのは必然の成り行きであろう．とはいえ，文献には今なお atm や mmHg が数多く登場して来るので，学生諸君には，これらのいずれにも慣れてもらうために，圧力をすべてPaで示すことはやめ，古い単位を資料や演習問題等においては，そのまま活用しているものも残してある．ついでながら，1 atm は約 0.1 MPa（メガパスカル）であると，頭のすみに入れて置くと，いずれ役立つこともあるだろう．

　最後に今回の改訂にあたっては，九州大学前教授　師井義清先生および新居浜工業高等専門学校教授　河村秀男先生の精細な検討による指摘が大いに役立ったことを記して感謝の意を表す．

　平成18年1月10日

改訂増補版の刊行にあたって

　本書を平成6(1994)年に初めて世に出して5年を経たが，その間多くの大学ならびに高等専門学校の学生諸君の教科書として用いられてきた．そのことによって，われわれ著者一同は大いに激励される思いがして，教育・研究の両面に精を出す根源とすることができ，有難く感謝している．

　過去5年間初版本を使ってきてみて，学生の理解や興味の示し方を考慮に入れると，初版本に改善を要する箇所がいくつか浮かび上がってきた．そこで著者一同相集うて，改訂に取り組むことにした．また，物理学を高等学校で十分勉学してこなかったとか，大学に入っても物理学が選択課目とされたため，ほとんど物理学を学ばないまま，化学を専門とする学生の数が増えてきた．とりわけ"電気に弱い"タイプの学生が少なからずいるため，分子の電気的性質である双極子モーメントとか分極率や，分子間相互作用を論じるときの静電的な振舞いを説明するのに，従来の本書ではあまりにも不十分であることがわかった．また，市販の基礎的な物理化学の教科書のどれをみても，静電気学に関するやさしく詳しい解説をしているものが見当たらない．そこで今回，高校物理のレベルまでいったん立ち戻って電気とは何かから始めて，分極率や屈折率などの物質の電気的性質を解説する章を，付録Cとして設けることにした．この知識は偏光とか旋光分散など，物質の性質を論じるときに直接役立つものである．学生諸君の自習に，あるいは将来必要が生じたときの復習の際，参考にしてもらえばよい．

　本書の初版本では，第4章に相平衡および第5章に化学平衡とをそれぞれ独立して基礎的事項（高校で学習した）を含めて記述したなかに，相律とか挺子（てこ）の原理という，初心者には比較的難解な事項まで含めていた．しかし，この両章は，限られた講義時間内に，熱力学中心の物理化学の本論に入るためには省略せざるをえない，あるいは省略してもよい教育現場の事情があるのが現実であった．そこで，この両章の難解な部分は，後の熱力学の章で詳しく理論的に扱うことにして，本改訂版ではやさしい部分をていねいに編集しなおした．そして第4章「変化の進行と平衡状態」という題目のもとにひとまとめにした．

　一方，初版本では第8章に「熱力学の化学への応用」として化学平衡と相平衡をまとめていたが，むしろこの章を2つに分けて記述したほうが，教育上（学生諸君にとっては，学習上）便利であることがわかった．したがって，第7章を化学平衡中心に，第8章を相平衡中心に記述して改善をはかった．上述の新設第4章を飛ばして第3章から第5章に進んだ場合でも，化学熱力学応用の章（第7章，第8章）を学習する際には，必ず参考として一読してほしい．なぜなら，第4章こそ最も化学らしい化学が論じられているので，化学を学ぶ者にとっての常識事項が詰められているからである．逆にいえば，第4章が完全に理解

できていないと，化学が（とくに物理化学が）身についたとみなせないからである．

　物理化学を学ぶにあたって，物理化学の（一般に化学の）知識を速やかに身につける方策は何であると学生諸君は思うであろうか．要領のよい学習の仕方は，人名のついた法則や式をその人名とともに頭に入れることである．化学にとっては欠かすことのできない重要事項を彼らが発見・発案してくれたからこそ，現代化学に至るまでの進歩が実現できたことを認めざるを得ない．彼らの功績を称える意味で，そのひとつひとつに名前が冠せられているわけである．繰り返すが，人名式や人名法則を重点的に頭にたたきこんでいくのが要領のよい学習法である．また，大学における専門科目教育の初期課程では，言葉すなわち術語をすばやく理解し，正しくそれらを使えるようになることが大切である．われわれが本書を使って学生の教育にあたるとき，物理化学という名の国語教育を行っているつもりで臨んでいる．言葉の意味を正確に把握するよう心がけてほしい．重要な術語には英語を（　）内に示しているので，日本語と英語を見比べながら術語の理解につとめていくと，一見面倒なようだが，かえって頭に入りやすく理解力や記憶力を刺激するものである．まさに一挙両得であることを保証する．

　学生諸君の積極的な取り組みを期待してやまない．

　　　平成 11（1999）年 9 月 25 日

著 者 一 同

追　記　改訂第 3 版を発刊するにあたって

　本書の初版が 1995（平成 7）年発刊されて以来，日本全国にわたって大学や高等専門学校の物理化学系の教科書として広く用いられてきた．本書で物理化学の基礎，とりわけ化学熱力学を学習して実力を高めて，社会へ巣立って行った人士が多数，社会や国のために大いに活躍していることは，著者一同の歓びであり，誇りとするところである．

　初版以後十数年経過するうちに，日本の高等学校で教育を受けてきた学生諸君に，当初に比べて変化が目立つようになった．その変化とは，「ゆとりある教育」という名の教育行政の失敗によって，学力（数学，語学，科学などの基礎知識と応用能力など）の低下がはっきりと認められることである．また，向上意欲や探究心にとぼしい学生が増加している（携帯電話やインターネットの急速な普及と併行しているように見える）．それに応じて授業法を改めたり，教科書の表現も易しく書き改める必要性が生じている．今回はその線に沿って改訂を試みた．

　　　平成 23（2011）年 2 月 10 日

著 者 一 同

も く じ

序章　基 礎 事 項
- §1　物質と物性 …………………………………………………………1
- §2　モル質量（原子量と分子量） …………………………………2
- §3　単位と記号 …………………………………………………………3
- §4　常用対数と自然対数 ……………………………………………4
- §5　有 効 数 字 …………………………………………………………5

第1章　気　　体
- §1.1　理 想 気 体 ………………………………………………………7
- §1.2　気体分子運動論 …………………………………………………10
- §1.3　分子の速度とGrahamの法則 ………………………………12
- §1.4　分子速度の分布 …………………………………………………13
- §1.5　実在気体とvan der Waalsの状態式 ………………………15
- §1.6　分子間の力（van der Waals力） ……………………………18
- §1.7　気体の液化と臨界現象およびvan der Waals定数と
  臨界値の関係 ……………………………………………………20
- §1.8　相 応 状 態 ………………………………………………………23
- 第1章　演習問題 ………………………………………………………24

第2章　液体と固体
- §2.1　液体の蒸気圧 ……………………………………………………25
- §2.2　Clapeyron-Clausiusの式 ………………………………………26
- §2.3　固　　体 …………………………………………………………28
- §2.4　固体の昇華と融解 ………………………………………………31
- §2.5　純物質の状態図 …………………………………………………32
- §2.6　液体のいろいろな性質 …………………………………………33
- 第2章　演習問題 ………………………………………………………37

第3章　混　合　物
- §3.1　濃　　度 …………………………………………………………38
- §3.2　混合気体とDaltonの分圧の法則 ……………………………41

§3.3　気体の溶解と Henry の法則 ·· 42
§3.4　Raoult の法則 ·· 43
§3.5　溶液の束一的性質 ·· 45
　　　第 3 章　演習問題 ·· 53

第 4 章　変化の進行と平衡状態

§4.1　相 平 衡 ·· 55
§4.2　気相-液相平衡 ·· 56
§4.3　液相-液相平衡 ·· 60
§4.4　固相-液相平衡 ·· 61
§4.5　可逆反応と化学平衡 ··· 63
§4.6　質 量 作 用 の 法 則 ·· 64
§4.7　圧平衡定数と濃度平衡定数 ··· 66
§4.8　化学平衡に対する外的条件の影響 ── Le Chatelier の原理
　　　 ···68
§4.9　平衡定数の温度変化 ··· 70
§4.10　水溶液中における酸-塩基平衡 ··· 71
§4.11　難溶塩の溶解度積 ··· 77
　　　第 4 章　演習問題 ·· 81

第 5 章　エネルギーと熱力学第一法則

§5.1　巨視的な系と熱力学 ··· 82
§5.2　熱力学第一法則：熱，仕事およびエネルギーの関係 ··········· 91
§5.3　内部エネルギー変化の分子論的解釈 ······································· 94
§5.4　熱，内部エネルギー，エンタルピーおよび熱容量 ············ 97
§5.5　理想気体の W と Q ── 可逆過程と不可逆過程 ············ 104
§5.6　熱化学 ── 熱力学第一法則の応用 ································· 109
　　　第 5 章　演習問題 ·· 122

第 6 章　エントロピーと自由エネルギー：熱力学第一，第二，
　　　　　　　　　　　　　　　　　　　　　第三法則の統合

§6.1　熱力学第二法則 ··· 123
§6.2　エントロピーの分子論的解釈と変化量の計算 ·················· 134
§6.3　自 由 エ ネ ル ギ ー ··· 147
　　　第 6 章　演習問題 ·· 159

第7章　熱力学の化学への応用(1)──化学平衡

§7.1　化 学 平 衡 ………………………………………………………162
§7.2　化学平衡の条件 ……………………………………………162
§7.3　気相化学平衡 …………………………………………………164
§7.4　液相化学平衡 …………………………………………………166
§7.5　平衡定数と標準変化量（$\Delta G^\ominus, \Delta H^\ominus, \Delta S^\ominus$ など）
　　　の間の関係……………………………………………………174
§7.6　平衡定数の温度変化──van't Hoff の式 …………………176
§7.7　平衡定数の圧力変化 ………………………………………181
　　　第7章　演習問題………………………………………………183

第8章　熱力学の化学への応用(2)──相平衡

§8.1　相変化と相平衡 ……………………………………………185
§8.2　相　　律………………………………………………………188
§8.3　1成分系（純物質）の相平衡 ………………………………191
§8.4　2成分系の相平衡 …………………………………………197
§8.5　2成分系の液相-気相平衡 …………………………………198
§8.6　2成分系の固相-液相平衡 …………………………………208
§8.7　溶液の熱力学 …………………………………………………213
　　　第8章　演習問題………………………………………………229

第9章　化学反応の速度と反応機構

§9.1　は じ め に ……………………………………………………231
§9.2　化学反応の速度 ………………………………………………231
§9.3　速度式と反応の次数 ………………………………………233
§9.4　速度式の決定──積分速度式 ……………………………234
§9.5　反応機構と速度式……………………………………………239
§9.6　反応速度の温度依存性──Arrhenius の式 ………………247
§9.7　反応速度の理論──衝突理論と遷移状態理論 ……………249
　　　第9章　演習問題………………………………………………255

第10章　電解質溶液──イオンの移動と電気伝導

§10.1　は じ め に ……………………………………………………256
§10.2　伝導度と伝導率 ……………………………………………257
§10.3　当量伝導率の濃度変化 ……………………………………260

　　　　§10.4　イオンの移動度 ·· 266
　　　　§10.5　輸　　率 ·· 269
　　　　　　　第10章　演習問題 ··· 274

第11章　平衡電気化学 —— 電池の起電力とその応用
　　　　§11.1　は じ め に ·· 275
　　　　§11.2　半電池の電極電位 ·· 276
　　　　§11.3　イオンの活量 ··· 281
　　　　§11.4　種々の電極電位 ·· 282
　　　　§11.5　電　　池 ·· 288
　　　　§11.6　標準電極電位と平衡定数 ································· 296
　　　　§11.7　起電力測定から得られる熱力学的データ ········ 298
　　　　§11.8　起電力測定の応用 ·· 302
　　　　　　　第11章　演習問題 ··· 304

付録A　基礎物理化学を学ぶうえで必要な数学とその応用：微分積分から
　　　　Boltzmann分布まで ·· 305
　　　　§A.1　独立変数1個を用いた系の数学的記述 ············· 305
　　　　§A.2　2個以上の変数を用いた系の数学的記述 ········· 307
　　　　§A.3　完全微分と不完全微分 —— 状態量の微小変化と
　　　　　　　熱や仕事の微小変化 ·· 310
　　　　§A.4　対数・指数および積分 ······································ 315
　　　　§A.5　理想気体の分子運動の速度と速さの分布 ········ 320
付録B　熱力学的諸公式 ··· 335
付録C　化学に必要な静電気に関する基礎知識 ························· 338
　　　　§C.1　静　電　気　力 ··· 338
　　　　§C.2　電　　界 ··· 340
　　　　§C.3　分子の電気的性質 ··· 344
付録D　（a）基本的数値・物理定数 ··· 351
　　　　（b）非SI単位とSI単位の関係 ··· 351
　　　　（c）エネルギー換算表 ·· 352
付録E　原子量表（1983）··· 353

演習問題解答 ··· 354
さ　く　引 ·· 360

序章

基 礎 事 項

　化学という学問は，もの（物質）のすがたが変わる，または，すがたを変えさせること，すなわち物質の変化を取り扱う学問である．物質の変化には大きく分けて2通りある．そのひとつは，水素（H_2）と酸素（O_2）が反応して（このとき，原子や分子の中に存在する電子の様子に著しい変化が生じて），別の物質・水（H_2O）ができるという例にみられる変化である．これを**化学反応**（chemical reaction）または**化学変化**（chemical change）という．また，もうひとつの変化は物理的な状態の変化である．たとえば，液体の水が冷却されると氷（固体）となり，あるいは逆に熱せられると，水蒸気（気体）に変わるのがその例である．この種の変化を**相変化**（phase transition）という．

　これらの変化を取り扱うにあたって，まず必要なのは，この短い文章の中にすでに多くの化学の専門用語（術語，technical term）が登場しているが，それぞれの術語の定義をしっかり把握して，正しく自分で使えるようにしていかねばならない．次いで，学問として物質の変化を観察し，理論的解釈をし，あるいは新物質を化学反応によってつくる（合成する）ためには，数と量の概念が不可欠である．量を表す数値には，それぞれ厳密に定義される**次元**（dimension）や用いる**単位**（unit）がつくものである．定数と呼ばれるものも，用いられる単位が異なれば，数値としては異なる．たとえば，気体定数は，記号として R が用いられるが，単位の種類によって，

$$R = 0.08206 \text{ atm dm}^3 \text{ K}^{-1} \text{ mol}^{-1} = 1.987 \text{ cal K}^{-1} \text{ mol}^{-1} = 8.314 \text{ J K}^{-1} \text{ mol}^{-1}$$

のように数値が違ってくるので用心しなければならない．［ここで出てきた dm^3（= 1000 cm^3）は従来の l（リットル）に相当する．］

　この序章では，まず化学に用いられる基本的な術語や単位とそれらの記号について学ぶ．また，数値を取り扱う場合，測定の精度を考慮に入れた，**有効数字**（significant figure）について学ぶ．

§1　物質と物性

　物質（substance）は多くの**分子**（molecule）から構成されている．その分子を構成する基本単位を**原子**（atom）といい，原子の種類を**元素**（element）と呼ぶ．元素はおよそ107種類ほどある．ただ1種類の元素からできている物質を**単体**（simple substance）といい，

同じ元素からできているがその構造が異なる単体を互いに**同素体**（allotrope）と呼ぶ．また2種類以上の元素からなる物質を**化合物**（compound）という．

化学は物質の構造，性質およびその変化について考察する．考察の対象とする巨視的な物質の塊は**系**（system）と呼ばれ，対象外の世界（**外界**）と境界によって区別される．系のどの部分をとっても性質（温度，圧力，密度，濃度など）が一様なときこれを**均一系**（homogeneous system）と呼び，そうでないものを**不均一系**（heterogeneous system）と呼ぶ．不均一系はいくつかの均一な部分の集合体である．系の中で明確な境界により区別される均一な部分を**相**（phase）と呼ぶので，不均一系は2つ以上の相から成り立っている．相にはその態様により，**気相，液相，固相**の3態の相がある．また，相が1種類の物質からなるか，2種類以上の物質からなるかで，純相，溶相と呼ばれる．**溶相**（solution）が液体のときを溶液といい，固体のときを**固溶体**（solid solution）という．

系の状態はそれを構成する物質の種類や物理量により決まる．その物理量の中で，**物質量（モル数）**や**体積**のように物質の分量で決まるものを**示量性量**といい，**温度，圧力，濃度**などのように物質の分量によらないで，強さを表すものを**示強性量**という．

§2 モル質量（原子量と分子量）

原子の相対的質量（質量比）は**原子量**（atomic weight）と定義されている．現在，炭素の同位体 ^{12}C の原子の質量を基準にとり，その値を12として得られる質量比を，各元素の原子量という．同じ基準で，**分子量**（molecular weight）は分子1個の質量比になり，分子を構成する原子の原子量の和で表される．固体の食塩のような物質は分子と呼べるような明確な境界をもたない．その場合，物質構成の最小単位（食塩ではNaCl）の質量比を分子量のかわりに用いるが，この場合は**式量**（formula weight）という．分子量に等しいだけのグラム単位の質量をその物質の**1グラム分子**または**1モル**（mole）という．1 mol の物質量の中にはアボガドロ数個の分子が含まれている．**Avogadro数**（Avogadro number）の値は

$$L = 6.0220 \times 10^{23} \text{ mol}^{-1} \tag{1}$$

である．

分子量は，その定義から明らかなように，質量比であるがゆえに単位をもたない．分子量測定の実験で得られる分子量値は，厳密には1 mol あたりの質量として与えられる．この場合はふつう g mol^{-1} という単位をもつことになる．このように実際の測定値は単位をもつので，分子量と呼ぶのは正確な表現でない．そこで，このような1 mol あたりの質量を**モル質量**（molar mass）[*1]と呼ぶ．

[*1] 本によってはSI単位系（kg, m, s）に厳密に準拠して，モル質量の単位を kg mol^{-1} で定義することもある．分子量がかかわる計算の際には定義の違いに注意する必要がある．本教科書ではモル質量の単位に分子量と絶対値が同じである g mol^{-1} を使う．

例題1 エチルアルコールの密度は 15 ℃ で 0.795 g cm^{-3} である．この温度でエチルアルコール 45.0 cm^3 は何 mol になるか．

解 物質に含まれるある成分の物質量（モル数）は，その成分の質量を分子量（厳密にはモル質量）で割ることによって得られる．純エチルアルコールの質量（w）は体積（V）×密度（ρ）で与えられる．したがって物質量（モル数）n は次式で与えられる．
$$n = w/M = V \times \rho/M$$
ここで M はモル質量である．$M = 46.0 \text{ g mol}^{-1}$，$V = 45.0 \text{ cm}^3$，$\rho = 0.795 \text{ g cm}^{-3}$ であるから
$$n = 45.0 \text{ cm}^3 \times 0.795 \text{ g cm}^{-3}/46.0 \text{ g mol}^{-1} = 0.778 \text{ mol}$$
すなわち，このエチルアルコールの物質量（モル数）は 0.778 mol である．

§3 単位と記号

本書では物理量の単位と記号は，**国際単位系（SI単位系）** に準拠した．しかし，従来使い慣れている非SI単位系を完全に排除するとかえって不便になる場合もある．そこで，非SI単位系を採用している場合もあるが，その使用は最小限にとどめた．

物理量の単位を決める際，一般に**長さ**，**質量**，**時間**を基本物理量として選んでいる．このとき，それぞれの単位にセンチメートル，グラム，秒を採用したものをcgs単位系と呼び，メートル，キログラム，秒を採用したものをMKS単位系と呼ぶ．国際的な取り決め（国際単位系）では，MKS単位系が採用され，さらに長さ，質量，時間のほかに**電流**（アンペア），**熱力学的温度**（ケルヴィン），**物質量**（モル），**光度**（カンデラ）の7つの独立した基本物理量（表1）を採用している[*1]．これらの基本物理量から出発して，その組み合わせにより各物理量の単位が定義される．そのうち15個の単位には特別の名前がついている．その中で物理化学に関係が深いものを表2に示す．物理量の数値が非常に大きくなったり小さくなったりする場合には，1000倍，もしくは1000分の1ごとに単位にその意味を示す接頭語をつけることがある．SI単位系での接頭語を表3に示す．ただし，気象関係では，1 atm = 0.1013 MPa（メガパスカル）を便宜上 1013 hPa（ヘクトパスカル）として観測記録を

表1 基本物理量のSI基本単位

物理量	SI単位の名称	SI単位の記号	常用略記号
長さ	メートル	m	l
質量	キログラム	kg	m
時間	秒	s	t
熱力学的温度	ケルヴィン	K	T
物質の量	モル	mol	n
電流	アンペア	A	I
光度	カンデラ	cd	I_v

[*1] 国際単位系：SI単位系と称され，国際的取り決めにより，7つの基本単位と2つの補足的単位，平面角（ラジアン；radian；rad）と立体角（ステラジアン；steradian；sr）を基本として，すべての物理単位はこれらの基本単位を組み合わせて定義される．

表 2　基本物理量から導かれる SI 誘導単位

物理量	SI 単位	SI 単位の記号	SI 単位の定義
力（force）	ニュートン	N	m kg s^{-2}
圧力	パスカル	Pa	$\text{m}^{-1}\text{kg s}^{-2}\,(=\text{N m}^{-2})$
エネルギー	ジュール	J	$\text{m}^2\text{kg s}^{-2}$
仕事率（power）	ワット	W	$\text{m}^2\text{kg s}^{-3}\,(=\text{J s}^{-1})$
電気量	クーロン	C	A s
電位差	ボルト	V	$\text{m}^2\text{kg s}^{-3}\text{A}^{-1}\,(=\text{J A}^{-1}\text{s}^{-1})$
電気抵抗	オーム	Ω	$\text{m}^2\text{kg s}^{-3}\text{A}^{-2}\,(=\text{V A}^{-1})$
電導度	ジーメンス	S	$\text{m}^{-2}\text{kg}^{-1}\text{s}^3\text{A}^2\,(=\Omega^{-1})$
電気容量	ファラッド	F	$\text{m}^{-2}\text{kg}^{-1}\text{A}^2\text{s}^4\,(=\text{A s V}^{-1})$
周波数	ヘルツ	Hz	s^{-1}

表 3　SI 単位系の接頭語

大きさ	接頭語	記号	大きさ	接頭語	記号
10^{-1}	デシ（deci）	d	10	デカ（deca）	da
10^{-2}	センチ（centi）	c	10^2	ヘクト（hecto）	h
10^{-3}	ミリ（milli）	m	10^3	キロ（kilo）	k
10^{-6}	マイクロ（micro）	μ	10^6	メガ（mega）	M
10^{-9}	ナノ（nano）	n	10^9	ギガ（giga）	G
10^{-12}	ピコ（pico）	p	10^{12}	テラ（tera）	T

とっている．SI 単位と常用されているいくつかの単位間の関係は付録 D に記されている．また主要な物理定数の値が付録 D に掲載されている．また，注意すべきは，活字の種類の使い分けである．たとえばメートルという単位を表す m は立体（ローマン）であり，質量を示す常用記号の m は斜体（イタリック）である．一般に単位として用いるアルファベットは立体活字を用い，変数や定数などある物理的に意味のある量を示す場合は，斜体活字を用いる．この教科書に限らず，最近の学術書は立体と斜体を区別して用いている．

§4　常用対数と自然対数

化学や物理学の世界で，現象や状態を説明する際に，数学的には指数（関数）や対数（関数）で表されるものが多い．この節では対数の計算について復習してみよう．

a を 1 に等しくない正数とすれば，任意の正数 x に対して

$$a^y = x$$

を満足する y はただ 1 つ存在する．この y を a を底とする x の対数といい

$$y = \log_a x$$

と表す．対数 $\log_a x$ に対して，x を逆対数と名づける．対数には次の性質がある．

$$\log_a a = 1, \quad \log_a 1 = 0$$
$$\log_a(xy) = \log_a x + \log_a y \tag{2}$$

$$\log_a\left(\frac{x}{y}\right) = \log_a x - \log_a y \tag{3}$$

$$\log_a x^b = b \log_a x \tag{4}$$

$$\log_a x = (\log_a b) \times \log_b x \tag{5}$$

底の値によっていくつか名前がつけられており，一般には，**常用対数**，**自然対数**がよく用いられている．

常用対数は 10 を底とする対数で，一般の計算は 10 進法でなされるので，常用対数を単に対数ということが多い．正数 x は一般的には適当な整数 m を用いて

$$x = 10^m \times x', \quad 1 \leqq x' < 10 \quad (\text{例}：0.012 = 1.2 \times 10^{-2})$$

と表せるから，

$$\log_{10} x = m + \log_{10} x' \tag{6}$$

の形に書ける．m を $\log_{10} x$ の**指標**，$\log_{10} x'$ を $\log_{10} x$ の**仮数**という．

$e = 2.71828\cdots$ なる数値を自然対数の底（ネピア数；Napier's number）という．この定数 e を底とする対数を自然対数という．化学や物理で対数を用いるとき，常用対数 ($\log_{10} x$) は $\log x$ と，また自然対数 ($\log_e x$) は $\ln x$ と略記されることがふつうである．物理化学の理論では自然対数がよく使われる．しかし，実用的な計算においては常用対数が使われる．そこで，常用対数と自然対数の数値変換の係数を覚えておくことは有用である．式（5）より

$$\log_e x = (\log_e 10) \times \log_{10} x$$

$$\log_e x = \alpha \log_{10} x \quad \text{または} \quad \ln x = \alpha \log x \tag{7}$$

換算係数 α は $2.3025\cdots$ である．したがって，自然対数と常用対数の関係は

$$\boxed{\ln x = 2.303 \log x} \tag{8}$$

で表される．（対数と指数の関係およびそれらの数学的説明を付録 A（p.315）に記述しているので参照のこと．）

§5 有効数字

たとえば，測定値が 256.6 m であるとき，これを cm 単位で表し，25660 cm と書くのは誤りである．256.6 m の最後の 6 にはすでに誤差を含んでおり，その次の桁を 0 と表記してはならない．この場合には，256.6×10^2 cm または，2.566×10^4 cm と表さなければならない．なぜなら，この場合，256.6 は，256.6 m または 2.566×10^4 cm は**有効数字** 4 桁であり，256.60 m または 25660 cm は有効数字 5 桁である．単なる位取りの 0 は 10 のべき数で表すことが望ましい．測定値の掛け算，割り算で桁を必要以上多くとることは，いたずらに無意味であるだけでなく労多く誤りのもとである．あらかじめ有効数字の桁数を検討し，計算の途中では，1 桁余分に計算し最後に四捨五入する．また，途中計算を記入する必要のあるときは，1 桁余分に求めた値は右下に小さく書くようにする（計算例の c を参照）．

(計 算 例)
a. 和, 差の計算
2つ以上の数の和または差を算出するときは，末位の桁に合わせる．
$$12.3 + 4.56 + 0.789 = 17.6$$

```
   12.3 ?
    4.5 6 ?
+   0.7 89 ?
   ─────────
   17.6 ④⑨ ?
         ↑
       四捨五入
```

b. 積, 商の計算
2つ以上の数の積または商の計算では，計算結果の有効数字を最小のものに合わせる．
$$12.34 \times 5.67 = 70.0$$

```
      12.34 ?   (4桁)
  ×    5.67 ?   (3桁)
  ────────────
       8 6 38 ?
       7.4 2 4 ?
      61.7 0 ?
  ────────────
      69.9 ⑧ ⑦⑧
           ?  ?    (3桁)
           ↑
         四捨五入
```

c. 和, 差, 積, 商の混合計算
数式の計算順序で計算するごとに，途中の段階では1桁余分に求めて右下に小さくつけておき，最後に四捨五入して正しい桁数にする．

$$\frac{(23.4+1.56) \times 1.2}{20.0} - \frac{2.18}{5.1} = \frac{24.9_6 \times 1.2}{20.0} - 0.42_7$$
$$= \frac{29._9}{20.0} - 0.42_7$$
$$= 1.4_9 - 0.42_7$$
$$= 1.0_6$$
$$= 1.1$$

1

気 体

　気体は固有の体積をもたず，気体を構成する分子は空間を自由に動き回っている．分子間の距離は液体や固体に比べて非常に大きく，したがって分子間力は非常に小さい．この分子間力の小ささが気体の性質の背景となっている．そのため気体は圧縮されやすく，温めると膨張しやすい性質をもっている．このことは，気体の体積が圧力や温度により大きく変化することを意味する．そのような変化について検討してみよう．

§1.1 理想気体

　窒素や酸素のように非常に液化しにくい気体の体積が，温度や圧力によってどのように変化するか調べてみると，簡単な規則性が存在することがわかる．まず体積と圧力の間には，温度が一定のとき，気体の体積は圧力に反比例するという **Boyle の法則**（1662）[*1] がある．一定量の気体の体積を V，圧力を P とすると，Boyle の法則は，次のように表せる．

$$P = \text{const} \times \frac{1}{V} \tag{1.1}$$

式(1.1)を図示したのが図 1-1 である（この式中の const は一定すなわち定数を表す）．

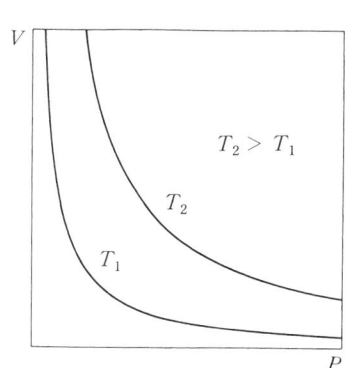
図 1-1　Boyle の法則（$n = \text{const}$）

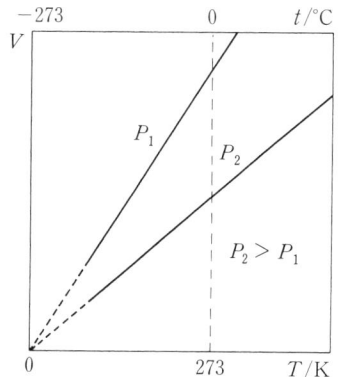
図 1-2　Charles の法則（$n = \text{const}$）

　次に体積と温度の間には，圧力が一定のとき，気体の体積は温度とともに直線的に増加するという **Charles の法則**（1787）[*2] がある．温度を $t\,°\mathrm{C}$ と摂氏温度で表すと，Charles の法則は，次のように表せる．

[*1]　Robert Boyle（1627-1691），イギリスの科学者．
[*2]　Jacques Alexandre Cèsar Charles（1746-1823），フランスの科学者．

$$V = V_0\left(1+\frac{t}{273}\right) \tag{1.2}$$

ここで V_0 は 0 ℃ のときの気体の体積である．式 (1.2) を図示したのが図 1-2 である．この式から明らかなように，-273 ℃ では気体の体積はゼロとなる．この気体の体積がゼロとなる温度をゼロとした温度表示を**絶対温度**（ケルヴィン温度）[*1] と呼ぶ．厳密に測定すると，絶対零度は -273.15 ℃ になるので，絶対温度と摂氏温度（セルシウス温度，$t/℃$）の関係は，

$$T = 273.15 + t \tag{1.3}$$

となり，この温度の単位に K（ケルヴィン）が使われる．温度に絶対温度表示を使うと式 (1.2) は次のように書き換えられる．

$$V = \text{const} \cdot T$$

さらに，この式と式 (1.1) を結びつけると，Boyle–Charles の法則として知られる次の式が得られる．

$$\frac{PV}{T} = \text{const}$$

右辺の定数は，気体の物質量（モル数）のみに比例する定数であって，1 mol のときの値を R で表し，これを**気体定数**（gas constant）と呼ぶ．したがって，n mol の気体に対して，上式は

$$\boxed{PV = nRT} \tag{1.4}$$

となる．この式を**理想気体**（ideal gas）の状態方程式といい，この式を満足する気体を理想気体と呼ぶ．上で述べた Charles の法則により，絶対零度で理想気体の体積はゼロとなる．次の節に述べるように，理想気体は気体分子間に分子間力が働かない気体でもある．つまり，理想気体である条件は，分子自体の体積がゼロであることと，分子間力が働かないことである（したがって，1 mol あたりの気体の体積を V_m とすると，理想気体では絶対零度で $V_\text{m} = 0$ となる）．

上の式 (1.4) を考えてみよう．物質量が与えられていて（$n = $ 一定），温度が一定でありさえすれば，$PV = $ 一定 という範囲内で圧力 P と体積 V がどんな値をとろうとも一定である（Boyle の法則）ことを示している．次の 1.2 節でわかるように，理想気体の圧力と体積の積は分子の運動エネルギーだけをその内容としてもつ．言い換えれば，1 モルの分子がもつ総エネルギー E_m は，$E_\text{m} = \frac{3}{2}PV_\text{m} = \frac{3}{2}RT$ で示される（V_m は 1 モルの体積，式 (1.10) 参照）．すなわち，理想気体のもつ総エネルギー（これを内部エネルギーという．第 5 章参照）は温度のみに依存する．または定温の条件下では，理想気体の内部エネルギーは，

[*1] 現在では水の三重点（第 2 章 §2.3）を温度の定点に選び，その温度を 273.16 K としている．分子運動の観点からは，分子の並進運動エネルギーがゼロ，つまり分子が静止する温度が絶対零度といえる（第 1 章 §1.3）．

体積や圧力を変えても変化しない．これを**Jouleの法則**（the Joule's law）という．逆な言い方をすれば，Jouleの法則が完全に成り立つ気体は理想気体であるともいえる．

気体定数の単位は，過去各分野でいろいろの単位が使われてきた．現在はSI単位系の単位の使用が推薦されている[*1]．気体定数の値は，1 molの気体が，$P = 1\,\text{atm} = 101325\,\text{Pa}$（$\text{Pa} = \text{kg m}^{-1}\text{s}^{-2}$），$T = 273.15\,\text{K}\,(= 0\,°\text{C})$ において $V = 22.414\,\text{dm}^3$ であるから，

$$R = 1 \times 22.414/273.15 = 0.08206\,\text{dm}^3\,\text{atm K}^{-1}\,\text{mol}^{-1}$$
$$= 101325\,(\text{kg m}^{-1}\text{s}^{-2}) \times 0.022414\,(\text{m}^3\,\text{mol}^{-1})/273.15\,(\text{K}) = 8.314\,\text{J K}^{-1}\,\text{mol}^{-1}$$

この値の単位からわかるように，圧力と体積の積，PV はエネルギーの次元をもっている．

例題 1.1 理想気体 1 モルは，$0\,°\text{C}\,(T = 273.15\,\text{K})$，1 atm で体積 $22.41\,\text{dm}^3$ を占める．付録Dの表を参考にして，圧力の単位に atm（気圧），mmHg，Pa（パスカル）を使って気体定数の値をそれぞれ計算せよ．ただし，体積の値は $22.41\,\text{dm}^3$，$0\,°\text{C}$ は $273.15\,\text{K}$ を用いよ．

解 おもな圧力の単位は次のように定義されている．1 mmHg（常用ミリメートル水銀柱）は密度 $13.5951 \times 10^3\,\text{kg m}^{-3}$ の液体（水銀）の高さ 1 mm の柱が重力加速度 $9.80665\,\text{m s}^{-2}$ のもとにあるときに及ぼす圧力として定義される．この単位は，1 atm の気体と平衡にあるときにトリチェリの真空を形成するに必要な水銀柱の高さが 760 mm（$0\,°\text{C}$）であることに由来している．1 atm は地球上の平均大気圧に由来する．1 Pa は SI 単位であり，$1\,\text{m}^2$ あたり 1 N（ニュートン）の力が働いているときの圧力（$1\,\text{Pa} = 1\,\text{N m}^{-2}$）と定義されている．すなわち $1\,\text{atm} = 760.000\,\text{mmHg} = 101325\,\text{Pa}$ である．また，体積の単位を換算すると $V = 22.41\,\text{dm}^3 = 22.41\,l = 22.41 \times 10^{-3}\,\text{m}^3$ である（計算式中では定義値として $P = 1\,\text{atm}$，$n = 1\,\text{mol}$ で示す）．式 (1.4) より

$$R = \frac{PV}{nT} = \frac{(1\,\text{atm})(22.41\,\text{dm}^3)}{(1\,\text{mol})(273.15\,\text{K})} = 8.206 \times 10^{-2}\,\text{atm dm}^3\,\text{K}^{-1}\,\text{mol}^{-1}$$

または

$$R = \frac{(760\,\text{mmHg})(22.41\,\text{dm}^3)}{(1\,\text{mol})(273.15\,\text{K})} = 62.35\,\text{mmHg dm}^3\,\text{K}^{-1}\,\text{mol}^{-1}$$

または

$$R = \frac{(1.013 \times 10^5\,\text{N m}^{-2})(22.41 \times 10^{-3}\,\text{m}^3)}{(1\,\text{mol})(273.15\,\text{K})} = 8.314\,\text{N m K}^{-1}\,\text{mol}^{-1} = 8.314\,\text{J K}^{-1}\,\text{mol}^{-1}$$

使用される単位に応じて気体定数の数値が異なることに注意を喚起する．数値計算において使われる単位は，よく吟味されなければならない．また，RT は J（ジュール）の単位，つまり R はエネルギーの単位を，絶対温度の単位 K で割っていることに注目してほしい．J がエネルギーの単位であるので，エネルギーの単位として SI 単位系外の単位と比較してみると，$1\,\text{cal} = 4.184\,\text{J}$ だから，

$$R = 1.987\,\text{cal K}^{-1}\,\text{mol}^{-1}$$

とも書ける．

註） J 単位の気体定数は $R = 8.31\,\text{J K}^{-1}\,\text{mol}^{-1}$ ではなくて，4桁の $8.314\,\text{J K}^{-1}\,\text{mol}^{-1}$ で覚えておくことが望ましい．

例題 1.2 体積 $560\,\text{cm}^3$ の容器に $2.50 \times 10^{-2}\,\text{mol}$ の理想気体が含まれているとき，その示す圧力は $25\,°\text{C}$ では何 Pa か．

解 式 (1.4) より $P = nRT/V$ を使うが，まず与えられたデータの単位をそろえる必要があ

[*1] 単位の詳細は，序章 §3，付録 D，および例題 1.1 を参照せよ．

る．気体定数に $R = 8.314\,\mathrm{J\,K^{-1}\,mol^{-1}}\,(\mathrm{m^3\,Pa\,K^{-1}\,mol^{-1}})$ を使うと，$V = 560 \times 10^{-6}\,\mathrm{m^3}$, $T = 273+25 = 298\,\mathrm{K}$, $n = 2.50 \times 10^{-2}\,\mathrm{mol}$, したがって

$$P = \frac{nRT}{V} = \frac{(2.50 \times 10^{-2}\,\mathrm{mol})(8.314\,\mathrm{m^3\,Pa\,K^{-1}\,mol^{-1}})(298\,\mathrm{K})}{560 \times 10^{-6}\,\mathrm{m^3}} = 1.11 \times 10^5\,\mathrm{Pa}$$

§1.2 気体分子運動論

前節で，経験的立場から気体の物理的挙動を述べた．そこで，気体が Boyle–Charles の法則に従うのはなぜか？ 言い換えれば「圧力とは？」「温度とは？」何ぞやという疑問が生じてくる．その疑問に対する答は，**気体分子運動論**を導入することで得られる．この気体分子運動論によって，P と V の積がエネルギーの単位をもつ意味と，ひとつひとつの分子の運動エネルギーとその分子集団が示す性質との関係が説明できる．

分子が器壁に衝突したときに生ずる**運動量の変化**が，器壁に及ぼす力となる．たくさんの分子が器壁に衝突し器壁に力を与える．単位面積あたりのこの力が気体の圧力である．体積を小さくすると分子が器壁に衝突する回数が増えて圧力は増加する．分子運動の理論を簡単にするために，いくつかの仮定をする．（1）分子は非常に小さく，その体積を無視できる．すなわち，分子は**質点**と考えることができる．（2）分子は引力や斥力のような**分子間力をもたない**．すなわち，分子は相互に独立に自由に動いている．（3）分子どうしの衝突は，**完全弾性衝突**である．これは実在気体にもあてはまる．最初の 2 つの仮定は，理想気体であるための条件である．

さて，いま一辺の長さが l の立方体に N 個の分子が入っているとする．その立方体の一辺を x 軸とし，速度 $\boldsymbol{u}_i$ で動いている i 分子の x の方向の速度成分を u_{xi} とする（図 1-3）．この分子が x 軸と垂直な yz 面（図中の A 面）と弾性衝突をするならば，分子の質量を m とすると，1 回の衝突で分子の運動量は mu_{xi} から $-mu_{xi}$ へと変化するので，運動量の変化分は，$2mu_{xi}$ になる．この分子が反対の壁に衝突して跳ね返って，もとの壁に戻るまでの距離は $2l$ なので，単位時間の A 面に対する衝突回数は $u_{xi}/2l$ で与えられる．A 面が受ける力は，単位時間あたりの運動量の変化分に相当するので，1 分子が衝突により器壁に与える力は，

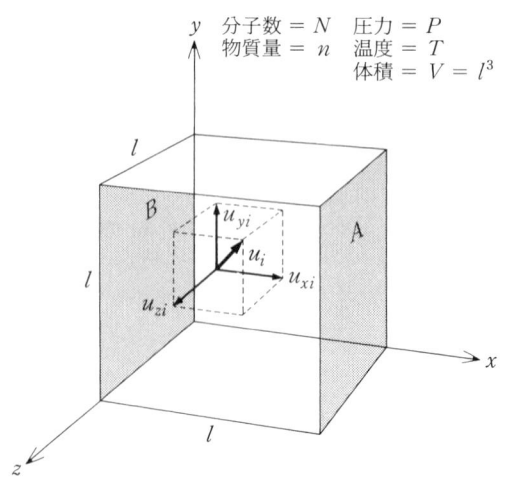

図 1-3 分子の並進運動の速度成分を表す図

$$1\,\text{分子による力} = 2mu_{xi} \times \left(\frac{u_{xi}}{2l}\right) = \frac{mu_{xi}^2}{l}$$

となる．いま N 個の分子が存在するので，A 面（面積 l^2）の単位面積が受ける力，すなわ

ち圧力 P_{yz} は，N 個の分子のすべてを考えると次のように与えられる．

$$P_{yz} = \sum_{i=1}^{N} \frac{m u_{xi}^2}{l^3}$$

同様に zx 面，xy 面における圧力を速度成分 u_{yi}, u_{zi} を用いて，それぞれ次のように表すことができる．

$$P_{zx} = \sum_{i=1}^{N} \frac{m u_{yi}^2}{l^3}, \qquad P_{xy} = \sum_{i=1}^{N} \frac{m u_{zi}^2}{l^3}$$

ひとつの容器に入れられた気体の圧力は，上下左右いずれの方向に対しても等しいことをわれわれは知っている．このことは気体の分子が全く独立に運動していることを反映している．すなわち，各面の受ける力は互いに等しく，次式が成り立つ．

$$P_{yz} = P_{zx} = P_{xy} = P$$

さらに，次の関係が成立していることを意味している．

$$\sum_{i=1}^{N} u_{xi}^2 = \sum_{i=1}^{N} u_{yi}^2 = \sum_{i=1}^{N} u_{zi}^2 = \sum_{i=1}^{N} \frac{u_i^2}{3} \tag{1.5}$$

この関係は，ピタゴラスの定理により速度 u_i が次式のように表せることによる．

$$u_i^2 = u_{xi}^2 + u_{yi}^2 + u_{zi}^2 \tag{1.6}$$

これらの式により圧力は，次式で表せる．

$$P = m \sum_{i=1}^{N} \frac{u_i^2}{3l^3} \tag{1.7}$$

いま個々の分子の速度の2乗のかわりに，**平均2乗速度**（mean square velocity）$\overline{u^2}$ は $\overline{u^2} = \sum_{i=1}^{N} \frac{u_i^2}{N}$ であるので，圧力 P は次式で与えられる．

$$P = Nm \frac{\overline{u^2}}{3l^3}$$

なお，l^3 が立方体の体積 V に等しいことから，$l^3 = V$ で表し，$N = L \cdot n$, $M = L \cdot m$ の関係を用いると，次式を得る．

$$\boxed{PV = N \frac{m \overline{u^2}}{3} = n \frac{M \overline{u^2}}{3}} \tag{1.8}$$

ここで，n は気体の物質量；M は気体のモル質量（分子量に kg mol^{-1} 単位をつけたもの）[*1]；L はアボガドロ数である．この式は，巨視系の変数である圧力が，微視的な性質である分子の運動の平均値で与えられることを示している．一方，気体 1 mol の**並進運動エネルギー** E_m は次式で与えられる．

$$E_\mathrm{m} = \frac{1}{2} M \overline{u^2} \tag{1.9}$$

モル体積 V_m を用いて，式 (1.8) を 1 mol の理想気体の状態式 $PV_\mathrm{m} = RT$（この式は経験

[*1] 序章 §2 を参照せよ．

則を式で示したもの）と結びつけると，次の重要な関係式を得る．

$$PV_\mathrm{m} = \frac{2}{3} E_\mathrm{m}, \qquad E_\mathrm{m} = \frac{3}{2} PV_\mathrm{m} = \frac{3}{2} RT \tag{1.10}$$

次に，1分子の平均並進エネルギー $\bar{\varepsilon}$ を求めるため，式（1.9）および（1.10）をアボガドロ数 L で割る．

$$\bar{\varepsilon} = \frac{1}{2} m\overline{u^2} = \frac{3R}{2L} T = \frac{3}{2} k_\mathrm{B} T \tag{1.11}$$

ここで k_B は1分子あたりの気体定数で，**ボルツマン定数**（Boltzmann constant）と呼ばれる．ボルツマン定数は分子のもつ定数として重要であり，その値は

$$k_\mathrm{B} = \frac{R}{L} = 1.3807 \times 10^{-23} \,\mathrm{J\,K^{-1}} \tag{1.12}$$

式（1.10）は，分子の並進運動エネルギーは温度のみに依存し，絶対温度に比例することを示している．このことは熱力学的に物性を考察するときに重要である（第5章）．

分子の平均の並進運動エネルギーは，先のピタゴラスの定理により3つの速度成分に分けて，次のように書ける．

$$\bar{\varepsilon} = \frac{1}{2} m\overline{u^2} = \frac{1}{2} m\overline{u_x^2} + \frac{1}{2} m\overline{u_y^2} + \frac{1}{2} m\overline{u_z^2} = \frac{3}{2} k_\mathrm{B} T \tag{1.13}$$

この式と式（1.5）から，それぞれの方向の平均並進運動エネルギーは $(1/2)k_\mathrm{B}T$ となる．すなわち分子の平均の運動エネルギーは運動の **1自由度**（degree of freedom）に対して $\boldsymbol{(1/2)k_\mathrm{B}T}$ である．これを**エネルギーの均分則**（law of equipartition of energy）という．自由度とは，任意に変えうる変数の数のことであり，3次元空間での運動の場合，自由度は3ということになる．

例題 1.3 水素原子などの2原子分子は，室温付近で並進運動以外に2原子間を軸にした2種類の回転運動をしている．並進運動と回転運動を含めた水素分子の運動エネルギーは1 mol あたりいくらか．

解 運動の1自由度あたり $\frac{1}{2}k_\mathrm{B}T$ のエネルギーをもつ．水素分子は並進運動は3自由度を，回転運動は2自由度をもつので，計5の自由度をもつ．したがって，水素1 mol の運動エネルギーは $(5/2)RT$ である．

---

§1.3 分子の速度と Graham の法則

式（1.10）から気体分子の**根平均2乗速度**（root mean square velocity）は

$$\sqrt{\overline{u^2}} = \sqrt{\frac{3RT}{M}} \tag{1.14}$$

で与えられる．

　Graham(1831)*¹ は気体が細管を通って圧力の低い側へ流れる現象を観察して，実験的に次の法則を見い出した．気体が細孔から流出するとき，その速度は温度，圧力が同じならば，気体の密度すなわちモル質量（分子量）の平方根に反比例する．この法則を **Graham の法則** という．この法則は気体分子運動論により導き出される．単位時間あたりに流出する気体の体積は，流出断面を通過する分子の数すなわち分子速度に比例する．式(1.14)からわかるように，分子速度はモル質量の平方根に反比例する．したがって，Graham の法則が得られる．

　この法則により同温同圧の2種の気体が同体積流出するに要する時間（t_1, t_2）は流出速度に逆比例するので，次式のように気体の密度（ρ_1, ρ_2）またはモル質量（M_1, M_2）の関係が得られる．

$$\frac{t_2}{t_1} = \sqrt{\frac{M_2}{M_1}} = \sqrt{\frac{\rho_2}{\rho_1}} \tag{1.15}$$

例題 1.4 室温（25°C）における水素分子とヘリウム分子（原子）の根平均2乗速度（$\mathrm{m\,s^{-1}}$ 単位）をそれぞれ計算せよ（モル質量の表し方に注意！）．

解 式(1.14)を使って計算することができる．必要な数値の単位をそろえて式に代入する．$R = 8.314\ \mathrm{J\,K^{-1}\,mol^{-1}} = 8.314\ \mathrm{m^2\,kg\,s^{-2}\,K^{-1}\,mol^{-1}}$，水素のモル質量，$M_\mathrm{H} = 2.02\ \mathrm{g\,mol^{-1}} = 2.02 \times 10^{-3}\ \mathrm{kg\,mol^{-1}}$，ヘリウムのモル質量，$M_\mathrm{He} = 4.00\ \mathrm{g\,mol^{-1}} = 4.00 \times 10^{-3}\ \mathrm{kg\,mol^{-1}}$．したがって，水素の根平均2乗速度は

$$\sqrt{\overline{u_\mathrm{H}^2}} = \sqrt{\frac{3(8.314\ \mathrm{m^2\,kg\,s^{-2}\,K^{-1}\,mol^{-1}})(298\ \mathrm{K})}{2.02 \times 10^{-3}\ \mathrm{kg\,mol^{-1}}}} = 1.92 \times 10^3\ \mathrm{m\,s^{-1}}$$

ヘリウムの根平均2乗速度は

$$\sqrt{\overline{u_\mathrm{He}^2}} = \sqrt{\frac{3(8.314\ \mathrm{m^2\,kg\,s^{-2}\,K^{-1}\,mol^{-1}})(298\ \mathrm{K})}{4.00 \times 10^{-3}\ \mathrm{kg\,mol^{-1}}}} = 1.36 \times 10^3\ \mathrm{m\,s^{-1}}$$

と計算される．

§1.4 分子速度の分布

　分子の速度は相互の衝突のためにたえず変化し，ゼロから非常に大きな値にわたり分布する．その分布は分子のもつ並進運動エネルギーに依存する．ある分子がもつエネルギーと分子数の関係を **Boltzmann 分布** という．Boltzmann 分布とは，熱平衡状態にある N 個の中でエネルギーが同じ値をもつ分子の数はその分子のもつエネルギーの指数関数に反比例するというものである．もしエネルギー ε_i をもつ分子が N_i 個あるとき

$$\boxed{N_i = N \cdot \exp\left(-\frac{\varepsilon_i}{k_\mathrm{B} T}\right)} \tag{1.16}$$

となる．ここで N は全分子数である．この分布則を分子の速度分布に適用すると分子速度

---

*¹ 序章 §2 を参照せよ．

の分布に関する式が得られる．詳細な導出は付録 A に述べられている．その結果は，**Maxwell-Boltzmann の分布式**として知られており，次式で与えられる．

$$\frac{\mathrm{d}N_u}{N} = 4\pi\left(\frac{m}{2\pi k_\mathrm{B} T}\right)^{3/2} \cdot u^2 \exp\left(-\frac{1}{2}\frac{mu^2}{k_\mathrm{B} T}\right)\mathrm{d}u \tag{1.17}$$

この式を使うと，N_u 個の分子の速度が u と $u+\mathrm{d}u$ の間にある確率分布を示す関数 $F(u)$ は，次のように定義される．

$$\begin{aligned}F(u) &= \frac{N_u}{N} = \frac{1}{N}\left(\frac{\mathrm{d}N_\mathrm{u}}{\mathrm{d}u}\right)\\ &= 4\pi\left(\frac{m}{2\pi k_\mathrm{B} T}\right)^{3/2} \cdot u^2 \exp\left(-\frac{1}{2}\frac{mu^2}{k_\mathrm{B} T}\right)\end{aligned} \tag{1.18}$$

この式は付録 A の式（A.63）と同じである．

図 1-4 は，窒素分子について $F(u)$ を u に対して図示したものである．最も確率の大きな速度（**最大確率速度**，u_max，または u_mp）は式（1.18）を u に関して微分して得られ（微分値は極値すなわち最大確率速度でゼロとなる），

$$u_\mathrm{max} = \sqrt{\frac{2k_\mathrm{B} T}{m}} = \sqrt{\frac{2RT}{M}} \tag{1.19}$$

となる．この式の導き方は付録 A の例題 A.14 に示してある．**平均速度** $\bar{u}$ は，式（1.18）を用いて，付録 A の積分公式より次のようになる（詳しくは例題 A.15 参照のこと）．

$$\bar{u} = \int_{-\infty}^{\infty} u \cdot F\,\mathrm{d}u = \sqrt{\frac{8RT}{\pi M}} \tag{1.20}$$

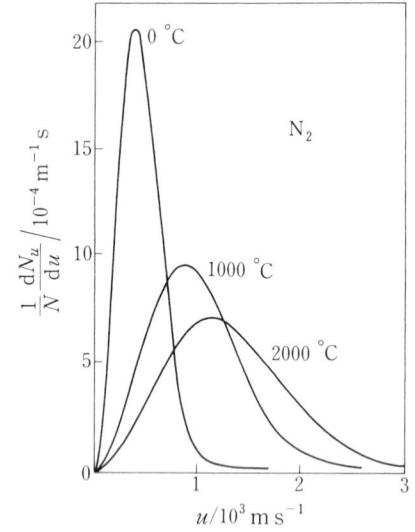

図 1-4 分子運動の速度分布曲線図

同様に平均 2 乗速度は付録 A の積分公式を利用して，

$$\overline{u^2} = \int_{-\infty}^{\infty} u^2 \cdot F\,\mathrm{d}u = \frac{3RT}{M} \tag{1.21}$$

となり，式（1.14）と一致する結果が得られる（詳しくは例題 A.16 参照のこと）．

例題 1.5 25 °C におけるヘリウム分子（原子）の平均速度と最大確率速度はそれぞれ秒速何 m か．また例題 1.3 の根平均 2 乗速度とこれらを比較せよ．

解 平均速度は式（1.20）を，最大確率速度は式（1.19）を使って得られる．必要な数値の単位をそろえて式に代入する．$R = 8.314\,\mathrm{J\,K^{-1}\,mol^{-1}}$，ヘリウムのモル質量 $M_\mathrm{He} = 4.00\,\mathrm{g\,mol^{-1}} = 4.00\times10^{-3}\,\mathrm{kg\,mol^{-1}}$．式（1.20）により平均速度は

$$\bar{u} = \sqrt{\frac{8(8.314 \text{ m}^2 \text{ kg s}^{-2} \text{ K}^{-1} \text{ mol}^{-1})(298 \text{ K})}{3.14 \times 4.00 \times 10^{-3} \text{ kg mol}^{-1}}} = 1.26 \times 10^3 \text{ m s}^{-1}$$

式(1.19)により最大確率速度は

$$u_{\max} = \sqrt{\frac{2(8.314 \text{ m}^2 \text{ kg s}^{-2} \text{ K}^{-1} \text{ mol}^{-1})(298 \text{ K})}{4.00 \times 10^{-3} \text{ kg mol}^{-1}}} = 1.11 \times 10^3 \text{ m s}^{-1}$$

平均速度：最大確率速度：根平均2乗速度は式(1.20)，式(1.19)，式(1.14)で与えられる．よってそれらの比は次式で与えられる．

$$(\bar{u})^2 : (u_{\max})^2 : \overline{u^2} = (8RT/\pi M) : (2RT/M) : (3RT/M) = 8/\pi : 2 : 3$$

注意 以上1.3節および1.4節で速度という言葉を使ってきた．これは伝統的な用語に従ったもので，厳密には「速さ，speed」と呼ぶべきものである．速度（英語ではvelocity）と区別しなければならない．詳しい説明は付録Aに述べてある．

§1.5 実在気体とvan der Waalsの状態式

水素やヘリウムなどの実在気体は，高圧や低温で理想気体からはずれた挙動を示し，式(1.4)を満足しない．いま，気体1 molの体積をV_mで表して，いくつかの気体1 molにつき，$z = PV_\text{m}/RT$なる比をいろいろな圧力で求めてみる．この比zを圧縮因子と呼んでいる．それらを図示したものが図1-5である．この比は実在気体が理想的に振舞うかぎりは，圧力に無関係に1とならなければならない．しかし$P \to 0$の極限を除いて，Pの増加とともに実在気体のこの比は，1からかなりはずれてくる．また，温度が低いほど1からのずれが大きく，温度が高いほど$z = 1$に近づく．これは，分子の運動エネルギーが温度とともに大きくなり，以下に述べる分子間相互作用の寄与（非理想性の原因）を相対的に小さくさせるためである．

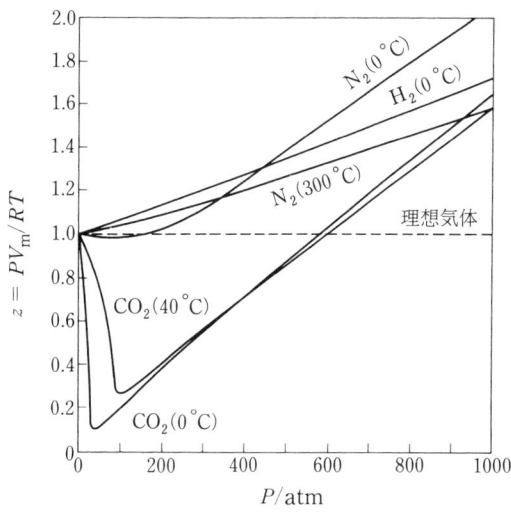

図1-5 実在気体の圧力とPV_m/RTの関係を示す図

実在気体の挙動を示す状態式は，いろいろ提出されている．それらの中で比較的簡単なかたちの式で，実測値と広い範囲でかなりよい一致を与える式が，**van der Waalsの状態式**(1873)[*1]である．n molの実在気体に対して次のように表される．

$$\left(P + \frac{an^2}{V^2}\right)(V - nb) = nRT \tag{1.22}$$

気体1 molに関して，モル体積をV_mで表すと，

[*1] Johannes Diderik van der Waals (1837-1923), オランダの物理学者．

$$\left(P+\frac{a}{V_m^2}\right)(V_m-b) = RT \tag{1.23}$$

ここで，a および b は各気体に固有な定数である．a は分子間力に基づく補正であり，b は分子の体積に基づく補正である．表 1-1 にいろいろな気体の van der Waals の定数が記されている．また表 1-2 には，CO_2 の 47 ℃ における実測値，計算値，理想気体の値の比較が示されている．

表 1-1　van der Waals 定数

気体	a/atm dm^6 mol^{-2}	b/dm^3 mol^{-1}	気体	a/atm dm^6 mol^{-2}	b/dm^3 mol^{-1}
He	0.0341	0.0237	CO	1.46	0.0396
H_2	0.241	0.0262	CO_2	3.61	0.0428
N_2	1.35	0.0386	Cl_2	6.50	0.0563
O_2	1.36	0.0319	H_2O	5.45	0.0304
CH_4	2.27	0.0431	NH_3	4.20	0.0374

表 1-2　臨界温度近傍の 320 K における CO_2 の圧力，体積の関係．実測値，van der Waals の式，理想気体の式によるもの

圧力 P/atm	モル体積　V/dm^3		
	実測値	van der Waals 式	理想気体の式
0.1	262.6	262.6	262.6
1	26.2	26.2	26.3
10	2.52	2.53	2.63
40	0.54	0.55	0.66
100	0.098	0.10	0.26

式（1.22）は次のような考えから導き出された．

(i)　気体の圧力の分子間力による補正

ある1つの分子がまわりの分子と引力を及ぼし合うとき（図 1-6），この分子が容器内部にあれば，周囲から受ける引力は均等であって，分子が受ける引力の効果は結果的にゼロとなる．しかし器壁近傍にあるとき，片側のみに他の分子が存在するため，引力の効果が現れる．分子が器壁に衝突しようとするとき，その効果は分子の速度を減速するように働き，器壁に衝突した後は加速するように働く．したがって分子間力は，分子の衝突前後の分子の速度に影響しないが，壁に作用する運動量の変化に影響する．1つ1つの分子に作用

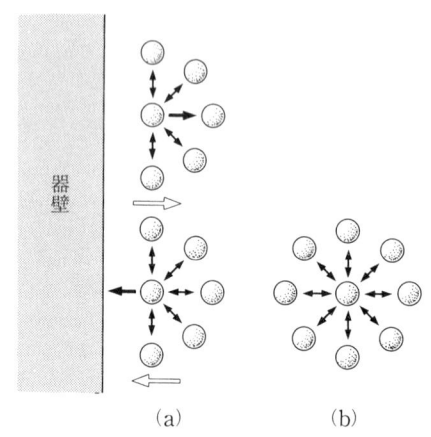

図 1-6　気体中の分子間力

する分子間力の総和は，周囲にある分子密度，すなわち n/V に比例する．また，器壁に単

位時間あたりに衝突する分子の数も n/V に比例する．したがって，分子間力の効果は，n^2/V^2 に比例する．比例定数を a として，圧力の補正結果は $P+an^2/V^2$ となる．ここで P は実測値であり，理想気体で期待される圧力 $P_{(理)}$ よりも小さい値で圧力が観測されるので，補正項 an^2/V^2 を加えることによって $P_{(理)}\cdot V_{(理)} = nRT$ の式の形に合わせようとするものである．

(ii) 気体分子の体積による補正

気体分子が実際に運動できる空間は，気体の占める体積すべてではない．分子のまわりには，他の分子が入り込めない**排除体積**（excluded volume）と呼ばれる空間がある．分子を球とみなし，その半径を r とすると，2分子について（図1-7）一方の分子が入り込めない体積は $(4/3)\pi(2r)^3$ である．しかしこの値は，2分子の対の一方の値であり，他方の分子の場合との重複，その他の分子との重複を考慮していない．そこで，1分子あたりの正確な排除体積

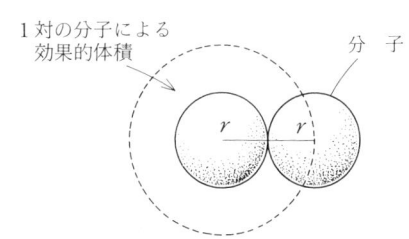

図1-7 1対の分子による排除体積効果

は，$\frac{1}{2}(4/3)\pi(2r)^3$ となる．1 mol あたりの値を b とするならば，

$$b = 4\cdot L\cdot\left(\frac{4}{3}\pi r^3\right) \tag{1.24}$$

となる．b は分子自身のモル体積の4倍となる．すなわち，理想気体の場合，与えられた容器の容積 V が100%分子の運動に許される空間であるが，実在気体の場合は nb だけ空間が狭くなっている．$P_{(理)}\cdot V_{(理)} = nRT$ の式の形に合わせるためには，$V_{(理)} = V - nb$ としなければならない．

例題 1.6 273 K，1.00 g のアンモニア（モル質量 17.0 g mol^{-1}）が，0.289 dm^3 の体積を占めるときの圧力を，（1）理想気体として，（2）van der Waals の状態式に従う気体として，それぞれ atm 単位で求め，実測値 4.25 atm と比較せよ．ただし，van der Waals 定数は表1-1の値を用いよ．

解 (1) $P = nRT/V$ より

$$P = \frac{1.00\,(\text{g})}{17.0\,(\text{g mol}^{-1})}\times\frac{0.08206\,(\text{atm dm}^3\,\text{K}^{-1}\,\text{mol}^{-1})\times 273\,(\text{K})}{0.289\,(\text{dm}^3)} = 4.56\,\text{atm} = 4.61\times 10^5\,\text{Pa}$$

(2) $P = \dfrac{nRT}{V-nb} - \dfrac{n^2}{V^2}a$ と $a = 4.20$ atm dm^6 mol^{-2}，$b = 0.0374$ dm^3 mol^{-1} より

$$P = \frac{\dfrac{1.00}{17.0}\,(\text{mol})\times 0.08206\,(\text{atm dm}^3\,\text{K}^{-1}\,\text{mol}^{-1})\times 273\,(\text{K})}{0.289\,(\text{dm}^3) - \dfrac{1.00}{17.0}\,(\text{mol})\times 0.0374\,(\text{dm}^3\,\text{mol}^{-1})}$$

$$-\frac{\left(\dfrac{1.00}{17.0}\,\text{mol}\right)^2}{(0.289\,\text{dm}^3)^2}\times 4.20\,(\text{atm dm}^6\,\text{mol}^{-2})$$

$$= 4.42\,\text{atm} = 4.48\times10^5\,\text{Pa}$$

van der Waals の式で求めた圧力のほうが実測値に近い値を与える．

---

§1.6　分子間の力（van der Waals 力）

　van der Waals の状態式に現れた圧力の補正項は，一般的に **van der Waals 力** と呼ばれる分子間の引力に起因する．この引力は，希ガスの単原子分子間にも，結合が飽和している分子間にも作用する．しかし，配位結合や水素結合のような電子のやりとりによる分子間力とは異なるものである．分子間力は一般に分子間距離の関数である．分子間に働く力は重力，静電力，磁気力などいろいろあるが，その大きさと分子の性質上，多くの場合，静電的な力が分子間力の主因となっている．分子間に働く力の場（ポテンシャル）の分子間距離依存性を知ることで，分子間距離と分子間力の関係を理解できる（第 5 章 §5.3 も参照のこと）．van der Waals 力は次の 3 種類に分けて考えることができる．その 3 種類の分子間力のポテンシャルを分子間距離との関係で見てみよう．

　この節を十分理解するためのみならず，物質がもつ電気的性質を理解するためにも，電気に関する知識を必要最小限備えておくことが望ましい．そのために，付録 C（p. 338）に電気に関する基礎的な事項を説明しているので参照して物理化学の学習に臨むとよい．

（i）双極子-双極子相互作用

　CH_4 のような分子では**電荷**の分布は均一である．このような分子を**無極性**（non-polar）分子と呼ぶ．電荷の分布が均一であるかぎり**静電的な力**は働かない．しかし，HCl のような分子では，正電荷の重心と負電荷の重心が一致しない．この状態を分極状態といい，このような状態の分子を**極性**（polar）分子という．また，この静電荷の対を**双極子**（dipole）と呼び，双極子間で静電的引力が働く．

　正電荷の総和を q（負電荷の総和は $-q$），正負の電荷の重心の間の距離を r とするとき，

表 1-3　双極子モーメント

無機分子	分子式	双極子モーメント $\mu/10^{-30}\,\text{C m}$	有機分子	分子式	双極子モーメント $\mu/10^{-30}\,\text{C m}$
フッ化水素	HF	6.091	クロロホルム	$CHCl_3$	3.47
塩化水素	HCl	3.6978	アセトン	$(CH_3)_2CO$	9.67
臭化水素	HBr	2.762	ジエチルエーテル	$(C_2H_5)_2O$	3.539
ヨウ化水素	HI	1.493	クロロベンゼン	C_6H_5Cl	5.944
一酸化炭素	CO	0.374	トルエン	$C_6H_5CH_3$	1.25
水	H_2O	6.47	ピリジン	C_5H_5N	7.17
硫化水素	H_2S	3.40	フェノール	C_6H_5OH	4.24
二酸化硫黄	SO_2	5.450	ニトロベンゼン	$C_6H_5NO_2$	14.0
アンモニア	NH_3	4.897	ホルムアルデヒド	HCHO	7.71
塩化ナトリウム	NaCl	30.024	プロパン	C_3H_8	0.281

$$\mu = q \cdot r \tag{1.25}$$

を**双極子モーメント**（双極子能率ともいう．dipole moment）と定義する（図1-8）．代表的な物質の双極子モーメントを表1-3に与える．分子の形や大きさおよび構成している原子の種類によって値が大きく異なることをこの表から読み取ることができよう．

図1-8 双極子モーメント　　図1-9 双極子モーメント間相互作用

さて，双極子をもつ分子が互いに接近するとき，一方の分子の正極と他の分子の負極が向かい合うように接近するならば，これら2分子間に引力が生ずる（図1-9）．双極子の向かい合わせは熱運動の影響を受けてゆらぐが，その効果も考慮して，この引力によるポテンシャルエネルギー U_{d-d} は

$$U_{d-d} = -\frac{2}{3} k_B T (\mu_1 \mu_2)^2 \left(\frac{1}{r^6}\right) \tag{1.26}$$

と表せる．ここで μ_1 と μ_2 は2つの分子の双極子モーメント，r は分子間の距離を意味する．μ は誘電率という量を測定すれば求めることができる（p.347参照）．

（ⅱ）**双極子-誘起双極子相互作用**

双極子をもつ分子が，他の分子に双極子を誘起し，その結果それらの間に引力が生ずる（図1-10）．この**誘起効果**によるポテンシャルエネルギー U_{d-i} は

$$U_{d-i} = -\alpha \mu_1^2 \left(\frac{1}{r^6}\right) \tag{1.27}$$

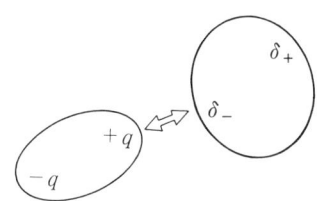

図1-10 永久双極子と誘起双極子の相互作用

と表される．ここで α は**分極率**（p.348参照），μ_1 は双極子（永久双極子）をもっているほうの分子の双極子モーメントである．また，双極子誘起を受けるほうの分子が，電界の強さ E の場に置かれたとき，その誘起双極子モーメント μ_i は $\mu_i = \alpha E$ の関係で示される．この係数 α が分極率である．

（ⅲ）**分　散　力**

双極子モーメントをもたない分子間においても相互作用が存在する．London（1930）[*1]はこの作用を量子力学的に説明した．希ガス原子について見てみると，電子雲は原子核のまわりに対称に分布していると見られるが，しかし振動により瞬間瞬間で原子核と電子雲の相対的位置が異なる（図1-11）．その結果，瞬間的な双極子モーメントが生じ，これが他の分子に誘起効果を及ぼし，引力が生じる．この力を **London の分散力**（dispersion

---

[*1] Fritz London（1900-1954），ドイツ-アメリカの理論物理学者．

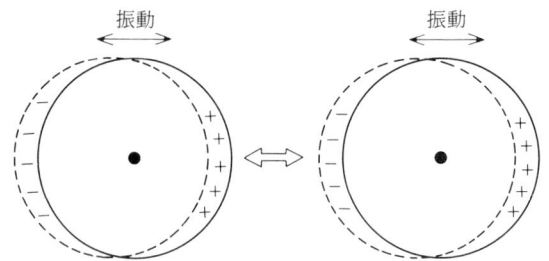

図 1-11 電子雲振動による一時的分極

force）という．この分散力によるポテンシャルエネルギー U_{dis} は

$$U_{\text{dis}} = -\frac{3}{4} h\nu\alpha^2 \left(\frac{1}{r^6}\right) \tag{1.28}$$

と表される．ここで h は Planck の定数，ν はその電荷分布振動の振動数と呼ばれるものである．

van der Waals 力によるポテンシャルエネルギーは以上述べたように r^{-6} に比例する．そこで，分子間距離が近いときは意味のある値をもつが，距離が離れると急激にその力は減少する．また，化学的な結合エネルギーに比べてきわめて小さく，約 $4\,\text{kJ}\,\text{mol}^{-1}$ 程度である．

例題 1.7　HCl 分子の原子間距離は 0.127 nm である．HCl が完全なイオン化をしているときの双極子モーメントはいくらか．実際の HCl は，ある程度 2 つの原子間で電子を共有（共有結合性）をしており，HCl の双極子モーメントは $3.70\times10^{-30}\,\text{C m}$ である．実際の HCl のイオン化の割合はいくらか．

解　完全なイオン構造のときの双極子モーメントは，電子 1 個の荷電量が $1.60\times10^{-19}\,\text{C}$ なので，

$$\mu = (1.60\times10^{-19}\,\text{C})(0.127\times10^{-9}\,\text{m}) = 20.3\times10^{-30}\,\text{C m}$$

である．したがって HCl のイオン化の割合は，$3.70/20.3 = 0.182$（約 18 %）と考えられる．

---

§1.7 気体の液化と臨界現象および van der Waals 定数と臨界値の関係

H_2, N_2, O_2 などの気体は，室温でいくら圧縮しても液化することはできないが，極低温下で圧力を加えると液化する．Andrews (1869)[*1] は CO_2 の温度，圧力，体積の関係について詳細な研究を行った．そこで CO_2 は約 31.1 ℃ より低温で液化されること，また，それ以上の温度では液化しないことを確認した．その実験結果を図 1-12 に示す．この左側の図は縦軸に圧力，横軸にモル体積をとって，いろいろの温度で等温線が描いてある．48.1 ℃ では単調な曲線であり，31.1 ℃ では変曲点をもつ曲線である．それ以下の温度では水平線をもつ曲線となる．水平線の領域では，気体と液体が共存している．水平線の領域より小さい体積のところの曲線は急激に立ち上がり，圧縮が困難であることを示している．

[*1] Thomas Andrews (1813-1885)，イギリスの物理化学者．

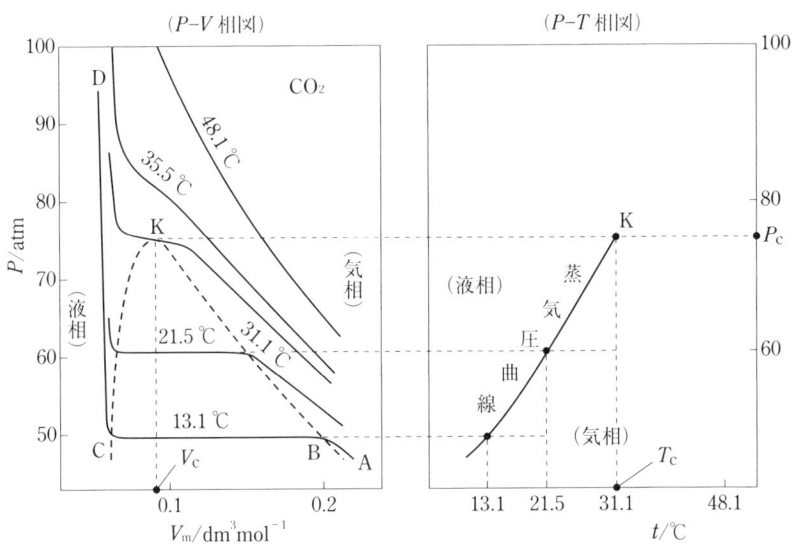

図 1-12 CO₂ モル体積-圧力図（左）と対応する温度-圧力図（右）

この領域の曲線は液体の等温圧縮曲線である．図1-12の右側には対応する温度-圧力関係の状態図（相図）を示している．31.1℃の変曲点を**臨界点**（critical point）と呼び，この点での圧力，体積，温度を，それぞれ**臨界圧力**（P_c），**臨界体積**（V_c），**臨界温度**（T_c）といい，これらは**臨界定数**（critical constants）と総称される．この臨界温度は気体が凝縮して液体になりうる最高の温度と考えられる．臨界体積は，気体と液体のモル体積が等しくなったときのモル体積と考えられる．表1-4は，各気体の臨界定数の値を示す．

表 1-4 臨界定数

	臨界温度 T_c/K	臨界圧力 P_c/atm	臨界体積 V_c/dm³ mol⁻¹
He	5.20	2.25	0.0575
H₂	33.2	13.0	0.0639
N₂	126.2	33.6	0.0892
O₂	154.6	49.8	0.0734
CH₄	190.6	45.3	0.0989
CO	132.9	34.5	0.0935
CO₂	304.2	72.8	0.0944
Cl₂	417	76.0	0.124
H₂O	647.3	218.3	0.0571
NH₃	405.6	111.3	0.0725

van der Waals の状態式を使って，臨界現象を考察してみよう．式(1.23)を V_m（1 mol あたりの体積）に関する3次式に書き直すと，

$$V_m^3 - \left(b + \frac{RT}{P}\right) V_m^2 + \frac{a}{P} V_m - \frac{ab}{P} = 0 \tag{1.29}$$

となる．図1-12に対応させて，臨界温度以下，臨界温度，臨界温度以上で，V_m と P の関係を図1-13に示す．曲線Ⅰは極大極小を示すが，実際の気体では，A-Cの領域は気液共存

§1.7 気体の液化と臨界現象およびvan der Waals定数と臨界値の関係

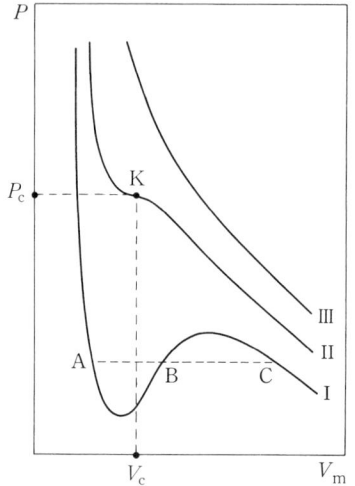

図 1-13 van der Waals 式による状態図

で，水平線となる．このことは van der Waals 式の限界を示している．曲線 II は臨界点をもつ曲線である．曲線 III は通常の気体が示す双曲線である．これらの曲線を数学的に見ると，曲線 I は，同じ圧力で 3 つの値を，すなわち，式(1.29)が 3 つの解（実根）をもつことを意味する．曲線 II は，水平な変曲点をもつ曲線であり，V_m の 3 つの解（実根）が等しくなっている．曲線 III は，1 つの解（実根）と 2 つの虚根をもっている．臨界点で V_m の 3 つの解（実根）は等しくかつ臨界体積であるから，$(V_m - V_c)^3 = 0$ とおける．これを展開すれば，

$$V_m^3 - 3V_c V_m^2 + 3V_c^2 V_m - V_c^3 = 0 \tag{1.30}$$

である．一方，臨界点 (P_c, V_c, T_c) では式(1.29)は次のように書かれる．

$$V_m^3 - \left(b + \frac{RT_c}{P_c}\right)V_m^2 + \frac{a}{P_c}V_m - \frac{ab}{P_c} = 0 \tag{1.31}$$

式(1.30)と式(1.31)は一致するはずであるから，各項の係数は等しい．

$$3V_c = b + RT_c/P_c, \qquad 3V_c^2 = a/P_c, \qquad V_c^3 = ab/P_c$$

よって

$$V_c = 3b, \qquad T_c = \frac{8a}{27Rb}, \qquad P_c = \frac{a}{27b^2}$$

$$a = 3P_c V_c^2, \qquad b = \frac{V_c}{3}, \qquad R = \frac{8P_c V_c}{3T_c} \tag{1.32}$$

が得られる．このように各気体の特性を示す van der Waals 式のパラメーターと臨界値が関連づけられる．

例題 1.8 数学的には，ある関数が変曲点をもつとき，その関数の 2 次微分の値が変曲点でゼロになる．また臨界点では van der Waals の 1 次微分はゼロである．これらのことを利用して

式(1.32)と同じ結果を求めよ．

解 臨界点で $V_m = V_c$ を考慮して，式(1.31)は

$$V_c^3 - \left(b + \frac{RT_c}{P_c}\right)V_c^2 + \frac{a}{P_c}V_c - \frac{ab}{P_c} = 0$$

式(1.31)の V_m に関する1次微分は

$$3V_c^2 - 2\left(b + \frac{RT_c}{P_c}\right)V_c + \frac{a}{P_c} = 0$$

また式(1.31)の V_m に関する2次微分は

$$6V_c - 2\left(b + \frac{RT_c}{P_c}\right) = 0$$

以上3つの式による連立方程式を解くと式(1.32)が得られる．

§1.8 相応状態

§1.7で導かれたように，van der Waals式のパラメーターが臨界定数で表される．このことは，実在気体どうしの相異は臨界点の違いで表される（言い換えれば，各気体の特性を臨界定数で記述できる）．そこで P, V, T を臨界点と関係づけると，各種気体の相互関係を見るのに便利であろう．すなわち，式(1.23)に式(1.32)を代入すると

$$\left\{\frac{P}{P_c} + 3\left(\frac{V_c}{V_m}\right)^2\right\}\left(\frac{V_m}{V_c} - \frac{1}{3}\right) = \frac{8}{3}\left(\frac{T}{T_c}\right) \tag{1.33}$$

となる．いま，$P_r = P/P_c$，$V_r = V_m/V_c$，$T_r = T/T_c$ とおくと，式(1.33)は次のように書ける．

$$\left(P_r + \frac{3}{V_r^2}\right)(3V_r - 1) = 8T_r \tag{1.34}$$

P, V_m, T のかわりに**換算変数**，P_r, V_r, T_r を用いると，すべての気体にあてはまる一般式が得られる．この式は**換算状態式**（reduced equation of state）と呼ばれ，気体の種類に関係なく成立する．すなわち，等しい換算温度，換算モル体積では，すべての気体は近似的に等しい換算圧力を示す．これを**相応状態**（corresponding state）**の原理**という．（これは対応状態，相当状態などとも呼ばれる．）この原理は P_r, V_r, T_r が同じ気体は理想気体から同じようにずれていることを示している．その意味でそれらの気体は相応状態にある．この原理は実用的に実在気体の P, V, T の見積もりに役に立つ．

例題 1.9 水素1 molが298 K，1 atmを示す状態に相応する状態で，ヘリウムと二酸化炭素はそれぞれどんな圧力と温度を示すか．それぞれの気体の臨界温度，臨界圧力は，$P_c(H_2) = 13.0$ atm，$P_c(He) = 2.25$ atm，$P_c(CO_2) = 72.8$ atm，$T_c(H_2) = 33.2$ K，$T_c(He) = 5.20$ K，$T_c(CO_2) = 304.2$ K．

解 換算圧力，温度の定義より，水素の値から換算変数は $P_r = 1/13.0 = 7.692 \times 10^{-2}$，$T_r = 298/33.2 = 8.975$ である．したがって，相応状態でのヘリウムの圧力，温度は

$$P(He) = P_r \times P_c(He) = 7.692 \times 10^{-2} \times 2.25 \text{ atm} = 0.173 \text{ atm} = 1.75 \times 10^4 \text{ Pa}$$

$$T(He) = T_r \times T_c(He) = 8.975 \times 5.20 \text{ K} = 46.7 \text{ K}$$

同様に二酸化炭素の圧力，温度は

$$P(\text{CO}_2) = 5.60 \text{ atm} = 5.67 \times 10^5 \text{ Pa}, \qquad T(\text{CO}_2) = 2.73 \times 10^3 \text{ K}$$

第1章 演習問題

1.1 二酸化炭素の固体（ドライアイス）（密度 1.53 g cm^{-3}）10.0 cm^3 を 25 ℃，1 atm（1.013×10^5 Pa）に保ったとき体積はどれだけになるか．

1.2 水素ガスを理想気体として，1.00 mmHg（1.333 hPa），25 ℃ の条件で，0.100 dm^3 中に含まれる水素分子の数はいくらか．

1.3 ヘリウム原子の半径はおよそ 0.14 nm である．van der Walls の定数 b を計算せよ．また実測値と比較せよ．

1.4 500 ℃ におけるメタンの（a）平均速度および（b）根平均2乗速度を求めよ．

1.5 ウラン 235 とウラン 238 は気体の六フッ化ウラン（UF_6）の形で拡散流出法により分離できる．速度比が分離比になるとして，0 ℃ で1回の拡散分離によりどれぐらい分離できるか計算せよ．また，温度を 300 ℃ にしたとき，分離比はどのように変わるか．

1.6 正確に 1 mol の二酸化炭素を 11.207 dm^3，0 ℃ の容器に入れたときに示す圧力を，理想気体および van der Waals の気体として計算し比較せよ．

1.7 H_2O 分子の双極子モーメントは 6.47×10^{-30} C m であり，H-O-H の結合角は 104.5°；O-H の原子間距離は 0.0958 nm である．O-H 結合の双極子モーメントはいくらか．また O-H 結合のイオン化率はいくらか．

1.8 van der Waals の気体について，$P_c V_c / RT_c = 3/8$ であることを導け．

2

液体と固体

　液体は，気体と固体の中間の状態で次のような性質をもつ．（ⅰ）固有の体積をもつ．体積は温度や圧力の影響を少ししか受けない．液体の密度は臨界点付近を除いて気体の密度よりずっと大きい．これらの点は固体の示す性質に近い．（ⅱ）一方，流動性があって，一定の形をもたない，どの方向でも同じ性質をもつ（等方性）．これらの点は気体に似ている．このような物性の背景は，分子間力がほどほどであることに起因している．つまり，液体の分子間距離は気体と比べてずっと小さいので，分子間力の影響により分子の運動が束縛されている．しかし，その分子間力は，分子自身の熱運動による並進運動を，完全に抑えるほど強くなく，固体のように分子を固定できない．液体は固定性と流動性（運動性）の両方の性質をもった状態であり，液体の特徴もそこから出てくる．

§2.1 液体の蒸気圧

　液体分子がエネルギーのやりとりをしているうちに，どんな温度でもとくに大きなエネルギーを得た分子は，他の分子の引力に打ち勝って，液体の表面から飛び出し，蒸気に変化する分子が，系全体のうちある割合で必ず存在する．このことは，第1章で示したMaxwell-Boltzmanの式（1.17）や図1-4を見ればわかる．また，図中の分布曲線は，温度が高くなるほどピークが右へ移動し，その高さが低下するとともに広がりが大きくなっている．このことは高いエネルギー（または速さ）をもつ分子の存在確率が大きくなることが想像できる．液面近くにいる多数の分子と分子の間に働く凝集力に打ち勝って飛び出ていく過程が**蒸発**（vaporization）である．一方，蒸気の分子の一部は，エネルギーを失って液体の表面に飛来し，再び液体に戻る．この過程が**凝縮**（condensation）である．蒸発速度と凝縮速度が等しくなるとき，見かけ上変化が停止したように見える．この状態を一般に**平衡状態**と呼ぶ．ある温度で液体と気体が平衡にあるときに蒸気が呈する圧力をその温度での液体の**蒸気圧**（vapor pressure）という．また，液体と平衡にある蒸気を**飽和蒸気**といい，その蒸気圧と温度の関係をグラフ上に曲線で表したものを蒸気圧曲線という．図2-1はいくつかの純液体の蒸気圧と温度の関係を図示したものである．

　純液体の蒸気圧は，一定温度で一定の値をとる．そして温度の上昇とともに大きくなる．液体を熱すると，液体の蒸気圧は上昇し，ある温度で液体の蒸気圧は外圧に等しくなる．

図 2-1 蒸気圧曲線図

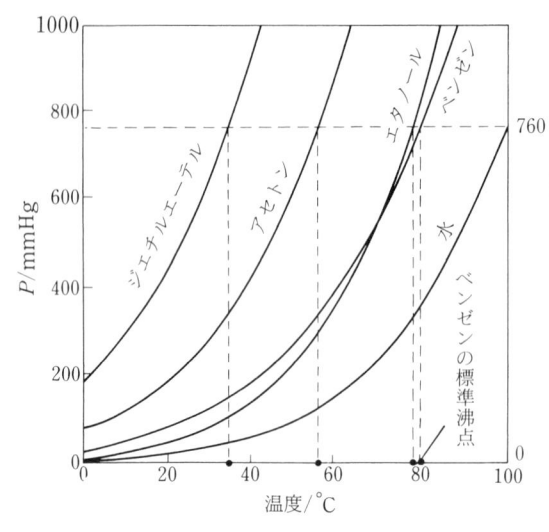

左の図中に示された物質の 1 atm = 760 mmHg における沸点 (bp).
ジエチルエーテル：34.55 ℃
アセトン：56.12 ℃
エタノール：78.32 ℃
ベンゼン：80.10 ℃

すると蒸気は外圧に抗して継続的に蒸発し，液体の内部には蒸気の気泡が生じる．この現象を**沸騰**（boiling）といい，その蒸気圧が外圧に等しくなる温度を，その外圧下での**沸点**（boiling point）という．一定圧力下ならば，液体が沸騰している間，温度は一定である．このとき吸収される熱を**蒸発熱**（heat of vaporization），または気化熱という．外圧が 1 atm における沸点を**標準沸点**という．図 2-1 には標準沸点の決め方を点線で示している．

液体を加熱するとき，沸点以上の温度になっても沸騰しないことがある．これは液体が過熱された状態である．この状態の液体は突然爆発的に沸騰して危険である．このような爆発的な沸騰を**突沸**（bumping）という．多孔質の小片を入れてあらかじめ小気泡を出すか，あるいは鋭く尖った小片を入れてエネルギーの集中した高エネルギーの箇所をつくるかして，過剰のエネルギーが全体にたまる前に円滑に放出させることで，突沸を防ぐことができる．沸騰現象は，液相中で過熱した箇所に気泡ができ，その気泡が液相中から表面まで浮上してくる現象であるが，液相中で気泡をつくる（気体が析出する）ということは，新たに気体と液体の界面をつくり，液体の圧力に抗して気泡を成長させることである．このとき，液相中で気/液界面をつくりやすくさせる役目を沸石が果たしている．

§2.2 Clapeyron-Clausius の式

前節で純液体の蒸気圧は温度とともに変化することを述べた．蒸気圧の温度変化は，**Clapeyron-Clausius の式**[*1] で表される関係をもっている．

$$\frac{dP}{dT} = \frac{\Delta H_{\text{vap}}}{T(V_g - V_l)} \tag{2.1}$$

[*1] B. P. E. Clapeyron (1934) と R. J. E. Clausius (1850) によって導かれた．Rudolf Julius Emmanuel Clausius (1822-1888)，ドイツの理論物理学者．

ここで，ΔH_{vap} は液体の**モル蒸発熱**，V_g, V_l は，それぞれ蒸気および液体の**モル体積**である．熱力学により式(2.1)は導くことができるが，それについては第8章§8.4で詳しく述べる．そこではこの式は，蒸気と液体の間だけでなく，気体と固体，液体と固体の間にも成立することが証明される．この式の左辺 dP/dT は温度と圧力の関係を示す曲線（この場合は，図2-1の蒸気圧曲線図）の接線勾配である．

一般に，V_l は V_g に比べて非常に小さいのでこれを省略できる．さらに V_g は理想気体の式を適用して $V_g = RT/P$ と，圧力の関数に変換できる．これを利用して，式(2.1)の近似式は次のように書ける．

$$\frac{dP}{dT} = \Delta H_{vap} \frac{P}{RT^2}$$

さらに $(1/P)(dP/dT) = d\ln P/dT$ の関係があるから，

$$\frac{d\ln P}{dT} = \frac{\Delta H_{vap}}{RT^2} \tag{2.2}$$

それほど広くない温度範囲では，蒸発熱は一定とみなせるので，式(2.2)は容易に積分できて，

$$\boxed{\ln P = -\frac{\Delta H_{vap}}{RT} + C} \tag{2.3}$$

ここで C は積分定数である．この式から明らかなように，蒸気圧の対数を絶対温度の逆数に対してプロットすると直線関係が得られる．そして，その傾きからモル蒸発熱を計算することができる．つまり，2つの温度における蒸気圧のデータがあれば，モル蒸発熱を計算することができる．(P_1, T_1), (P_2, T_2) の2つのデータの組を式(2.3)に適用しその差をとると，

$$\ln\left(\frac{P_2}{P_1}\right) = -\frac{\Delta H_{vap}}{R}\left(\frac{1}{T_2} - \frac{1}{T_1}\right) \tag{2.4}$$

常用対数を用いると，次式で表される．

$$\boxed{\log\left(\frac{P_2}{P_1}\right) = -\frac{\Delta H_{vap}}{2.303 \cdot R}\left(\frac{1}{T_2} - \frac{1}{T_1}\right)} \tag{2.5}$$

標準沸点と蒸発熱の例を表2-1に示す．

例題 2.1 ベンゼンの蒸気圧は，40 ℃ で 183 mmHg, 90 ℃ で 1021 mmHg である．ベンゼンの蒸発熱および標準沸点を求めよ．

解 蒸発熱は，式(2.5)に $T_1 = 313$ K, $P_1 = 183$ mmHg, $T_2 = 363$ K, $P_2 = 1021$ mmHg, $R = 8.314$ J K^{-1} mol^{-1} を代入して得られる．

$$\Delta H_{vap} = 32.5 \text{ kJ mol}^{-1}$$

標準沸点は，式(2.5)にいま得られた $\Delta H_{vap} = 32.5 \times 10^3$ J mol^{-1} および $T_1 = 313$ K, $P_1 = 183$ mmHg, $P_2 = 760$ mmHg を代入して得られる T_2 である．$T_2 = 353$ K すなわち 80 ℃ である．

表 2-1 標準沸点とモル蒸発熱

物　質		T_b/K	ΔH_{vap}/kJ mol^{-1}	物　質		T_b/K	ΔH_{vap}/kJ mol^{-1}
ジクロロジフロロエタン	CF_2Cl_2	243.4	19.61	アセトン	CH_3COCH_3	329.7	29.0
二硫化炭素	CS_2	319.41	26.8	エタノール	C_2H_5OH	351.7	38.6
水	H_2O	373.15	40.66	クロロホルム	$CHCl_3$	334.4	29.4
ヘリウム	He	3.5	0.084	酢酸エチル	$CH_3COOC_2H_5$	350	32.5
窒素	N_2	77.34	5.58	四塩化炭素	CCl_4	348.9	30.0
四二酸化窒素	N_2O_4	294.31	38.1	ジエチルエーテル	$(C_2H_5)_2O$	308.0	26.5
酸素	O_2	90.19	6.82	プロパン	C_3H_8	231.09	18.77
硫黄	S	717.75	9.62	ヘキサン	C_6H_{14}	341.9	28.85

§2.3　固　体

　液体の温度を下げていくと分子の運動はさらに弱くなる．そして，分子間力により分子は捕捉され，分子の並進運動は停止する．この状態が固体である．図2-2のように，固体には分子が規則正しく並んだ**結晶**と，分子または原子が乱雑に配列している**非結晶体**（amorphous）の2種類がある．後者を無定形またはアモルファスとも呼ぶ．結晶体の場合，結晶の内部は原子，イオン，原子団，分子などの粒子が3次元的に規則正しく配列されている．その粒子を抽象化した幾何学的な点として，空間に配列した3次元配列を**結晶格子**（crystal lattice）という．非結晶体はこのような規則的配列がないものである．非結晶体が高分子からなっている場合（図2-2（c））をガラス体という．この状態は，液体状態の分子や原子がそのまま動きを停止したとみなせる．事実，液体を急冷して非結晶状態を得ることができる．

　結晶格子の中での粒子の位置を示す，格子点と格子点との間を結んでできる網目構造を**空間格子**（space lattice），そして空間格子の最小単位を**単位格子**（または単位胞；unit cell）と呼ぶ．注意深くその配列を検討してみると，空間格子には14種類存在することがわかる（表2-2）．格子点は互いに平行で等間隔の，一群の平面上に並んでいると考えることができる．このような面を格子面（lattice plane）と呼ぶ．格子面のとり方はいくつもあ

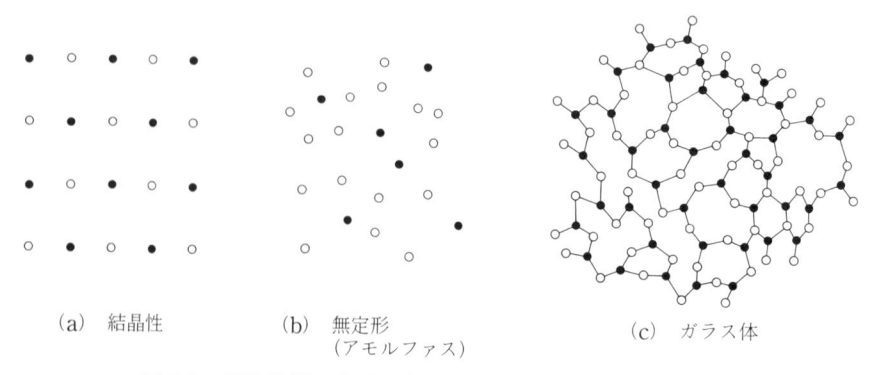

（a）　結晶性　　　　（b）　無定形　　　　　（c）　ガラス体
　　　　　　　　　　　　（アモルファス）

図2-2　固体状態の分子図（結晶，アモルファス，ガラス体）

表 2-2　14 種の空間格子表

分　類 (結晶系)	P 単　純 (primitive)	I 体　心 (body-centered)	F 面　心 (face-centered)	C 底　心 (side-centered)
1. 立　方 (cubic)	☐	☐	☐	
2. 正　方 (tetragonal)	☐	☐		
3. 斜　方 (orthorhombic)	☐	☐	☐	☐
4. 六　方 (hexagonal)	☐			
5. 三　方 (trigonal) または－： 菱面体 (rhombohedral)	☐			
6. 単　斜 (monoclinic)	☐			☐
7. 三　斜 (triclinic)	☐			

るが，互いに等間隔な格子面間距離は，**X 線回折**（X-ray diffraction）という方法を使って測定することができる．

図 2-3 に示すように，角度 θ で入射した X 線が，相隣る 2 つの格子面で反射された後の行路差は，

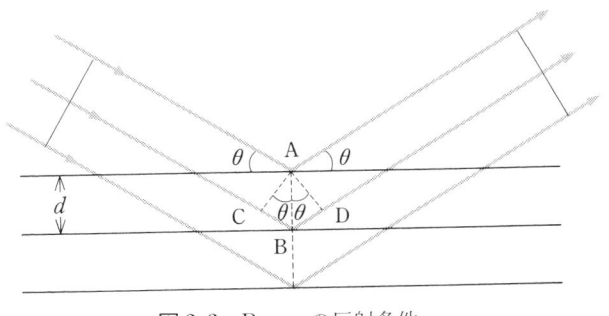

図 2-3　Bragg の反射条件

§2.3　固　　　　　体

$$\mathrm{CB+BD} = 2\,\mathrm{CB} = 2d\sin\theta$$

である．ここで d は**格子面間距離**（面間隔；spacing）である．反射された X 線が干渉により強め合う条件は，次式で与えられる．

$$2d\sin\theta = n\lambda \quad (n = 1, 2, \cdots) \tag{2.6}$$

ここで，λ は X 線の波長，n は反射の次数である．式 (2.6) の関係を **Bragg の反射条件**（1912）[*1] という．すなわち，X 線を結晶に当て，反射される X 線の強度が最大になる反射角度 θ を測定することで結晶の面間隔を測定できる．

例題 2.2 食塩の単結晶にある方向から波長 0.0589 nm の X 線を当てたところ，最も強く反射される角度は 6.017° であった．この結晶面における格子定数 d はいくらか．

解 面間隔 d の結晶面に波長 λ の X 線を当てると，式 (2.6) すなわち Bragg の式を満足する入射角で強い反射が見られる．この式により

$$d = \frac{1\times\lambda}{2\sin\theta} = \frac{0.0589\,\mathrm{nm}}{2\times 0.1048} = 0.281\,\mathrm{nm}$$

固体は上に述べたように，いろいろの結晶形をもっている．与えられた物質にどのような結晶形が最も安定かは，分子の構造や分子間力などによる．また，分子間力は温度や圧力に影響される．したがって，温度や圧力が異なると，安定な結晶形も異なる場合がある．そのような物質では，温度や圧力などの変数の値が変わると，結晶形が異なった別の相に変わる現象が現れる．このような結晶形の変化を**転移**（transition）と呼ぶ．また，その転移が起こる温度を**転移点**という．ただし，多くの固体において結晶形の変化の速度は非常に遅く，見かけ上結晶が安定に存在しているからといって，その結晶がその温度と圧力で最も安定であるとは限らない．たとえば，単斜硫黄は 95.6 °C 以上で安定な硫黄の単体であるが，常温では斜方硫黄が安定である．単斜硫黄と斜方硫黄は体積が異なるので，火山で析出した硫黄は単斜形からやがて斜方形に変わり崩壊する．さらに，極端に転移速度が遅い炭素の結晶の場合，高圧下で安定なダイヤモンドが，常温常圧で最も安定な黒鉛（グラファイト）と日常的に共存する．

液体から蒸気に変化するときに蒸発熱を吸収するのと同様に，結晶の転移においても熱の出入りを伴い，この熱を**転移熱**（heat of transition）という．結晶形の変化も相転移とみなせるので，Clapeyron–Clausius の式が成り立つ．

固相の間の相転移（phase transition）の場合，Clapeyron–Clausius の式は蒸発の場合の式の分子と分母を逆にした形でふつう書かれる．

$$\boxed{\frac{\mathrm{d}T}{\mathrm{d}P} = \frac{T(V_\beta - V_\alpha)}{\Delta H_{\mathrm{trans}}}} \tag{2.7}$$

[*1] Bragg 父子による業績．父 Henry Lawrence Bragg (1862-1942)，子 William Lawrence Bragg (1890-1971)，イギリスの物理学者．

ここで ΔH_{trans} は**モル転移熱**を，V_α, V_β はそれぞれ固体 α, 固体 β のモル体積を表す．一般に固相の転移の際の体積変化は小さいので，dT/dP も小さい．

§2.4 固体の昇華と融解

固体の表面からも蒸発が行われ，その現象を**昇華**（sublimation）と呼ぶ．固体も液体と同様に，一定温度で一定の蒸気圧（飽和蒸気圧）をもつ．純液体と蒸気の平衡の場合と同様に，純固体と蒸気の平衡においても，その蒸気圧と温度の関係は，Clapeyron-Clausius の式が使える．

$$\frac{dP}{dT} = \frac{\Delta H_{\text{sub}}}{T(V_g - V_s)} \tag{2.8}$$

ここで ΔH_{sub} は**モル昇華熱**であり，V_s は固体のモル体積である．液体の場合と同様な近似をして，

$$\frac{d \ln P}{dT} = \frac{\Delta H_{\text{sub}}}{RT^2} \tag{2.9}$$

さらに，2つの温度 T_1, T_2 における蒸気圧を P_1, P_2 とすれば，式（2.5）と同様な式が得られる．

$$\log\left(\frac{P_2}{P_1}\right) = -\frac{\Delta H_{\text{sub}}}{2.303 \cdot R}\left(\frac{1}{T_2} - \frac{1}{T_1}\right) \tag{2.10}$$

固体を熱するにつれて，格子点を占める分子（または原子，イオン，原子団）の平均位置を中心とする振動は激しくなり，ついにある温度になると，分子はある程度自由に動き回るようになる．これがすなわち**融解**（fusion）である．逆に，液体が固体になることを**凝固**（freezing）と呼ぶ．一定圧力のもとで，純物質の固体と液体が平衡に存在しているとき，その温度は一定であり，この温度を固体の**融点**（melting point）または液体の**凝固点**という．固体が融解するときに吸収する熱が**融解熱**（heat of fusion）である．固体-気体，液体-気体平衡のとき系の圧力は，共存する気体すなわち蒸気の圧力である．固体-液体平衡のとき系の圧力はその物質系に加えられている圧力である．したがって，系の圧力と融点の関係が Clapeyron-Clausius の式で表現できる．融解の場合の Clapeyron-Clausius の式は，ふつう蒸発や昇華のときの dP/dT とは逆の形で書かれる．

$$\frac{dT}{dP} = \frac{T(V_l - V_s)}{\Delta H_{\text{fus}}} \tag{2.11}$$

ここで ΔH_{fus} はモル融解熱を，V_l, V_s はそれぞれ液体，固体のモル体積である．

一般に固体が融解するときの体積変化は小さいので，dT/dP も小さい．一般の化合物の多くは $V_l > V_s$ なので，$dT/dP > 0$ となるが，水は $V_l < V_s$ なので $dT/dP < 0$ となる．つまり一般の化合物は，圧力を加えると融点は上がるけれど，水は逆に融点が下がることを意味する．水の特殊性がこのようなところに現れている．

例題 2.3　0 ℃における水，氷の密度はそれぞれ 0.9998, 0.9168 g cm^{-3} で，氷のモル融解熱は 6.008 kJ mol^{-1} である．圧力による体積変化はないものとして，外圧を 1 atm 増加させることによる融点の変化はいくらか．

解　式（2.11）を利用して温度変化を求めることができる．まず水 1 mol は 18.02 g であるので，密度の値から計算された水および氷のモル体積は SI 単位で表すと

$$V_l = 18.02 \times 10^{-6} \text{ m}^3 \text{ mol}^{-1}, \quad V_s = 19.66 \times 10^{-6} \text{ m}^3 \text{ mol}^{-1}$$

圧力変化は

$$\Delta P = 1 \text{ atm} = 1.013 \times 10^5 \text{ Pa}$$

式（2.11）より

$$\frac{\Delta T}{\Delta P} = \frac{(273 \text{ K})(18.02 - 19.66) \times 10^{-6} \text{ m}^3 \text{ mol}^{-1}}{6.008 \times 10^3 \text{ J mol}^{-1}} = -7.41 \times 10^{-8} \text{ K Pa}^{-1}$$

$$\Delta T = -(7.41 \times 10^{-8} \text{ K Pa}^{-1})(1.013 \times 10^5 \text{ Pa atm}^{-1}) = -7.50 \times 10^{-3} \text{ K atm}^{-1}$$

すなわち，圧力を 1 atm 増すごとに氷の融点は 0.0075 K 低下する．

§2.5　純物質の状態図

純物質（1 成分系）の各相間の平衡は，温度や圧力に依存する．この相平衡における温度や圧力依存性を図にしたもの（温度や圧力を座標軸にとる）を**状態図**（または**相図**；phase diagram）という．液体-固体平衡で dP/dT が負と正を示す代表として，水（図 2-4）と二酸化炭素（図 2-5）の状態図を示す．ただし，見やすくするために座標軸の尺度を実際とは変えて描いてある．

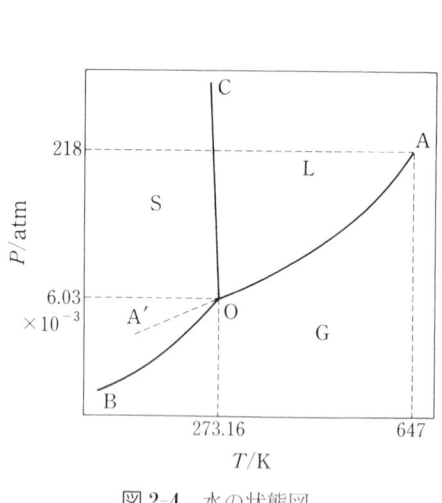

図 2-4　水の状態図

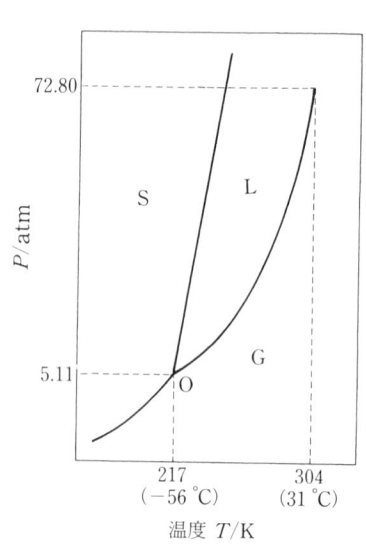

図 2-5　二酸化炭素の状態図

G, L, S と記した領域ではそれぞれ系の状態が気相，液相，固相であることを示している．また，各領域の境界線上では隣り合った相が共存していることを示す．すなわち，各領域内では相の変化なしに温度や圧力を任意に変えることができる．しかし，曲線 OA 上では気相と液相が；曲線 OB 上では気相と固相が；曲線 OC 上では液相と固相が共存して

平衡にある．ここでは，温度を決めれば圧力は決まり，圧力を決めれば温度が決まる．曲線 OA は液相の蒸気圧の温度変化つまり §2.1 で述べた**蒸気圧曲線**を表している．同様に，曲線 OB は固相の蒸気圧の温度変化を表し，**昇華曲線**と呼ばれ，曲線 OC は融点の圧力変化を表し，**融解曲線**と呼ばれる．さて点 O では，気相，液相，固相の 3 相が共存し，温度，圧力は決まっている（任意に変えることができない）．一般にこのような点を**三重点**と呼ぶ．水の三重点[*1]は温度 0.01 °C（273.16 K），圧力 4.58 mmHg（610.6 Pa）である．二酸化炭素の三重点は -56 °C，5.11 atm（5.18×10^5 Pa）である．

例題 2.4 -20 °C の氷を 1 atm（1.013×10^5 Pa）および 1×10^{-3} atm（1.013×10^2 Pa）のもとで温度を上げたとき，それぞれの状態変化を説明せよ．

解 図 2-4 を見て，定圧変化であるから 1 atm および 1×10^{-3} atm のところを水平（温度変化）に移動したときの状態変化を読み取る．
（1） 1 atm のときは氷 → 水 → 水蒸気（融解 → 蒸発）の変化をする．
（2） 1×10^{-3} atm のときは三重点以下なので，氷 → 水蒸気（昇華）の変化をする．

§2.6 液体のいろいろな性質

液体は気体と固体の中間にある状態である．気体に近い性質としては「流れる」ことがあげられるが，分子間の距離は固体に似て互いに接近しており，このため分子間力が作用してその形を保とうとする性質がある．しかし，固体では各分子が格子に規則正しく位置しているのに比べると，液体では分子間距離がやや大きくて配列も乱雑であるため，分子間の隙間が広いともいえる．液体は，したがって，凝集した状態を保ったまま，重力の場でポテンシャルエネルギーの低いほうへ自発的に流れていき，容器の形状に合わせてその形をとり，表面が水平になる．その液体は気体に比べれば固体に近い性質があるため，分子間力は固体に近いと考えてよい．この分子間力に関係した液体の物理化学的性質としては，**蒸気圧**（vapor pressure），**蒸発熱**（heat of vaporization），**凝縮熱**（heat of condensation）があげられることはすでに学んできた．分子間距離は一般に温度の上昇とともに大きくなるので，**比体積**（specific volume，$cm^3 g^{-1}$）は温度とともに大きくなり，逆に**密度**（density，$g\, cm^{-3}$）は小さくなる．また，液体の密度は固体の密度より小さいのがふつうであるが，水だけは例外的に固体の密度が液体より小さい（このため氷は水に浮かぶ）し，液体の水の密度は 4 °C において極大値をとる（1 atm において）．これら水の異常な性質には，水が酸素原子 1 つと水素原子 2 つとからつくられた水分子の特殊な構造が関与している．

分子間相互作用と関係した液体の性質には，上記のほか，**表面張力**（surface tension）と**粘性**（viscosity）などがあげられる．表面張力は，液体中に分子間力が作用し合っているため，表面に出ている分子が内側に引き込まれることと関係している．表面にいる分子が内側にもぐり込もうとするこの性質は，表面積をなるたけ小さくしようとする力を生じる．

[*1] 水の三重点は温度（Kelvin 温度）の単位の定義に用いられている．

もし，何らかの力によって表面が広げられるなら，系のエネルギー（後で学ぶところの自由エネルギー）が高められる．エネルギーの高い状態は不安定なので，液体は表面積をなるたけ小さくしてエネルギーの低い状態をとろうとする．小さな液滴が球面をつくる傾向があるのはこのためである．単位面積あたりの自由エネルギー，あるいは表面上の任意の線分における単位長さあたりの力のことを表面張力と定義づける．SI単位では m N m^{-1} であり，これは dyn cm^{-1} と同じ値となる．

表面張力の測定には図2-6（a）のような針金の枠をつくり，これに液体の膜を張らせると，可動部分 AB は膜を縮小しようとする力 F によって右側に引き寄せられる．その力 F を決めるには，可動棒を左に引いていき，液体膜が破れる瞬間までに要した力を計測すればよい．可動棒の長さ l に接する液膜は表裏2面あるので $2l$ の長さだけ液面が接している．このとき次の関係が成り立つ．

$$F = 2\gamma l \tag{2.12}$$

γ は比例定数で，［力］/［長さ］または［エネルギー］/［面積］の次元をもつ．これが表面張力と呼ばれるものである．

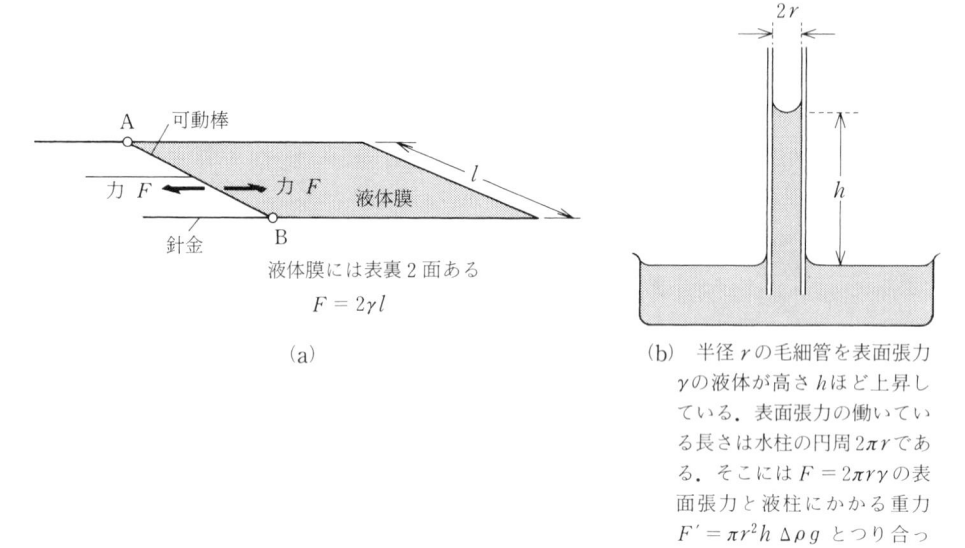

(a)

(b) 半径 r の毛細管を表面張力 γ の液体が高さ h ほど上昇している．表面張力の働いている長さは水柱の円周 $2\pi r$ である．そこには $F = 2\pi r\gamma$ の表面張力と液柱にかかる重力 $F' = \pi r^2 h\, \Delta\rho\, g$ とつり合っている．

図2-6 液体の表面張力

水や水溶液などの表面張力はガラス製の毛細管を用いても測定できる．ガラスの表面張力が水や水溶液の表面張力より大きいことから，図2-6（b）のように半径 r の毛細管を立ててやると，毛管上昇が起こってある高さ h まで液体は昇りつめる．このとき次の関係が成り立つことが知られている．

$$\gamma = \frac{1}{2}\Delta\rho\, ghr \tag{2.13}$$

ここで，$\Delta\rho$ は液相と気相の密度の差であるが，近似的に液体の密度を用いることがある．g は重力の加速度（$g = 9.807$ m s^{-2} $= 980.7$ cm s^{-2}）である．r および h を cm 単位，密度

を g cm^{-3} を用いれば γ は dyn cm^{-1}（= m N m^{-1}）の単位で求められる．

次に流体がある圧力差のある場に置かれたときの流動に関係している粘性について考えよう．液体によって流れやすいものと流れにくいものがあることに気づいているであろう．液体は流れに対して抵抗を示す．その性質を**粘度**（viscosity，通常 η で表す）という．

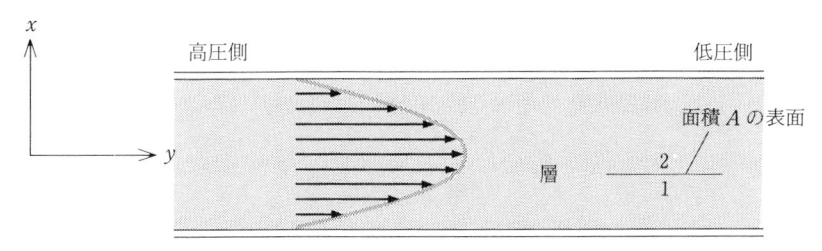

図 2-7　2つ大きな平面の板の間に流れる流体とその流速分布

いま，図 2-7 に示すような大きな平板の間を定常的に流れている流体を例にとって粘度を説明しよう．流体の y 方向への流動速度 v_y は平板からの距離に依存し，平板間の中央で最大に，またそれぞれの平板のところでゼロとなっている（図中の矢印）．すなわち，v_y は x の関数である．流体の隣り合った層は，互いに違った速度で流れており，層と層の間では**すべり**が生じている．このときすべり合う2つの層の間では摩擦抵抗の力を及ぼし合う．この流体内部の摩擦が粘性を示す原因である．図中の速いほうの流体層（2の側）上の面 A を，遅いほうの流体層（1の側）が y 方向へ移動するときに生じる摩擦力を F_y とすると，F_y は接触する層の面積と流動の**速度勾配** $\mathrm{d}v_y/\mathrm{d}x$ に比例することが実験的に確かめられている．この流体の粘度（粘性率または粘性係数ともいう）η は，次に示すように比例定数に相当するものである．

$$F_y = -\eta A \frac{\mathrm{d}v_y}{\mathrm{d}x} \tag{2.14}$$

この式は **Newton の粘性の法則**（Newton's law of viscosity）と呼ばれている．ここで η は，SI単位では kg m^{-1} s^{-1} ≡ Pa s の次元をもつが，粘度はしばしば**ポアズ**［1 poise（P）= 1 g cm^{-1} s^{-1}；1 P = 10^{-1} Pa s］で表されることを知っておこう．また，20 ℃における水の粘度が約 1 cP（センチポアズ）であることを常識として頭に入れておくとよい．

溶液の粘度を測定するには，細長い円筒に詰められた液体中へ，半径が正確にわかった球を落下させ，その落下速度を測定する落球法や，垂直に立てた毛細管の中を一定体積の液体が流下する速度を測定する毛管粘度計（代表的なものが Ostwald の粘度計）がある．

Ostwald の粘度計を図 2-8 に示す．体積 V の液体が長さ l，半径 r の毛管を Δh の落差（したがって圧力差 $\rho g \Delta h$）のつけられたところから流下するのに時間 t を要したとする

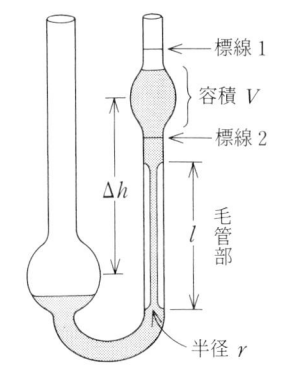

図 2-8　Ostwald の粘度計（ガラス製）

と，粘度 η は次式で与えられることが知られている．

$$\eta = \frac{\pi r^4 \rho g t \Delta h}{8 l V} \tag{2.15}$$

Ostwald の粘度計では右側の液溜に（吸い上げて）保持していた液体のメニスカスが，標線 1 と 2 を通過する時間 t を測定すればよい．同じ粘度計を用いて，粘度が既知の液体 1（その密度を ρ_1，流下時間 t_1 とする）を基準にして，粘度未知の液体 2（密度 ρ_2）の流下時間 t_2 を測定すれば，**相対粘度** η_r を次の式から知ることができる．

$$\eta_r = \frac{\eta_2}{\eta_1} = \frac{\rho_2 t_2}{\rho_1 t_1} \tag{2.16}$$

液体，なかんずく溶液の性質の研究に粘度測定が有力な手段となる．

表 2-3　水 H_2O（モル質量 $18.016\,\mathrm{g\,mol^{-1}}$）の 1 atm における物理化学的性質

固体 H_2O ＝ 氷
（0 °C）

密度 ＝ $0.915\,\mathrm{g\,cm^{-3}}$，比体積 ＝ $1.093\,\mathrm{cm^3\,g^{-1}}$
蒸気圧 ＝ $4.579\,\mathrm{mmHg}$ ＝ $610\,\mathrm{Pa}$
融解熱 ＝ $333.4\,\mathrm{kJ\,kg^{-1}}$ ＝ $6.007\,\mathrm{kJ\,mol^{-1}}$
第三法則モルエントロピー ＝ $41.0\,\mathrm{J\,K^{-1}\,mol^{-1}}$
比熱容量 ＝ $2.113\,\mathrm{kJ\,K^{-1}\,kg^{-1}}$

液体 H_2O

温度 (°C)	密度 ($\mathrm{g\,cm^{-3}}$)	表面張力 ($\mathrm{mN\,m^{-1}}$)	蒸気圧 (mmHg)	蒸発熱 ($\mathrm{kJ\,kg^{-1}}$)	粘度 (mPa s)
0	0.9999	75.64	4.579	2493	1.7921
10	0.9997	74.20	9.205		1.307
20	0.9982	72.75	17.535	2447	1.0050
30	0.9956	71.15	31.825		0.7975
40	0.9922	69.56	55.324	2402	0.6560
50	0.9881	67.90	92.557		0.5470
60	0.9832	66.18	149.38	2356	0.4688
80	0.9718	62.61	355.1	2307	0.3565
100	0.9584	58.85	760.00	2257	0.2838

第三法則モルエントロピー ＝ $63.2\,\mathrm{J\,K^{-1}\,mol^{-1}}$ (0 °C)
　　　　　　　　　　　＝ $87.0\,\mathrm{J\,K^{-1}\,mol^{-1}}$ (100 °C)
比熱容量 ＝ $4.18\,\mathrm{kJ\,K^{-1}\,kg^{-1}}$（0〜100 °C の間）
凝固熱 ＝ $-333.4\,\mathrm{kJ\,kg^{-1}}$ (0 °C)

気体 H_2O ＝ 水蒸気
（100 °C）

密度 ＝ $5.880\times10^{-4}\,\mathrm{g\,cm^{-3}}$，比体積 ＝ $1701\,\mathrm{cm^3\,g^{-1}}$
第三法則モルエントロピー ＝ $196.2\,\mathrm{J\,K^{-1}\,mol^{-1}}$
定圧比熱容量 ＝ $1.874\,\mathrm{kJ\,K^{-1}\,kg^{-1}}$
凝縮（液化）熱 ＝ $-2257\,\mathrm{kJ\,kg^{-1}}$ ＝ $-40.66\,\mathrm{kJ\,mol^{-1}}$

＊　いろいろな性質のうちいくつかは後章で説明が行われる．

液体としてわれわれに最も身近な水の諸性質を表 2-3 に掲げておくので，将来活用するとよい．この表のうち，液体の水の諸性質が温度とともにどのように変化するのか見てみるのも有益であろう．なお，蒸気圧が mmHg 単位で与えられている．

第 2 章 演 習 問 題

2.1 水を十分に沸騰させて，空気を追い出し密栓した．それをさらに加熱したところ，110 ℃ で液体の水がちょうどなくなった．その後室温で容器の質量を測定したところ 50.162 g であった．この容器を真空にして同様に室温で質量を測ったところ 50.000 g であった．容器の体積は 110 ℃ で 0.200 dm³ であった．110 ℃ における水の蒸気圧を求めよ．

2.2 水の蒸発熱は 40.6 kJ mol⁻¹ である．0.900 atm（9.12×10^4 Pa ＝ 91.2 kPa）における水の沸点は何度か．絶対温度とセ氏温度で答えよ．

2.3 アンモニアの蒸気圧は温度とともに次のように変わる．

t/℃	-74.27	-67.40	-57.12	-33.43
P/mmHg	60	100	200	760

(a) $\log P$ を絶対温度の逆数に対してプロットし，これがほぼ直線になることを示せ．
(b) プロットした図から，この温度範囲でのアンモニアの平均モル蒸発熱を求めよ．
(c) -40 ℃ でのアンモニアの蒸気圧を求めよ．

2.4 ベンゼンのモル融解熱は 9.84 kJ mol⁻¹，1.00 atm（1.013×10^5 Pa）での融点は 5.40 ℃，100 atm（1.013×10^7 Pa）で 5.78 ℃ である．ベンゼン 1 mol の融解に伴う体積変化を求めよ．

2.5 固体ヨウ素の蒸気圧は 50 ℃ で 2.16 mmHg（288 Pa）である．三重点は 114.15 ℃ で，そのときの蒸気圧は 90.1 mmHg（1.20 kPa）である．また，液体ヨウ素の蒸気圧は 150 ℃ で 294 mmHg（3.92 kPa）である．固体ヨウ素の融点は圧力の増加とともにわずかに上昇する．これらの事実をもとにヨウ素の状態図の概略を示せ．

2.6 水の 30 ℃ における密度は，$\rho_1 = 0.9957$ g cm⁻³ であり，粘度は $\eta_1 = 0.7973$ m Pa s である．ある Ostwald 型粘度計を用いて，水 10.0 cm³ の流下時間を測定したところ，$t_1 = 96.2$ s であった．次に同じ条件で，50.0 質量%エタノール水溶液の 10.0 cm³ について測定したところ，流下時間が $t_2 = 268$ s であった．このエタノール水溶液の 30 ℃ における密度は，$\rho_2 = 0.9058$ g cm⁻³ である．このエタノール水溶液の粘度 η_2 は何 m Pa s と計算されるか．

3

混 合 物

　これまでの章では，いずれも純粋な物質の気体，液体，および固体の3態について述べてきた．われわれの身のまわりでは，純物質ばかりでなく，いろいろな物質が混ざり合ったものが多くある．これを混合物と定義づけるが，混合物は，それを構成している各純物質とは明らかに状態が異なり，その性質も混合のあり方によって違ってくる．混合物を科学的に扱うとき，まず，濃度または組成の概念および定義を明確にしておかねばならない．混合気体の場合，濃度のかわりに分圧という量も用いられる．液体Aと液体Bの混合物，または液体Aと固体Cの混合物が液体である場合は，これらを溶液と呼ぶが，溶液中の各成分の蒸気圧は，それぞれが純物質のときに示す蒸気圧とは異なる．この現象に関連して，重要ないくつかの法則をこの章で学ぶ．

§3.1 濃　度

　ある物質の集まりを外界と区別して考察するとき，その考察の対象の物質の集まりを**系**と呼ぶ．各種の物質を混ぜ合わせると**混合物**（mixture）になるが，この混合物を非常に小さな部分に分けて，そのどの部分をとっても性質が一様であるときこれを**均一系**と呼ぶ．そうでないときを**不均一系**と呼ぶ．系の他の部分と明確な境界（界面）により区別されるような部分を**相**という．2種類以上の物質からできている相を**溶相**という．溶相が液体のときは**溶液**（solution），固体のときは**固溶体**（solid solution）と呼ぶ．1つの液体にある物質が溶解して溶液をつくるとき，その液体を**溶媒**（solvent）と呼び，溶解した物質を**溶質**（solute）と呼ぶ．液体と液体からなる溶液の場合，溶媒，溶質の区別は明らかでないが，一般には多量にあるほうを溶媒と呼ぶことが多い．ここでは溶媒をA，溶質をBで表す．

　一般に，気体は分子間力が弱くよく混合し均一になるが，液体や固体を含む系は，分子間力の強弱などにより均一な溶相にならず，いくつかの相を含む不均一系となることがある．このとき各相は互いに独立でなく，それらの間には，後述するRaoultの法則のような物理化学的関係が存在する．その関係は溶質の**濃度**（concentration）に依存する．

　溶質の濃度の表し方は以下に示すようにいろいろあるが，必要に応じて選択される．以下に示す濃度で，理論的な考察で最も重要なものはモル分率であり，実際の実験でよく使用されるのは質量モル濃度（重量モル濃度）や容量モル濃度である．

（1） **質量百分率**（または**重量百分率**）（weight percent）
溶液 100 g 中の溶質の質量（グラム数）で表す．溶媒の質量を w_A，溶質の質量を w_B とすれば，溶質の重量百分率は

$$\frac{w_B}{w_A + w_B} \times 100\ \% \tag{3.1}$$

（2） **体積百分率**（volume percent）
液体どうしの混合に用いられるが，混合前の体積の割合を百分率で表す．混合前の液体の体積を V_A, V_B とすれば，溶質の体積百分率は

$$\frac{V_B}{V_A + V_B} \times 100\ \% \tag{3.2}$$

一般に混合後の体積は，混合前の体積の和に等しくない．

非常に希薄な溶液の場合，（1）や（2）のような百分率（％）つまり 100 分の 1 のかわりに，**ppm**（part per million）や **ppb**（part per billion）という単位が使われることがある．ppm は 100 万分の 1 を，ppb は 10 億分の 1 を意味する．

（3） **モル分率**（mole fraction）
ある成分の物質量（モル数）を溶液の全成分の総物質量（モル数）で割ったものがモル分率である．すなわち，溶媒，溶質の物質量（モル数）をそれぞれ n_A, n_B とすると，溶質のモル分率は

$$x_B = \frac{n_B}{n_A + n_B} \tag{3.3}$$

この濃度は実用的な濃度というより，物理化学上の理論式を展開するときによく使われる濃度である．

（4） **質量モル濃度**（または**重量モル濃度**）（molality）
単位質量（1 kg）の溶媒に溶けている溶質の物質量（モル数）で表される．その単位は mol kg^{-1} である．この単位は m と略記されることがある．（重量モル濃度という表現は古い時代のものである．）

（5） **容量モル濃度**（molarity）
この濃度は単にモル濃度という場合もある．単位体積（1 dm^3）の溶液中に溶けている溶質の物質量（モル数）で表される．その単位は mol dm^{-3} である．この単位は M と略記されることがある．なお SI 単位では溶液の体積を 1 m^3 にとるので，mol m^{-3}（$= 10^{-3}$ mol dm^{-3}）であるが，現在あまり使われていない．1 dm^3 は従来使われてきた 1 l に代わるものである．1 dm^3 と 1 l は昔は同じものと考えられていたが，厳密には等しくないことがわかった．しかし，近似的に 1 dm^3 = 1 l と考えてよい．

（6） **規定濃度**（normality）
質量モル濃度または容量モル濃度と基本的には同じ定義であるが，溶けている溶質の量が物質量（モル数）でなく当量数（ある基準物質に対する相対モル数）であることのみが異なっている．この濃度は○○規定と呼ばれ，その単位は N で示されてきた．

さて，理論上重要な濃度はモル分率であるが，一般に使われる溶液の濃度は低く，モル分率では数値が小さくなりすぎること，および任意の溶液を調製することのむずかしさから，容量モル濃度，質量モル濃度がよく使われる．したがって，これらの濃度の関係を考察することは重要である．Aを溶媒，Bを溶質とすると，希薄溶液では溶媒と溶質の物質量（モル数）の関係は $n_A \gg n_B$ である．そこで，モル分率は次のように近似できる．

$$x_B = \frac{n_B}{n_A + n_B} \fallingdotseq \frac{n_B}{n_A} = m_B \left(\frac{M_A}{1000} \right) \tag{3.4}$$

$$x_B = \frac{n_B}{n_A + n_B} \fallingdotseq C_B \left(\frac{M_A}{1000 \times \rho_A} \right) \tag{3.5}$$

ここで m_B, C_B は溶質の質量モル濃度，容量モル濃度，M_A は溶媒のモル質量（$\mathrm{g\,mol^{-1}}$），ρ_A は溶媒の密度（$\mathrm{g\,cm^{-3}}$）である．溶媒のグラム質量を $w_A\,\mathrm{g}$，溶質のグラム質量を $w_B\,\mathrm{g}$，溶質のモル質量を $M_B\,\mathrm{g\,mol^{-1}}$，溶液の密度を $\rho\,\mathrm{g\,cm^{-3}}$ とすると，Bの質量モル濃度は

$$m_B = \frac{w_B}{M_B} \times \frac{1000}{w_A} \tag{3.6}$$

また，Bの容量モル濃度は

$$C_B = \frac{w_B}{M_B} \times \frac{1000 \times \rho}{w_A + w_B} \tag{3.6'}$$

で与えられる[*1]．

例題 3.1 20 °C でメタノール $25.0\,\mathrm{cm^3}$ と水 $75.0\,\mathrm{cm^3}$ を混合してメタノール水溶液をつくった．この溶液の濃度を（a）体積分率，（b）質量分率，（c）モル分率，（d）質量モル濃度，（e）容量モル濃度で表せ．ただし，20 °C でのメタノール，水，およびこの溶液の密度は，それぞれ $0.7913, 0.9982, 0.9652\,\mathrm{g\,cm^{-3}}$ である．

解 溶質のメタノールを 2，溶媒の水を 1 とする．
（a）定義に従って，メタノールの体積分率は

$$\phi_2 = \frac{V_2}{V_1 + V_2} = \frac{25.0\,\mathrm{cm^3}}{(75.0 + 25.0)\,\mathrm{cm^3}} = 0.250$$

（b）純物質の密度が与えられているので，メタノールの質量分率は

$$\omega_2 = \frac{V_2 \rho_2}{V_1 \rho_1 + V_2 \rho_2} = \frac{25.0 \times 0.7913\,\mathrm{g}}{75.0 \times 0.9982\,\mathrm{g} + 25.0 \times 0.7913\,\mathrm{g}} = 0.209$$

（c）水およびメタノールのモル質量はそれぞれ $18.02\,\mathrm{g\,mol^{-1}}$ と $32.04\,\mathrm{g\,mol^{-1}}$ だから，この溶液に含まれる水およびメタノールの物質量 n_1 と n_2 は

$$n_1 = 4.154\,\mathrm{mol}, \quad n_2 = 0.617\,\mathrm{mol}$$

メタノールのモル分率は

$$x_2 = \frac{0.617\,\mathrm{mol}}{(4.154 + 0.617)\,\mathrm{mol}} = 0.129$$

（d）メタノールの質量モル濃度は

[*1] 溶質Bのモル質量 M_B は一般に $\mathrm{g\,mol^{-1}}$ の単位で表されている．しかしSI単位を厳密に運用すると $\mathrm{kg\,mol^{-1}}$ 単位となる．後者の単位を採用すると式(3.6)，(3.6')の中の1000は1に置き換えなければならない．

$$m_2 = \left(\frac{0.617 \text{ mol}}{74.87 \text{ g}}\right)\left(\frac{1000 \text{ g}}{1 \text{ kg}}\right) = 8.24 \text{ mol kg}^{-1}$$

（e） メタノールの容量モル濃度は

$$C_2 = 0.617 \text{ mol} \left(\frac{0.9652 \text{ g cm}^{-3}}{94.65 \text{ g}}\right)\left(\frac{1000 \text{ cm}^3}{1 \text{ dm}^3}\right) = 6.29 \text{ mol dm}^{-3}$$

§3.2 混合気体とDaltonの分圧の法則

理想気体の状態式（第1章§1.1）には気体の個性が入っていないので，2種類以上の気体を混合しても理想気体の状態式は成り立つ．Dalton（1801）[*1] は混合気体について，次の法則を見い出した．一定温度で一定体積を占める混合気体が示す圧力（**全圧**）は，各成分気体が単独で同じ体積を占めた場合に生じる圧力の和に等しい．これを**ドルトンの分圧の法則**（Dalton's law of partial pressures）という．**分圧**とはその成分気体が単独で混合気体の全体積を占めたときに示す圧力のことである．この分圧の法則は全圧（P）と成分 i の分圧（p_i）を使って次式のように書かれる．

$$P = p_1 + p_2 + \cdots = \sum p_i \tag{3.7}$$

Boyle-Charles の法則すなわち理想気体の状態式により（第1章§1.1），i 種の気体が個別に存在し，それらの気体の温度，体積が同じとき，各気体に対して次の式が成立する．

$$p_i V = n_i RT \tag{3.8}$$

ここで n_i は気体 i の物質量（モル数）である．式（3.7）と式（3.8）より

$$PV = \left(\sum n_i\right)RT \tag{3.9}$$

さらに，式（3.8）と式（3.9）より，気体成分 i 種のモル分率 x_i と，分圧および全圧との関係式が得られる．

$$\boxed{p_i = \left(\frac{n_i}{\sum n_i}\right)P = x_i P} \quad \text{または} \quad \boxed{x_i = \frac{p_i}{P}} \tag{3.10}$$

一方 i 種の気体が個別に，同温同圧で存在しているとき，各気体に対して次の式が成立する．

$$PV_i = n_i RT \quad \text{または} \quad V_i = n_i RT/P \tag{3.11}$$

式（3.9）と式（3.11）より $V = \sum V_i$ が得られ，また式（3.9）で式（3.11）を割れば

$$\boxed{x_i = \frac{V_i}{V}} \tag{3.12}$$

の関係が得られる．式（3.10），式（3.12）からDaltonの分圧の法則は次のようにもいえる．混合気体の分圧は全圧にその成分のモル分率を掛けたものである．あるいは，同温同圧の気体を混合したときの全体積は，混合前の各成分気体の体積の和に等しい．

例題 3.2 Aの容器には 2.00 atm（2.026×10^5 Pa）の酸素 0.400 dm³ が詰められており，Bの容器には 4.50 atm（4.559×10^5 Pa）の窒素 0.100 dm³ が詰められている．両容器は同じ温度で

[*1] John Dalton（1766-1844），イギリスの化学者．

ある．両容器をつなぎ気体を混合した後の全圧および各気体の分圧，モル分率はいくらか．

解 分圧はそれぞれが単独で全体積を占めるときの圧力である．このとき全体積 $V_f = (0.400 + 0.100)\,\mathrm{dm^3}$ である．したがって，酸素の分圧を p_A，窒素の分圧を p_B とすると，$p_i V_i$（混合前）$= p_f V_f$（混合後）の関係式より，

$$p_A = \frac{2.00\,\mathrm{atm} \times 0.400\,\mathrm{dm^3}}{0.500\,\mathrm{dm^3}} = 1.60\,\mathrm{atm}, \qquad p_B = \frac{4.50\,\mathrm{atm} \times 0.100\,\mathrm{dm^3}}{0.500\,\mathrm{dm^3}} = 0.900\,\mathrm{atm}$$

全圧 P は成分の分圧の和であるから

$$P = (1.60 + 0.900)\,\mathrm{atm} = 2.50\,\mathrm{atm}\,(= 2.53 \times 10^5\,\mathrm{Pa})$$

モル分率は分圧と全圧の比として求められる．

$$x_A = \frac{1.60}{2.50} = 0.640, \qquad x_B = 1 - x_A = 0.360$$

§3.3 気体の溶解と Henry の法則

一定量の溶媒に溶解する気体の質量は，温度や圧力によって異なる．一般に気体の溶解度は温度の上昇とともに小さくなり，圧力の増加とともに大きくなる．気体の溶解度があまり大きくないとき，気体の溶解度に対する圧力の効果に関して **Henry の法則**（1803）[*1] がある．この法則は「気体の溶解度は気相中におけるその気体の分圧に比例する」というものである．揮発性のある溶質 B について述べると，<u>希薄溶液</u>では，溶液と平衡にある気相中の溶質 B の蒸気圧（分圧）は溶液中のその溶質の濃度に比例する．溶質の蒸気圧を p_B，溶質のモル分率を x_B とすると

$$p_B = k_H \cdot x_B \tag{3.13}$$

ここで k_H は溶質と溶媒の種類に依存する比例定数である．この法則は一般化できて，溶質を気体だけでなく揮発性の物質に適用を拡大できる．すなわち Henry の法則は希薄溶液における溶質の蒸気圧に関する法則といえる．

気体の液体に対する溶解度を表すのによく用いられるのが **Bunsen**[*2] **の吸収係数**（absorption coefficient）である．この吸収係数は気体の分圧が 1 atm のとき，単位体積（たとえば 1 dm^3）の液体に溶解している気体の量と定義される．ただし，その気体の量は 0 °C，1 atm のときに占める気体の体積に換算したものである．いま t °C，1 atm の気体が液体 V_A dm^3 に v_B dm^3 溶解したとすると，この気体の t °C における吸収係数 α は次式で与えられる．

$$\alpha = \left(\frac{v_B}{V_A}\right) \times \left(\frac{273}{273 + t}\right) \tag{3.14}$$

表 3-1 に種々の気体の水に対する吸収係数の値を示す．

例題 3.3 空気中の酸素と窒素のモル分率は 0.21 と 0.79 である．空気の全圧が 1 atm，温度が 20 °C のときの水中での空気成分の組成を，空気中の組成と比較せよ（表 3-1 の利用）．

解 Henry の法則により Bunsen の吸収係数を使って，1 m$_w^3$ の水に溶解した酸素の体積 $V_{(O_2)}$ は式(3.12)より 0 °C，1 atm 換算で，

[*1] William Henry (1774-1836)，イギリスの化学者．
[*2] Robert Wilhelm Eberard Bunsen (1811-1899)，ドイツの化学者．

$$V_{(O_2)} = 0.21 \times 0.0310 \text{ m}_{(O_2)}{}^3 \text{ m}_w{}^{-3} = 0.0065 \text{ m}_{(O_2)}{}^3 \text{ m}_w{}^{-3}$$

同様に窒素の体積は

$$V_{(N_2)} = 0.79 \times 0.0152 \text{ m}_{(N_2)}{}^3 \text{ m}_w{}^{-3} = 0.012 \text{ m}_{(N_2)}{}^3 \text{ m}_w{}^{-3}$$

分圧の法則によれば，同温同圧の気体の混合後の組成は混合前の体積比に等しいので，この場合，体積分率はすなわちモル分率である．酸素の水中でのモル分率を x_{O_2} とすると，式（3.12）より

$$x_{O_2} = \frac{0.0065 \text{ m}^3}{(0.0065 + 0.012) \text{ m}^3} = 0.35$$

すなわち，水中で酸素は気相中よりも高いモル分率になっている．つまり，酸素は水中で濃縮される．

表 3-1 各種気体（i）の水に対する Bunsen の吸収係数（$\text{m}_{(i)}{}^3 \text{ atm m}_w{}^{-3} \text{ atm}^{-1} = \text{m}_{(i)}{}^3 \text{ m}_w{}^{-3}$）

気体	0 °C	20 °C	60 °C
H_2	0.0214	0.0182	0.0160
N_2	0.0231	0.0152	0.0102
O_2	0.0489	0.0310	0.0195
CO	0.0354	0.0232	0.0149
CO_2	1.717	0.8729	0.3663
He	0.0094	0.0087	0.0089
CH_4	0.0556	0.0331	0.0195
H_2S	4.621	2.554	1.176
HCl	517.4	442	339

§3.4 Raoult の法則

溶液と平衡にある蒸気相中の各成分の分圧はその溶液濃度に依存する．溶媒に不揮発成分が溶解すると，その溶液の蒸気圧は降下する．この現象を**蒸気圧降下**（depression of vapor pressure）という．希薄溶液でかつ溶質が不揮発のとき，溶液の蒸気圧（すなわち溶媒の蒸気圧）が，同じ温度の純溶媒の蒸気圧より Δp ほど低下し，その相対蒸気圧降下は溶質の濃度のモル分率に等しいことを，Raoult（1887）[*1] は実験的に見い出した．すなわち

$$\frac{p_A{}^* - p_A}{p_A{}^*} = \frac{\Delta p}{p_A{}^*} = x_B \tag{3.15}$$

ここで $p_A{}^*$ は純溶媒の蒸気圧，p_A は溶液の蒸気圧，x_B は溶質のモル分率である．これを**Raoult の法則**という．式（3.15）をモル分率の関係，$x_A + x_B = 1$ を使って書き直すと，

$$p_A = p_A{}^* x_A \tag{3.15'}$$

ここで x_A は溶媒のモル分率である．この式は，溶媒の蒸気圧は溶媒濃度（モル分率）に比例し，その比例定数は純溶媒の蒸気圧であるということを意味している．これは Raoult の法則の別の表現である．

ここまでは溶質は不揮発性という条件だったが，溶質も揮発性という場合に拡張して考えると，式（3.15'）の p_A は溶媒の分圧となる．この式は，希薄溶液の溶媒について成り立

[*1] François Marie Raoult（1830-1901），フランスの物理化学者．

つ式である．前節の Henry の法則，式（3.13）は，希薄溶液の溶質について成立する式である．この2つの法則により，希薄溶液について溶媒と溶質の蒸気圧と溶液濃度の関係が表される．

溶質も揮発性という場合に拡張したついでに，溶媒に関する式（3.15′）を一般化してすべての成分に適用すると，上の式は一般化され，

$$p_i = p_i^* x_i \tag{3.16}$$

ここで，p_i は溶液と平衡にある気相中の成分 i の分圧；p_i^* は成分 i が純液体のときに示す蒸気圧；x_i は成分 i のモル分率である．すなわち，溶液と平衡にある気相中の溶液成分の分圧は，そのモル分率に比例し，比例定数はその成分が純液体のときに示す蒸気圧である．これは Raoult の法則の拡張された表現である．この法則は溶液の熱力学で重要な役割を演じる．その役割は第8章に記述されている．

この拡張された Raoult の法則が，全濃度領域で成立するような溶液を**理想溶液**（ideal solution）という．理想溶液では，全成分について Raoult の法則が成立するだけでなく，成分物質を混合したときに熱の出入りも体積の変化もない．理想溶液に Raoult の法則を適用したとき，溶液の組成と溶液と平衡にある気相の全蒸気圧（P）とは，Dalton の分圧の法則により，成分1と2からなる混合系について次の関係がある．

$$p_1 = p_1^* x_1 = p_1^*(1-x_2), \qquad p_2 = p_2^* x_2$$
$$P = p_1 + p_2 = p_1^* + (p_2^* - p_1^*) x_2 \tag{3.17}$$

ここで，x_1, x_2 は溶液中の各成分のモル分率；p_1, p_2 は気相中の各分圧；p_1^*, p_2^* は各成分の純液体の同じ温度における蒸気圧である．

式（3.17）は，溶液の全蒸気圧が，組成と直線関係（1次関数）にあることを意味している．図3-1は理想溶液の各成分の蒸気圧および全蒸気圧と組成の関係を示している．なお，左端が純粋な成分1，右端が純粋な成分2に対応している．

さらに気相中の組成を考察してみると，分圧の法則により気相中の各成分の組成は

$$x_2^g = \frac{p_2}{P} = \frac{p_2^* x_2}{p_1^* + (p_2^* - p_1^*) x_2}$$

同様に

$$x_1^g = \frac{p_1}{P} = \frac{p_1^* x_1}{p_2^* + (p_1^* - p_2^*) x_1}$$

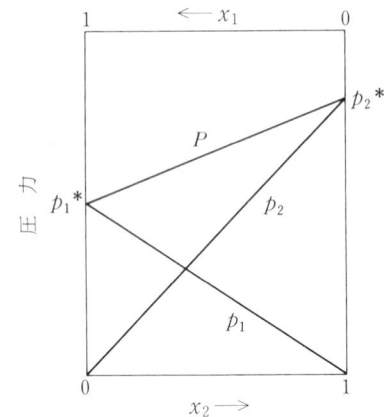

図3-1 理想溶液の蒸気圧
（各分圧と全圧が x_2 に対して直線関係になる）

ここで x_1^g, x_2^g は気相中の各成分のモル分率である．上式の比をとると，気相の組成と溶液の組成の関係が得られる．

$$\frac{x_2^g}{x_1^g} = \left(\frac{p_2^*}{p_1^*}\right) \cdot \left(\frac{x_2}{x_1}\right) \tag{3.18}$$

すなわち，揮発しやすい（純液体の蒸気圧の高い）成分の気相中の組成は，溶液の組成に比べて大きく，気相中に濃縮されやすい．

現実の溶液で理想溶液の条件を完全に満足する溶液はないが，化学的性質および分子の大きさが似たものどうしのとき，理想溶液に近いものをつくる．

例題 3.4 エタノールとメタノールの混合溶液は，ほぼ理想溶液をつくる．20 ℃ の蒸気圧はエタノールが 59.85 hPa，メタノールが 118.6 hPa である．エタノールのモル分率が 0.75 の溶液の示す蒸気圧はいくらか．また，蒸気相中のエタノールの組成はいくらか．

解 蒸気相中のエタノール，メタノールの分圧は Raoult の法則により求められる．エタノール，メタノールのそれぞれの分圧を p_A, p_B とすると，
$$p_A = 0.75 \times 59.85 \, \text{hPa} = 45.06 \, \text{hPa}, \quad p_B = (1-0.75) \times 118.6 \, \text{hPa} = 29.73 \, \text{hPa}$$
したがって全圧は分圧の和，すなわち 74.8 hPa である．

蒸気相中の成分のモル分率は，分圧と全圧の比に等しいから，エタノール組成は
$$x_A{}^g = 45.1/74.8 = 0.600$$
したがってメタノールの組成は
$$x_B{}^g = 1 - 0.600 = 0.400$$
すなわち，液相中のエタノールの組成が $x_A = 0.75$ に対して，蒸気相の組成は $x_A{}^g = 0.60$ となる．メタノールに比べて揮発性が低いので，蒸気相の組成が液相のそれに比べて小さくなることがわかった．

§3.5 溶液の束一的性質

溶液の性質は，その溶液を構成している成分の種類すなわち個性と，温度や組成など状態を指定する変数により決まる．ところが，希薄溶液の性質の中には，溶質の種類に関係なく単にその濃度だけで決まる性質がある．その性質を**束一的性質**（colligative property）という．前節で述べた蒸気圧降下や，後に述べる沸点上昇，凝固点降下，浸透圧などがそのたぐいである．物質の性質に束一性があるということは，溶液の性質を数学的に表現した式の中に溶質の種類に関する係数がないことを意味する．このことは物質の性質を示す数式が，それを構成する成分の種類に依存する部分と濃度に依存する部分に，分けて考えることができることを示している．ここで束一的あるいは colligative という言葉は，統一的，または総括的，あるいは共通的に関連することがらをひとつにまとめて示すこと，すなわち，「まとまった」という意味であるが，上で述べた定義を適切に表現している言葉とはいいがたい．名が適切に内容を表現していない別の例としては，化学平衡で使う質量作用の法則（law of mass action）がある．法則の内容と法則名から浮かぶイメイジが，必ずしも一致しないことはよくあることである．したがって，言葉の外見にとらわれることなく中身を理解することが大事である．

3.5.1 沸点上昇と水蒸気蒸留

（1） 不揮発性物質の溶液の沸点上昇とモル沸点上昇定数

前の節で述べたように，希薄溶液の溶媒の蒸気圧に関して，Raoult の法則が成立する．

そこで，希薄溶液と平衡にある蒸気が溶質の物性とどのような関係があるかまとめてみよう．溶質の物性とは，溶質の揮発性，不揮発性，および溶質が溶媒と溶け合うか否か（溶解性）である．

まず，溶質が溶媒と溶け合い，かつ揮発性の場合を考えよう．溶媒に関しては，Raoultの法則が成立する．一方，溶質のほうは Henry の法則が成立する．つまり，

$$p_A = p_A^* x_A = p_A^* - p_A^* x_B$$

$$p_B = k_H x_B$$

$$\therefore \quad P = p_A + p_B = (k_H - p_A^*)x_B + p_A^*$$

ここで多量にある成分が溶媒（A），少量ある成分が溶質（B）である．溶質のモル分率が 0 に近いところで，全蒸気圧と濃度は直線関係にあるとみなせる．

次に，溶質が溶媒と溶け合い，かつ不揮発性の場合を考えよう．希薄溶液のとき

$$P = p_A = p_A^* x_A$$

である．これは式（3.15）にほかならない．すなわち，前節で述べた蒸気圧降下がこの場合であり，溶液の蒸気圧は同じ温度の純溶媒のそれよりも低下する．

次に，同じく溶質が溶媒と溶け合い，かつ不揮発性の場合を考えるが，全蒸気圧を固定して考察しよう．沸点とは，液体の蒸気圧が外圧と等しくなるところ（外圧 1 atm で標準沸点）である（第 2 章 §2.1）．いま，蒸気圧が 1 atm のときの溶媒の温度を T_b，同じ蒸気圧を示す溶液の温度を $T_b + \Delta T_b$ としよう．どちらも標準沸点である．溶質が不揮発性なので，同じ温度で溶液の蒸気圧は純溶媒のそれより低下する．つまり，溶液の沸点は溶媒のそれより高くなる（$\Delta T_b > 0$）．この現象を**沸点上昇**（elevation of boiling point）という．そして，ΔT_b と溶液の組成の関係は次式で与えられる．

$$\boxed{\Delta T_b = K_b m_B} \tag{3.19}$$

ここで m_B は溶質の質量モル濃度，K_b は溶媒に固有な定数であり，**モル沸点上昇定数**とい

表 3-2 モル沸点上昇定数

溶　媒	T_b/°C	K_b/K mol^{-1} kg
水	100	0.521
液体アンモニア	-33.35	0.34
二硫化炭素	46.3	2.40
アセトン	56.2	1.69
エタノール	78.3	1.07
ベンゼン	80.15	2.54
ジエチルエーテル	34.5	1.83
四塩化炭素	76.50	5.07
クロロホルム	61.12	3.80
1,4-ジオキサン	100.3	3.27

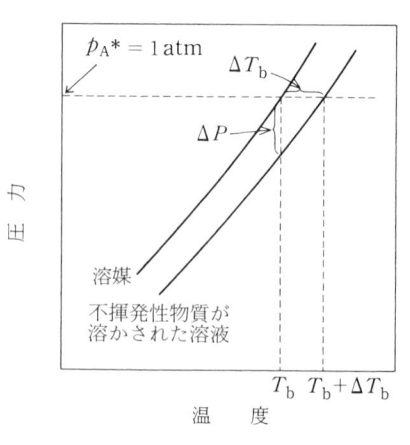

図 3-2　沸点上昇 ΔT_b が蒸気圧降下 ΔP をともなっていることを示す説明図

う．式(3.19)はモル沸点上昇定数 K_b，沸点上昇のデータ ΔT_b および希薄溶液の濃度 m_B の関係を示している．この関係と式(3.6)を使って，沸点上昇の測定から溶質のモル質量 M_B を計算することができる．表3-2におもな溶媒の沸点と K_b の値を示す．

式(3.19)を Raoult の法則と Clapeyron–Clausius の式から導いてみよう．溶媒と溶液の沸点と蒸気圧の関係が図3-2に示されている．希薄溶液では ΔP も ΔT_b も小さいから，ほぼ溶液の蒸気圧曲線の傾き（微分）に等しい．これはまた，溶媒の蒸気圧曲線の同じ温度における傾きに，つまり $(\mathrm{d}P/\mathrm{d}T)_{T=T_b}$ に等しいとみなせる．したがって，Clapeyron–Clausius の式，つまり式(2.2)より，

$$\frac{\Delta P}{\Delta T_b} = \left(\frac{\mathrm{d}P}{\mathrm{d}T}\right)_{T=T_b} \fallingdotseq \left(\frac{\mathrm{d}P}{\mathrm{d}T}\right)_{T=T_b+\Delta T_b} = \Delta H_{\mathrm{vap}}\left(\frac{p_A^*}{RT_b^2}\right)$$

この式と Raoult の法則，つまり式(3.15)と(3.4)より

$$\Delta T_b = \left(\frac{RT_b^2}{\Delta H_{\mathrm{vap}}}\right)\left(\frac{\Delta P}{p_A^*}\right) = \left(\frac{RT_b^2}{\Delta H_{\mathrm{vap}}}\right)x_B = \left(\frac{RT_b^2}{\Delta H_{\mathrm{vap}}}\right)\left(\frac{M_A}{1000}\right)m_B$$

ここで，モル分率は式(3.4)を用いて質量モル濃度に変換されている．したがって，式(3.19)の K_b は次の内容をもつ．

$$K_b = \frac{RT_b^2 M_A}{1000\,\Delta H_{\mathrm{vap}}} \qquad (3.20)$$

さて，希薄溶液の沸点上昇はわずかであるから，その温度の測定には特別の方法がいる．このために考案されたのが Beckmann 温度計である．沸点上昇において必要なのは，精密な温度差であり，絶対的な沸点の値ではない．そこで Beckmann 温度計は目盛は1/100度（目測で1/1000度読める）で，6度ぐらいの温度変化まで測定できるようにしておき，水銀量を適当に調節することで，任意の絶対温度で測定できるようになっている．沸点上昇を測定する装置の例を図3-3に示す．

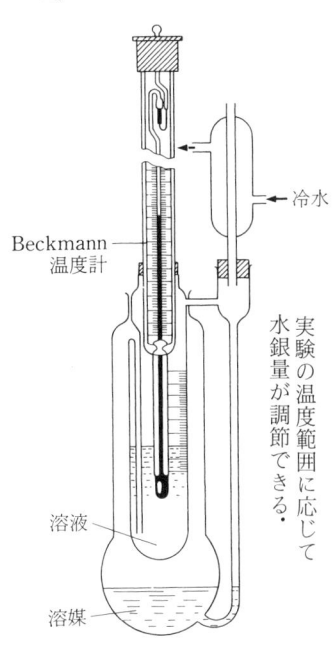

図3-3 沸点上昇の測定装置図

例題3.5 二硫化炭素50.0gに硫黄（原子量32.06）0.833gを溶かすと二硫化炭素の沸点が0.151℃上昇した．硫黄の質量モル濃度を求め，この二硫化炭素中の硫黄の分子式を求めよ．

解 硫黄の質量モル濃度は，二硫化炭素のモル沸点上昇定数が表3-2より $2.40\,\mathrm{K\,mol^{-1}\,kg}$ なので，式(3.19)を用いると

$$m_B = \frac{0.151\,\mathrm{K}}{2.40\,\mathrm{K\,mol^{-1}\,kg}} = 0.0629\,\mathrm{mol\,kg^{-1}}$$

と求まる．二硫化炭素1kgに含まれる硫黄の質量は

$$(0.833\,\mathrm{g}) \times \left(\frac{1000}{50.0}\right) = 16.6_6\,\mathrm{g}$$

さらに硫黄分子のモル質量（分子量）は
$$\frac{16.6_6 \text{ g}}{0.0629 \text{ mol}} = 265 \text{ g mol}^{-1}$$
と計算される．この分子量を原子量で割ると約 8.3 の値が得られる．8.3 に近い整数値は 8 であるから，二硫化炭素中の硫黄の分子式は S_8 と判断される．

（2） 水蒸気蒸留の原理

さて次に，溶質は揮発性だが，溶媒と溶質が相互に不溶の場合を考えよう（気相ではどのような蒸気も均一に混合する）．この場合，液体の相の数は 2 になる．各相は純相であるので，Raoult の法則を適用すると，ある温度での気相中の各成分の分圧は

$$p_1 = p_1^* x_1 = p_1^*, \qquad p_2 = p_2^* x_2 = p_2^*$$
$$P = p_1^* + p_2^*$$

また，蒸気相の組成は

$$\frac{x_1^g}{x_2^g} = \frac{p_1^*}{p_2^*} \tag{3.21}$$

となる．つまり，温度を決めるとその他の変数の値は決まる．上の式で注目されることは，混合物の全蒸気圧は，それぞれ単独にある場合の蒸気圧より高いことである．ゆえに，混合物の沸点は，各成分が単独の場合に示す沸点よりも低くなる．言い換えると全圧 $P = 1$ atm = 1013 hPa で沸とうするが，混合系のとき成分 2 も蒸発しているので，成分 1 の水は $p_1^* < 1013$ hPa で沸とうすることになる．つまり，単独の場合より低い沸点で，物質を蒸留できることになる．この原理を利用すれば，高沸点物質を容易に低温度で蒸留することがきる．一方の成分に水を使うので，このような蒸留法を**水蒸気蒸留**（steam distillation）と呼ぶ．水蒸気蒸留で得られる留出物の物質量の比は，それぞれの蒸気圧の比に等しい．

例題 3.6 アニリンを 1 atm（1013 hPa）のもとで水蒸気蒸留したところ，沸点は 98 ℃ であった．この温度で水の水蒸気圧は 942 hPa である．この温度でのアニリンの蒸気圧はいくらか．また 100 g の水が留出したときアニリンは何 mol 留出するか．アニリンと水は全く溶け合わないものとして答えよ．

解 アニリンの分圧 p_B は，全圧および水の分圧 p_A が与えられているので求められる．
$$p_B = 1013 \text{ hPa} - 942 \text{ hPa} = 71 \text{ hPa}$$
次に，アニリンの分圧から分圧の法則により蒸気の組成を求め，そして留出物質量（モル数）を得る．すなわち，分圧の法則により蒸気相中のアニリンと水のモル比は
$$\frac{x_B \cdot 1013 \text{ hPa}}{x_A \cdot 1013 \text{ hPa}} = \frac{p_B}{p_A} = \frac{n_B}{n_A} = \frac{71 \text{ hPa}}{942 \text{ hPa}} = 0.075$$
したがって，水 100 g（= (100/18) mol）とともに留出するアニリンの物質量は，次に示すように 0.42 mol である．
$$0.075 \times \frac{100 \text{ g}}{18 \text{ g mol}^{-1}} = 0.42 \text{ mol}$$

3.5.2 凝固点降下

物質の相互溶解は，分子間力に依存する．気体は分子間の相互作用がきわめて弱いので均一に混合する．しかし分子間力が強くなってくると，純物質と混合物の分子間力の違いにより均一に混合しなくなることもある．そこで，溶液状態では溶け合っていたものが，固体状態では溶け合わない（固溶体をつくらない）という現象が出てくる．このような系では，希薄溶液を冷却すると，まず純溶媒の固体を析出することが多い．この固体を析出する温度を溶液の凝固点または氷点と呼ぶ．この溶液の凝固点は純溶媒の凝固点より低い．この現象を**凝固点降下**（depression of freezing point）という．この凝固点降下は図3-4により理解される．いま，純溶媒の凝固点を T_f，濃度が質量モル濃度 m_B である希薄溶液の凝固点を $T_f - \Delta T_f$ とすると

$$\Delta T_f = K_f m_B \tag{3.22}$$

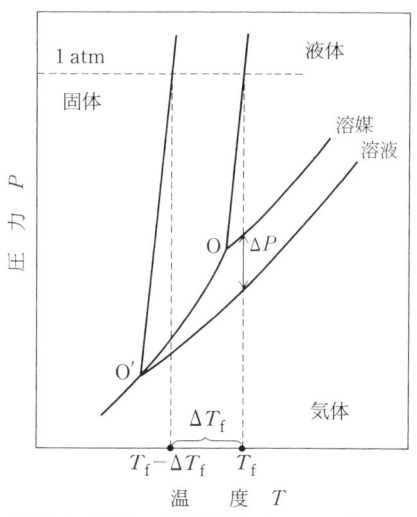

図3-4 溶液の凝固点降下 ΔT_f の説明図
この図からも溶液の蒸気圧が純溶媒よりも ΔP だけ下っていることがわかる．

ここで K_f は溶媒に固有の定数で，**モル凝固点降下定数**と呼ばれる．すなわち，凝固点降下 ΔT_f は溶液の質量モル濃度に比例し，その比例定数は溶媒の性質のみに依存し，溶質の性質に依存しない．式（3.22）より，希薄溶液の凝固点降下を測定して，溶液の濃度，さらに式（3.6）を使って，溶質の分子量を計算できる．この式は固体状態では溶け合わない，つまり純固体が析出するときに成立するもので，固体状態でも溶媒と溶質が溶け合う，つまり固溶体を析出するときには成立しない．

モル凝固点降下定数は，溶媒の**モル融解熱** ΔH_{fus} と次式のような関係がある．

$$K_f = \frac{RT_f^2 M_A}{1000\,\Delta H_{fus}} \tag{3.23}$$

ここで，M_A は溶媒のモル質量である．この式は，熱力学（第8章）を学ぶと導くことができる．表3-3におもな溶媒の凝固点とモル凝固点降下定数の値を示す．

一般に凝固点降下は小さく，沸点上昇のときと同様に，温度変化の測定には Beckmann 温度計が使われる．凝固点降下測定装置の例と，測定結果の例を図3-5と図3-6に示す．図3-6において，溶媒の凝固点以後の冷却曲線は水平（横軸に平行）であるが，一方，溶液の場合は水平でなく時間とともに低下している．これは溶媒固体の析出とともに液相の溶質濃度が上昇し，漸次凝固点が低下することによる．溶液の凝固点は，冷却曲線を，図に示すように直線 ed から f へ向けて補外すれば求められる．

表 3-3 代表的物質の標準融点（凝固点）とモル凝固点降下定数（1 atm）

溶　媒	T_f/°C	K_f/K mol^{-1} kg
水	0	1.858
硫酸	10.36	6.12
酢酸	16.635	3.9
1,4-ジオキサン	11.78	4.63
ナフタレン	79.25	6.9
ニトロベンゼン	5.668	6.89
ビフェニル	70.5	7.8
ベンゼン	5.455	5.065
シクロヘキサノール	24.5	37.7
ショウノウ	178.5	40

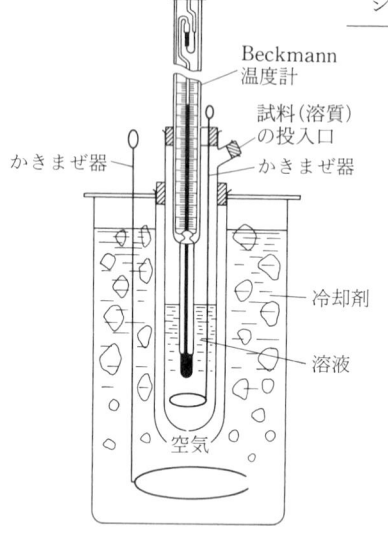

図 3-5 凝固点降下の測定装置
かきまぜ器を上げ下げして溶液や冷却剤の温度を均一にし，同時に冷却を促進する．

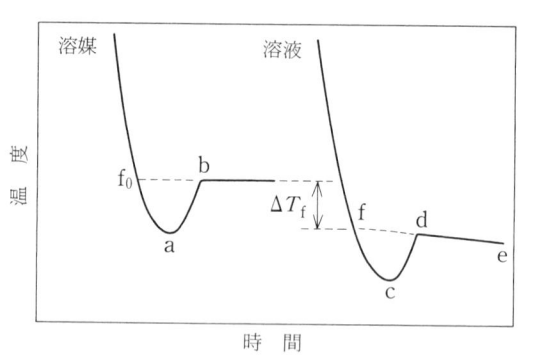

図 3-6 溶媒と溶液の冷却曲線（温度と時間の関係）と凝固点降下の決め方．図中の曲線 f_0ab や fcd は，溶媒や溶液が過冷却現象を起こしていることを示している．

例題 3.7　ショウノウの融点は 178.5 °C, モル凝固点降下定数は 40 K kg mol^{-1} である．50 g のショウノウにある炭化水素 1.6 g を溶かしたものの融点は，162.5 °C であった．この炭化水素のモル質量（分子量）はいくらか．

解　凝固点降下から炭化水素の濃度が求められ，それから分子量が得られる．炭化水素の濃度は式（3.22）より

$$m_B = \frac{(178.5 - 162.5)\,\text{K}}{40\,\text{K kg mol}^{-1}} = 0.40\,\text{mol kg}^{-1}$$

モル質量（分子量）は，溶液のグラム濃度，モル濃度が得られているので，

$$M_B = 1.6\,\text{g} \times \left(\frac{1000\,\text{g kg}^{-1}}{50\,\text{g}}\right) \div 0.40\,\text{mol kg}^{-1} = 80\,\text{g mol}^{-1}$$

すなわち，分子量としては 80 である．

3.5.3 浸 透 圧

セロファン紙のように，溶媒分子は自由に通すが，溶質分子を通さない膜，つまり**半透膜**を隔てて異なった濃度の溶液を接触させると，溶媒分子は半透膜を通過して，低濃度溶液から高濃度溶液に拡散していく．この現象を**浸透**（osmosis）という．溶媒の浸透を阻止し，異なった濃度の溶液を平衡に保とうとすれば，高濃度溶液側に余分の圧力 Π を加えなければならない（図 3-7）．この圧力を**浸透圧**（osmotic pressure）という．この浸透圧がなければ，溶媒は両者の濃度が同じになるまで浸透を続ける．しかし，図 3-8 のように装置をセットすると，溶媒の浸透は 2 つの液面の高さの差が h になったときに停止する．この高さの差は，溶液の水圧の差に相当するもので，これが浸透圧とつり合ったことを示す．溶液の密度を ρ，重力の加速度を g とすると，浸透圧 Π と液柱の高さの関係は次式で与えられる．

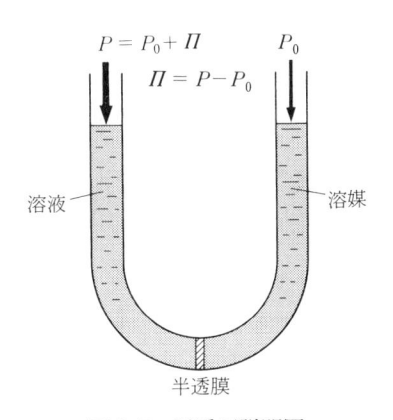

$$\Pi = \rho g h \tag{3.24}$$

図 3-7 浸透圧説明図
左の溶液側へ右側の溶媒が半透膜を通って浸入してくるのを防ぐためには，余分な圧力 Π を左側にかけてやらねばならない．左側の圧力 P が P_0 より Π ほど高いとき溶媒の浸透を防ぐことができる．

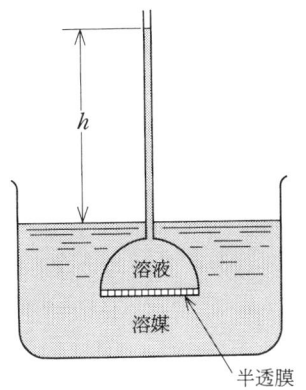

図 3-8 浸透圧 Π と液柱の高さ h
密度 ρ が $g\,cm^{-3}$，重力の加速度 g が $980\,cm\,s^{-2}$，高さ h が cm で与えられているとき，Π の次元は $(g\,cm^{-1}\,s^{-2})$ $= (g\,cm\,s^{-2}/cm^2) = (dyn\,cm^{-2})$．すなわち $1\,cm^2$ あたりの力（単位がダイン）で表される．ここで $N = 10^5\,dyn$, $m^2 = 10^4\,cm^2$ を用いて単位を改めると，次のようになる．

$dyn\,cm^{-2} = 10^{-1}\,N\,m^{-2} = 10^{-1}\,Pa$
cgs 単位で求めた数値に $10^{-1}\,Pa$ をつければよいことになる．

浸透圧以上の圧力を高濃度溶液側にかければ，溶媒は逆に低濃度溶液側に浸透する．この現象を**逆浸透**といい，海水からの純水の製造などに応用されている．半透膜としては，セロファン紙以外に硫酸紙，コロジオン膜，原形質膜，膀胱膜，ヘキサシアノ鉄(II)銅膜などがある．

Pfeffer[*1]は生理学的立場から各種の物質の水溶液の浸透圧を測定した．とくにショ糖について詳しく測定した．van't Hoff(1886)[*2]はこの実験を基礎にして，希薄溶液に関して，次式により表せる法則を発見した．

$$\Pi V = n_B RT \tag{3.25}$$

ここで Π は溶媒と溶液を接触させたときの浸透圧，V は溶液の体積，n_B はその体積中に溶けている溶質の物質量(モル数)，R は気体定数である．これを **van't Hoff の浸透圧の法則**という．また，この式は理想気体の状態式に酷似している．

溶質の容量モル濃度を C_B とすると $C_B = n_B/V$ であるから，式(3.25)は

$$\Pi = C_B RT \tag{3.26}$$

と書ける．この式に従って，濃度の異なる溶液1と2の間に働く浸透圧 Π_{12} は

$$\Pi_{12} = (C_2 - C_1)RT$$

ここで C_1, C_2 は溶液1と溶液2の溶質の濃度である．

溶液 V dm^3 中に質量 w_B の溶質が溶けている場合の浸透圧は，溶質のモル質量を M_B とすると，$n_B = w_B/M_B$ だから，式(3.26)は次のようになる．

$$\Pi = \left(\frac{w_B}{M_B}\right)\frac{RT}{V} \tag{3.27}$$

この式から溶質の分子量を求めることができる．高分子は分子が大きく，多くの膜が高分子に対して完全な半透膜(溶質を絶対通さない膜)として働くので，高分子の分子量を求めるのに浸透圧はよく使われる．

例題3.8 1 dm^3 中に溶質 7.2 g を含む(すなわち濃度が 7.2 kg m^{-3} の)溶液がある．この溶液が 25 °C で示す浸透圧は，3.57×10^2 Pa であった．この物質の分子量はいくらか．

解 単位をそろえて，式(3.27)にデータを代入する．モル質量は(気体定数中の単位 J は，J = m^3 Pa であるので)

$$M_B = \frac{(8.314 \text{ J K}^{-1} \text{ mol}^{-1})(298 \text{ K})(7.2 \text{ kg m}^{-3})}{3.57 \times 10^2 \text{ Pa}} = 50 \text{ kg mol}^{-1} = 5.0 \times 10^4 \text{ g mol}^{-1}$$

したがって，分子量は 5.0×10^4 である．

注意 この問題では「分子量はいくらか」と問うている．分子量とは，1 mol あたりの質量をグラム単位で求めた値に，g mol^{-1} の単位をつけない無次元量(相対値)としたものであるので，分子量は 5.0×10^4 であると答えている．ただし，この「分子量」ということばは使わないように

[*1] Wilhelm Friedrich Philipp Pfeffer(1845〜1920)，ドイツの植物学者．
[*2] Jacobus Henricus van't Hoff(1852-1911)，オランダの化学者．

なりつつある．かわりにグラム単位で表した「モル質量（g mol^{-1}）」が化学で使われはじめた．

第 3 章 演 習 問 題

3.1 硫酸ナトリウムの結晶 $Na_2SO_4 \cdot 10H_2O$（分子量：322.19，無水 Na_2SO_4；142.04）32.2 g と水 100.0 g を混ぜて得られた溶液の質量モル濃度と容量モル濃度はいくらか．なお，この溶液の密度は 25 ℃ で 1.096 g cm^{-3} である．

3.2 室温で 17 ℃，1 atm 下で 10.0 dm^3 の体積を占める乾燥空気があった．この空気を 1 atm のまま 20 ℃ のベンゼンに通じてその蒸気で飽和させたところ，ベンゼンが 3.60 g 蒸発した．20 ℃ でのベンゼンの蒸気圧はいくらか．

3.3 四酸化二窒素の解離（$N_2O_4 \longrightarrow 2NO_2$）が平衡に達したところで気体の密度を測定したところ，25 ℃，1 atm で 3.176 g dm^{-3} であった．N_2O_4 のモル分率と分圧を求めよ．

3.4 メタンガスは天然ガスとして地下水に含まれていることが多い．いま 30 atm，60 ℃ の地下水 1 dm^3 に飽和溶解しているメタンガスを全部取り出したら 25 ℃，1 atm で何 dm^3 になるか．

3.5 ある不揮発性物質 5 g を水 100 g に溶かした溶液の蒸気圧は，100 ℃ で 748.8 mmHg である．この不揮発性物質のモル質量（g mol^{-1}）を求めよ．

3.6 50 g の二硫化炭素に硫黄 1.28 g を溶解したとき，沸点は 0.239 K 上昇した．二硫化炭素中の硫黄の分子式を求めよ．

3.7 1-オクタノールを 1 atm（760 mmHg）のもとで水蒸気蒸留した．1-オクタノールの温度と蒸気圧の関係は表のように与えられている．水蒸気蒸留の際のおよその沸点を求めよ（比例計算）．また，このとき留出する 1-オクタノールと水のモル比はいくらか．

1-オクタノールの蒸気圧

温度/℃	100	99	98	97	96
蒸気圧/mmHg	41.02	39.1	37.2	33.6	31.9

水の蒸気圧

温度/℃	100	99	98	97	96
蒸気圧/mmHg	760.0	733.3	707.3	682.1	657.7

3.8 グリセリン（分子量 92.1）は不揮発性物質である．23.0 g を水 500 g に溶かした溶液がある．この溶液の（a）25 ℃ での蒸気圧，（b）沸点，（c）25 ℃ での浸透圧を求めよ．この溶液の密度は 25 ℃ で 1.007 g cm^{-3}，純水の蒸気圧は 25 ℃ で 3168 Pa，1 atm は 1.01325×10^5 Pa である．

3.9 ショウノウの融点は 178.5 ℃ である．25.0 g のショウノウにナフタレン（$C_{10}H_8$）を 0.640 g 溶かしたものの融点は 171.5 ℃ であった．ある有機物 1.78 g を 40.0 g のショウノウに溶かして融点を測定したところ 169.5 ℃ であった．ショウノウのモル凝固点降下定数とこの有機化合物のモル質量（g mol^{-1}）を求めよ．

3.10 あるタンパク質（分子量 25,000）の 1 g dm^{-3} の溶液の浸透圧を，半透膜を隔てて平衡に存在する純水の水柱の高さで表せ．このときの温度は 25 ℃ である．25 ℃ の水の密度は 0.9970 g cm^{-3}，重力の加速度は 980.7 cm s^{-2} である．

4 変化の進行と平衡状態

　本書の序章で，化学は物質の変化を取り扱う学問であるといった．また第3章では異なった物質を混合すれば混合物となることを述べた．しかし，ここにきていくつか問題があることに気がつく．

（1）　混ぜると同時に化学反応が起こる場合：その反応が瞬時に起こるもの（たとえば，塩酸の水溶液に硝酸銀の水溶液を加えると，塩化銀が白色沈殿として生成する）もあれば，ゆっくりと時間をかけて起こるもの（たとえば，酢酸エチルの水溶液に水酸化ナトリウム水溶液を加えたときの加水分解（ケン化）反応）もある．化学反応が起こることはわかっているが，混合しただけではその反応が起こらないで特別の手段を施す必要がある（たとえば水素と酸素の2対1混合気体の場合．電気火花をとばせば，瞬時に反応して水が生成する）場合——これら反応の起こり方の違いがあるのはなぜか．

（2）　混ぜても化学反応は起こらない場合：たとえば，砂糖は水によく溶け，完全に溶解した状態では砂糖が一見なくなったように見えるが，水を蒸発させて取り除けば，砂糖は完全に回収できる．また，空気は窒素や酸素などの混合物であるが，これらは常温常圧の条件下では化学反応をしないし，また，手段を講ずれば，完全に成分ごとに分離することができる．——上記（1）の場合と（2）の場合の違いはどこに原因があるのか．

（3）　高等学校の教科書で3 molの水素と1 molの窒素を混ぜて，適当な触媒を用いれば，アンモニアが2 mol生成する化学反応が起こると教えられた．一方で，$N_2(g) + 3H_2(g) \rightleftharpoons 2NH_3(g)$で示されるような可逆反応が見られる例として教えられた．一方的に反応が進んで化学反応式の左辺に示された物質が右辺に示されている物質に完全に変化する場合と，アンモニアなどの可逆反応がある場合とがある．その違いの理由は何か．

（4）　平衡状態とは，変化が起こり始めてから長短いずれにせよ，ある時間がたてば，もはや時間的には変化が停止したように見える状態である．化学が物質の状態変化を対象とする学問といいながら，なぜ変化の停止した「平衡状態」を化学では問題とするのであろうか．

　以上の例で見た物質どうしの化学反応性に関する疑問に対しては，主として量子力学の

成果が原子や分子内の電子の状態を示しながら答えてくれるであろう．ここでは，前章に続いて純物質や混合物の相と相の間の平衡と，温度や圧力あるいは組成など系に与えられている条件との関係の概要を学問しよう．次いで比較的学生諸君にはなじみやすい化学平衡について，高校化学の一部復習を兼ねて学習する．上の最後の疑問「化学ではなぜ平衡状態または平衡関係を重要視するのか」に関しては，熱力学の章（第 7, 8 章）で相平衡と化学平衡を本格的にとりあげて考察するときに答を得るであろう．また，この章を飛ばして，第 5 章以降の熱力学を先に学習して，そこで扱う相平衡や化学平衡を学ぶ際に参照するのもよいであろう．

§4.1 相 平 衡

相平衡をこの節で学ぶにあたって，相平衡とはあらましどんなものか図 4-1 の例を見ながら考えてみよう．

ある濃度のエタノール水溶液に，ある種の油を強く振って混ぜたのち，図のようなピストン付きの容器に入れて，温度 T，圧力 P に保っておいたところ，I～IV の 4 種類の相に分かれて平衡状態をとった．I 相にはエタノールのほか油もわずかながら溶けている．II と III の相の主成分は油であるが，水とエタノールがわずかずつ

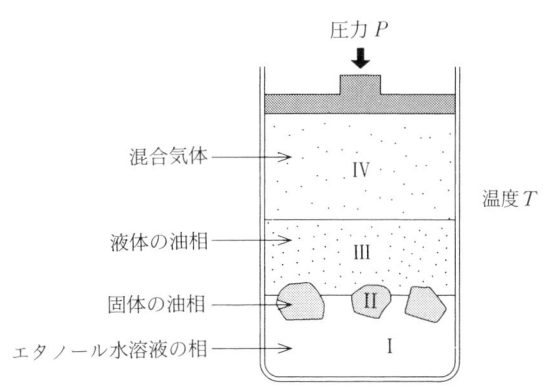

図 4-1 3 成分 4 相系の相平衡
（圧力 P，温度 T の条件下）

溶け込んでいる．気相 IV は上の 3 種類の物質の混合気体である．これは 3 成分 4 相系であるという言い方をすることがある．相と相の間には，はっきりと目視できる**界面**（interface）がある．この界面を通して各成分分子は平衡状態に至った後も出入りを繰り返しているが，出る速度と入る速度（界面の単位面積あたり単位時間内に出入りする分子の数）が等しいので，見かけ上変化が停止しているように見える．相平衡の状態は次のように示すこともできる．ここで水を W，エタノールを Et，油を O で表している．

$$\boxed{\begin{array}{c}(W+Et+O)\\\text{相 I}\end{array}} \rightleftarrows \boxed{\begin{array}{c}(W+Et+O)\\\text{相 II}\end{array}} \rightleftarrows \boxed{\begin{array}{c}(W+Et+O)\\\text{相 III}\end{array}} \rightleftarrows \boxed{\begin{array}{c}(W+Et+O)\\\text{相 IV}\end{array}}$$

この平衡状態は，温度や圧力ならびに成分の物質量を変えることによって，相の数が変わり，各相の質量や組成が変わってくる．すなわち，いくつかの相が共存して平衡を保つとき，系の平衡状態は温度，圧力，組成などにより決められる．

前の章で気相-液相，液相-固相，気相-固相の平衡での溶液の性質を述べてきた．ここでは，さらに各相での組成と温度や圧力の関係を相図をつくりながら考察してみよう．

各相の濃度と圧力または温度の関係は，理想溶液については Raoult の法則で表現できる．また，希薄溶液の溶媒に関しては Raoult の法則が成立し，溶質に関しては Henry の法則が成立する．しかし，実在溶液については，その全般をこれらの法則で表すことは多くの場合困難である．実測された組成や圧力のデータを読みこなすことが大事である．その際データの整理には相図が使われる．相図は状態図とも呼ばれ，気相，液相，固相などの状態間の関係を温度，圧力，組成などの変数を座標として示した図形である．この図を見ることで，温度や圧力あるいは組成の変化による状態変化を予想することができる．これ以後の節で，各相の組成と温度や圧力，相の状態の関係を相図を見るなかで考察する．簡単化のために系としては 2 成分系に限定してみよう．

§4.2 気相-液相平衡

まず理想溶液について考察してみよう．理想溶液の組成と蒸気圧の関係は先の章ですでに述べられている．ここに式 (3.17) と式 (3.18) を再録すると，成分 1 と 2 からなる混合物の全蒸気圧と溶液の組成の関係は，成分 2 の液相中のモル分率を x_2^l とすると

$$P = p_1 + p_2 = p_1^* + (p_2^* - p_1^*)x_2^l \tag{4.2}$$

液相と気相の組成関係は

$$\frac{x_2^g}{x_1^g} = \left(\frac{p_2^*}{p_1^*}\right) \cdot \left(\frac{x_2^l}{x_1^l}\right) \tag{4.3}$$

ここで P は全蒸気圧；p_1, p_2 は気相中の各分圧；p_1^*, p_2^* は各成分の純液体の同じ温度における蒸気圧；x_1^l, x_2^l は溶液中の各成分のモル分率；x_1^g, x_2^g は気相中の各成分のモル分率である．

これらの式を利用すると，相図を描くことができる．2 個の独立変数に溶液の組成と温度を使い，気相の圧力，組成を従属変数にする．すると，ある温度での溶液の組成と全蒸気圧および気相の組成の関係が得られる．その結果を図にしたものが図 4-2 である．この図は，ほぼ理想溶液であるとみなされるトルエン-ベンゼン混合系の**組成-圧力図**である．この図で，上の曲線（理想溶液のときは，これが直線となる）は液相の組成と圧力の関係を，下の曲線は気相の組成と圧力の関係を示し，それぞれ**液相線，気相線**と呼ばれる．液相線より高圧の領域では液相（L）のみ，気相線より低圧の領域では気相（G）のみが存在し，2 つの曲線で囲まれた領域では気相と液相が共存する．ある圧力のもとで共存する液相および気相の組

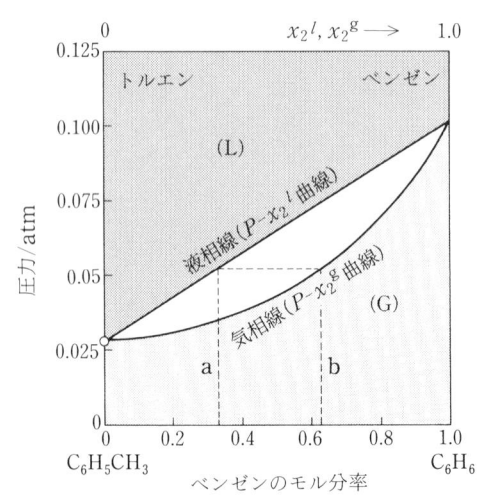

図 4-2 トルエン-ベンゼン系の組成-圧力図 (20 °C)．ベンゼンを成分 2 とする．

成は，その圧力で引いた水平線が液相線および気相線と交わる点の横座標 (x_2, x_2^g) により与えられる．この図を見れば，揮発性の高い（純液体の蒸気圧が高い）成分が気相に濃縮されることが一目瞭然である．図 4-3 と図 4-4 は理想溶液から著しくはずれた，非理想混合系の場合に相当する．極大点または極小点で，液相線と気相線は接する．この極大点および極小点の意味はすぐ後の沸点図のところで述べる．

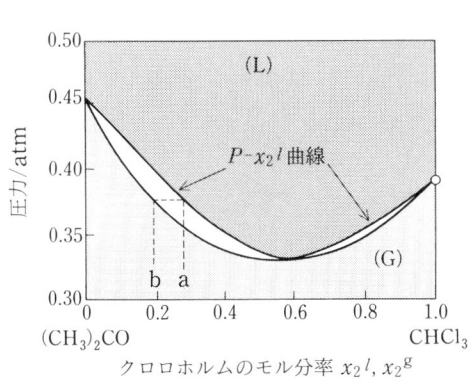

図 4-3 アセトン-クロロホルム系の組成-圧力図（35 ℃）．クロロホルムを成分 2 とする．

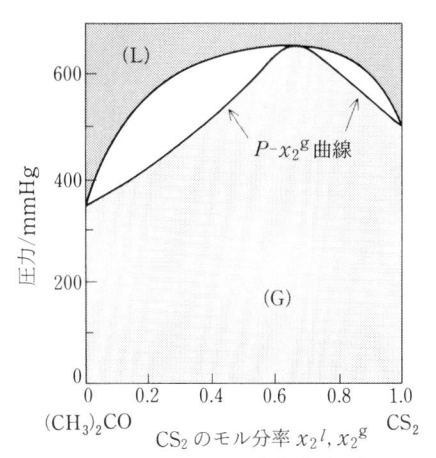

図 4-4 アセトン-二硫化炭素系の組成-圧力図（35 ℃）．二硫化炭素を成分 2 とする．

例題 4.1 （1）ベンゼンとトルエンのある混合物の沸点は 90 ℃ である．この混合物の組成はいくらか（混合物は理想溶液として取り扱える）．なお，90 ℃ でのベンゼンの蒸気圧は 1021 mmHg，トルエンの蒸気圧は 407 mmHg である．

（2）90 ℃ で溶液の組成が $x_A^l = 0.250$, $x_B^l = 0.750$ のときの溶液の蒸気圧および蒸気相の組成を求めよ．

解 （1）Raoult の法則により，全圧 P と溶液の組成の関係は
$$P = p_A^* x_A^l + p_B^*(1-x_A^l) = (p_A^* - p_B^*)x_A^l + p_B^*$$
ベンゼンを A，トルエンを B で表すと，沸点（90 ℃）において，$P = 760$ mmHg, $p_A^* = 1021$ mmHg, $p_B^* = 407$ mmHg であるから
$$x_A^l = \frac{760-407}{1021-407} = 0.575$$
$$x_B^l = 1 - x_A = 0.425$$
したがって，溶液中のベンゼンのモル分率は 0.575，トルエンのモル分率は 0.425 である．
（2）解省略（例題 3.4 参照）

先ほどは，ある温度における組成と蒸気圧の関係を見てきた．今度はある圧力（蒸気圧）下での温度と組成の関係を見よう．外圧（一般に 1 atm）と同じ蒸気圧をもつ溶液の温度は沸点（標準沸点）である（第 2 章）．そこで全蒸気圧が 1 atm になる温度と組成の関係を見てみよう．すなわち，与えられた組成で式 (4.2) の P が 1 atm という条件を満足する

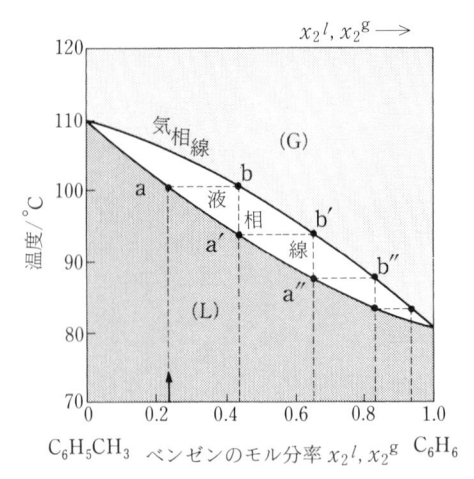

図 4-5 トルエン-ベンゼン沸点図．この図の場合，
成分 1 はトルエン，成分 2 はベンゼンとする．

p_1^* と p_2^* を示す温度を求める．そして，組成と温度の関係を図にしたとき，その図を**沸点図**という．その例の 1 つが図 4-5 である．この図はほぼ理想溶液としてふるまうトルエン-ベンゼン系の組成-沸点図である．下の曲線は液相の組成と沸点の関係を示し，上の曲線は気相の組成と沸点の関係を示し，それぞれ液相線（沸騰線），気相線（凝縮線）と呼ばれる．ある沸点のもとで共存する液相および気相の組成はその温度で引いた水平線が液相線および気相線と交わる点の横座標（x_2^l, x_2^g）により与えられる．沸点図の見方を図 4-5 をもとにさらに進めてみる．いま，ある x_2^l の組成の溶液（上向きの矢印のところ）を一定圧力下で熱すると，点 a の温度で沸騰し始める（**蒸留**する）．そのときの蒸気の組成は b の組成 x_2^g である．蒸気の組成は沸点の低い第 2 成分（この場合はベンゼン）に富むので，沸騰に伴い，残液の組成は沸点の高い第 1 成分（この場合はトルエン）が富むようになり，混合物の沸点は漸次上昇する．

一方，蒸気を冷却して液化させた後，組成 a′ の溶液を再び蒸留すると，はじめに留出する蒸気の組成は b′ のそれとなり，さらに第 2 成分が富むようになる．このように蒸留を繰り返していくと，2 つの成分を分離することができる．これが**分別蒸留**（fraction distillation）または**分留**の原理である．この原理に基づいて，物質の精製に用いられるのが分留管や分留塔である．いま分留した初留の組成と，仕込んだ原液の組成を比較することで，理論上の蒸留の繰り返し回数を計算できる．この回数を使われた分留管や分留塔の**理論段数**と呼ぶ．

図 4-6 と図 4-7 は理想溶液から著しくはずれた場合に相当する．極大点または極小点で液相線と気相線は接する．これらの極点では液相線と気相線が接していて，共存する気相と液相の組成が等しい．つまり，この極点の組成をもつ溶液は組成の変化なしに蒸留される．このような混合物を**共沸混合物**（azeotropic mixture）という．共沸混合物は，あたかも純物質のように沸点は一定である．しかし，外圧を変えると共沸混合物の組成が変わるので，純物質ではないし，また共沸混合物の組成をもつ化合物でもない．共沸混合物をつ

表 4-1 共沸混合物（圧力 1 atm 下）

	A 成分	B 成分	沸点/°C A 成分	沸点/°C B 成分	沸点/°C 共沸混合物	（組成）B 成分の質量百分率
極大沸点	H_2O	HCl	100	−84.9	108.6	20.22
	H_2O	HNO_3	100	83	120.7	68
	$(CH_3)_2CO$	CH_3Cl	56.2	61.1	64.4	75.5
	CH_3COOH	C_5H_5N	118.5	105	138.1	48.9
極小沸点	$(CH_3)_2CO$	CS_2	56.2	46.3	39.3	67
	C_2H_5OH	C_6H_6	78.3	80.15	67.9	68.6
	H_2O	C_2H_5OH	100	78.3	78.17	96.0
	CH_3COOH	C_6H_{16}	118.5	125.7	105.7	53.7

くる溶液は分留を行っても両成分を完全に分離することができない．たとえば極大をもつ溶液を蒸留するとやがて液相の組成は共沸混合物となり，それ以上の精製はできなくなるからである．いくつかの共沸混合物の例を表 4-1 にあげる．

組成-圧力図（図 4-3 と 4-4）と組成-沸点図（図 4-6 と 4-7）を見比べると，前者に極大のあるものが後者に極小を示し（アセトン-二硫化炭素系がその例），前者が極小を示すと後者に極大が現れる（アセトン-クロロホルム系がその例）ことがわかる．それぞれ極大と極小を与える組成（モル分率の値）は一致している．

例題 4.2 図 4-6 および図 4-7 を見て共沸混合物，共沸混合物より成分が低い組成，高い組成を蒸留したとき組成がどのように変わるか説明せよ．

解 図を見て以下の説明を読むこと．
（1）共沸混合物の場合：気相の組成と液相の組成が等しいので液相の組成は不変．

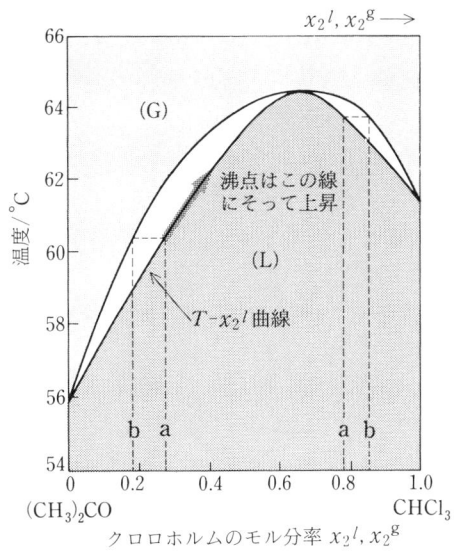

図 4-6 アセトン-クロロホルム系の沸点図．クロロホルムを成分 2 とする（図 4-3 参照）．

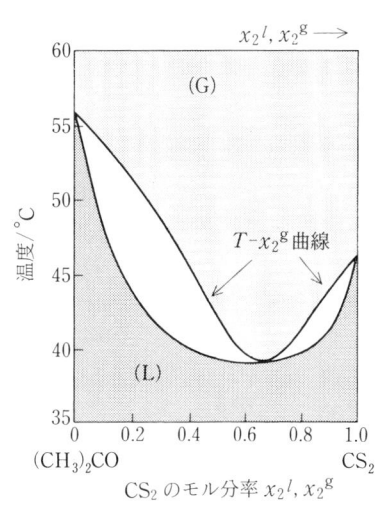

図 4-7 アセトン-二硫化炭素系の沸点図．二硫化炭素を成分 2 とする（図 4-4 参照）．

§4.2 気相-液相平衡

（2）共沸混合物より低い組成のもの：蒸発物の組成は液相線と水平位置にある気相線の示す組成となるので，蒸留していくと，液相の組成は液相線を上昇していく．つまり沸点は上昇し，液相の組成は，極大型の場合，共沸混合物に近づき，極小型は純組成に近づく．

（3）共沸混合物より高い組成：同様の理由で，蒸留に伴い，沸点は上昇し，液相の組成は，極大型は共沸混合物の組成に近づき，極小型は純組成に近づく．

§4.3 液相-液相平衡

互いに完全に溶け合う物質でないとき，それらを混ぜ合わすと，ある組成で2相に分離する．このような分離をとくに**相分離**（phase separation）という．たとえば水にエチルエーテルを加えていくと，はじめは溶けて1相だが，エチルエーテルがある量以上になると，2つの液相に分離する．上層はエチルエーテルに水が少し溶けたもの，下層は水にエチルエーテルが少し溶けたものである．これら2液相の溶解度を，その系のその温度，圧力における**相互溶解度**（mutual solubility）という．2つの液相の組成をその温度とともにプロットすると，図4-8のような曲線を描く．この曲線を**相互溶解度曲線**という．ある温度で引いた水平線が相互溶解度曲線と交わる2点の横座標が分離した各液相の組成である．

図4-8で40℃での値をみると，水とフェノールの混合物（たとえば，水60%を含む混合物）を40℃に保ったとき，水35%（フェノール65%）の溶液と水87%（フェノール13%）の溶液の2つの相に分離することがわかる．

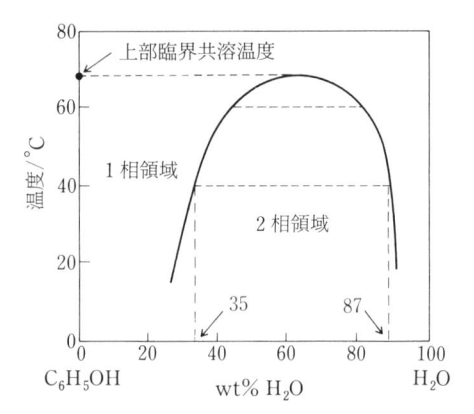

図4-8 フェノール-水系の温度-組成図．上部臨界共溶温度がある例．この温度以下では溶液は2相に分離する．

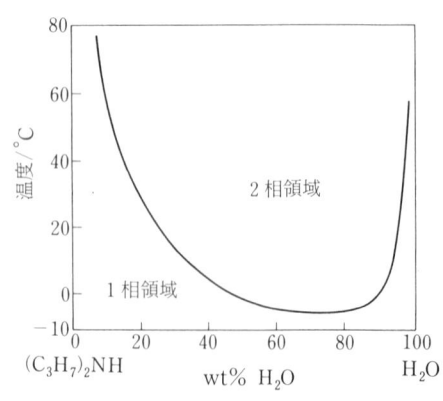

図4-9 ジプロピルアミン-水系の温度-組成図（下部臨界温度の例）

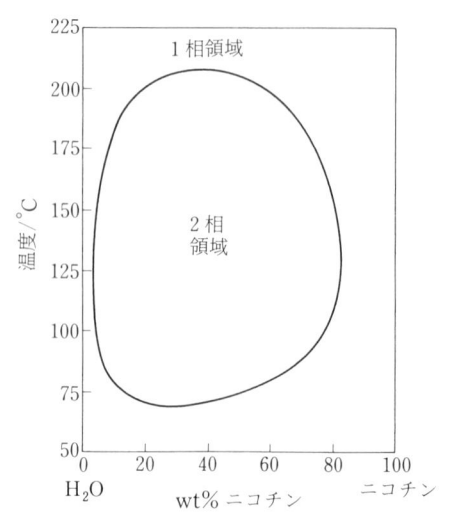

図4-10 水-ニコチン系の温度-組成図（上部と下部に臨界温度がある例）

図4-8の場合，温度の上昇とともに2液相相互の溶解度は増加し，2つの液相の組成は近づき，ある温度以上で完全に溶け合うようになる．この温度を**臨界共溶温度**（critical solution temperature）という．図4-9の場合は，図4-8と逆に，温度が低下すると臨界共溶温度が出現する．前者を**上部臨界温度**，後者を**下部臨界温度**と呼ぶ．図4-10の場合のように2つの臨界共溶温度をもつものもある．ここで図4-8〜4-10の横軸は，モル分率でなく質量百分率（wt％）で示してある．これらの混合系は質量百分率で扱うほうが実用上便利がよいからである．

§4.4　固相-液相平衡

　固体と液体の平衡について考えよう．2成分系の固相-液相平衡は，合金や塩類の水溶液でよく研究されている．相の平衡を温度と組成の関係で表した相図のことを**融点図**と呼ぶ．2成分系の融点図の典型的な例は2つある．1つは液相でも固相でも完全に溶け合う，つまり固相が**固溶体**のときである．もう1つは，液相では溶け合うが固相では溶け合わず，別々の固相を析出する場合である．

　2成分が固相で固溶体を形成するときの融点図は，気体-液体平衡の沸点図とよく似ている．図4-11(a)で，下の曲線は固相の組成と融点の関係を表しており，固相線（**融解曲線**）と呼ばれている．上の曲線は液相の組成と凝固点の関係を表しており，液相線（**凝固曲線**）と呼ばれている．領域(L)では液相，領域(S)では固相が存在し，この2つの曲線に囲まれた領域では固相と液相が共存する．

　このような相図を示す混合物の冷却を考えてみよう．図4-11(a)の点Pの液体を冷却し

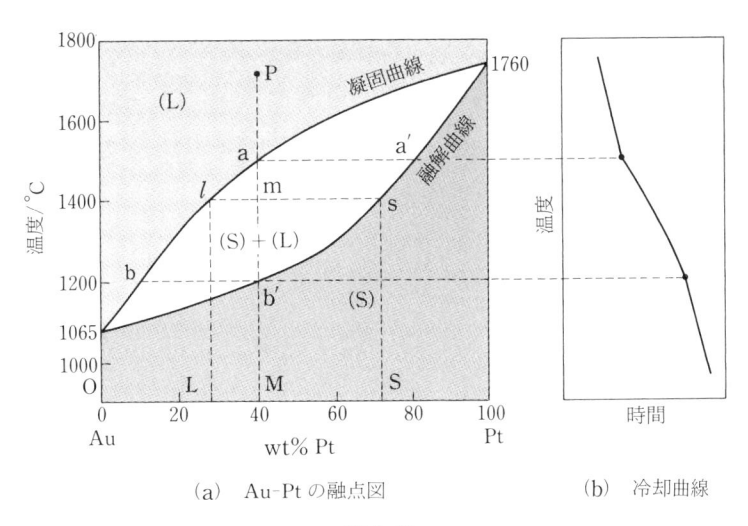

(a) Au-Pt の融点図　　(b) 冷却曲線

図 4-11

組成Sの合金は，約1400℃で融解して，組成Lの融液と二相共存の平衡状態にある．冷却曲線は左の図のa(a')とb(b')に対応する温度のところで屈折している．

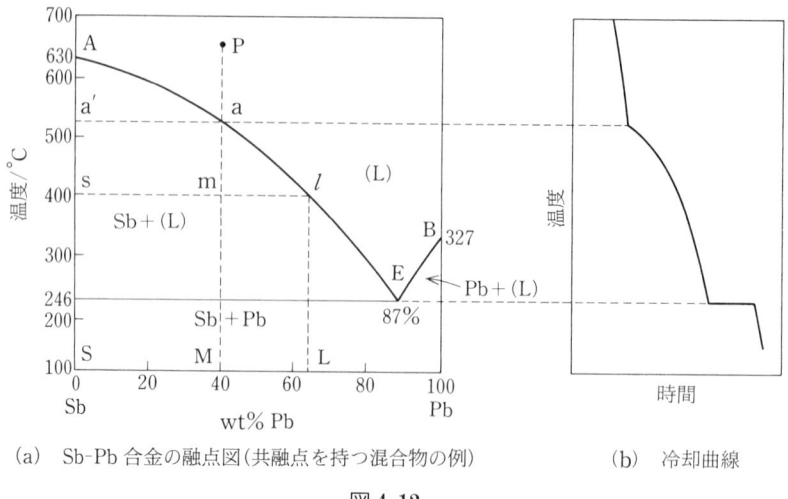

(a) Sb-Pb 合金の融点図（共融点を持つ混合物の例）　　(b) 冷却曲線

図 4-12

て点 a に達すると固溶体が析出し始める．固溶体の組成は，その温度で引いた水平線が固相線と交わる点 a′ の横座標 x_2^S により与えられる．さらに冷却を続けると，液相の組成は液相線に沿って a→b の方向に，析出する固溶体の組成は固相線に沿って a′→b′ の方向に変化する．

融液から析出する固溶体の組成は，高融点成分に富んでいるので，最初に析出した部分をさらに融解しまた冷却するという操作を繰り返すと，析出する固体の純度は高くなる．この原理で固体の精製を行う方法を**帯域融解法**（zone melting method）という．

図 4-12(a) は，固相で溶け合わない場合の融点図である．2 成分が固相で全く溶け合わない場合，すでに前の章で述べた凝固点降下の場合に相当する．すなわち，液相の凝固点は，両成分の純組成に近いところではその純成分より凝固点が低下する．その 2 つの成分の凝固点降下の曲線（凝固点曲線 AE と EB）は図 4-12(a) の点 E で一致する．液相を冷却していくと，析出する固体は液相の溶媒成分（第 1 成分に近い領域では第 1 成分）なので，液相の組成は溶質が濃くなり，さらに凝固点が降下する．しかし，やがて凝固点は図の点 E に到達すると，この温度で残りのすべてが凝固する．

点 E の組成をもつ溶液は一定の凝固点をもち，その凝固点は 2 成分の組み合わせで到達しうる最低の凝固点（融点）になる．このような組成の混合物を**共融混合物**（eutectic mixture）または**共晶**（eutectic crystal）といい，その凝固点を**共融点**（eutectic point）という．

いま，点 P の組成の液相を冷却すると，点 a まで液体のまま冷却し，点 a で純固体の Sb が析出し始める．このとき凝固熱が放出されるので冷却の勾配は小さくなる．冷却を続けると溶液の組成は徐々に変化し，点 E に到達すると全部が凝固するまで温度が一定となる．全部が固化した後は，固体の冷却になるので，冷却の勾配はまた急になる．この冷却過程は，時間とともに温度を記録した冷却曲線で書くと，図 4-12(b) のようになる．

図 4-13 Mg–Zn 合金の融点図

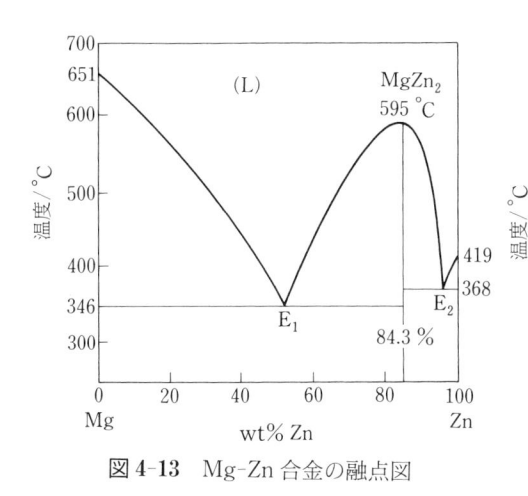

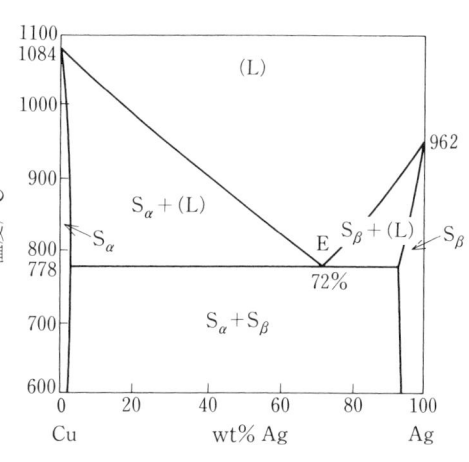

図 4-14 Cu–Ag 合金系の複雑な融点図

実際の固体の相図は上で述べたように簡単ではなく，固溶体の部分，共融混合物を形成する部分，あるいは化合物を形成する部分が共存して複雑である．いくつかの実例を示す．図 4-13 は**金属間化合物**（intermetallic compound）（$MgZn_2$）を形成する場合である．この相図では，Mg と化合物の共融混合物，Zn と化合物の共融混合物ができることを示している．図 4-14 の S_α と S_β の領域ではそれぞれ少量成分を溶質とする固溶体が形成されている．相平衡については第 8 章において熱力学的な解釈を加えて厳密に学習する．

以上，相平衡の節のうちでも，固相–液相の平衡は複雑なので，やや難解に感じられたかもしれない．しかし，自然界に存在する物質は，いくつかの化合物が混合して構造を形成し，機能しているものが多い（たとえば生体内の組織）．また，新材料（たとえば合金やプラスティクス）の開発の場合にも混合系の相平衡に関する知識を必要とする．したがって，相平衡の学問・知識は，実際性・応用性に富み，必要度の高い分野をなしている．

§4.5　可逆反応と化学平衡

前節までは相変化と相平衡について述べてきた．ここからは化学変化について例をあげながら学習しよう．

たとえばヨウ化水素は数百度の高温のもとで分解して水素とヨウ素に変化する．しかし，この反応はヨウ化水素がなくなるまで進行し続けることはない．それは，生じた水素とヨウ素からもとのヨウ化水素ができる反応も同時に起こるためである．このように，化学変化が逆方向にも進行するとき，その反応を**可逆反応**（reversible reaction）という．可逆反応であることを表すのに両方向の矢印を用いる．たとえば，いま考えている反応は次のように表される．

$$2\,HI \rightleftharpoons H_2 + I_2 \tag{4.4}$$

可逆反応の場合，反応に関与する物質に対して反応物あるいは生成物という呼び方はあいまいになる．しかし，習慣として，反応式の左辺に書かれた物質（上の例では HI）を**反応**

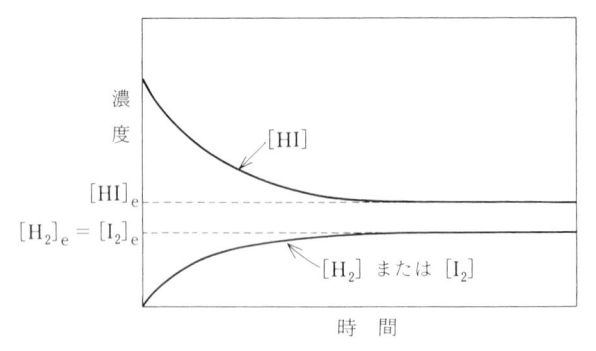

図 4-15 式 (4.4) の反応で，各物質の濃度が時間とともに変化する様子．添字の e は，平衡状態に達したときの濃度を表すためにつけてある．

物，また右辺に書かれた物質 (H_2 と I_2) を **生成物** と呼ぶ．

さて，式 (4.4) の反応について，反応物および生成物の濃度が反応開始後の時間経過とともにどのような変わり方をするかを考えてみよう．そのためには，化学反応の速さ，すなわち反応速度の考えを導入すると都合がよい．反応速度は，化学反応にかかわる物質のどれか 1 つに目をつけ，その物質の濃度が単位時間あたりにどれだけ増すか，あるいは減るかで定義される．一般に，反応速度は反応物質の濃度が高いほど大きい．式 (4.4) の反応が始まると，HI の濃度は減少し，それに応じて H_2 と I_2 の濃度は増加する．したがって，時間がたつにつれ，HI が消失する速度は小さくなり，逆に H_2 と I_2 から HI が生じる速度は大きくなっていく．すると，時間が充分経過した後では，HI の消失速度と生成速度が等しくなるだろう．このとき，HI の濃度は見かけ上変化しなくなる．当然，H_2 と I_2 の濃度も一定に保たれる．この様子を図 4-15 に模式的に示してある．このように，可逆反応では，反応開始後，十分長い時間が経過すると反応物および生成物の濃度がそれ以上変わらない状態に達する．この状態を **化学平衡**（chemical equilibrium）と呼ぶ．

反応が化学平衡の状態に達した後では，各物質の濃度は変化しない．かといって，化学反応そのものが起こらないわけではない．反応は起こっているが，正反応と逆反応の速度が等しく，見かけ上反応が止まっているように見える状態が化学平衡の状態である．

§4.6 質量作用の法則

前節で述べたように，化学反応が平衡状態に達していれば，その反応に関与する物質（反応種という）の濃度は一定に保たれる．このとき，これらの反応物と生成物の平衡濃度の間に，次のような関係が成り立つ．すなわち，式 (4.4) の反応を例にとれば，$[HI]_e^2$ に対する $[H_2]_e[I_2]_e$ の比が一定の値になる．そこで，この比を K で表し，これを **平衡定数**（equilibrium constant）と呼ぶ．式で表せば，

$$K = \frac{[H_2]_e[I_2]_e}{[HI]_e^2} \tag{4.5}$$

一般的な反応
$$aA + bB + \cdots \rightleftarrows mM + nN + \cdots \tag{4.6}$$
に対する平衡定数は次式で与えられる．
$$K = \frac{[M]_e^m [N]_e^n \cdots}{[A]_e^a [B]_e^b \cdots} \tag{4.7}$$

平衡濃度の間に式(4.7)のような関係が成り立つことを**質量作用の法則**（mass action law）という．平衡定数は温度の関数であり，温度が変われば K は異なった値をとる．温度が与えられれば平衡定数は決まった値となり，したがって，式(4.7)のような平衡濃度の比は，反応種の初濃度によらず一定になる．なお，式(4.5)あるいは(4.7)に現れる濃度は，平衡状態に達した時点での濃度であることをはっきりさせるため添字eをつけた．今後は，煩雑さを避けるため添字を省略する場合もあるが，平衡定数の表式に現れる濃度は常に平衡濃度であることに注意してほしい．

　質量作用の法則は，ある場合には，反応速度の考えに基づいて理解できる．再び式(4.4)の反応を例にとって考えよう．この反応式に従って正方向に反応が起こるためには，2つのHI分子が衝突しなければならない．したがって，その反応の速さは単位時間あたりのHI分子どうしの衝突数に比例することは容易にうなずけるだろう．さらにまた，この衝突数はHIの濃度の2乗に比例するので，結局，反応速度はHI濃度の2乗に比例することになる．このときの比例定数（これを速度定数という）を k_f とすれば，式(4.4)の正反応の速度 v_f は次式で表される．
$$v_f = k_f [HI]^2$$
逆反応の速度 v_b は，同様にして，H_2 濃度と I_2 濃度の積に比例すると考えられるので，その比例定数を k_b とすれば
$$v_b = k_b [H_2][I_2]$$
で与えられる．v_f と v_b が等しくなった状態が平衡状態であるから，このとき次の関係が成り立っている．
$$k_f [HI]_e^2 = k_b [H_2]_e [I_2]_e$$
これより，次式の関係が得られる．
$$\frac{[H_2]_e [I_2]_e}{[HI]_e^2} = \frac{k_f}{k_b} \tag{4.8}$$
ここで，速度定数 k_f および k_b は温度が決まれば決まった値をもつ．したがって，式(4.8)の左辺は温度によって決まる一定値を示すことになり，これはすなわち質量作用の法則である．こうして，式(4.4)の反応については，反応速度を考えることから質量作用の法則が導き出される．しかし，後に第9章で示されるように，反応速度は反応式の形とは必ずしも結びつけられない．質量作用の法則は，より厳密には熱力学に基づいて導出される（第7章参照）．

§4.7 圧平衡定数と濃度平衡定数

平衡定数は式(4.7)のような濃度比で与えられる．気相反応の場合，以下に示すように，濃度のかわりに分圧を用いて平衡定数を表すこともできる．式(4.6)で表される一般的な気相反応を考えよう．いま，体積 V dm^3 の容器中で反応が起こり，平衡状態に達したときに A が n_A mol だけ存在しているとしよう．このとき，気体を理想混合気体とみなせば，A の分圧 p_A は，

$$p_A = \frac{n_A}{V} RT$$

で与えられる．ここで，n_A/V は mol dm^{-3} の単位で表した濃度であるから，これより混合気体中の A の濃度は分圧と次式で関係づけられる．

$$[A] = \frac{n_A}{V} = \frac{p_A}{RT}$$

他の気体成分についても同様な関係があるので，これらを式(4.7)に代入すれば，次の関係が得られる．

$$K = \frac{[M]^m [N]^n \cdots}{[A]^a [B]^b \cdots} = \frac{p_M^m p_N^n \cdots}{p_A^a p_B^b \cdots} (RT)^{-\Delta\nu} \tag{4.9}$$

ここで，K は一定値であり，一般に平衡定数と呼ばれる．また，

$$\Delta\nu = (m + n + \cdots) - (a + b + \cdots)$$

であり，これは生成物と反応物それぞれの化学量論係数の和の差に相当する．$(RT)^{-\Delta\nu}$ は，与えられた反応に対しては，温度によって決まるある一定値になる．したがって，

$$\boxed{K_p = \frac{p_M^m p_N^n \cdots}{p_A^a p_B^b \cdots}} \tag{4.10}$$

もまた，温度が決まれば，決まった値となる．この K_p を圧平衡定数と呼ぶ．これに対して，濃度で表した平衡定数を濃度平衡定数と呼び，K_c で表す（ただし，濃度平衡定数を表すのに，添字なしの K を用いる場合も多い）．K_p と K_c の関係は，式(4.9)から明らかなように，次式で与えられる．

$$K_p = K_c (RT)^{\Delta\nu} \tag{4.11}$$

$\Delta\nu = 0$ ならば，すなわち，反応物から生成物に変化する際，気体の分子数に増減がなければ，K_p と K_c は等しくなる．

平衡定数の有用性は，平衡状態に達したときの反応混合物の組成を知ることができる点にある．アンモニアは次の反応式に従って窒素と水素から合成される．

$$N_2(g) + 3H_2(g) \rightleftharpoons 2NH_3(g)$$

平衡定数を用いれば，反応混合物の平衡組成を予測することができ，したがって，目的とするアンモニアをどれくらい手に入れることができるかがわかる．以下の例題で，平衡定数の使い方を示そう．

例題 4.3 酢酸とエタノールから酢酸エチルと水ができる反応の平衡定数は，100 ℃において $K_c = 4.0$ である．(i) 酢酸 1 mol とエタノール 1 mol を混ぜて 100 ℃ に保ったとき，酢酸エチルは何 mol 生成しているか．(ii) 1 dm³ の水に酢酸とエタノールをそれぞれ 1 mol ずつ溶かして 100 ℃ に保った場合，生成する酢酸エチルは何 mol か．

解 (i) この反応の反応式および各物質の物質量（モル数）の関係は次のように表せる．ただし，平衡時における酢酸エチルの物質量を n mol とした．

$$\text{CH}_3\text{COOH} + \text{C}_2\text{H}_5\text{OH} \rightleftharpoons \text{CH}_3\text{COOC}_2\text{H}_5 + \text{H}_2\text{O}$$

はじめ	1	1	0	0
平衡時	$1-n$	$1-n$	n	n

溶液の体積を V とすれば，

$$K_c = \frac{[\text{CH}_3\text{COOC}_2\text{H}_5][\text{H}_2\text{O}]}{[\text{CH}_3\text{COOH}][\text{C}_2\text{H}_5\text{OH}]} = \frac{\dfrac{n}{V} \cdot \dfrac{n}{V}}{\dfrac{1-n}{V} \cdot \dfrac{1-n}{V}} = \frac{n^2}{(1-n)^2} = 4.0$$

この 2 次方程式を解いて適する解を選べば，$n = 2/3$ が得られる．すなわち，平衡時に酢酸エチルは 2/3 mol 生成している．なお，この例のように，化学量論係数の和が反応式の両辺で等しい場合，平衡定数を表す濃度比は mol 比と同じになる．

(ii) 水 1 dm³ ≅ 1 kg ≅ 55.6 mol であるから，

$$\text{CH}_3\text{COOH} + \text{C}_2\text{H}_5\text{OH} \longrightarrow \text{CH}_3\text{COOC}_2\text{H}_5 + \text{H}_2\text{O}$$

はじめ	1	1	0	55.6
平衡時	$1-n$	$1-n$	n	$55.6+n$

したがって，

$$K_c = \frac{n(55.6+n)}{(1-n)^2} = 4.0$$

これを解けば $n = 0.063$ が得られ，この場合，平衡時に生成している酢酸エチルは 0.063 mol となる．ここで，(i) の場合との違いに注意せよ（§4.8 参照）．

例題 4.4 四酸化二窒素 N_2O_4 は，常温常圧でその一部が分解して二酸化窒素 NO_2 を生じ，両者の間で平衡が成り立っている．(i) 27 ℃，1 atm における N_2O_4 の解離度が 0.2 であるとき，この反応の圧平衡定数を求めよ．(ii) 27 ℃，5 atm のときの N_2O_4 の解離度はいくらか．

解 一般に，1 つの物質の可逆的な分解反応を**解離**（dissociation）と呼び，平衡状態に達したとき分解している割合を**解離度**（degree of dissociation）という．

(i) 最初に存在していた N_2O_4 の物質量を n mol とし，解離度を α とすれば，それぞれの物質量の関係は次のように表される．

$$\text{N}_2\text{O}_4 \rightleftharpoons 2\,\text{NO}_2 \qquad \text{全物質量}$$

はじめ	n	0	n
平衡時	$n(1-\alpha)$	$2n\alpha$	$n(1+\alpha)$

これより，平衡時における N_2O_4 および NO_2 のモル分率が計算され，それぞれ次のようになる．

$$x_{\text{N}_2\text{O}_4} = \frac{1-\alpha}{1+\alpha}, \qquad x_{\text{NO}_2} = \frac{2\alpha}{1+\alpha}$$

また，全圧が 1 atm であるから，それぞれの分圧は

$$p_{\text{N}_2\text{O}_4} = x_{\text{N}_2\text{O}_4} \times 1\,(\text{atm}) = \frac{1-\alpha}{1+\alpha}\,(\text{atm}), \qquad p_{\text{NO}_2} = \frac{2\alpha}{1+\alpha}\,(\text{atm})$$

したがって，
$$K_\mathrm{p} = \frac{p_{\mathrm{NO}_2}{}^2}{p_{\mathrm{N}_2\mathrm{O}_4}} = \frac{\{2\alpha/(1+\alpha)\}^2}{(1-\alpha)/(1+\alpha)}$$
$\alpha = 0.2$ を代入して計算すると $K_\mathrm{p} = \dfrac{1}{6}\,\mathrm{atm}$ となる．

（ii） 全圧が 5 atm のとき，それぞれの分圧は
$$p_{\mathrm{N}_2\mathrm{O}_4} = x_{\mathrm{N}_2\mathrm{O}_4} \times 5\,(\mathrm{atm}) = \frac{5(1-\alpha)}{1+\alpha}\,(\mathrm{atm})$$
$$p_{\mathrm{NO}_2} = \frac{10\alpha}{1+\alpha}\,(\mathrm{atm})$$

これより，
$$K_\mathrm{p} = \frac{\{10\alpha/(1+\alpha)\}^2}{5(1-\alpha)/(1+\alpha)} = \frac{1}{6}$$

これを解いて，$\alpha = 0.091$ が得られる．全圧の違いによる解離度の違いに注意せよ（§4.8 参照）．

§4.8 化学平衡に対する外的条件の影響 ── Le Chatelier の原理

可逆反応が平衡状態に達したところでの反応の進行程度を，平衡の位置という言葉で表すことにしよう．この節では，平衡状態にある反応系に対して，温度や圧力などの外的条件を変えたときに，平衡の位置がどのような影響を受けるかについて考えよう．これに関しては，Le Chatelier が，実験的な観測に基づいて次のような規則を定式化した．

『平衡状態にある反応系が，ある条件の変化を受けた場合，その変化をできるだけ少なくする方向に反応が進行し，組成が再調整される．』

これを **Le Chatelier の原理**（principle of Le Chatelier）という．以下，基本的な 3 つの条件の変化，すなわち反応種の濃度，圧力および温度の変化に対して，平衡の位置がどのように変わるかを，Le Chatelier の原理と関連づけながら考えてみよう．

4.8.1 濃度変化により平衡はどう変わるか

化学反応が平衡状態にあるとき，反応種の 1 つを外から加えたときどのような変化が起こるだろうか．重要な点は，平衡定数は個々の反応種の濃度にはよらず，一定の値を示すということである．したがって，K_c の値が一定に保たれるように組成が調整される．例題 4.3 にあげた反応を例にとって考えよう．

$$\mathrm{CH_3COOH} + \mathrm{C_2H_5OH} \rightleftharpoons \mathrm{CH_3COOC_2H_5} + \mathrm{H_2O} \tag{4.12}$$

$$K_\mathrm{c} = \frac{[\mathrm{CH_3COOC_2H_5}][\mathrm{H_2O}]}{[\mathrm{CH_3COOH}][\mathrm{C_2H_5OH}]} = 4.0 \quad (100\,°\mathrm{C}) \tag{4.13}$$

この反応が平衡にあるとき，外から水を加えたとしよう．水の濃度が増加するから，式(4.13)の分子は大きくなる．そこで，$K_\mathrm{c} = 4.0$ という要請が満たされるためには，分子の $[\mathrm{CH_3COOC_2H_5}]$ が減って，分母の $[\mathrm{CH_3COOH}]$ と $[\mathrm{C_2H_5OH}]$ が増さなければならない．したがって，式(4.12)の反応が，水を加える前に比べて，より左側に進行したところで新しい平衡状態に達する．言い換えれば，水の濃度増加という外的条件の変化をできるだけ

少なくする方向に平衡が移動するわけで，これは Le Chatelier の原理と一致する．例題 4.3 の（i）と（ii）におけるエステルの生成量の違いも，Le Chatelier の原理に基づいて理解できるだろう．水溶液中で酢酸とエタノールを反応させることは，酢酸とエタノールから出発した平衡混合物に後から水を加えることと等価である．

4.8.2 圧力変化により平衡はどう変わるか

圧力変化の影響を最も強く受けるのは気相反応である．アンモニアの合成反応

$$N_2(g) + 3H_2(g) \rightleftharpoons 2NH_3(g) \tag{4.14}$$

を例にとって，圧力変化が平衡の位置をどう変えるかを見てみよう．式（4.14）の圧平衡定数は次式で与えられる．

$$K_p = \frac{p_{NH_3}^2}{p_{N_2}p_{H_2}^3} = \frac{(x_{NH_3}P)^2}{(x_{N_2}P)(x_{H_2}P)^3} = \frac{x_{NH_3}^2}{x_{N_2}x_{H_2}^3}(P)^{-2} \tag{4.15}$$

ここで，p は分圧を，x はモル分率を，また P は全圧を表す．いま，平衡にある混合気体を圧縮して全圧を増したとしよう．P が増したとき，式（4.15）の K_p が一定値に保たれるためには，$x_{NH_3}^2/x_{N_2}x_{H_2}^3$ が大きくならなければならない．したがって，x_{N_2} と x_{H_2} は減少し，一方 x_{NH_3} は増大する．すなわち，式（4.14）の反応は，圧力が増す前に比べて，より右側へ進行したところで新しい平衡状態に達する．このことから，気相化学平衡で圧力を増すと，気体の分子数が減少する方向に平衡が移動することが見てとれるだろう．一定体積のもとでは，気体の分子数が減少するほど圧力は低くなる．したがって，上の結果は，圧力の増加という条件の変化をできるだけ少なくする方向（すなわち，気体分子数の減少方向）へ平衡位置が移動することに対応しており，Le Chatelier の原理と一致する．

反応物と生成物の化学量論係数の和が同じなら，言い換えると反応が起こっても分子数の増減がないならば，平衡の位置は圧力によって影響を受けない．また，式（4.14）の反応とは逆に，正反応によって分子数が増加する場合は，圧力の増加が反応物側への平衡の移動をもたらすことは，例題 4.4 で示されている．なお，平衡混合物を圧縮するかわりに，体積を一定に保ったまま，反応とは無関係な気体を混入することにより全圧を増加させた場合，平衡の位置はどうなるかを考えてみよ．

4.8.3 温度変化により平衡はどう変わるか

上で述べたように，平衡にある反応系に対して，反応種の濃度あるいは圧力という条件の変化を与えると，平衡定数が一定に保たれるように組成の再調整が起こり，平衡の位置が移動する．温度を変えても平衡移動が起こるが，この場合は上の2つとはその仕組みが異なる．平衡定数は温度の関数であり，温度を変えると平衡定数そのものが変化する．その結果，新しい平衡定数で規定される組成になるように反応が進行し，新たな平衡状態に達する．

後に第7章で熱力学に基づいて導出されるように，平衡定数の温度による変わり方は，

反応熱と関係づけられ，次式で表される．

$$\left(\frac{\partial \ln K}{\partial T}\right)_P = \frac{\Delta H^\ominus}{RT^2} \tag{4.16}$$

ここで，$\Delta H^\ominus$ は反応物が生成物に変わるときに吸収する熱であり，**標準反応熱**と呼ばれる（発熱の場合は $\Delta H^\ominus$ は負の量になる．なお，$\Delta H^\ominus$ の意味等の詳細については第7章参照）．

温度変化が化学平衡に及ぼす影響について，式(4.16)に基づいて定性的にながめてみよう．（ⅰ）$\Delta H^\ominus > 0$ のとき，すなわち吸熱反応の場合，$(\partial \ln K/\partial T)_P > 0$ だから，T が高くなると K は大きくなる．したがってこの場合，温度を上げると，反応は，温度が上がる前に比べて，より右側へ進行したところで新たな平衡状態になる．（ⅱ）$\Delta H^\ominus < 0$，すなわち発熱反応では，$(\partial \ln K/\partial T)_P < 0$ だから，T が高くなると K は小さくなる．この場合，温度を上げると平衡は左側へ移動することになる．（ⅰ），（ⅱ）いずれの場合も，T が高くなると反応は吸熱方向に進行する．すなわち，温度を上げるという条件の変化をできるだけ少なくする方向に平衡が移動する．これは Le Chatelier の原理から予測される結果である．

§4.9 平衡定数の温度変化

前節の終わりで，平衡定数が温度によって変わること，また，その変わり方が反応熱と関係づけられることを示した．平衡定数の温度変化を与える式(4.16)を **van't Hoff の定圧平衡式**という．反応熱が一定とみなせる温度範囲では，$\Delta H^\ominus$ 一定の条件で式(4.16)を積分すれば次式が得られる．

$$\ln K = -\frac{\Delta H^\ominus}{RT} + C \tag{4.17}$$

ここで，C は積分定数である．この式から明らかなように，平衡定数の対数を絶対温度の逆数に対してプロットすると直線関係が得られ，その傾きから反応熱（定圧反応熱）を求めることができる．

温度 T_1 における平衡定数を K_1，温度 T_2 のときの平衡定数を K_2 とし，それらを式(4.17)に代入して得られる2つの式の差をとれば次式が得られる．

$$\ln \frac{K_2}{K_1} = -\frac{\Delta H^\ominus}{R}\left(\frac{1}{T_2} - \frac{1}{T_1}\right) \tag{4.18}$$

自然対数のかわりに，一般によく使われる常用対数に変換すると次式のようになる．

$$\log \frac{K_2}{K_1} = -\frac{\Delta H^\ominus}{2.303R}\left(\frac{1}{T_2} - \frac{1}{T_1}\right) \tag{4.19}$$

これらの式を用いれば，定圧反応熱と2つの温度における平衡定数の3つのデータ（すなわち，$\Delta H^\ominus$，K_1 および K_2）のうち2つがわかっていれば他の1つは計算によって求めることができる．この意味で，式(4.18)または(4.19)はたいへん有用な式である．

例題 4.5 アンモニアの解離反応（$2\,\mathrm{NH_3} \rightleftharpoons \mathrm{N_2} + 3\,\mathrm{H_2}$）に対する平衡定数 K_p は 327 °C で $5.43\times 10^2\,\mathrm{atm}^2$，527 °C で $1.076\times 10^5\,\mathrm{atm}^2$ である．
（1） この温度範囲での $\mathrm{NH_3}$ の 1 mol あたりの定圧解離熱を求めよ．
（2） 427 °C におけるアンモニア解離反応の平衡定数を求めよ．

解 （1）式（4.19）より

$$\log \frac{1.076\times 10^5}{5.43\times 10^2} = -\frac{\Delta H^{\ominus}}{2.303\times 8.314}\left(\frac{1}{800}-\frac{1}{600}\right)$$

$$\Delta H^{\ominus} = 105.5\times 10^3\,\mathrm{J\,mol^{-1}} = 105.5\,\mathrm{kJ\,mol^{-1}}$$

この値は，反応式からわかるように $\mathrm{NH_3}$ の 2 mol あたりのもの，つまり，$\mathrm{NH_3}$ 1 mol あたりの定圧解離熱は上の値の 1/2 の $52.8\,\mathrm{kJ\,mol^{-1}}$ である．

（2） 式（4.19）に上記の $\Delta H^{\ominus}$ の結果と $T_2 = 700$ K を代入して

$$\log \frac{K_\mathrm{p}}{5.43\times 10^2} = -\frac{105.5\times 10^3}{2.303\times 8.314}\left(\frac{1}{700}-\frac{1}{600}\right)$$

$$\log K_\mathrm{p} = 2.735 + 1.305$$

$$\therefore\ K_\mathrm{p} = 1.10\times 10^4\,\mathrm{atm}^2$$

アンモニア解離反応の 427 °C における平衡定数は $1.10\times 10^4\,\mathrm{atm}^2$ である．

§4.10 水溶液中における酸-塩基平衡

4.10.1 酸・塩基とは

この節では，液相化学平衡のなじみ深い例として，酸-塩基平衡の問題をとりあげよう．現在最も広く用いられている酸・塩基の概念は，Brønsted と Lowry によって提案された．それによれば，**酸**（acid）とはプロトン（$\mathrm{H^+}$）を放出しうる物質，すなわち**プロトン供与体**（proton donor）であり，**塩基**（base）とはプロトンを受け入れうる物質，すなわち**プロトン受容体**（proton acceptor）であると定義される．たとえば，塩化水素は水に溶けて $\mathrm{H^+}$ を放出するから酸であり，またアンモニアは水に溶けたとき，水からプロトンを奪って $\mathrm{NH_4^+}$ になるから塩基ということになる．

いま，HA で表される化合物を水に溶かしたとき，溶液中で次のような平衡が成り立つとしよう．

$$\mathrm{HA} + \mathrm{H_2O} \rightleftharpoons \mathrm{H_3O^+} + \mathrm{A^-} \tag{4.20}$$

このとき，HA は溶媒の水分子にプロトンを与えているから酸であり，一方，水分子は HA からプロトンを受け取っているので塩基である．逆反応を考えてみると，$\mathrm{A^-}$ はオキソニウムイオン（$\mathrm{H_3O^+}$）からプロトンを受け取るから塩基であり，$\mathrm{H_3O^+}$ は $\mathrm{A^-}$ にプロトンを与えるので酸である．このように，酸と塩基は必ず対になって現れてくる．酸 HA から生じた塩基 $\mathrm{A^-}$ を，HA の**共役塩基**（conjugate base）という．また逆に，HA は塩基 $\mathrm{A^-}$ の**共役酸**（conjugate acid）と呼ばれる．同様に，$\mathrm{H_2O}$ は酸 $\mathrm{H_3O^+}$ の共役塩基であり，$\mathrm{H_3O^+}$ は塩基 $\mathrm{H_2O}$ の共役酸ということになる．

酸の強さはプロトンの与えやすさで決まり，また塩基の強さはプロトンの受け取りやす

さで決まる．言い換えると，酸・塩基の強さは，式(4.20)で表される平衡の平衡定数の大小で決まる．この平衡定数が大きいほど，すなわち式(4.20)の平衡が右側にかたよるほど強い酸になる．これが極端になると，式(4.20)の逆反応は事実上起こらないとみなすことができる．塩酸などの**強酸**はこの場合に相当する．一方，酢酸などの**弱酸**では，式(4.20)の平衡は左側にかたよっている．こう考えてくると，酸の強さは，プロトンを受け取る側の溶媒にも依存することに気がつくだろう．同じ酸でも，溶媒のプロトン受容能が高いほど式(4.20)の平衡は右側にかたより，したがって酸の強さは強くなる．酸-塩基平衡の溶媒は水だけとは限らないが，ここでは水溶液系に話を限ろう．そこで，次に，水の酸・塩基としての性質に目を向けてみよう．

4.10.2 水の電離平衡

式(4.20)では，水はプロトン受容体として作用している．一方，水はまたプロトン供与体としても働く．これは次の例で明らかであろう．

$$NH_3 + H_2O \rightleftharpoons NH_4^+ + OH^-$$

このように，水はプロトン供与性とプロトン受容性の両方の性質をもつ．したがって，水中で水分子間に次のような平衡が成り立つ．

$$H_2O + H_2O \rightleftharpoons H_3O^+ + OH^- \tag{4.21}$$

電気的に中性の分子がイオンに分かれることを**電離**(electrolytic dissociation)と呼ぶ．そこで，式(4.21)を水の**電離平衡**という．この平衡の平衡定数は

$$K = \frac{[H_3O^+][OH^-]}{[H_2O]^2}$$

で表されるが，水は大量に存在するので $[H_2O]$ は一定とみなすことができ，上式は次のように書くことができる．

$$K_w = [H_3O^+][OH^-] \tag{4.22}$$

K_w は水の**イオン積**(ionic product)と呼ばれ，25 °C では $K_w = 1.00 \times 10^{-14} (\text{mol dm}^{-3})^2$ である．したがって，純粋な水では，$[H_3O^+] = [OH^-] = 1.00 \times 10^{-7}$ mol dm^{-3} となる．水溶液中の H_3O^+ 濃度が $[H_3O^+] > 10^{-7}$，$[H_3O^+] = 10^{-7}$ および $[H_3O^+] < 10^{-7}$ (mol dm^{-3}) のとき，その溶液をそれぞれ**酸性**，**中性**および**塩基性**という．通常，オキソニウムイオン濃度は 10 のマイナス何乗という非常に小さい数値となるため，溶液の酸性あるいは塩基性の度合を表すには，次式で定義される pH が用いられる．

$$\boxed{pH = -\log[H_3O^+]}$$

pH を用いれば，pH < 7，pH = 7 および pH > 7 がそれぞれ酸性，中性および塩基性に対応する．

4.10.3 弱酸の電離平衡

すでに述べたように、弱酸の水溶液では式(4.20)の平衡が成り立っている。したがって、溶液中の H_3O^+ の平衡濃度、あるいは溶液のpHは、この平衡の平衡定数と酸の濃度で決まってくる。ここでは、これらの間の関係を調べよう。

いま、酸HAを C mol dm^{-3} の濃度に溶かした水溶液を考えよう。溶かしたHAのうち、電離している割合（電離度）を α とすれば、式(4.20)の平衡定数は C と α を用いて次式のように表される。

$$K_a = \frac{[H_3O^+][A^-]}{[HA]} = \frac{C\alpha \cdot C\alpha}{C(1-\alpha)} = \frac{C\alpha^2}{1-\alpha} \tag{4.23}$$

ここでも、水の濃度は一定とみなして平衡定数の中に含ませた。この K_a をHAの**酸解離定数**（acid dissociation constant）（または**酸電離定数**）と呼ぶ。弱酸では、ふつう、$\alpha \ll 1$ である。そこで、式(4.23)の分母を近似的に1と等しいとおいて解くと、

$$\alpha \simeq \sqrt{K_a/C}$$

が得られる。したがって、$[H_3O^+]$ は次式によって K_a と C に関係づけられる。

$$[H_3O^+] = C\alpha \simeq \sqrt{K_a C} \tag{4.24}$$

また、これよりpHは、

$$\mathrm{pH} = -\log[H_3O^+] = -\frac{1}{2}(\log K_a + \log C)$$

で与えられる。ここで、$pK_a = -\log K_a$ とおけば、

表4-2 共役な酸・塩基対の pK_a および pK_b (25 ℃)

電解質	分子式	pK_a	pK_b
ギ酸	HCOOH	3.75	10.25
酢酸	CH_3COOH	4.76	9.24
モノクロル酢酸	$CH_2ClCOOH$	2.87	11.13
安息香酸	C_6H_5COOH	4.21	9.79
シアン化水素	HCN	9.14	4.86
炭酸	H_2CO_3	6.37	7.63
		10.25	3.75
硫化水素	H_2S	7.02	6.98
		14.00	0.00
リン酸	H_3PO_4	2.15	11.85
		7.20	6.80
		12.38	1.62
アンモニア	NH_3	9.28	4.72
メチルアミン	CH_3NH_2	10.68	3.32
ジメチルアミン	$(CH_3)_2NH$	10.77	3.23
トリメチルアミン	$(CH_3)_3N$	9.80	4.20
アニリン	$C_6H_5NH_2$	4.60	9.40

$$\mathrm{pH} = \frac{1}{2}(\mathrm{p}K_a - \log C) \tag{4.25}$$

と表される．この $\mathrm{p}K_a$ を**酸解離指数**（acid dissociation exponent）と呼ぶ．酸の $\mathrm{p}K_a$ がわかっていれば，式（4.25）を用いて任意の濃度の弱酸水溶液の pH を計算することができる．いくつかの弱酸について，$\mathrm{p}K_a$ の値を表 4-2 に示した．K_a が大きいほど，あるいは $\mathrm{p}K_a$ が小さいほど，強い酸である．

例題 4.6 表 4-2 の $\mathrm{p}K_a$ の値を用いて，25 ℃における濃度 1.00×10^{-2} mol dm^{-3} の酢酸水溶液の pH を求めよ．

解 酢酸の $\mathrm{p}K_a = 4.76$，$C = 1.00\times10^{-2}$ mol dm^{-3} を式（4.25）に代入して，
$$\mathrm{pH} = \frac{1}{2}(4.76+2.00) = 3.38$$

4.10.4 弱塩基の電離平衡

前項では，弱酸の電離平衡を考えることにより，弱酸水溶液の pH を濃度と酸電離定数で表す表式が得られることを示した．弱塩基水溶液の pH に対しても，よく似た関係が導かれる．弱塩基 B の電離平衡は次のように表される．

$$\mathrm{B} + \mathrm{H_2O} \rightleftharpoons \mathrm{BH^+} + \mathrm{OH^-} \tag{4.26}$$

いま，B の濃度を C mol dm^{-3}，電離度を α とすれば，上の平衡の平衡定数は

$$K_b = \frac{[\mathrm{BH^+}][\mathrm{OH^-}]}{[\mathrm{B}]} = \frac{C\alpha^2}{1-\alpha} \tag{4.27}$$

となり，この K_b を**塩基解離定数**（base dissociation constant）と呼ぶ．弱塩基では $\alpha \ll 1$ だから，式（4.24）を導いたのと同様の手順により

$$[\mathrm{OH^-}] \simeq \sqrt{K_b C}$$

が得られる．pH を知るためには $[\mathrm{H_3O^+}]$ を知る必要があるが，これは水のイオン積を用いて $[\mathrm{OH^-}]$ からわかる．すなわち，

$$[\mathrm{H_3O^+}] = K_w/[\mathrm{OH^-}] = K_w/\sqrt{K_b C}$$

したがって，弱塩基水溶液の pH は

$$\mathrm{pH} = -\log K_w + \frac{1}{2}(\log K_b + \log C)$$

で与えられる．ここで，$\mathrm{p}K_w = -\log K_w$ および $\mathrm{p}K_b = -\log K_b$ とおけば，上式は次のように書ける．

$$\mathrm{pH} = \mathrm{p}K_w - \frac{1}{2}(\mathrm{p}K_b - \log C) \tag{4.28}$$

25 ℃では $\mathrm{p}K_w = 14$ であるから，式（4.28）は

$$\mathrm{pH} = 14 - \frac{1}{2}(\mathrm{p}K_b - \log C) \tag{4.29}$$

となる．pK_b が既知であれば，式 (4.28) あるいは (4.29) を用いて弱塩基水溶液の pH を知ることができる．いくつかの弱塩基について，pK_b の値を表 4-2 に示した．pK_b の値が小さいほど強い塩基である．

例題 4.7 表 4-2 の pK_b 値を用いて，25 °C における濃度 1.00×10^{-2} mol dm^{-3} のアンモニア水の pH を求めよ．

解 NH$_3$ の pK_b = 4.72，$C = 1.00 \times 10^{-2}$ mol dm^{-3} を式 (4.29) に代入して，

$$\text{pH} = 14 - \frac{1}{2}(4.72 + 2.00) = 10.64$$

次に，共役な酸と塩基の pK_a と pK_b の関係について考えてみよう．再び式 (4.20) の例に戻ると，HA の酸解離定数は，次のようにして A$^-$ の塩基解離定数に関係づけられることがわかるだろう．

$$K_a = \frac{[\text{H}_3\text{O}^+][\text{A}^-]}{[\text{HA}]} = \frac{[\text{H}_3\text{O}^+][\text{A}^-][\text{OH}^-]}{[\text{HA}][\text{OH}^-]} = \frac{K_w}{K_b}$$

これより，共役な酸と塩基の pK_a と pK_b の関係として次式が得られる．

$$\boxed{\text{p}K_a + \text{p}K_b = \text{p}K_w = 14.00 \quad (25\,°\text{C})} \qquad (4.30)$$

式 (4.30) から，たとえば CH$_3$COOH の pK_a は 4.76 であるから CH$_3$COO$^-$ の pK_b が 9.24 であること，また，NH$_3$ の pK_b は 4.72 であるから NH$_4^+$ の pK_a が 9.28 であることがわかる（表 4-2 参照）．

4.10.5 緩衝溶液

弱酸 HA の水溶液に，その塩，たとえば NaA を加えた場合，溶液の pH がどのようになるか考えてみよう．HA の水溶液中では式 (4.20) の平衡が成り立っている．

$$\text{HA} + \text{H}_2\text{O} \rightleftharpoons \text{H}_3\text{O}^+ + \text{A}^- \qquad (4.20)$$

この水溶液に NaA を加えると，塩は水に溶けると完全に電離するので A$^-$ の濃度が大きくなり，上式の平衡は左側に移動し，[H$_3$O$^+$] は小さくなる (Le Chatelier の原理)．このように，弱酸の水溶液にその塩を加えると，共通イオンの濃度が増すことにより弱酸の電離が抑制される．このとき，未解離の酸の濃度 [HA] は，近似的に，溶かした酸の濃度 C_a に等しいとみなすことができる．また，塩は完全に電離するので，[A$^-$] は近似的に加えた塩の濃度 C_s に等しいとおいてよい．したがって，弱酸の電離定数は次のように書くことができる．

$$K_a = \frac{[\text{H}_3\text{O}^+][\text{A}^-]}{[\text{HA}]} \cong [\text{H}_3\text{O}^+]\frac{C_s}{C_a}$$

したがって，この水溶液中の [H$_3$O$^+$] は次式で与えられる．

$$[H_3O^+] = K_a \frac{C_a}{C_s}$$

これより，

$$\boxed{\mathrm{pH} = \mathrm{p}K_a + \log \frac{C_s}{C_a}} \qquad (4.31)$$

式 (4.31) は，この溶液の pH が，弱酸の酸電離定数と，溶かした塩と酸の濃度比（C_s/C_a）の 2 つの因子で決まることを示している．

次に，この溶液に外から酸を加えるという状況を考えてみよう．加えられた酸から生じる H_3O^+ は，A^- と反応して HA に変わるために消費される．

$$H_3O^+ + A^- \longrightarrow HA + H_2O$$

したがって，溶液中の $[H_3O^+]$ は酸を加えてもほとんど変化しない．また，塩基を加えても，OH^- は HA との反応により除かれる．

$$OH^- + HA \longrightarrow A^- + H_2O$$

この場合も，溶液中の $[H_3O^+]$ はほとんど影響を受けない．このように，弱酸とその塩を含む水溶液の pH は，少量の酸や塩基を加えてもほとんど変わらない．さらにまた，pH は C_s/C_a の濃度比で決まるから，溶液を希釈したり濃縮したりしても，その pH はあまり変わらない．外から変化がもたらされたとき pH を一定に保とうとする作用を**緩衝作用**（buffer action）といい，この作用をもつ溶液を**緩衝溶液**（buffer solution）という．式 (4.31) から明らかなように，C_s/C_a の比を調節することにより，任意の pH の緩衝溶液をつくることができる．なお，弱塩基とその塩の混合水溶液もまた緩衝作用をもつ．緩衝溶液は，溶液の pH を一定に保つ目的で，とくに分析化学や生物化学の分野で広く使用される．

例題 4.8　酢酸および酢酸ナトリウムを，いずれも $0.1 \mathrm{~mol~dm^{-3}}$ 含む緩衝溶液の pH はいくらか．また，この溶液 $1 \mathrm{~dm^3}$ に，$1.0 \mathrm{~mol~dm^{-3}}$ の塩酸を $10 \mathrm{~cm^3}$ だけ加えると pH はいくらになるか．

解　酢酸の $\mathrm{p}K_a = 4.76$（表 4-2），および $C_a = C_s = 0.1 \mathrm{~mol~dm^{-3}}$ を式 (4.31) に代入すれば，pH = 4.76 となる．

$1.0 \mathrm{~mol~dm^{-3}}$ の HCl $10 \mathrm{~cm^3}$ 中に H_3O^+ は 0.01 mol 含まれる．それを加えたとき，$CH_3COO^- + H_3O^+ \longrightarrow CH_3COOH + H_2O$ の反応が起こり，溶液中の CH_3COO^- は $0.1 - 0.01 = 0.09$ mol に，また CH_3COOH は $0.1 + 0.01 = 0.11$ mol に変わる．すなわち，$C_s = 0.09 \mathrm{~mol~dm^{-3}}$ および $C_a = 0.11 \mathrm{~mol~dm^{-3}}$ となる．このときの pH は，

$$\mathrm{pH} = \mathrm{p}K_a + \log \frac{C_s}{C_a} = 4.76 + \log \frac{0.09}{0.11} = 4.67$$

となる．塩酸を加えた結果，pH は約 0.1 しか変わらないことに注意せよ．これに対して，同量の塩酸を純水 $1 \mathrm{~dm^3}$ に加えれば，pH は 7 から 2 まで変わる．

§4.11 難溶塩の溶解度積

4.11.1 金属塩の溶解度と溶解度積

一般に溶液中の溶質がその固体と共存して平衡状態にあるとき，その溶液を**飽和溶液**と呼び，飽和溶液の濃度を**溶解度**（solubility）と呼ぶ．塩化銀 AgCl のような難溶性の塩の飽和溶液は，AgCl の固体と溶液中のイオン（Ag^+, Cl^-）の間に平衡が成立していると考えられ，その平衡式は次のように書かれる．

$$AgCl(s) \rightleftharpoons Ag^+(aq) + Cl^-(aq)$$

AgCl(s) は塩化銀の純粋固体でありその濃度は一定であるので，このときの平衡定数は次のように書かれる．

$$K_{sp} = [Ag^+][Cl^-] \tag{4.32}$$

この平衡定数を，その塩の**溶解度積**（solubility product）という．

一般式 M_mX_n で表される難溶性塩の場合，その固体と溶液中のイオンの間に次の平衡が成立する．

$$M_mX_n(s) \rightleftharpoons mM^{z_+}(aq) + nX^{z_-}(aq)$$

ここで，z_+, z_- はそれぞれ陽イオンと陰イオンの価数（符号をも含めた）であり，電気的中性の関係から $z_+m + z_-n = 0$ が成立する．この場合の溶解度積は

$$K_{sp} = [M^{z_+}]^m[X^{z_-}]^n \tag{4.33}$$

のように表される．

これらの平衡定数を溶解度積と呼ぶ理由は，それが難溶性塩の溶解度と関連づけられるからである．たとえば，純水に対する AgCl の溶解度を S としよう．この塩の溶解度はきわめて小さいので，水に溶けたこの塩は完全にイオンに解離していると考えられる．そこで $[Ag^+] = [Cl^-] = S$ とおける．この関係を利用して式 (4.32) は次のように書き換えられる．

$$K_{sp} = [Ag^+][Cl^-] = S^2 \tag{4.34}$$

同様に，M_mX_n という塩の場合，$[M^{z_+}] = mS$, $[X^{z_-}] = nS$ だから，式 (4.33) は次のように書き換えられる．

$$K_{sp} = [M^{z_+}]^m[X^{z_-}]^n = (m)^m(n)^n S^{m+n} \tag{4.35}$$

例題 4.9 クロム酸銀 Ag_2CrO_4 の純水に対する溶解度は 25 °C で 9.65×10^{-5} mol dm^{-3} である．クロム酸銀の溶解度積を求めよ．

解 クロム酸銀の固体とイオンの平衡は次のように表せる．

$$Ag_2CrO_4(s) \rightleftharpoons 2Ag^+(aq) + CrO_4^{2-}(aq)$$

完全解離を仮定すれば，$[Ag^+] = 2S$, $[CrO_4^{2-}] = S$ であるから溶解度積は

$$K_{sp} = [Ag^+]^2[CrO_4^{2-}] = 4S^3 = 3.59 \times 10^{-12} \, (\text{mol dm}^{-3})^3$$

難溶性塩の純水に対する溶解度は，電気伝導度（伝導度）法，起電力法などにより求めら

れる．下の例題で，伝導度の測定から溶解度積を求める方法を示している（電解質溶液の伝導度の詳細は第9章を参照せよ）．起電力による方法は第10章に示してある．

例題 4.10 25 ℃ における塩化銀の飽和水溶液の伝導率は 1.96×10^{-4} S m^{-1}，溶液をつくるために用いた水の伝導率は 0.12×10^{-4} S m^{-1} であった．塩化銀の純水に対する溶解度および溶解度積を求めよ．

解 まずイオン独立移動の法則に基づいて，伝導率から溶液中の塩化銀の濃度を求める．溶けているイオンによる伝導率は

$$\kappa = (1.96 - 0.12)\times 10^{-4} \text{ S m}^{-1} = 1.84\times 10^{-4} \text{ S m}^{-1}$$

である．無限希釈におけるモル伝導率を Λ_0，飽和溶液のモル濃度を S とすると，これらと伝導率の間には次の関係が成り立つ．

$$S = \kappa/\Lambda_0$$

25 ℃ における塩化銀のモル伝導率は $\Lambda_0 = 138.3\times 10^{-4}$ S m^2 mol^{-1} であるから（第9章参照），塩化銀の溶解度は

$$S = 1.84\times 10^{-4} \text{ S m}^{-1}/138.3\times 10^{-4} \text{ S m}^2 \text{ mol}^{-1}$$
$$= 1.33\times 10^{-2} \text{ mol m}^{-3} = 1.33\times 10^{-5} \text{ mol dm}^{-3}$$

溶解度積は

$$K_{sp} = S^2 = (1.33\times 10^{-5} \text{ mol dm}^{-3})^2 = 1.77\times 10^{-10} \text{ (mol dm}^{-3})^2$$

4.11.2 共通イオン効果

一般に難溶性塩の溶解度は共通イオンの存在により著しく減少する．たとえば，希薄な HCl 溶液に AgCl を溶かすと，その溶解度は純水に溶かす場合に比べて小さくなる．このことは溶解度積の定義から明らかである．すなわち，いまの例では，銀イオンの濃度と塩化物イオンの濃度の積 $[Ag^+][Cl^-]$ が一定に保たれなければならない．HCl 溶液に AgCl を溶かす場合，溶液中には共通イオンの Cl$^-$ がすでに存在しているので $[Ag^+][Cl^-]$ が一定に保たれるためには $[Ag^+]$ が低くならなければならない．したがって，HCl 溶液に対する AgCl の溶解度は純水に比べて小さくなる．

しかし，ある場合には過剰の共通イオンの存在により難溶性塩の溶解度がかえって増加することがある．たとえば，塩化銀の溶解度は塩化ナトリウムを加えるとその濃度とともに減少するが，実験によれば塩化ナトリウムの濃度が 0.2 mol dm^{-3} を越えると逆に塩化銀の溶解度は増加する．これは塩化銀が過剰の塩化物イオンと反応して錯イオンを形成し，溶液中に溶け出すためである．

$$AgCl + Cl^- \longrightarrow Ag(Cl)_2^-$$

錯イオンの形成により Ag$^+$ の濃度は減少するが見かけ上の塩化銀の溶解度は増加するので，この場合，溶解度積と溶解度の関係は成り立たなくなる．このような錯イオンを形成するものとして，塩化物イオン以外にもシアン化物イオン（CN$^-$）やアンモニアがよく知られている．

例題 4.11　$0.001\ \mathrm{mol\ dm^{-3}}$ HCl に対する塩化銀の溶解度（25 ℃）を計算せよ．

解　求める溶解度を $x\ (\mathrm{mol\ dm^{-3}})$ とすれば，飽和溶液中の $\mathrm{Ag^+}$ および $\mathrm{Cl^-}$ の濃度は
$$[\mathrm{Ag^+}] = x\ \mathrm{mol\ dm^{-3}},\quad [\mathrm{Cl^-}] = (0.001+x)\ \mathrm{mol\ dm^{-3}}$$
であるから，塩化銀の溶解度積の関係より
$$K_\mathrm{sp} = [\mathrm{Ag^+}][\mathrm{Cl^-}] = x\cdot(0.001+x) = 1.6\times10^{-10}\ (\mathrm{mol\ dm^{-3}})^2$$
x は 0.001 に比べて非常に小さく，無視できるので
$$x = \frac{1.6\times10^{-10}\ (\mathrm{mol\ dm^{-3}})^2}{0.001\ \mathrm{mol\ dm^{-3}}} = 1.6\times10^{-7}\ \mathrm{mol\ dm^{-3}}$$

4.11.3　金属イオンの定性分析

前節で述べたように，金属塩の溶解度積は溶解度に関係し，その塩の溶解しやすさの目安になる．すなわち，溶解度積が小さい金属塩ほど溶解しにくい，いいかえれば，溶液から析出（沈殿）しやすい．また，共通イオンの濃度を調節することによって難溶性塩の溶解度を調節することができる．したがって，溶解度積が異なる金属塩が溶液中に共存するとき，共通イオンを加えることによって，ある金属イオンの溶解度は溶液中の実際の濃度よりも高く保ったままで別の金属イオンの溶解度はそれよりも低くすることができる．そうすれば，金属イオンの混合溶液から特定の金属イオンのみを沈殿として取り出すことができる．この原理は金属イオンの系統定性分析に利用されている．金属硫化物の分離分析を例にして，このことを詳しく述べてみよう．

硫化水素は非常に弱い酸で，水溶液中で次のように2段階に電離する．
$$\mathrm{H_2S} \rightleftarrows \mathrm{H^+} + \mathrm{HS^-},\quad K_1 = [\mathrm{H^+}][\mathrm{HS^-}]/[\mathrm{H_2S}] = 1\times10^{-7}\ \mathrm{mol\ dm^{-3}}$$
$$\mathrm{HS^-} \rightleftarrows \mathrm{H^+} + \mathrm{S^{2-}},\quad K_2 = [\mathrm{H^+}][\mathrm{S^{2-}}]/[\mathrm{HS^-}] = 1\times10^{-14}\ \mathrm{mol\ dm^{-3}}$$

硫化水素の電離によって生じた $\mathrm{S^{2-}}$ イオンは多くの金属イオンと反応して水に難溶性の金属硫化物を生じる．たとえば2価の金属イオン $\mathrm{M^{2+}}$ 場合，
$$\mathrm{M^{2+}} + \mathrm{S^{2-}} \rightleftarrows \mathrm{MS}$$
この金属硫化物の溶解度積，すなわち $K_\mathrm{sp} = [\mathrm{M^{2+}}][\mathrm{S^{2-}}]$ は概して小さいが，その値は個々の金属によって異なる．したがって，溶液中の $\mathrm{S^{2-}}$ イオンの濃度を増していくと，K_sp が大きい金属イオンは溶液中に溶けたままで，K_sp が小さい金属イオンのみが硫化物として沈殿する．このようにして，溶液中の $[\mathrm{S^{2-}}]$ を調節することにより金属イオンを分離することができる．

溶液中の $\mathrm{S^{2-}}$ イオンの濃度は水素イオン濃度によって調節することができる．上に示した硫化水素の電離平衡の平衡定数 K_1 と K_2 の積をとると，次式が得られる．
$$K_1\cdot K_2 = [\mathrm{H^+}]^2[\mathrm{S^{2-}}]/[\mathrm{H_2S}] = 1\times10^{-21}\ (\mathrm{mol\ dm^{-3}})^2$$

この式から明らかなように，$\mathrm{S^{2-}}$ の濃度は溶液中の $\mathrm{H_2S}$ 濃度と $\mathrm{H^+}$ 濃度に依存して変わる．金属イオンの定性分析では，溶液を $\mathrm{H_2S}$ で飽和させる操作を行う．水に対する $\mathrm{H_2S}$ の溶解

度は約 $0.1\,\mathrm{mol\,dm^{-3}}$ であるから，この場合，$[\mathrm{H_2S}] = 0.1\,\mathrm{mol\,dm^{-3}}$ である．したがって，このときの $\mathrm{S^{2-}}$ 濃度と水素イオン濃度の関係は次式で表される．

$$[\mathrm{S^{2-}}] = \frac{1 \times 10^{-22}}{[\mathrm{H^+}]^2}\,\mathrm{mol\,dm^{-3}} \qquad (4.36)$$

このようにして，溶液中の水素イオン濃度（いいかえれば，溶液の pH）をいろいろ変えることによって，$\mathrm{S^{2-}}$ 濃度を広い範囲にわたって変化させることができ，その結果，仕込まれた金属イオン濃度と $\mathrm{S^{2-}}$ 濃度の積が，硫化物の溶解度積より大きく（沈殿生成）もしくは小さく（溶解したまま）なるように調節することができる．

溶解度と水素イオン濃度の関係をみてみると，MS 型の硫化物の場合，

$$[\mathrm{M^{2+}}] = \frac{K_{\mathrm{sp}}}{[\mathrm{S^{2-}}]} = \frac{K_{\mathrm{sp}}[\mathrm{H^+}]^2}{1 \times 10^{-22}}\,\mathrm{mol\,dm^{-3}} \qquad (4.37)$$

となり，金属硫化物の溶解度は水素イオン濃度の 2 乗に比例して増加することがわかる．

例題 4.12 $0.005\,\mathrm{mol\,dm^{-3}}$ のカドミウムイオンと亜鉛イオンを含む溶液から，一方だけを硫化物として沈殿させるためには $\mathrm{S^{2-}}$ の濃度をいくらにすればよいか．また，そのためには溶液中の水素イオン濃度をいくらにすればよいか．ただし，CdS および ZnS の溶解度積は，それぞれ 7×10^{-27} および $1 \times 10^{-23}\,(\mathrm{mol\,dm^{-3}})^2$ であり，また，$\mathrm{H_2S}$ の飽和溶液濃度は $0.1\,\mathrm{mol\,dm^{-3}}$ である．

解 溶解度積を比較すると $\mathrm{Cd^{2+}}$ よりも $\mathrm{Zn^{2+}}$ のほうがより多く水に溶けることがわかる．$\mathrm{Zn^{2+}}$ および $\mathrm{Cd^{2+}}$ が沈殿しないための $\mathrm{S^{2-}}$ の最大濃度は，それぞれ以下のように計算される．

$$[\mathrm{S^{2-}}] = \frac{K_{\mathrm{sp}}}{[\mathrm{Zn^{2+}}]} = \frac{1 \times 10^{-23}}{0.005} = 2 \times 10^{-21}\,(\mathrm{mol\,dm^{-3}})$$

および

$$[\mathrm{S^{2-}}] = \frac{K_{\mathrm{sp}}}{[\mathrm{Cd^{2+}}]} = \frac{7 \times 10^{-27}}{0.005} = 1.4 \times 10^{-24}\,(\mathrm{mol\,dm^{-3}})$$

すなわち，$\mathrm{S^{2-}}$ の濃度が $1.4 \times 10^{-24} < [\mathrm{S^{2-}}] < 2 \times 10^{-21}\,\mathrm{mol\,dm^{-3}}$ の範囲のとき ZnS は沈殿しないが CdS は沈殿する．ZnS を沈殿させず CdS のみを最大限沈殿させるためには $[\mathrm{S^{2-}}] = 2 \times 10^{-21}\,\mathrm{mol\,dm^{-3}}$ にすればよい．

$[\mathrm{S^{2-}}]$ が $2 \times 10^{-21}\,\mathrm{mol\,dm^{-3}}$ になるための水素イオン濃度は，式 (4.37) より

$$\begin{aligned}[\mathrm{H^+}] &= \sqrt{\frac{1 \times 10^{-21}\,[\mathrm{H_2S}]}{[\mathrm{S^{2-}}]}} \\ &= \sqrt{\frac{1 \times 10^{-21} \times 0.1}{[\mathrm{S^{2-}}]}} = \sqrt{\frac{1 \times 10^{-22}}{2 \times 10^{-21}}} = 0.22\,(\mathrm{mol\,dm^{-3}})\end{aligned}$$

この水素イオン濃度以上では ZnS は沈殿しない．

第4章 演習問題

4.1 ベンゼンとトルエンの混合溶液は理想溶液に近い．20 ℃においてベンゼンおよびトルエンの蒸気圧は，それぞれ 74.7 mmHg と 22.3 mmHg である．溶液のベンゼンのモル分率が 0.3 のとき，溶液の全蒸気圧および平衡にある蒸気相の組成を計算せよ．

4.2 ベンゼンとトルエンの混合溶液が理想溶液であるとして，60 ℃における圧力–組成図を描け．この温度でのベンゼンとトルエンの蒸気圧は 400 mmHg と 136 mmHg である．

4.3 アセトン–クロロホルム系の沸点図（または表）を見て，蒸留に伴う変化を述べよ．（a）重量パーセント約 20％，（b）75.5％，（c）90％．

4.4 2 種の液体が 2 相に分かれて共存しているとき，それらの液体の相互溶解度および温度の関係を相律の立場で説明せよ．

4.5 Sb-Pb 系の融点図を見て，設問に答えよ．（a）50％の Pb を含む融液，（b）87％の Pb を含む融液の冷却曲線を描け．（c）50％の Pb を含む合金が全融するまでの加熱曲線を描け．

4.6 安息香酸のベンゼン溶液では，次のような会合平衡が成り立っている．

$$2\,C_6H_5COOH \rightleftharpoons C_6H_5-C\genfrac{}{}{0pt}{}{O-H\cdots O}{O\cdots H-O}C-C_6H_5$$

この平衡定数が $K_c = 930\ \mathrm{mol^{-1}\,dm^3}$ であるとき，濃度 $0.01\ \mathrm{mol\,dm^{-3}}$ の溶液中では安息香酸の何％が会合体として存在しているか．

4.7 PCl_5 の蒸気を加熱すると，その一部が PCl_3 と Cl_2 に解離し，これらの間に次のような平衡が成立する．

$$PCl_5(g) \rightleftharpoons PCl_3(g) + Cl_2(g)$$

1 mol の PCl_5 を 1 atm，230 ℃ に保ったところ，この気体試料の密度は $4.80\ \mathrm{g\,dm^{-3}}$ であった．この反応の圧平衡定数を求めよ．

4.8 体積 $1.0\ \mathrm{dm^3}$ の容器に 1.0 mol の NH_3 を入れ，200 ℃ に保ったところ，NH_3 は 0.82 mol に減少していた．この温度における $N_2(g) + 3\,H_2(g) \rightleftharpoons 2\,NH_3(g)$ の濃度平衡定数 K_c と圧平衡定数 K_p を求めよ．

4.9 体積 $5.0\ \mathrm{dm^3}$ の容器を用いて，ある温度で反応 $2\,SO_2(g) + O_2(g) \rightleftharpoons 2\,SO_3(g)$ を行わせた．平衡に達した後，混合気体を分析したところ，SO_2 が 1.5 mol，O_2 が 2.0 mol，SO_3 が 2.5 mol 存在していた．（i）この平衡の濃度平衡定数 K_c を求めよ．（ii）SO_3 の量を 3.0 mol に増加させるには O_2 を何 mol 加えればよいか．

4.10 $0.1\ \mathrm{mol\,dm^{-3}}$ の乳酸水溶液を調製し，25 ℃で pH を測定したところ 2.44 であった．（i）この溶液中における乳酸の電離度 α を求めよ．（ii）乳酸の 25 ℃における酸電離定数 K_a を求めよ．（iii）この溶液を 10 倍に希釈したときの乳酸の電離度 α を求めよ．（iv）上の（i）と（iii）の電離度の違いを Le Chatelier の原理に基づいて説明せよ．

4.11 いずれも $0.10\ \mathrm{mol\,dm^{-3}}$ の濃度の酢酸と酢酸ナトリウム水溶液を混ぜて pH 5.6 の緩衝溶液を $1\ \mathrm{dm^3}$ だけつくりたい．それぞれ何 $\mathrm{cm^3}$ ずつ混ぜればよいか．

5

エネルギーと熱力学第一法則

　2500年前のインドでは伝統的なバラモン教に懐疑して，7人の哲学者が新説を唱えていた．7人のうち1人，釈迦の教え（仏教）からすれば，他の6人の考え方は，「それがいっさいを説明する真理ではない」と，それぞれに対して部分否定しながら，仏典（涅槃経）中に六師の外道（げどう）としてそれぞれの主旨が紹介してある．たとえば，ケーサンカンパリンは，「人間は地水火風の4元素で構成され，死ねば元素に還るのみで霊魂は存在しない」と唯物論的自然主義を説いた．古い時代の元素説のひとつである．また，こんなことも書いてある．ダイバダッタにそそのかされて，マカダ王国の王子阿闍世（アジャセ）は，王位を奪うため，釈迦に帰依していた父王を殺し，母后を幽閉するという大罪を犯した．ふとしたことから後悔の念にとらわれ，良心の苛責に追いつめられて，あげくのはてについにどんな名医も妙薬も役立たないほどの大病を患い，憔悴しきっていた．そこへ「父王を殺したなんて，問題じゃありませんよ」と慰め元気づけるために，6師が次々とやってきては自論を説いている．その中のひとりゴーサーラの言葉に，世界は常住不滅であるとともに，人は死んでも我（主体）は永遠不滅であるという意味で，「人類は7原質（元素）の和合（化合）よりなり，地水火風苦楽寿がそれですよ．この7元素は自然界のもので，消えてなくなるものでなく（不化），新たにできるというものではありません（不作）．いっさいの物質は不増・不滅ですし，お父さんを殺したからといって，お父さんが自然界からなくなったわけじゃないのですから，気に病むことは無用です．云々」と述べている．般若心経にも，不生・不滅・不増・不減という表現がある．

　ゴーサーラの言ったことは，これから学ぶ熱力学第一法則にほかならない．現代科学の知識に基づいて，エネルギーや質量の保存の法則をこの章では学ぶ．

§5.1　巨視的な系と熱力学

　これまでの第1章から第4章までは，化学の基本となる原理と現象について，化学を学ぼうとする者にとって常識的な知識と理解が得られるよう，その概要を述べてきた．しかし，次のような疑問を正しく説明できるほどの知識を諸君は身につけただろうか．水に，たとえば水酸化ナトリウムが溶けるときは発熱して水温が上がるが，一方，硝酸アンモニウムや尿素が水に溶けるときは吸熱して水温が下がるのはなぜか？　水とエタノールをそれぞれ$1\,\mathrm{dm}^3$ずつ混合すると，その溶液の体積は$1+1=2\,\mathrm{dm}^3$とはならず，$2\,\mathrm{dm}^3$より小

さくなるが，一方，エタノールとブタノールを 1 dm³ ずつ混合すると 2 dm³ より大きくなる．それはなぜか？　氷は圧力を加えると融解して液体になるのに，大部分の液体は圧縮すると固体になる．その違いの原因は何か？　空気は約 20%の酸素と約 80%の窒素を含むが，これらが時と所を問わず均一に混合していて，たとえば教室の中で教壇付近だけ窒素の割合が高くなる（そのため教壇の教授ひとりだけが窒息死する）というようなことが起こらないのはなぜか？　きれいな水の入ったコップに，墨汁を 1 滴たらすとひとりでに墨が広がっていき，やがて均一な薄黒い水溶液になるのはなぜか？　このように，身のまわりにある事象に目を向けてみると，これまでの知識だけではその理由を説明できないことがあまりにも多いことに気づくであろう．

諸君がいま知っていることでは，天から降った水（雨）は，途中で一部蒸発しながらも地中深くしみ込んだり，海に向かって流れていくのはなぜかと問われたとき，ポテンシャルエネルギーが極小値になれば水がエネルギー的に安定するからだと説明できるであろう．また，川の水をせき止めて，高い落差をつけて急速に流してやるとポテンシャルエネルギーが運動のエネルギーに変わり，これが発電機を動かして，電気エネルギーに変えられること，すなわちエネルギーは姿を変え，「仕事」や「熱」にも変わることを知っている．化学反応，たとえばエンジン中でガソリンが酸素と反応して燃焼爆発すれば，自動車が動き，物体を運搬することも知っている．こうしてみると，エネルギー，熱，仕事が化学に重大な関係があることに気づくであろう．この章ではそのエネルギーについて考察する．

5.1.1　熱力学の描く世界

熱力学の理論によって描き出す世界像はきわめて簡潔なものである．いま，観察または考察している対象について，細かい性質がどうのこうのというのはぬきにして，たとえば温度，圧力，エネルギーというようなほんの 2, 3 の**性質**（properties）で特定できるものと考える．ここで，観察または考察の対象物のことを**系**（system）と呼ぶ．系とは人それぞれの関心に応じて，反応容器内の反応物と生成物，自動車のエンジン，人体，あるいは地球全体であったりする．系を取り囲む環境を**外界**（surroundings）と呼び，系と外界を隔てる面を**境界面**（boundary）と呼ぶ．境界面は実在していても想像上のものであってもよい．

系と外界との間でのやりとりは，必ず境界面を通して行われる．このやりとりには**熱**（heat）と**仕事**（work）というかたちでのやりとりや，場合によっては**物質**（matter）の出入りを伴うことがある．ここで熱と仕事の互換性については詳しく述べないが，この 2 つの関係が熱力学での最大の関心事であるので，あとでじっくり取り組むことにしよう．

熱力学でいう系は，物質，熱および仕事が境界を通してどのような出入りの仕方をするかによって，次の 4 つに分類される．その 1 つ，**開いた系**（開放系ともいう，open system(s)）は，熱，仕事そして物質ともども自由に境界を出入りできる系である．これに対して，**閉じた系**（閉鎖系ともいう，closed system(s)）の境界は物質の出入りを許さないが，熱と仕事が出入りするのは許すような系である．3 つ目の系は**断熱系**（adiabatic system(s))と呼ばれるもので，その名のとおり，その境界は断熱壁でできており，熱の出入りを許さず，また物質の出入りもない．ただし，仕事のやりとりは起こる．理想的に断熱的な系は実在しないが，発泡スチロールのような熱伝導性の著しく低い物質を分厚くはめ込んだ丈夫な壁材で囲んでやれば，近似的な断熱系を組み立てることができる．最後に，熱も仕事もそして物質も何もかも出入りを許さない境界でできている，**孤立系**(isolated system(s))がある．

5.1.2 系を特定する変数・性質

熱力学の世界では，おのおのの系をわずかな数の**状態変数**(variables of state)で記述する．いま，ある系が特定の条件に置かれたとき，それに至るまでどんな変化をたどってきたかということには全く無関係に，ある決まった値をもつ状態にあるのであれば，そのとき示す性質がその系の**特性**(characteristic)であるという．ここでいう性質または状態変数とは，過去の履歴に関係のないもので，測定の時点における条件(condition)にのみ依存するものである．状態変数とは，たとえば系の体積(volume) V と温度(temperature) T である．その他の状態変数を表5-1に掲げておく．状態変数は2種類に分類されることにとくに注意を払わねばならない．ある系がいくつかに分割された場合を考えよう．もしその性質・状態変数がどの分割部分でも同じ値をもつものであれば，その変数は**示強性**(intensive)であるという．温度や圧力がその例である．一方，部分部分における値を寄せ集めて合計すると全体の値となるような変数，たとえば3つのコップにそれぞれ100 cm^{3}ずつ入っている水を一緒にすると300 cm^{3}となるが，そのとき体積という状態変数は

表5-1 系の性質のいろいろ

性質のタイプ	示 量 性	示 強 性
質量関連のもの	質量(kg, g) 物質量(mol)	密度(g cm^{-3}, kg dm^{-3}) 溶質の濃度(mol dm^{-3}, mol kg^{-1} など)
P-V-T 関連	体積(cm^3, dm^3, m^3 など)	比体積(cm^3 g^{-1}, dm^3 kg^{-1}) 部分モル体積(cm^3 mol^{-1}) 圧力(atm, Pa, mmHg(Torr)など) 温度(K, ℃)
熱エネルギー関連	熱容量(J K^{-1}) 内部エネルギー エンタルピー (kJ, kcal など) エントロピー (J K^{-1}, cal K^{-1}) 自由エネルギー (kJ, kcal など)	比熱(J K^{-1} g^{-1}, cal K^{-1} g^{-1} など) 部分モル内部エネルギー 部分モルエンタルピー (J mol^{-1}, cal mol^{-1}) 部分モルエントロピー(J K^{-1} mol^{-1}, cal K^{-1} mol^{-1}) 化学ポテンシャル(kJ mol^{-1}, kcal mol^{-1})
その他		誘電率，屈折率，粘度(これらは熱力学的状態量ではない)

加成性 (additive) であるという．加成性のある変数は **示量性** (extensive) の変数である．質量 (mass) や物質量 (この名称はモル数，mole number，と呼ばれていた) なども示量変数の代表格である．ただし，ここで注意しなければならないのは，1 cm³ あたりの質量 (密度，density) や 1 mol あたりの体積 (モル体積，molar volume) のような量は示強性であることである．

例題 5.1 次の変数 (性質) は示強性であるか，示量性であるか．
 （a）ある塩化ナトリウム水溶液中に含まれる溶質の物質量
 （b）上の塩化ナトリウム水溶液の濃度

解 （a）示量性，（b）示強性

ある系の変数すなわち性質が特定の値をとっているとき，その系は「定まった状態 (defined state) にある」といわれる．なま温かいジュースに入れたばかりの氷のかたまりを系として見るとき，氷は融解しつつある最中であるので，定まった状態とは考えない．1 気圧，37 ℃ にある生理食塩水 (0.15 mol dm⁻³) は定まった状態にある．もし系の諸性質が時間的に変化せず，新たに物質やエネルギーの増減がなければ，その系の状態は「**熱力学的平衡** (thermodynamic equilibrium) にある」という．

系に物質またはエネルギーの流入・流出が継続しているが，諸性質に時間的な変化がなく一定の場合は，系は「**定常状態** (steady state) にある」という．気温が 20 ℃ の部屋で恒温槽中の水温が正確に 25 ℃ に保たれている場合，水面から水が蒸発しており，熱が水面および恒温槽の壁材からたえず一定速度で流出しているし，熱源から熱エネルギーの供給を受けているので，恒温槽中の水を系と見たとき，その水は平衡状態ではなく，定常状態にあるという．

5.1.3 状態方程式で関係づけられる系の性質

1 つの系の状態変数どうしの数学的関係を示すものが **状態方程式** (equation of state) である．状態方程式は熱力学の諸法則からは導くことはできず，その多くは実験データに合致するように考案された **経験式** (empirical relationship(s)) であるか，または分子運動論から導かれるものである．状態方程式の例としては，すでに承知の，理想気体の状態方程式 $PV = nRT$ がある．この式は P, V, n および T の 4 つの変数の関係を表したものである．この式の分子運動論による導出はすでに第 1 章で述べている．1 mol の水の体積を温度の関数として表した次式も状態方程式である．

$$V = a + bT + cT^2 \tag{5.1}$$

ここで，a, b, c は，観測した体積の値に対して式が合致するように求めて決めた定数である．この式は 1 つの変数が他の変数にどのように依存するかを数式で表現している．第 4 章で学んだ Raoult の法則も，一種の状態方程式である．状態方程式の代表的なものを表

表 5-2 状態方程式のいろいろ

状態方程式	関係する変数	付随する量	註 釈
理想気体 $PV = nRT$	圧力 P 体積 V 温度 T 物質量 n	気体定数 $R = 0.08205\ \text{dm}^3\ \text{atm}\ \text{mol}^{-1}\ \text{K}^{-1}$ $= 1.987\ \text{cal}\ \text{mol}^{-1}\ \text{K}^{-1}$ $= 8.314\ \text{J}\ \text{mol}^{-1}\ \text{K}^{-1}$	気体の分子運動論から導ける．不活性気体の実験からも導ける
van der Waals の式 $\left(P + a\dfrac{n^2}{V^2}\right)(V - nb)$ $= nRT$	同 上	a と b は各気体に固有の定数で，実験値に合うように決める	この方程式は理想性からのずれを半定量的に表す
気体のヴィリアル方程式 $PV = nRT\left(1 + \dfrac{nB'}{V}\right.$ $\left. + \dfrac{n^2C'}{V^2} + \cdots\right)$	同 上	$B', C', \cdots$ は第2，第3，… ヴィリアル係数．実測値に合うように決める	この方程式は理想性からのずれを広い圧力範囲にわたって高い精度で合うように B' や C' が決められている
液体用の Tait の式 $\dfrac{1}{V_0}\dfrac{dV}{dP} = -\dfrac{C}{B+P}$	圧力 P 体積 V 加圧ゼロのときの体積 V_0	C や B はそれぞれの液体の種類と温度に応じて求められた定数	種々の液体の体積がもつ圧力依存性を示す式として使われる
理想溶液の Raoult の法則 $P_A = x_A P_A^*$	溶液上の成分 A の蒸気圧 P_A, 純 A の蒸気圧 P_A^*, 溶液相中 A のモル分率 x_A		理想混合した溶液中の成分の蒸気圧，その他の性質を示す式

5-2 に掲げる．

　状態方程式とは，ある**物質**（substance）の巨視的な諸性質の関係を表現したものであり，注目している系のデータを集成したものである．これらの正しさを証明するには，実験してみて，結果が式に合致するか否かを確かめるより手立てはない．しかし，長い間の経験によれば，これらは正しい関係式であることが知られている．1つの物質の巨視的性質のすべてを，たった1つの関係式にまとめ上げた状態方程式はないということに注意しなければならない．たとえば，理想気体の状態方程式だけからは，おのおのの気体の密度や粘度（viscosity），屈折率（refractive index）などについては何もわからない．

　状態方程式に似た言葉として，**状態関数**（state function）があるが，これはある系を特定する際に用いる変数（独立変数）に関して，別の性質（従属変数）との関係を表す式である．状態関数を簡略化した形の式で表すことがしばしばある．たとえば，ある一定の物質量からなる系の体積が温度と圧力の関数であることを示すものとして

$$V = V(T, P) \tag{5.2}$$

がある．ここで，式(5.1)は状態方程式ではあるが状態関数ではないことに注意しておく必要がある．なぜなら，式(5.1)で独立変数（T）は系の状態を特定するのに必要な他の

変数（具体的には P）を含んでいないからである．

状態関数で用いられる変数の数について考えてみよう．熱力学では，対象とする系について，いくつかの性質（変数の値）がいったん決まれば，それで全体をまるごと特定できる．たとえば，1 mol の水（$n = 1$）が問題とする系であるとすると，その水の温度 T と圧力 P を設定すれば，体積 V，粘度，屈折率などの他の性質のすべてが決まった値をもつことになる．逆に，粘度や屈折率をいくらいくらと指定したとすれば，P, T, V その他の値は自動的に決まってしまう．系の状態を特定するために必要な変数（性質）の数については，Gibbs の相律（phase rule）を学ぶときに深く議論しよう．

例題 5.2 次の各系の状態を特定するためには，1 相あたり 1 示量変数のほかに，いくつの示強変数が必要か．
（a） 氷のかたまり　　　（b） 水蒸気と平衡にある液体の水
（c） 水蒸気と平衡にある液体の水に浮かんでいる氷のかたまり
（d） ブドウ糖の水溶液

解 （a） 2（たとえば T と P）
（b） 1（たとえば温度か圧力のいずれか一方．なぜなら，どの温度でも水蒸気圧は温度に応じて一定の値をもつから．たとえば，100 ℃ であれば水蒸気圧は 1 atm である．）
（c） 0（3 相が平衡に共存している水の三重点は，0.01 ℃，4.5 mmHg と決まっており，H_2O に特有な値である．）
（d） 3（たとえば，P, T，および濃度）

5.1.4 性質が変化する過程

いま平衡状態にある巨視的な系について，その状態を少数の性質（変数）で記述できることは上に述べたとおりである．その系がある状態から別の状態に変化するとき，「どのような変化の仕方をするのか」を考えてみよう．新たな状態に移行した系では，状態変数は変化したのち，それなりの値を示すようになる．この変化の道筋を，熱力学では**過程**（process）という．

今まで平衡にあった系に，ある変化の過程が生じれば，系の境界を通して何らかの出入りが起こっている．出入りするのは，**熱**（heat）または**仕事**（work）のかたちのエネルギー，あるいは**物質**（matter），はたまた，これらの組み合わせであることもある．これらのものが境界を通過すると，系の状態変数が（1 つまたは 2 つ以上）新しい値をとる．たとえば A の溶液に A を加えるとその濃度は増すというのが，過程の一例であり，また，どの化学反応も，ここでいう「過程」にほかならない．

熱力学でとくに重要な意味をもつ変化の一形態として，**可逆過程**（reversible process）と呼ばれるものがある．これは，外界と常に平衡を保ちながら，無限小の変化をきわめて徐々に（無限時間かけて）行わせるもので，**準静的過程**（quasi-static process）とも呼ばれる変化の仕方であり，厳密にいえば仮想的なものである．これに対して，われわれが日常

観察している多くのひとりでに起こっている変化や，あるいは作為的に起こしている変化のすべては，**不可逆過程**(irreversible process)である．これら可逆・不可逆の意味は，あとでじっくり学ぶことにしよう．

5.1.5 熱と仕事の定義

これから学ぶ熱力学第一法則の核心は「エネルギーは系の性質(property)の1つであるが，系に流入したり，系から流出したりするエネルギーは熱と仕事のかたちをとっている」というものである．この熱Qと仕事Wはともに熱力学的変数であるが，ともに変化の過程によって異なる値をとる性質がある．

熱に比べて仕事に関する定義は歴史的にはるかに早くから確立されていた．仕事の最も簡単なかたちは「仕事」＝「力」×「変位(移動距離)」である．もっと正確には，距離の微小変位(dr)に対して，仕事(dW)はdrと力Fの積である．

$$dW = F\,dr \tag{5.3}$$

仕事は外界から系になされることもあり，また，系が外界に対してなすこともある．これら「する」か「される」かを区別するために，仕事が系に対して「される」ときにdWを正(positive)にとり，逆に系が外界に「する」ときにはdWを負(negative)であるとする．（工学系の著書または古い著書では，仕事Wの符号のつけ方が正負逆にしてある場合があるので注意すること．）われわれの場合，正のdWは，外界から仕事をされることによって，エネルギーがdWだけ流入したことを意味している．

系になされる仕事の一例は，外圧P_{ex}によってシリンダー内の気体が圧縮される場合である(図5-1)．圧力は単位面積あたりの力，すなわち，$P_{ex} = F/A$であるから，ピストンの面積Aにかかる力は$F = P_{ex}A$である．圧縮によってピストンが距離drだけ動いたとき，外界が系になした仕事は$d'W = F\,dr = P_{ex}A\,dr$である．気体を圧縮するのにピストンが$dr$だけ動くと，体積は$|dV|$だけ減少する．したがって，$-dV$を(面積)×(距離)，$A\,dr$と等しいとおけば，次式を得る．

$$d'W = -P_{ex}\,dV \tag{5.4}$$

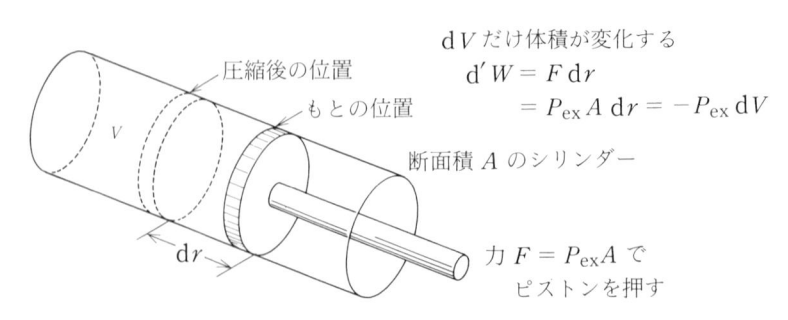

図5-1 ピストン付きシリンダー内の気体(系)のPV仕事

圧縮のとき dV は負であるから仕事 $d'W$ は正である．ここで W の微小変化を表すのにダッシュをつけ（d'），体積の微小変化 dV にはダッシュがつけてないことの意味と使い分けについては後で述べる（付録の章も参照）．目に見えるような大きな体積変化が定温定圧のもとで行われたときの体積変化（$\Delta V = V_f - V_i$）の仕事は，式（5.4）を積分した形で，次式のように与えられる．

$$W = -P_{\text{ex}} \Delta V \tag{5.4'}$$

シリンダー内の気体（系）が，もし可逆的に圧縮されるとしたら，外圧と系自身の圧力（内圧）は常時等しい状態で圧縮が行われているとみなせるので，そのときは P_{ex} のかわりに内圧 P と置き換える．

$$d'W_{\text{rev}} = -P\,dV \quad \text{（可逆仕事）} \tag{5.5}$$

可逆過程は仮想上の変化である．温度一定のもとでの可逆膨張を例にとれば，無数の無限小のおもりで圧縮された気体から無限時間かけておもりを1つずつ取り除いていき，無限小の体積 dV ずつ膨張させていくような変化である（図5-2）．

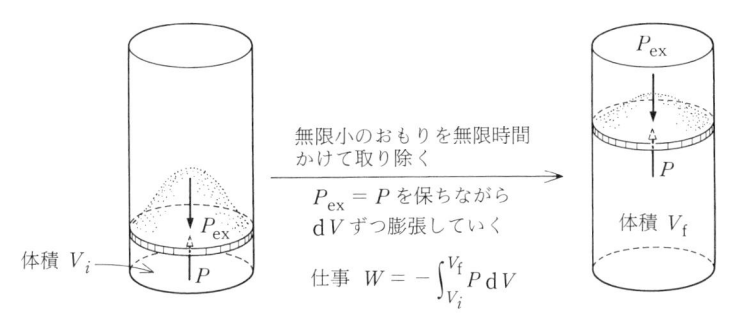

図5-2 この可逆膨張でシリンダー内の気体が外界になした仕事は，上の積分で表される．過程の始め（initial）と終わり（final）で体積が $\Delta V = V_f - V_i$ だけ変化したことは，はっきりしているが，圧力 P はどんな変化をするのであろうか．後で考えよう．

仕事には，上記のほかに機械的仕事，電気的仕事，化学的仕事などがある．どの場合も $d'W$ は（示強変数）×（示量変数の微小変化量）の積で表される．たとえば，電気的仕事は，（電位差（示強変数））×（運ばれる電気量（示量変数）の微小量）で表される．これらいろいろな熱力学的仕事を表5-3にまとめて掲げておこう．

次に熱について考えよう．熱に対する最も簡単な定義を述べると，「物体（object）の温度を変える能力」ということができよう．

図5-3は，系が外界から $d'Q$ の熱を吸収して，温度が dT だけ上昇していき，最終的には総熱量 Q を吸収し，温度が ΔT だけ上昇する様子を示している．熱の微小変化（増加）量である $d'Q$ と，これに伴う温度の微小変化（上昇）dT との間には，次の関係があることが知られている．

$$d'Q = C\,dT \tag{5.6}$$

ここで C は**熱容量**（heat capacity）と呼ばれるもので，系により異なる特性値である．ま

表 5-3 熱力学的仕事のいろいろ

仕事の型	示強変数	示量変数の微分形	仕事を表す式
一般の仕事	力, F	距離の変化, dr	$W = \int F\,dr$
膨張仕事	圧力, P	体積変化, dV	$W = \int P\,dV$
重力場での持ち上げ仕事	重力, mg	高さの変化, dh	$W = \int mg\,dh$
電気的仕事	電位差, $\Delta\phi$	電荷の変化, dq	$W = \int \Delta\phi\,dq$
化学的仕事	成分 A の化学ポテンシャル, μ_A	A の物質量の変化, dn_A	$W = \int \mu_A\,dn_A$
表面拡張仕事	表面張力, γ	表面積の変化, dA	$W = \int \gamma\,dA$
伸長仕事	張力, τ	長さの変化, dl	$W = \int \tau\,dl$

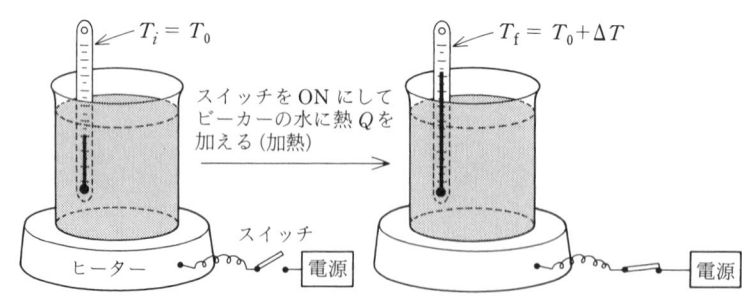

図 5-3 系が吸収した熱エネルギー Q とその温度変化 ΔT との関係.
$Q = \int d'Q = \int C\,dT$, ここで C は系全体の熱容量である.

た Q の微小変化には $d'Q$ とダッシュをつけたのに対し,温度のそれにはダッシュをつけていない.これは式 (5.5) で仕事には $d'W$ とし,体積は dV としたことと対応している(付録 A 参照).系に熱(エネルギー)が流入したときは $d'Q$ と dT はともに正であり,系が外界に熱(エネルギー)を放出したときは $d'Q$ と dT がともに負となることに注意のこと.

5.1.6 循環過程

系がある状態から出発して,さまざまな変化の過程をふみながらやがてもとの出発点に戻ったとする.このように,もとに戻る変化を**循環過程**という.このとき,すべての性質はもとと同じ値をとらなければならないはずである.循環過程は熱力学にとって重大な関心事である.自動車のエンジンをはじめとして,酵素や生体の細胞をも含めてあらゆる機能体(からくり)は循環過程をふんでいるからである.

性質に関する変数(温度,圧力,体積など)は,その定義から,循環過程をふんだとき,出発点からもとに戻るまでの変化量の総和はゼロでなければならない.これをたとえば圧力について式で表すと,

$$\sum_{\text{全過程}} \Delta P = 0$$

また，無限小の変化を連続して循環した場合は，循環積分で次式のように表される．

$$\oint dP = 0$$

しかし，仕事や熱などは循環過程を通っても，そのトータルはゼロになるとは限らないことに注意しなければならない．

仕事については，

$$\sum_{\text{全過程}} W \neq 0, \qquad \oint d'W \neq 0$$

熱については，

$$\sum_{\text{全過程}} Q \neq 0, \qquad \oint d'Q \neq 0$$

以上の数学的記述は，「圧力は系の性質（状態量）であるが，一方，熱や仕事は系の性質（状態量）ではない」ことを意味している．また，dP は**完全微分**（exact differential）であるが，$d'Q$ と $d'W$ は**不完全微分**（inexact differential）であることを示している．ダッシュをつけた微分（不完全微分）と，つけない微分（完全微分）を使い分けたのは，このためである（詳しくは，付録 A 参照のこと）．

§5.2 熱力学第一法則：熱，仕事およびエネルギーの関係

一般に熱力学は，学ぶにあたってむずかしさを感じるのがふつうである．熱力学は，18世紀末の Lavoisier や Laplace らの熱に関する初歩的実験から始まり，19世紀半ばに Carnot や Clausius らが導いた**エントロピー**（entropy）の概念によって進歩し，19世紀末に Gibbs や Helmholtz が**自由エネルギー**（free energy）の考えを導入することによって，ようやく完成の域に達した学問で，その間 100 年以上も費やしている．学生諸君が，この学問を短期間でマスターするのが困難なのはあたりまえのことであって，反復演習を繰り返しながら，辛抱強く取り組むことが必要である．熱と仕事，そしてエネルギーの関係に関心が起こり始めたのは，1769 年 James Watt によって蒸気機関が発明されてからである．それ以来，技術的にも科学的にも無数の観察や観測の結果が積み上げられた．これらを一般化し，統一化して得られた原理が熱力学の法則である．

5.2.1 エネルギーの形態と保存

熱力学第一法則の示すところは，「系の全エネルギー量（U）は，温度や圧力と同様に系の**性質**（状態量）そのものであり，またその微小変化量 dU は，外界との間でやりとりされた熱や仕事の微小変化量 $d'Q$ と $d'W$ の和に起因する」というものである．式で示せば

$$\boxed{dU = d'Q + d'W} \tag{5.7}$$

熱や仕事が微小量でなく，ある大きさの値の場合，上式を積分したかたちで，次のように

表現される．

$$\Delta U = Q + W \tag{5.8}$$

ここで，完全微分の積分量は ΔU のように Δ をつけているが，不完全微分の $d'Q$ や $d'W$ の積分値は Q と W のように書いて表していることに注意しよう．

熱力学第一法則は**エネルギー保存の法則**にほかならないが，宇宙の万物にあてはまる一般原則である．いろいろな実験装置で試みられる実験例でこのことを示そう（図5-4）．

図5-4(a) では理想気体を圧縮（外界から仕事）すると熱を生じ，その熱はシリンダー壁を通じて，温度一定の大きな槽の中へ放出される．このとき dU はされた仕事 $d'W$ と気体が吸収した熱 $d'Q$ の和である．ただし，実際には熱は放出されたのであるから，$d'Q$ は負の量である．また，等温の条件下で行われた変化なので，理想気体の場合，次の関係が成り立つ．

$$\Delta U = Q + W = 0 \quad \therefore \quad W = -Q$$

ここで，「等温の条件下では，理想気体の内部エネルギーは，体積や圧力を変えても変化しない（$\Delta U = 0$）」としたが，これは「理想気体の内部エネルギーは温度のみに依存する」という **Joule の法則**（the Joule's law）に基づいている．理想気体は $PV = nRT$（Boyle-Gay Lussac の法則ともいう）を満足することのほかに，$(\partial U/\partial V)_T = 0$，または $(\partial U/\partial P)_T = 0$（Joule の法則）が成り立つ特徴をもつ．

図5-4(b) は断熱系（adiabatic system）であり，$d'Q = 0$ である．$dU = d'W_{ad}$ または

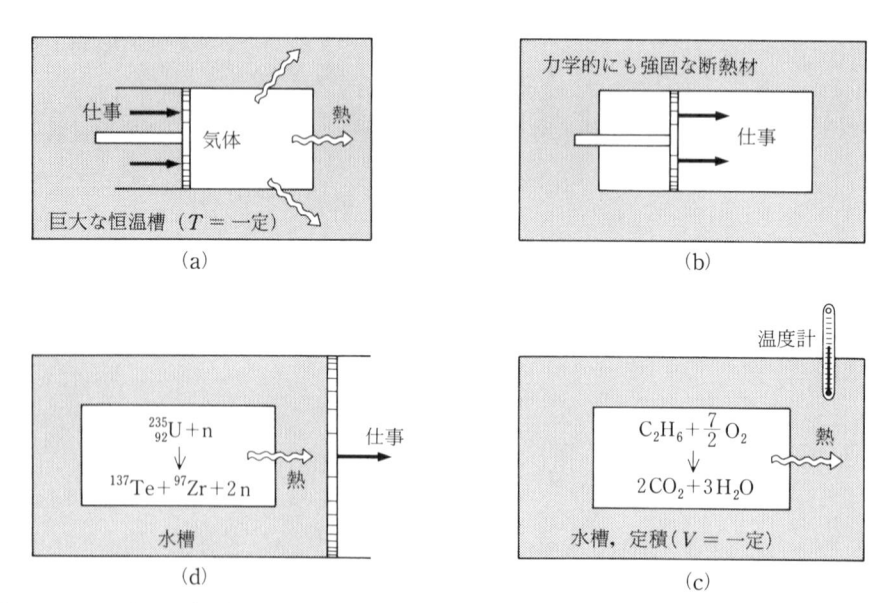

図5-4 さまざまな系に熱力学第一法則を適用した例．(a) 系（気体）に仕事がなされ，熱が外界へ放出される．$\Delta U = 0$, $Q = -W$. (b) 熱の出入りが断たれた系，$dU = d'W$ ($\Delta U = W$). (c) 系のエネルギー変化 ΔU はエタンの燃焼により放出された熱に等しい，$\Delta U = Q$. (d) 原子の壊変（核分裂）によるエネルギー変化 ΔU, $Q + W$ に相当．

$\Delta U = W_{\text{ad}}$ である.

図 5-4(c) は，化学反応熱の測定に便利なボンベ式熱量計（容積一定）でエタンの酸化（燃焼）反応を測定している様子を模式化したものである．点火によって燃焼反応が起こり始めると，体積一定の水が反応熱を吸収して温度が上がるので，この温度変化から反応熱を求めることができる．このとき，ボンベの体積は一定であるので仕事 $\mathrm{d}'W$ はゼロであるから，$\mathrm{d}U = \mathrm{d}'Q_V$（$\Delta U = Q_V$，ここで下付きの V の字は体積一定を示す）．ΔU は反応物 $\left(\mathrm{C_2H_6} + \frac{7}{2}\mathrm{O_2}\right)$ のもつエネルギーと生成物（$2\,\mathrm{CO_2} + 3\,\mathrm{H_2O}$）のもつエネルギーとの差である．

図 5-4(d) は，ウラニウムの同位体 $^{235}\mathrm{U}$ が中性子（neutron）をとらえて核分裂を起こした場合，核種のもっていたエネルギーが熱に変えられ，さらに熱が仕事に変えられる様子（原子力発電の燃料の反応）を示している．

図 5-4 で見てきたように，熱力学第一法則で取り扱うエネルギーは，その源が何であれ，どのような過程を経て生じたものであれ，その由来には全く無関係である．言い換えれば，熱力学第一法則はどんなエネルギーにもあてはまる法則である．

5.2.2 熱から仕事へ，仕事から熱への変換

熱力学第一法則では，熱と仕事をエネルギーのかたちを変えた姿であると考えているが，この両者を明確に区別してはいない．第 6 章で見るように，熱と仕事は完全には対等ではない．たとえば，図 5-5 に示すように，撹拌力の強い羽根車を使ってシリンダー内の水を激しくかき混ぜる場合を考えよう．

図の左側では，羽根車を回して仕事を系に与えると（$W > 0$），これが熱に一部変わって槽内の水温は上昇する．しかし，右側の図に見るように，槽の温度が下がる過程で，羽根車が自動的に回ることはない．このことは，熱から仕事に変わるときには，何らかの制約があることを示唆している．この問題は，次章の熱力学第二法則を学ぶときに考えよう．

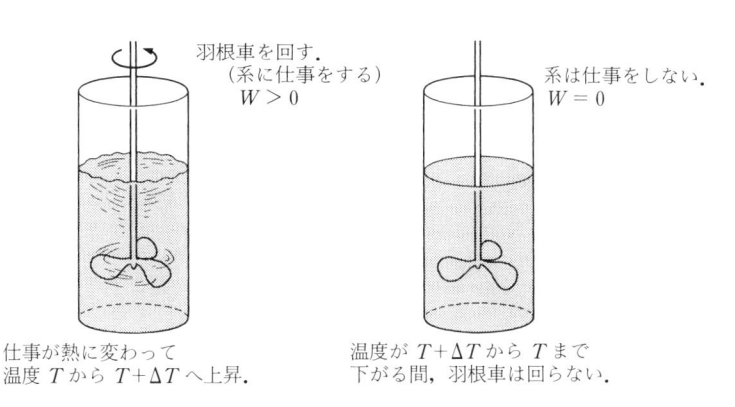

図 5-5　仕事と熱の互換性を考えてみる．

例題 5.3 次の各過程における $\Delta U, Q, W$ が 0 か否か述べよ．また，$Q = -W$ かどうか検討せよ．ただし，考えている系の物質量は一定である．

(a) 定温における理想気体の体積が定圧 P_{ex} のもとで V_i から V_f へ膨張した．
(b) 沸点において液体が気化（等温等圧過程）した．
(c) 固くて変形しない容器内に入れた気体を冷却した．
(d) 理想気体が断熱膨張した．

解 式(5.4′)と式(5.8)から
$$\Delta U = Q + W = Q - P\Delta V$$

(a) 次節でも示すように，理想気体は温度一定でありさえすれば，圧力，体積に関係なく内部エネルギーは一定である．したがって，$\Delta U = 0$，$Q = -W \neq 0$．

(b) 1 mol あたりの内部エネルギーは，分子運動のエネルギーを多く保有するので，気体のほうが大きい．したがって，$\Delta U = U_{気} - U_{液} > 0$，蒸発は吸熱反応であるから $Q > 0$，蒸発に伴って気体は膨張仕事をするから $W < 0$．

(c) 温度が下がることは内部エネルギーが減ることであるから $\Delta U < 0$．冷却に伴って系は放熱しているから $Q < 0$，体積変化がないから $W = 0$．

(d) 熱の出入りを断って膨張させているから $Q = 0$，$W < 0$，したがって $\Delta U < 0$（温度が下がって，内部エネルギーも低下する）．

例題 5.4 次の過程の $Q, W, \Delta U$ を計算せよ．ある系にまず 43 kJ の熱を与えると，系は 22 kJ の仕事を行い，最後に 29 kJ の放熱をしながら外界から 8 kJ の仕事をされてもとに戻った．

解 第 1 段階　$Q_1 = 43$ kJ，$W_1 = -22$ kJ　∴　$\Delta U_1 = 21$ kJ
第 2 段階　$Q_2 = -29$ kJ，$W_2 = 8$ kJ　∴　$\Delta U_2 = -21$ kJ
全体として　$Q_{tot} = 14$ kJ，$W_{tot} = -14$ kJ，$\Delta U_{tot} = 0$ kJ

§5.3 内部エネルギー変化の分子論的解釈

系を加熱したり仕事を与えたりすると，その系のエネルギーは増大するが，ではその増加したエネルギーはどのようにして蓄えられるのであろうか．仕事または熱によって系に供給されたエネルギーは，分子（原子やイオンであってもよい）の運動エネルギー(kinetic energy) E_k として，また，分子間相互作用のポテンシャルエネルギー(potential energy) E_p として蓄えられる．絶対 0 度においては，運動のエネルギーに関してはゼロであるが，しかし物質として存在しているからには何がしかのエネルギーをもっているはずである．その値を U_0 とし，ある熱を与えられて E_p や E_k を蓄えている状態のエネルギーを U_T とする．その差 $\Delta U = U_T - U_0$ が次式で示される．

$$\Delta U = E_k + E_p \tag{5.9}$$

ここで，簡単のため系全体としては静止しており，重力や電場のような外部的な要因の影響によるエネルギーはないとみなしている．このため，外部的エネルギーを除いて，いま

問題にしている系がもっている全エネルギーを**内部エネルギー**（internal energy）と呼ぶ．**並進運動**（translational motion）と呼ばれる，3次元空間内を単原子分子が飛び回る運動を分子がしているとき，その運動エネルギーは $mv^2/2$ である．ただし，m は分子の質量，v は速度である．系の総運動エネルギーは，分子の平均運動エネルギー $\overline{\varepsilon}\left(\overline{\varepsilon} = \frac{1}{2}m\overline{v^2}\right)$ と分子数 N の積，すなわち $E_k = N\overline{\varepsilon}$ である．もし分子が2原子かあるいはそれ以上の原子からなる気体分子であれば，**回転**（rotation）と**振動**（vibration）の運動によるエネルギーも E_k の中に含まれる．

5.3.1 理想気体の内部エネルギー

すでに第1章で，理想単原子気体は運動エネルギーだけをもっていて，粒子間のポテンシャルエネルギー E_p はゼロであるということを学んでいる．すなわち，単原子分子理想気体の内部エネルギーは $\Delta U = E_k$ であり，また，E_k と温度 T（絶対温度，熱力学温度）との間の関係から次式が成り立つことがわかるであろう．

$$\Delta U = E_k = \frac{3}{2}nRT \tag{5.10}$$

式（5.10）は温度（temperature）を定義する式であるともいえる．T は理想気体のもつ内部エネルギーに比例する量であり，また，すべての分子が運動を完全に止めて $E_k = 0$ となった状態では，極小温度となる．この極小温度は $-273.15\,°\mathrm{C}$ に相当し，**絶対零度**と呼ばれる．これを **Kelvin 温度**（**熱力学温度**）尺では $0\,\mathrm{K}$ とし，セ氏温度の $0\,°\mathrm{C}$ を $273.15\,\mathrm{K}$ としている．ここで式（5.10）を見て，$1\,\mathrm{mol}$ の理想単原子気体の内部エネルギーは，温度が一定でありさえすれば，体積や圧力に関係なく一定である（Joule の法則）ことを記憶にとどめておいてほしい．

単原子分子の理想気体に加えられたエネルギーは，それが熱であれ仕事であれ，すべて分子の運動エネルギーを増加させる．分子間相互作用のない理想気体分子がもちうる内部エネルギーの実体は，唯一，その分子の運動エネルギーからなっている．熱が系に加えられるとき，壁に衝突する分子はそこで高いエネルギーを得て，より速く運動し，より高い頻度で衝突を繰り返しては，外から得た熱エネルギーを運動エネルギーのかたちで蓄えていく．結果として，高エネルギー，高温度の状態へと変わっていくことになる．

仕事もまた理想気体の温度を上昇させることができる．気体がピストンで圧縮されると，ピストンの運動が分子の運動速度を上げ，そのため温度が上がる．この様子は図 5-4（b）を見ればよくわかる．

例題 5.5 1 mol の単原子分子からなる理想気体に,その体積を変えずに 1000 J の熱を吸収させたとき,内部エネルギーはいくら変化するか.また,熱の吸収によって温度は何 K 上昇するか.

解 定積変化であるから
$$W = 0 \quad \therefore \quad \Delta U = Q = 1000 \text{ J}$$
次に,始めの温度を T とすると,$U_i = \frac{3}{2} \times 1 \times RT$,終わりの温度を $T + \Delta T$ とすると,$U_f = \frac{3}{2} \times 1 \times R(T + \Delta T)$.ゆえに,
$$\Delta U = U_f - U_i = \frac{3}{2} R\{(T + \Delta T) - T\} = \frac{3}{2} R \Delta T = 1000 \text{ J}$$
$$\Delta T = \frac{2}{3} \times \frac{1000 \text{ J}}{1 \text{ mol} \times 8.314 \text{ J K}^{-1} \text{ mol}^{-1}} \fallingdotseq 80 \text{ K}$$
約 80 K 上昇する.

5.3.2 実在物質系の相互作用ポテンシャルエネルギー

実在の (real) 原子どうしや分子どうしは**相互作用** (interaction) と呼ばれる力を及ぼし合っており,この相互作用はポテンシャルエネルギーを及ぼし合っている.その原因をつきとめるには,量子力学を学ばなければならないが,ここではポテンシャルエネルギーを概観するだけにとどめておこう.

もし 2 つの粒子が相互作用をし合うなら,それは互いに力を及ぼし合っていることになる.2 粒子(分子,原子等)間の距離 r の関数である力 $F(r)$ は,図 5-6 (a) に示すように,粒子間に引力が作用しているときは負,反発力が作用しているときは正の値をとるものと定義づけておく.2 つの粒子を dr だけ遠くへ引き離すのに必要な仕事 d'W は次式で示される.

$$\mathrm{d}'W = -F\,\mathrm{d}r$$

負の符号がつけられているのは,2 つの引き合う粒子(F は負)がさらに遠ざけられる(dr は正の値)のとき d'W が正になるようにするためである.「無限に遠いところ($r \to \infty$)からある距離 r のところへ,一方の粒子を運ぶのに必要な仕事を**ポテンシャルエネルギー,E_p**」と名づける.

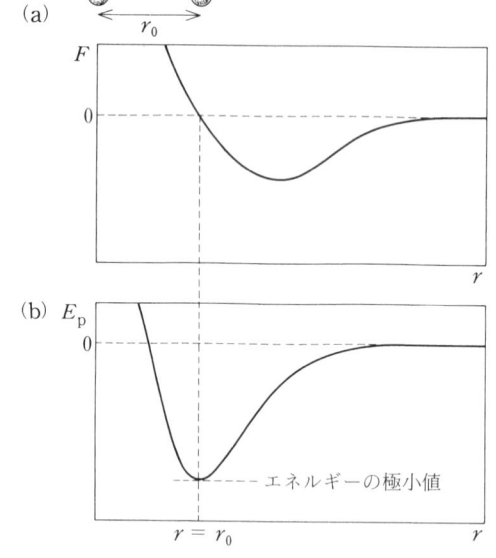

図 5-6 力 F と粒子間距離 r の関係 (a),およびポテンシャルエネルギー E_p と r との関係 (b)

$r' = \infty$ から $r' = r_0$ までの仕事 $\mathrm{d}'W$ の総和が E_p に相当する．これを数式で表せば

$$E_\mathrm{p} = \int_\infty^{r_0} \mathrm{d}'W$$

$\mathrm{d}'W$ のかわりに $-F\,\mathrm{d}r$ を入れると次式となる．

$$E_\mathrm{p} = -\int_{r=\infty}^{r=r_0} F\,\mathrm{d}r \tag{5.11}$$

これは，ポテンシャルエネルギー E_p と粒子間に働く力 F とを関係づける重要な方程式である．図 5-6（b）は，E_p と r との関係を示したものである．式（5.11）の微分をとると，次式のとおりである．

$$F = -\frac{\mathrm{d}E_\mathrm{p}}{\mathrm{d}r} \tag{5.12}$$

この式は，F と E_p の関係を示す表現法の 1 つである．式（5.12）は，力 F が E_p 対 r の関係を示す曲線（図 5-6（b））の傾きに負の符号をつけたものに相当することを示していることに注意しておこう．さらに，$F = 0$ のとき $\mathrm{d}E_\mathrm{p}/\mathrm{d}r$ もまた 0 でなければならないから，E_p は $F = 0$ のとき極大か極小の値を示していなければならない．さらに，式（5.11）で E_p を定義すると，$r \to \infty$ で E_p は 0 に近づく．実用上，$r \to \infty$ のところに**基準点**（reference point）を置いているので，そこからのポテンシャルエネルギーは測定可能である．

運動エネルギー E_k と違って，ポテンシャルエネルギーは，適当なある値を 0 とおいて，その基準と比較してどれだけ高いか低いかを示した値をもつ．図 5-6（b）で $r = r_0$ で E_p の極小値が得られ，その値が負であることに注目しておこう．

例題 5.6 1 mol の氷（0 ℃）を融解するのに必要なエネルギーは $5980\ \mathrm{J\,mol^{-1}}$ である．もしこのエネルギーが 1 mol の単原子分子の理想気体の運動エネルギーの増加にあてられたとしたら，その理想気体の温度は何度上昇するか．

解
$$\Delta T = \frac{2\,\Delta U}{3R} = \frac{2 \times 5980\ \mathrm{J\,mol^{-1}}}{3 \times 8.314\ \mathrm{J\,K^{-1}\,mol^{-1}}} \fallingdotseq 480\ \mathrm{K}$$

注意 この例題は，液体や固体のように凝集状態にある物質中では，ポテンシャルエネルギーの大きさが室温（$\simeq 295\ \mathrm{K}$）での運動エネルギーに比べてかなり大きいことを示している．氷は 0 ℃ において固体から液体に変わっただけなので，固体状の水分子と液体状の水分子の間には運動エネルギーに関して大きな差はない．

§5.4 熱，内部エネルギー，エンタルピーおよび熱容量

エネルギーに関して分子論的解釈に触れたところで，本来の熱力学に立ち戻ろう．ある過程で吸収される熱の測定は，熱力学では基本的な実験法の一例である．熱測定というと，「$\mathrm{d}'Q$ は不完全微分であり，過程で出入りする熱 Q は，過程のとり方，すなわち変化の道筋によって異なる」と強調してきたことと一見矛盾していて，熱測定が熱力学的研究

に役立たないのではないかと諸君は思うかもしれない．しかし，すでに垣間見たように，体積一定という条件をつければ，$\Delta U = Q_V$ であったり，断熱の条件下では ΔU が W に等しいことを知っている．これは，状態量でない Q や W もある条件をつけてやれば，状態量となることを示すものである．圧力一定（constant pressure）の条件下での熱 Q_P は，$\Delta U = Q_P - P\Delta V$ より，ΔU も $P\Delta V$ も状態量であるから Q_P も状態量の変化と同じになることが推測される．この Q_P は**エンタルピー**（enthalpy）の変化と呼ばれるものである．ここで Q_V や Q_P が系の性質（状態量）の変化であることがわかった．これらについて考察を以下のとおり深めていこう．

5.4.1 定積過程，定圧過程，断熱過程と熱

いま与えられた系が図5-7(a)のように密閉された容器内で加熱されたとき，変化の前後で体積変化はなく，この過程では $dV = 0$ である．熱力学第一法則の式(5.7)は式(5.4)と合わせると，

$$dU = d'Q - PdV \tag{5.13}$$

のように書き改められるので，これに $dV = 0$ を代入すると，

$$dU = d'Q - PdV = d'Q_V \tag{5.14}$$

または，

$$\boxed{\Delta U = Q_V} \tag{5.15}$$

となる．この場合，熱 Q_V は始めと終わりの状態だけで定まる．

変化を断熱の条件で行わせれば，当然 $Q = 0$ であるから，

$$dU = d'W_{\mathrm{ad}} \tag{5.16}$$

$$\boxed{\Delta U = W_{\mathrm{ad}}} \tag{5.17}$$

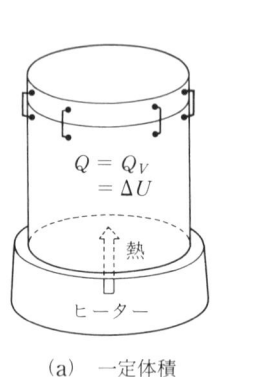

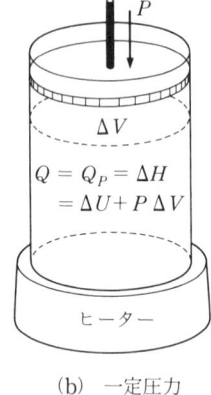

(a) 一定体積　　(b) 一定圧力

図5-7 定積条件と定圧条件のもとで吸収した熱エネルギー Q_V と Q_P の違い（ΔU と ΔH）

であることは，図5-4(b)ですでに学んできた．W_{ad} は同様に始めと終わりの状態によって定まる．

次に図5-7(b)のように，圧力一定の条件で容器内に変化が起こるとき，その過程で出入りする熱を Q_P とすると，

$$\begin{aligned}
Q_P &= \Delta U - W \\
&= \Delta U + \int_{V_i}^{V_f} P\,dV = \Delta U + P\int_{V_i}^{V_f} dV \\
&= \Delta U + P(V_f - V_i) = \Delta U + P\Delta V
\end{aligned} \tag{5.18}$$

を得る．添字の P は定圧の条件を示す．この式の右辺は $U_f - U_i + PV_f - PV_i$ と書ける．

（一定圧力）×（体積）は状態量であるので，右辺全体で状態量となる．ここで

$$H \equiv U + PV \tag{5.19}$$

という新しい熱力学量 H を定義すれば，H も状態量である．すなわち，

$$Q_P = (U_f - U_i) + P(V_f - V_i) = (U_f + PV_f) - (U_i + PV_i)$$
$$= H_f - H_i = \Delta H \tag{5.20}$$

H は**エンタルピー**（enthalpy）と呼ばれ，ΔH は定圧条件下の過程で出入りする熱量である．吸熱過程のとき $\Delta H > 0$，発熱過程のとき $\Delta H < 0$ である．

ΔH と ΔU の間には，$\Delta H = \Delta U + P\Delta V$ の関係があるが，第2項 $P\Delta V$ は，気体の体積変化を含む過程や何千気圧という高圧の条件下での過程を除けば，第1項に比べて相対的に小さい．したがって，このような系では

$$\Delta H \cong \Delta U \quad \text{（系が気体であるときと高圧のときを除く）}$$

定圧下（通常1 atm）で熱量変化を測るほうが定積の条件で測るよりも容易であるから，ΔH はよく測られてもいるし，そのデータの利用頻度は高い．化学反応に伴うエンタルピー変化は反応熱に相当する．（高等学校の化学で，熱化学方程式に用いられた Q という反応熱がこれに対応する．ただし，高校では発熱反応を $Q > 0$ としたが，ΔH とは符号が逆であるので注意しておく．）

例題5.7 水1 molを0 °Cで氷から水蒸気に変化させたときの ΔH を求めよ．ただし，氷の蒸気圧は5 mmHgで一定とし，融解熱と蒸発熱は1 gあたりそれぞれ80.0 cal, 596 calとする．また，水のモル質量は18.0 g mol^{-1} とせよ．

解 Hessの法則より
$$\Delta H = \Delta H_{\text{fus}} + \Delta H_{\text{vap}}$$
$$= 80.0 \text{ cal g}^{-1} \times 18.0 \text{ g mol}^{-1} + 596 \text{ cal g}^{-1} \times 18.0 \text{ g mol}^{-1}$$
$$= 12170 \text{ cal mol}^{-1} = 50920 \text{ J mol}^{-1}$$

これが問に対する答であるが，図5-8に示すように，求めた ΔH は昇華熱 ΔH_{sub} にほかならない．
$$\Delta H_{\text{sub}} = H_g - H_s = (H_g - H_l) + (H_l - H_s) = \Delta H_{\text{vap}} + \Delta H_{\text{fus}}$$

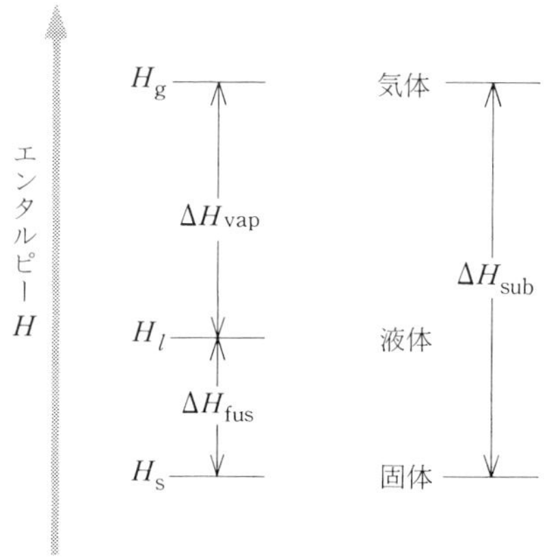

図5-8

固体の氷（0℃）から水蒸気（0℃）へ転移する現象を昇華（sublimation）というが，これは融解 → 蒸発の2段階の変化を経たものと ΔH が同じであることに注目せよ．

5.4.2 定積熱容量と定圧熱容量

それぞれの物質の**熱容量**（heat capacity）とは，その物質を 1 K（1℃）だけ上昇するのに必要な熱量のことである．$d'Q$ はすでに学んできたように不完全微分である（状態量ではない）ので，定積または定圧の条件をつけて状態量となった $d'Q$ をここでは考える．$d'Q$ を温度で微分したものをそれぞれ C_v，C_p とする．

$$C_v = \frac{d'Q_V}{dT} = \left(\frac{\partial U}{\partial T}\right)_V \tag{5.21}$$

$$C_p = \frac{d'Q_P}{dT} = \left(\frac{\partial H}{\partial T}\right)_P \tag{5.22}$$

C_v は**定積熱容量**と呼ばれ，C_p は**定圧熱容量**と呼ばれる．熱容量は一般に物質 1 mol あたりで定義されるが，熱容量の用語がモルあたりか物質全体量についてかの区別があいまいなときには，後者と区別するため**定積モル熱容量**，**定圧モル熱容量**と呼ぶ．SI 単位系では J K^{-1} mol^{-1} で表される．1 g あたりの熱容量は**比熱容量**（specific heat capacity）または簡単に**比熱**と呼ばれる．本書では全体を通して特別の指定がないかぎり，熱容量を $\bar{C}_v$ と $\bar{C}_p$ で表した場合，これらはそれぞれ定積モル熱容量，定圧モル熱容量であるものとする．

上の2つの式では $d'Q_V = dU$，$d'Q_P = dH$ とおいてあることがわかるであろう．これらの式を書き直して，次のように表すことがしばしばある．

$$(dU)_V = C_v(dT)_V \tag{5.21'}$$

$$(dH)_P = C_p(dT)_P \tag{5.22'}$$

添字の V や P は，これらの値を一定に保たなければならないことを示す．式（5.21）と式（5.22）を用いて，温度変化による内部エネルギーやエンタルピーの変化量を求めることができる．したがって，次の式が得られる．

$$\Delta U = \int_{U_1}^{U_2} dU = \int_{T_1}^{T_2} C_v \, dT \tag{5.23}$$

$$\Delta H = \int_{H_1}^{H_2} dH = \int_{T_1}^{T_2} C_p \, dT \tag{5.24}$$

これらの温度変化の幅が小さくて，その範囲内で C_v や C_p が一定とみなされるときには，それぞれ $\Delta U = C_v(T_2 - T_1)$，$\Delta H = C_p(T_2 - T_1)$ と書けることが式（5.21'），（5.22'）を見ればわかるであろう．

つまり，理想気体のように，熱容量が温度に依存しない場合は，上の2つの積分は次のように簡単になる．

$$\Delta U = C_v \int_{T_1}^{T_2} dT = C_v(T_2 - T_1) \tag{5.23'}$$

$$\Delta H = C_p \int_{T_1}^{T_2} dT = C_p(T_2 - T_1) \tag{5.24'}$$

例題5.8 1 mol の理想気体については $\bar{C}_p - \bar{C}_v = R$ である.
（1） 単原子分子の気体では $\bar{C}_p/\bar{C}_v = 5/3$ が成り立つことを示せ.
（2） 1 mol の気体状の水（水蒸気）が 0 ℃, 0.001 atm の状態から 100 ℃, 1 atm の状態に変化したときの, 内部エネルギー変化 ΔU, およびエンタルピー変化 ΔH はそれぞれ何 J か. ただし, 水蒸気は理想気体であるとし, $\bar{C}_p = 33.77$ J K^{-1} mol^{-1} は温度に依存しないものとする.

解 （1） 1 mol の単原子分子の理想気体については, 式(5.10)より

$$\Delta U = \frac{3}{2}RT \quad \therefore \quad \bar{C}_v = \frac{3}{2}R = 12.47 \text{ J K}^{-1}\text{mol}^{-1}$$

$$\Delta H = \Delta U + \Delta(PV) = \Delta U + RT = \frac{5}{2}RT$$

$$\bar{C}_p = \left(\frac{\partial H}{\partial T}\right)_P = \left(\frac{\partial U}{\partial T}\right)_P + R$$

ここで Joule の法則から次式が成り立つ.

$$\left(\frac{\partial U}{\partial T}\right)_P = \left(\frac{\partial U}{\partial T}\right)_V = C_v$$

$$\therefore \quad \bar{C}_p = \left(\frac{\partial U}{\partial T}\right)_V + R = \frac{5}{2}R = 20.79 \text{ J K}^{-1}\text{mol}^{-1}$$

これより

$$\bar{C}_p - \bar{C}_v = R = 8.314 \text{ J K}^{-1}\text{mol}^{-1},$$

$$\bar{C}_p/\bar{C}_v = \frac{5}{3}$$

（2） 理想気体であれば, U と H は体積 V や圧力 P に依存せず, T のみによる関数である（Joule の法則）. 計算には式(5.23′)と(5.24′)をそれぞれ用いる. また, $\bar{C}_v = \bar{C}_p - R$ より

$$\begin{aligned}\Delta U &= \bar{C}_v \cdot (T_2 - T_1) \\ &= 1 \text{ mol} \times (33.77 \text{ J K}^{-1}\text{mol}^{-1} - 8.314 \text{ J K}^{-1}\text{mol}^{-1}) \times 100 \text{ K} \\ &= 2546 \text{ J} \\ \Delta H &= \bar{C}_p \cdot (T_2 - T_1) \\ &= 1 \text{ mol} \times 33.77 \text{ J K}^{-1}\text{mol}^{-1} \times 100 \text{ K} \\ &= 3377 \text{ J}\end{aligned}$$

上の例題で, 単原子分子の理想気体について $\bar{C}_p - \bar{C}_v = R$ が成り立つことを, 気体の分子運動論から得られた結果, $\Delta U = \frac{3}{2}RT$ をもとにして示した. 次に, これを熱力学の式を操作して求めてみよう.

式(5.21)と式(5.22)と H の定義から

$$C_p - C_v = \left(\frac{\partial H}{\partial T}\right)_P - \left(\frac{\partial U}{\partial T}\right)_V = \left[\frac{\partial}{\partial T}(U+PV)\right]_P - \left(\frac{\partial U}{\partial T}\right)_V$$

$$= \left(\frac{\partial U}{\partial T}\right)_P + \left[\frac{\partial}{\partial T}(PV)\right]_P - \left(\frac{\partial U}{\partial T}\right)_V \tag{5.25}$$

この式のままでは意味がよくわからないので，第1項 $(\partial U/\partial T)_P$ に代わるものを探す．このために内部エネルギー U を T と V の関数とすると，その**全微分** dU は

$$dU = \left(\frac{\partial U}{\partial V}\right)_T dV + \left(\frac{\partial U}{\partial T}\right)_V dT \tag{5.26}$$

両辺を P 一定の条件下で dT で割ると，$(\partial U/\partial T)_P$ が得られる．すなわち

$$\left(\frac{\partial U}{\partial T}\right)_P = \left(\frac{\partial U}{\partial V}\right)_T \left(\frac{\partial V}{\partial T}\right)_P + \left(\frac{\partial U}{\partial T}\right)_V \tag{5.26'}{}^{*1}$$

これを式(5.25)に代入すると，

$$\boxed{\begin{aligned} C_p - C_v &= \left(\frac{\partial U}{\partial V}\right)_T \left(\frac{\partial V}{\partial T}\right)_P + \left[\frac{\partial (PV)}{\partial T}\right]_P \\ &= \left[\left(\frac{\partial U}{\partial V}\right)_T + P\right]\left(\frac{\partial V}{\partial T}\right)_P \end{aligned}} \tag{5.27}{}^{*1}$$

理想気体では，前に述べたように $(\partial U/\partial V)_T = 0$ である（この式は，理想気体の温度が一定でありさえすれば，体積が増大しようと減少しようと内部エネルギーは一定であることを意味している．Jouleの法則）．上式に理想気体の状態方程式から $V = nRT/P$ を用いて，$(\partial V/\partial T)_P = nR/P$ を得るので，

$$\boxed{C_p - C_v = nR} \tag{5.28}$$

1 mol については

$$\bar{C}_p - \bar{C}_v = R \tag{5.28'}$$

である．この関係は**Mayerの関係式**と呼ばれている．上の例題5.8において $\bar{C}_p/\bar{C}_v = 5/3$ が示された．これらの関係は，実際，希ガスや水銀蒸気のような単原子分子気体ではよく成り立つことが知られている．このことはまた，単原子分子理想気体の内部エネルギーとして $\Delta U = (3/2)RT$ を導いた，気体の分子運動論による式 $(2/3)L\bar{\varepsilon}_k = RT$ が正しいことを意味している．しかし，2原子以上からなる多原子分子は，並進運動ばかりでなく，回転運動や振動運動が加わってくる（高いエネルギー状態，すなわち温度が高くなるにつれてこれら2つの寄与が大きくなってくる）ので，$\bar{C}_v, \bar{C}_p$ はともに大きな値をもち，温度の関数でもある．気体の熱容量は，ある温度範囲を限って近似的に成り立つように，次のかたちの経験式に係数 a, b, c を各物質ごと定めて表している．

$$\bar{C}_p = a + bT + cT^2 \tag{5.29}$$

[*1] 式(5.27)で $(C_p - C_v)$ は，外圧 P に抗してなされる膨張仕事に関係した項 $P(\partial V/\partial T)_P$ と，分子間力（内部圧）に抗してなされる膨張仕事に関係した項 $(\partial U/\partial V)_T (\partial V/\partial T)_P$ との2つからなることがわかる．分子間力はないとする理想気体は，したがって，後者の項がゼロ（**Jouleの法則**）となる．これから $(\partial U/\partial T)_P = (\partial U/\partial T)_V$ であることが式(5.26')を見ればわかる．

表5-4 定圧モル熱容量．s, l, g はそれぞれ固体，液体，気体を表す．
$\bar{C}_p = a + bT \times 10^{-3} + cT^2 \times 10^{-6}$, 　　298.15 K ≦ T < 1500 K

	$\bar{C}_p$/J K^{-1} mol^{-1} (T = 298.15 K)	a	b	c
Ag(s)	25.49			
Al(s)	24.34	20.67	2.96	
C(黒鉛)	8.527			
Cl$_2$(g)	33.84	31.696	10.144	-4.038
Cu(s)	24.47			
Fe(s)	25.23			
K(s)	29.51			
N$_2$(g)	29.12	26.983	5.910	-0.338
Na(s)	28.23			
O$_2$(g)	29.36	25.72	12.98	-3.86
希ガス(g)	20.79			
CO$_2$(g)	37.12	26.760	42.649	-14.783
H$_2$(g)	28.83	29.066	-0.8364	2.012
H$_2$O(g)	33.6	30.36	9.615	11.8
NO$_2$(g)	37.91	42.93	8.54	
NH$_3$(g)	35.52	25.895	33.00	-3.05
NH$_4$Cl(s)	89.29	49.37	133.9	
CH$_4$(g)	35.79	14.32	74.663	-17.43
C$_3$H$_8$(g)	73.51	1.72	270.75	-94.483

代表的な気体の $\bar{C}_p$（定圧モル熱容量）を表5-4に掲げる（希ガス(g)の $\bar{C}_p$ が $5R/2$ であることを確認してみよ）．

最も簡単な2原子分子の $\bar{C}_v$ の温度依存性を図5-9に示す．気体1 molあたり，並進運動の1自由度に $(1/2)RT$ ずつエネルギーが分配される．同様に，回転，振動の1自由度あたり $(1/2)RT, RT$ ずつ配分される．2原子分子では，運動の自由度は，並進が3（3次元空間を運動），回転が2，振動（伸縮振動のエネルギーは，運動エネルギーとポテンシャルエネルギーの合成）1であるから，十分高温では $\Delta U = (7/2)RT$ に近づき，したがって $\bar{C}_v = (7/2)R$ に近づく．

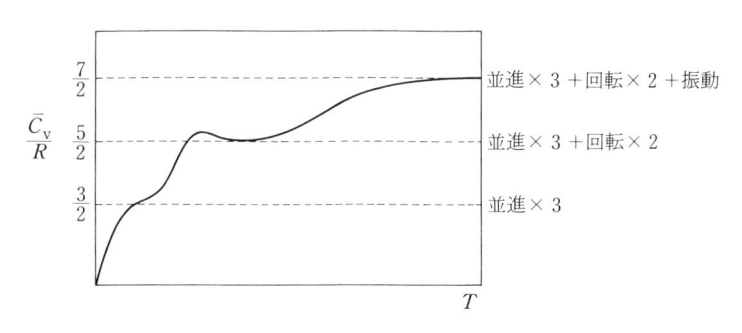

図5-9　2原子分子の $\bar{C}_v$ とその温度変化

§5.4　熱，内部エネルギー，エンタルピーおよび熱容量

§5.5 理想気体の W と Q —— 可逆過程と不可逆過程

5.1.5項において式(5.5)および図5-2で可逆仕事を簡単に述べた．ここではまず温度一定の条件下における膨張・収縮，いわゆる**等温過程**（isothermal process）において可逆変化と不可逆変化とでは Q や W がどんなに違うかを学び，次いで**断熱過程**（adiabatic process）についても考察を深めていこう．

5.5.1 等温過程

図5-1で示したピストン付きシリンダーを大きな恒温槽につけて，準静的に膨張（収縮）させるとき，ピストン内の圧力と外圧とは常時同じで，内外で平衡状態を保っている．すなわち，$P_{ex} = P_{in}$（可逆）であるから，式(5.4)は式(5.5)で表される．この式の P に理想気体の状態方程式より $P = nRT/V$ の関係を代入し，さらに nRT が一定であることを考慮すると，

$$W_{rev} = -nRT \int_{V_i}^{V_f} \frac{dV}{V} = -nRT \ln \frac{V_f}{V_i} \tag{5.30}$$

となる．一方，不可逆過程（irreversible process, ふつう人為的に実現できる変化）では，$P_{ex} < P_{in}$ でなければ膨張は起こらないし，逆に $P_{ex} > P_{in}$ でなければ圧縮できない．ここで，理想気体が膨張仕事をするときの Q と W を次の例題で調べてみよう．

例題 5.9 n mol の理想気体が 300 K，10.00 atm で体積 1.00 dm³ を占めている．この状態から 1.00 atm まで等温膨張させるとき，系が外に対してなす仕事 W と，それに伴う熱量変化 Q を，次のそれぞれの場合について求めよ．なお，簡単のため 10.00, 1.00 をそれぞれ 10 と 1 で表してよい．

（1）可逆過程
（2）急に外圧を 1.00 atm にする．
（3）急に外圧を 5.00 atm，次に 1.00 atm にする．
（4）真空中で行う．

解 Boyle の法則より，

$$PV = nRT = 10 \text{ atm dm}^3, \quad V_i = \frac{nRT}{10} \text{ dm}^3 = 1 \text{ dm}^3, \quad V_f = nRT \text{ dm}^3 = 10 \text{ dm}^3$$

である．ここで

$$n = \frac{10.00 \text{ atm dm}^3}{0.08205 \text{ atm dm}^3 \text{ K}^{-1} \text{ mol}^{-1} \times 300 \text{ K}} = 0.406 \text{ mol}$$

（1）式(5.30)より

$$W_{rev} = -nRT \ln 10 = -2.303 nRT = -2.303 \times 0.08205 \times 300 \times 0.406 \text{ atm dm}^3$$
$$= -23.0 \text{ atm dm}^3 \fallingdotseq -2330 \text{ J}$$

また等温過程なので，Joule の法則より

$$\Delta U = 0 \quad \therefore \quad Q = -W_{rev} = 2.33 \text{ kJ}$$

この仕事の量は図5-10(a)の直角双曲線に沿った積分（影で示した範囲）に相当する．系は外界に仕事をして 2330 J のエネルギーを消費したかわりに，同じ値の熱をシリンダー壁を通して恒温

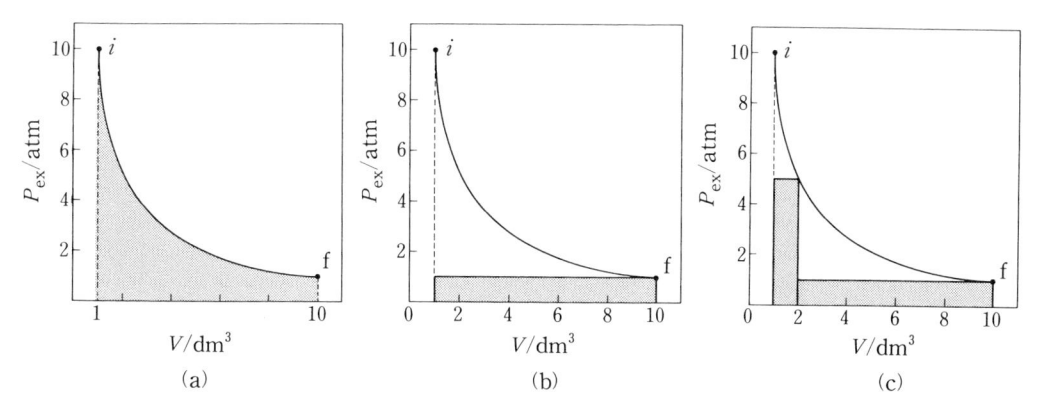

図 5-10 理想気体の等温膨張．(a) 可逆過程で膨張したとき．(b) 外圧が急に 1 atm になって膨張したとき．(c) 外圧が最初 5 atm で，次に外圧 1 atm で膨張したとき．

槽から得ている．

（2）外圧が急に 1 atm になったので，体積は $(10-1)\,\mathrm{dm}^3 = 9\,\mathrm{dm}^3$ だけ膨張した．

$$W = -\int_i^f P_\mathrm{ex}\,dV = -P_\mathrm{ex}\int_i^f dV = -1\,\mathrm{atm} \times (10-1)\,\mathrm{dm}^3 = -9\,\mathrm{atm\,dm}^3$$

$$= -9\,\mathrm{atm\,dm}^3 \times \frac{8.314\,\mathrm{J\,K^{-1}\,mol^{-1}}}{0.08205\,\mathrm{atm\,dm^3\,K^{-1}\,mol^{-1}}} = -912\,\mathrm{J}$$

$$Q = 912\,\mathrm{J}$$

この W と Q の絶対値は，図 5-10(b) に示してある．

（3）(イ)で外圧が 5 atm で膨張すると体積は $1\,\mathrm{dm}^3$ から $2\,\mathrm{dm}^3$ に変化する．(ロ)では外圧 1 atm で膨張すると体積は $2\,\mathrm{dm}^3$ から $10\,\mathrm{dm}^3$ へ変化する（atm dm³ から J の換算をする）．

$$W = -5\,\mathrm{atm}\,(2-1)\,\mathrm{dm}^3 - 1\,\mathrm{atm}\,(10-2)\,\mathrm{dm}^3 = -13\,\mathrm{atm\,dm}^3$$

$$= -13 \times \frac{8.314}{0.08205}\,\mathrm{J} \fallingdotseq -1.32\,\mathrm{kJ}$$

$$Q = 1.32\,\mathrm{kJ}$$

この W と Q の絶対値は図 5-10(c) に示している．

（4）真空中での膨張は $P_\mathrm{ex} = 0$ となるので $W = 0$，したがって $Q = 0$ である．

以上の例題から学ぶべきことは，まず第 1 に等温過程では $Q = -W$ ということと，次に可逆過程は，系が外界になしうる仕事としては最大値（最大仕事）であることである．不可逆過程では，図 5-10(a)，(b)，(c) を比べてわかるように，可逆仕事より必ず小さい値を示す．

次に圧縮する場合，外界がなす仕事（系が得るエネルギーの増加）を図 5-11 に示す．(a) は外界が圧縮するとき最小仕事で圧縮するが，(b)，(c) の不可逆過程では $P_\mathrm{ex} > P_\mathrm{in}$ でなければ圧縮は不可能であるから，余分のエネルギーを加えないともとに戻らないことを示している．さらに，圧縮を小刻みにすればするほど，(a) に近づくことも示している．

この項の最後に，式 (5.30) は理想気体の状態方程式より，次式に書き換えられることを示しておこう．

(a) 可逆的な圧縮．外界は最小仕事で圧縮できる．

$$W = -10\,\text{atm}\,\text{dm}^3 \int_{10}^{1} \frac{dV}{V}$$
$$= 2330\,\text{J}$$

(b) 10 atm で一度に圧縮．不可逆圧縮の例．

$$W = -10\,\text{atm} \int_{10}^{1} dV$$
$$= 90\,\text{atm}\,\text{dm}^3 = 9120\,\text{J}$$

(c) 2 段階で圧縮．

$$W = -2\,\text{atm} \int_{10}^{5} dV - 10\,\text{atm} \int_{5}^{1} dV$$
$$= (10+40)\,\text{atm}\,\text{dm}^3 = 5066\,\text{J}$$

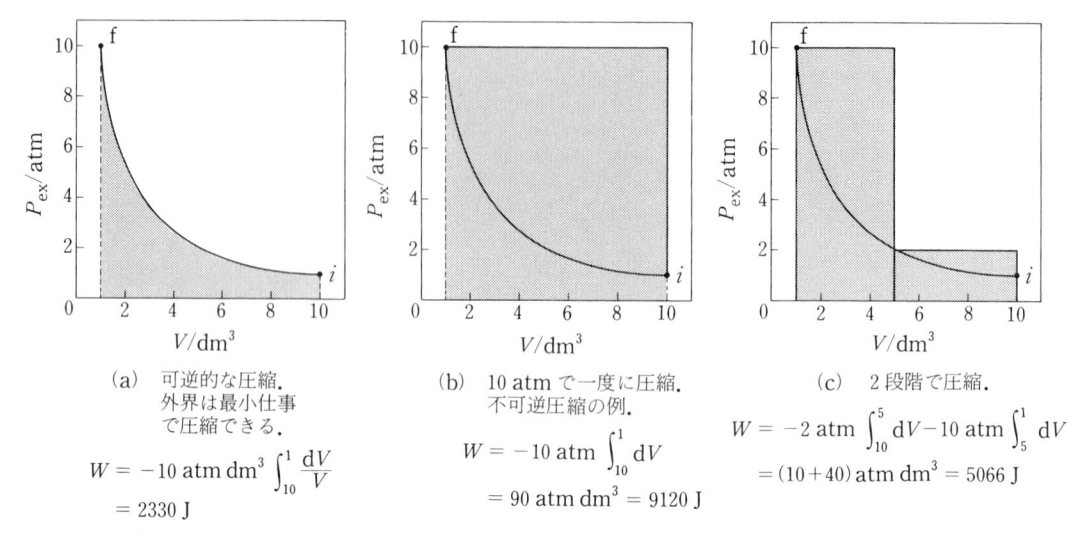

図 5-11 理想気体の等温圧縮．（a）可逆圧縮．（b）外圧 10 atm で一度に圧縮したとき．（c）2 段階に分けて圧縮したとき．

$$W_{\text{rev}} = -nRT \ln\left(\frac{V_f}{V_i}\right) = -nRT \ln\left(\frac{P_i}{P_f}\right) = nRT \ln\left(\frac{P_f}{P_i}\right) \tag{5.31}$$

5.5.2 断熱過程

熱の出入りがない断熱過程（adiabatic process）では，$d'Q = 0$，$Q = 0$ であるので，熱力学第一法則から，$dU = d'W = -P\,dV$，$\Delta U = W^{\text{adi}}$ である．一方，dU は式(5.21′)より $C_v\,dT$ に等しいので，

$$dU = d'W = C_v\,dT = -P_{\text{ex}}\,dV \tag{5.32}$$

いま，過程が可逆的に行われるとしたら，常に $P_{\text{ex}} = P_{\text{in}} = nRT/V$ であるから，上式は次のように表される．

$$C_v \frac{dT}{T} = -nR \frac{dV}{V} \quad \text{（可逆）} \tag{5.33}$$

状態1から2まで変化するとき，C_v が温度によらず一定であるとして上式を積分すると，

$$C_v \ln\left(\frac{T_2}{T_1}\right) = nR \ln\left(\frac{V_1}{V_2}\right) \tag{5.34}$$

さらに変形して，

$$\ln\left(\frac{T_2}{T_1}\right) = \frac{nR}{C_v} \ln\left(\frac{V_1}{V_2}\right)$$

$n = 1\,\text{mol}$ とし，Mayer の式 $R = \bar{C}_p - \bar{C}_v$ で置き換え，熱容量比を $\bar{C}_p/\bar{C}_v = \gamma$ と書くと，

$$\ln\left(\frac{T_2}{T_1}\right) = (\gamma - 1) \ln\left(\frac{V_1}{V_2}\right)$$

$$\frac{T_2}{T_1} = \left(\frac{V_1}{V_2}\right)^{\gamma - 1} \tag{5.35}$$

これに Boyle-Charles の法則，$P_1V_1/T_1 = P_2V_2/T_2$ を考慮すると，$T_2/T_1 = P_2V_2/(P_1V_1)$ であるので，理想気体の断熱可逆過程に対しては次式が成り立つ．

$$\boxed{P_1V_1^\gamma = P_2V_2^\gamma} \tag{5.36}$$

この関係式を **Poisson の式** という．

次に，これまで述べてきた等温過程と断熱過程の相違を認識するために次の例題を考えてみよう．ただし，少しばかり程度が高い問題であるので，後で学ぶことにしてもよいだろう．

例題 5.10 n mol の理想気体が状態 1（P_1, V_1, T_1）から出発して，（1）等温可逆過程で V_2 まで膨張したとき，圧力を P_2^{iso} とする．（2）断熱可逆過程で V_2 まで膨張したとき，圧力を P_2^{adi}，温度を T_2 とする．P_2^{iso}, P_2^{adi} を比較せよ．また，W^{adi} はどのように表されるか．

解 Poisson の式 (5.36) の両辺を，等温過程の関係 Boyle の式；$P_1V_1 = P_2^{\text{iso}}V_2$ で割ると，

$$V_1^{\gamma-1} = \frac{P_2^{\text{adi}}}{P_2^{\text{iso}}} V_2^{\gamma-1}$$

ゆえに，次式を得る．

$$\left(\frac{V_1}{V_2}\right)^{\gamma-1} = \frac{P_2^{\text{adi}}}{P_2^{\text{iso}}} \tag{5.37}$$

いま，$V_2 > V_1$ であり，また $\gamma > 1$ であるから，$1 > P_2^{\text{adi}}/P_2^{\text{iso}}$ であり，したがって $P_2^{\text{iso}} > P_2^{\text{adi}}$ である．この様子を図 5-12 に示す．

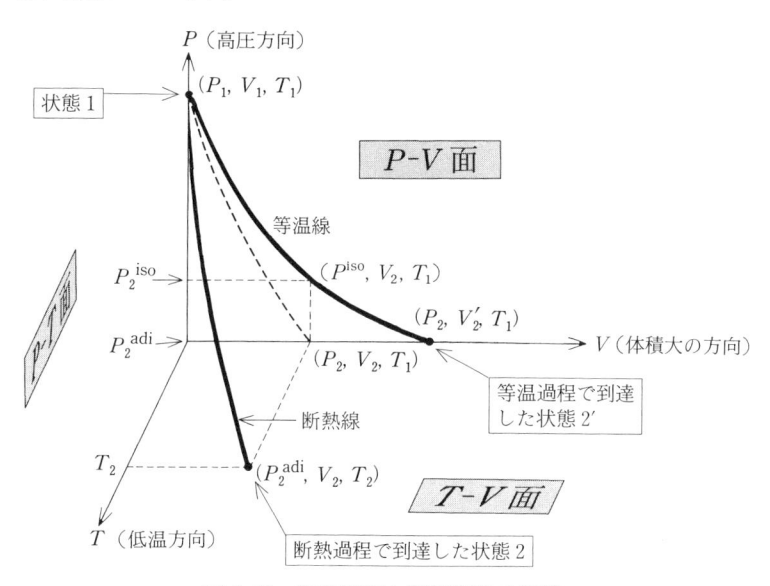

図 5-12 断熱過程と等温過程の経路

断熱過程の仕事 W^{adi} を求めると，式 (5.36) から $PV^\gamma =$ 一定 であるので，これを c とおくと，

$$W^{\text{adi}} = -\int_{V_1}^{V_2} P\,dV = -\int_{V_1}^{V_2} c\frac{dV}{V^\gamma} = -\frac{c}{1-\gamma}(V_2^{1-\gamma} - V_1^{1-\gamma})$$

ここで $c = P_1V_1^\gamma = P_2V_2^\gamma$，Boyle-Charles の式および $\gamma - 1 = R/\bar{C}_v$ の関係などを用いると，

上式はさらに変形できる．

$$W^{\mathrm{adi}} = \frac{P_2 V_2 - P_1 V_1}{\gamma - 1} = \frac{nR(T_2 - T_1)}{\gamma - 1} = n\bar{C}_{\mathrm{v}}(T_2 - T_1) \tag{5.38}$$

図 5-12 を見ると，W^{adi} は，等温可逆過程の仕事に比べて絶対値が小さい．

例題 5.11 定積モル熱容量 $\bar{C}_{\mathrm{v}} = 12.47\ \mathrm{J\ K^{-1}\ mol^{-1}}$ の理想単原子分子の気体 1 mol を 1.00 atm（1.013×10^5 Pa），25.0 dm³ の状態から，断熱可逆的に 100.00 atm（1.013×10^7 Pa = 10.13 MPa）まで圧縮したとき，(a) 体積，(b) 温度，および (c) 仕事を求めよ．ただし，計算式中での数値は有効数字を考えないで 1.00 = 1 として表してよい．

解 $\bar{C}_{\mathrm{v}} = 12.47\ \mathrm{J\ K^{-1}\ mol^{-1}}$，$\bar{C}_{\mathrm{p}} = \bar{C}_{\mathrm{v}} + R = 12.47 + 8.314 \fallingdotseq 20.78\ \mathrm{J\ K^{-1}\ mol^{-1}}$
$\gamma = \dfrac{5}{3} \fallingdotseq 1.667$ とおく．

(a) 求める体積を V_2 とすると Poisson の式より次式が成り立つ．
$$1\ \mathrm{atm} \times 25^{1.667}\ \mathrm{dm^3} = 100\ \mathrm{atm} \times V_2^{1.667}$$
$$V_2^{1.667} = 25^{1.667}/100 \qquad \therefore \qquad V_2 = 1.578 \fallingdotseq 1.58\ \mathrm{dm^3}$$

(b) $P_2 V_2 = nRT_2$ の関係から T_2 を求める．
$$T_2 = P_2 V_2 / R = 100\ (\mathrm{atm}) \times 1.578\ (\mathrm{dm^3}) / 0.08205\ (\mathrm{atm\ dm^3\ K^{-1}\ mol^{-1}}) \times 1\ (\mathrm{mol})$$
$$= 1923 \fallingdotseq 1920\ \mathrm{K}$$

(c) 式 (5.38) より，W をまず atm dm³ 単位で求め，次に R の値を使って単位換算する．
$$W = \frac{(100 \times 1.578 - 1 \times 25)\ \mathrm{atm\ dm^3}}{1.667 - 1} = 199.1\ \mathrm{atm\ dm^3} \times \frac{8.314\ (\mathrm{J\ K^{-1}\ mol^{-1}})}{0.08205\ (\mathrm{atm\ dm^3\ K^{-1}\ mol^{-1}})}$$
$$= 20174\ \mathrm{J} \fallingdotseq 20.2\ \mathrm{kJ}$$

また，$W = n\bar{C}_{\mathrm{v}}(T_2 - T_1)$ からも（$T_1 = 1\ \mathrm{atm}\ 25\ \mathrm{dm^3\ mol^{-1}}/0.08205\ \mathrm{atm\ dm^3\ K^{-1}\ mol^{-1}}$ を代入して）同じ結果が得られる．
$$W = 1\ \mathrm{mol} \times 12.47\ (\mathrm{J\ K^{-1}\ mol^{-1}})\left(1923 - \frac{1 \times 25}{0.08205}\right)(\mathrm{K}) = 20180\ \mathrm{J} = 20.2\ \mathrm{kJ}$$

例題 5.12 $P_1 = 100.0$ atm, $V_1 = 1.578\ \mathrm{dm^3}$, $T_1 = 1923$ K の状態にある 1 mol の理想気体を，急激に $P_2 = 1.00$ atm（$= 101325$ Pa）まで断熱的に膨張（不可逆過程）させた．このときの，(a) 仕事，(b) 到達する温度 T_2，(c) ΔU および ΔH を計算して，上の例題 5.11 の結果と比較して論ぜよ．

解 上の例題で断熱可逆圧縮された 1 mol の理想気体が，ここでは断熱不可逆膨張する．
$$W = -\int_1^2 P\,\mathrm{d}V = -P_{\mathrm{ex}} \int_{V_1}^{V_2} \mathrm{d}V = -P_{\mathrm{ex}}(V_2 - V_1) = -P_{\mathrm{ex}}\left(\frac{nRT_2}{P_2} - \frac{nRT_1}{P_1}\right)$$
$$= -101325\ (\mathrm{Pa}) \times \left\{\frac{1 \times 8.314 \times T_2\ (\mathrm{J})}{101325\ (\mathrm{Pa})} - \frac{1 \times 8.314 \times 1923\ (\mathrm{J})}{100\ (\mathrm{atm}) \times 101325\ (\mathrm{Pa\ atm^{-1}})}\right\}$$
$$= -(8.314\,T_2 - 159.9)\ \mathrm{J} \tag{a}$$

一方，内部エネルギー変化は，
$$\Delta U = \int_{T_1}^{T_2} n\bar{C}_{\mathrm{v}}\,\mathrm{d}T = 1\ (\mathrm{mol}) \times 12.47\ (\mathrm{J\ K^{-1}\ mol^{-1}})(T_2 - 1923)\ (\mathrm{K})$$
$$= 12.47(T_2 - 1923)\ \mathrm{J} \tag{b}$$

断熱変化であるから，$\Delta U = W$．すなわち，(a) = (b) とおけるので，連立方程式が成り立って T_2 が求まる．
$$12.47(T_2 - 1923) = 159.9 - 8.314\, T_2 \quad \therefore \quad T_2 = 1161\,\text{K}$$
$$\Delta U = W = -9496\,\text{J}$$
ΔH については，$\Delta H = \Delta U + \Delta(PV) = \Delta U + R\Delta T$ より ($n = 1$)，
$$\Delta H = -9496\,\text{J} + 8.314(1161 - 1923)\,\text{J} = -15831\,\text{J} \fallingdotseq -15.8\,\text{kJ}$$

不可逆的に断熱膨張したときの到達温度 $T_2 = 1161\,\text{K}$ は，前例題の $T_1 = 304.7\,\text{K}$ よりはるかに高い．すなわち，不可逆的に変化させたので，前例題のはじめの状態に戻らなかった．また，仕事の絶対値を比べると，
$$W(可逆) = 20.2\,\text{kJ}$$
$$W(不可逆) = 9.5\,\text{kJ}$$
可逆過程のほうが大きいことがわかる．1161 K から 304.7 K まで温度を下げて，はじめの状態に戻したときの内部エネルギー変化は，式 (5.23′) より
$$\Delta U = 12.47(304.7 - 1161) = -10678\,\text{J}$$
これと上の不可逆過程のときの $\Delta U = -9496\,\text{J}$ とを合わせれば，$-20174\,\text{J} \fallingdotseq -20.2\,\text{kJ}$ であるので，絶対値が等しく符号が逆になっていることがわかる．

注意 以上 2 つの例題は，第 6 章において Carnot サイクルを学ぶ節で再登場する．

§5.6 熱化学 —— 熱力学第一法則の応用

熱化学（thermochemistry）は化学反応のエンタルピーまたは内部エネルギー変化を研究するもので，化学工業や生体内におけるいろいろな化学反応の本質を究めようとするとき，基本的な知見を熱化学から得ることができる．また，熱化学は熱力学第一法則の最も重要な応用分野の1つである．とくに，化学反応の熱変化を測定すると次のことがらがわかる．

（1） 化合物がもつエネルギーの大小に関する相対的な差：化学，生化学，医学その他の科学分野で役立つ知見．

（2） 化学結合のエネルギー：化学結合の本質と強さを理解するうえで重要．

熱化学の実験を長年にわたって積み上げた結果，標準エンタルピーの値が種々雑多な化合物について求められており，それらが一覧表になっている（表 5-6）．この表がどのようにしてつくられてきたのか，あるいは利用できるのかを学んでいこう．

5.6.1 反応熱と Hess の法則

これまで考えてきたのは，体積や圧力といった状態変数で記述される，いわゆる物理的な状態であった．化学的な状態変化，すなわち化学反応によって化学結合の組み替えが起こる場合も系の状態変化にほかならないから，化学反応は化学熱力学の最も重要な対象となる．

化学反応を一般に次のように，化学量論係数を ν_i と ν_j で，化学種を A, B, … や L, M, … で表す．

$$\nu_A A + \nu_B B + \cdots \longrightarrow \nu_L L + \nu_M M + \cdots \tag{5.39}$$

左辺を**反応系**（reactant(s)），右辺を**生成系**（product(s)）と呼ぶ．反応の際に発生または吸収される熱量を**反応熱**（heat of reaction）と呼び，反応が定圧の条件で起これば，$Q_P = \Delta H$；定積の条件であれば，$Q_V = \Delta U$ である．すなわち，反応熱とは生成系と反応系のエンタルピーや内部エネルギーの差である．

$$Q_P = \Delta H = \sum \nu_j \overline{H}_j(生成物) - \sum \nu_i \overline{H}_i(反応物) \quad （圧力一定）$$

$$Q_V = \Delta U = \sum \nu_j \overline{U}_j(生成物) - \sum \nu_i \overline{U}_i(反応物) \quad （体積一定）$$

ここで $\overline{H}_j$ や $\overline{U}_j$ は化学種 j のモルエンタルピー，モル内部エネルギーを表す．

H や U は状態量であるから，各反応熱 $\Delta H, \Delta U$ は反応系と生成系の化学種がそれぞれ定まれば途中の反応経路に無関係である．ただし，注意すべきは，反応熱は反応系が生成系に完全に 100% 変化した場合にあてはめたもので，平衡に至る（化学平衡のとき化学反応式の右辺と左辺の間に往復の矢印 $\rightleftarrows$ がつけられる）までの反応熱ではない．また，測定されたときの温度が指定されていなければならない．このように定められた条件のもとでは，ある反応が1段階で起こっても，数段階に分かれて起こっても，その反応に伴う総熱量は一定でなければならない．これを**総熱量一定の法則**（law of constant heat summation）または **Hess の法則**（1840）という．

反応方程式に，反応熱 ΔU または ΔH を付記したものは**熱化学方程式**（thermal equation(s)）と呼ばれ，たとえば，

$$CH_4(g) + 2\,O_2(g) \longrightarrow CO_2(g) + 2\,H_2O(g) \qquad \Delta H_{298} = -804.1\,\text{kJ}$$

$$C(\text{graphite}) + O_2(g) \longrightarrow CO_2(g) \qquad \Delta H_{298} = -393.5\,\text{kJ}$$

$$NaCl(s) + aq \longrightarrow NaCl(aq) \qquad \Delta H_{298} = 5.4\,\text{kJ}$$

などと書かれる．ΔH_{298} は 298 K における定圧反応熱である．あとで述べるが，298 K，1 atm を熱化学においては標準状態ととるので，標準状態を表す意味で，ΔH_{298} のかわりに $\Delta H^{\ominus}$ とした記述が多い．また，反応熱は物質の状態によって異なるから，固体，液体，気体をそれぞれ (s), (l), (g) という記号で区別する．固体でも異なる形態のものがあれば区別しておかなければならない．たとえば，上に示したように，炭素はグラファイトかダイヤモンドであるかを明記しなければならない．**吸熱反応**（endothermic reaction）では系が熱を吸収するから $\Delta H > 0$ であり，**発熱反応**（exothermic reaction）では $\Delta H < 0$ である．高等学校の熱化学方程式では発熱を $Q > 0$，吸熱を $Q < 0$ で表しているが，化学熱力学で扱う熱化学方程式では逆の符号がついているので注意を要する．

反応が凝縮相で起これば，$\Delta H = \Delta U + P\Delta V$ であり，ΔV が小さいので，$\Delta H \cong \Delta U$ とみなせる．たとえば，水溶液中の酸塩基反応は実質次式で表される．

$$H^+(aq) + OH^-(aq) \longrightarrow H_2O(l) \qquad \Delta H_{298} = -55800\,\text{J}$$

この反応の体積変化 ΔV は，$P = 1$ atm で $21.3\,\text{cm}^3\,\text{mol}^{-1}$ であり，$P\Delta V = 101325\,(\text{J m}^{-3}) \times 2.13 \times 10^{-5}\,(\text{m}^3) \cong 2$ J で，ΔH の値に比べて無視できる．ただし，ΔV は圧力の関数で，P を atm 単位で表すと，$\Delta V/\text{cm}^3 = 21.3 - 5.2 \times 10^{-3}P$ であるように，一般に圧力

が非常に高い場合, $P\Delta V$ を無視できなくなる系もある.

燃焼反応のように気体が関与する反応の場合には, 気体を理想気体で近似すれば,
$$\Delta H = \Delta U + \Delta(PV) = \Delta U + \Delta\nu\, RT \tag{5.40}$$
によって燃焼熱の測定（体積一定のボンベ熱量計を使うので, $Q_v = \Delta U$ が得られる）によって得た ΔU を ΔH に換算すればよい. ただし, $\Delta\nu$ は反応の前後で気体の物質量が $\Delta\nu$ mol 変化することを示している. こうして求めたいくつかの物質の定圧燃焼熱を表 5-5 に示す.

表 5-5 熱力学的標準状態 (1 atm, 298 K) における定圧燃焼熱 (kJ mol^{-1})

物　　質	$\Delta H^{\ominus}$	物　　質	$\Delta H^{\ominus}$
$H_2(g)$	-285.840	$C_3H_8(g)$	-2220.05
C(graphite)	-393.513	$C_2H_4(g)$	-1410.99
S(rhombic)	-296.9	$C_2H_2(g)$	-1299.61
$CO(g)$	-282.989	$C_6H_6(l)$	-3267.62
$CH_4(g)$	-890.347	$CH_3OH(l)$	-726.55
$C_2H_6(g)$	-1559.88	$C_2H_5OH(l)$	-1366.9

上付きの記号 $\ominus$ はプリムソル (Plimsoll) という.

例題 5.13
$$H_2(g) + \tfrac{1}{2} O_2(g) \longrightarrow H_2O(g) \quad \Delta H^{\ominus} = -57.7979 \text{ kcal mol}^{-1}$$
$$= -241.8 \text{ kJ mol}^{-1}$$
が与えられている. また, 25 ℃, 1 atm における H_2O の蒸発熱が 44.0 kJ mol^{-1} である. 25 ℃, 1 atm のもとで $H_2(g) + \tfrac{1}{2} O_2(g)$ から $H_2O(l)$ を生成するときの $\Delta H^{\ominus}$ を計算せよ.

解
$$H_2O(g) \longrightarrow H_2O(l) \quad \Delta H = -44.0 \text{ kJ mol}^{-1}$$
したがって
$$\Delta H^{\ominus}(H_2O(l)) = -241.8 \text{ kJ mol}^{-1} - 44.0 \text{ kJ mol}^{-1} = -285.8 \text{ kJ mol}^{-1}$$

例題 5.14 次の反応の反応熱を直接測定によって正確に求めることは困難である.
$$2\,H_2(g) + C(graphite) = CH_4(g) \quad \Delta H^{\ominus} = ?$$
Hess の法則に従い, 表 5-5 のデータを使って $\Delta H^{\ominus}$ を求めよ.

解

$$
\begin{array}{rl}
-) & 1\times[CH_4(g) + 2\,O_2(g) \longrightarrow CO_2(g) + 2\,H_2O(l) \quad \Delta H^{\ominus} = -890.347 \text{ kJ}] \\
+) & 2\times\left[H_2(g) + \tfrac{1}{2} O_2(g) \longrightarrow H_2O(l) \quad \Delta H^{\ominus} = -285.840 \text{ kJ}\right] \\
+) & 1\times[C(graphite) + O_2(g) \longrightarrow CO_2(g) \quad \Delta H^{\ominus} = -393.513 \text{ kJ}] \\
\hline
 & 2\,H_2(g) + C(graphite) \longrightarrow CH_4(g) \quad \Delta H^{\ominus} = -74.846 \text{ kJ}
\end{array}
$$

§5.6 熱化学 —— 熱力学第一法則の応用

5.6.2 標準生成熱とそのデータの応用

内部エネルギーやエンタルピーの絶対値を知ることができるだろうか．確かに，理想気体の内部エネルギーは温度の関数として $U = (3/2)nRT$ であるので絶対値を知ることができるが，これは例外である．それぞれの物質のエンタルピーの絶対値がわかっていたら，反応熱を計算するのにいちいち熱化学方程式を立てて加減算を行わなくても，反応系と生成系のエンタルピーの差として簡単に求められるであろう．しかし，熱力学は積分定数を決めることができないという特質があり，物質のエンタルピーや，次章で登場する自由エネルギーなどは絶対値を知りえない．これは，ポテンシャルエネルギーと同様である．しかしながら，必要なのは絶対値ではなく，変化の前後の差 $\Delta H, \Delta U$ などである．図5-13に示すように，H や U，その他のエネルギー（ポテンシャルエネルギー，自由エネルギーなど）を含めて一般にエネルギーを E で表すと，E の基準をどこに置いても，その差 ΔE は同じであることがわかる．それではどのような基準を設けたら便利であろうか．

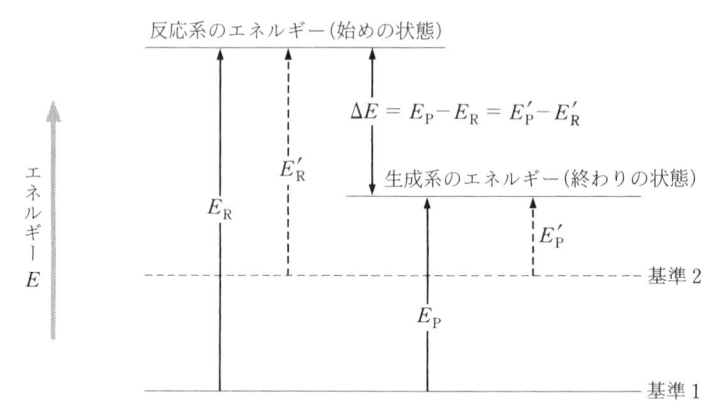

図 5-13 異なる基準で定められたエネルギーとその変化量 ΔE の関係

そのためには，すべての元素の単体のうち 1 atm，25 °C で最も安定な状態にある単体（炭素ではグラファイト，硫黄では斜方硫黄）のエンタルピーをゼロとおいて，これをまず標準にする．次に，ある物質の 1 atm，25 °C でとっている形態（水では $H_2O(g)$ または $H_2O(l)$）が，その成分元素の単体（1 atm，25 °C）からつくられるとしたときの，1 mol あたりのエンタルピー変化を**標準生成エンタルピー**とする．これを $\Delta H_f^\ominus$ で表し**生成熱**（heat of formation）と呼ぶ．この標準生成エンタルピーは種々の物質について調べられていて，表5-6に代表的な物質について載せている．なお，この表の中には，次章で学ぶエントロピーや Gibbs の自由エネルギー変化も記載されている．

たとえば，25 °C，1 atm における $H_2O(g)$ の生成反応は，表5-6より

$$H_2(g) + \frac{1}{2} O_2(g) = H_2O(g) \qquad \Delta H_f^\ominus = -241.826 \text{ kJ mol}^{-1}$$

である．いま，標準状態における各物質のモルエンタルピーを，$\overline{H}(H_2), \overline{H}(O_2), \overline{H}(H_2O)$ とすると，

$$\Delta H_\mathrm{f}^\ominus = \overline{H}(\mathrm{H_2O}) - \left\{\overline{H}(\mathrm{H_2}) + \frac{1}{2}\overline{H}(\mathrm{O_2})\right\}$$

となる．ここで，標準状態における単体のモルエンタルピーをゼロとする約束であるから，上式は次式となる．

$$\Delta H_\mathrm{f}^\ominus = \overline{H}(\mathrm{H_2O})$$

一般に次のようにまとめて表すことができる．

$$\Delta H_\mathrm{f}^\ominus = \sum \nu_j \overline{H}_j(\text{生成物}) - \sum \nu_i \overline{H}_i(\text{反応物})$$
$$= \sum \nu_j \Delta H_{\mathrm{f}(j)}^\ominus - \sum \nu_i \Delta H_{\mathrm{f}(i)}^\ominus \tag{5.41}$$

ただし，標準状態の元素については $\Delta H_\mathrm{f}^\ominus = 0$ とする．

任意の化学反応の標準エンタルピー変化（25 °C，1 atm の反応系から同温同圧下の生成系への変化に伴う ΔH）は表 5-6 から計算できる．

例題 5.15 1 g のグリシルグリシン（glycylglycine）(s) が 25 °C，1 atm のもとで $\mathrm{O_2}$(g) と反応して，尿素（urea）(s)，$\mathrm{CO_2}$(g) および $\mathrm{H_2O}$(l) を生じる反応のエンタルピー変化を求めよ．ただし，グリシルグリシンの $\Delta H_\mathrm{f}^\ominus$ は $-740.25\ \mathrm{kJ\ mol^{-1}}$ である．

解 化学反応式は次式で示される．

$$\underset{\text{グリシルグリシン}}{\mathrm{C_4H_8N_2O_3(s)}} + 3\,\mathrm{O_2(g)} \longrightarrow \underset{\text{尿素}}{\mathrm{CH_4N_2O(s)}} + 3\,\mathrm{CO_2(g)} + 2\,\mathrm{H_2O}(l)$$

$$\begin{aligned}\Delta H &= \Delta H_\mathrm{f}^\ominus(\text{尿素, s}) + 3\,\Delta H_\mathrm{f}^\ominus(\mathrm{CO_2, g}) + 2\,\Delta H_\mathrm{f}^\ominus(\mathrm{H_2O},\,l) \\ &\quad - \{\Delta H_\mathrm{f}^\ominus(\text{グリシルグリシン, s}) + 3\,\Delta H_\mathrm{f}^\ominus(\mathrm{O_2, g})\} \\ &= -333.17 + 3(-393.51) + 2(-285.83) - (-745.25) - 3(0) \\ &= -1340.11\ \mathrm{kJ\ mol^{-1}}\end{aligned}$$

この反応熱はグリシルグリシン 1 mol の値であるから，モル質量 131.12 g mol^{-1} で割ってやると，1 g の反応熱が求まる．

$$\Delta H = -10.14\ \mathrm{kJ\ g^{-1}}$$

以上は 298 K における標準生成熱とそのデータの応用について述べたものであるが，実際には 298 K で関心ある反応が観測できなかったり，または，298 K 以外の温度における反応熱を知りたい場合がしばしばある．もし，反応物と生成物の定圧モル熱容量がわかっていれば，計算で ΔH に対する温度の影響を知ることができる．式 (5.21') より

$$(\mathrm{d}H)_P = C_\mathrm{p}\,\mathrm{d}T$$

であるから，ΔH に対しても同様に書ける（$(\mathrm{d}H_1)_P - (\mathrm{d}H_2)_P = \mathrm{d}(\Delta H)_P$ となる）．

$$\mathrm{d}(\Delta H)_P = \Delta C_\mathrm{p}\,\mathrm{d}T \tag{5.42}$$

ここで ΔC_p は生成物と反応物の定圧熱容量の差である．これは次式

$$\left(\frac{\partial \Delta H}{\partial T}\right)_P = \Delta C_\mathrm{p} = \sum \nu_j \overline{C}_{\mathrm{p}(j)}(\text{生成物}) - \sum \nu_i \overline{C}_{\mathrm{p}(i)}(\text{反応物}) \tag{5.43}$$

のように一般的に表現できる．この式は反応熱の温度変化を表す式で，**Kirchhoff の式**と呼ばれている．

表 5-6 標準生成エンタルピー，標準エントロピーおよび標準生成 Gibbs エネルギー値の一覧（298.15 K, 1 atm）

(1) 代表的無機化合物

	$\Delta H_f^\ominus$ (kJ mol^{-1})	$S^\ominus$ (J K^{-1} mol^{-1})	$\Delta G_f^\ominus$ (kJ mol^{-1})
Ag(s)	0	42.55	0
Ag$^+$(aq)†	105.579	72.68	77.107
AgCl(s)	−127.068	96.2	−109.789
C(g)	716.682	158.096	671.257
C(s, graphite)	0	5.740	0
C(s, diamond)	1.895	2.377	2.900
Ca(s)	0	41.42	0
CaCO$_3$(s, calcite)	−1206.92	92.9	−1128.79
Cl$_2$(g)	0	223.066	0
Cl$^-$(aq)	−167.159	56.5	−131.228
CO(g)	−110.525	197.674	−137.168
CO$_2$(g)	−393.509	213.74	−394.359
CO$_2$(aq)	−413.80	117.6	−385.98
HCO$_3^-$(aq)	−691.99	91.2	−586.77
CO$_3^{2-}$(aq)	−677.14	−56.9	−527.81
Fe(s)	0	27.28	0
Fe$_2$O$_3$(s)	−824.2	87.40	−742.2
H$_2$(g)	0	130.684	0
H$_2$O(g)	−241.818	188.825	−228.572
H$_2$O(l)	−285.830	69.91	−237.129
H$^+$(aq)	0	0	0
OH$^-$(aq)	−229.994	−10.75	−157.244
H$_2$O$_2$(aq)	−191.17	143.9	−134.03
H$_2$S(g)	−20.63	205.79	−33.56
N$_2$(g)	0	191.61	0
NH$_3$(g)	−46.11	192.45	−16.45
NH$_3$(aq)	−80.29	111.3	−26.50
NH$_4^+$(aq)	−132.51	113.4	−79.31
NO(g)	90.25	210.761	86.55
NO$_2$(g)	33.18	240.06	51.31
NO$_3^-$(aq)	−205.0	146.4	−108.74
Na$^+$(aq)	−240.12	59.0	−261.905
NaCl(s)	−411.153	72.13	−384.138
NaCl(aq)	−407.27	115.5	−393.133
NaOH(s)	−425.609	64.455	−379.494
O$_2$(g)	0	205.138	0
O$_3$(g)	142.7	238.93	163.2
S(rhombic)	0	31.80	0
SO$_2$(g)	−296.830	248.22	−300.194
SO$_3$(g)	−395.72	256.76	−371.06

Source: Data from *The NBS Tables of Chemical Thermodynamic Properties*, D. D. Wagman et al., eds., *J. Phys. Chem. Ref. Data*, 11, Suppl. 2 (1982).

(2) 代表的炭化水素

	$\Delta H_f^\ominus$ (kJ mol^{-1})	$S^\ominus$ (J K^{-1} mol^{-1})	$\Delta G_f^\ominus$ (kJ mol^{-1})
Acetylene, $C_2H_2(g)$	226.73	200.94	209.20
Benzene, $C_6H_6(g)$	82.93	269.20	129.66
Benzene, $C_6H_6(l)$	49.04	173.26	124.35
n-Butane, $C_4H_{10}(g)$	−126.15	310.12	−17.15
Cyclohexane, $C_6H_{12}(g)$	−123.14	298.24	31.76
Ethane, $C_2H_6(g)$	−84.68	229.60	−32.82
Ethylene, $C_2H_4(g)$	52.26	219.56	68.15
n-Heptane, $C_7H_{16}(g)$	−187.78	427.90	7.99
n-Hexane, $C_6H_{14}(g)$	−167.19	388.40	−0.25
Isobutane, $C_4H_{10}(g)$	−134.52	294.64	−20.88
Methane, $CH_4(g)$	−74.81	186.264	−50.72
Naphthalene, $C_{10}H_8(g)$	150.96	335.64	223.59
n-Octane, $C_8H_{18}(g)$	−208.45	466.73	16.40
n-Pentane, $C_5H_{12}(g)$	−146.44	348.95	−8.37
Propane, $C_3H_8(g)$	−103.85	269.91	−23.47
Propylene, $C_3H_6(g)$	20.42	266.94	62.72

Source: Data from D. R. Stull, E. F. Westrum, Jr., and G. C. Sinke, *The Chemical Thermodynamics of Organic Compounds,* Jonn Wiley, New York, 1969.

(注) 熱力学的標準状態量を表す記号として，⊖印を右上に付けることが慣用となっている．この印は Plimsoll mark またはプリムソルと呼ばれている．貨物船の航海安全のために積載量制限の目印として船体に（この印の中の横棒が水中に隠れるほど積荷を積むと危険であることを知らせるために）付けることを義務化させた英国国会議員 Samuel Plimsol (1824-98) の名にちなむ．

（3） 代表的有機化合物

	$\Delta H_f^{\ominus}$ (kJ mol^{-1})	$S^{\ominus}$ (J K^{-1} mol^{-1})	$\Delta G_f^{\ominus}$ (kJ mol^{-1})	$\Delta G_f^{\ominus}$ (1 M activity, aq) (kJ mol^{-1})
アセトアルデヒド（Acetaldehyde）CH$_3$CHO(g)	−166.36	264.22	−133.30	−139.24
酢酸イオン（Acetate$^-$(aq)）	—	—	—	−372.334
酢酸（Acetic acid）CH$_3$CO$_2$H(l)	−484.1	159.83	−389.36	−396.60
アセトン（Acetone）CH$_3$COCH$_3$(l)	−248.1	200.4	−155.39	−161.00
アデニン（Adenine）C$_5$H$_5$N$_5$(s)	95.98	151.00	299.49	—
L-アラニン（L-Alanine）CH$_3$CHNH$_2$COOH(s)	−562.7	129.20	−370.24	−371.71
酪酸（Butyric acid）C$_3$H$_7$COOH(s)	−533.9	226.4	−377.69	—
クエン酸（Citrate^{3-}(aq)）C$_6$H$_5$O$_7$	—	—	—	−1168.34
エタノール（Ethanol）C$_2$H$_5$OH(l)	−276.98	160.67	−174.14	−180.92
ホルムアルデヒド（Formaldehyde）CH$_2$O(g)	−115.90	218.78	−109.91	−130.5
ホルムアミド（Formamide）HCONH$_2$(g)	−186.2	248.45	−141.04	—
ギ(蟻)酸（Formic acid）HCOOH(l)	−424.76	128.95	−361.46	—
Fumarate$^-$(aq)	—	—	—	−604.21
フマル酸（Fumaric acid）trans-(=CHCOOH)$_2$(s)	−811.07	166.1	−653.67	−646.05
α-D-ガラクトース（α-D-Galactose）C$_6$H$_{12}$O$_6$(s)	−1285.37	205.4	−919.43	−924.58
α-D-グルコース（α-D-Glucose）C$_6$H$_{12}$O$_6$(s)	−1274.4	212.1	−910.52	−917.47
グリセロール（Glycerol）HOCH$_2$CHOHCH$_2$OH(l)	−668.6	204.47	−477.06	−488.52
グリシン（Glycine）H$_2$CNH$_2$COOH(s)	−537.2	103.51	−377.69	−379.9
グアニン（Guanine）C$_5$H$_5$N$_5$O(s)	−183.93	160.2	47.40	—

	$\dfrac{\Delta H_f^\ominus}{(\text{kJ mol}^{-1})}$	$\dfrac{S^\ominus}{(\text{J K}^{-1}\text{mol}^{-1})}$	$\dfrac{\Delta G_f^\ominus}{(\text{kJ mol}^{-1})}$	$\Delta G_f^\ominus$ (1 M activity, aq) (kJ mol^{-1})
L-イソロイシン (L-Isoleucine) $C_6H_{13}NO_2(s)$	−638.1	207.99	−347.15	—
乳酸(Lactate$^-$(aq))	—	—	—	−517.812
(L-Lactic acid) $CH_3CHOHCOOH(s)$	−694.08	142.26	−522.92	—
β-ラクトース(β-Lactose) $C_{12}H_{22}O_{11}(s)$	−2236.72	386.2	−1566.99	−1569.92
L-ロイシン(L-Leucine) $C_6H_{13}NO_2(s)$	−646.8	211.79	−357.06	−353.09
マレイン酸(Maleic acid) cis-(=CHCOOH)$_2$(s)	−790.61	159.4	−631.20	—
メタノール(Methanol) $CH_3OH(l)$	−238.57	126.8	−166.23	−175.23
シュウ(蓚)酸(Oxalic acid) (−COOH)$_2$(s)	−829.94	120.08	−701.15	—
ピルビン酸 (Pyruvate$^-$(aq)	—	—	—	−474.33
(Pyruvic acid) $CH_3COCOOH(l)$	−584.5	179.5	−463.38	—
コハク(琥珀)酸 (Succinate^{2-}(aq))	—	—	—	−690.23
(Succinic acid) (−CH$_2$COOH)$_2$(s)	−940.90	175.7	−747.43	−746.22
ショ(庶)糖(Sucrose) $C_{12}H_{22}O_{11}(s)$	−2222.1	360.2	−1544.65	−1551.76
尿素(Urea) $NH_2CONH_2(s)$	−333.17	104.60	−197.15	−203.84
L-バリン(L-Valine) $C_5H_{11}NO_2(s)$	−617.98	178.86	−358.99	—

Sources: Data from D. R. Stull, E. F. Westrum, Jr., and G. C. Sinke, *The Chemical Thermodynamics of Organic Compounds,* John Wiley, New York, 1969; and from J. T. Edsall and J. Wyman, *Biophysical Chemistry,* Vol. 1, Academic Press, New York, 1958.

上式から任意の温度 T における ΔH を ΔH_T とすると，次式が成り立つ．

$$\Delta H_T = \Delta H^{\ominus} + \int_{298}^{T} \Delta C_p \, dT \tag{5.44}$$

この式は，ΔC_p が T の関数として求まっているのであれば，298 K から T K まで積分すれば，ΔH_T を定められることを示している．

任意の温度 T_0 における反応熱 ΔH_0 がわかっているとき，他の温度 T における反応熱は式（5.44）と同様に積分から求められる．とくに考えている温度範囲で ΔC_p が一定とみなせるときは

$$\Delta H = \Delta H_0 + \Delta C_p (T - T_0) \tag{5.45}$$

を用いてよい．

5.6.3 反応熱の分子論的解釈

化学反応の反応熱は化学結合のエネルギーに直結しているので，物理的な変化（蒸発，融解，吸着など）の ΔH や ΔU に比べて一般に大きい．熱化学の目的の 1 つは，**結合エネルギー**（bond energy）を知ることである．反応熱 ΔH が結合エネルギーからの寄与をどれくらい含んでいるかを知るには，ΔH に対する他の寄与を考慮して，その分だけ補正をしなければならない．考慮すべき項目を列挙してまとめたのが表 5-7 である．

表 5-7 測定した反応熱 ΔH の中身

反　応　物	生　成　物
1） 化学結合エネルギーの総計（絶対零度）	1） 新たにできた化学結合エネルギー（絶対零度）
2） 熱的エネルギー	2） 熱的エネルギー
（1） 運動エネルギー	（1） 運動エネルギー
振動，回転，並進	振動，回転，並進
（2） ポテンシャルエネルギー	（2） ポテンシャルエネルギー
分子間・分子内相互作用	分子間・分子内相互作用
	3） 仕事，$P\Delta V$

端役(はやく)として寄与しているのが $P\Delta V$ 項である．$\Delta H = \Delta U + P\Delta V$ であるので，生成物と反応物の内部エネルギー差は，エンタルピーから仕事の項を差し引いたものである．

$$\Delta U = \Delta H - P\Delta V$$

多くの反応では，気体が含まれていても $P\Delta V$ の役割は ΔH に比べれば小さい．たとえば，すでに述べてきた $H_2O(g)$ の生成反応では，25 ℃ で ΔH が $-241.8 \, \text{kJ mol}^{-1}$ と測定されている．この反応では 0.5 mol の気体が減少するので，理想気体の方程式より，

$$P\Delta V = -\frac{1}{2} RT = -(8.314/2) \, \text{J K}^{-1} \text{mol}^{-1} \times 298 \, \text{K} = -1.24 \, \text{kJ mol}^{-1}$$

である．ΔH の値に比べてこの値は小さく，また

$$\Delta U = -241.8 - (-1.2) = -240.6 \, \text{kJ mol}^{-1}$$

である．

　気相反応における反応熱の中身を見ると，主たるものは生成物と反応物の結合エネルギーの差である．このことは，H_2 と O_2 の反応が理想化された反応経路を通って生じたとみなすことによって，図 5-14 のように定量的に示せる．

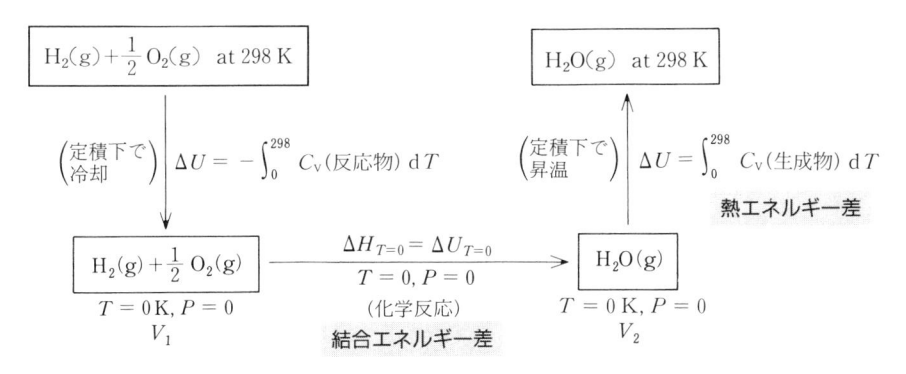

図 5-14　生成物と反応物の結合エネルギー差

　ここで反応する気体は，一定体積に保ったまま 0 K まで冷却して，圧力 0 にすると仮想する．このときの内部エネルギー変化は $\Delta U = \int_{298}^{0} C_v \, dT$ である．$P = 0$ であれば，$\Delta H_{T=0}$ と $\Delta U_{T=0}$ は等しくなる．この $\Delta U_{T=0}$ は化学結合の組み替えによるものである．次に生成物を一定体積に保ちながら 298 K まで熱してやる．そうすると，298 K における内部エネルギー変化は次式で与えられる（結合エネルギー差と熱エネルギー差の和）．

$$\Delta U_{298} = \boxed{\Delta U_{T=0}} + \boxed{\int_0^{298} \Delta C_v \, dT} \tag{5.46}$$

ここで，ΔC_v を一般的に表すと，式 (5.43) と同様に次式で与えられる．

$$\Delta C_v = \sum \nu_j \bar{C}_{v(j)}(\text{生成物}) - \sum \nu_i \bar{C}_{v(i)}(\text{反応物}) \tag{5.47}$$

$\int_0^{298} \Delta C_v \, dT$ は**熱エネルギー差**（thermal energy difference）と呼ぶものである．生成物と反応物に対する積分項 $\int_0^{298} \Delta C_v \, dT$ は，実在の気体については気体が凝縮して液体や固体になるため，直接測定はできない．しかし，分光学的実験からそれぞれの物質の回転や振動のデータを求め，統計力学的な処理を施せば，理想化された熱エネルギー差を計算で推定できるようになっている．

　$\Delta U_{T=0}$ が**結合エネルギー差**であるので，式 (5.46) は ΔU が結合エネルギー差と熱的エネルギー差の 2 つからなることを示している．H_2 と O_2 の反応の熱エネルギー差は -1.65 kJ と見積もられている．したがって，結合エネルギー差は $\Delta U_{T=0} = -240.6 - (-1.6) = -239$ kJ mol^{-1} である．このことは，0 K において 1 mol の H_2 の H-H 結合を切断して 2 mol の H 原子にし，また 0.5 mol の O_2 の O-O 結合を切断して 1 mol の O 原子（気体）にするのに必要なエネルギー（吸熱）と，これら H や O の原子が再結合して，

1 mol の $H_2O(g)$ を 0 K で生じる際に放出するエネルギー（発熱）との差に相当する 239 kJ が放出されることを意味する．別の言い方をすれば，H_2O 1 mol の結合エネルギー（すなわち 2 mol の O-H 結合）のほうが，$H_2(g)$（1 mol の H-H 結合）と $\frac{1}{2}O_2(g)$（0.5 mol の O-O 結合）の結合エネルギーを合わせたものより 239 kJ mol^{-1} ほど大きいことを意味している．

この数値は，液体の水の中で水分子の 2 本の O-H 結合が切断されるときに必要なエネルギーを計算するとき，他のデータと組み合わせて利用できる．分光学的方法によって，H_2 や O_2 の 2 原子分子が原子に解離するときに必要とされるエネルギー値は測定可能で，次のような値が得られている．

$$H_2(g) \longrightarrow 2\,H\cdot \qquad \Delta U = 432\,\text{kJ mol}^{-1}$$

$$\frac{1}{2}O_2(g) \longrightarrow O\cdot \qquad \Delta U = 247\,\text{kJ} \quad (O\cdot \text{の 1 mol あたり})$$

H_2 と O_2 の反応が次の仮想的な経路を通って起こるとみなす．

$$H_2(g) + \frac{1}{2}O_2(g) \xrightarrow{\Delta U_1} 2\,H\cdot + O\cdot \xrightarrow{\Delta U_2} H_2O(g)$$

第 1 段目の ΔU_1 は解離エネルギーの総和であるので，$\Delta U_1 = 432 + 247 = 679\,\text{kJ mol}^{-1}$．内部エネルギー変化の総和 ΔU_T は上の 2 つの段階のエネルギーの和である．

$$\Delta U_T = \Delta U_1 + \Delta U_2 \tag{5.48}$$

ΔU_T は前述の $-239\,\text{kJ mol}^{-1}$ であるから，ΔU_2 は次のように計算できる．

$$\Delta U_2 = \Delta U_T - \Delta U_1 = -239 - 679 = -918\,\text{kJ mol}^{-1}$$

2 mol の H 原子と 1 mol の O 原子が結合して H_2O を生じるときに放出されるエネルギーが 918 kJ mol^{-1} である．したがって，H_2O 分子中の H-O 結合の平均結合エネルギーは，この半分の 459 kJ mol^{-1} ということができる．この値を H_2 の結合エネルギー 432 kJ mol^{-1} や，O_2 の O=O 結合のエネルギー 494（$= 2 \times 247$）kJ mol^{-1} と比べると，O-H 結合のエネルギーはこれらの間にある．N≡N や C≡O, C≡C のような強い三重結合は 900〜1100 kJ mol^{-1}，単結合は 100〜500 kJ mol^{-1} の範囲の結合エネルギーをもっている．

以上は，結合エネルギーについて，絶対零度における分子の内部エネルギー差 $\Delta U_{T=0}$ を用いて議論してきたが，25 °C におけるエンタルピーでデータを整理しておくほうが，標準生成熱と関係づけて広く考察できるので便利である．そこで表 5-8 に 25 °C，1 atm における**結合解離エネルギー**（bond dissociation energy）を代表的な結合について掲げる．この名称は正しくは結合の解離エンタルピーと呼ぶべきであるが，長い間の慣習に従って解離エネルギーと呼ばれている．いうまでもなく解離エネルギー（D で表す）は，結合エネルギーと同じ意味である．

例題 5.16 表 5-8 のデータを用いて気体状のシクロヘキサンの標準生成熱を計算で求め，

表 5-8 結合エネルギー（kJ mol⁻¹），25°C

H—H	436.0	Cl—H	431.4	C—F	485
F—F	157	Br—H	366	C—Cl	335
Cl—Cl	242	I—H	299	C—Br	285
Br—Br	193	C—H(CH₄)	415	C—I	218
I—I	151	C(aliphatic)—H	412	C—O	356
O=O	493	=C—H	425.1	C=O(aldehyde)	736
N—N	217	≡C—H	432.6	C=O(keton)	749
N=N	376	C—C(graphite)	716.7	C—N	305
N≡N	945.2	C—C(diamond)	355	C=N	615
N—H	391	C—C	344	C≡N	891
O—H	462.3	C=C	610.0		
F—H	565	C≡C	835.1		

表 5-6 に示された実測値の $\Delta H_f^\ominus$ と比較してみよ．

解 シクロヘキサンの生成反応は
$$6\,C(graphite) + 6\,H_2(g) \longrightarrow C_6H_{12}(g)$$
この反応は，結合を切断する反応と新たに結合を生成する反応からなるとみなせるから，次のように段階的に考える．

（1）
$$6\,C(graphite) \longrightarrow 6\,C(g)$$
$$\Delta H_1 = 6D(graphite) = 6 \times 716.7 = 4300\,\text{kJ}$$
これはグラファイトの結晶格子から炭素原子を 6 mol 取り出すに必要なエンタルピーである．

（2）
$$6\,H_2(g) \longrightarrow 12\,H(g)$$
$$\Delta H_2 = 6D(H_2) = 6 \times 436.0 = 2616\,\text{kJ}$$

（3）
$$6\,C(g) + 12\,H(g) \longrightarrow [6(C\text{-}C) + 12(C\text{-}H)] = C_6H_{12}(g)$$
$$\Delta H_3 = -6 \times D(C\text{-}C) - 12D(C\text{-}H) = -6 \times 344 - 12 \times 415 = -7044\,\text{kJ}$$

結合の生成エネルギーは，結合の解離エネルギーの値にマイナス符号をつけたものである．標準生成エネルギーを上の結果から計算すると
$$\Delta H_f^\ominus(C_6H_{12}) = \Delta H_1 + \Delta H_2 + \Delta H_3 = -128\,\text{kJ mol}^{-1}$$
この $-128\,\text{kJ mol}^{-1}$ という値は，表 5-6 に与えられた実測値 $-123.14\,\text{kJ mol}^{-1}$ とよく一致している．これは，シクロヘキサンが正常な化学結合のみからできた分子で，6 員環の分子中に結合角のゆがみがないからである．

注意：上の問題で C-H 結合の値を 415 kJ mol⁻¹ とした．これを alliphatic（脂肪族）化合物の C-H の値 412 kJ mol⁻¹ を使ったらどうなるか検討してみよう．
$$\Delta H_3 = -6D(C\text{-}C) - 12D(C\text{-}H) = (-6 \times 344 - 12 \times 412)\,\text{kJ mol}^{-1} = -7008\,\text{kJ mol}^{-1}$$
$$\Delta H_f^\ominus = \Delta H_1 + \Delta H_2 + \Delta H_3 = (4300 + 2616 - 7008)\,\text{kJ mol}^{-1} = -92\,\text{kJ mol}^{-1}$$
この値は実測値 $-123.14\,\text{kJ mol}^{-1}$ との差がかなり大きい．したがって aliphatic C-H の D 値を使うのは不適切であることがわかる．

第5章 演習問題

5.1 60 kg の物体が 3 m 高く持ち上げられるときの仕事はいくらか．

5.2 100 ℃，1 気圧のもとで，10 g の水が気化するときになす仕事はいくらか．ただし，水蒸気は理想気体の法則に従うものとする．

5.3 300 K において，50 g の O_2 が 1.5 dm³ から 45 dm³ まで定温可逆膨張した．O_2 は理想気体の法則に従うものとして $Q, W, \Delta U$ および ΔH を求めよ．

5.4 1 気圧のもとで，1.00 g の N_2 を 600 ℃ から 20 ℃ まで冷却するとき，気体が放出する熱量を求めよ．ただし，N_2 の定圧モル熱容量は表 5-4 の値を用いよ．

5.5 1 mol の $NH_3(g)$ を 25 ℃で 10.00 dm³ から 1.00 dm³ まで可逆的に圧縮する仕事を，（1）理想気体とみなしたとき，（2）van der Waals 気体であるとしたとき，のそれぞれについて計算せよ．ただし，$a = 4.20$ dm⁶ atm mol⁻²，$b = 0.037$ dm³ mol⁻¹．

5.6 1 atm（1.013×10^5 Pa），300 K の CO_2 1 mol を定圧下で加熱したところ，736 J の熱を吸収した．この場合，温度は何 K になったか．ただし，次の式を用いよ．
$$\bar{C}_P = 32.22 + 2.22 \times 10^{-2} T \text{ (J K}^{-1} \text{ mol}^{-1}\text{)}$$

5.7 表 5-5 の定圧燃焼熱の値を用いて C_2H_2 の標準生成熱を求めよ．

5.8 反応 $C_2H_2 + H_2 \longrightarrow C_2H_4$ の反応熱を結合エネルギー（表 5-8）から求め，標準生成熱（表 5-6）から求めた値と比較せよ．

5.9 反応 $(1/2)N_2(g) + (3/2)H_2(g) \longrightarrow NH_3(g)$ の 25 ℃ における反応熱は -46.19 kJ mol⁻¹ である．600 ℃ における反応熱はいくらか．ただし，各気体の定圧モル熱容量は表 5-4 の値を用いよ．

5.10 絶対零度（0 K）における H_2 および Cl_2 の結合エネルギー（原子生成エンタルピーまたは結合エンタルピーともいう）は，それぞれ 432 kJ mol⁻¹ および 239 kJ mol⁻¹ である．また，HCl の 0 K における生成熱を -92 kJ mol⁻¹ とする．HCl の結合エンタルピーは 0 K においていくらと計算されるか．また，それぞれの値を表 5-8 の値と比較してみると数 kJ 程度の低い値となる．それは何が原因か．

6

エントロピーと自由エネルギー：
熱力学第一，第二，第三法則の統合

　これまで学んできた熱力学第一法則では自然界の変化を完全には説明できない．第一法則は単にエネルギーが保存されることをいっているにすぎなく，**ひとりでに**（自発的，spontaneous）起こる現象は何がその推進力になっているのかとか，変化がどの方向へ進むのかという疑問には答えられない．この疑問には，これから学ぼうとする**熱力学第二法則**（the second law of thermodynamics）が答えてくれる．この法則で導入される**エントロピー**（entropy）の概念を把握したうえで，圧力・温度一定とか，あるいは体積・温度一定といった条件下で起こる変化の方向を占うことができ，そのとき系から発生して，われわれが利用することもできる熱力学量が新たに導入される．この新しく導入される熱力学量は**自由エネルギー**（free energy）と呼ばれるもので，この自由エネルギーの概念を知らずして化学を語ることはできない．この章ではエントロピーと自由エネルギー，そして化学ポテンシャルについて学ぶ．

　ここで本論に入る前に，平家物語の書き出しを味わってみよう．

　　　祇園精舎の鐘の声　　諸行無常の響あり
　　　沙羅双樹の花の色　　盛者必衰の理を顕す
　　　奢れる人も久しからず　　只春の夜の夢の如し
　　　猛き者も遂には滅びぬ　　偏に風の前の塵に同じ

§6.1　熱力学第二法則
6.1.1　自発変化の要因

　これからわれわれが学ぶ熱力学の目的は，自発変化の方向を決める要因は何であるかを見い出すことである．自発変化の方向を決める主要な原因の1つがエネルギーであることは容易に推察できる．ポテンシャルエネルギーの場にある物体が，低いところへ向かって，すなわちポテンシャルエネルギーの減少する方向へ落下する潜在能力をもっているように，化学で見る変化もなるべくエネルギーの低い状態へ向かって進む傾向をもつであろう．言い換えれば，内部エネルギーやエンタルピーが減少する方向であろう．実際のところ，常温常圧においてひとりでに起こる化学反応は，大部分が発熱反応（$\Delta U < 0$, $\Delta H < 0$）であり，反応系は反応に際してエネルギーを放出して，より低いエネルギー状態の生成

系へ変わろうとするものである．

　しかしながら，エネルギーのみに着目しては説明できない自発的変化も知られている．身近に観察していたり，また簡単に確かめられるいくつかの例を図 6-1 に掲げて考察しよう．

　図 6-1(a)では，同体積で温度の異なる鉄塊が接触すると，高温側から低温側へ熱が移動していき（このとき，鉄塊が外界へエネルギーを放出していないとする．すなわち，断熱的な環境下で接触させている），十分時間がたつと両鉄塊は均一な温度（体積が同じで，熱容量も等しいので 50 ℃）となる．このときの内部エネルギー変化は $\Delta U = 0$ である．また，われわれの常識として，この逆の過程；同一温度で接触していたものが**ひとりでに**一方が高温に，他方が低温になることは決して起こらないことを知っている．また，熱は低いほうから高いほうへ移動すること，つまり一方はますます温度が高くなり他方はますます低温になることも決して起こらないことを知っている．ポテンシャルエネルギーの場に

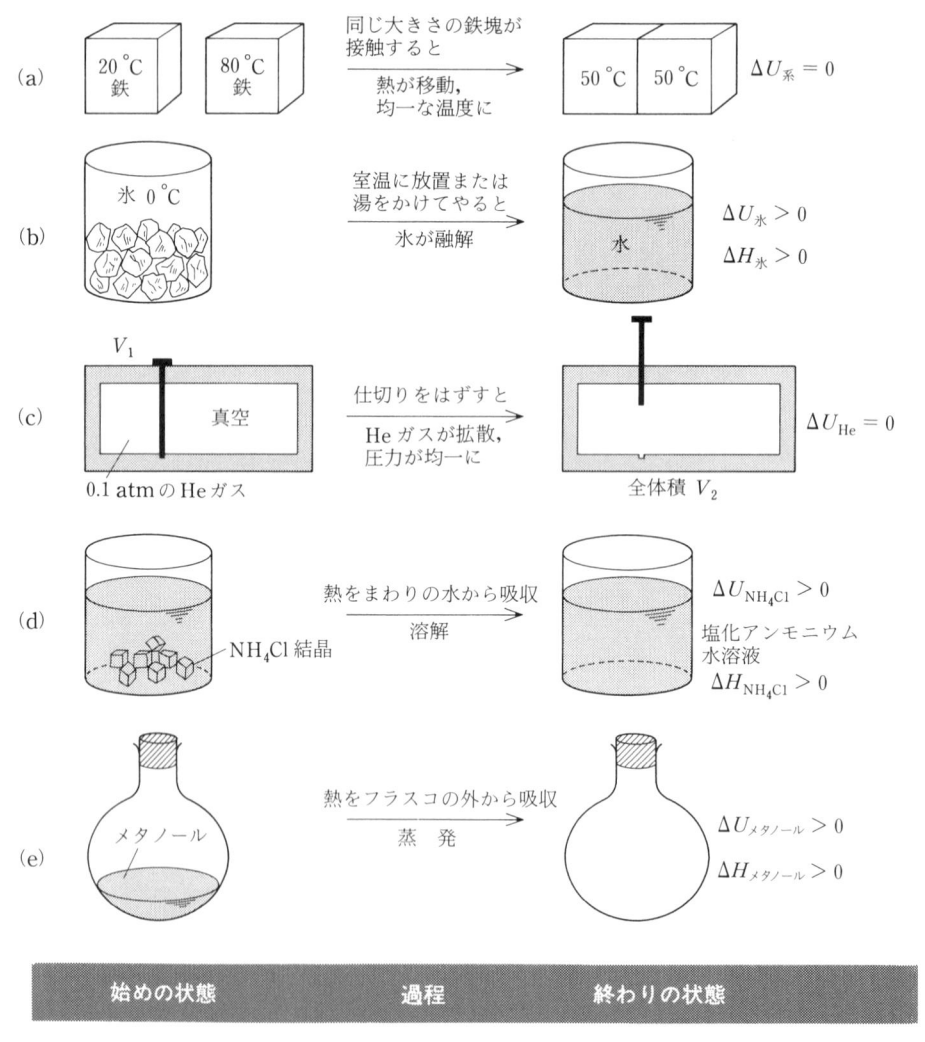

図 6-1　自発変化の例

おいて，ボールが転がりつつあるとすると，そのボールはその場で最も低い場所，すなわちポテンシャルエネルギーの極小値をとったところで機械的（mechanical）平衡（静止の状態）に達する．これに見られる"エネルギーの極小化（minimization of energy）"の原理は熱的平衡にあてはまらない．なぜなら，(a)の始めの状態と終わりの状態にエネルギーの差はない（$\Delta U = 0$）からである．エネルギー的に変化のないもう1つの例は，図6-1(c)である．仕切りをとると気体はいとも簡単に容器全体へ拡散していき，圧力は均一になる．さらに，エネルギーだけでは説明できない例として，図6-1(b)の氷の融解や，(d)の$NH_4Cl(s)$の溶解，および(e)のメタノールの自然蒸発がある．これらはいずれも$\Delta U > 0$，$\Delta H > 0$（吸熱反応）である．

図6-1に見られるいろいろな現象をまとめてみると次のようになる．

（1）自発的変化の方向．どの自発的な変化の場合も，その逆方向へ自発的に進むことは決してない．いったん溶けた氷は室温で決して氷に戻らない（図6-1(b)）．拡散した気体はもとあった仕切りの中へ戻ることはない（図6-1(c)）．溶解して拡散したNH_4^+やCl^-もひとりでに再結晶することはない（図6-1(d)）等々．多くの過程には変化の方向性が厳然と存在するという事実は何を意味するか．自然界を支配する何らかの深遠な原理があることを示唆している．

（2）熱力学第一法則は変化の方向を予言するには不適格である．内部エネルギーやエンタルピーのいずれもその極小化の方向が自発的変化の方向であるとはいいきれない．図の例では，周囲を含めればエネルギーは保存されているので，たとえ逆向きの，非自発的な変化が起きたとしても熱力学第一法則に照らすかぎり，法則に違反しているとはいえない．したがって，逆向きの非自発的変化が決して起こらないことを説明するものとして，第一法則とは別の法則があるはずである．

（3）図6-1に示した例のどれにも共通する，大事なことが1つある．それは**無秩序性**（disorder）の増大，わかりやすくいえば**乱雑さ**（randomness）が増していることが共通している．結晶が溶けること，液体が蒸発すること，これらは分子の運動がより盛んになって全体に広がっている．鉄塊の接触の場合も，左室に閉じ込められていたHeガスが仕切りをはずされて全体へ拡散する場合も，始めの状態では左と右がはっきり区別できていたのが，終わりの状態では右も左も均一な性質をもつようになって，左右を区別できなくなった．これらのことから，「孤立系で起こる自発的変化は乱雑さの増大を伴う」といえる．乱雑さの程度が自発的変化の方向を占う目安である．前章において，仕事に比べて熱はその本性をつかみにくいといってきた．新しく登場する熱力学量はどうやら熱に関係したものらしい．先人たちがこの問題と取り組んで格闘した歴史から学ぶことにしよう．

1850年にR. Clausiusは，自発的な変化に関係する性質（変数）を発見して，これをエントロピー（entropy）Sと名づけた．ギリシャ語からen（in）とtrope（turning）をつなげた合成語で，"方向づける（to give direction）"という意味をもっている．やがてSは乱雑さの尺度であることがわかってきた．

6.1.2 カルノーのサイクルとクラウジウスの考察

以上のことから，熱はどうやらエントロピーという新しい概念と結びつくものであり，そのエントロピーは自発的変化の方向と関係がありそうだということがわかった．そのエントロピーの概念に到達する前に，どうしても一度は取り組まなければならない問題がある．それは，「熱」エネルギーを最大限効果的に「仕事」に転換できる装置を考案する問題である．19世紀初頭，当時実用化されてきた**熱機関**（heat engine）で，熱エネルギーをいかに効率よく仕事に換えられるかということにひとびとは重大な関心を抱いていた．Carnot（1796-1832）はその効率に関する考察を行った．彼は宇宙で考えられうる最高の効率のエンジンを頭の中で組み立てた．彼の思考実験から得た知見はきわめて重要な意味があった．Clausius がその意味に気づいて，まとめ上げたのが熱力学第二法則である．では，ここで Carnot の循環過程（cycle）の思考実験を追試してみよう．

エンジンが仕事をするためには，作業気体が膨張 → 圧縮を繰り返すこと（これによってピストンは往復運動，そしてクランクシャフトを通じて回転運動にする）によって，すなわちサイクルを組んでもとに戻る必要がある．そのサイクルを図 6-2 のように組み立てた．エンジンの中には n mol の理想気体が作業物質として詰められている．

Step 1：状態 1（P_1, V_1, T_h）から状態 2（P_2, V_2, T_h）まで等温可逆膨張する．このとき高熱源から Q_1 の熱を得て W_1 の仕事を外界にする．

等温可逆であるから，式（6.8）より，$\Delta U_1 = Q_1 + W_1 = 0$．ゆえに，

$$Q_1 = -W_1$$

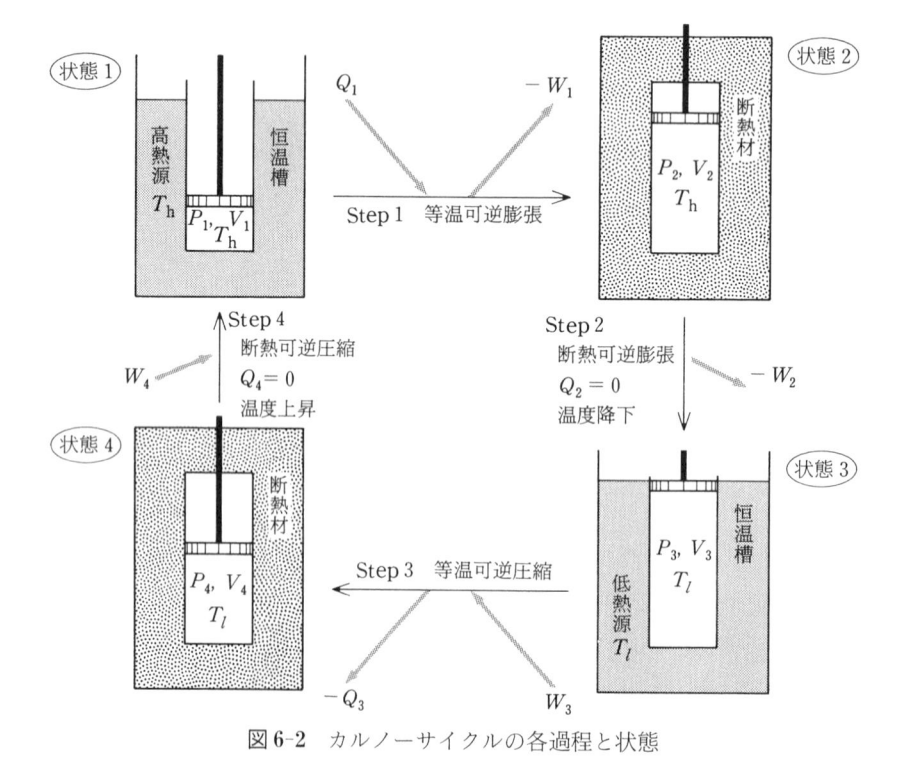

図 6-2　カルノーサイクルの各過程と状態

Step 2：状態 2 から状態 3 (P_3, V_3, T_l) まで断熱可逆膨張をする．このとき，断熱であるから $Q_2 = 0$．ゆえに $\Delta U_2 = W_2$．

断熱可逆膨張で T_h から T_l まで温度が下がったので，式 (5.38) より

$$W_2 = n\bar{C}_v(T_l - T_h)$$

これは負の値であるので，外界から見て仕事を評価するときは $-W_2$ とする．

Step 3：状態 3 から状態 4 (P_4, V_4, T_l) まで等温可逆圧縮する．このとき，Step 1 と同様に $\Delta U_3 = Q_3 + W_3 = 0$ であるので，外から圧縮のために消費された（作業物質としては取得した）仕事 W は，そっくり $-Q_3$ として，低熱源へエネルギーを捨てている．

$$Q_3 = -W_3$$

Step 4：状態 4 から状態 1 まで断熱可逆的に圧縮する．Step 2 と同様 $Q_4 = 0$ であり，なされた仕事 W_4 はそっくりそのまま内部エネルギーの増加に相当し，温度は T_l から T_h まで上昇する．

$$W_4 = n\bar{C}_v(T_h - T_l) = \Delta U_4$$

以上を総合すると，ΔU については，当然のことながら 1 サイクルで 0 となる．

$$\Delta U_{\mathrm{tot}} = \Delta U_1 + \Delta U_2 + \Delta U_3 + \Delta U_4 = 0$$

ΔU_1 と ΔU_3 はもともと 0 であり，$\Delta U_2 + \Delta U_4$ は W_2 と W_4 を見てのとおり，互いに打ち消し合って 0 となっている．

次に仕事について考えてみよう．前章の例題 5.9 で等温過程の例を，また，例題 5.9 で断熱過程を検討した．そこでは，系が可逆的に膨張するときに最大の仕事をなし，一方，可逆的に圧縮されるとき，外界の立場からは最小の仕事ですむことを示した．いま考えている可逆カルノーサイクルは，理論上最大の仕事を外界になしていることがわかるであろう．熱機関内の作業物質がなす仕事と，なされる仕事，およびその差し引き（系が外界になした正味の仕事）の量的関係を目視できるように図 6-3 に示してある．

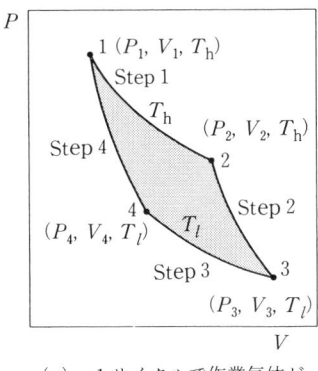

(a) 1 サイクルで作業気体が外界へなす仕事 (1, 2, 3, 4 で囲まれた部分)

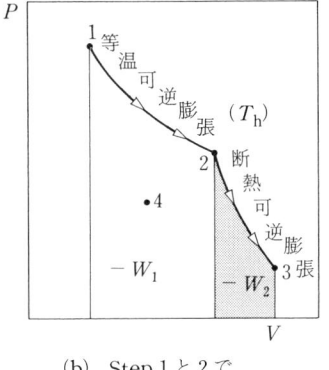

(b) Step 1 と 2 で外界になした仕事

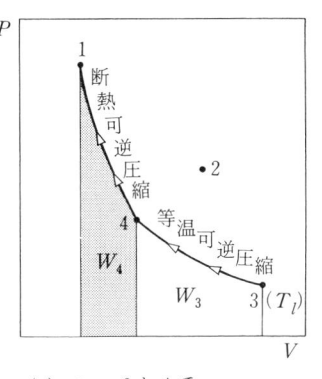

(c) Step 3 と 4 で外界からなされた仕事

図 6-3　P-V 状態図で表したカルノーサイクルとその仕事

正味の仕事（仕事の総計）$W_{\text{tot}} = W_1 + W_2 + W_3 + W_4 = W_1 + W_3$ において，理想気体の状態方程式をあてはめると，式(5.30)から

$$W_1 = -nRT_{\text{h}}\int_{V_1}^{V_2}\frac{dV}{V} = -nRT_{\text{h}}\ln\frac{V_2}{V_1} = -Q_1 \tag{6.1}$$

$$W_3 = -nRT_l\ln\frac{V_4}{V_3} = -Q_3 \tag{6.2}$$

また，先に述べたように，等温可逆過程であるので，$W_1 = -Q_1$ および $W_3 = -Q_3$ であることを上の2つの式は示している．同様に全体の熱，$Q_{\text{tot}} = Q_1 + Q_2 + Q_3 + Q_4$ について見ると，

$$Q_{\text{tot}} = Q_1 + Q_3 = nRT_{\text{h}}\ln\frac{V_2}{V_1} + 0 + nRT_l\ln\frac{V_4}{V_3} + 0 \tag{6.3}$$

これより，

$$-W_{\text{tot}} = Q_{\text{tot}} = \text{等温可逆過程の仕事}$$

であることがわかる．

ここで V_2/V_1 と V_4/V_3 の体積関係を整理してみよう．式(5.35)より次式が成り立つ．

$$\frac{T_l}{T_{\text{h}}} = \left(\frac{V_2}{V_3}\right)^{\gamma-1} = \left(\frac{V_1}{V_4}\right)^{\gamma-1}$$

これより，$V_2/V_3 = V_1/V_4$．ゆえに，$V_4/V_3 = V_1/V_2$ が成り立つ．この関係を上の関係に入れると，次式のように整理される．

$$-W_{\text{tot}} = Q_1 + Q_3 = nR(T_{\text{h}} - T_l)\ln\frac{V_2}{V_1} \tag{6.4}$$

Carnot が関心をもったのは，熱機関の効率 e であった．e は作業物質が得た熱エネルギー Q_1 がどれだけ仕事に変わったかを評価するものである．

$$e \equiv \frac{-W_{\text{tot}}}{Q_1} \tag{6.5}$$

これに上の関係を代入すると次式が導かれる．

$$\boxed{e = \frac{Q_1 + Q_3}{Q_1} = \frac{T_{\text{h}} - T_l}{T_{\text{h}}} = 1 - \frac{T_l}{T_{\text{h}}}} \tag{6.6}$$

この式は，どんなに効率のよいエンジンをつくっても，実用の範囲内では効率が100％より必ず小さいことを示している．T_{h} がなるべく高く，T_l が 0 K に近づけば効率は高まることは確かだが，温度がエンジンが溶けるほどの高温や，われわれが生息できない極低温では熱機関は用をなさない．

式(6.6)は，ただエンジンの効率を表す式であるとのみ思い込んで，思考を止めてはならない．実はこの式から，Clausius は偉大な思考を展開したのである．式(6.6)を変形すると

$$\frac{Q_3}{Q_1} = -\frac{T_l}{T_h}$$

$$\boxed{\frac{Q_1}{T_h} + \frac{Q_3}{T_l} = 0} \tag{6.7}$$

この式がなぜ重要なのであろうか．いま思考している系（シリンダー内の気体）は，可逆的なサイクルを経てもとに戻った．このサイクルにおける $Q_{\rm rev}/T$ なる量の和がゼロ（下付きのrevは可逆を意味するもので，サイクルが可逆的に行われたことを明示する）である．U や H について，これらが状態量であり，どんな経路の循環過程であれ，もとに戻れば状態関数は「変化なし」ということであった．これらと同様，$Q_{\rm rev}/T$ は保存される量すなわち状態量であることが認められる．変化の経路に依存して変わる量のうち，可逆変化したときの熱量 $Q_{\rm rev}$ を温度 T で割ってやれば，それはエントロピーと呼ばれる状態量になる．

$$\boxed{{\rm d}S \equiv \frac{{\rm d}'Q_{\rm rev}}{T}} \quad \text{（微小変化）} \tag{6.8}$$

または

$$\boxed{\Delta S \equiv \frac{Q_{\rm rev}}{T}} \tag{6.8'}$$

式（6.8'）を用いて，$\Delta S_1 = Q_{1({\rm rev})}/T_h$, $\Delta S_2 = Q_{2({\rm rev})}/T_l$ と書くと，式（6.7）は

$$\Delta S = \Delta S_1 + \Delta S_2 = 0 \tag{6.9}$$

となる．これは，可逆サイクルでは，エントロピーはサイクル終了時にもとの値に戻り，エントロピーが状態量であることを示している．ここで注意しておかねばならないことは，式（6.8）の T が外界（熱源）の温度であることである．ただし，準静的変化（可逆変化）では系は熱源と常に熱的平衡にあるので，この場合には T は系の温度にも等しくなる．

次に，式（6.8）と式（6.9）を，温度変化を伴う準静的変化へ一般化してみよう．図6-4(a)の太い実線の曲線がいま考えている可逆循環過程であるとする．このサイクルは最高温度 T_1 から最低温度 T_n の間で働くが，これを図に示すように，$T_1, T_2, \cdots, T_n$ の等温線と可逆断熱曲線とで区切られた網目でできているとみなしてよい．網目の中のすべての小さいサイクルについて，式（6.7）が成立するから，$(Q_{\rm rev}/T)$ の総和はゼロである．図6-4(b)に温度 T_i 近傍を拡大して示している．ここで T_i と T_{i-1} の等温線で区切られた領域の，可逆サイクル ABCDA に着目しよう．このサイクルは高熱源 T_{i-1} と低熱源 T_i との間で働く可逆熱機関となっている．いま，この熱機関が T_{i-1} の熱源から Q'_{i-1} $(Q'_{i-1} > 0)$ の熱を得て，T_i の低熱源へ Q''_i $(Q''_i < 0)$ の熱を放出するとする（Q' は吸収，Q'' は放出を表す）．このサイクルでは式（6.7）が成立するから

§6.1 熱力学第二法則

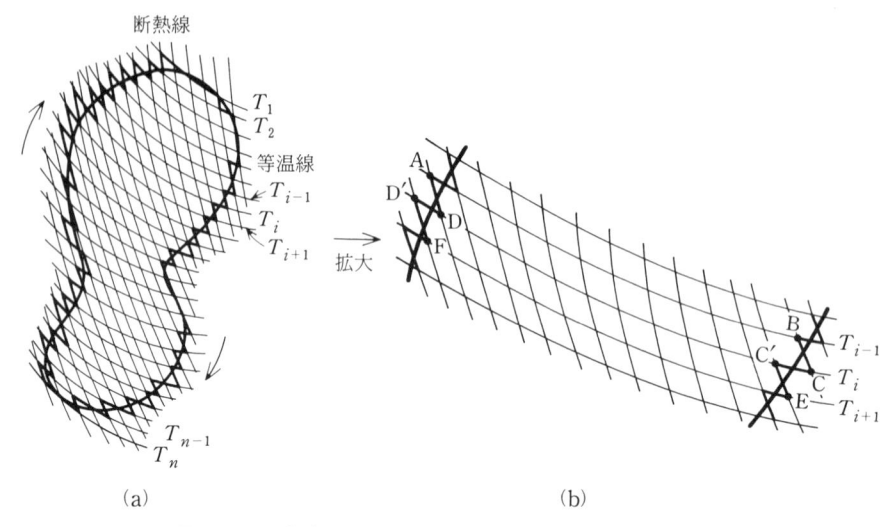

図6-4 温度変化を伴う一般的な可逆循環過程．多数の
カルノーサイクルでおおわれているとみなす．

$$\frac{Q'_{i-1}}{T_{i-1}}+\frac{Q''_{i}}{T_{i}}=0$$

次に，すぐ下の可逆サイクル D′C′EFD′ についても同様に，温度 T_i の高熱源から熱 Q'_i を得て，温度 T_{i+1} の低熱源に Q''_{i+1} の熱を吐き出すとする．このときは

$$\frac{Q'_i}{T_i}+\frac{Q''_{i+1}}{T_{i+1}}=0$$

となる．この関係はすべての区間の可逆サイクルに成り立つから，全体で

$$\left.\begin{array}{c}\dfrac{Q'_1}{T_1}+\dfrac{Q''_2}{T_2}=0\\ \cdots\cdots\cdots\\ \dfrac{Q'_{i-1}}{T_{i-1}}+\dfrac{Q''_i}{T_i}=0\\ \dfrac{Q'_i}{T_i}+\dfrac{Q''_{i+1}}{T_{i+1}}=0\\ \cdots\cdots\cdots\end{array}\right\} \quad (6.10)$$

となる．ここで，$Q'_i + Q''_i = Q_i$（Q_i は正または負）とおくと，式(6.10)の総和は

$$\sum_{i=1}^{n}\frac{Q_i}{T_i}=0 \quad (6.11)$$

ここで，小さいカルノーサイクルをさらに小さくしていけば，太いギザギザの線は図6-4(a)で示された可逆サイクルに収束するものと見てよい．図6-4(b)において T_i と T_{i+1} の間隔が無限に狭まるので，温度 T は経路に沿って連続的に変化していると考えられる．この場合，式(6.11)は積分形で表せる．

$$\oint \frac{d'Q_{\text{rev}}}{T} = 0 \quad \text{または} \quad \oint dS = 0 \tag{6.12}$$

以上の考察から，エントロピーについて次のように要約される．

（a） 可逆サイクルにおいては，エントロピーは保存され，(Q_{rev}/T) という量は状態量である．

（b） したがって，状態が指定されれば，一義的に系のエントロピーは決まる．状態1と状態2における系のエントロピーを S_1, S_2 とし，S_1 がわかれば，状態2のエントロピー S_2 の値は，$1 \to 2$ の可逆変化より，次のように決まる．

$$S_2 = S_1 + \int_1^2 \frac{d'Q_{\text{rev}}}{T} \tag{6.13}$$

（c） 系の可逆的変化に伴い，出入りする熱 $d'Q_{\text{rev}}$ は，他の条件が同じなら物質の量に比例する．したがって，エントロピーは示量性状態量である．

（d） エントロピーは，[エネルギー/温度] の次元をもっている．SI単位では JK^{-1} となり，非SIの慣用単位では $cal\,K^{-1}$（これをエントロピーユニット entropy unit；e. u. と表記した文献も見られる）である．

次に，状態量ではない $d'Q_{\text{rev}}$ を温度 T で割ると状態量となることの意味の説明は，多くの教科書で避けてきている．$d'Q_{\text{rev}}$ に対する $1/T$ という係数は，積分因子（integrating factor）と数学の分野で呼ばれているもので，この因子を不完全微分量に掛けてやると，それが完全微分可能な量になるというものである．実際，上で見たように，不完全微分 $d'Q_{\text{rev}}$ に $1/T$ を掛けてやれば，完全微分量 dS になった．数学的に厳密な議論はさておき，理想気体を例にあげて積分因子 $1/T$ と $d'Q_{\text{rev}}$ との積が完全微分であることを示そう．

例題 6.1 単原子分子の理想気体 1 mol の内部エネルギーは $\Delta U = (3/2)RT$ である（前章式 (5.10) より）．これと理想気体の状態方程式とを用いて，$d'Q_{\text{rev}}$ は不完全微分であるが，しかし $d'Q_{\text{rev}}/T$ は完全微分であることを示せ．

解 $\Delta U = (3/2)RT$ と $PV = RT$ から

$$\Delta U = \frac{3}{2}PV \tag{a}$$

ただし，理想気体では $T = 0$ において $V = 0$ であるから，$\Delta U = U_T - U_0 = U$ とおけると考えれば，$U = 3PV/2$ とみなせる．これの全微分をとると

$$dU = \frac{3}{2}P\,dV + \frac{3}{2}V\,dP \tag{b}$$

Euler の完全微分の条件に照合すると，次式のように dU は完全微分であることを示している．

$$\left[\frac{\partial}{\partial P}\left(\frac{\partial U}{\partial V}\right)_P\right]_V = \left[\frac{\partial}{\partial V}\left(\frac{\partial U}{\partial P}\right)_V\right]_P = \frac{\partial}{\partial P}\left(\frac{3}{2}P\right)_V = \frac{\partial}{\partial V}\left(\frac{3}{2}V\right)_P = \frac{3}{2} \tag{c}$$

一方，可逆過程では $d'W_{\text{rev}} = -P\,dV$，したがって $d'Q_{\text{rev}} = dU - d'W_{\text{rev}}$ は

$$d'Q_{\text{rev}} = \frac{3}{2}P\,dV + \frac{3}{2}V\,dP + P\,dV = \frac{5}{2}P\,dV + \frac{3}{2}V\,dP \tag{d}$$

Euler の基準に照合すると，式 (d) において

$$\frac{\partial}{\partial P}\left(\frac{5}{2}P\right)_V = \frac{5}{2} \quad \text{であり} \quad \frac{\partial}{\partial V}\left(\frac{3}{2}V\right)_P = \frac{3}{2}$$

となって式（c）に見られるような一致がないので，d$'Q_{\text{rev}}$は不完全微分である．しかし，これを $T=PV/R$ で式（d）を辺々割ってみれば，

$$\frac{\text{d}'Q_{\text{rev}}}{T} = \frac{5}{2}\frac{R}{V}\text{d}V + \frac{3}{2}\frac{R}{P}\text{d}P \tag{e}$$

得られた式（e）の係数について Euler の基準にあててみると，

$$\frac{\partial}{\partial P}\left(\frac{5}{2}\frac{R}{V}\right)_V = \frac{\partial}{\partial V}\left(\frac{3}{2}\frac{R}{P}\right)_P = 0 \tag{f}$$

となり，基準を満足するので d$'Q_{\text{rev}}/T=\text{d}S$ は完全微分である．

6.1.3 不可逆変化

もう一度カルノーのサイクルの効率について考えると，可逆の場合が最高の効率であり，不可逆変化を過程内に含んでいれば，$-W_{\text{irr}} < -W_{\text{rev}}$ であるから，不可逆カルノーサイクルの効率はそれより低い（$e_{\text{irr}} < e_{\text{rev}}$）．

$$e_{\text{irr}} = \frac{Q_{1,\text{irr}}+Q_{2,\text{irr}}}{Q_{1,\text{irr}}} < \frac{T_1-T_2}{T_1} = e_{\text{rev}} \tag{6.14}$$

このことより，任意の不可逆サイクルに対して

$$\frac{Q_1}{T_1}+\frac{Q_2}{T_2}<0 \tag{6.15}$$

あるいは，先と同様に一般化すると，

$$\boxed{\oint\frac{\text{d}'Q_{\text{irr}}}{T}<0} \tag{6.16}$$

となる．

不可逆過程を含むサイクルの例として，状態 A から B までの往路は不可逆的に，B から A への帰路は可逆的に変化するものとする（図6-5）．式（6.16）より，

$$\oint\frac{\text{d}'Q_{\text{irr}}}{T} = \int_A^B\frac{\text{d}'Q_{\text{irr}}}{T}+\int_B^A\frac{\text{d}'Q_{\text{rev}}}{T}<0 \tag{6.17}$$

第1項と第2項を比較すると（符号の変化に注意），次のようになる．

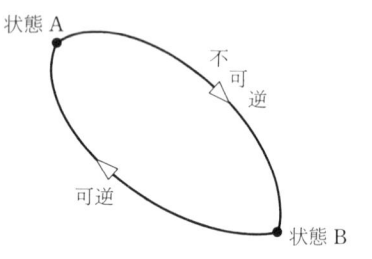

図6-5 可逆と不可逆の2つの過程からなるサイクル

$$-\int_B^A\frac{\text{d}'Q_{\text{rev}}}{T} = \int_A^B\frac{\text{d}'Q_{\text{rev}}}{T} > \int_A^B\frac{\text{d}'Q_{\text{irr}}}{T} \tag{6.18}$$

状態 A と B のエントロピーの差 ΔS は状態量の差であるから，

$$\Delta S = S_B - S_A = \int_A^B\frac{\text{d}'Q_{\text{rev}}}{T} > \int_A^B\frac{\text{d}'Q_{\text{irr}}}{T} \tag{6.19}$$

ごく微小な変化に対しては微分形で表現すると，次式になる．

$$\mathrm{d}S > \frac{\mathrm{d}'Q_{\mathrm{irr}}}{T} \tag{6.19'}$$

これは，**Clausius の不等式**と呼ばれ，熱力学第二法則の不可逆変化に対する数学的表現である．

式 (6.19) は式 (6.8) と合わせて一般的に

$$\mathrm{d}S \geqq \frac{\mathrm{d}'Q}{T} \quad \text{（不等号：不可逆，等号：可逆）} \tag{6.20}$$

と表される．

式 (6.19) に立ち戻って，これを等式で表すには，この式の右辺に正の量 ΔS_{irr} を加える．

$$\Delta S = S_{\mathrm{B}} - S_{\mathrm{A}} = \int_{\mathrm{A}}^{\mathrm{B}} \frac{\mathrm{d}'Q_{\mathrm{irr}}}{T} + \Delta S_{\mathrm{irr}} \tag{6.21}$$

$$\Delta S_{\mathrm{irr}} > 0 \tag{6.22}$$

式 (6.19) と式 (6.21) の意味するところはきわめて重要である．前章で学んだ理想気体の定温変化を例にとって検討しよう（105 ページを見よ）．

式 (6.19) の積分は，それぞれ Q_{rev}/T と Q_{irr}/T となる．また，理想気体の定温変化に対し，$\Delta U = Q + W = 0$，すなわち $Q = -W$ である（Q や W については，例題 5.9 を参照）．図 5-10 および図 5-11 で示した例で考えよう．この図に示した例から，定温膨張した

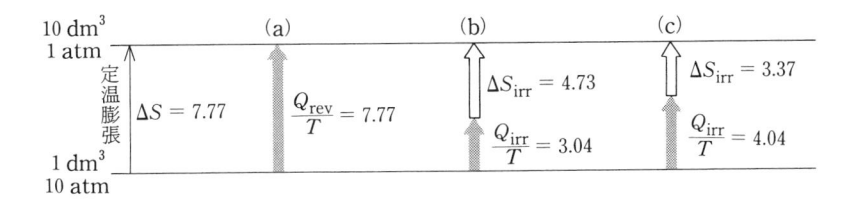

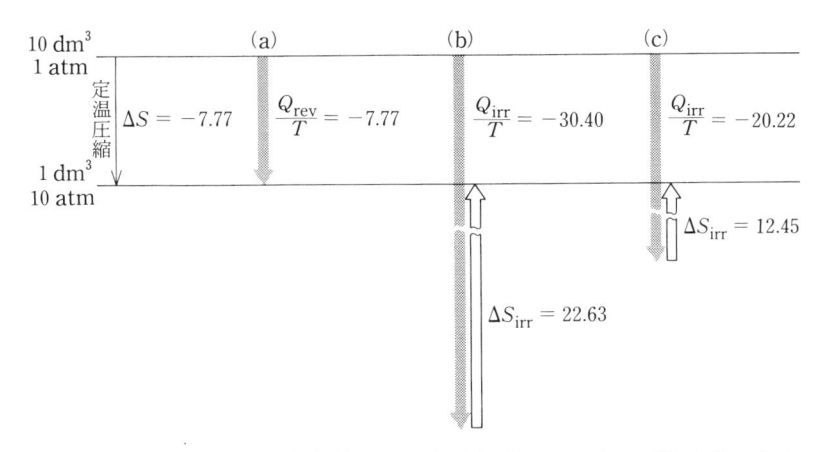

図 6-6　300 K における理想気体の定温膨張（上）または定温圧縮（下）に伴うエントロピー変化（J K^{-1}）：不可逆過程の場合，常に $\Delta S_{\mathrm{irr}} > 0$（上は図 5-10 に，下は図 5-11 にそれぞれ対応しているので，参照せよ）．

ときも，定温圧縮したときも，不可逆過程の場合は，必ずエントロピー増 $\Delta S_{irr} > 0$ が生じている．この様子を図6-6に示す．図からわかるように，エントロピーは状態量であるから，始めと終わりの状態が定まれば，途中の道筋いかんにかかわらず ΔS は同じである．ただ，可逆過程の場合に限って ΔS は $\int d'Q/T$ に一致する．

図6-6において，不可逆過程の場合，必ず ΔS_{irr} が上向き，すなわち正であることに注意すべきである．このことは，不可逆変化が生じると，必ずエントロピーの増大を伴うことを示すものである（Clausius の不等式参照）．ΔS_{irr} は，系内での不可逆変化により生成した（変化させられた）エントロピーで，**エントロピー生成**（entropy production）と呼ばれている．この ΔS_{irr} は図6-6を見てわかるように，不可逆性の度合が大きいほど大きい．

自発的変化は不可逆変化であることを以前から述べてきている．いま孤立系，すなわち外界と熱，仕事，物質などいっさいの交換を行わない系において，自発的変化が起こる場合，たとえば孤立した環境（enclosure）内での気体の自由膨張や化学変化の進行などの場合を考える．このとき $d'Q_{irr} = 0$ であるから式（6.20）より

$$dS \geqq 0 \tag{6.23}$$

となる．これは，孤立した環境内において自発的な（不可逆的な）変化が進行するときは，系のエントロピーが増大することを示す．式（6.21）から考えると，

$$\Delta S = S_B - S_A = \Delta S_{irr} > 0 \tag{6.24}$$

となる．これは**エントロピー増大の法則**と呼ばれ，熱力学第二法則の別称であると考えてよい．Clausius は第一法則と第二法則とをまとめて，「宇宙のエネルギーは一定である．宇宙のエントロピーは極大へ向けて増大する」といっている．

§6.2　エントロピーの分子論的解釈と変化量の計算

これまで仕事や熱といった直観的な量から出発して，エントロピーという物理量に到達した．熱や仕事はわれわれの感覚でとらえることができ，その知識もかなり蓄積してきている．しかし，熱やそれと結びついたエントロピーを，さらに具体的に把握しているかというと，はなはだこころもとない．エントロピーが具体的にとらえにくい量であるからである．また，化学を学ぶ者にとって，第二法則やエントロピーが化学に必要とされるものなのかどうかもわからないまま，いまに至っているであろう．ここではエントロピーに関する分子論的解釈を学び，いろいろな状態変化の仕方に応じた ΔS の計算法や，熱力学第三法則とエントロピーの関係を知ることによって，エントロピーの実像に迫っていこう．

6.2.1　エントロピーと乱雑さ

エントロピーとは何だと問われて，$\Delta S = Q_{rev}/T$ とか $\Delta S \geqq 0$ と式を呈示して答えることはできても，具体的には何だと問いつめられると窮するのがふつうである．もしエントロピーのような巨視的な量を，原子・分子といった微視的なものの状態と関連づけて解釈

できるものであれば，エントロピーそのものだけでなく，自然を支配する摂理まで深く理解できて，もっと親しめるようになるであろう．

熱の実体は原子・分子といった物質構成単位の無秩序な運動のエネルギーである．熱に対して，仕事は多数の粒子が秩序だった運動をするものである．物体が仕事のため移動するときは，構成粒子はみな同じ方向に同じ距離だけ移動している．仕事と熱の関係を考えると，最高効率で仕事をする可逆熱機関でさえ，e が 1 より小さい（式(6.6)）．このことは，熱という無秩序な運動エネルギーが 100%の効率では秩序だった運動の仕事に変えられないことを意味している．熱機関の効率の式を見ると，低熱源の温度 T_l が小さいほど，e は大きくなる．T_l が 0 に近づくほど e が 1 に近づくことは，作業物質の無秩序な運動エネルギーが小さくなって秩序化していくから効率が上がってくるものと考えられる．

Boltzmann は気体の分子運動エネルギーの分布則（付録 A 参照）の研究から，物質は粒子の分布の確率が最大になろうとする傾向をもっており，最大確率において平衡状態に達するのではないかと考えた．これは，熱力学的なエントロピー増大の法則が構成粒子の微視的な状態の出現確率と対応関係にあることを示唆している．すなわち，自発変化はエントロピーの増大する方向に向かって起こるが，彼は自発変化を，「実現する確率の低い状態から高い状態への変化」ととらえたのである．この確率を W とすると，エントロピー S は W の関数のかたちをとるはずである．

$$S = f(W) \tag{6.25}$$

S は示量性の量であるから，S_A をもつ状態にある系 A と S_B をもつ状態にある系 B を合わせた全体のエントロピー S_tot は，その和となるはずである．

$$S_\text{tot} = S_A + S_B \tag{6.26}$$

一方，それぞれの状態をとる確率を W_A, W_B とすると，全体として系 A が状態 A，系 B が状態 B に同時にある確率 W_tot は，W_A と W_B の積で表される．

$$W_\text{tot} = W_A \cdot W_B \tag{6.27}$$

では，$f(W)$ はどうなるかというと，次の関係が成り立つと考えられる．

$$S_\text{tot} = f(W_\text{tot}) = f(W_A \cdot W_B) = S_A + S_B = f(W_A) + f(W_B) \tag{6.28}$$

$f(W)$ はこの式を満足するものでなければならないが，和の性質と積の性質を同時に満足するものとして Boltzmann は次の式を提案した．

$$\boxed{S = k_B \ln W} \tag{6.29}$$

比例定数 k_B は Boltzmann 定数と呼ばれるもので，第 1 章の「気体の分子運動論」で学んできたものである（式(1.11)）．

この式に従えば，エントロピー変化 ΔS は

$$\Delta S = S_f - S_i = k_B \ln W_f - k_B \ln W_i = k_B \ln(W_f/W_i) \tag{6.30}$$

である．

混合後の状態	状態（場合）の数 W	確率 W/W_{tot}
(1) ●●● ○○○ / ●●● ○○○	$({}_6C_0)^2 = \left(\dfrac{6!}{6!\,0!}\right)^2 = 1$	$1/924 \simeq 1.1\times 10^{-3}$
(2) ●●○ ●○○ / ●●● ○○○	$({}_6C_1)^2 = \left(\dfrac{6!}{5!\,1!}\right)^2 = 36$	$36/924 \simeq 3.9\times 10^{-2}$
(3) ●○○ ●●○ / ●●● ○○○	$({}_6C_2)^2 = \left(\dfrac{6!}{4!\,2!}\right)^2 = 225$	$225/924 \simeq 2.4\times 10^{-1}$
(4) ○○○ ●●● / ●●● ○○○	$({}_6C_3)^2 = \left(\dfrac{6!}{3!\,3!}\right)^2 = 400$	$400/924 \simeq 4.3\times 10^{-1}$
(5) ○○○ ●○○ / ●○○ ●●●	$({}_6C_4)^2 = \left(\dfrac{6!}{2!\,4!}\right)^2 = 225$	$225/924 \simeq 2.4\times 10^{-1}$
(6) ○○○ ●●● / ○○● ○●●	$({}_6C_5)^2 = \left(\dfrac{6!}{1!\,5!}\right)^2 = 36$	$36/924 \simeq 3.9\times 10^{-2}$
(7) ○○○ ●●● / ○○○ ●●●	$({}_6C_6)^2 = \left(\dfrac{6!}{0!\,6!}\right)^2 = 1$	$1/924 \simeq 1.1\times 10^{-3}$

場合の総数 $W_{\text{tot}} = \dfrac{12!}{6!\,6!} = 924$

図 6-7　状態の乱雑さと区別できない状態（場合）の数

W は確率という表現を用いて説明してきたが，巨視的状態を実現できる微視的状態の数，あるいは巨視的状態を与える分子の配置の仕方であるともいえる．乱雑な微視的状態のほうが秩序ある微視的状態のほうより，場合の数において（したがって確率において），大きいことを簡単な例をあげて説明しよう．これにより，乱雑な方向へ自発的変化が進むことも理解できるであろう．

いま，図 6-7 の上に示すように 6 個ずつ白球と黒球が左右の箱に仕切られているとする．箱の中にはそれぞれ 6 個の座席があるとする．仕切りをはずして混合させると，上の (1)〜(7) の状態のいずれかが出現する．混合開始後，ある時間観測を続けたとすると，どの状態の出現する確率が最も高いか？（これを考えるにあたって，かわりに黒球 6 個，白球 6 個，計 12 個の球の入った袋から，目隠しして球を取り出して，12 個の座席へ配置する場合，どれが最も出現しやすいかを考えてみるのもよい．）図中たとえば (2) の場合，左の箱に白球が入る場合の数は座席が 6 つあるから 6 通り，右の黒球も同様に 6 通りとなり，全体で見れば $6\times 6 = 36$ 通りとなる．配置の仕方の数を**場合の数**（number of way）ともいい，**状態の数**（W）ともいう．状態の数の総和は $(6+6)!/6!\,6! = 924$ であるから，

（1）と（7）の出現確率はともに 1/924 で，約 0.1% である．最も乱雑であり，よく混じり合った状態（4）の W が最も大きく，この状態の出現確率が最も高い．この最も乱雑な状態の数は，球の数が大きくなるほど急激に大きくなり，数がアボガドロ数程度になれば，他の状態の出現する確率は無視できるようになる．

以上の考えをアボガドロ数程度の巨大な数の分子どうしの混合にあてはめて考えてみよう．

例題 6.2 モル質量に大きな違いがない理想気体 A と B が，図 6-8 に示すように，仕切りによって隔てられている．分子数，物質量および体積をそれぞれ N_A と N_B，n_A と n_B，および V_A と V_B で表し，圧力と温度はともに P および T とする．これを始めの状態とする．次に，仕切りをとりはずすと，A と B は混合し始め，完全に均一になったところで平衡に達する．これを終わりの状態とする．この混合（mixing）に伴うエントロピー変化 ΔS_{mix} を求める式を，Boltzmann の式 $S = k_B \ln W$ と Stirling の近似式 $\ln N! \cong N \ln N - N$（ただし N が非常に大きいとき成り立つ近似式）を用いて導け．

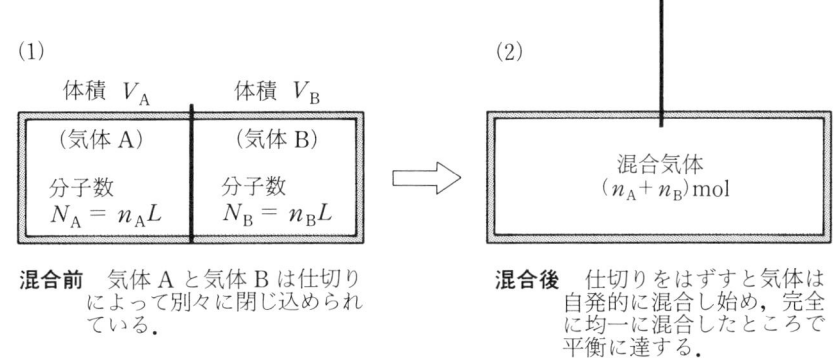

図 6-8 理想気体 A と B の自発的混合

解 左の室には N_A 個の，右の室には N_B 個の細房（同じ大きさの細分化された小さい空間のこと）があるとする．混合前の場合の数 W_i は次式で表される．

$$W_i = W_A \cdot W_B = \frac{N_A!}{N_A!} \cdot \frac{N_B!}{N_B!} = 1 \tag{6.31}$$

完全混合したとき，$(N_A + N_B)$ 個の分子が $(N_A + N_B)$ 個の細房に分配される場合の数 W_f は

$$W_f = \frac{(N_A + N_B)!}{N_A! N_B!} \tag{6.32}$$

式（6.30）より，混合前と混合後のエントロピー差 ΔS_{mix} は

$$\Delta S_{\mathrm{mix}} = k_B \ln(W_f/W_i) = k_B \ln W_f = k_B \ln\left\{\frac{(N_A + N_B)!}{N_A! N_B!}\right\} \tag{6.33}$$

ここで Stirling の近似を用いると

$$\Delta S_{\mathrm{mix}} = k_B \{[(N_A + N_B)\ln(N_A + N_B) - (N_A + N_B)] - [(N_A \ln N_A - N_A) + (N_B \ln N_B - N_B)]\}$$
$$= -k_B \left\{ N_A \ln\frac{N_A}{N_A + N_B} + N_B \ln\frac{N_B}{N_A + N_B} \right\}$$

ここで，A の物質量 $n_A = N_A/L$，気体定数 $R = k_B L$，および $\dfrac{N_A}{N_A + N_B} = \dfrac{n_A}{n_A + n_B} = x_A$（A のモル分率）などを用いて書き直すと，

$$\Delta S_{\text{mix}} = -R(n_A \ln x_A + n_B \ln x_B) \tag{6.34}$$

これは理想混合のエントロピーと呼ばれる．混合系のモル分率は必ず $0 < x < 1$ であるから，上式の対数は負であり，このため混合のエントロピーは $\Delta S_{\text{mix}} > 0$ である．すなわち気体AとBの内部エネルギーはそれぞれ混合前も混合後も変化はない（$\Delta U_{\text{mix}} = 0$）ので，この自発変化はエネルギーの寄与によるものではなくて，エントロピー増大の寄与によるものである．

例題 6.3 例題 6.2 の問題を，A が左の室にいる確率，B が右の室にいる確率を考え，それをもとに式 (6.34) を導け．

解 体積 $V (= V_A + V_B)$ の容器に 1 個の A 分子がある場合を考える．分子は自由に動き回っているので，ある瞬間に左の室 V_A の部分に入っている確率 P は

$$P = V_A/V$$

次に，はじめ N_A 個の A 分子が左の室から拡散して全体積 V に存在するようになった状況を考える．その場合でも各 A 分子につき，左室の V_A の中に見い出す確率は $P = V_A/V$ である．しかし，分子は互いに独立に運動しているので，N_A 個の全 A 分子を同時に V_A に見い出す確率は $P_1 = (V_A/V)^{N_A}$ である．また，N_A 個の分子を全体積 V 内に見い出す確率は，いうまでもなく $P_2 = 1^{N_A} = 1$ である．したがって，N_A 個の A 分子が全体 V 内にある状態の出現確率 P_2 と，V_A 内にある状態の出現確率 P_1 の比は $1 : (V_A/V)^{N_A}$ となる．

同一条件下で巨視的状態の出現確率は配置の数に比例するので，それぞれの状態のエントロピーが出現確率の対数に比例すると見る．つまり Boltzmann の式が成り立つとする．図 6-8 の (2) と (1) のエントロピー差は，気体 A について

$$\Delta S_A = S_A(2) - S_A(1) = k_B \ln \left(\frac{1}{V_A/V}\right)^{N_A} = k_B \ln \left(\frac{V}{V_A}\right)^{N_A} = N_A k_B \ln \left(\frac{V}{V_A}\right)$$

$$= -n_A R \ln \left(\frac{V_A}{V}\right) \tag{6.35}$$

同様に気体 B についても

$$\Delta S_B = -n_B R \ln \left(\frac{V_B}{V}\right) \tag{6.35'}$$

いま $V (= V_A + V_B)$ は A と B に共通な空間であり，アボガドロの法則より

$$\frac{V_A}{V} = \frac{n_A}{n_A + n_B} = x_A$$

である．また，混合した状態では $\Delta S_{\text{mix}} = \Delta S_A + \Delta S_B$ であるから，ゆえに

$$\Delta S_{\text{mix}} = -R(n_A \ln x_A + n_B \ln x_B) \tag{6.34}$$

が導けた．

注意 式 (6.35) も式 (6.35') も，ともに $\Delta S > 0$ であることを認識せよ．本章最初の図 6-1 (c) における He 気体の拡散によるエントロピー増は，式 (6.35) で与えられる．

6.2.2 第一法則・第二法則の統合とエントロピー変化の計算

熱力学第一法則と第二法則を組み合わせると，きわめて有用な熱力学式が得られる．すでにおなじみになった $dU = d'Q + d'W$，$dS = d'Q_{\text{rev}}/T$，$dW_{\text{rev}} = -P\,dV$（この項は PV 仕事のみ）を用いると

$$\boxed{dU = T\,dS - P\,dV} \quad \text{(可逆的経路)} \tag{6.36}$$

この式で，dU はエントロピー dS と体積 dV の可逆的な変化に伴う増分である．dH については

$$dH = dU + d(PV) = dU + P\,dV + V\,dP$$

となるので，式 (6.36) と結合すると

$$\boxed{dH = T\,dS + V\,dP} \quad \text{(可逆的経路)} \tag{6.37}$$

上の 2 つの式は，完全微分可能な U の独立変数が S と V であり，一方 H の場合，S と P であることを示している．状態関数は，$U(S,V)$ または $H(S,P)$ のように書いてもよい．

上の 2 式から，いくつもの有用な式が得られる（付録 B 参照）．たとえば体積一定に保てば，

$$(dU)_V = T(dS)_V$$

ここで下付き V は体積一定の条件がつけられていることを示す．これはまた，次のように書ける．

$$\left(\frac{\partial U}{\partial S}\right)_V = T \tag{6.38 a}$$

この関係は体積一定の条件下で内部エネルギー対エントロピーのプロットで得られる曲線の接線勾配が温度 T であることを示している．式 (6.36) と式 (6.37) から，次の式が同様に導ける．

$$\left(\frac{\partial U}{\partial V}\right)_S = -P \tag{6.38 b}$$

$$\left(\frac{\partial H}{\partial S}\right)_P = T \tag{6.38 c}$$

$$\left(\frac{\partial H}{\partial P}\right)_S = V \tag{6.38 d}$$

例題 6.4 圧力が 1 atm，温度が 300 K に保たれたある物質のエントロピーが $0.001\,\text{J K}^{-1}$ ほど増加した．エンタルピー変化を計算せよ．

解 式 (6.38 c) から $(\Delta H)_P = T(\Delta S)_P$ であるので
$$(\Delta H)_P = 300\,\text{K} \times 0.001\,\text{J K}^{-1} = 0.3\,\text{J}$$

例題 6.5 ある物質が $1.000\,\text{atm}$ で $1.0\,\text{dm}^3$ の体積をもっている．断熱可逆的に圧力を $1.001\,\text{atm}$ まで上げたことによるエンタルピー変化を計算せよ．

解 断熱可逆的過程なので（d′Q = 0），エントロピーは一定である（dS = 0）．圧力変化が 1/1000 なので，この間の体積は一定とみなして，式 (6.37) を積分すると，

$$\Delta H = \int V \, dp = 1.0 \text{ dm}^3 \times 0.001 \text{ atm} = 0.1013 \text{ J} \fallingdotseq 0.1 \text{ J}$$

さて，次にさまざまな過程におけるエントロピー変化 ΔS の計算を試みよう．ΔS を求めることは，すなわち dS を積分することである．エントロピーに関する最も簡単な全微分は，式 (6.36) から

$$dS = \frac{dU + P\,dV}{T} \tag{6.39}$$

または式 (6.37) から

$$dS = \frac{dH - V\,dP}{T} \tag{6.40}$$

しかし，これらの式は，U や H を直接測定するのが困難であるため，これらに代わって実測値と直結しやすいかたちに変える必要がある．

式 (6.39) の U を別のもので表すには，まず U の全微分を T と V の関数としてとる（付録 B 参照）．

$$dU = \left(\frac{\partial U}{\partial T}\right)_V dT + \left(\frac{\partial U}{\partial V}\right)_T dV = C_v\,dT + \left(\frac{\partial U}{\partial V}\right)_T dV \tag{6.41}$$

これを式 (6.39) に代入すると次式を得る．

$$dS = C_v \frac{dT}{T} + \frac{1}{T}\left[\left(\frac{\partial U}{\partial V}\right)_T + P\right] dV \tag{6.42}$$

理想気体については式 (6.42) は簡単になる．なぜなら，$(\partial U/\partial V)_T = 0$（Joule の法則），$PV = nRT$ であるから，

$$dS = \frac{C_v\,dT}{T} + \frac{nR\,dV}{V} \quad \text{（理想気体）} \tag{6.43}$$

この式を積分すれば，理想気体が状態 i (V_i, T_i) から状態 f (V_f, T_f) へ変化したときのエントロピー変化 $\Delta S = S_f - S_i$ は

$$\boxed{\Delta S = C_v \ln \frac{T_f}{T_i} + nR \ln \frac{V_f}{V_i}} \quad \text{（C_v が温度に依存しないとき）} \tag{6.44}$$

が得られる．ここで右辺の第 2 項は $nR \ln(P_i/P_f)$ ともおける．

（1） 定圧または定積の条件下における温度変化に伴うエントロピー変化

上の式 (6.44) から $C_p - C_v = nR$（式 (5.28)），および $P = $ 一定 のときは $V_f/V_i = T_f/T_i$ であることを考慮すれば，次式が得られる．

$$\boxed{\Delta S = C_p \ln \frac{T_f}{T_i}} \quad \text{（C_p が温度に依存しないとき）} \tag{6.45}$$

これは，また，式 (6.40) から $P = $ 一定 のとき $dP = 0$ であり，$(\partial H/\partial T)_P = C_p$ であることより得られる次式を，積分することによっても導かれる．

$$dS = \frac{(dH)_P}{T} = \frac{C_p \, dT}{T} \tag{6.46}$$

または

$$\Delta S = \int_{T_i}^{T_f} \frac{C_p}{T} \, dT \tag{6.46'}$$

同様に体積一定の条件が貫かれているのであれば，一般的な式 (6.42) から $dV = 0$ となるので，次式を経て式 (6.47) が得られる．

$$dS = \frac{C_v \, dT}{T}$$

$$\Delta S = \int_{T_i}^{T_f} \frac{C_v}{T} \, dT \tag{6.47}$$

$$\therefore \quad \boxed{\Delta S = C_v \ln \frac{T_f}{T_i}} \quad (C_v \text{ が温度に依存しないとき}) \tag{6.48}$$

例題 6.6 圧力一定のもとで $100\,°\mathrm{C}$ の液体の水 $1.0\,\mathrm{mol}$ が $0\,°\mathrm{C}$ の水 $1.0\,\mathrm{mol}$ と接触するときのエントロピー変化を計算せよ．ただし，液体の水の熱容量は温度に依存しないで，$\bar{C}_p = 75\,\mathrm{J\,mol^{-1}\,K^{-1}}$ であるとし，また，熱が外へは逃げないものとする．

解 等モルの水どうしの接触であり，C_p も一定であるので，熱力学第一法則より水の温度は最終的に $50\,°\mathrm{C}$ になる．式 (6.45) より

熱水：(温度が下る)

$$\Delta S^{(1)} = S_f(50\,°\mathrm{C}) - S_i(100\,°\mathrm{C}) = \bar{C}_p \ln \frac{323}{373} = -10.79\,\mathrm{J\,K^{-1}}$$

冷水：(温度が上る)

$$\Delta S^{(2)} = S_f(50\,°\mathrm{C}) - S_i(0\,°\mathrm{C}) = \bar{C}_p \ln \frac{323}{273} = 12.61\,\mathrm{J\,K^{-1}}$$

これより

$$\mathrm{H_2O}(100\,°\mathrm{C}) + \mathrm{H_2O}(0\,°\mathrm{C}) \longrightarrow 2\,\mathrm{H_2O}(50\,°\mathrm{C})$$
$$\Delta S = \Delta S^{(1)} + \Delta S^{(2)} = 1.82\,\mathrm{J\,K^{-1}} \fallingdotseq 1.8\,\mathrm{J\,K^{-1}}$$

エントロピー変化は正である．これは孤立した環境にある自発的変化であるからである．

注意 図 6-1(a) では $20\,°\mathrm{C}$ と $80\,°\mathrm{C}$ の，同質量の鉄塊が接触した．鉄塊 1 つの熱容量を C_p で表すと，ΔS は次のよう増大していることがわかる．

$$\Delta S = (S(50\,°\mathrm{C}) - S(20\,°\mathrm{C})) + (S(50\,°\mathrm{C}) - S(80\,°\mathrm{C})) = C_p \ln \frac{323 \cdot 323}{293 \cdot 353}$$
$$= 8.7 \times 10^{-3} \times C_p > 0$$

上の例題をさらに一般化して，熱は高いほうから低いほうへ流れることの必然性を示そう．

例題 6.7 T_1 K で熱容量 C_{v1} の物体が,T_1 K より低温の T_2 K にある熱容量 C_{v2} の物体と孤立的な環境内で互いに接触した.このときの熱の流れについて考察せよ.

解 2つの物体は孤立的な環境にあるので,$dU = d'Q_1 + d'Q_2 = 0$ である.$d'Q_1$,$d'Q_2$ は物体1,2の得た熱量で,それぞれ $d'Q_1 = C_{v1} dT_1$,$d'Q_2 = C_{v2} dT_2$ で与えられる.このとき,$C_{v1} dT_1 = -C_{v2} dT_2$ である.エントロピー変化はそれぞれ $dS_1 = C_{v1} dT_1/T_1$,$dS_2 = C_{v2} dT_2/T_2$ であるから,系全体では

$$dS = dS_1 + dS_2 = \frac{C_{v1} dT_1}{T_1} + \frac{C_{v2} dT_2}{T_2} = C_{v1}\left(\frac{1}{T_1} - \frac{1}{T_2}\right) dT_1$$

となる.$T_1 > T_2$ であるならば( )内が負となるので,$dS > 0$(自発変化)であるためには $dT_1 < 0$ でなければならない.したがって,$C_{v1} dT_1 < 0$ となるので,高温の物体1から低温の物体2のほうへ熱が流れるのが自発変化である.

(2) 理想気体の定温膨張または圧縮に伴うエントロピー変化

定温可逆過程に対し,式(5.30)や(6.1)を得ている.$Q_{\text{rev}} = -W_{\text{rev}}$ であり,次式

$$-W_{\text{rev}} = nRT \ln \frac{V_f}{V_i} = nRT \ln \frac{P_i}{P_f}$$

の関係もすでに得ているので

$$\Delta S = nR \ln \frac{V_f}{V_i} = nR \ln \frac{P_i}{P_f} \tag{6.49}$$

この式は,気体が定温膨張するときエントロピーが増大することを示している.

例題 6.8 図 6-1(c)のように,理想気体が真空中へ膨張(Joule の実験として有名)するときの ΔS を求めよ.

解 体積 V_1 から V_2 まで膨張したとする.実際には孤立的環境にあって断熱的に行われるので,W も Q も 0 で温度変化もない.しかし,Q_{rev} を見い出すためには等温可逆膨張($Q_{\text{rev}} + W_{\text{rev}} = 0$)を想定する.そうすると,上の式(6.49)がそのまま使える.

$$\Delta S = nR \ln\left(\frac{V_2}{V_1}\right)$$

$V_2 > V_1$ なので $\Delta S > 0$ である.

(3) 理想気体の混合に伴うエントロピー変化

上で学んだ式(6.49)は,式(6.44)から出発しても得られることがひと目でわかるであろう.今から考える理想気体の混合エントロピーを求める際,温度一定の条件下で評価するのが適当であるから,式(6.49)をもとにすればよい.

全物質量が n mol の混合気体中に,気体 i が n_i mol 含まれている系を考える.最初,それぞれの気体が別々の容器に,同温 T,同圧 P で詰められている(図 6-9).気体 i の体積が V_i であるとすると

図 6-9 気体の混合

混合前：$V_i = \dfrac{n_i RT}{P} = \dfrac{n_i}{n} V_{\text{tot}} = x_i V_{\text{tot}}$

混合後：$V_{\text{f}} = V_{\text{tot}}$

$$\Delta S_{\text{mix}} = -nR \sum x_i \ln x_i$$

注意 ここで示された理想混合のエントロピー変化 ΔS_{mix} は，容器内に封じ込められた各気体 $1, 2, \cdots, i$ そのものの混合前と混合後の状態量としての変化量である．ただし，この変化は不可逆的に行われているので，外界を含めて総体的に見れば，エントロピー生成を伴っている．

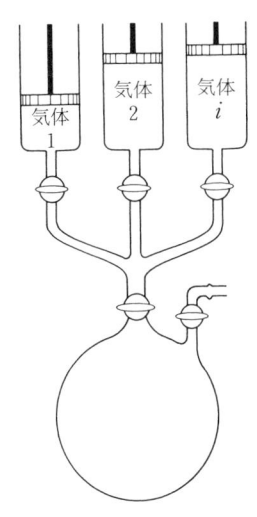

$$V_i = \frac{n_i RT}{P}$$

混合後 i は全体に行きわたって V_{tot} となったとすると，

$$V_{\text{tot}} = \sum V_i = n\frac{RT}{P}$$

したがって V_i 対 V_{tot} の比は気体 i のモル分率 x_i に等しい．

$$\frac{V_i}{V_{\text{tot}}} = \frac{n_i}{n} = x_i$$

式 (6.49) は気体 i が V_i から V_{tot} に等温下で膨張したときのエントロピー増を示すものである．

$$\Delta S_i = n_i R \ln \frac{V_{\text{tot}}}{V_i} = -n_i R \ln \frac{V_i}{V_{\text{tot}}} = -n_i R \ln x_i \tag{6.50}$$

エントロピーは，すでに知られているように示量性の量であるから，$\Delta S_{\text{mix}} = \sum \Delta S_i$ である．

$$\boxed{\Delta S_{\text{mix}} = -\sum n_i R \ln x_i = -nR \sum x_i \ln x_i} \tag{6.51}$$

いま気体が A と B の 2 種類であるとすると

$$\Delta S_{\text{mix}} = -R(n_A \ln x_A + n_B \ln x_B)$$

これは，例題 6.2 と例題 6.3 で導き出された式 (6.34) と同じである．

例題 6.9 空気のおよその組成は，N_2 79 %，O_2 20 %，および Ar 1 % である．1 mol の空気が一定温度および圧力のもとでできるときの混合エントロピー変化を計算せよ．

解 $\Delta S = -8.314 \,[\text{J K}^{-1}\,\text{mol}^{-1}][0.79 \ln 0.79 + 0.20 \ln 0.20 + 0.01 \ln 0.01] = 4.6 \,\text{J K}^{-1}\,\text{mol}^{-1}$

§6.2 エントロピーの分子論的解釈と変化量の計算

(4) 相の変化に伴うエントロピー変化

多くの物質は極低温から熱してやると融解とか沸騰のような**相転移**(phase transition)を起こす．相転移が起こっているときは2相が互いに平衡状態で共存しているので，その変化は可逆的に行われているとみなされる．

$$(\text{相 } \alpha) \rightleftarrows (\text{相 } \beta) \qquad T, P \text{ 一定}$$

このとき1 molあたりに吸収（または放出）される熱 $\bar{Q}_{P(\text{rev})}$ は，転移のエンタルピー変化 ΔH_{tr} である．これをそのときの**平衡温度**(equilibrium temperature, **転移温度**ともいう)で割ったものが相転移に伴うエントロピー変化 ΔS_{tr} である．

$$\bar{Q}_{P(\text{rev})} = \Delta H_{\text{tr}}$$

$$\boxed{\Delta S_{\text{tr}} = \frac{\Delta H_{\text{tr}}}{T_{\text{tr}}}} \tag{6.52}$$

例として，氷の0℃における融解エントロピーは，融解熱（エンタルピー）6.01×10^3 J mol^{-1} を 273.15 K で割れば，22.0 J K^{-1} mol の値が得られる．また，100℃，1 atm（沸点）における水の蒸発熱は 40.66 kJ mol^{-1} であるから，蒸発に伴うエントロピー変化は $40.66 \times 10^3 \div 373.15 = 109.0$ J K^{-1} mol である．

6.2.3 熱力学第三法則と標準エントロピー

U や H は示量性状態量であるが，その絶対値を決めることはできないので，状態変化に伴う変化量だけが取り扱われることはすでに述べてきた．エントロピーについても絶対値を問題にせず，変化量 ΔS だけを取り扱ってきた．では，S の絶対値も H や U と同様に定めることができないのであろうか．

Nernst の熱定理(the Nernst's heat theorem)(1906)によれば，「固相のみが関与する化学反応において，これに伴う ΔS は温度0 Kの極限でゼロになる」ことが示され，Planck はこの熱定理を普遍化して，「すべての純物質の完全結晶のエントロピーは絶対零度でゼロである」とした．すなわち，次式である．

$$\boxed{\lim_{T \to 0} S = 0} \tag{6.53}$$

これを**熱力学第三法則**(the third law of thermodynamics)という．この法則は，先に述べた Boltzmann による S の統計力学的定義と，完全結晶における微視的状態に関する理解とから強力な支持が与えられることになった．

完全無欠の状態にある結晶では，絶対零度においては運動は止まっており，最高の秩序ある状態，すなわち配置の数 W は1つであるから，式(6.29)はゼロとなる．0〜10 K の極低温下で固体の熱容量を測定するのは困難を伴うが，測定の精度向上につとめ，適切な外挿値を得ることによって，実験的に第三法則の正しさが証明されるようになった．

純物質を定圧のもとで，0 K から T K まで加熱したときのエントロピー変化は，式 (6.46) より次式となる．

$$\Delta S = S(T) - S(0) = \int_0^T C_p \frac{dT}{T} \tag{6.54}$$

ここで $S(T)$ および $S(0)$ はそれぞれ T K および 0 K におけるエントロピーである．しかし，加熱の途中で相転移がある場合は，それに伴うエントロピー変化を式 (6.52) のかたちで加えなければならない．

図 6-10 に常圧下における窒素の状態変化を示している．この図から 25 ℃ における窒素 1 mol のエントロピーの絶対値は，次式を利用して求めることができる．

$$S(298) = S(0) + \int_0^{T_t} \bar{C}_p(\text{固相 I}) \frac{dT}{T} + \frac{\Delta H_{tr}}{T_t} + \int_{T_t}^{T_f} \bar{C}_p(\text{固相 II}) \frac{dT}{T} + \frac{\Delta H_{fus}}{T_f}$$

$$+ \int_{T_f}^{T_b} \bar{C}_p(\text{液相}) \frac{dT}{T} + \frac{\Delta H_{vap}}{T_b} + \int_{T_b}^{298.15} \bar{C}_p(\text{気相}) \frac{dT}{T} \tag{6.55}$$

ここで T_t, T_f, T_b はそれぞれ転移点，融点，沸点である．また，$\Delta H_{tr}, \Delta H_{fus}, \Delta H_{vap}$ は 1 mol あたりの転移熱，融解熱，蒸発熱であり，$\bar{C}_p$ は定圧モル熱容量である．

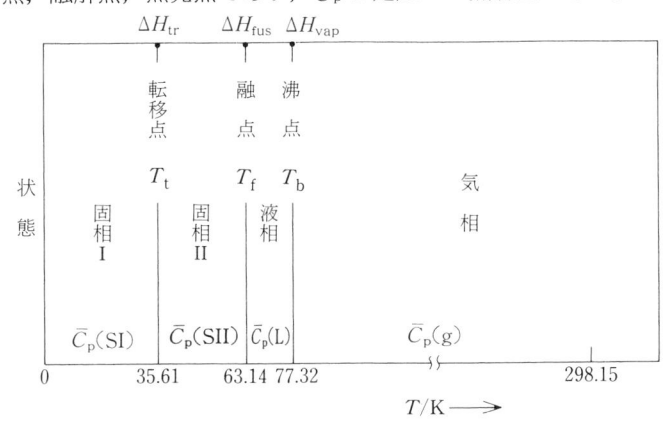

図 6-10 窒素の 1 atm における状態変化

式 (6.55) の $S(0)$ は，0 K におけるエントロピーであるから，すでに式 (6.53) で示したようにゼロとおける．こうして求めたエントロピーを**第三法則エントロピー**（third law entropy）といい，とくに圧力 1 atm，温度 25 ℃ のもとでの第三法則エントロピーを**標準エントロピー**（standard entropy）と呼び，$S^\ominus$ で表す．いろいろな物質について，表 5-6 に掲げている．

エントロピーの温度依存性と，その決め方を模式的に図 6-11 に示す．右の図が S 対 T のプロットで，エントロピーの温度変化の様子が曲線で示されている．左には測定した C_p （0 K 近傍は $C_p = aT^3$ になるように外挿）を T で割ったものを T に対してプロットし，得られた曲線から下の面積を求めれば，$\int \frac{C_p}{T} dT$ の積分値を得たことになる．このようにして S を求めることができる．

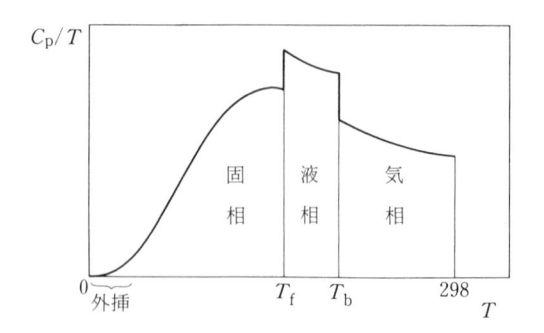

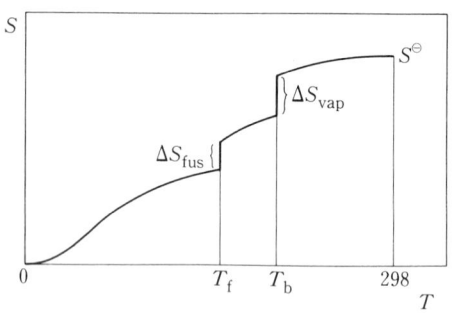

図 6-11 第三法則エントロピーの熱容量測定による決定.
（左）C_p の実測値（極低温部は外挿値）を T で割ったもの（C_p/T）を T に対してプロットする．曲線以下の面積から S を決める（図上積分法）．
（右）上の C_p 測定の実験に基づく S 対 T のプロット.

6.2.4 化学反応のエントロピー変化

化学反応に伴うエントロピー変化の計算は，エントロピーが状態量であるので，Hess の法則（第 5 章 5.6.1 項）と同じ考え方でできる．また 1 atm のもとで 25 °C 以外の温度におけるエントロピー変化も Kirchhoff の式 (5.43) の応用で取り扱える．いま，反応物と生成物が 25 °C 以外の別の温度に冷却されるかまたは加温されるかして変えられたとき，次のようなサイクルを考えれば，他の温度における反応のエントロピー変化を求めることができる．A ⟶ B という化学反応式に対しては，

$$A(T_2) \xrightarrow{\Delta S(T_2)} B(T_2)$$

冷却または加温 ↓ ↑ 加温または冷却

$$A(25\,°C) \xrightarrow{\Delta S^{\ominus}(25\,°C)} B(25\,°C)$$

$$\Delta S(T_2) = \Delta S^{\ominus}(25\,°C) + \int_{T_2}^{298} C_p(A)\,\frac{dT}{T} + \int_{298}^{T_2} C_p(B)\,\frac{dT}{T}$$

この式をもっと簡単に，しかも一般的に表すと

$$\Delta S(T_2) = \Delta S(T_1) + \int_{T_1}^{T_2} \Delta C_p\,\frac{dT}{T} \tag{6.56}$$

ここで定圧熱容量の差 ΔC_p は Kirchhoff の式より

$$\Delta C_p = \sum \nu_j \bar{C}_{p,j}(\text{生成物}) - \sum \nu_i \bar{C}_{p,i}(\text{反応物}) \tag{5.43}$$

であり，すでに前章で学んだものである．標準生成エントロピーや定圧モル熱容量のデータを用いる例題に取り組んでみよう．

例題 6.10 $H_2(g)$ と $O_2(g)$ の混合物に電気火花で着火すると，爆発的に反応して $H_2O(g)$ が生成する．$H_2(g)$ および $O_2(g)$ の分圧がともに 1 atm で，温度が 100 °C の状態から 100 °C, 1 atm の $H_2O(g)$ が 2 mol 生成するときのエントロピー変化を計算せよ．

解 2 mol の $H_2O(g)$ が生成する反応は
$$2\,H_2(g) + O_2(g) \longrightarrow 2\,H_2O(g)$$
1 atm, 25 °C におけるエントロピー変化は, 表 5-6 のデータを用いて (p. 114),
$$\Delta S^{\ominus}(25\,°C) = 2 S_{H_2O(g)}^{\ominus} - (S_{O_2(g)}^{\ominus} + 2 S_{H_2(g)}^{\ominus})$$
$$= 2 \times 188.83 - 205.14 - 2 \times 130.68 = -88.84\,\mathrm{J\,K^{-1}}$$

$\Delta S(100\,°C)$ を求めるためには, 式 (6.56) を用いる. これには各物質の熱容量のデータが必要であるが, 表 5-4 から読み取ることができる. ここで, 25 °C から 100 °C の範囲では, 熱容量は温度に関係なく一定であるとする.
$$\Delta C_p = 2\bar{C}_p(H_2O(g)) - \{\bar{C}_p(O_2(g)) + 2\bar{C}_p(H_2(g))\}$$
$$= 2 \times 33.6 - 29.4 - 2 \times 28.8 = -19.8\,\mathrm{J\,K^{-1}}$$

式 (6.56) から
$$\Delta S(100\,°C) = \Delta S^{\ominus}(25\,°C) + \int_{298}^{373} \Delta C_p \frac{dT}{T} = \Delta S^{\ominus}(25\,°C) + \Delta C_p \ln \frac{373}{298}$$
$$= -88.84 - (19.8)(0.224) = -93.28\,\mathrm{J\,K^{-1}} \simeq -93.3\,\mathrm{J\,K^{-1}}$$

注意 ΔC_p が負の値であるため, $S(100\,°C)$ のほうのエントロピー減少の度合は大きい. ΔC_p が負になるのは, 3 mol の気体 ($2\,H_2 + O_2$) から 2 mol の気体 (H_2O) となって物質量が減少したことに起因している.

水の生成反応では, 25 °C でも 100 °C でもエントロピー減少 (かなり大きな負の値) となっている. これはなぜであろうか. その 1 つの原因に, 反応物の物質量 (H_2 2 mol と O_2 1 mol の計 3 mol) より生成物のそれ (H_2O 2 mol) が減少していることがあげられる. 反応物は 2 種類の物質が 3 mol あったのに対し, 生成物が 1 種類しかなく分子数が減っている. これには, 乱雑さが減少, すなわちエントロピーの減少を伴う. この反応は, 反応の開始に電気花火の点火を要したものの, 反応としては自発的に進行した. では, これまで自発変化の方向はエントロピー増大の方向といってきたことと矛盾しているのではないか？ この疑問に完全に答えるためには, 次節で紹介する自由エネルギーの登場を待たねばならない. ただ, この反応がかなり多量の熱を発する発熱反応 ($\Delta H < 0$) であることと, これに伴って外界に熱が移されたことによるエントロピーの増加があり, トータルでは $\Delta S_{系} + \Delta S_{外界} > 0$ となっていることは意識にとどめておかねばならない.

§6.3 自由エネルギー

先の例題 6.10 で水素ガスの燃焼を取り扱った. この反応では系のエンタルピーは減少するが, 一方, 自発的変化であるにもかかわらず, エントロピーの減少も伴った. このことは, 温度, 圧力あるいは体積などのどれかを一定に保った条件下で自発的な変化が進行するには, エネルギー的要素とエントロピー的要素の両方が何らかの役割分担をしているのではなかろうかと想像させられる. また, 系のもつ全エネルギーは内部エネルギーであるが, エネルギーを利用して仕事をさせるとき, エネルギーの一部が熱となって逃げていくので, 実際に仕事に変換し利用できる部分を評価できる新しい目安はないかという問題

も残されている．これらのことを説明してくれる新しい熱力学量：**Helmholtz の自由エネルギー**（Helmholtz free energy）と **Gibbs の自由エネルギー**（Gibbs free energy，または簡単に Gibbs energy）をこれから学ぶ．これらは化学には大切な熱力学量である．

6.3.1　自由エネルギーと平衡の条件

先の 6.2.2 項において，可逆過程に限定して，熱力学第一法則と第二法則の結合を試みた（式（6.36），（6.37））．ここでは，可逆・不可逆両過程を含めた第二法則を表す式（6.20）とを組み合わせよう．$T\,dS \geqq d'Q$ であるから

$$dU - T\,dS \leqq d'W \tag{6.57}$$

が得られる．不等号が不可逆過程に相当する．物質は通常体積をもつ．それゆえ，体積変化の仕事は物質が存在するうえで必要な仕事である．そこで仕事 $d'W$ を 2 つにわけて，体積変化の仕事 $d'W_v = -P\,dV$ と，体積に依存しない表面張力，弾性，電気的な仕事など，体積変化の仕事でない正味の仕事（net work）$d'W_a$ の和であるとする．こうすれば式（6.57）は次式で表される．

$$dU - T\,dS \leqq d'W = d'W_v + d'W_a \tag{6.58}$$

（1）　定温・定積変化：Helmholtz の自由エネルギー

式（6.58）を積分すると $U - TS$ である．この微分をとると

$$d(U - TS) = dU - T\,dS - S\,dT$$

であるが，定温では $dT = 0$ であるから，$dU - T\,dS$ となる．したがって，定温の条件下では式（6.58）は

$$d(U - TS) \leqq d'W = d'W_v + d'W_a$$

と書ける．ここで $(U - TS)$ という量を新しく A という記号を用いて表す．

$$\boxed{A \equiv U - TS} \tag{6.59}$$

U も TS もそれぞれ状態量であるから，A も状態量である．この A を Helmholtz の自由エネルギーという．A を用いると式（6.58）は

$$dA \leqq d'W_a + d'W_v \tag{6.60}$$

式（6.60）は次のようにも書ける．

$$-d'W \leqq -dA$$

$-d'W$ は系が可逆等温変化のとき，外界になす仕事を評価したものである．この $-d'W$ は等温可逆変化のとき系がなす最大仕事であるが，これが A の減少量に相当している．また，等温不可逆変化（不等式）では，系が外界にする仕事は A の減少量より少ない．これは，減少量の一部が外界への仕事に使われないで無駄に消費されることを意味する．

体積変化のみという場合も考えられるが，このとき $d'W_a = 0$ であるから

$$dA \leqq d'W_v = -P\,dV$$

さらに，体積一定の条件下である変化が行われるときは，$dV = 0$であるから

$$dA \leq 0 \tag{6.61}$$

これは，定温・定積の可逆変化（等式）ではAは変化せず，定温・定積不可逆変化（不等式）ではAが減少することを示している．逆にdAが負であれば，変化が進行し，$dA = 0$になれば進行が止まることを意味する．言い換えれば，$dA = 0$は平衡の条件であるともいえる．

（2） 定温・定圧変化：Gibbsの自由エネルギー

一般に関心のある反応の多くは，UやHの大きな変化を伴うものである．また，注目している系が温度一定・圧力一定のもとで反応を起こすかどうかにわれわれは関心をもつものである．この2つの条件のもとで（つまり実験室で），通常われわれは実験をしている．系は室温を保ったままの外界（実験室）と熱の交換を自由に行っているし，また部屋の圧力を大気圧に保ったまま系は膨張したり収縮したりしている．T, P一定の条件下にある系の反応の自発性に関する新しい基準がここで欲しいところである．それには次に定義するGibbsの自由エネルギーが最も都合よい．

$$\begin{aligned} G &\equiv U + PV - TS \\ &\equiv H - TS \\ &\equiv A + PV \end{aligned} \tag{6.62}$$

この式の全微分は

$$dG = dU + PdV + VdP - TdS - SdT$$
$$= dH - TdS - SdT = dA + PdV + VdP$$

であるが，定温・定圧下では$dT = 0$，$dP = 0$であるから，次式が得られる．

$$dG = dH - TdS = dA + PdV \tag{6.63}$$

この式に式(6.60)の関係を代入すると

$$dG - PdV \leq d'W_v + d'W_a$$

ここで，$d'W_v = -PdV$であるから，次式が成り立つ．

$$dG \leq d'W_a \tag{6.64}$$

ここでも見方を変えて

$$-d'W_a \leq -dG, \quad \text{または} \quad -W_a \leq -\Delta G \tag{6.64'}$$

とおくと，定温・定圧可逆過程ではGibbsエネルギーの減少が外界に対する最大仕事に相当し，また，定温・定圧下での不可逆過程（不等式）では，Gibbsエネルギーの減少分がすべて有効仕事に変わってないで，どこかに損失があることを示している．

体積変化の仕事以外の，表面張力，弾性，電気的仕事などの正味の仕事がないとき（$d'W_a = 0$），式(6.64)は次式となる．

$$\mathrm{d}G \leqq 0 \quad \text{または} \quad \Delta G \leqq 0 \tag{6.65}$$

この式は，定温・定圧可逆変化（等式）では G は一定で変化せず，定温・定圧下の不可逆変化（不等式）では G は減少することを示している．逆な見方をすれば，$\mathrm{d}G < 0$ のときは，定温・定圧下で自発的変化が進行し，$\mathrm{d}G = 0$ に達したところで平衡（平衡とは可逆変化の状態）に至ることを意味する．言い換えれば $\mathrm{d}G = 0$ は平衡の条件である．

式 (6.59) や (6.62) を見ると，A, G ともに**エネルギーの項**と**エントロピーの項**を同時に含んでいることがわかる．たとえば，定温・定圧において式 (6.63) を積分形で表したものは次のように示される．

$$\boxed{\Delta G} = \underbrace{\Delta H}_{\text{(energy term)}} + \underbrace{-T \Delta S}_{\text{(entropy term)}} \tag{6.66}$$

自発的変化が起こる条件は $\Delta G < 0$ であるが，その符合はエネルギー項 ΔH とエントロピー項 $T \Delta S$ との兼ね合いである．$\Delta G < 0$ であるためには，$\Delta H < 0$（発熱反応）のほうが有効であるから，常温・常圧付近でのほとんどの化学反応が発熱反応である．前節の例題 6.10 で扱った $H_2(g)$ の燃焼反応の際，$\Delta S°$ が負であるため，エントロピー項 $-T \Delta S$ は正となるので，$\Delta G < 0$ に対しては不利な方向に働いている．しかし，ΔH の大きな負の値がこれに寄与していることがわかる．

25 °C，1 atm における自由エネルギー変化をとくに**標準生成 Gibbs エネルギー**（standard free energy of formation）といい，$\Delta G_\mathrm{f}^\ominus$ で表す．これは $\Delta H_\mathrm{f}^\ominus$ や $\Delta S^\ominus$ とともに表 5-6（114 ページ）に種々の物質について掲げてある．ちなみに $H_2O(g)$ については，$\Delta G_{\mathrm{f},H_2O}^\ominus = -228.57 \text{ kJ mol}^{-1}$ となっている．これがそうなるかどうか確かめてみよう．$H_2O(g)$ の生成エントロピー $\Delta S^\ominus$ は例題 6.10 より $-88.84/2 = -44.42 \text{ J K}^{-1} \text{ mol}^{-1}$ である．

$$\Delta H_\mathrm{f}^\ominus = -241.82 \text{ kJ mol}^{-1}$$
$$-T\Delta S^\ominus = -298.15 \times (-44.42) = 13.24 \text{ kJ mol}^{-1}$$
$$\Delta G_\mathrm{f}^\ominus = \Delta H_\mathrm{f}^\ominus - T\Delta S^\ominus = -241.82 + 13.24 = -228.58 \text{ J K}^{-1} \text{ mol}^{-1}$$

これで，$H_2O(g)$ の生成がエントロピー的には不利でも，$\Delta H_\mathrm{f}^\ominus$ の大きな負の値によって $\Delta G_\mathrm{f}^\ominus < 0$ が得られ，反応が自発的に進むことを示している．

例題 6.11 塩化ナトリウム結晶の水への溶解は吸熱反応であるが，水にはよく溶ける．これを表 5-6 のデータを用いて説明せよ．

解
$$\mathrm{NaCl(s)} + \mathrm{aq} \longrightarrow \mathrm{NaCl(aq)}$$

の反応であるから，$\mathrm{NaCl(s)}$ と $\mathrm{NaCl(aq)}$ のデータを読み取ればよい．

	$\Delta H_\mathrm{f}^\ominus / \text{kJ mol}^{-1}$	$\Delta S^\ominus / \text{J K}^{-1} \text{mol}^{-1}$	$\Delta G_\mathrm{f}^\ominus / \text{kJ mol}^{-1}$
NaCl(aq)	-407.27	115.5	-393.14
NaCl(s)	$-(-411.15$	72.1	$-384.14)$
$\Delta((\mathrm{aq})-(\mathrm{s}))$	3.88	43.4	-9.00

$$\Delta G^{\ominus}(溶解) = 3.88 - 298 \times 43.4 \times 10^{-3} = -9.05 \text{ kJ mol}^{-1}$$

この $-9.05 \text{ kJ mol}^{-1}$ は表から得た $-9.00 \text{ kJ mol}^{-1}$ と一致している．

$$\text{NaCl(s)} \longrightarrow \text{NaCl(aq)} = \text{Na}^+(\text{aq}) + \text{Cl}^-(\text{aq})$$

の過程におけるエントロピー増大（乱雑さの増大）による寄与がエンタルピー項（吸熱）を陵駕しているから，吸熱反応であっても自発的に溶解することができる．

以上の例題からわかるように，$\Delta H \geq 0$ の場合でも，$\Delta S > 0$ で，同時に $|\Delta H| < |T\Delta S|$ であれば，$\Delta G < 0$ となるので自発的変化となる．ΔG は温度や圧力によっても変化する．熱力学式を用いた説明はあとですることにして，ここでは ΔG の符号が逆転する例を示そう．図 6-12(a) には，1 atm のもとで，低温では $\Delta G < 0$ であった反応が高温では $\Delta G > 0$ となる場合を示している．それとは反対に，図 (b) では，低温で $\Delta G > 0$ であった反応が高温ではそれが $\Delta G < 0$ に逆転している例を示している．ΔH と ΔS そのものは，温度によってあまり変わらないが，$T\Delta S$ は温度によって大きく変化する．このため，低温領域では ΔH が ΔG に対して支配的であるが，高温領域では $T\Delta S$ のほうが支配的となることがわかる．

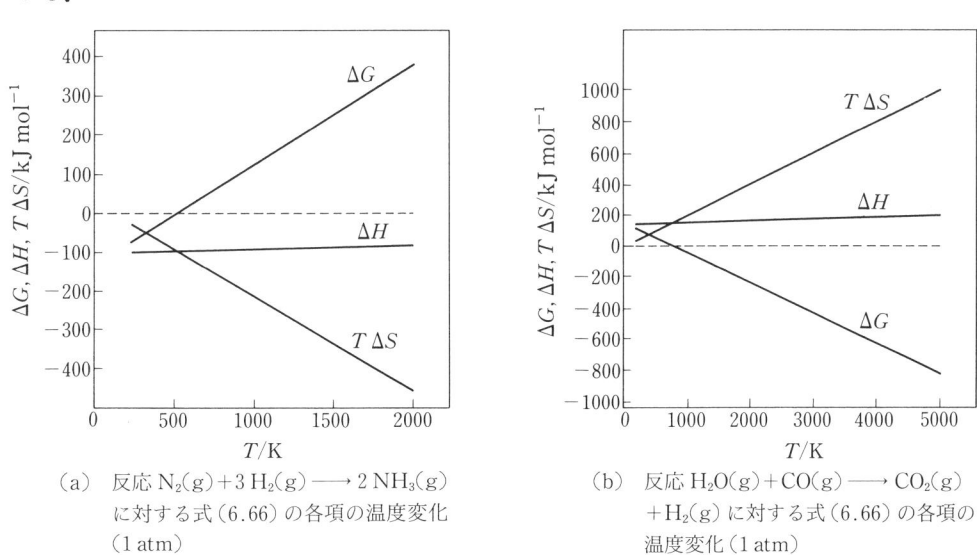

(a) 反応 $\text{N}_2(\text{g}) + 3\text{H}_2(\text{g}) \longrightarrow 2\text{NH}_3(\text{g})$ に対する式 (6.66) の各項の温度変化 (1 atm)

(b) 反応 $\text{H}_2\text{O}(\text{g}) + \text{CO}(\text{g}) \longrightarrow \text{CO}_2(\text{g}) + \text{H}_2(\text{g})$ に対する式 (6.66) の各項の温度変化 (1 atm)

図 6-12 ΔG の温度変化に対するエンタルピー項とエントロピー項の寄与の様子

(3) 自由エネルギーの意味と有効仕事

自由エネルギーの自由（free）とはどういう意味で用いられているのであろうか．系のもつ全エネルギーは，外部的なものを考慮しなくてよい場合は，内部エネルギーがそれに相当する．$A = U - TS$ を書き換えると $U = A + TS$ となる．この式は，（内部）エネルギー U は定温変化で仕事として取り出せるエネルギー A と，仕事には使えない熱エネルギー TS との 2 つに分けられることを示している．このことから自由エネルギー A に対して，仕事に使えない TS を**束縛エネルギー**（bound energy）ということがある．すなわち，

定温で

$$\boxed{(内部)エネルギー} = \boxed{仕事に使える自由エネルギー}$$
$$+ \boxed{仕事に使えない束縛エネルギー}$$

とみなすことができる．

同様に式 (6.62) の $U = G - PV + TS$ を見ると，定温・定圧では

$$\boxed{(内部)エネルギー} = \boxed{有効仕事に使える自由エネルギー}$$
$$+ \boxed{体積仕事に使われるエネルギー} + \boxed{仕事に使えない束縛エネルギー}$$

と解釈できる．ここで「自由」が「束縛」に対する反対の意味をもつ言葉として使われていることがわかるであろう．さらに「自由」には「遊離する」の意味があり，人間の立場からすれば「取り出せる」意味をもつことになる．

有効仕事がある場合を整理すると以下のとおりである．

（a） T, V 一定の条件では

$$(dA)_{T,V} \leq d'W_a \tag{6.67}$$

（b） T, P 一定の条件では

$$(dG)_{T,P} \leq d'W_a \tag{6.68}$$

となる．また，上の2つの式は，有限の変化に対しては，それぞれ

$$(\Delta A)_{T,V} \leq W_a \tag{6.69}$$
$$(\Delta G)_{T,P} \leq W_a \tag{6.70}$$

で表される．

ΔG について有効仕事との関係を図示すると，図 6-13 のようになる．図 (a) には，系が外界へ仕事をする場合，可逆過程では ΔG が 100 % 仕事に変わり，最大値を示すが，不可逆過程では一部損失を生じることを示している．逆に図 (b) に示すように，外界から仕事をして系のエネルギーを高めようとする場合，可逆過程では最小でそれができるが，不可逆過程では余分な仕事を要し，その分損失が生じる．鉛蓄電池のように，可逆反応を応用した電池は，無限小の電流が流れるように電池を働かせたとすると，熱力学的に可逆である．また，この場合，電池から得られる電気的仕事は，体積変化の仕事を含まないので，定温・定圧のもとではその可逆電池から得られる電気的仕事は有効仕事に等しく，したがって電池反応に伴う Gibbs エネルギーの減少量に等しい．また，可逆的に充電されるときは Gibbs エネルギーの増加量に等しい．しかし，実際の鉛蓄電池の利用にあたっては，熱力学的に真の可逆過程で電気的仕事を取り出したり加えたりすることは不可能であ

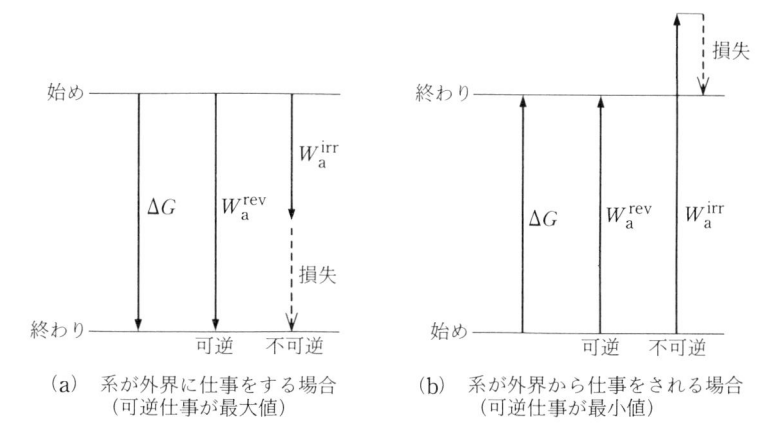

(a) 系が外界に仕事をする場合
(可逆仕事が最大値)

(b) 系が外界から仕事をされる場合
(可逆仕事が最小値)

図 6-13　$\Delta G \leq W_a$ の意味（不可逆過程は G の損失を伴う）

るので，放電時も充電時もエネルギーの一部損失は避けられない．

6.3.2　Gibbs エネルギーの圧力および温度による変化

純物質または組成一定の系が微小変化を受けたときの Gibbs エネルギーの変化は，$G = U + PV - TS$ を微分したものがそれを表す．

$$dG = dU + P\,dV + V\,dP - T\,dS - S\,dT \tag{6.71}$$

可逆変化に対しては，式 (6.57) で $d'W = -P\,dV$ とすると

$$dU - T\,dS + P\,dV = 0 \quad (\text{可逆過程}) \tag{6.72}$$

であるから，上の式にこの関係を入れると

$$\boxed{dG = V\,dP - S\,dT} \tag{6.73}$$

という重要な式が得られる．

一方，G を T と P の関数として全微分をとると

$$\boxed{dG = \left(\frac{\partial G}{\partial P}\right)_T dP + \left(\frac{\partial G}{\partial T}\right)_P dT} \tag{6.74}$$

となるが，これと上の式を比較すると

$$\boxed{\left(\frac{\partial G}{\partial P}\right)_T = V} \tag{6.75}$$

$$\boxed{\left(\frac{\partial G}{\partial T}\right)_P = -S} \tag{6.76}$$

のように，全微分の微係数がそれぞれ V と $-S$ に相当している．これより，圧力 P に共役な変数が V であり，温度 T に共役な変数がエントロピー S であることがわかる（このほか熱力学式の相互関係については付録 B に掲載しているので参考にすること）．

式 (6.74) または (6.76) は，定圧であれば，$dG = \left(\frac{\partial G}{\partial T}\right)_P dT = -S\, dT$ であることを示している．これより次式が得られる．

$$-\Delta S = -(S_2 - S_1) = \left(\frac{\partial G_2}{\partial T}\right)_P - \left(\frac{\partial G_1}{\partial T}\right)_P = \left(\frac{\partial \Delta G}{\partial T}\right)_P$$

この式と式 (6.66) から

$$\left(\frac{\partial \Delta G}{\partial T}\right)_P = -\Delta S = \frac{\Delta G - \Delta H}{T} \tag{6.77}$$

となる．この式は **Gibbs-Helmholtz の式**（複数個ある）の代表的なものである．ΔG とその温度変化がわかれば，この式から反応熱 ΔH を求めることができる．式 (6.77) はまた次のように書き表すことができる．（次の式 (6.78) の導き方は次章の例題で示している．）

$$\boxed{\left[\frac{\partial}{\partial T}\left(\frac{\Delta G}{T}\right)\right]_P = -\frac{\Delta H}{T^2}} \tag{6.78}$$

または，$-\partial T/T^2 = \partial(1/T)$ であるので

$$\left[\frac{\partial (\Delta G/T)}{\partial (1/T)}\right]_P = \Delta H \tag{6.79}$$

この Gibbs-Helmholtz の式はきわめて有用な式であるので，次章で詳しく議論しよう．

例題 6.12　1 mol の $NH_3(g)$ を定温 25 ℃ において 1 atm から 3 atm に変化させるときの ΔG を，(a) 理想気体の状態方程式に従うとした場合，(b) van der Waals の状態方程式に従うとした場合，について計算せよ．ただし van der Waals 定数は $a = 4.2\, dm^6\, atm\, mol^{-2}$，$b = 0.037\, dm^3\, mol^{-1}$ であり [表 1-1 (16 ページ)参照]，$PV = nRT + n(b - a/RT)P$ と近似する．

解　(a) 式 (6.73) を使って

$$\Delta G = \int_1^3 \left(\frac{RT}{P}\right) dP = 8.314\,(J\,K^{-1}\,mol^{-1}) \times 298.15\,K \times \ln\left(\frac{3}{1}\right) = 2.723 \times 10^3\,J$$

(b) $\Delta G = \int_1^3 \left[\frac{RT}{P} + \left(b - \frac{a}{RT}\right)\right] dP = RT \ln\left(\frac{3}{1}\right) + \left(0.037 - \frac{4.2}{0.082 \times 298}\right)(dm^3)(3-1)\,atm$

$= RT \ln\left(\frac{3}{1}\right) + \left(0.037 - \frac{4.2}{0.082 \times 298}\right) dm^3 \times (3-1)\,atm \times \frac{8.314\,J\,K^{-1}\,mol^{-1}}{0.08205\,atm\,dm^3\,K^{-1}\,mol^{-1}}$

$= 2723 + (-27) = 2696\,J$

6.3.3　部分モル量：化学ポテンシャルと部分モル体積

これまでは物質の出入りのない均一な閉じた系（閉鎖系）について論じてきた．しかし，化学で扱う多くの系はエネルギーのみならず，物質の出入りも許す，いわゆる「開かれた系」（開放系）である．したがって，開放系では組成の変化あるいは濃度の変化の影響を考慮しなければならない．この場合，内部エネルギー，エンタルピー，Helmholtz エネルギーおよび Gibbs エネルギー等は，次のように，物質 $1, 2, \cdots, r$ の物質量 $n_1, n_2, \cdots, n_r$ の変数も関数に加わる．たとえば，内部エネルギーは $U = U(V, S, n_1, n_2, \cdots, n_r)$ となり，こ

れの全微分をとれば

$$dU = \left(\frac{\partial U}{\partial V}\right)_{S,n_i} dV + \left(\frac{\partial U}{\partial S}\right)_{V,n_i} dS + \sum_{i=1}^{r} \left(\frac{\partial U}{\partial n_i}\right)_{S,V,n_j(i\neq j)} dn_i \tag{6.80}$$

ここで，

$$\boxed{\left(\frac{\partial U}{\partial n_i}\right)_{S,V,n_j(i\neq j)} \equiv \mu_i}$$

とおき，式（6.38 a と b）を用いると，

$$dU = T\,dS - P\,dV + \sum_{i=1}^{r} \mu_i\,dn_i \tag{6.81}$$

μ_i は U を物質量 n_i で偏微分したもので，**化学ポテンシャル**（chemical potential）と通常呼びならされている．同様に各熱力学量は次のように表される（式（6.37）参照）．

$$dH = dU + d(PV) = T\,dS + V\,dP + \sum_{i=1}^{r} \mu_i\,dn_i \tag{6.82}$$

$$dA = dU - d(TS) = -S\,dT - P\,dV + \sum_{i=1}^{r} \mu_i\,dn_i \tag{6.83}$$

$$\boxed{dG = dH - d(TS) = -S\,dT + V\,dP + \sum_{i=1}^{r} \mu_i\,dn_i} \tag{6.84}$$

これらより，μ_i には次の関係がある．

$$\mu_i = \left(\frac{\partial U}{\partial n_i}\right)_{S,V,n_j} = \left(\frac{\partial H}{\partial n_i}\right)_{S,P,n_j} = \left(\frac{\partial A}{\partial n_i}\right)_{T,V,n_j} = \left(\frac{\partial G}{\partial n_i}\right)_{T,P,n_j} \tag{6.85}$$

このうち，最もよく使われるのが最後の関係である．

Gibbs エネルギーは示量性の状態量であるが，化学ポテンシャルは多成分系中の，それぞれの成分 1 mol あたりの Gibbs エネルギーである．注意しなければならないのは，化学ポテンシャルは示強性の状態量であることである．これは，T, P が一定ならば，式（6.84）を見てわかるように

$$\boxed{dG(T, P, n_1, \cdots, n_r) = \sum_{i=1}^{r} \mu_i\,dn_i} \tag{6.86}$$

$$G(T, P, n_1, \cdots, n_r) = \sum_{i=1}^{r} \mu_i n_i \tag{6.87}$$

となる．このような多成分系の中の 1 成分の 1 mol あたりの熱力学量を部分モル量（partial molar quantity,「部分モル」のかわりに「偏モル」という訳語を用いる人たちもいる）と呼ぶ．したがって，式（6.84）の化学ポテンシャルは**部分モル Gibbs エネルギー**のことである．

式（6.75）から出発して，別の部分モル量である**部分モル体積** $\bar{V}_i$（partial molar volume）と化学ポテンシャルとの関係を導くことができる．G は状態量であるから

$$\left[\frac{\partial}{\partial n_i}\left(\frac{\partial G}{\partial P}\right)_{T,n_j}\right]_{T,P,n_j} = \left[\frac{\partial}{\partial P}\left(\frac{\partial G}{\partial n_i}\right)_{T,P,n_j}\right]_{T,n_j}$$

これより

$$\bar{V}_i \equiv \left(\frac{\partial V}{\partial n_i}\right)_{T,P,n_j} = \left(\frac{\partial \mu_i}{\partial P}\right)_{T,n_j} \tag{6.88}$$

左の式からは，V は系全体の体積であり，T, P を一定に保ち，他の成分の量も一定に保っているとき，その系全体の体積 V に対して物質 i が 1 mol 加えられたことによる増分を示したものであることがわかる．（系に物質 i を加えていくと体積が変化する．V を添加量 n_i の関数として表した曲線の接線勾配が $\bar{V}_i$ である．）右の式は，温度と他の成分の量を一定に保っている状況下で，化学ポテンシャルの圧力変化が部分モル体積に対応していることを示す．

このような部分モル量を用いる理由は，たとえば多くの溶液の体積はそれぞれの成分が純粋な状態で存在するときの体積の単純な和ではないからである．単純な和でなくなる原因は物質-物質間に特有な相互作用があるためである．物質間の相互作用を調べるために，成分の部分モル体積を測定することは有力な研究法の1つである．成分 A と B を dn_A, dn_B mol ずつ A–B 混合系に加えたときの体積変化 dV は，

$$dV = \left(\frac{\partial V}{\partial n_A}\right)_{n_B,T,P} dn_A + \left(\frac{\partial V}{\partial n_B}\right)_{n_A,T,P} dn_B$$
$$= \bar{V}_A dn_A + \bar{V}_B dn_B \tag{6.89}$$

となる．これを積分して一般的に表すと次式のかたちをとる．

$$V = \sum n_i \bar{V}_i \tag{6.90}$$

部分モル体積が濃度によって著しく変わるものの代表的な混合物として，水-エタノール系がある．図 6-14 に示すように，それぞれの部分モル体積は組成によって大きく変化する．

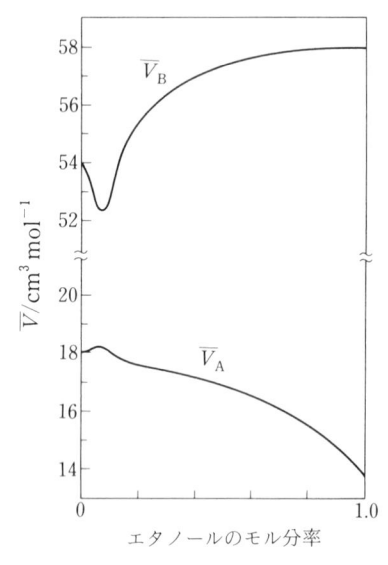

図 6-14 水-エタノール系の部分モル体積（20 ℃）（A：水，B：エタノール）

例題 6.13 A と B の 2 成分からなる溶液の全体積を V とすると，平均モル体積 $\bar{V}_m$ は次のように表される．

$$\bar{V}_m = \frac{V}{n_A + n_B}$$

ここで n_A, n_B は A, B の物質量である．$\bar{V}_m$ をいろいろの濃度で測定した結果を x_B に対してプロットすると，図 6-15 中の太い実線で示す曲線が得られた．$x_B = P$ における A と B の部分モル体積 $\bar{V}_A, \bar{V}_B$ を求める方法を示せ．

解 $V = n_A \bar{V}_A + n_B \bar{V}_B$ であるから,平均モル体積は次式で表される.
$$\bar{V}_m = x_A \bar{V}_A + x_B \bar{V}_B$$
$x_A = 1 - x_B$ の関係を用いて,その両辺を x_B について微分すると
$$\frac{d\bar{V}_m}{dx_B} = (-\bar{V}_A + \bar{V}_B) + \left[x_A\left(\frac{d\bar{V}_A}{dx_B}\right) + x_B\left(\frac{d\bar{V}_B}{dx_B}\right)\right]$$
ここで右辺第2項は0と置けることが知られている(オイラーの定理,詳細説明省略)ので,結果的に次式が導かれる.
$$\begin{aligned}\frac{d\bar{V}_m}{dx_B} &= -\bar{V}_A + \bar{V}_B \\ &= -\bar{V}_A + \frac{\bar{V}_m - (1-x_B)\bar{V}_A}{x_B} \\ &= \frac{\bar{V}_m - \bar{V}_A}{x_B}\end{aligned}$$
$$\therefore \quad \bar{V}_A = \bar{V}_m - x_B \frac{d\bar{V}_m}{dx_B}$$
または
$$\bar{V}_m = \bar{V}_A + x_B \frac{d\bar{V}_m}{dx_B}$$

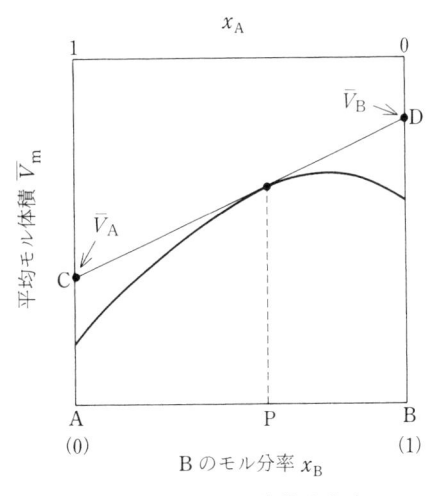

図 6-15 部分モル体積決定法

この最後の式は,$\bar{V}_m$ 対 x_B のプロットで得られた曲線上のある x_B における接線を表し,切片が $\bar{V}_A$ で勾配が $(d\bar{V}_m/dx_B)$ の直線を与える式である.これから $x_B = P$ において曲線の接線を引き,両端の縦軸との交点をC,Dとすると,$\bar{V}_A$ は図の $\overline{AC}$ となる.同様に,$\bar{V}_B = \overline{BD}$ となる.

6.3.4 化学ポテンシャルの表現

前の項で部分モル量について学んだ.その中で部分モル自由エネルギーである化学ポテンシャルは,熱力学を通して,物理化学の法則を理解するうえで重要なものである.この項では化学ポテンシャルの表現についての詳細をさらに検討してみよう.

定温において圧力が P_1 から P_2 へ変化するときのGibbsエネルギー変化は
$$\int_{G_1}^{G_2} dG = \Delta G = G_2 - G_1 = \int_{P_1}^{P_2} V\,dP \tag{6.91}$$
で与えられる.この積分を行うためには,V が P によってどのように変わるかその関数形がわかっていなければならない.n mol の理想気体の場合は簡単で,$V = nRT/P$ であるから
$$\Delta G = G_2 - G_1 = nRT\int_{P_1}^{P_2}\frac{dP}{P} = nRT\ln\frac{P_2}{P_1} \tag{6.92}$$
または書き換えて
$$G_2 = (G_1 - nRT\ln P_1) + nRT\ln P_2 \tag{6.92'}$$
この式を P_1 が単位圧力のときの純粋理想気体 1 mol に適用すると,Gibbs自由エネルギーすなわち化学ポテンシャルは,

$$\mu = \mu^0(T) + RT \ln P \tag{6.93}$$

と表現される．ここで $P_1 = 1$ および $P_2 = P$ とおいている．$\mu^0(T)$ は一般に**標準化学ポテンシャル**（standard chemical potential）と呼ばれ，純粋気体が温度 T，単位圧力（通常 1 atm）にあるときの化学ポテンシャルである．

上述の話を $n = \sum n_i$ mol の理想気体の混合物に適用すると，定温でかつ組成一定の場合は

$$G = G^\bullet + nRT \ln P = G^\bullet + RT \sum n_i \ln \sum p_i \tag{6.94}$$

という結論が得られる．ここで p_i は理想気体 i の分圧であり，$G^\bullet$ は全圧が単位圧力のときの混合気体 $n = \sum n_i$ mol の Gibbs 自由エネルギーである．話を簡単にするために，2 成分混合気体に限定してみる（2 成分以上でも同様である）．$G^\bullet$ は各純粋成分の Gibbs 自由エネルギーの単純な和ではなく，さらに混合の効果 ΔG_{mix} を含んでいる．

$$G^\bullet = n_A \mu_A^0 + n_B \mu_B^0 + \Delta G_{\mathrm{mix}}$$

さて，混合の際に熱的な変化も体積の変化もないとすると，混合のエンタルピー ΔH_{mix} はゼロとなる．すると混合の自由エネルギーは

$$\Delta G_{\mathrm{mix}} = -T \Delta S_{\mathrm{mix}}$$

のエントロピー項のみとなる．ここで ΔS_{mix} は混合のエントロピーである．理想気体の場合がこれに相当する．例題 6.2 または式（6.51）によれば

$$\Delta S_{\mathrm{mix}} = -R(n_A \ln x_A + n_B \ln x_B)$$

であるから，式（6.94）は書き換えられて，式（6.87）が示すように，G は次式で表される．

$$G = n_A \mu_A + n_B \mu_B$$

ここで組成項と圧力項を考慮して A や B を一般的に i で表せば，化学ポテンシャルの式は次式のようになる．

$$\mu_i = \mu_i^0(T) + RT \ln x_i + RT \ln P \tag{6.95}$$

この式（6.95）に Dalton の分圧の法則を適用すると，次式を得る．

$$\mu_i = \mu_i^0(T) + RT \ln p_i \tag{6.96}$$

ここで p_i は成分気体の分圧を表している．また別の表現を使うと

$$\mu_i = \mu_i^*(T, P) + RT \ln x_i \tag{6.97}$$

$$\mu_i^*(T, P) = \mu_i^0(T) + RT \ln P \tag{6.98}$$

と表せる．ここで μ_i^* は成分 i が純粋気体（温度 T，圧力 P）のときの化学ポテンシャルである．これも標準化学ポテンシャルと呼ばれる．

式（6.97）を液体の場合にも拡張することを試みよう．液体の場合，その体積が圧力とどのような関係にあるか明確ではない．つまり，気体のように圧力が対数のかたちになるか

どうか不明である．一方，混合のエントロピーについては例題 6.2 の話が液体にも適用できる（厳密には分子のサイズが同じという制限があるが）．そこで式 (6.97) の表現の中で，μ_i^* は純粋物質の化学ポテンシャル（すなわち標準化学ポテンシャル）だから，これさえ定義できれば体積と圧力の関係がわからない液体に，式 (6.97) が使えることになる．

ここでは混合の際，熱的にも体積的にも変化がないとしてきた．このような混合は理想混合と呼ばれている．現実には，とくに液体の混合の場合には，このような理想的な混合からはずれる場合がしばしばある．この点についての詳細は第 8 章で述べよう．

第 6 章 演習問題

6.1 次の反応の標準エントロピー変化を計算せよ．
$$2\,\mathrm{NaHCO_3(s)} \longrightarrow \mathrm{Na_2CO_3(s)} + \mathrm{CO_2(g)} + \mathrm{H_2O(g)}$$
ただし，各物質の標準エントロピーは次のとおりである（単位は J K^{-1} mol^{-1}）．
$S^{\ominus}_{\mathrm{(NaHCO_3(s))}} = 101.7$, $S^{\ominus}_{\mathrm{(Na_2CO_3(s))}} = 135.0$, $S^{\ominus}_{\mathrm{(CO_2(g))}} = 213.7$, $S^{\ominus}_{\mathrm{(H_2O(g))}} = 188.8$

6.2 シラン (silane, SiH$_4$) は，天然ガス中の主成分メタン (methane, CH$_4$) と類似のシリコン (silicon) の一種である．メタンと同様にシランは空中で燃焼する．生成物はシリカである．ただし，このシリカは CO$_2$(g) とは違って固体である．
$$\mathrm{SiH_4(g)} + 2\,\mathrm{O_2(g)} \longrightarrow \mathrm{SiO_2(s)} + 2\,\mathrm{H_2O(g)}$$
この反応の標準 Gibbs エネルギー変化 $\Delta G^{\ominus}$ を計算せよ．
ただし，SiO$_2$(s) および SiH$_4$(g) の標準 Gibbs エネルギー $\Delta G_\mathrm{f}^{\ominus}$ は，それぞれ -805 kJ mol^{-1} および -39 kJ mol^{-1} とし，水の $\Delta G_\mathrm{f}^{\ominus}$ 値は表 5-6 を参照せよ．

6.3 300 K (27 °C) で内容積が 10.0 dm^3 のボンベに 50.0 atm の He ガスが詰めてある．この気体を 1 atm, 27 °C の大気中に放出させる際の，次の (a), (b) を計算せよ．ただし，He ガスは理想気体とみなして取り扱ってよい．
 (a) 気体がなしうる最大仕事量． (b) 気体を放出させたときのエントロピー変化．
 (ヒント：(a) は 50.0 atm から 1.0 atm まで等温可逆膨張したとして最大仕事 $-W_\mathrm{max}$ を計算する．(b) の解答には (a) の計算結果を利用する．)

6.4 27 °C, 1 atm のもとでヘリウムボンベから，内容積が 400 dm^3 の観測用気球に準静的に半分 (200 dm^3) だけ He を入れる際の，$\Delta U, Q, W, \Delta H$ を計算せよ．ただし，He ガスは理想気体であるとみなせ．
 (ヒント：仕事 $-W$ は外圧 1 atm に抗して，体積 0 から 200 dm^3 まで定温可逆膨張したとみなして計算する．)

6.5 300 K, 1.00 atm に保たれた 3.00 mol の理想気体がある．次の問に答えよ．
 (a) この気体を 5.00 atm まで温度一定で圧縮するときのエントロピー変化を求めよ．また，このとき，始めの体積と終わりの体積はそれぞれ何 dm^3 か．
 (b) この気体の定圧モル熱容量は，$C_\mathrm{p} = 12.47$ J K^{-1} mol^{-1} で温度に依存しない．5.00 atm の状態のままで，さらに 1500 K まで昇温するときのエントロピー変化を求めよ．
 (c) この気体が 300 K, 1.00 atm の状態から，1500 K, 5.00 atm まで変化したときのエントロピー変化はいくらか．

6.6 水蒸気の定圧モル熱容量は，$C_\mathrm{p}/\mathrm{J\,K^{-1}\,mol^{-1}} = 30.54 + 10.29 \times 10^{-3}\,T$ で与えられる．180 g の水が 1 atm で 200 °C から 1200 °C まで昇温するときのエントロピー変化を求めよ．

6.7 CO や N$_2$O は，弱いながらも電気双極子モーメントをもっていて，双極子を一定にそろえた配置が最も安定なはずである．しかし，双極子モーメントが小さくて，分子の周囲の弱い電場では，次の 2 通りの配置の仕方が可能であり，そのエネルギー差がきわめてわずかなので 0 K 付

近でも，どちらの向きもほとんど同じ確率で起こることが考えられる．

→　→　→　→
←　→　←　→
→　←　→　→
→　→　→　→

各分子につき ⟶ と ⟵ の 2 通りの配置の仕方があるので，絶対零度においても $S = 0$ とはならない（熱力学第三法則の例外）．このような分子の絶対零度におけるエントロピーはいくらと推定されるか．

6.8 1 atm のもとで，−10 °C の氷 1000 g を加熱して 25 °C の水にする際のエントロピー変化を求めよ．ただし，0 °C における氷の融解熱は 333.4 J g^{-1} である．また，氷と水の比熱容量として，それぞれ平均値 2.07 および 4.18 J K^{-1} g^{-1} を用いよ．

6.9 1 atm のもとで，1 mol のベンゼンがその沸点 80.2 °C で蒸発する際の $\Delta S, \Delta A, \Delta G$ を求めよ．ただし，80.2 °C におけるベンゼンの蒸発熱は 423 J g^{-1} であり，ベンゼン蒸気は理想気体の法則に従うものとする．

6.10 25 °C において，3.00 mol の理想気体を 1.00 atm から 5.00 atm まで定温可逆圧縮するときの ΔA と ΔG を求めよ．

6.11 27 °C（300 K），760 mmHg のもとで，2.0 mol の理想気体 A と 3.0 mol の理想気体 B を定温・定圧混合するときの $\Delta S_{mix}, \Delta H_{mix}, \Delta G_{mix}$ はそれぞれいくらか．

6.12 液体のモル体積は圧力によって変化しないものとして，20 °C において 1 mol の液体エタノールを 1 atm から 25.0 atm まで加圧したときの ΔG を求めよ．ただし，20 °C，1.0 atm における液体エタノールの密度は 0.789 g cm^{-3} である．

（ヒント： $\bar{V} = (\partial \bar{G}/\partial P)_T, \quad \Delta \bar{G} = \int_{P_1}^{P_2} \bar{V} \, dP \fallingdotseq \bar{V} \int_{P_1}^{P_2} dP$

ΔG を atm dm^3 単位で求めたあと，J 単位に換算せよ．）

6.13 25 °C，1 atm における次のような標準生成熱 $\Delta H_f^\ominus$ および標準エントロピー $S^\ominus$ の値から，

（a） 25 °C，1 atm における反応 CuBr$_2$(s) = CuBr(s) + (1/2)Br$_2$(g) に伴う $\Delta H^\ominus, \Delta S^\ominus, \Delta G^\ominus$ を求めよ．

（b） この反応が自発的に右へ進むためには，1 atm のもとで温度を何度以上にすればよいか．ただし，ΔH および ΔS は温度により変化しないと仮定する．

	$\Delta H_f^\ominus$ (kJ mol^{-1})	$S^\ominus$ (J K^{-1} mol^{-1})
CuBr$_2$(s)	−139	126
CuBr(s)	−105	91.6
Br$_2$(g, 1 atm)	30.7	245.3

6.14 標準状態（1 atm, 298.15 K）における次の反応

$$H_2(g) + \frac{1}{2} O_2(g) \longrightarrow H_2O(l)$$

について，$\Delta H_f^\ominus$ と $\Delta S^\ominus$ の値から $\Delta G^\ominus$ と $\Delta A^\ominus$ を計算せよ．

（ヒント： $\Delta A^\ominus = \Delta G^\ominus - P\Delta V = \Delta G^\ominus - \Delta n_g RT$

Δn_g は気体の物質量の変化を指す．）

7

熱力学の化学への応用（1）——化学平衡

先に第5章で熱力学第一法則とエネルギーの姿や性質の関係を学び，第6章ではエントロピーと自由エネルギーの概念を学んできた．また，部分モル量としての自由エネルギー，すなわち化学ポテンシャルについてそのあらましを見てきた．この後の2つの章で，自由エネルギー（とくにGibbsエネルギー）や化学ポテンシャルが化学にどのように応用されているのか，その応用の仕方を，化学平衡や相平衡（概要は第4章で学んだ）を熱力学的に解釈し，記述することを通して学んでいくことにしよう．ここで，念のため注意しておくと，Gibbsエネルギーは示量性の変数であり，部分モルGibbsエネルギーとも呼ばれる化学ポテンシャルは示強性の変数である．たとえば，図7-1(a)に示すように，同じ濃度のショ糖水溶液が左室（A）に比べて右室（B）が2倍量存在するときは，右のGibbsエネルギーは左の2倍であるが，化学ポテンシャルは等しい．したがって左右を隔てる壁を取り払っても，特別な変化は生じない．一方，図7-1(b)では，左室（A）のほうは，ショ糖濃度が4倍高いので，明らかにショ糖の化学ポテンシャルは高く，もし隔壁を取り外すと，（A）のほうから（B）へ向けてショ糖の移動（拡散）が起こり，左右の区別ができない同じ濃度になるまで（図の場合2Mになるまで）変化が継続して平衡に達する．このときエントロピーが極大値をとり，（A）と（B）を合わせた総Gibbsエネルギーは極小になる．

物質の変化も相の変化もともに「状態」の変化であり，化学ポテンシャルの高い状態から低い状態へ向けて物質が位置や性質の変化を起こす．この章では化学平衡を熱力学的に論じてみよう．

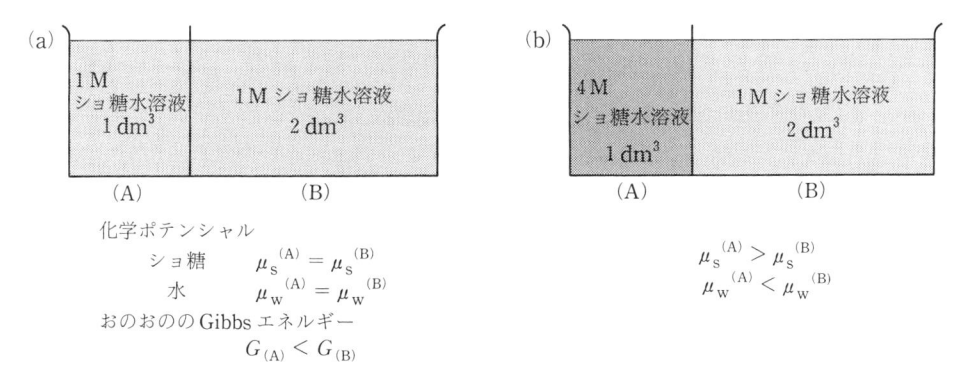

図7-1 Gibbsエネルギー（示量性）と化学ポテンシャル（示強性）の違いを考える．化学ポテンシャルに差があるとき，その物質は高いほうから低いほうへ移動する可能性を有する．

(a) 化学ポテンシャル
 ショ糖 $\mu_s^{(A)} = \mu_s^{(B)}$
 水 $\mu_w^{(A)} = \mu_w^{(B)}$
 おのおののGibbsエネルギー
       $G_{(A)} < G_{(B)}$

(b) $\mu_s^{(A)} > \mu_s^{(B)}$
    $\mu_w^{(A)} < \mu_w^{(B)}$

§7.1 化学平衡

化学平衡のあらましについてはすでに第4章で述べた．復習の意味でここで要点を振り返ってみよう．可逆反応の場合，反応開始後ある時間が経過したところで正反応の速度と逆反応の速度が同じになり，それ以後は反応物の濃度も生成物の濃度も変化せずに一定に保たれる．すなわち，見かけ上化学反応が停止し，それ以上何も変化が起こらないような状態が達成される．この状態を化学平衡という．化学平衡の状態では，反応物濃度と生成物濃度の間に質量作用の法則（化学平衡の法則）と呼ばれる関係が成り立つ．なお，化学平衡の状態では，化学反応そのものが起こらないわけではなく，反応は起こっているが正反応と逆反応の速度が等しく，見かけ上反応が止まっているように見えるということを再度注意しておこう．

第6章で学んだように，熱力学の法則によれば定温定圧における平衡条件は次のようなものであった（式(6.65)を見よ）．

$$\mathrm{d}G = 0 \tag{7.1}$$

すなわち，平衡状態ではGibbsエネルギーが最小になっている，あるいは逆に，Gibbsエネルギーが最小になっていれば平衡状態に達している．これは化学平衡の場合にも当然あてはまる．つまり，化学平衡の状態では反応物と生成物からなる系のGibbsエネルギーは極小になっており，その状態では反応が正方向または逆方向にほんのわずかだけ進行してもGibbsエネルギーは変化しない．熱力学に基づいた平衡条件，すなわち式(7.1)の関係から出発すると化学平衡の状態で成り立つ質量作用の法則が自然に導かれてくることを以下で示そう．そのためにまず，式(7.1)を化学反応に適用して得られる化学平衡の条件を調べることから始めよう．

§7.2 化学平衡の条件

温度と圧力が一定のもとで，ある化学反応が平衡にあるとき，Gibbsエネルギーは極小値をとっている．このとき，反応がほんのわずかだけ進行してもGibbsエネルギーは変化しない（$\mathrm{d}G = 0$）．いま化学反応を一般化して次のように表現しよう．

$$\nu_1 \mathrm{Re}_1 + \nu_2 \mathrm{Re}_2 + \cdots = \nu_{1'} \mathrm{Pr}_1 + \nu_{2'} \mathrm{Pr}_2 + \cdots$$

ここで，Reは反応物（reactants），Prは生成物（products）を表し，係数νを**化学量論係数**と呼ぶ．また，左辺を反応系，右辺を生成系という．総和の記号を用いれば，この化学反応式は次のように簡潔に表される．

$$\sum_i \nu_i \mathrm{Re}_i = \sum_j \nu_j \mathrm{Pr}_j \tag{7.2}$$

これ以後は反応物に関する添字をiで，生成物に関する添字をjで表すことにする．

いま，定温定圧で反応が右向きにほんのわずかだけ進行したときのGibbsエネルギーの変化を考えよう．この反応の進行によりRe_iの物質量が$\mathrm{d}n_i\,\mathrm{mol}$だけ減少し$\mathrm{Pr}_j$の物質量

が dn_j mol だけ増加したとすれば，系の Gibbs エネルギー変化 dG は各物質の化学ポテンシャル μ_i, μ_j を用いて次のように表される．

$$dG = -\sum_i \mu_i\, dn_i\,(反応系) + \sum_j \mu_j\, dn_j\,(生成系) \tag{7.3}$$

ところで，閉じた系で化学反応に伴う各成分の物質量の変化量（dn）は，その化学量論係数（ν）に比例するから次の関係が成り立つ．

$$\frac{dn_1}{\nu_1} = \frac{dn_2}{\nu_2} = \cdots = \frac{dn_i}{\nu_i} = \cdots$$

つまり，化学反応による物質量の変化量と化学量論係数の比はすべての成分について同じになる（具体的な化学反応について上の関係が成り立つことを確かめてみよ）．この比を $d\xi$ で表せば，

$$dn_i = \nu_i\, d\xi \quad (i = 1, 2, \cdots)$$
$$dn_j = \nu_j\, d\xi \quad (j = 1, 2, \cdots) \tag{7.4}$$

と書ける．なお，この ξ を反応進行度と呼ぶ．式（7.4）を用いて式（7.3）を書き換えると次式が得られる．

$$dG = -\sum_i \nu_i \mu_i\, d\xi\,(反応系) + \sum_j \nu_j \mu_j\, d\xi\,(生成系) \tag{7.5}$$

上にも述べたように，Gibbs エネルギーが極小値をとるというのが定温定圧における平衡条件であり，これは化学平衡にあてはめると次のように表される．

$$\left(\frac{\partial G}{\partial \xi}\right)_{T,P} = 0 \tag{7.6}$$

式（7.5）と（7.6）より，定温定圧における化学平衡の条件として次式が得られる．

$$-\sum_i \nu_i \mu_i\,(反応系) + \sum_j \nu_j \mu_j\,(生成系) = 0 \tag{7.7}$$

あるいは，書き換えて，

$$\boxed{\sum_i \nu_i \mu_i\,(反応系) = \sum_j \nu_j \mu_j\,(生成系)} \tag{7.8}$$

ここで，μ_i, μ_j は平衡状態における成分 i, j の化学ポテンシャルである．なお，$(\partial G/\partial \xi)_{T,P} < 0$ のとき，すなわち，

$$\sum_i \nu_i \mu_i\,(反応系) > \sum_j \nu_j \mu_j\,(生成系)$$

のときは化学反応は反応系から生成系の方向に（反応式の左から右に）進行し，$(\partial G/\partial \xi)_{T,P} > 0$ のとき，すなわち，

$$\sum_i \nu_i \mu_i\,(反応系) < \sum_j \nu_j \mu_j\,(生成系)$$

のときは生成系から反応系の方向に進行する．

§7.3 気相化学平衡

7.3.1 質量作用の法則

式(7.7)あるいは(7.8)は化学平衡の一般的な条件を表す．これから出発して先に進むためには，各成分の化学ポテンシャルが温度，圧力，濃度の関数としてどのように表されるかを知る必要がある．理想気体については化学ポテンシャルの表し方を第6章で学んで知っている．そこで，ここでは反応物，生成物ともに理想気体であるような気相化学平衡について考えていこう．

理想混合気体の成分 i の化学ポテンシャルは，その分圧を用いて次のように表された(6.3.4項).

$$\mu_i = \mu_i^0(T, P = 1\,\mathrm{atm}) + RT \ln p_i \tag{7.9}$$

ここで，μ_i^0 は圧力 1 atm（1.013×10^5 Pa）という標準状態における純粋気体 i の化学ポテンシャル，p_i は混合気体中の成分 i の分圧である．式(7.9)を式(7.8)に代入すると次式が得られる．

$$\sum_i \nu_i \mu_i^0 (\text{反応系}) + RT \sum_i \nu_i \ln p_i (\text{反応系})$$
$$= \sum_j \nu_j \mu_j^0 (\text{生成系}) + RT \sum_j \nu_j \ln p_j (\text{生成系})$$

$$\therefore \quad \sum_j \nu_j \mu_j^0 (\text{生成系}) - \sum_i \nu_i \mu_i^0 (\text{反応系}) = -RT \ln \frac{\prod_j p_j^{\nu_j}(\text{生成系})}{\prod_i p_i^{\nu_i}(\text{反応系})} \tag{7.10}$$

ただし，ここでは p_i, p_j は平衡状態における分圧である．

式(7.10)の左辺は標準状態の反応物から標準状態の生成物が生じるときのGibbsエネルギーの変化量に相当し，これを**標準Gibbsエネルギー変化**と呼び ΔG^0 という記号で表す．また，右辺の対数の中身を記号 K_p で表すと，式(7.10)は次式のように書き換えられる．

$$\boxed{\Delta G^0 = -RT \ln K_\mathrm{p}} \tag{7.11}$$

ただし，

$$\boxed{\Delta G^0 = \sum_j \nu_j \mu_j^0 - \sum_i \nu_i \mu_i^0}$$

$$\boxed{K_\mathrm{p} = \frac{\prod_j p_j^{\nu_j}}{\prod_i p_i^{\nu_i}}} \tag{7.12}$$

式(7.9)を見てもわかるとおり，ΔG^0 は圧力が一定（大気圧）であれば温度のみの関数である．したがって，式(7.11)から K_p もまた温度だけの関数となることがわかる．言い換えれば，K_p の値は温度で決まり，一定の温度ではその反応に特有な定数であることが証明される．こうして，化学平衡の状態で成り立つ質量作用の法則が導かれた．

K_p は気体の分圧で表した平衡定数であり，圧平衡定数と呼ばれる．たとえば，
$$2\,\mathrm{NO(g)} + \mathrm{O_2(g)} \rightleftharpoons 2\,\mathrm{NO_2(g)} \tag{7.13}$$
の反応の場合には，K_p は次式で与えられる．
$$K_p = \frac{p_{\mathrm{NO_2}}^{\,2}}{p_{\mathrm{NO}}^{\,2} \times p_{\mathrm{O_2}}} \tag{7.14}$$
K_p の値が既知の場合，たとえば上の例で平衡混合物中の $\mathrm{NO_2}$ と NO の分圧を定めれば $\mathrm{O_2}$ の分圧は自動的に決められる．つまり，平衡混合物を規定する変数として3つの分圧があるが，平衡の関係式が1つあるため，独立変数が1つ減って2つになっている．もし上の反応で，平衡状態になっているときの分圧がわかれば K_p は計算で求められるし，また，式 (7.11) から標準 Gibbs エネルギー変化 ΔG^0 も計算することができる．

例題7.1 式 (7.14) の K_p が (圧力)$^{-1}$ の次元をもっているように，一般式 (7.12) が次元をもっている場合，式 (7.12) の K_p の対数は求められるのかどうか考えよ．

解 K_p は実をいうと無次元である．化学ポテンシャルの式 $\mu_i = \mu_i^0 + RT \ln p_i$ を展開したあとをたどっていけばそれがわかる．ある気体がその標準状態から圧力 p_i まで変化するときの自由エネルギー変化は，$\Delta G = RT \ln(p_i/p_i^0)$ である．ただし，物質 i の標準状態の分圧を p_i^0 で表している．化学ポテンシャルは，したがって，実際には $\mu_i = \mu_i^0 + RT \ln(p_i/p_i^0)$ であり，p_i^0 を単位圧力でとっているので表面上は p_i^0 が消えている．p_i/p_i^0 はいうまでもなく無次元である．結論として，K_p は比 p_i/p_i^0 を使って表すべきであるが，$p_i^0 = 1$（圧力単位）であるため，K_p の表現から p_i^0 を省略しているので，見かけ上，上の例のようにあたかも次元をもっているかのように見えるだけのことである．ただし，平衡定数の数値そのものは用いる圧力や濃度の単位によって異なってくるので，用いた単位を明示しておく必要がある．

例題7.2 次の反応の平衡定数を表す式を求めよ．
$$\mathrm{CaCO_3(s)} \rightleftharpoons \mathrm{CaO(s)} + \mathrm{CO_2(g)}$$

解 純物質の固体の化学ポテンシャルは一定である．それは濃度依存ということがないからである．平衡のとき
$$\mu_{\mathrm{CaO}}^0 + \mu_{\mathrm{CO_2}}^0 - \mu_{\mathrm{CaCO_3}}^0 + RT \ln p_{\mathrm{CO_2}} = 0$$
または
$$\Delta G^0 + RT \ln p_{\mathrm{CO_2}} = 0$$
したがって，
$$K = p_{\mathrm{CO_2}}$$

注意 ここで標準状態における圧力をふつう 1 atm (1.013×10^5 Pa) としているので，$p_{\mathrm{CO_2}}$ は atm 値で表しておくことが望ましい．そうしておかないと，この系の ΔG^0 を計算して，他の系の ΔG^0 値と比較して議論するときに同じ基準の上に立っていないことになるからである．

7.3.2 圧平衡定数と濃度平衡定数

気相化学平衡では平衡定数を気体の分圧を用いて表す場合が多いが，分圧のかわりにモル濃度を用いて平衡定数を表すこともできる．理想混合気体の全物質量を n mol，成分 i の物質量を n_i mol とすれば，成分 i の分圧は以下のようにしてモル濃度 C_i に関係づけられる．

$$p_i = \frac{n_i}{n} P = \frac{n_i}{n} \cdot \frac{nRT}{V} = \frac{n_i}{V} RT = C_i RT$$

ここで P と V はそれぞれ混合気体の全圧と体積である．この関係を式 (7.12) に代入すると，

$$K_p = \frac{\prod_j C_j^{\nu_j}}{\prod_i C_i^{\nu_i}} (RT)^{\Sigma \nu_j - \Sigma \nu_i}$$

となる．いま濃度平衡定数 K_c を

$$\boxed{K_c = \frac{\prod_j C_j^{\nu_j}}{\prod_i C_i^{\nu_i}}} \tag{7.15}$$

と定義すると，K_c と K_p の間の関係として次式が得られる．

$$\boxed{K_p = K_c (RT)^{\Sigma \nu_j - \Sigma \nu_i}} \tag{7.16}$$

$\sum \nu_j - \sum \nu_i$ は生成物についての化学量論係数の和から反応物に対する化学量論係数の和を差し引いたもので，式 (7.13) の反応の例では，この値は $-1/2$ となる．式 (7.16) の関係を用いれば圧平衡定数と濃度平衡定数を互いに換算することができる．なお，$2\,\mathrm{HI} = \mathrm{H_2} + \mathrm{I_2}$ のように反応系と生成系で化学量論係数の和が等しい場合，圧平衡定数と濃度平衡定数は同じになる．

§7.4 液相化学平衡

前節では化学平衡の条件，すなわち，式 (7.8) を気体反応にあてはめて気相化学平衡の問題を考えた．この節では，同様の取り扱いを溶液内で起こる化学反応に適用してみよう．そのためには溶液中に含まれる成分の化学ポテンシャルが温度，圧力，組成（濃度）の関数としてどのように表されるかを知る必要がある．気体の場合，理論的な考察をするために考えやすい理想化された気体を考えた（理想気体）．溶液の場合も，取り扱いが簡単な理想化されたモデルを考え（理想溶液），それに基づいて現実の溶液（実在溶液，非理想溶液）へと発展させていく．そこで，まず理想溶液中の化学平衡を考えることから始めよう．

7.4.1 理想溶液中の化学平衡
(1) 理想溶液の化学ポテンシャル

すでにみたように，理想混合気体中の成分 i の化学ポテンシャルは，その成分の分圧を用いて次式のように表される．

$$\mu_i = \mu_i^0(T) + RT \ln p_i \tag{7.9}$$

これはまた，第6章で学んだように（式(6.97)）分圧のかわりに混合気体中の成分 i のモル分率 x_i を用いると，次のように表される．

$$\mu_i = \mu_i^*(T, P) + RT \ln x_i \tag{7.17}$$

この場合，標準化学ポテンシャル μ_i^* は温度 T，圧力 P のもとで成分 i が純粋気体として存在するときの化学ポテンシャルである．

ところで，理想気体とは気体分子間に何ら相互作用が働かないと仮定した気体であった（第1章）．この仮定は，分子が互いに離れてばらばらに飛び回っている気体に対してはそれほど無理のある仮定ではない．一方，液体の場合はそういうわけにはいかない．分子間に強い相互作用が働いて互いに引きつけ合う結果，分子がばらばらにならずに液体という状態を保っている．ここで，簡単のため2つの成分 A と B が混ざり合った液体混合物（溶液）を考えてみよう．この溶液中における分子間相互作用としては，A と A，A と B，B と B の間の3種類の相互作用が考えられる．一般的にはこれら3種類の相互作用はその強さがすべて異なるだろう．ところが，もし，3種類の分子間相互作用がすべて等しく，かつ，分子の大きさが A, B ともに同じならば，この溶液中のそれぞれの成分の化学ポテンシャルは式(7.17)と同じ形で表現される．これは次のように考えて理解できるだろう．まず，化学ポテンシャルは部分モル Gibbs エネルギーであり，エンタルピーとエントロピーの寄与からなることを思い起こそう．3種類の分子間相互作用がすべて同じなら，それぞれの成分が純粋液体として存在している状態から混ざり合って溶液になるとき，熱の出入りはない（すなわち，混合したために起こる余分のエンタルピー変化はない）．これは理想混合気体がその成分気体からできる場合と同じ状況である．また，A と B で分子の大きさが等しければ，それらは全くランダムに混ざり合うだろうから，混合に際してのエントロピー変化は，理想気体の混合の場合と同様に式(7.17)の右辺第2項で表されるだろう．したがって，このような溶液中の成分 i の化学ポテンシャルは次式で与えられる．

$$\boxed{\mu_i = \mu_i^*(T, P) + RT \ln x_i} \tag{7.18}$$

ここで，x_i は溶液中の成分 i のモル分率であり，標準化学ポテンシャル μ_i^* は成分 i の純粋液体が温度 T，圧力 P のもとでもつ化学ポテンシャルである．

熱力学的には成分 i の化学ポテンシャルが式(7.18)で与えられるような溶液を **理想溶液**（ideal solution）と定義する．分子論的にみると，これは同種分子間も異種分子間も含めてすべての分子間相互作用が等しく，分子の大きさがすべて等しいような成分分子からで

きた溶液ということになる．

（2） 理想溶液中の化学平衡

反応混合物が理想溶液になる場合，反応物および生成物の各成分の化学ポテンシャルは式（7.18）で表される．これを定温定圧における化学平衡の条件，すなわち，式（7.8）に代入して整理すると，次の関係が得られる．

$$\Delta G^* = -RT \ln K_x \tag{7.19}$$

ただし，

$$\Delta G^* = \sum_j \nu_j \mu_j^* - \sum_i \nu_i \mu_i^* \tag{7.20}$$

$$K_x = \frac{\prod_j x_j^{\nu_j}}{\prod_i x_i^{\nu_i}} \tag{7.21}$$

ここで，標準 Gibbs エネルギー変化 ΔG^* は標準状態の反応物から標準状態の生成物が生じるときの Gibbs エネルギー変化に相当する．ΔG^* は温度と圧力の関数であるから K_x もまた温度と圧力の関数となる．言い換えれば，K_x は一定の温度・圧力ではその反応に特有な定数となる．K_x は反応物，生成物の濃度をモル分率で表した平衡定数であり，モル分率平衡定数と呼ばれる．なお，K_x の表式に現れる x_i は平衡状態における各成分のモル分率であることに注意しよう．

（3） 濃度平衡定数

モル分率は理論的な考えを進めていくためには都合のよい濃度の表し方であるが，感覚的にとらえにくく，実用上は不便である．実験をするうえでもっと都合のよい濃度の表し方は容量モル濃度と質量モル濃度である．希薄な溶液の溶質については，モル分率とモル濃度は以下のようにして関係づけられる．

溶質 i の n_i mol と溶媒 n_s mol からできた希薄な溶液を考えよう．このとき成分 i のモル分率は

$$x_i = \frac{n_i}{\sum_i n_i + n_s} \simeq \frac{n_i}{n_s}$$

一方，この溶液の体積を V cm³ とすれば，成分 i の容量モル濃度 C_i（mol dm^{-3}）は

$$C_i = \frac{n_i}{V} \times 1000$$

と表される．溶媒のモル体積を $\bar{V}_s$ とすれば，希薄溶液では $V \simeq n_s \bar{V}_s$ と近似できるから，次式が得られる．

$$C_i = \frac{n_i}{n_s \bar{V}_s} \times 1000 = \frac{1000}{\bar{V}_s} x_i \tag{7.22}$$

また，溶媒の分子量を M_s とすれば，成分 i の質量モル濃度 m_i (mol kg^{-1}) はモル分率と次式で関係づけられる．

$$m_i = \frac{n_i}{n_s M_s} \times 1000 = \frac{1000}{M_s} x_i \tag{7.23}$$

式 (7.22) および (7.23) からわかるように，希薄溶液では溶質の容量モル濃度も質量モル濃度もモル分率に比例する．したがって，反応物，生成物のいずれもが希薄な場合，式 (7.21) の右辺で x_i のかわりに C_i や m_i を用いても，その値は温度と圧力によって決まる定数になる．こうして，容量モル濃度や質量モル濃度で表した平衡定数（濃度平衡定数），すなわち，

$$\boxed{K_c = \frac{\prod_j C_j^{\nu_j}}{\prod_i C_i^{\nu_i}}} \tag{7.24}$$

$$\boxed{K_m = \frac{\prod_j m_j^{\nu_j}}{\prod_i m_i^{\nu_i}}} \tag{7.25}$$

もよく用いられる．

7.4.2 理想希薄溶液中の化学平衡

溶液を構成する成分に対して，分子間相互作用がすべて等しく，かつ分子の大きさが同じという条件が満たされる場合，成分 i の化学ポテンシャルは式 (7.18) で表された．ベンゼンとトルエンのような似通った分子の組み合わせでは上の条件がほぼあてはまり，その溶液は理想溶液に近くなる．しかし一般には，現実の溶液ではこの条件は満足されず，理想溶液からずれてくる．ところがこの場合も，すなわち現実のどのような溶液でも，非常に希薄になると理想溶液としての振舞いをするようになる．

再び成分 A と B からなる 2 成分溶液を考えよう．いま，大量の A にわずかの B が溶けた溶液の場合（すなわち，A が溶媒で B が溶質），成分 A の化学ポテンシャルは理想溶液の場合と同じく次式で与えられる．

$$\mu_A = \mu_A^*(T, P) + RT \ln x_A \quad (x_A \to 1) \tag{7.26}$$

ここで，標準化学ポテンシャル μ_A^* は温度 T，圧力 P における成分 A の純粋液体の化学ポテンシャルである．非常に希薄な溶液で溶媒の化学ポテンシャルが理想溶液の場合と同じになることは，異種分子が混ざっていてもその割合が低いかぎり各成分間の相互作用の違いが目立ってこないためである．一方，少量の A が大量の B に溶けた溶液（A が溶質で B が溶媒）では，成分 A の化学ポテンシャルはやはり式 (7.18) と同じ形で表されるが，標準化学ポテンシャルが上の式 (7.26) の場合とは異なってくる．そこでその区別をはっきりさせるため別の記号を用いて次のように表すことにしよう．

$$\mu_A = \mu_A^\circ(T,P) + RT \ln x_A \quad (x_A \to 0) \tag{7.27}$$

ここで標準化学ポテンシャルを記号 μ_A° で表した．式 (7.27) で $x_A = 1$ としたときの μ_A が μ_A° になることからわかるように，μ_A° は成分 A のみが存在するときの A の化学ポテンシャルに相当する．しかし，これは A が実際に純粋状態でもつ化学ポテンシャルとは異なる．ほんのわずかの A が大量の B と混ざっている場合，A 分子はまわりを B 分子で取り囲まれており，それと同じ状況が仮に $x_A = 1$（すなわち，"純粋"な A）まで成り立つとしたときの純粋な A の化学ポテンシャルが μ_A° である．このように，A が溶媒の場合と溶質の場合では標準状態が異なる．前者では現実に存在する A の純粋液体が標準状態である．一方，後者の場合は希薄な環境下の状況（すなわち，まわりを溶媒分子で囲まれた状況）がそのまま保たれるとしたときの純物質が標準状態であり，これは現実にはありえない仮想的な状態である．この事情を模式的に表したのが図 7-2 である．

○ A 分子　● B 分子

A が溶媒
$\mu_A = \mu_A^*(T,P) + RT \ln x_A \quad (x_A \to 1)$
$\mu_A^*(T,P)$ は A の純物質が温度 T，圧力 P のもとでもつ化学ポテンシャル，すなわち A のモル Gibbs エネルギー

A が溶質
$\mu_A = \mu_A^\circ(T,P) + RT \ln x_A \quad (x_A \to 0)$
$\mu_i^\circ(T,P)$ は温度 T，圧力 P のもとで A がまわりを B で取り囲まれたときのエネルギーを保ったまま A だけが集まった仮想的な状態での化学ポテンシャル

理想溶液では　$\mu_i^*(T,P) = \mu_i^\circ(T,P)$
一般には　　　$\mu_i^*(T,P) \neq \mu_i^\circ(T,P)$

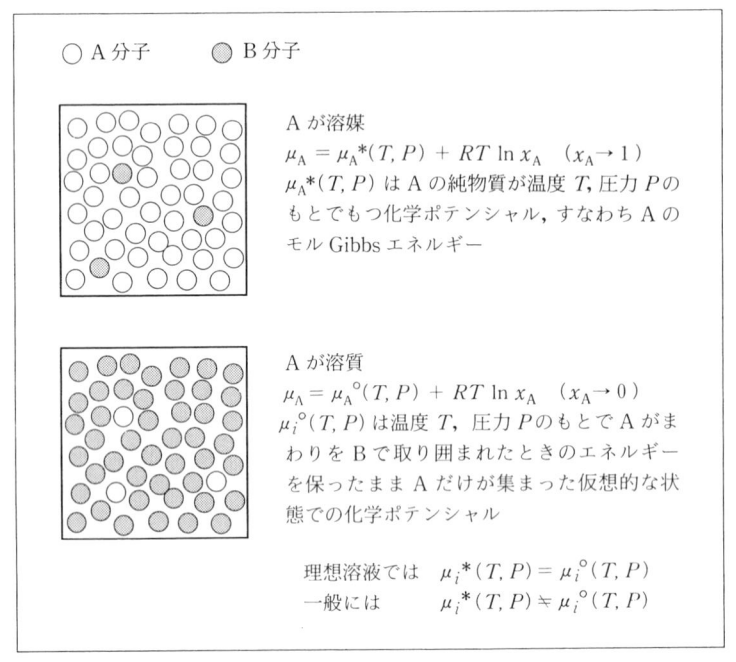

図 7-2　理想希薄溶液の化学ポテンシャル

2 成分溶液に限らず一般に成分 i の化学ポテンシャルが次式で表せるような希薄な溶液を**理想希薄溶液**という．

$$\mu_i = \mu_i^*(T,P) + RT \ln x_i \quad (x_i \to 1) \tag{7.28}$$

$$\mu_i = \mu_i^\circ(T,P) + RT \ln x_i \quad (x_i \to 0) \tag{7.29}$$

図 7-3 は理想溶液と実在の溶液について μ_i と $\ln x_i$ の関係を図示したものである．図 7-3 (A) に示したように，理想溶液では $0 \leq x_i \leq 1$ の全濃度範囲にわたって μ_i と $\ln x_i$ の間に

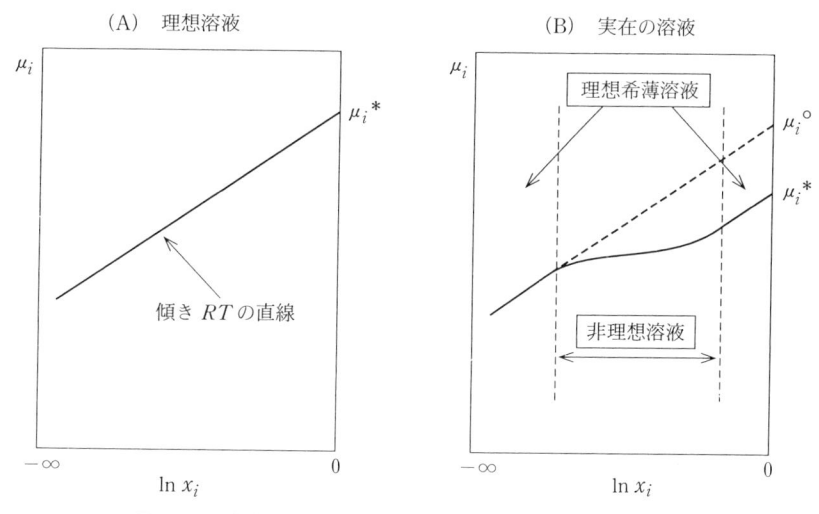

図 7-3 溶液の成分 i の化学ポテンシャルと組成の関係

傾き RT の直線関係が成り立つ．これを**完全溶液**（perfect solution）という．一方，実在の溶液では x_i が 1 に近いところと 0 に近いところの 2 つの濃度領域で傾き RT の直線関係が成り立つ．ただし，切片は 2 つの場合で異なる．$x_i \to 1$ の領域における直線の切片は μ_i^* であり，これは実在する成分 i の純粋液体の化学ポテンシャルである．それに対して，$x_i \to 0$ の領域における直線を $x_i = 1$ まで伸ばしたときの切片は μ_i° であり（$x_i \to 0$ の領域で成り立つ直線関係が全濃度範囲で成り立つと仮定したときの切片），これは成分 i の純物質が現実にもつ化学ポテンシャルではなく，希薄な環境がそのまま純物質まで保たれたと仮想したときに成分 i の純物質がもつはずの化学ポテンシャルである［図 7-3(B)を見よ］．

さて，溶液中で起こる化学反応で反応物も生成物も溶質であり，それらの濃度は溶液が理想希薄溶液として取り扱えるほどに希薄である場合を考えよう．このとき，反応物および生成物の各成分の化学ポテンシャルは式 (7.29) で与えられるから，これを化学平衡の条件式，式 (7.8) に代入して整理すると，次の関係が得られる．

$$\boxed{\Delta G^\circ = -RT \ln K_x} \tag{7.30}$$

ただし，

$$\boxed{\Delta G^\circ = \sum_j \nu_j \mu_j^\circ - \sum_i \nu_i \mu_i^\circ} \tag{7.31}$$

$$\boxed{K_x = \frac{\prod_j x_j^{\nu_j}}{\prod_i x_i^{\nu_i}}} \tag{7.32}$$

標準 Gibbs エネルギー変化 ΔG° は標準状態の反応物から標準状態の生成物が生じるとき

のGibbsエネルギー変化であること，また，$\Delta G°$は温度と圧力の関数であるからK_xもまた温度と圧力の関数となり，したがってK_xは一定の温度・圧力ではその反応に特有な定数となることはこれまでと同様である．ただし，この場合は標準状態が理想溶液の化学平衡の場合と異なることに注意しなければならない．

7.4.3 非理想溶液中の化学平衡——活量の概念

現実の溶液中の化学平衡では，非常に希薄な場合は別として，質量作用の法則はそのままの形では成り立たない．つまり，式(7.21)や(7.32)で表されるK_xは一定の温度・圧力のもとでも定数にはならない．それは，図7-3(B)に示したように，非理想溶液ではμ_iと$\ln x_i$の間に直線関係が成り立たなくなるためである（反応物や生成物の化学ポテンシャルと濃度の対数との間に直線関係が成り立つとき，温度と圧力で決まる平衡定数が得られることは質量作用の法則が導かれる過程をみてもわかるだろう）．この場合，濃度のかわりに活量（または活動度）という量を用いて平衡定数を組み立てれば，それは温度・圧力に応じて決まる文字どおりの定数となり，質量作用の法則が保たれる．以下に活量の概念について示していこう．

液相化学平衡では反応物も生成物も溶質であるような場合が多い．そこで，ここでは成分iが溶質である状況を考える．成分iの化学ポテンシャルと$\ln x_i$の関係が，たとえば図7-4(A)のようになっているとしよう．ここで，成分iの濃度（モル分率）x_iは非理想溶液の濃度領域にあり，その化学ポテンシャルはμ_iだとしよう．いま，もしこの溶液が理想希薄溶液だとしたときに予測される化学ポテンシャルをμ_i^{id}とし，これとμ_iの差をμ_i^{E}とすれば次式が成り立つ．

$$\begin{aligned}\mu_i &= \mu_i^{\mathrm{id}} + \mu_i^{\mathrm{E}} \\ &= \mu_i° + RT\ln x_i + \mu_i^{\mathrm{E}} \end{aligned} \tag{7.33}$$

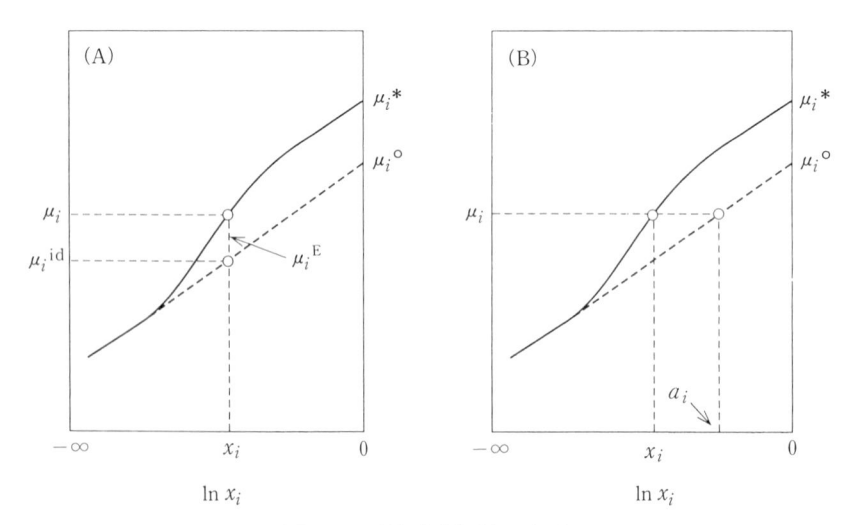

図7-4 活量（活動度）の概念

いま，μ_i^E を
$$\mu_i^E = RT \ln \gamma_i$$
と表すことにすれば，式(7.33)は次式のようにまとめられる．
$$\mu_i = \mu_i^\circ + RT \ln \gamma_i x_i \tag{7.34}$$
そこで，
$$\boxed{a_i = \gamma_i x_i} \tag{7.35}$$
とおけば，式(7.35)は
$$\boxed{\mu_i = \mu_i^\circ + RT \ln a_i} \tag{7.36}$$
と書き換えられて，この場合も化学ポテンシャルが理想溶液や理想希薄溶液の場合と同じ形で表すことができる．式(7.35)で定義される a_i を成分 i の**活量**(activity) と呼び，また，γ_i を**活量係数**(activity coefficient) という．図7-4(A)から明らかなように，x_i が 0 に近づくと μ_i^E も 0 に近づくので γ_i は 1 に近づく．すなわち，
$$x_i \to 0 \quad \text{のとき} \quad \gamma_i \to 1, \quad a_i \to x_i$$
このように，活量は濃度に活量係数を掛けたもので，希薄になると濃度に等しくなる．活量の物理的意味をはっきりさせるために，別の見方をしてみたのが図7-4(B)である．成分 i の実際の濃度が x_i でありその化学ポテンシャルは μ_i だとしよう．この図は，実際の溶液中の成分 i の化学ポテンシャルと同じ化学ポテンシャルを与えるような理想希薄溶液の濃度は a_i であることを示している．つまり，実際の濃度 x_i の非理想溶液は濃度 a_i の理想希薄溶液と等価であるといえる．この意味で，活量は"熱力学的濃度"ということもできる．なお，活量もしくは活量係数は溶液の蒸気圧，沸点，凝固点，浸透圧などの測定により実験的に求められるし，第11章で述べる電気化学的な方法でも活量が測定される．また，比較的薄い電解質水溶液の場合，理論的に得られる関係からイオンの活量係数を知ることもできる．

さて，こうして非理想溶液に対する化学ポテンシャルの表現がわかったので，あとはこれまでと同様に式(7.36)を化学平衡の条件，式(7.8)に適用して整理する．その結果，次の関係が得られる．

$$\boxed{\Delta G^\circ = -RT \ln K_a} \tag{7.37}$$

$$\boxed{\Delta G^\circ = \sum_j \nu_j \mu_j^\circ - \sum_i \nu_i \mu_i^\circ} \tag{7.38}$$

$$\boxed{K_a = \frac{\prod_j a_j^{\nu_j}}{\prod_i a_i^{\nu_i}}} \tag{7.39}$$

§7.4 液相化学平衡

ここで，ΔG° は標準 Gibbs エネルギー変化であり，標準状態は理想希薄溶液の溶質の場合と同様に，分子間相互作用はきわめて希薄な溶液中と同じであるような純物質という仮想的な状態である．また，K_a は活量で表した平衡定数であり，これを**熱力学的平衡定数**と呼ぶ．前にも述べたように，濃度で表した平衡定数は，反応物や生成物の濃度が非理想溶液の濃度領域に入ってくると，一定の温度・圧力のもとで平衡定数が濃度だけで表せなくなる．つまり，K_a は一定にはならず濃度によってその値が変わってくる．それに対して，活量を用いた熱力学的平衡定数は厳密な意味の平衡定数であり，一定の温度・圧力のもとで反応に応じた決まった値をとる．

§7.5 平衡定数と標準変化量（$\Delta G^\ominus$, $\Delta H^\ominus$, $\Delta S^\ominus$ など）の間の関係

これまでいろいろなタイプの平衡定数を見てきた．これらはいずれも標準 Gibbs エネルギー変化と関係づけられる（たとえば，式 (7.11) や (7.19)）．この関係を用いれば，平衡定数の値から反応の標準 Gibbs エネルギー変化を知ることができる．このことに関連した例題を次に示しておこう．

例題 7.3 ある一塩基酸 HA の 25 ℃，1 atm における酸解離指数 pK_a が 4.754 である．この解離平衡が

$$\text{HA} \underset{}{\overset{K_a}{\rightleftharpoons}} \text{H}^+ + \text{A}^-$$

で表され，HA の平衡濃度 C_{HA} が 0.010 mol dm^{-3} のとき，H$^+$ の濃度 C_{H^+} と pH はいくらか．平衡定数 K_a と $\Delta G^\ominus$ も求めよ．

解
$$pK_a = -\log K_a = 4.754 \quad \therefore \quad K_a = 10^{-4.754} = 1.762 \times 10^{-5}$$

$$\frac{C_{H^+} \cdot C_{A^-}}{C_{HA}} = \frac{C_{H^+}^2}{C_{HA}} = 1.762 \times 10^{-5}\,(\text{mol dm}^{-3}) \quad (\because \quad C_{H^+} = C_{A^-})$$

$$\therefore \quad C_{H^+} = \sqrt{0.010\,(\text{mol dm}^{-3}) \times 1.762 \times 10^{-5}\,(\text{mol dm}^{-3})} = 4.2 \times 10^{-4}\,(\text{mol dm}^{-3})$$

$$\text{pH} = -\log C_{H^+} = 3.3_8 = 3.4$$

次に，$\Delta G^\ominus = -RT \ln K$ より

$$\Delta G^\ominus = -8.314\,(\text{J K}^{-1}\,\text{mol}^{-1}) \times 298\,(\text{K}) \times \ln 1.762 \times 10^{-5} = 27.12\,\text{kJ mol}^{-1}$$

注意 ここで見られるように，$-\ln K_a = -2.303 \log K_a = 2.303\,pK_a$ であるから，一般に解離指数と Gibbs エネルギーとの間には，$\Delta G^\ominus = 2.303 RT\,pK_a$ の関係がある．

上の例とは逆に，反応の標準 Gibbs エネルギー変化を何らかの方法で知ることができれば，平衡定数を実験で求めなくても計算で求めることができる．標準 Gibbs エネルギー変化は，標準状態にある生成物と標準状態にある反応物の Gibbs エネルギーの差であり，言い換えれば，反応物と生成物のすべてがそれぞれ標準状態にあるときの反応における ΔG ($\Delta G^\ominus$) のことである．たとえば次の反応

$$\text{NO(g)} + \text{CO(g)} \longrightarrow \text{CO}_2\text{(g)} + \frac{1}{2}\text{N}_2\text{(g)} \tag{7.40}$$

の $\Delta G^\ominus$ は標準状態の NO 1 mol と CO 1 mol から標準状態の CO$_2$ 1 mol と N$_2$ 1/2 mol が

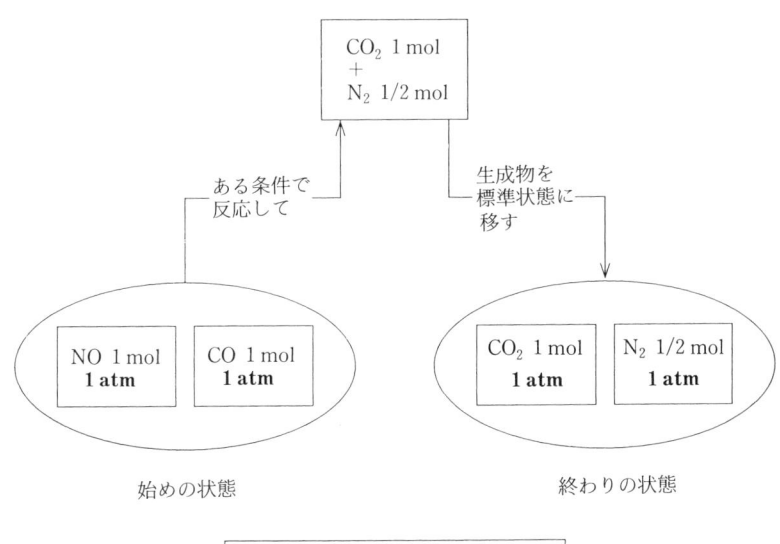

図 7-5 式 (7.40) の化学反応の標準 Gibbs エネルギー変化

できるときの Gibbs エネルギー変化であるが，これはまた，標準状態にある NO と CO を 1 mol ずつ個別に取り出して反応させ，できた CO_2 1 mol と N_2 1/2 mol を再び標準状態に移行するという過程における全 Gibbs エネルギー変化になる（図 7-5 を見よ）．この $\Delta G^\ominus$ は，反応物と生成物の標準生成 Gibbs エネルギー $G_f^\ominus$ のデータを用いて計算することができる（この状況は，第 5 章で学んだ反応の標準エンタルピー変化と反応物・生成物の標準生成エンタルピーの関係と同じである）．$\Delta G_f^\ominus$ は，その化合物が成分元素の単体から形成されるときの $\Delta G^\ominus$ である．表 5-6 (p. 114) に代表的化合物の $\Delta G_f^\ominus$ をまとめて載せている．

$\Delta G_f^\ominus$ のデータから反応の $\Delta G^\ominus$ を計算するには，反応物がいったん成分元素の単体に分解されて，それから生成物が再構成されると想定すればよい（図 7-6 を見よ）．G は状態量であり，ΔG は変化の道筋には関係しないから次式が成り立つ．

$$\Delta G^\ominus = \sum \Delta G_f^\ominus (\text{生成物}) - \sum \Delta G_f^\ominus (\text{反応物}) \tag{7.41}$$

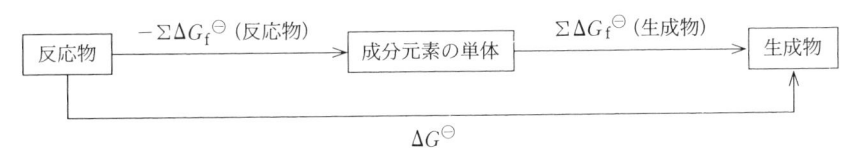

図 7-6 反応の標準 Gibbs エネルギー変化と反応物・生成物の標準 Gibbs エネルギーの関係

例題 7.4 NO(g), CO(g) および CO_2(g) の $\Delta G_f^\ominus$ はそれぞれ 86.7, -137.3, -394.4 kJ mol^{-1} である．NO(g) + CO(g) $\rightleftharpoons$ CO_2(g) + $\frac{1}{2}$ N_2(g) の反応の $\Delta G^\ominus$ と平衡定数 K を求めよ．

解 $\sum \Delta G_f^\ominus (\text{生成物}) = -394.4 + 0$, $\sum \Delta G_f^\ominus (\text{反応物}) = 86.7 - 137.3 = -50.6$

∴ $\Delta G^\ominus = -394.4 - (-50.6) = -343.8$ kJ mol^{-1}

$$K = \exp\left(\frac{-\Delta G^\ominus}{RT}\right) = \exp\left(\frac{343.8 \times 10^3}{8.314 \times 298}\right) = e^{138.8} = 1.91 \times 10^{60}$$

注意 この反応で K が非常に大きな値であることは，平衡が著しく右に傾いていて反応が起これば，反応物は生成物にほぼ 100% 変わることを意味している．

例題 7.5 $$AgCl(s) \rightleftharpoons Ag^+(aq) + Cl^-(aq)$$
の平衡定数を計算せよ．ただし，AgCl(s)，Ag^+(aq)，Cl^-(aq) の標準生成 Gibbs エネルギーは，それぞれ -109.7，77.1，-131.2 kJ mol^{-1} であり，また塩化銀の溶解度は非常に小さいから，理想溶液とみなして取り扱ってよい．

解
$$\Delta G^{\ominus} = 77.1 + (-131.2) - (-109.7) = 55.6 \text{ kJ mol}^{-1}$$
$$\ln K = -\Delta G^{\ominus}/RT = -\frac{55600 \text{ (J mol}^{-1})}{8.314 \text{ (J mol}^{-1}\text{ K}^{-1}) \times 298 \text{ (K)}} = -22.4$$
$$\therefore K = e^{-22.4} = 1.87 \times 10^{-10}$$

注意 この値は AgCl の溶解度積 $K_{sp} = [Ag^+][Cl^-] = 1.87 \times 10^{-10}$ (mol dm^{-3})^2 に一致している．K は上に見るように無次元であるが，溶解度積というときには，その数値が，濃度としてどのような単位を用いたときの値であるかをはっきりさせるために，単位をつけて表す．この場合，$\mu = \mu^{\ominus} + RT \ln C$（$C$ は容量モル濃度）で表される化学ポテンシャルを用い，理想希薄溶液において $C = 1$ mol dm^{-3} で示す（仮想的な）部分モル Gibbs エネルギーを $\mu^{\ominus}$ としている．

次に，化学平衡が反応のエンタルピー変化やエントロピー変化とどのようなかかわり方をしているか考えよう．一般的な化学反応
$$\sum_i \nu_i \text{Re}_i = \sum_j \nu_j \text{Pr}_j$$
に対する平衡定数の例として容量モル濃度で表した平衡定数をもう一度書くと，
$$K_c = \prod_j C_j^{\nu_j} / \prod_i C_i^{\nu_i}$$
反応が生成系（右側）に傾いたところで平衡状態になっていれば，この平衡定数は大きな値になるだろうし，逆に反応系（左側）に傾いたところで平衡になれば小さな値になるだろう．$\Delta G^{\ominus} = -RT \ln K_c$ だから，$K_c > 1$ であれば $\Delta G^{\ominus}$ は負であり，$K_c < 1$ であれば $\Delta G^{\ominus}$ は正となる．また，$\Delta G^{\ominus} = \Delta H^{\ominus} - T\Delta S^{\ominus}$ であることを考慮すれば，K_c が大きい値になるためには，すなわち $\Delta G^{\ominus}$ が大きな負の値になるためには，$\Delta H^{\ominus}$ が大きな負（発熱）であるか $\Delta S^{\ominus}$ が大きな正（無秩序さの増大）であるかのどちらかであればよい．もちろん，その両方であるに越したことはない．逆に，$\Delta H^{\ominus}$ が正（吸熱）であったり，$\Delta S^{\ominus}$ が負（無秩序さの減少）であれば K_c の値は小さくなり，反応は反応系（右側）のほうにかたよったところで平衡に達してしまい，その反応は生じにくいということになる．

§7.6 平衡定数の温度変化 —— van't Hoff の式

第 4 章で述べたように，化学平衡の位置は，反応に関与する物質の外界との間でのやりとりや温度・圧力などの外的条件の変化によって影響を受ける（Le Chatelier の原理）．このうち，温度による平衡位置の変化は，平衡定数の値そのものが温度によって変わること

から生じる．平衡定数の温度による変化率を与える関係（van't Hoff の定圧平衡式）については，第 4 章で，どのようにしてその関係式が得られるのかの説明なしに結果だけを示した．この van't Hoff の式は平衡定数と標準 Gibbs エネルギー変化の関係から得られる．ここでは，一般的な化学平衡について van't Hoff の式を導いてみよう．平衡定数は K で，標準 Gibbs エネルギー変化は ΔG^0 で表しておく．個々の具体的な化学平衡系では，場合に応じて平衡定数の中身を分圧，濃度，活量のいずれかで表すことになり，また，標準状態も場合に応じて異なってくる[*1]．

平衡定数と標準 Gibbs エネルギー変化の関係は次のようなものであった．

$$\Delta G^0 = -RT \ln K \tag{7.42}$$

Gibbs エネルギーを温度で割ったもの（G/T）を温度で微分したもの（すなわち，G/T の T に対する偏導関数）は Gibbs-Helmholtz の式と呼ばれる関係によってエンタルピーと結びつけられる．まず，この Gibbs-Helmholtz の式を示しておこう．

G/T を T で微分すると，

$$\left[\frac{\partial}{\partial T}\left(\frac{G}{T}\right)\right]_P = \frac{1}{T}\left(\frac{\partial G}{\partial T}\right)_P - \frac{G}{T^2}$$

熱力学的関係式より

$$\left(\frac{\partial G}{\partial T}\right)_P = -S$$

であるから，

$$\left[\frac{\partial}{\partial T}\left(\frac{G}{T}\right)\right]_P = -\frac{S}{T} - \frac{G}{T^2} = -\frac{TS+G}{T^2}$$

Gibbs エネルギーの定義より上式の最右辺の分子はエンタルピー H である．したがって，次式が得られる．

$$\boxed{\left[\frac{\partial}{\partial T}\left(\frac{G}{T}\right)\right]_P = -\frac{H}{T^2}} \tag{7.43}$$

この関係は変化量に対してもあてはまり，その場合，次式のように書かれる．

[*1] これまで標準状態における熱力学量を表すのに何種類かの肩付き記号を用いてきた．本書では，原則としてこれらの記号を以下のように使い分けている．
- ⊖：温度 25 ℃，圧力 1 atm（1.013×10^5 Pa）における熱力学量（標準状態を温度 25 ℃，圧力 1 atm にとる）
  たとえば，$\Delta H^\ominus$ は 25 ℃，1 atm の反応物が 25 ℃，1 atm の生成物に変わるときの反応熱
- 0：温度 T，圧力 1 atm（1.013×10^5 Pa）における熱力学量（標準状態を温度 T，圧力 1 atm にとる）
  たとえば，ΔG^0 は温度 T，圧力 1 atm において反応物気体が生成物気体に変わるときの Gibbs エネルギー変化
- ＊：温度 T，圧力 P における熱力学量（標準状態を温度 T，圧力 P にとる）
  たとえば，$\mu_i{}^*$ は温度 T，圧力 P において成分 i が純物質として存在するときの化学ポテンシャル
- ○：温度 T，圧力 P における仮想的状態の熱力学量（標準状態を温度 T，圧力 P にとる）
  たとえば，μ_i° は温度 T，圧力 P において，成分 i が無限希釈の環境に置かれたときと同じ状態を保ったまま純物質になったとき，または，単位濃度の溶液になったときにもつ化学ポテンシャル

$$\left[\frac{\partial}{\partial T}\left(\frac{\Delta G}{T}\right)\right]_P = -\frac{\Delta H}{T^2} \qquad (7.44)$$

式(7.43)または(7.44)は **Gibbs-Helmholtz の式**と呼ばれ，Gibbs エネルギー変化というややわかりにくいものをエンタルピー変化（熱の出入り）というわかりやすい形に変換できるという点で重宝な関係式である．なお，Gibbs-Helmholtz の式は上とは違った別の表現でも表される．

さて，次に式(7.42)に式(7.44)の関係を適用すると常圧下であるので次式が得られる．

$$\frac{d \ln K}{d T} = \frac{\Delta H^0}{RT^2} \qquad (7.45)$$

ここで，ΔH^0 は標準状態の反応物が標準状態の生成物に変わるときに出入りする熱で，**標準反応熱**と呼ばれる．式(7.45)が，第 4 章でも示しておいた **van't Hoff の式**である．なお，温度変化による平衡位置のずれ方と ΔH^0 の符号の関係については第 4 章で述べた．

式(7.45)は温度変化に対する平衡定数の変化率を与えるものである．次に，これを積分してみよう．反応熱が一定とみなせる温度範囲では，ΔH^0 を定数として扱えるから式(7.45)は簡単に積分できて次式が得られる．

$$\ln K = -\frac{\Delta H^0}{RT} + C \qquad (7.46)$$

ここで，C は積分定数である．この式から明らかなように，平衡定数の対数（$\ln K$）を絶対温度の逆数（$1/T$）に対してプロットすると直線関係が得られ，その傾きから反応熱（ΔH^0：定圧反応熱）を求めることができる．このプロットを **van't Hoff プロット**といい，直線の勾配は $\Delta H^0 > 0$（吸熱反応）のとき負になり，$\Delta H^0 < 0$（発熱反応）のとき正になる．van't Hoff プロットの模式的な図を図 7-7 に示す．

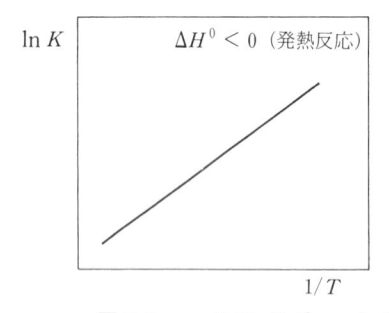

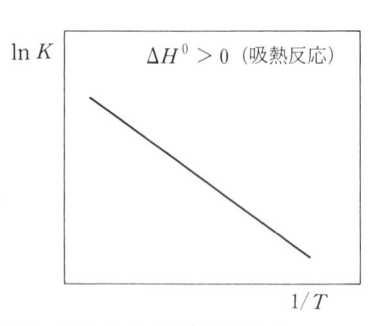

図 7-7 van't Hoff プロットの模式図．これから ΔH^0 が求まる．

狭い温度範囲では，図 7-7 に示すように $\ln K$ と $1/T$ の間に直線関係が得られることが実際にも多いので，$\Delta H^0 = -R \times$（勾配）の関係から標準反応熱を決めることができる．また，図 7-7 を見ると，「吸熱反応では温度が高いと（$1/T$ が小さいと）K が大きくなり，発熱反応では温度が低いと（$1/T$ が大きいと）K が大きくなる」ことがわかり，温度変化

に対する Le Chatelier の原理の熱力学的根拠が示されている．

例題 7.6 次の反応の平衡定数をいろいろな温度で測定した．
$$2\,NO(g)+O_2(g) \rightleftharpoons 2\,NO_2(g)$$
下の表は得られた結果をまとめたものである．このデータを用いて van't Hoff プロットを作成し，この温度範囲での標準反応熱 ΔH^0 を求めよ．

$T\,(\mathrm{K})$	600	700	800	900	1000
$K_\mathrm{p}\,(\mathrm{atm}^{-1})$	140	5.14	0.437	0.0625	0.0131

解 与えられたデータから $1/T$ と $\ln K$ を計算し，それらを式 (7.46) に従ってプロットすると図 7-8 に示すように直線が得られる．この直線の傾きは 1.389×10^4 であり，これより ΔH^0 を計算すると，
$$\Delta H^0 = -1.389\times10^4 \cdot R = -(1.389\times10^4)\times(8.314\times10^{-3}) = -115\,(\mathrm{kJ\,mol^{-1}})$$
なお，これより，ある温度におけるこの反応の ΔS^0 も求めることができる．たとえば 600 K における ΔG^0 は
$$\Delta G^0 = -RT\ln K_\mathrm{p} = -(8.314\times10^{-3})\times600\times\ln(140) = -24.6\,(\mathrm{kJ\,mol^{-1}})$$
であるから，
$$\Delta S^0 = \frac{\Delta H^0 - \Delta G^0}{T} = \frac{(-115+24.6)\times10^3}{600} = -151\,(\mathrm{J\,K^{-1}\,mol^{-1}})$$

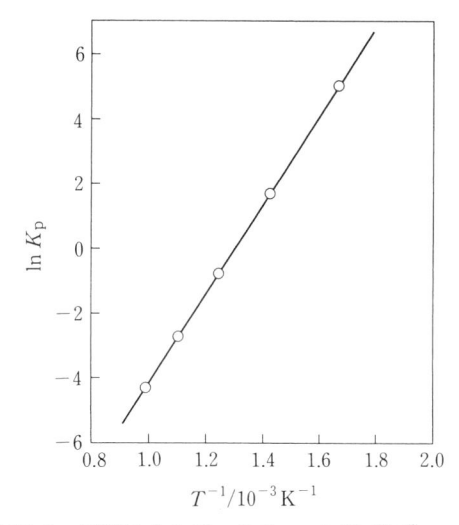

図 7-8 例題 7.6 のデータの van't Hoff プロット

式 (7.46) は式 (7.45) を不定積分することによって得られた．次に，ΔH^0 は狭い温度範囲でやはり一定だとして式 (7.45) を $T = T_1$, $K = K_1$ から $T = T_2$, $K = K_2$ まで定積分すると次式が得られる．
$$\int_{\ln K_1}^{\ln K_2} d\ln K = \frac{\Delta H^0}{R}\int_{T_1}^{T_2}\frac{dT}{T^2}$$
$$\therefore \quad \boxed{\ln\frac{K_2}{K_1} = \frac{\Delta H^0}{R}\left(\frac{1}{T_1}-\frac{1}{T_2}\right)} \tag{7.47}$$

式 (7.47) を用いれば，第 4 章でも述べたように，ΔH^0, K_1 および K_2 のうち 2 つがわかっていれば他の 1 つは計算によって求めることができる．

例題 7.7 次の反応の圧平衡定数は 25 °C で 870，55 °C で 594 である．
$$H_2(g) + I_2(g) \rightleftharpoons 2\,HI(g)$$
この反応の標準反応熱はいくらか．また，100 °C における圧平衡定数の値を求めよ．

解 標準反応熱は式 (7.47) より
$$\ln\frac{K_2}{K_1} = \ln\frac{594}{870} = \frac{\Delta H^\ominus (328\,(K) - 298\,(K))}{8.314\,(J\,K^{-1}\,mol^{-1}) \times 298\,(K) \times 328\,(K)}$$
$$\therefore \quad \Delta H^0 = -10.3\,(kJ\,mol^{-1})$$
また，100 °C における圧平衡定数の値は
$$\ln\frac{K_2}{870} = \frac{-10.3 \times 10^3\,(J\,mol^{-1}) \times (373\,(K) - 298\,(K))}{8.314\,(J\,K^{-1}\,mol^{-1}) \times 298\,(K) \times 373\,(K)}$$
より，
$$K_2 = 377$$

次に，ΔH^0 が温度に無関係であると近似できない場合を例題で示しておこう．実在気体の場合は定圧モル熱容量が $C_p = a + bT + cT^2$ のような温度の関数であるので，取り扱いが複雑になる．

例題 7.8 アンモニアの合成反応：
$$\frac{1}{2}N_2(g) + \frac{3}{2}H_2(g) \rightleftharpoons NH_3(g)$$
の K_p は 450 °C で $6.55 \times 10^{-3}\,atm^{-1}$ であり，25 °C での $\Delta H^\ominus$ は $-46.10\,kJ\,mol^{-1}$ である．また，各気体の定圧モル熱容量は次のような温度の関数になっている．
$$\bar{C}_p(NH_3)/J\,mol^{-1}\,K^{-1} = 25.895 + 33.00 \times 10^{-3}T - 3.05 \times 10^{-6} \times T^2$$
$$\bar{C}_p(N_2)/J\,mol^{-1}\,K^{-1} = 26.983 + 5.91 \times 10^{-3}T - 0.34 \times 10^{-6} \times T^2$$
$$\bar{C}_p(H_2)/J\,mol^{-1}\,K^{-1} = 29.066 - 0.84 \times 10^{-3}T + 2.01 \times 10^{-6} \times T^2$$
K_p と T の関係を導き，1000 °C における K と ΔG^0 を計算せよ．

解 Kirchhoff の式と呼ばれる $(\partial \Delta H/\partial T)_P = \Delta C_p$ と $\Delta C_p = \sum \nu_j \bar{C}_{p\,j} - \sum \nu_i \bar{C}_{p\,i}$ の関係式を応用する．
$$\Delta C_p = \bar{C}_p(NH_3) - \left\{\frac{1}{2}\bar{C}_p(N_2) + \frac{3}{2}\bar{C}_p(H_2)\right\}$$
$$= -31.196 + 3.131 \times 10^{-2} T - 5.90 \times 10^{-6} T^2 \tag{a}$$
$$\Delta H^0 = \int \Delta C_p\,dT = \Delta a \cdot T + \frac{1}{2}\Delta b \cdot T^2 + \frac{1}{3}\Delta c \cdot T^3 + I$$
$$= -31.196 \times T + 1.566 \times 10^{-2} \times T^2 - 1.97 \times 10^{-6} T^3 + I \tag{b}$$
ここで I は積分定数である．この積分定数は 298 K で $\Delta H^\ominus = -46.10\,kJ\,mol^{-1}$ から決めることができる．
$$I = -46100 + 31.196 \times 298 - 1.566 \times 10^{-2} \times 298^2 + 1.97 \times 10^{-6} \times 298^3 = -38143\,J\,mol^{-1}$$
以上の通り，ΔH^0 の温度 T の関数形がわかったので，式 (7.45) より

$$\ln K_\mathrm{p} = \int \frac{\Delta H^0(T)}{RT^2}\,\mathrm{d}T + I' \quad (I' は積分定数) \tag{c}$$

$$= \int \frac{(-38140 - 31.196\,T + 1.566\times 10^{-2}\,T^2 - 1.97\times 10^{-6}\,T^3)}{RT^2}\,\mathrm{d}T + I'$$

$$= \frac{1}{R}\left[\frac{38140}{T} - 31.196\ln T + 1.566\times 10^{-2}\,T - \frac{1.97\times 10^{-6}}{2}T^2\right] + I'$$

$T = 723$ K では，$K_\mathrm{p} = 6.55\times 10^{-3}$ atm^{-1} であるので，上式に代入して積分定数を計算すると $I' = 12.04$ が得られる．したがって，

$$\ln K_\mathrm{p}(1273) = \frac{1}{8.314}\left[\frac{3810}{1273} - 31.196\ln(1273) + 1.566\times 10^{-2}\times(1273)\right.$$

$$\left. - \frac{1.97\times 10^{-6}}{2}(1273)^2\right] + 12.04$$

$$= -8.99$$

$$\therefore\quad K_\mathrm{p}(1273) = 1.25\times 10^{-4}\ \mathrm{atm^{-1}} \tag{d}$$

$$\Delta G^0(1273) = -RT\ln K_\mathrm{p} = -8.314\times 1273\ln(1.25\times 10^{-4}) = 9.51\times 10^4\ \mathrm{J\,mol^{-1}}$$

この正の値は，$NH_3(g)$ が分解する方向に反応が自発的に進むことを示している．

§7.7　平衡定数の圧力変化

　平衡定数の温度依存性は標準 Gibbs エネルギー変化（ΔG^0）が温度に依存するために現れてくることを前節で学んだ．ΔG^0 は，理想気体の場合を除いて，圧力の関数でもある．したがって，理想気体系の気相化学平衡以外では平衡定数は圧力によっても変化する．この節では，平衡定数の圧力変化について考える．そのために，まず，Gibbs エネルギーの圧力変化を調べることから始めよう．

　温度を一定に保って圧力を変えたとき，単位圧力あたりの Gibbs エネルギーの変化量（すなわち，G の P に対する変化率）は第 6 章で学んだ熱力学的関係式により次式で表される．

$$\left(\frac{\partial G}{\partial P}\right)_T = V \tag{7.48}$$

ここで，V は系の体積である．変化量に対しては，この式は次のように書ける．

$$\left(\frac{\partial \Delta G}{\partial P}\right)_T = \Delta V \tag{7.49}$$

上の式の ΔG は，ある変化が起こるときの Gibbs エネルギーの変化量であり，ΔV はその変化が起こるときの体積の変化量である．

　平衡定数と標準 Gibbs エネルギー変化の間の関係を表す式 (7.42) と上の式 (7.49) を組み合わせれば，この場合の標準状態は温度 T および圧力 P におけるものなので次式が得られる．

$$\boxed{\left(\frac{\partial \ln K}{\partial P}\right)_T = -\frac{\Delta V^*}{RT}} \tag{7.50}$$

ここで，ΔV^* は標準状態の反応物が標準状態の生成物に変わるときの体積の変化量であ

る．ΔV^* の意味は，理想溶液系で濃度をモル分率で表した平衡定数を考えるのがいちばんわかりやすい．その場合，ΔV^* は反応物の純粋液体が生成物の純粋液体に変わるときの体積変化量，言い換えると，生成物の純粋液体の体積から反応物の純粋液体の体積を差し引いたものということになる．

　化学反応に伴う体積変化が大きい場合，平衡定数に及ぼす圧力の効果が大きくなる．たとえば，$\Delta V^* = -20 \text{ cm}^3 \text{ mol}^{-1}$ の場合，300 K で 1000 atm（約 100 MPa）の圧力がかかると K は約 2.3 倍になり，10000 atm（約 1000 MPa）の圧力下では約 3400 倍になる（式（7.50）からこれを確かめてみよ）．無極性溶媒中で起こる無極性分子の化学反応の場合，一般に，新たに化学結合（共有結合）ができると体積は減少する．これは，共有結合距離が分子間距離に比べて相対的に短いためである．したがって，反応が起こっても共有結合の正味の数に変化がないような化学反応では，ΔV^* は小さく，平衡に対する圧力の影響も小さい．重合反応は多くの化学結合が新たにつくりだされるので大きな負の ΔV^* を伴い，圧力を上げると反応が著しく促進されることが予想される．反応の体積変化は，反応に関与する物質だけではなく溶媒をも含めた系全体としての体積変化であることに注意しなければならない．水溶液中でイオンが生成するような反応では，溶媒の水分子がイオンに強く水和する結果，系全体としての体積はかなり減少する．この効果は electrostriction（これに電縮または電歪という訳語が用いられることがある）として知られている．たとえば，水溶液中における酢酸の電離反応の体積変化は 25 ℃ で $\Delta V^* = -11.9 \text{ cm}^3 \text{ mol}^{-1}$ である．

　平衡定数の温度変化を考えたときは，ΔH^* が温度によらず一定だとして式（7.45）を積分することによって，実験データを解析するために使いやすい関係式を得ることができた．体積の場合，それが圧力に依存しないとするのはあまりよい近似ではない．したがって，粗い近似でよしとする場合は別として，式（7.50）を ΔV^* が一定であるとして積分するわけにはいかない（積分するためには ΔV^* が圧力の関数としてわかっている必要がある）．

　平衡定数の圧力依存性から ΔV^* を得るためには式（7.50）をそのまま用いる．種々の圧力で平衡定数を測定し，K の圧力依存性として図 7-9 のような曲線が得られたとすると，圧力 P のところで引いた接線の勾配に $-RT$ を掛けたものがその圧力における ΔV^* になる．また，この図の例では，勾配は正であるから $\Delta V^* < 0$ であり，反応に伴って系の体積が減少する．さらにまた，圧力の上昇に伴って K が大きくなっていることは，圧力が増すと生成物の方向（すなわち，体積が減少する方向，言い換えると圧力上昇を緩和する方向）に平衡の位置が移動する

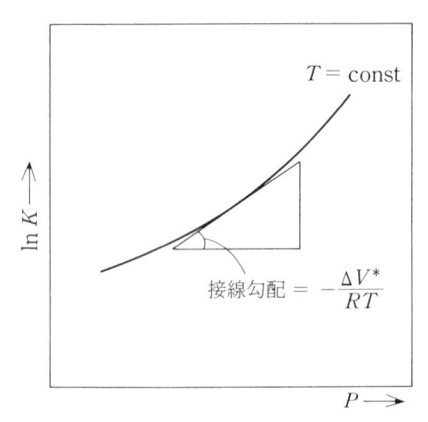

図 7-9　平衡定数（対数値）の圧力変化．接線勾配から ΔV^* が求まる．

ことを意味しており，Le Chatelier の原理の熱力学的根拠が示される．

例題 7.9 25 °C, 1 atm における酢酸の pK_a は 4.75 であり，また，その電離反応の体積変化は $\Delta V^* = -11.9 \, \text{cm}^3 \, \text{mol}^{-1}$ である．ΔV^* は圧力によらず一定として，1000 atm（約 100 MPa）における酢酸の pK_a を求めよ．

解 ΔV^* は定数として式(7.50)を $P_1, \ln K_1$ から $P_2, \ln K_2$ まで積分すると，

$$\int_{\ln K_1}^{\ln K_2} d\ln K = -\int_{P_1}^{P_2} \frac{\Delta V^*}{RT} dP$$

$$\ln K_2 - \ln K_1 = -\frac{\Delta V^*}{RT}(P_2 - P_1)$$

$pK_a = -\log K_a$ であることに注意して，$\log K_1 = -4.75$, $P_1 = 1$ atm, $P_2 = 1000$ atm, $\Delta V^* = -11.9 \, \text{cm}^3 \, \text{mol}^{-1}$ を代入すると，

$$\log K_2 + 4.75 = -\frac{-11.9 \times 10^{-3} \, (\text{dm}^3 \, \text{mol}^{-1})}{2.303 \times 0.082 \, (\text{dm}^3 \, \text{atm} \, \text{K}^{-1} \, \text{mol}^{-1}) \times 298 \, (\text{K})} \times 999 \, (\text{atm}) = 0.21$$

したがって，25 °C, 1000 atm における酢酸の pK_a は $pK_a = -\log K_2 = 4.54$ と見積もられる．

例題 7.10 ある物質 S が溶液中で次のように単分散状態と n 個の分子が集合した状態との間に平衡状態を保っている．

$$n\text{S} \xrightleftharpoons{K} \text{S}_n$$

温度一定で圧力を加えると，平衡移動することがわかった．27 °C で実験したところ $(\partial \ln K / \partial P)_T = -1.05 \times 10^{-3} \, \text{atm}^{-1}$ という結果が得られた．S の部分モル体積の変化は何 cm^3 か．計算に用いる気体定数の値に注意せよ．

解 気体定数は（体積）×（圧力）$\text{K}^{-1} \, \text{mol}^{-1}$ の次元をもつものを使う．問題では圧力の単位は atm, 体積の単位は cm^3 であるから，$R = 82.05 \, \text{cm}^3 \, \text{atm} \, \text{K}^{-1} \, \text{mol}^{-1}$ を用いる．式(7.50)より

$$\Delta V^* = -RT\left(\frac{\partial \ln K}{\partial P}\right)_T$$
$$= -82.05 \, \text{cm}^3 \, \text{atm} \, \text{K}^{-1} \, \text{mol}^{-1} \times 300 \, \text{K} \times (-1.05 \times 10^{-3} \, \text{atm}^{-1})$$
$$= 25.8 \, \text{cm}^3 \, \text{mol}^{-1}$$

物質 S の集合状態では，単分散状態に比べて，1 mol あたり 25.8 cm^3 ほどモル体積が大きいことがわかる．

第 7 章 演 習 問 題

7.1 次の反応では 448 °C でヨウ化水素が 78% 生成する．

$$\text{H}_2(\text{g}) + \text{I}_2(\text{g}) \rightleftharpoons 2\text{HI}(\text{g})$$

次の各問に答えよ．答はすべて有効数字 2 桁で示せ．

（a） 圧平衡定数 K_p はいくらか．また濃度平衡定数 K_c と K_p はどのような関係があるか．（ヒント：$\text{H}_2(\text{g})$ と $\text{I}_2(\text{g})$ は平衡時それぞれ何%存在するかを最初に考えよ．）

（b） 0.050 mol の H_2 と 0.010 mol の I_2 を混合して反応させたとき，平衡に達すると HI は何 mol できるか．

（c） 10.0 dm^3 の反応容器に，0.50 mol の H_2 と，0.50 mol の I_2 を入れると，平衡において

何 mol の I_2 が残るか．また容器中の全圧は何 atm か．
（ヒント：気体の全物質量は何 mol か．全圧の計算には理想気体とみなして計算してよいものとする．）

7.2 次の反応は $T = 298\,\text{K}$ で $K_p = 870$, $\Delta H_f^\ominus = -10.38\,\text{kJ}$ である．$T = 373\,\text{K}$ における K_p を概算せよ．

$$A_2(g) + B_2(g) = 2\,AB(g)$$

（ヒント：$d \ln K_p/dT = \Delta H^\ominus/RT^2$ において $\Delta H^\ominus$ が温度に依存しないとして，この式を積分 $T_1 (= 298)$ のとき $\ln K_{p(1)}$, $T_2 (= 373)$ のとき $\ln K_{p(2)}$ とおいて $\ln K_{p(2)}$ を求めよ．）

7.3 $CH_4(g) + 2\,O_2(g) \rightleftharpoons CO_2(g) + 2\,H_2O(l)$ の反応は，常温（25 °C），常圧ではどちらに進むか．K_p を求めて論ぜよ．
（ヒント：CH_4, $H_2O(g)$ の $\Delta G_f^\ominus$ 値を調べ，$\Delta G^\ominus = -RT \ln K_p$ から K_p 値を求める．）

7.4 $SO_2(g)$ と $Cl_2(g) \rightleftharpoons SO_2Cl_2(g)$ の反応について，298 K と 400 K における平衡定数を推定するために，次の熱力学量を利用する．計算の手順に従った下の各問に答えよ．

	$\dfrac{\Delta H_f^\ominus}{\text{kJ mol}^{-1}}$	$\dfrac{\Delta G_f^\ominus}{\text{kJ mol}^{-1}}$	$\dfrac{S^\ominus}{\text{J K}^{-1}\text{mol}^{-1}}$	$\dfrac{C_p}{\text{J K}^{-1}\text{mol}^{-1}}$
$SO_2(g)$	-296.8	-300.20	248.11	39.87
$Cl_2(g)$	0	0	222.96	33.91
$SO_2Cl_2(g)$	-364	-320.08	311.83	76.99

（a）示された化学反応式に従って $SO_2(g)$ と $Cl_2(g)$ から SO_2Cl_2 が生じるときの 298 K における反応熱 $\Delta H^\ominus_{(298)}$，エントロピー変化 $\Delta S^\ominus_{(298)}$，Gibbs エネルギー変化 $\Delta G^\ominus_{(298)}$ および定圧モル熱容量変化 ΔC_p をそれぞれ求めよ．

（b）298 K における $K_{p(298)}$ を求めよ．

（c）温度 T における反応熱 $\Delta H^0(T)$ が，次式で与えられることを示せ．
$$\Delta H^0(T) = \Delta H^0(T_1) + \Delta C_p(T - T_1)$$
ただし，$T_1 \to T$ の温度変化に際して，熱容量は不変とみなしている．

（d）$\dfrac{d \ln K_p}{dT} = \dfrac{\Delta H^0}{RT^2}$ の関係に上の $\Delta H^0(T)$ を適用して，$\ln K_{p(400)}$ および $K_{p(400)}$ を求めよ．

（e）400 K における反応のエントロピー変化 $\Delta S^0_{(400)}$ を推定せよ．

7.5 塩化銀の溶解平衡（次式）について，例題 7.5 で示したように溶解度積 $K_{sp} = 1.87 \times 10^{-10}$ $(\text{mol dm}^{-3})^2$ が得られている．

$$AgCl(s) \rightleftharpoons Ag^+(aq) + Cl^-(aq)$$

$[Ag^+] = 2 \times 10^{-3}\,\text{mol dm}^{-3}$ の溶液と $[Cl^-] = 14 \times 10^{-6}\,\text{mol dm}^{-3}$ の溶液を等量（同体積）混合したとき，$AgCl(s)$ が沈殿するかどうか熱力学的に判断せよ．
（ヒント：沈殿は $Ag^+(aq) + Cl^-(aq) \longrightarrow AgCl(s)$ の反応である．$\Delta G = -\Delta G^\ominus(\text{溶解}) + RT \ln [1/(\text{加えたイオンの濃度積})]$ において，ΔG の正負が沈殿生成するか否かを示す．）

7.6 硫化水素の生成反応 $H_2(g) + \dfrac{1}{2} S_2(g) = H_2S(g)$ の平衡定数の温度変化に関するデータから，この温度範囲における反応熱を van't Hoff プロットから求めよ．

温度/°C	900	1000	1100	1200	1300
K_p	28.25	13.74	7.48	4.38	2.77

8

熱力学の化学への応用（2）——相平衡

　前章では熱力学を化学の問題に応用した例として化学平衡をとりあげた．この章では，もうひとつの応用例として相平衡の問題を考えよう．

　相（phase）とは何かというと，『系の他の部分とはっきりした境界面で区別される均一な部分』と定義される．ここで，"均一"とは，その中のどこをとっても性質が同じであることを意味する．相の定義は言葉で考えるよりも例を思い浮かべたほうがわかりやすい．コップに水を入れて，その上に氷を浮かべてみる．すると，水と氷の境目ははっきりわかる．また，水は水で，氷は氷で，その中のどこをとっても同じ性質（たとえば，密度など）をもっている．したがって，コップの中の水と氷はそれぞれ別の"相"である．固体の相（この例では氷）を**固相**，液体の相（例では水）を**液相**，また気体の相を**気相**という．気相はただ1つの相状態しかとりえない．しかし，液体や固体ではその中で2つ以上の相が共存する場合も多い．たとえば，水とベンゼンを一緒に振り混ぜたあと静置すると，水にわずかのベンゼンが溶けた溶液とベンゼンにわずかの水が溶けた溶液がはっきりした境目をもって分離する．この場合，2つの溶液はそれぞれ別の液相である．固体では，結晶形が異なるいくつかの状態が出現する場合がある．よく知られている例として，硫黄の固体には斜方硫黄と単斜硫黄の2つがあり，これらはまたそれぞれ別の相である．ある条件のもとでは，斜方硫黄と単斜硫黄の2つの固相が共存する．

§8.1 相変化と相平衡

　物質は多数の分子・原子の集団であり，分子・原子のもつ熱運動のエネルギーと分子・原子間の相互作用エネルギーの兼ね合いによって物質は固相・液相・気相という異なった相状態で存在する．このうち分子・原子の熱運動エネルギーは，まわりとの熱のやりとりによって大きく変わる．したがって，物質に熱を加えたり取り除いたりすることによって相の間の移り変わりが起こる．

　ここで，一定圧力のもとである純物質の固体に外から熱を加えていくときに起こる変化を考えてみよう（図8-1）．はじめのうちは，固体中の分子の振動運動が激しくなり温度が上昇する．ある温度（T_m）に達したとき，分子の一部はまわりの分子から受ける束縛力に打ち勝って動きだし，固体から液体への変化が起こる（図(b)）．さらに熱を加え続けると，

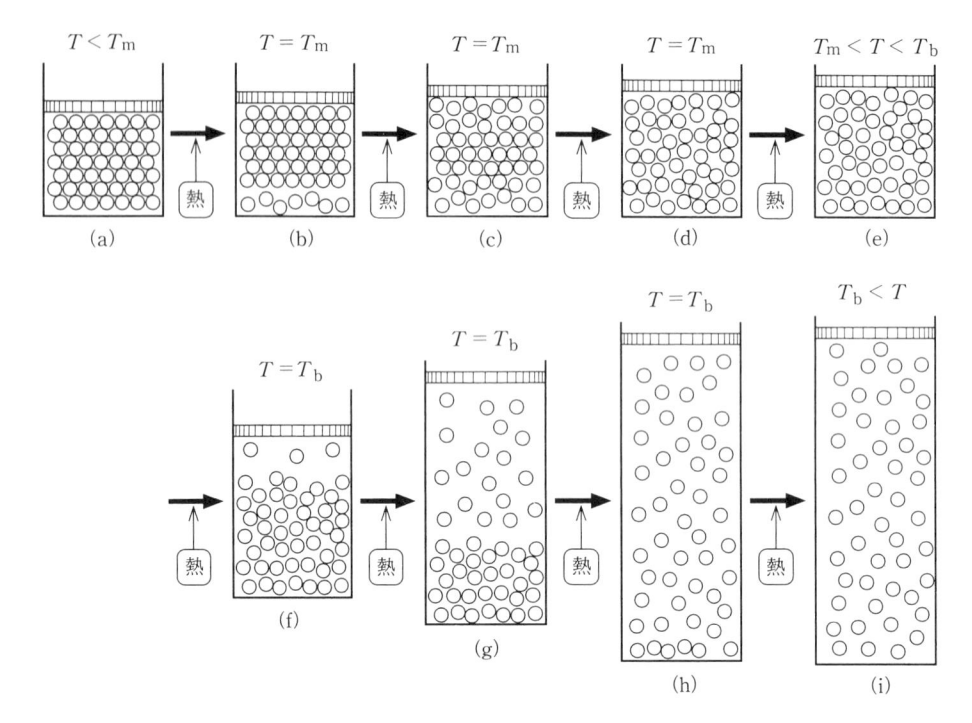

図 8-1 熱を加えることによって引き起こされる相転移

固体状態の分子が減って液体状態の分子が増えていき（図(c)），すべての分子が液体状態になるまでこの変化が続き（図(d)），その間，温度は一定に保たれる．すなわち，図(b)から(d)の間に加えられた熱は物質の温度を上昇させるために使われるのではなく，固体から液体への変化を引き起こすために消費される．さらに加熱を続けると，液体中の分子運動が激しくなり，温度が上昇していく（図(e)）．次いである温度（T_b）に達したところで，分子間の束縛に打ち勝つだけの熱運動エネルギーを手に入れた分子が気体となって逃れていき（図(f)），液体から気体への変化が起こり始める．この変化は，すべての分子が気体に変わるまで続き（図(h)），その間，加えられた熱は液体を気体に変えるために使われ，したがって温度は T_b に保たれる．さらに加熱を続けると，気体の分子運動が激しくなり，その温度が上昇していく（図(i)）．気体から熱を奪っていくと，これとは逆の道筋を通って固体への変化が起こる．

このように，物質と外界の間でエネルギーのやりとりがあるとき相の変化が起こるが，これを一般に**相転移**といい，また相転移の過程でやりとりされる熱量を**相転移熱**という．とくに，固体から液体への転移を**融解**と呼び，融解が起こる温度（図 8-1 の T_m）を**融点**，融解の過程で吸収される熱量を**融解熱**という．また，液体から気体への変化を**蒸発**（または**気化**）と呼び，蒸発が起こる温度（図 8-1 の T_b）を**沸点**，そのときの圧力を**蒸気圧**，蒸発の過程で吸収される熱量を**蒸発熱**という．

ここで，相転移温度では 2 つの相が共存して平衡状態が保たれるということに注意しよ

う．たとえば，融点では（図 8-1(b)～(d)）固相と液相の両方が一緒に存在し，固相の量と液相の量はそのときまでに加えられた熱量によって決まる．いま，図 8-1(c) の状態になったとき，熱のやりとりが止められたとしよう．すると，図 8-1(c) の状態はいつまでも変わることなくそのままに保たれる．このように，相に見かけ上何ら変化が起こっていないような状態を**相平衡**（phase equilibrium（単），equilibria（複））という．このような相平衡の見方に立てば，融点とは固相と液相が平衡に共存する温度であり，また沸点は液相と気相が平衡に共存する温度，蒸気圧は液相と気相が平衡に共存する圧力であるということができる．なお，相平衡の状態では変化が起こっていないように見えるだけで，実際に何も変化が起こっていないわけではないことに注意しなければならない．沸点で液体と気体が平衡にあるとき，液体分子の一部は気体に変わり，逆に気体分子の一部は液体に変わるという分子レベルでの変化は起こっている．ただ，単位時間あたりに液体から気体に変わる分子の数と気体から液体に変わる分子の数がちょうど等しくなり，巨視的には見かけ上変化が起こっていないように見える状態が相平衡の状態である．

最後に上に述べた相転移の現象を熱力学的に考えてみよう．ある一定量の純物質の Gibbs エネルギー（G）が温度によって変わる様子を模式的に表すと，図 8-2(a) のようになる．なぜこうなるのかは次の事情による．熱力学の関係式より

$$\left(\frac{\partial G}{\partial T}\right)_P = -S$$

であり，エントロピー S は常に正であるから G の T に対する変化を表す曲線の傾きは負になる．また，S は固相 < 液相 < 気相の順に大きくなるから，傾きの絶対値もこの順に大きくなり，図 8-2(a) が描かれる．そうすると，固相の Gibbs エネルギー（G_s）を表す曲線と液相の Gibbs エネルギー（G_l）を表す曲線はある温度（T_m）で交差し，同様に G_l の曲線と G_g の曲線はある温度（T_b）で交差する．T_m より低い温度では $G_s < G_l$ であるから［図 8-2(a) を見よ］固相のほうが液相よりも熱力学的に安定であり，その物質は固相として存在する．T_m と T_b の間の温度では G_l が最も低く，液相が熱力学的な安定相になる．また，T_b より高温になると $G_g < G_l$ となり，気相が安定相になる．ちょうど T_m に相当する温度では $G_s = G_l$ とな

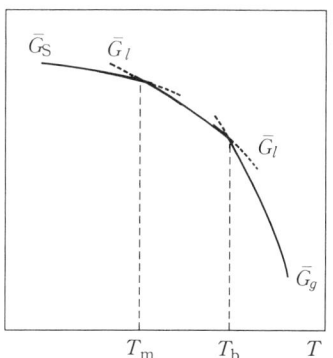

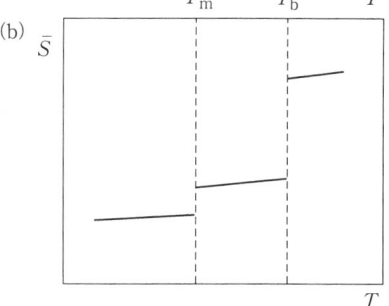

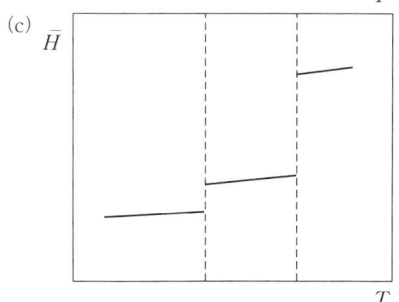

図 8-2 純物質の 1 mol あたり熱力学関数（$\bar{G}, \bar{S}, \bar{H}$）の温度変化の模式図

って，T_m は固相にとっても液相にとっても熱力学的に都合のよい温度であり，固相と液相の両相が共存できる，すなわち，この温度で固相→液相の相転移が起こる（次節で詳しく述べるように，$G_s = G_l$ は固相と液相が相平衡にあるための条件である）．同様に，温度 T_b で液相→気相の相転移が起こる．

相転移温度（T_m や T_b）で 2 つの相の Gibbs エネルギー曲線が交差するので，曲線の傾きはその温度で不連続的に変化する．すなわち，図 8-2(b) に示したように，物質がもつエントロピーは相転移温度で不連続的に変化し，またエンタルピーも不連続的に変化する（図 8-2(c)）．したがって，この相転移は熱の出入りを伴うことになる．第 5 章で述べたように定圧熱容量 C_p は次のように定義される．

$$C_\mathrm{p} = \left(\frac{\partial H}{\partial T}\right)_P$$

ある物質に熱を加えていったときに相転移が起こる場合，T_m あるいは T_b という一定の温度で熱が吸収されるから，その物質の C_p は相転移温度のところで無限大に発散することになる．

§8.2 相　律

純物質の場合，平衡状態でひとつの相として存在させようとすると，それぞれの相に応じたある範囲内で温度と圧力の両方とも自由に変えることができる．たとえば，水は（1 atm，25 ℃）でも（10 atm，50 ℃）でも，あるいはまた別の（圧力，温度）の組み合わせでも液相として存在することができる．ところが，2 つの相を平衡に共存させようとすると，温度と圧力のうち一方を決めれば他方は自動的に決まる．言い換えれば，2 つの相の間の相平衡を出現させるためには，温度と圧力という 2 つの変数のうち 1 つしか自由に変えられない．たとえば，液体の水と水蒸気が平衡に共存するのは 1 atm のもとでは 100 ℃ のときだけであり，また別の圧力のもとで同じ状況を出現させようとすると温度は自動的に決まってしまう．さらに，固相・液相・気相の 3 つの相が平衡に共存するのは温度・圧力の両方ともがある決められた特定の値のときに限られる．言い換えると，3 つの相の平衡を出現させるためには，温度・圧力いずれも自由に変えることはできない．たとえば，氷と水と水蒸気が平衡に共存するのは [4.58 mmHg(610.5 Pa)，0.01 ℃] のときのみである．

以上のことから，平衡に存在する相の数とその状況を出現させるためにわれわれが自由に変えることができる変数（温度，圧力）の数の間にある関係があることがわかるだろう．この関係は**相律**と呼ばれる．相律は相平衡の問題を考える際に基本となる重要な関係である．この節では相律の関係を順を追って導くが，はじめに相平衡の条件を調べよう．

8.2.1 相平衡の条件

いくつかの成分を含む混合系（多成分系）があって，簡単のために 2 つの相 α と β が平衡に共存している状況を考える．具体的には，ピストン付きの密閉容器の中で，エタノー

ル水溶液とその蒸気（エタノールと水の混合気体）が共存している様子を思い浮かべればよい．問題は，このような状況が出現するためにはどのような条件が満たされていなければならないかということである．

"2つの相で温度が等しくなければならない"ということは，すぐにわかるだろう．もしそうでなければ，高温相から低温相へ熱が移動し，それによって何らかの変化が生じ，系は平衡状態ではないことになる．この条件は次式のように書ける．

$$T^{(\alpha)} = T^{(\beta)} \tag{8.1}$$

なお，この章では変数の右肩につけた括弧付きの添え字で相の種類を表すことにする．

同様に，"2つの相で圧力が等しくなければならない"ということも容易にわかる．すなわち，

$$P^{(\alpha)} = P^{(\beta)} \tag{8.2}$$

相平衡が成り立っているためには，上の2つの関係以外に，系に含まれる各成分について，"化学ポテンシャルが2つの相で等しい"という条件が満たされなければならない．すなわち，

$$\mu_i^{(\alpha)} = \mu_i^{(\beta)} \tag{8.3}$$

この最後の関係は次のようにして証明できる．

いま，定温定圧のもとで成分 i が $\mathrm{d}n_i$ mol だけ α 相から β 相へ移行するとしよう（図8-3）．このとき，成分 i が α 相および β 相でもつ化学ポテンシャルをそれぞれ $\mu_i^{(\alpha)}$, $\mu_i^{(\beta)}$ とすれば，α 相の Gibbs エネルギーは $-\mu_i^{(\alpha)}\mathrm{d}n_i$ だけ変化し，また β 相の Gibbs エネルギーは $\mu_i^{(\beta)}\mathrm{d}n_i$ だけ変化するから，系全体としての Gibbs エネルギー変化は次式で与えられる．

$$\mathrm{d}G = -\mu_i^{(\alpha)}\mathrm{d}n_i + \mu_i^{(\beta)}\mathrm{d}n_i = (\mu_i^{(\beta)} - \mu_i^{(\alpha)})\mathrm{d}n_i \tag{8.4}$$

定温定圧における平衡条件は

$$\mathrm{d}G = 0$$

であるから（式(6.65)），これと式(8.4)から相平衡の条件として式(8.3)が得られる．

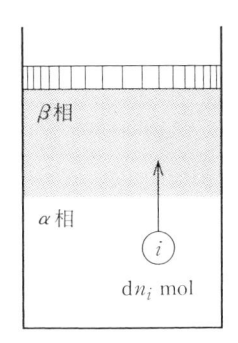

$$\mathrm{d}G^{(\alpha)} = -\mu_i^{(\alpha)}\mathrm{d}n_i$$
$$\mathrm{d}G^{(\beta)} = +\mu_i^{(\beta)}\mathrm{d}n_i$$
$$\mathrm{d}G = \mathrm{d}G^{(\alpha)} + \mathrm{d}G^{(\beta)} = (\mu_i^{(\beta)} - \mu_i^{(\alpha)})\mathrm{d}n_i$$

図8-3　成分 i の α 相から β 相への移行に伴う Gibbs エネルギー変化

以上をまとめると，2つの相が平衡に共存するためには，2つの相で(i)温度が等しい，(ii)圧力が等しい，(iii)各成分の化学ポテンシャルが等しい，という3つの条件が満たされなければならない．逆に，この3つの条件が満たされていれば，2つの相は平衡に共存す

るということにもなる．

上の結果は3つ以上の相が共存する場合にも一般化でき，p個の相が平衡に共存するための条件は次式で与えられる．

$$T^{(1)} = T^{(2)} = \cdots = T^{(p)} \tag{8.5}$$

$$P^{(1)} = P^{(2)} = \cdots = P^{(p)} \tag{8.6}$$

$$\mu_i^{(1)} = \mu_i^{(2)} = \cdots = \mu_i^{(p)} \tag{8.7}$$

8.2.2　相律を導くための考え方

一般的な相律の関係を導く前に，その考え方を簡単な例を用いて示そう．そこで純物質で2つの相 α と β が平衡に共存する状況を考える．系のこの状態を規定するためには，α 相の温度（$T^{(\alpha)}$），圧力（$P^{(\alpha)}$），β 相の温度（$T^{(\beta)}$），圧力（$P^{(\beta)}$）の合計4つの変数を指定すればよい．ところが，相平衡の条件があるため，この4つの変数はすべてが独立ではない（4つの変数がそれぞれ勝手な値をもつことはできない）．今の例では，この条件式は次の3つである．

$$T^{(\alpha)} = T^{(\beta)}, \qquad P^{(\alpha)} = P^{(\beta)}, \qquad \mu^{(\alpha)} = \mu^{(\beta)}$$

化学ポテンシャル μ は T, P の関数であることを思い起こせば，この状況は4つの変数からなる3つの連立方程式を解く問題になり，どれか1つの変数は値が定まらないまま残される．言い換えれば，4つの変数のうちのどれか1つには任意の値を用いて相平衡の条件式を満足することができる．すなわち，α 相と β 相が平衡に共存する状態をつくりだすことができる．さらに言い換えれば，2つの相を平衡に共存させようとすると，1つの変数に対してはその値をわれわれが自由に選ぶことができるということになる（この節の最初に述べた水の例にあてはめて確かめてみよ）．この状況を"**自由度**が1である"という．

要約すると，系の状態を規定するために必要な変数の数から相平衡の条件式の数を差し引いた残りの数だけの変数は自由な値をとることができ，こうして相の数と自由度の関係が得られる．混合系の場合は，系の状態を規定するための変数として温度，圧力以外に組成が付け加わってくる．組成を表す変数がいくつ必要かは，すぐ後で示すように，成分の数に依存する．したがって，一般的には自由度は相の数と成分の数に関係づけられる．

8.2.3　相律の一般的表現

相律の考え方を上で示した．ここで，定温定圧のもとで c 個の成分を含む閉じた系で p 個の相が共存して平衡状態にあるという状況に上の考えをあてはめて，一般的な相平衡の法則を導きだそう．必要なことは，系を規定するための変数の総数と平衡条件の関係式の総数を数え上げることである．

まず，1つの相を決めるのに必要な変数の数を見つけよう（p 個の相に対してはそれを p 倍すればよい）．それは，次の2項目を考慮することから始まる．

① 温度と圧力の2つ，および

② 組成を規定するための $(c-1)$ 個

以上の合計は $(c+1)$ 個である．したがって，共存する p 個の相を規定するために必要な変数の総数は $p(c+1)$ 個となる．なお，上の2) についてコメントを加えると，c 個の成分からできた混合系の組成は $(c-1)$ 個の成分の濃度を与えれば決まる．それは，残りの1つの成分の濃度は自動的に決まるからである（塩と砂糖が溶けた水溶液で，たとえば，塩が10%，砂糖が20%とすれば，水の濃度は70%になる）．

次に相平衡の条件式の数を求めよう．p 個の相のすべてにわたって(i)温度が等しい，(ii)圧力が等しい，(iii)成分 i の化学ポテンシャルが等しいという条件は次のようにまとめられる．

$$
\begin{array}{cc}
& \text{等式の数} \\
T^{(1)} = T^{(2)} = \cdots = T^{(p)} & (p-1) \\
P^{(1)} = P^{(2)} = \cdots = P^{(p)} & (p-1) \\
\mu_1^{(1)} = \mu_1^{(2)} = \cdots = \mu_1^{(p)} & (p-1) \\
\mu_2^{(1)} = \mu_2^{(2)} = \cdots = \mu_2^{(p)} & (p-1) \\
\cdots\cdots\cdots\cdots \\
\mu_c^{(1)} = \mu_c^{(2)} = \cdots = \mu_c^{(p)} & (p-1)
\end{array}
$$

右側の μ の式は c 個の成分それぞれに成り立つ化学ポテンシャルの等式

これより，条件式の総数は $(p-1)(c+2)$ となる．

したがって，変数の総数から条件式の総数を差し引くと，
$$p(c+1) - (p-1)(c+2) = c - p + 2$$
となり，これがわれわれがその値を自由に選ぶことのできる変数の数，すなわち自由度である．自由度を記号 f で表せば，次式が得られる．

$$\boxed{f = c - p + 2} \tag{8.8}$$

自由度 f と相の数 p および成分の数 c の間の関係を表す式 (8.8) は **Gibbs の相律** (phase rule) と呼ばれる．

§8.3 1成分系（純物質）の相平衡

この節では，1成分系（純物質）の相平衡をとりあげよう．まず相律に基づいて考えると，純物質では $c=1$ だから式 (8.8) は

$$f = 3 - p$$

となる．したがって，平衡に存在する相の数と自由度の関係は次のようになる．

$p=1$（平衡状態で1つの相が存在）のとき $f=2$

　　　この場合，2つの変数 T と P を自由に変えることができる．

$p=2$（平衡状態で2つの相が共存）のとき $f=1$

　　　T と P のうち，1つは自由に選ぶことができる．

$p = 3$（平衡状態で 3 つの相が共存）のとき $f = 0$

T も P も決められてしまい，われわれが選ぶことはできない．

8.3.1　1 成分系の状態図（相図）

　1 成分系の場合，系を規定するための変数は温度と圧力の 2 つだけであるので，この 2 つの変数を座標軸にとって，いろいろな温度・圧力に応じた相状態を図示することができる．このような図を**状態図**または**相図**（phase diagram）と呼ぶ．縦軸，横軸は温度または圧力のどちらをとってもかまわないが，ふつうは圧力を縦軸に，温度を横軸にとって表す．$p = 1$ の場合はいろいろな組み合わせの (T, P) が可能であるので，状態図で 1 相領域はこれらの点が集まった"面"になる．これに対して，2 相が共存する (T, P) の集まりは"線"を形成し，また 3 相が共存する場合は (T, P) は 1 つに限られるので"点"になる．純物質の状態図の例として，水の状態図の概略を図 8-4 に示す．

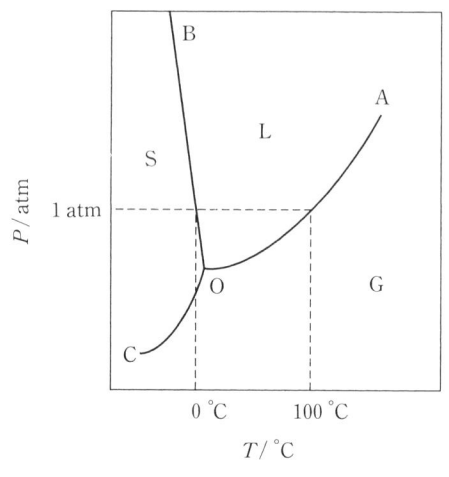

図 8-4　水の状態図（概略図）

　図 8-4 をもとにして，状態図が表すことを説明しよう．(i) この図で，S, L, G と書かれた領域はそれぞれ固相，液相，気相の 1 相領域を表す．たとえば，ある温度・圧力 (T, P) で決められる点が L の領域にあれば水はその温度・圧力のもとでは液体として存在する．(ii) (T, P) が曲線 OA 上にあれば液相と気相が平衡に共存する，すなわち液体の水と水蒸気が共存する．液相と気相が共存して平衡状態になっているときの温度が沸点，そのときの圧力が蒸気圧であるから，曲線 OA は沸点の圧力による変化を表す曲線，あるいは蒸気圧の温度による変化を表す曲線とみなすことができる．(iii) 同様に，(T, P) が曲線 OB 上にあれば固相と液相が共存する．この曲線は融点の圧力による変化を表す曲線と見ることができる．(iv) 曲線 OC 上では固相と気相が共存する．固相と気相の間の移り変わりは昇華と呼ばれ，曲線 OC は昇華温度の圧力による変化を表している．(v) 点 O は固相，液相，気相の 3 つの相が共存する (T, P) の点であり，**三重点**と呼ばれる．この点に相当する温度，圧力のときのみ 3 つの相が平衡に共存することができる．

　日常生活で経験することに，上に述べたことと（言い換えれば相律と）矛盾するように思えることがあるかもしれない．たとえば，コップに入った氷入りの水が机の上に置いてあったとしよう．これを見て，大気圧下，室温で水と氷が共存しているではないかと相律を疑うかもしれない．しかし，この状態は平衡状態ではないことを忘れてはいけない．しばらく放置しておくと，氷は解けてコップの中身は液体の水だけになる．つまり，大気圧，室温における平衡状態は液体の水という 1 つの相である．圧力 1 atm（1.013×10^5 Pa）の

もとでは 0°C (273.2 K) のときのみ氷と水が平衡状態として共存することができる．

8.3.2 Clapeyron-Clausius の式

1成分系の状態図には，2つの相が平衡に共存する (T, P) の点の集まりとしての曲線が現れた．この2相共存線を数式で表すことができれば便利である．水は大気圧のもとでは 100°C で沸騰することはよく知られているが，たとえば水を 120°C で沸騰させるための圧力を知りたいという場合，水についての液相-気相共存線を表す数式があれば計算で求めることができるだろう．この2相共存線（正確には曲線の接線勾配）を数式で表したものが Clapeyron-Clausius の式と呼ばれる関係式である．これについては前に第3章でもふれたが，ここでは，まず Clapeyron-Clausius の式を導出し，次いでその応用について示していこう．

いま，温度 T，圧力 P のとき相 α と相 β が共存しているとしよう．すなわち，点 (T, P) は図8-5 に示したように2相共存線上にある．ここで温度が dT だけ変わったとする．温度が変わった後でも2つの相が平衡にあるためには（これは (T, P) で表される点が，共存線上を動くことに相当する），圧力もまた dP だけ変わらなければならない．それに伴い，化学ポテンシャルも変わることになるが，この化学ポテンシャルの変化量は2つの相で等しくなければならない．すなわち，(T, P) の点が2相共存線上を動いていくためには，相平衡の条件により，次の関係が満たされなければならない．

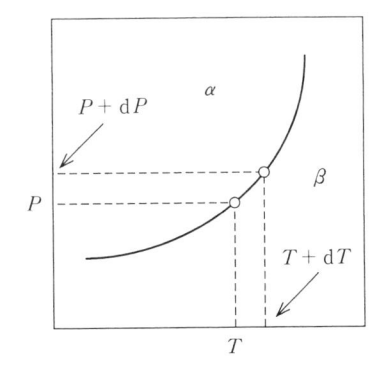

図8-5 2相共存線に沿った変化

$$dT^{(\alpha)} = dT^{(\beta)} = dT$$
$$dP^{(\alpha)} = dP^{(\beta)} = dP$$
$$d\mu^{(\alpha)} = d\mu^{(\beta)} \tag{8.9}$$

純物質の場合，化学ポテンシャルはモル Gibbs エネルギーであるから，温度が dT だけ，圧力が dP だけ変わったときの化学ポテンシャルの変化量 $d\mu$ は次のように表される．

$$d\mu = -\bar{S}\, dT + \bar{V}\, dP \tag{8.10}$$

ここで，$\bar{S}$ および $\bar{V}$ はそれぞれ (T, P) におけるその物質のモルエントロピーおよびモル体積である．式 (8.9) の化学ポテンシャルの変化量を式 (8.10) で表せば次式の関係が得られる．

$$-\bar{S}^{(\alpha)}\, dT + \bar{V}^{(\alpha)}\, dP = -\bar{S}^{(\beta)}\, dT + \bar{V}^{(\beta)}\, dP$$

上式を並べ換えて整理すると次式を得る．

$$\frac{dP}{dT} = \frac{\bar{S}^{(\beta)} - \bar{S}^{(\alpha)}}{\bar{V}^{(\beta)} - \bar{V}^{(\alpha)}} = \frac{\Delta S_t}{\Delta V_t} \tag{8.11}$$

ここで，$\Delta S_t = \bar{S}^{(\beta)} - \bar{S}^{(\alpha)}$ および $\Delta V_t = \bar{V}^{(\beta)} - \bar{V}^{(\alpha)}$ は α 相から β 相への相転移が起こると

きのエントロピー変化および体積変化（それぞれ 1 mol あたりの）である．式（8.11）の左辺（dP/dT）は 2 相共存線の温度 T における接線勾配であり，それは相転移に伴うエントロピー変化と体積変化に関係づけられる．

相転移温度で起こる相変化は可逆変化であるから，ΔS_t はモルエンタルピー変化 ΔH_t と次のような関係にある．

$$\Delta S_t = \frac{\Delta H_t}{T} \tag{8.12}$$

式（8.12）を用いると式（8.11）は次式のように書き換えられる．

$$\boxed{\frac{\mathrm{d}P}{\mathrm{d}T} = \frac{\Delta H_t}{T\,\Delta V_t}} \tag{8.13}$$

エントロピー変化というややわかりにくい量を使った式（8.11）よりもエンタルピー変化すなわち相転移熱を用いた式（8.13）のほうがわかりやすいだろう．状態図に現れる 2 相共存線の接線の傾きを与えるこれらの関係式は **Clapeyron の式** と呼ばれる．

Clapeyron-Clausius の式の応用

1） 液相-気相平衡

式（8.11）または式（8.13）はどんな相の間の境界線にもあてはまる一般的な関係である．これを液相-気相の共存線に適用すると，また違った形に表される．式（8.13）を液相-気相平衡にあてはめると，

$$\frac{\mathrm{d}P}{\mathrm{d}T} = \frac{\Delta H_{\mathrm{vap}}}{T(\bar{V}^{(g)} - \bar{V}^{(l)})} \tag{8.14}$$

ここで，P は蒸気圧，T は沸点，$\bar{V}^{(g)}$ と $\bar{V}^{(l)}$ はそれぞれ気相と液相におけるモル体積，ΔH_{vap} はモル蒸発熱である．気相のモル体積は液相のそれに比べてはるかに大きいから（$\bar{V}^{(g)} \gg \bar{V}^{(l)}$），$\bar{V}^{(g)} - \bar{V}^{(l)} \approx \bar{V}^{(g)}$ と近似することができる．また，気相を理想気体とみなして理想気体の状態式を用いると，式（8.14）は次式のように書き換えられる．以下が **Clapeyron-Clausius の式** と呼ばれる式である（p. 26，式（2.1）参照）

$$\frac{\mathrm{d}P}{\mathrm{d}T} = \frac{\Delta H_{\mathrm{vap}} P}{RT^2} \tag{8.15}$$

または

$$\boxed{\frac{\mathrm{d}\ln P}{\mathrm{d}T} = \frac{\Delta H_{\mathrm{vap}}}{RT^2}} \tag{8.16}$$

モル蒸発熱 ΔH_{vap} は温度によらず一定であるとして（これは狭い温度範囲を問題にする場合はよい近似である）式（8.15）または（8.16）を積分すると次式が得られる．

$$\boxed{\ln P = -\frac{\Delta H_{\mathrm{vap}}}{R} \cdot \frac{1}{T} + C} \tag{8.17}$$

式(8.17)は蒸気圧の対数が絶対温度の逆数に対して直線的に変化することを示している．液体の蒸気圧を種々の温度で測定し，式(8.17)に従ってプロットすると直線が得られ，その傾きからモル蒸発熱を求めることができる．

例題 8.1 エタノールの蒸気圧を種々の温度で測定して下の結果を得た．$\ln P$ を $1/T$ に対してプロットし，式(8.17)の関係が成り立つことを確かめ，エタノールのモル蒸発熱を求めよ．

t (℃)	P (mmHg)	T (K)	$1/T$ (10^{-3} K^{-1})	$\ln P$
25.0	55.9	298.2	3.353	4.024
30.0	70.0	303.2	3.298	4.248
35.0	93.8	308.2	3.245	4.541
40.0	117.5	313.2	3.193	4.766
45.0	154.1	318.2	3.143	5.038
50.0	190.7	323.2	3.094	5.251
55.0	241.9	328.2	3.047	5.489
60.0	304.2	333.2	3.001	5.718
65.0	377.9	338.2	2.957	5.935

（注）1 mmHg = 133.3 Pa

解 測定データから絶対温度の逆数と蒸気圧の対数を計算した結果を，それぞれ上の表の第4列と第5列に示す．縦軸に $\ln P$ を，横軸に $1/T$ をとってプロットすると図8-6に示したグラフが得られる．式(8.17)から予測されるように，$\ln P$ と $1/T$ の間に良好な直線関係が得られ，その直線の傾きから計算すると，$\Delta H_{\text{vap}} = 40.4$ kJ mol^{-1} となる．

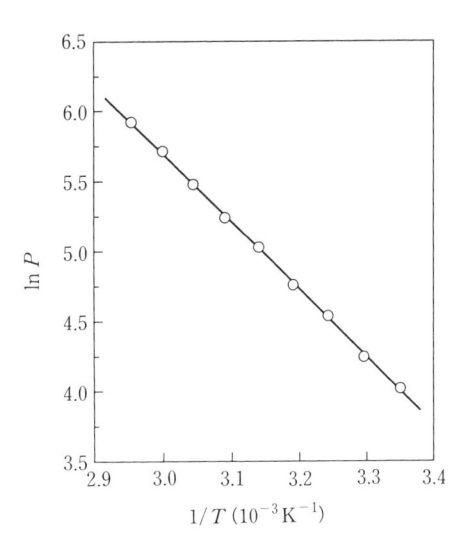

図 8-6 エタノールに対する $\ln P$ 対 $1/T$ のプロット

式(8.15)または(8.16)を不定積分のかわりに $T = T_1$, $P = P_1$ から $T = T_2$, $P = P_2$ まで積分すると次式が得られる．

$$\ln \frac{P_2}{P_1} = -\frac{\Delta H_{\text{vap}}}{R}\left(\frac{1}{T_2} - \frac{1}{T_1}\right) \tag{8.18}$$

式(8.18)を用いれば，モル蒸発熱が既知で，ある温度 T_1 における蒸気圧 P_1（あるいは，同じことだが，ある圧力 P_1 における沸点 T_1）がわかっている場合，別の温度（T_2）における蒸気圧（P_2）または別の圧力（P_2）における沸点（T_2）を求めることができる．

例題 8.2 水は大気圧（760 mmHg = 1.013×10^5 Pa）のもとでは 100 °C で沸騰し，その蒸発熱は 40.6 kJ mol^{-1} である．高度 4000 m の高山の気圧は 450 mmHg 程度である．そこでは水は何 °C で沸騰するか．

解 式(8.18)に $P_1 = 760$ mmHg, $T_1 = 373$ K, $P_2 = 450$ mmHg, $\Delta H_{vap} = 40.6 \times 10^3$ J mol^{-1} を代入して T_2 を求めると，

$$T_2 = 358.7 \text{ K} \quad \therefore \quad 85.7 \text{ °C}$$

例題 8.3 圧力鍋を使って 120 °C で調理したい．鍋の圧力を何気圧にすればよいか．

解 式(8.18)に $P_1 = 1$ atm (1.013×10^5 Pa), $T_1 = 373$ K, $T_2 = 393$ K, $\Delta H_{vap} = 40.6 \times 10^3$ J mol^{-1}, $R = 8.31$ J K^{-1} mol^{-1} を代入して P_2 を求めると，$P_2 = 1.95$ atm (1.98×10^5 Pa)．

2） 固相-気相平衡

液相-気相平衡の場合，液相の体積が気相の体積に比べて著しく小さくて無視できるため式(8.15)から式(8.18)までの関係が得られた．同様のことは固相-気相平衡についてもあてはまる．その場合，相転移熱を昇華熱（ΔH_{sub}）に読み替えればよい．

例題 8.4 ドライアイスの蒸気圧は -103 °C で 76.7 mmHg (1.022×10^4 Pa), -78.5 °C で 760 mmHg (1.013×10^5 Pa) である．この温度範囲におけるドライアイスのモル昇華熱を求めよ．

解 式(8.18)と類似の関係

$$\ln \frac{P_2}{P_1} = -\frac{\Delta H_{sub}}{R}\left(\frac{1}{T_2} - \frac{1}{T_1}\right)$$

に $T_1 = 170$ K, $P_1 = 76.7$ mmHg, $T_2 = 194.5$ K, $P_2 = 760$ mmHg を代入して ΔH_{sub} を計算すると，$\Delta H_{sub} = 25.7$ kJ mol^{-1}．

3） 固相-液相平衡

固相-液相共存線は，融点の圧力による変化の様子を表す曲線と見る場合が多い．その場合，Clapeyron-Clausius の式は，もともとの式(8.13)の分子と分母を逆にして表したほうがわかりやすい．すなわち，

$$\frac{dT}{dP} = \frac{T \Delta V_t}{\Delta H_t} = \frac{T(\overline{V}^{(l)} - \overline{V}^{(s)})}{\Delta H_{fus}} \quad (8.19)$$

ここで，T は融点，$\overline{V}^{(l)}$ と $\overline{V}^{(s)}$ はそれぞれ液相と固相におけるモル体積，ΔH_{fus} はモル融解熱である．式(8.19)は圧力が単位圧力（たとえば 1 atm）増すとき融点がどれだけ変わ

るかを表し,それは液相と固相の体積差と融解熱で決まる.

例題 8.5 0 °C における水のモル体積は 18.024 cm³ mol⁻¹,氷のモル体積は 19.655 cm³ mol⁻¹ であり,また氷のモル融解熱は 6008 J mol⁻¹ である.氷の融点の圧力による変化率 (dT/dP) を求めよ.

解 式 (8.19) より,
$$\frac{dT}{dP} = \frac{T(\bar{V}^{(l)} - \bar{V}^{(s)})}{\Delta H_{\text{fus}}} = \frac{273\,(\text{K}) \times (18.024 - 19.655) \times 10^{-6}\,(\text{m}^3\,\text{mol}^{-1})}{6008\,\text{J mol}^{-1}}$$
$$= -7.41 \times 10^{-8}\,(\text{K/J m}^{-3})$$
J m⁻³ = N m⁻² ≡ Pa だから $dT/dP = -7.41 \times 10^{-8}$ K Pa⁻¹ となる.
圧力の単位としてもっとわかりやすい atm を用いれば,1 atm = 1.013×10⁵ Pa だから $dT/dP = -7.50 \times 10^{-3}$ K atm⁻¹ となり,圧力が 1 atm 増すと氷の融点は 0.0075 K だけ下がる.

式 (8.19) からわかるように,圧力が増したとき融点が上がるか下がるかは融解に伴う体積変化の符号で決まる.融解によって体積が増えれば $\bar{V}^{(l)} > \bar{V}^{(s)}$ であるから (dT/dP) > 0 となり,圧力を加えることによって融点は上がる.これは状態図で見れば固相–液相の共存線(固相と液相の相境界)が右上がりになることと対応する.ほとんどの物質は固体から液体に変わると体積は増し,この場合に相当する.上の例題で見た水はきわめて例外的で,氷が解けて液体の水になると体積は減少する.したがって (dT/dP) < 0 となり,固相–気相共存線は右下がりになる.水のこのような奇妙な振舞いの原因について考えてみよ.

§8.4 2 成分系の相平衡

前節では純物質(1 成分系)の相平衡について考えた.われわれの身近にある物質はほとんどが混合物である.この節以降では,最も簡単な混合物,すなわち 2 成分混合物の相平衡およびそれに関連した現象について見ていこう.まず,相律を考えてみると,2 成分系では $c = 2$ だから式 (8.8) は
$$f = 4 - p$$
となるから,平衡に存在する相の数と自由度の関係は次のようになる.

$p = 1$(平衡状態で 1 つの相が存在)のとき $f = 3$
  この場合,T, P,組成の 3 つの変数を自由に変えることができる.

$p = 2$(平衡状態で 2 つの相が共存)のとき $f = 2$
  T, P,組成のうち,2 つは自由に選ぶことができる.

$p = 3$(平衡状態で 3 つの相が共存)のとき $f = 1$
  T, P,組成のうち,1 つしか自由に選ぶことができない.

$p = 4$(平衡状態で 4 つの相が共存)のとき $f = 0$
  T, P,組成はすべて決められてしまい,自由に選ぶことはできない.

ここで少し注釈を加えておこう.2 成分系では,組成は 2 つの成分のうちのどちらかの濃度

で表される．たとえば，エタノール水溶液の場合，エタノールの濃度が20%だとすれば，水の濃度は自動的に80%に決まってくる．一般的に c 成分系では，その組成は $c-1$ 個の濃度で一義的に決まり，したがって，組成を規定する変数の数は $c-1$ 個ということになる．$p=4$（4つの相の共存）というのは具体的には考えにくいかもしれない．これは，たとえば2つの液相と固相，気相の4つの相が共存する状況を思い浮かべればよい．

　上で見たように，2成分系では系の状態を規定する変数は温度，圧力，1つの成分の濃度の3つになる．そこで，これら3つの変数を3次元の直交座標系の3つの座標軸にとって状態図を描くことが原理的には可能である．しかし，このような図は煩雑であり，実際にはあまり用いられない．そのかわり，2成分系の状態図を表すには次の2つの方法がよく用いられる．すなわち，

（ⅰ）温度を固定して，縦軸に圧力を，横軸に組成をとって相の状態を図示する方法
（ⅱ）圧力を固定して，縦軸に温度を，横軸に組成をとって相の状態を図示する方法

この後，2成分系の状態図をいくつか見ていくことになるが，まず，2成分系の液相-気相平衡を調べることから始めよう．

§8.5　2成分系の液相-気相平衡

　前にも述べたように，液相と気相が平衡に共存するときの圧力および温度がそれぞれ蒸気圧および沸点である．したがって，一定温度のもとでの蒸気圧と組成の関係を表す曲線が，上の（ⅰ）の表し方をした液相-気相状態図における相境界に相当し，また，一定圧力のもとでの沸点と組成の関係を表す曲線が（ⅱ）の表し方をした液相-気相状態図の相境界に相当する．そこで，まず一定温度における蒸気圧と組成の関係，すなわち，2成分溶液の蒸気圧が組成によってどのように変わるかを見ていこう．

8.5.1　Raoultの法則と理想溶液

　Raoultはいろいろな溶液の蒸気圧を測定して，その結果を次のようにまとめた．

『溶液に含まれているある成分の蒸気分圧は，溶液中のその成分のモル分率に比例する』
これを **Raoultの法則** という．数式で表現すれば，Raoultの法則は次式のように表される．

$$p_i = x_i p_i^* \tag{8.20}$$

ここで，x_i は溶液中の成分 i のモル分率，p_i^* は成分 i の純粋液体がその温度で示す蒸気圧である．一般には，式(8.20)の関係，すなわち，Raoultの法則は，どのような組成のときでも常に成り立つとは限らない．ただし，非常に希薄な溶液では，その溶媒について（すなわち，$x_i \to 1$ のとき）式(8.18)は常に成り立つ．

　第7章で述べたように，理想溶液では成分 i の化学ポテンシャルは次式で表された．

$$\mu_i = \mu_i^* + RT \ln x_i \tag{7.18}$$

式 (7.18) から，理想溶液と平衡に共存する気相中の成分 i の分圧は式 (8.20) で与えられることが導かれる．すなわち，理想溶液では常に式 (8.20) の関係が成り立つ．したがって，$0 \leq x_i \leq 1$ の全組成範囲にわたって Raoult の法則が成り立つような溶液を理想溶液と定義することもできる．

さて次に，成分 1 と成分 2 からできた 2 成分理想溶液を考えよう．この溶液と平衡に共存する気相中のそれぞれの成分の分圧は，Raoult の法則により次のようになる．

$$p_1 = x_1 p_1^* \qquad (8.21)$$
$$p_2 = x_2 p_2^* = (1-x_1)p_2^* \qquad (8.22)$$

また，全蒸気圧 P は，これらの分圧の和として次式で与えられる．

$$P = p_1 + p_2 = p_2^* + (p_1^* - p_2^*)x_1 \quad (8.23)$$

各成分の分圧および全圧と成分 1 のモル分率の関係をグラフで示すと図 8-7 のようになる．すなわち，理想溶液では蒸気圧と溶液組成の間に直線関係が成り立つ．

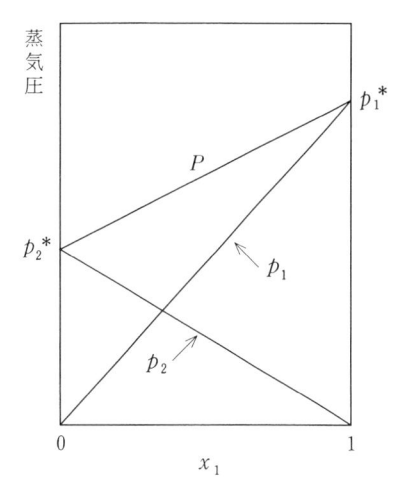

図 8-7 2 成分理想溶液の蒸気圧と溶液組成の関係

例題 8.6 25 ℃ におけるクロロホルムの蒸気圧は 199.1 mmHg，四塩化炭素の蒸気圧は 114.5 mmHg である（1 mmHg = 133.3 Pa）．

（1）クロロホルムのモル分率が 0.40 の溶液が 25 ℃ で蒸気と平衡にあるとき，クロロホルムの分圧，四塩化炭素の分圧および全蒸気圧はそれぞれいくらか．mmHg 単位で答えよ．

（2）この溶液と平衡にある蒸気中のクロロホルムのモル分率はいくらか．

ただし，クロロホルムと四塩化炭素の溶液は理想溶液になるものとする．

解 $CHCl_3$ と CCl_4 の分子は互いに似通っており，このような似たものどうしの溶液は理想溶液に近い（第 7 章 7.4.1 項を参照せよ）．

（1）Raoult の法則より
$$p_{CHCl_3} = x_{CHCl_3} p_{CHCl_3}^* = 0.40 \times 199.1 = 79.6 \,(mmHg)$$
$$p_{CCl_4} = x_{CCl_4} p_{CCl_4}^* = 0.60 \times 114.5 = 68.7 \,(mmHg)$$
$$P = p_{CHCl_3} + p_{CCl_4} = 148.3 \,(mmHg)$$

（2）蒸気の組成は分圧の法則を用いて次のようにして求められる．

$x_i^{(g)}$ を混合気体中の成分 i のモル分率とすれば，理想混合気体に対する分圧の法則は
$$p_i = x_i^{(g)} P$$
これより，全圧と分圧から $x_i^{(g)}$ を知ることができる．
$$x_{CHCl_3}^{(g)} = \frac{p_{CHCl_3}}{P} = \frac{79.6}{148.3} = 0.54$$

上の例題からわかるように，溶液と蒸気が平衡に共存するとき，一般に溶液の組成と蒸気の組成は異なる．この例では，溶液組成が $x_{CHCl_3} = 0.40$ のとき蒸気組成は $x_{CHCl_3}^{(g)} = 0.54$ になっている．このことは揮発性が高いほうの成分，言い換えれば蒸気圧が高いほうの成分が溶液中よりも蒸気中により多く含まれてくることを示している．

8.5.2 2成分系の液相-気相状態図

例題 8.6 で，溶液と蒸気が平衡に共存するとき，溶液と蒸気では組成が異なることがわかった．このことに基づいて2成分系の液相-気相状態図が理解できる．ここでは，まず，圧力と組成で表した状態図（圧力-組成図）を組み立て，その状態図が表すことがらについて説明を加えよう．次いで，温度と組成で表した状態図（温度-組成図）に移っていく．なお，溶液はすべて理想溶液として考えていく．

（1） 液相が理想溶液の場合の圧力-組成図

例題 8.6 では，$CHCl_3$ のモル分率が 0.4 の溶液と平衡に共存する蒸気の組成を求めた．溶液中の $CHCl_3$ のモル分率を 0.1 から 0.9 まで 0.1 間隔で同じ計算をして，溶液組成と蒸気圧および蒸気組成と蒸気圧の関係を一緒にプロットすると図 8-8 のようになる．この図で○を結んで得られる線は**溶液組成と蒸気圧の関係**を表す線であり，**液相線**と呼ばれる．理想溶液の場合，全濃度範囲にわたって Raoult の法則が成り立つので液相線は直線になる．一方，●を結んで得られる線は**蒸気組成と蒸気圧の関係**を表す線であり，**気相線**と呼ばれる．図 8-8 が $CHCl_3$-CCl_4 系の圧力-組成図である．

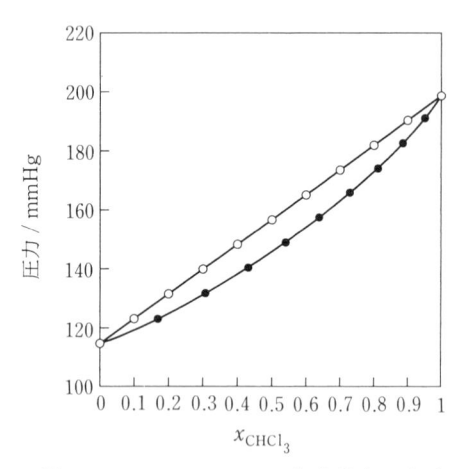

図 8-8 クロロホルム-四塩化炭素混合系の蒸気圧と溶液組成（○）および蒸気組成（●）の関係

このような状態図の見方を説明するために，状態図の中のある点とそのときの系の状態の関係を模式的に表したものを図 8-9 に示す．いま，成分1のモル分率が x_A であるような混合系を考え，この混合系を圧力 P_2 のもとに置いたとしよう（点 A）．圧力 P_2 のところで引いた水平線が液相線と交わる点（B）の組成を x_B，気相線と交わる点（C）の組成を x_C とすれば，この図は組成 x_B の液相の蒸気圧が P_2 であり，そのときの気相の組成が x_C であることを示している．言い換えれば，圧力 P_2 のもとで組成 x_B の溶液と組成 x_C の蒸気が平衡に共存している．一方，この混合系が圧力 P_1 のもとに置かれたときは気相としてのみ存在し，圧力 P_3 では液相としてのみ存在する．以上をまとめると，組成と圧力で規定される点 (x_1, P) が（i）液相線よりも上（領域 L）にあればその系は液相として存在し，（ii）気相線

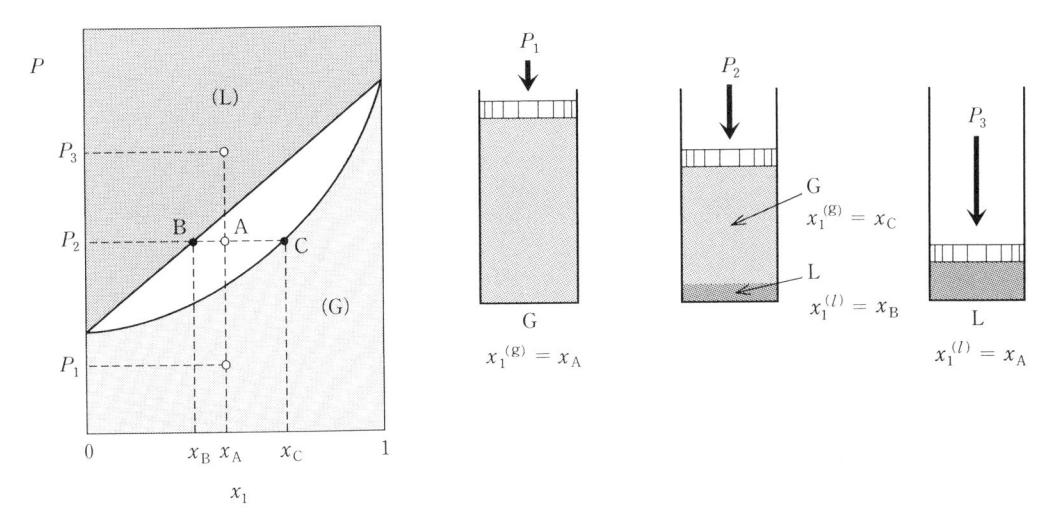

図8-9 2成分系の溶液-気相状態図（圧力-組成図）

よりも下（領域 G）にあれば気相として存在し，(iii) 液相線と気相線で囲まれた領域にあれば液相と気相が平衡に共存する．また，液相と気相が共存する場合，水平に引かれた線が液相線・気相線と交わる点（図8-9 の点 B と C）はそれぞれ液相と気相の組成を与える．直線 BC のように，液相線と気相線を結ぶ水平な直線を**タイライン**（tie line）という．

上で見たように，タイラインは平衡に共存する2つの相の組成を与えてくれるが，それ以外にも，共存する2相の相対的な量関係もタイラインから知ることができる．次にこれを示そう．再び図8-9 の点 A に置かれた系を考える．このときの液相の物質量を n_L mol，気相の物質量を n_G mol とすれば，

$$\text{系全体の中の成分1の物質量} = x_A(n_L+n_G) \text{ mol} \tag{a}$$

$$\text{液相中の成分1の物質量} = x_B n_L \text{ mol} \tag{b}$$

$$\text{気相中の成分1の物質量} = x_C n_G \text{ mol} \tag{c}$$

である．ここで，(a) = (b)+(c) だから

$$x_A(n_L+n_G) = x_B n_L + x_C n_G$$

$$\therefore \quad \frac{n_L}{n_G} = \frac{x_C - x_A}{x_A - x_B} = \frac{\text{AC}}{\text{AB}} \tag{8.24}$$

すなわち，物質量で表した液相の量と気相の量の比はタイラインの AC の長さと AB の長さの比に等しくなる．式 (8.24) の関係を**てこの関係**（lever rule）という．

2成分系の状態図では，1相領域（図8-9 の L および G の領域）も2相領域（液相線と気相線で囲まれた部分）もいずれも"面"になる．ただし，この面は1相領域と2相領域で性格が異なることを注意しておこう．1相領域の面は組成と圧力で決められる"点"が集まってつくられる面である．2成分系で1つの相が存在するときの自由度は3であり，そのうち1つは温度を選ぶのに使われているから，残された自由度は2である．したがって，この場合，組成と圧力の両方とも自由に選ぶことができ，1相領域は点の集合となる．これに対し

て，2相領域はタイラインという"線"の集合でつくられる面である．この場合，自由度2のうち1つは温度に使われ，残された自由度は1であるから，たとえば圧力をある圧力に選べば液相の組成も気相の組成も自動的に決まってしまう．同じタイラインの中では，たとえば図8-9のBCの中では，"点"が異なっていても組成x_Bの溶液と組成x_Cの蒸気が平衡に共存するという点では同じである．ただし，その場合，液相と気相の量関係は異なる．

例題 8.7 図8-10(a)は成分1と成分2の混合系の液相-気相状態図（圧力-組成図）である．いま，成分1のモル分率がx_Aの混合系をピストン付きの容器に入れて，一定温度のもとで圧力P_1からP_5まで圧縮した．このときに起こる状態の変化を，この図に基づいて説明せよ．

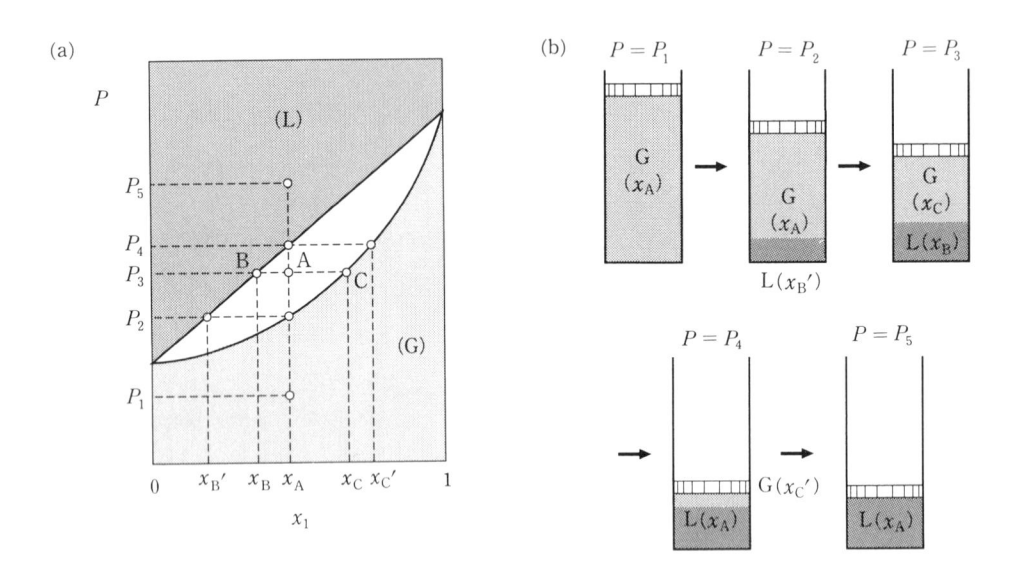

図8-10 組成x_Aの混合系の圧力変化に伴う相変化

解 最初の状態，すなわち組成x_A，圧力P_1の点は気相線より下にあるから混合系は気相として存在している．ピストンを押して圧縮していくと気相の圧力が上昇し，圧力P_2に達したところで液相が出現し始める．この液相の組成はx_B'であり，その量は無限小の量である．すなわち，圧力P_2のところでは組成x_Aの気相と無限小量の組成x_B'の液相が平衡に共存する（なぜ液相の量が無限小なのか，てこの関係から考えてみよ）．さらにピストンを押して圧力を上げると，圧力P_3のところでは組成x_Cの気相と組成x_Bの液相が（ABの長さ）/（ACの長さ）のモル比で平衡に共存している．さらに圧力を増して，圧力P_4に達すると組成x_C'の気相（無限小量）と組成x_Aの液相が共存する（すなわち，この点で気相→液相の変化が完了する）．さらにピストンを押して圧力がP_4以上になると，混合系は液相として存在する．なお，P_1～P_5までの各圧力のもとでの系の状態を模式的に図8-10(b)に示した．

（2） 液相が理想溶液の場合の温度-組成図

これまで圧力と組成で表した2成分系の液相-気相状態図について示してきた．次にここ

で，もうひとつの状態図の表し方，すなわち温度と組成の関係で表した状態図を見ていこう．実用的にはこの温度-組成図（沸点図）のほうが役に立つことが多い．

液相が理想溶液の場合，2つの成分の蒸気圧がいくつかの温度でわかっていれば，図 8-11 に示す方法で圧力-組成図から温度-組成図が得られる．図 8-11(a) には，種々の温度に対する圧力-組成図における液相線を一緒に示してある．この図で，蒸気圧が 1 atm（1.013×10^5 Pa）のところで引いた水平線が液相線と交わる点の組成は，圧力が 1 atm のときにその温度で液相と気相が平衡に共存するときの液相の組成に相当する．したがって，図 8-11(b) に示すように，各温度におけるこのような交点の組成を横軸にとり，縦軸にその温度をとってプロットすれば，1 atm のもとで液相と気相が共存するときの温度，すなわち沸点と溶液組成の関係を表す曲線が得られる．この曲線も液相線と呼ぶ．圧力-組成図の液相線のかわりに気相線について同様な操作をすれば，温度-組成図の気相線が得られることになる．温度-組成図の場合，液相が理想溶液であっても液相線は直線にはならず，図 8-12 に模式的に示したように相境界は葉巻形になる．

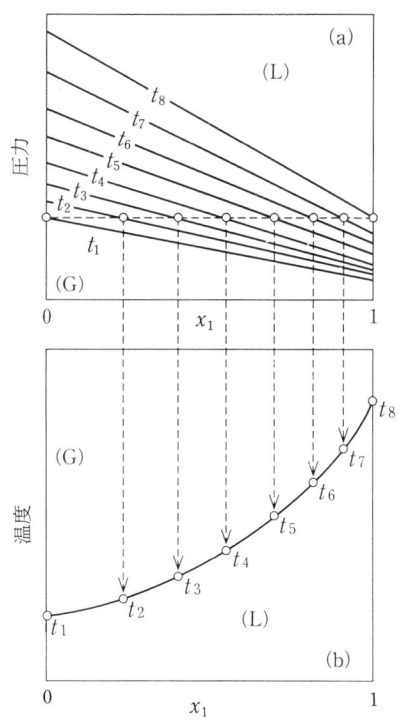

図 8-11 2成分系の圧力-組成図の液相線から温度-組成図の液相線をつくる方法

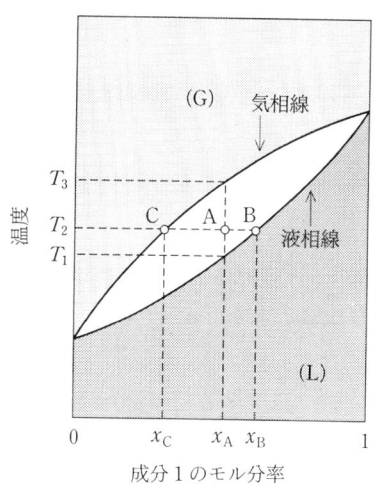

図 8-12 2成分系液相-気相状態図（温度-組成図）

前に圧力-組成図について詳しく説明したので，それとの類推で温度-組成図の見方もわかるだろう．図 8-12 をもとにして簡単に説明すると以下のとおりである．成分 1 のモル分率が x_A であるような混合系は，$T < T_1$ の温度（すなわち，液相線より下の温度領域）では

液相として存在し，$T > T_3$ の温度（気相線より上の温度領域）では気相として存在し，また，$T_1 \leq T \leq T_3$（"葉巻"の内部の温度領域）では液相と気相が共存する．この混合系の温度が T_2（"葉巻"の中）のとき，成分1のモル分率が x_B の液相と x_C の気相が共存し，液相と気相の物質量の比は AC の長さと AB の長さの比になっている．

温度-組成図から**蒸留**（distillation）あるいは**分留**（fractional distillation）の原理が理解できる．液体混合物を加熱して沸騰させ，出始めの蒸気を冷却して液化させ，これを再び沸騰させて出始めの蒸気を液化させる．この操作を繰り返すと液体混合物からある成分を純粋なかたちで取り出すことができる．このような液体混合物の分離・精製法を分留という（実際には，沸騰-液化の繰り返し操作は自動的に行われる）．なぜこのような操作で分離・精製ができるのかは，図 8-13 に示した2成分系の温度-組成図からわかるだろう．いま，成分1のモル分率が x_A の2成分液体混合物があったとしよう．これを加熱していくと温度が上昇し，液相線にぶつかった温度のところで沸騰が始まる．このときの蒸気の組成は x_A' であり，もとの溶液よりも揮発性に富む成分（沸点が低い成分），すなわち成分2が多く含まれる．この蒸気を冷却して液化し，それを再び加熱して沸騰させると，沸騰が始まったときに出てくる蒸気の組成は x_A'' となっており，これを液化すると，さらに成分2に富んだ液体混合物が手に入る．これを繰り返せば，成分2を分離して取り出すことができる．ある液体混合物について，その温度-組成図がわかっていれば，たとえば純度99％の成分2を得るためにはこのような操作を何回繰り返せばよいかを知ることができる．ただし，図 8-13 に示した組成 x_A' や x_A'' の蒸気の量は無限小量であるから，実際上は，この温度-組成図から予測されるよりも繰り返しの回数は多くなる．

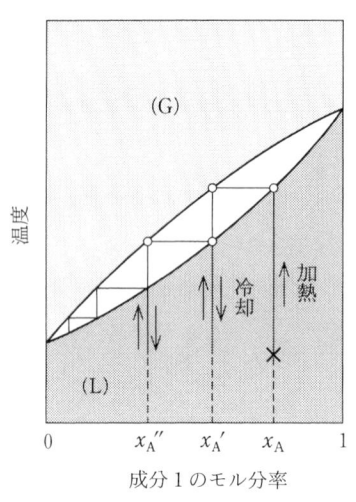

図 8-13 分留の原理

8.5.3 2成分系液相-気相状態図の熱力学的解析

液相が理想溶液で気相が理想気体であるような2成分系液相-気相状態図は，簡単な熱力学的考察に基づいて相境界を知ることができる．ここでは，このような系の温度-組成図の相境界を計算し，実験で得られた状態図と比較してみよう．

成分1と成分2からできた混合系があり，その液相と気相が平衡に共存している状況を考えよう．このとき，相平衡の条件から次の関係が成り立っている．

$$\mu_1^{(l)} = \mu_1^{(g)} \tag{8.25}$$

$$\mu_2^{(l)} = \mu_2^{(g)} \tag{8.26}$$

液相が理想溶液で，気相が理想気体の場合，$\mu_1^{(l)}$ および $\mu_1^{(g)}$ はそれぞれ次のように表される．

$$\mu_1^{(l)} = \mu_1^{(l)*} + RT \ln x_1^{(l)} \tag{8.27}$$

$$\mu_1^{(g)} = \mu_1^{(g)*} + RT \ln x_1^{(g)} \tag{8.28}$$

ここで，$x_1^{(l)}$ および $x_1^{(g)}$ は，共存する液相および気相中の成分1のモル分率である．式(8.27)と(8.28)を式(8.25)に代入して整理すると次式が得られる．

$$\ln \frac{x_1^{(g)}}{x_1^{(l)}} = -\frac{\mu_1^{(g)*} - \mu_1^{(l)*}}{RT} = -\frac{\Delta \mu_\text{vap}^*}{RT} \tag{8.29}$$

式(8.29)の右辺の $\Delta \mu_\text{vap}^*$ は，成分1が液体から気体に変化するときの(すなわち，蒸発の) 1 mol あたりの Gibbs エネルギー変化に相当する．式(8.29)に Gibbs-Helmholtz の式を用いれば，

$$\left[\frac{\partial}{\partial T}\left(\ln \frac{x_1^{(g)}}{x_1^{(l)}}\right)\right]_P = \frac{\Delta H_1}{RT^2} \tag{8.30}$$

ここで，ΔH_1 は成分1の純粋液体のモル蒸発熱である．$x_1^{(l)} = x_1^{(g)} = 1$ のときの T を T_1 とすれば，T_1 は成分1の純粋液体の沸点である．式(8.30)を $T = T_1$ から $T = T$ まで積分すると次式を得る．

$$\ln \frac{x_1^{(g)}}{x_1^{(l)}} = \int_{T_1}^T \frac{\Delta H_1}{RT^2} \mathrm{d}T = -\frac{\Delta H_1}{R}\left(\frac{1}{T} - \frac{1}{T_1}\right) \tag{8.31}$$

$$\therefore \quad \frac{x_1^{(g)}}{x_1^{(l)}} = \exp\left[-\frac{\Delta H_1}{R}\left(\frac{1}{T} - \frac{1}{T_1}\right)\right] \equiv \mathrm{e}^{-A} \tag{8.32}$$

成分2についても同様にして次式が得られる．

$$\frac{x_2^{(g)}}{x_2^{(l)}} = \frac{1 - x_1^{(g)}}{1 - x_1^{(l)}} = \exp\left[-\frac{\Delta H_2}{R}\left(\frac{1}{T} - \frac{1}{T_2}\right)\right] \equiv \mathrm{e}^{-B} \tag{8.33}$$

式(8.32)と(8.33)を解けば，

$$x_1^{(l)} = \frac{1 - \mathrm{e}^{-B}}{\mathrm{e}^{-A} - \mathrm{e}^{-B}} \tag{8.34}$$

$$x_1^{(g)} = \frac{\mathrm{e}^{-A}(1 - \mathrm{e}^{-B})}{\mathrm{e}^{-A} - \mathrm{e}^{-B}} \tag{8.35}$$

$x_1^{(l)}$ および $x_1^{(g)}$ は温度 T において液相と気相が共存するときの液相および気相の組成を表す．したがって，液相と気相が平衡に共存するときの温度と液相組成の関係，すなわち，液相線が式(8.34)によって与えられ，同様に気相線が式(8.35)によって与えられる．これらの式に含まれる $T_1, T_2, \Delta H_1$，および ΔH_2 は成分1と成分2の純粋液体の沸点およびモル蒸発熱であり，これらが既知の場合，2成分系の液相-気相状態図の相境界を計算で描くことができる．図8-14 はベンゼン-トルエン系について式(8.34)と(8.35)から計算された相境界を実測の相境界と比較したものである．実測値と計算曲線はよく一致しており，このことからベンゼンとトルエンの溶液は理想溶液に非常に近いことが示される．

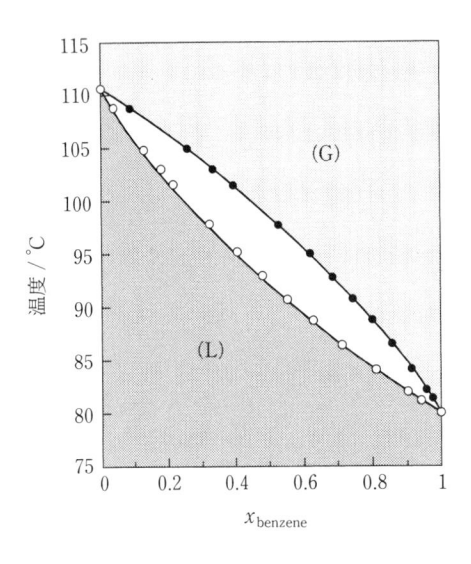

図 8-14 ベンゼン-トルエン混合系について式(8.34)および(8.35)から計算される相境界と実測の相境界を比較したもの

8.5.4 理想溶液からのずれが大きいの場合の状態図

上で見たベンゼンとトルエンの溶液は理想溶液に近いもので，この場合，全組成範囲にわたってRaoultの法則に従う．しかし，現実の溶液では，Raoultの法則がある限られた組成範囲でしか成り立たない場合が多く，このような溶液を非理想溶液という．Raoultの法則からのずれ方には2通りある．ひとつは図8-15に示したベンゼンと1-プロパノールの例のように，蒸気圧がRaoultの法則から予測されるよりも大きくなる場合（Raoultの法則からの正のずれ）で，もうひとつは図8-16のアセトンとクロロホルムの例のように，蒸気圧がRaoultの法則の直線関係よりも小さいほうにずれる場合（Raoultの法則からの負のずれ）がある．溶液中における異種分子間の相互作用と同種分子間の相互作用が等しいような溶液が理想溶液であった（第7章7.4.1項）．現実の溶液では，これらの相互作用は一般には異なっており，異種分子間の相互作用と同種分子間の相互作用の兼ね合いにより

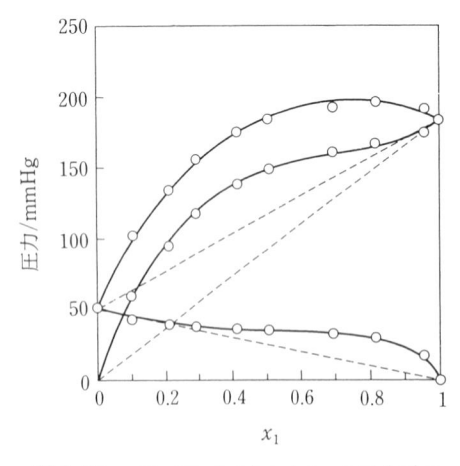

図 8-15 ベンゼン-1-プロパノール混合系の蒸気圧と溶液組成の関係(25°C)．
x_1 はベンゼンのモル分率．
1 mmHg = 133.3 Pa

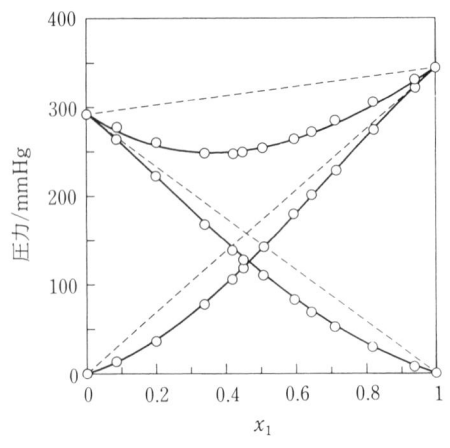

図 8-16 アセトン-クロロホルム混合系の蒸気圧と溶液組成の関係(25°C)．
x_1 はアセトンのモル分率．
1 mmHg = 133.3 Pa

Raoultの法則から正にずれたり負にずれたりする（正や負のずれがそれぞれどのような場合に対応するか考えてみよ）．

理想溶液からのずれが大きくなると，全蒸気圧と溶液組成の関係を示す曲線に極大（図8-15）や極小（図8-16）が現れる．この曲線は2成分系液相-気相状態図（圧力-組成図）の液相線に相当する．これに気相線を付け加えると，極大が現れる場合の圧力-組成図は図8-17（a）に示したような形になる．気相線がなぜこのような形になるかは次のように考えると理解できるだろう．この混合系の蒸気圧は，液相組成が x_z のとき最大になる．言い換えると，組成 x_z の溶液がいずれの成分の純粋液体よりも揮発性が高いことになる．液相と平衡に共存する蒸気中には揮発性が高い成分が多く含まれてくるから，x_z より左側の組成領域では気相線は液相線よりも右側に位置し，x_z より右側の組成領域では気相線は液相線よりも左側に位置することになる．液相組成がちょうど x_z のところで液相線と気相線が接する．すなわち，このとき平衡に共存する液相と気相の組成はいずれも x_z である．この圧力-組成図を温度-組成図に描きかえると図8-17（b）のような状態図が得られ，この溶液の沸点は組成 x_z のとき極小になる．蒸気圧に極小が現れる場合の圧力-組成図および温度-組成図をそれぞれ図8-18（a）および（b）に示した．この場合，溶液の沸点は組成 x_z のところで極大になる．

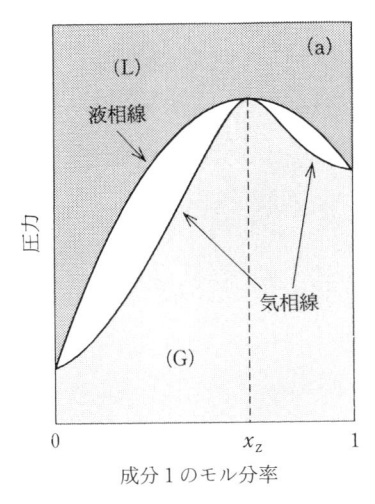

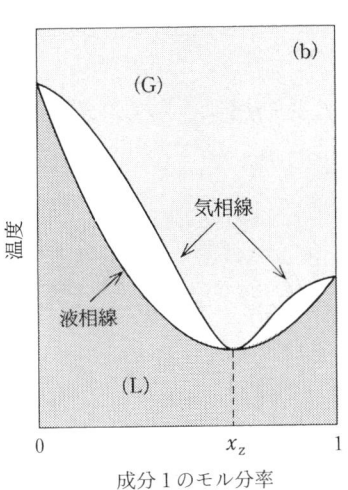

図8-17 Raoultの法則から大きな正のずれを示す場合の
(a) 圧力-組成図（温度一定）と（b）温度-組成図（圧力一定）

図8-17および8-18に示した組成 x_z は次のような点で特徴的な組成である．それは，液相組成が x_z のところで液相線と気相線が接しており，このことは組成 x_z の液相は同じ組成の気相と平衡に共存することを意味する．すなわち，組成 x_z の液相を加熱していくと，沸点に達したところで液相と同じ組成の気相が現れる．このような組成の混合物を**共沸混合物**（azeotropic mixture）と呼び，また，その組成を**共沸組成**という．極小沸点をもつ共沸混合物ができる場合，分留によって成分を分離・精製することはできない（その理由を考

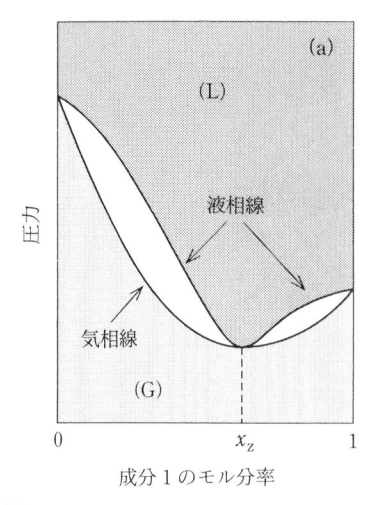

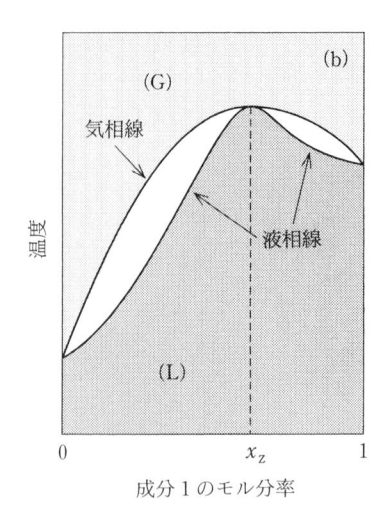

図 8-18 Raoult の法則から大きな負のずれを示す場合の (a) 圧力-組成図 (温度一定，たとえば 298 K) と (b) 温度-組成図 (圧力一定，たとえば大気圧)

えてみよ)．この例として水とエタノールの混合系がある．この混合系は共沸組成がエタノール 96.0%，沸点が 78.17 ℃ の共沸混合物をつくる．したがって，水が混ざったエタノールから分留によってエタノールを精製しようとしても，最大限 96% の純度のものしか手に入れることはできない．

§8.6　2 成分系の固相-液相平衡

混合系の相平衡について，これまでは 2 成分系の液相-気相平衡を取り扱ってきた．次にこの節では，同じく 2 成分混合系について，その固相-液相平衡を考えていく．固相-液相平衡は，液相-気相平衡との以下のような対応関係から類推して考えると理解しやすい．

液相-気相平衡		固相-液相平衡
沸点	⟷	融点
（液相と気相が共存するときの温度）		（固相と液相が共存するときの温度）
液相線	⟷	固相線
（沸点と液相組成の関係）		（融点と固相組成の関係）
気相線	⟷	液相線
（沸点と気相組成の関係）		（融点と液相組成の関係）

一般的に液相に比べて固相では異なる成分が混ざりにくい．この混ざりにくさのため，固相-液相状態図に現れる相境界は通常の液相-気相状態図とは違ったかたちになる場合が多い．なお，固相-液相状態図はもっぱら温度-組成図で表される．

8.6.1　固相が固溶体になる場合

固体状態でいくつかの成分が混ざり合ったものを **固溶体** という．金属は固体状態でも比較的混ざりやすく，固溶体をつくりやすい（金属の固溶体が合金である）．固溶体ができる

2成分系の固相-液相状態図は，液相-気相状態図と同じようなかたちになる．

固溶体の融点が，2つの成分の純粋固体の融点の間で単調に変化していく混合系の例としてニッケルと銅の混合物の状態図を図 8-19 に示す．このような状態図を示す混合系の場合，融解と固化を繰り返すことによって，ちょうど分留によって液体混合物の分離・精製ができたのと同じ原理で，固体混合物中の成分を分離して精製することができる．棒状にした試料のまわりに帯状のヒーターを取り付け，そのヒーターを棒の端からゆっくり移動させていくと，融解と固化を連続的に行わせることができる．固体試料のこのような精製法を帯域融解法（zone melting）という．

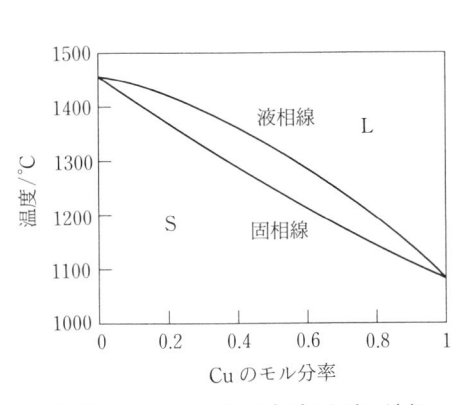

図 8-19 ニッケル-銅混合系の固相-液相状態図（圧力：大気圧）

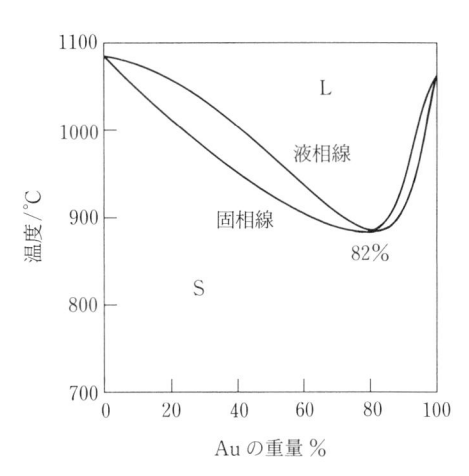

図 8-20 銅-金混合系の固相-液相状態図（圧力：大気圧）

銅と金の混合系は，金の含量が82%の組成のところで融点が極小になり，この系の固相-液相状態図は共沸混合物ができる場合の液相-気相状態図と同じような形になる（図 8-20）．このような混合系の場合，2種の金属を混ぜることによって融点の低い金属（合金）をつくることができる．

8.6.2 固相で2成分が全く混ざり合わない場合

2つの成分が固相では全く混ざり合わず純物質の別々の相として存在するような混合系の例としてベンゼン-ナフタレン系がある．この混合系の固相-液相状態図を図 8-21 に示す．図 8-21 に基づいて，このタイプの状態図の見方を説明しよう．

この図で，曲線 AEB が液相線で，ACDB が固相線である．i）固相線の水平部分 CD より下の領域は，純ベンゼン（S_2）と純ナフタレン（S_1）がそれぞれ別の固相として存在する2相領域である．これは，その領域で引かれたタイラインが縦軸，すなわち $x_1 = 0$（純ベンゼン）と $x_1 = 1$（純ナフタレン），と交わることから理解できるだろう．ii）液相線より上の領域はベンゼンとナフタレンが混ざり合った液相（溶液）として存在する1相領域である．iii）AECA で囲まれた領域内は純ベンゼンの固相と液相（溶液）が共存する2相領域であ

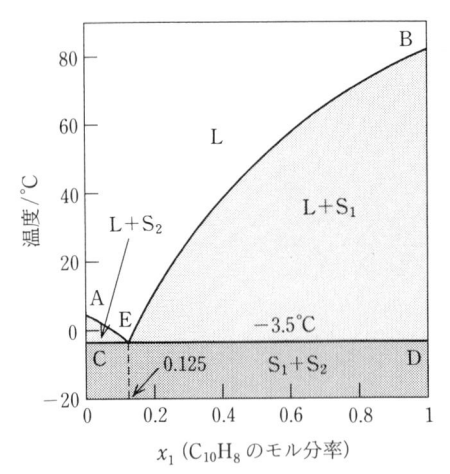

図 8-21 ベンゼン-ナフタレン混合系の
固相-液相状態図

り，また，BEDB で囲まれた領域内は純ナフタレンの固相と液相（溶液）が共存する 2 相領域である．iv) 水平な直線 CD 上では，純ベンゼンの固相，純ナフタレンの固相，および E 点に相当する組成の液相の 3 つの相が平衡に共存する．2 成分系で 3 つの相が共存するときの自由度は 1 であるから，圧力を 1 atm (1.013×10^5 Pa) に選べば温度は決められてしまうので，3 相共存は状態図の水平な直線上においてのみ出現する．

例題 8.8 図 8-22 の 2 成分系固相-液相状態図で，成分 1 のモル分率 x_A の混合系を P 点から冷却していくときに起こる相状態の変化をこの図に基づいて説明せよ．

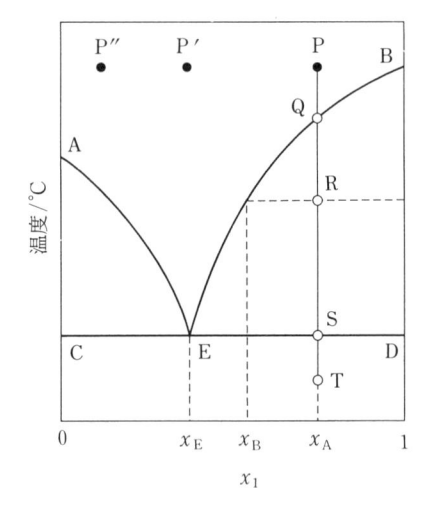

図 8-22 固相で全く混ざり合わない
2 成分系の固相-液相状態図

解 この混合系は P 点では液相として存在している．これを冷却していくと，Q 点に達したところで純粋な成分 1 の固相が出現する．ただし，その量は無限小量である．この点から冷却を続けると，成分 1 の固相の量が増していき，また液相の組成は QE の線に沿って変化し，R 点では成分 1 の固相と組成 x_B の液相が $(x_A - x_B)/(1 - x_A)$ の割合で平衡に共存する．さらに温度が下がって S 点に達すると，純粋な成分 2 の固相が出現する．S 点では，組成 x_E の液相と成分 1 の固相と成分 2 の固相の 3 つの相が平衡に共存する．この点に達した後，冷却を続けて系から熱を奪っていくと，液相の量が減少し，固相の量が増していき，液相が消失するまで温度は一定に保たれる．さらに冷却していくと，固相の温度が下がっていく（固相では成分 1 と成分 2 が別々の相として存在している）．なお，図 8-22 の P′ 点および P″ 点から冷却したときの相変化を説明してみよ．

図 8-21 のような状態図を与える混合系を**共融混合物**（eutectic mixture）と呼び，また，点 E を**共融点**（eutectic point），その組成を**共融組成**（eutectic composition）という．無機塩類と水の 2 成分系は共融型になるものが多く，その例として水-塩化アンモニウム系の状態図の一部を図 8-23 に示す．いま，0 °C の氷に塩化アンモニウムを加えたとしよう．図 8-23 からわかるように，水-塩化アンモニウム系の 0 °C における安定な状態は液相であるから，氷は融けて溶液ができる．その際，融解熱に相当する熱がまわりから奪われるため温度が下がる．この現象を利用して氷に無機塩類を混ぜたものは寒剤として用いられる．塩化アンモニウムを氷と混ぜた場合，共融点の温度 -15.8 °C まで温度を下げることができる．

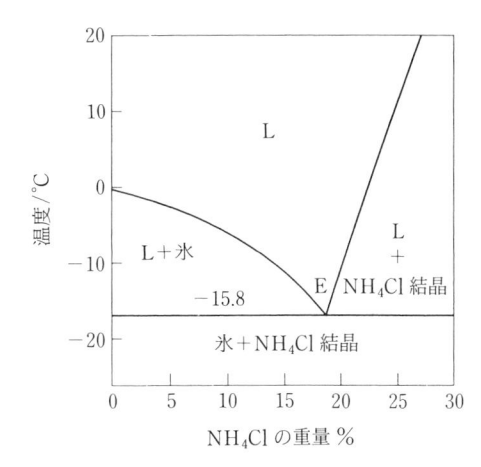

図 8-23 水-塩化アンモニウム混合系の固相-液相状態図

8.6.3 共融型状態図の熱力学的解析

固相-液相状態図も熱力学的な考察に基づいて相境界を知ることができる場合がある．ここでは，固相では全く混ざり合わず液相は理想溶液になるような共融型の 2 成分系状態図の相境界を計算してみよう．考え方は 8.5.3 項で示したものと同じである．

成分 1 と成分 2 からなる混合系で，その固相と液相が平衡に共存しているとき，相平衡の条件から

$$\mu_1^{(s)} = \mu_1^{(l)} \tag{8.36}$$

$$\mu_2^{(s)} = \mu_2^{(l)} \tag{8.37}$$

ここで考える混合系の場合，液相は理想溶液だから液相中の成分 1 の化学ポテンシャルは次のように表される．

$$\mu_1^{(l)} = \mu_1^{(l)*} + RT \ln x_1^{(l)} \tag{8.38}$$

一方，固相中では，成分 1 と成分 2 は全く混ざり合わずに別の相として存在しているので，固相中の成分 1 の化学ポテンシャルはその標準化学ポテンシャルに相当する．すなわち，

$$\mu_1^{(s)} = \mu_1^{(s)*} \tag{8.39}$$

式 (8.38) と (8.39) を式 (8.36) に代入して整理すると次式が得られる．

$$\ln x_1^{(l)} = -\frac{\mu_1^{(l)*} - \mu_1^{(s)*}}{RT} = -\frac{\Delta \mu_{\text{fus}}^*}{RT} \tag{8.40}$$

この式の右辺の $\Delta \mu_{\text{fus}}^*$ は，成分 1 が固相から液相に変化するときの（すなわち，融解の）1 mol あたりの Gibbs エネルギー変化に相当する．式 (8.40) に Gibbs-Helmholtz の式を適用すると次式を得る．

$$\left(\frac{\partial \ln x_1^{(l)}}{\partial T}\right)_P = \frac{\Delta H_1}{RT^2} \tag{8.41}$$

ここで，ΔH_1 は成分1の純粋固体のモル融解熱である．この式を $x_1^{(l)} = 1$，$T = T_1$ から $x_1^{(l)}$，T まで積分すると，

$$\ln x_1^{(l)} = -\frac{\Delta H_1}{R}\left(\frac{1}{T} - \frac{1}{T_1}\right) \tag{8.42}$$

となる．ここで，T_1 は成分1の純粋固体の融点である．式(8.42)から，T を $x_1^{(l)}$ で表すと，

$$T = \frac{T_1 \Delta H_1}{\Delta H_1 - RT_1 \ln x_1^{(l)}} \tag{8.43}$$

成分2についても同様にして次式が得られる．

$$T = \frac{T_2 \Delta H_2}{\Delta H_2 - RT_2 \ln x_2^{(l)}} = \frac{T_2 \Delta H_2}{\Delta H_2 - RT_2 \ln(1 - x_1^{(l)})} \tag{8.44}$$

ここで，T_2 と ΔH_2 はそれぞれ成分2の純粋固体の融点およびモル融解熱である．

式(8.43)と(8.44)は固相と液相の共存温度 T を液相の組成 $x_1^{(l)}$ で表す関係式であり，2つの成分の純粋固体の融点と融解熱が既知の場合，これらを用いて液相線を計算で求めることができる．ベンゼンとナフタレンの混合系について，これらの関係式から計算された状態図を図8-24に示す．この図は成分1をナフタレン，成分2をベンゼンとして描いたもので，曲線BEは式(8.43)から，また曲線AEは式(8.44)から計算されたものである．これら2つの曲線の交点として共融点Eが与えられる．相境界の全体的なかたち，および共融温度と共融組成は図8-21に示した実測の結果とよく一致しており，ベンゼンとナフタレンの融液は理想溶液に近いことが示される．

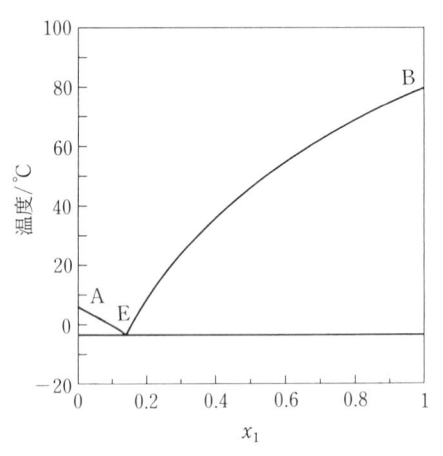

図8-24 ベンゼン-ナフタレン混合系について式(8.43)および(8.44)から計算される相境界

8.6.4　固相で2成分が部分的に混ざり合う場合

これまで固相で2つの成分が任意の割合で混ざり合って固溶体をつくる場合と，それとは逆に全く混ざり合わずに相分離する場合の固相-液相状態図について見てきた．その中間的な場合，すなわち，ある限られた組成範囲内では2つの成分が固溶体をつくるような混合系も多い．その例として，銀と銅の混合系の状態図を図8-25に示す．この図で，ACFの左側はAgに少量のCuが溶けた固溶体(α)の1相領域であり，BDGの右側はCuに少量のAgが溶けた固溶体(β)の1相領域である．また，$\alpha+\beta$ で示された領域は2種の固溶体 α と β が別々の相として共存する2相領域である．ACEAで囲まれた領域内では液相(Ag

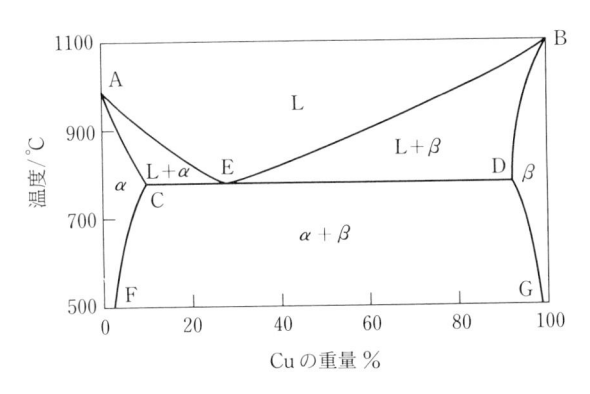

図 8-25 銀-銅混合系の固相-液相状態図

と Cu の融液）と固溶体（α）が共存し，BEDB の内部では液相と固溶体（β）が共存する．直線 CD は，この線上で固溶体 α と β，および液相（Cu 28.5%）の3つの相が平衡に存在する3相共存線である．

銀と銅の混合系の状態図は図8-25に示したように共融型になる．固相で2つの成分が部分的に混ざり合う場合，これ以外に包晶型（peritectic）と呼ばれる状態図を与える混合系もある．また，固相で分子化合物（相化合物）が形成される場合も多く（第4章，図4-13参照），固相-液相状態図は液相-気相状態図に比べて多様性に富み，複雑である．

§8.7 溶液の熱力学

前節までは純物質や2成分混合物の相平衡の問題を考えてきた．液体状態の混合物，すなわち溶液が示す物理化学的な性質の中には相平衡と関連して理解されるものがある．そこで，この節ではそのような溶液の物理化学的性質を熱力学に基づいて考えていこう．溶液の熱力学の問題は，これまで化学平衡や相平衡を取り扱う際に折に触れて顔を出してきた．そこでのおもな関心は，溶液中の各成分の化学ポテンシャルがどのように表されるかということであった．それと重複する部分も少なくないが，ここではまず，溶液の熱力学をまとめて示そう．その後，溶液の物理化学的性質の問題へと進んでいく．

8.7.1 理想溶液とRaoultの法則

図 8-26 は，物質 A と B からなる2成分混合系が気-液平衡にある状態を模型的に描いたものである．気-液平衡にあっても，液面から常時 A, B 分子は飛び出しているし，同時に気相から A, B 分子が液中に飛び込んできている．A の飛び出す速度は液中のモル分率 x_A に比例し，飛び込む速度は蒸気相中のAの分圧 p_A に比例しているので，$p_A \propto x_A$ の関係が成り立つ．したがって，$x_A = 1$ のとき，つまり純粋な A の液体の蒸気圧を p_A^* とすれば，$p_A = x_A p_A^*$（Raoult の法則）が成り立つであろう．B についても同様に $p_B = x_B p_B^*$ が成り立つであろう．実際に，化学的性質と物理的性質（分子の形や大きさ）が似たものどうしの混合系（たとえばモノクロロベンゼンとモノブロモベンゼン）では分子間相互作

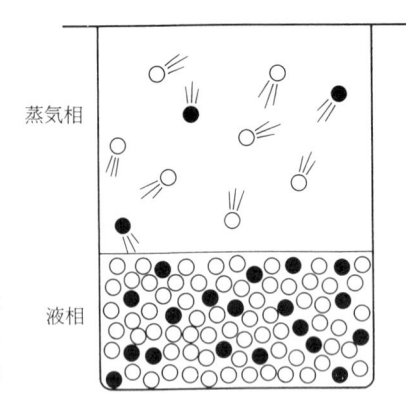

図 8-26 Raoult の法則に従う理想溶液：分子の大きさが等しい．分子間相互作用が A-A 間，A-B 間，B-B 間ともに等しい．

○ A 分子　● B 分子

用が近似的に等しいので，理想溶液の性質を示すことが確かめられている．

Raoult の法則が成り立つ溶液では，化学ポテンシャルが $\mu_A = \mu_A{}^* + RT \ln x_A$ で表されることを示そう．ただし，理想溶液と平衡にある蒸気相は理想混合気体（Dalton の分圧の法則が正確に成り立つ）であるという仮定を必要とする．平衡にあるので，A の両相における化学ポテンシャルは等しいはずである．

$$\mu_A{}^{(l)} = \mu_A{}^{(g)} = \mu_A{}^{0(g)} + RT \ln p_A \tag{8.45}$$

ここで Raoult の法則 $p_A = x_A p_A{}^*$ を上式に代入すると

$$\mu_A{}^{(l)} = \mu_A{}^{(g)} = \mu_A{}^{0(g)} + RT \ln p_A{}^* + RT \ln x_A \tag{8.46}$$

この式は $x_A = 1$ のとき（純 A のとき），化学ポテンシャルは $\mu_A{}^{(l)} = \mu_A{}^{0(g)} + RT \ln p_A{}^*$ となるので，これを溶液中の A の標準化学ポテンシャルと定義づける．

$$\mu_A{}^{*(l)} = \mu_A{}^{0(g)} + RT \ln p_A{}^* \tag{8.47}$$

式（8.46）に代入すると，理想溶液中の A の化学ポテンシャルの式にたどり着く．

$$\boxed{\mu_A{}^{(l)} = \mu_A{}^{*(l)} + RT \ln x_A} \tag{8.48}$$

理想溶液を熱力学的に定義するならば，「式（8.48）が完全に成り立つ溶液が理想溶液である」といえる．

理想溶液の諸性質を次に述べよう．図 8-26 で示したように，理想溶液の分子は A, B ともに大きさも形（球）も同じであり，分子間相互作用は A-A 間，B-B 間と A-B 間のいずれも同じである．したがって，A, B をどんな割合で混合しても，エンタルピーや体積に変化はない．このことを式で示そう．

関数としては $\mu_A = \mu_A(T, P, n_A, n_B)$ であるから，A の部分モル体積を $\overline{V}_A$ とすると，化学ポテンシャルと部分モル体積の関係は次式のとおりである．

$$\left(\frac{\partial \mu_A}{\partial P}\right)_{T, n_A, n_B} = \overline{V}_A \tag{8.49}$$

しかし，温度一定のとき，$RT \ln x_A$ の項は P に無関係であるので，次式が成り立つ．

$$\bar{V}_A = \left(\frac{\partial \mu_A}{\partial P}\right)_{T,n_A,n_B} = \left(\frac{\partial \mu_A{}^*}{\partial P}\right)_T = \bar{V}_A{}^* \tag{8.50}$$

式 (8.50) は，成分 A の部分モル体積 $\bar{V}_A$ は，純粋な A のモル体積 $\bar{V}_A{}^*$ と等しいことを意味している．

溶液ができるときの混合に伴う全体の体積変化 ΔV_{mix} は

$$\Delta V_{\mathrm{mix}} = V_{(溶液)} - \sum n_i \bar{V}_i{}^* \text{（純成分の体積の総和）}$$

で表される．

いま考えている A, B 混合系では，$\bar{V}_i = \bar{V}_i{}^*$ であるから

$$\Delta V_{\mathrm{mix}} = n_A \bar{V}_A + n_B \bar{V}_B - (n_A \bar{V}_A{}^* + n_B \bar{V}_B{}^*) = 0 \tag{8.51}$$

この式が示すように，混合に伴う体積変化はゼロである．

例題 8.9 理想溶液ができるときの混合のエンタルピー ΔH_{mix} がゼロであることを示せ．

解 $\left[\dfrac{\partial \left(\dfrac{\mu_A}{T}\right)}{\partial T}\right]_P = -\dfrac{\bar{H}_A}{T^2}$, $\left[\dfrac{\partial \left(\dfrac{\mu_A}{T}\right)}{\partial T}\right]_P = \dfrac{\partial}{\partial T}\left[\dfrac{\mu_A{}^*}{T} + R \ln x_A\right]_P = \dfrac{\partial}{\partial T}\left(\dfrac{\mu_A{}^*}{T}\right) = -\dfrac{H_A{}^*}{T^2}$

これらの式によれば，溶液中の A の部分モルエンタルピー $\bar{H}_A$ が純 A のモルエンタルピー $\bar{H}_A{}^*$ と等しいので，

$$\Delta H_{\mathrm{mix}} = n_A \bar{H}_A + n_B \bar{H}_B - (n_A \bar{H}_A{}^* + n_B \bar{H}_B{}^*) = 0$$

となる．ゆえに，

$$\boxed{\Delta H_{\mathrm{mix}} = 0} \tag{8.52}$$

注意 同様に，内部エネルギーについても $\Delta U_{\mathrm{mix}} = 0$ が成り立つ．

ここで注意すべきは，混合の Gibbs エネルギーはゼロではないことである．

$$\Delta G_{\mathrm{mix}} = \Delta H_{\mathrm{mix}} - T \Delta S_{\mathrm{mix}}$$

において，$\Delta S_{\mathrm{mix}} = -nR \sum x_i \ln x_i > 0$ であることを第 6 章で学んできた．したがって，$\Delta G_{\mathrm{mix}} = nRT \sum x_i \ln x_i < 0$ で，理想溶液ができるときは，エントロピー項のみの寄与によって自発的な混合が進み，自由エネルギー的に安定する．理想溶液の熱力学的諸性質を表 8-1 にまとめておく．

8.7.2 Henry の法則と理想希薄溶液

前項の理想溶液の模型的表現を見てわかるように，これは実在の溶液とはかなり隔たりがある．なぜなら，分子の大きさや形は互いに異なるのがふつうであり，したがって相互作用の仕方も種々さまざまである．この実在の溶液は理想溶液ではないので，**非理想溶液**と一括して呼ぼう．その非理想溶液の中でも，限定した希薄な濃度範囲では理想溶液的に取り扱うことができ，この溶液を**理想希薄溶液**または**ヘンリー則溶液**（Henry's law solution）と呼んでいる．これについて学ぼう．

表 8-1　理想溶液の熱力学的性質

化学ポテンシャル	$\mu_i = \mu_i^* + RT \ln x_i$
混合のエンタルピー変化	$\Delta H_{\mathrm{mix}} = 0$
混合の体積変化	$\Delta V_{\mathrm{mix}} = 0$
混合のエントロピー変化	$\Delta S_{\mathrm{mix}} = -nR \sum x_i \ln x_i$
混合の Gibbs エネルギー変化	$\Delta G_{\mathrm{mix}} = nRT \sum x_i \ln x_i$

図 8-27 では，溶媒 A と溶質 B の大きさが異なるように描いてある（図 8-26 と比較せよ）．さらに，B と B が隣接し合うことなく，すべての B 分子は溶媒分子に取り囲まれているが，これは溶質-溶質分子間相互作用が無視できることを意味している．B 分子が液相から飛び出す傾向（逃散能，飛散能とも呼ばれる，escaping tendency）は液相中のモル分率 x_B に比例する．一方，気相から再び液相に捕獲される（飛び込んでくる）速度は，分圧 p_B に比例するであろうから，逃散と捕獲の速度とが平衡状態では等しいとすると，

$$p_\mathrm{B} \propto x_\mathrm{B}$$

の比例関係がある．理想溶液とは異なって，この比例定数は，Raoult の法則のように純 B ($x_\mathrm{B} = 1$) の蒸気圧 p_B^* とはならない．そこで，この比例定数を k_H とおくと，

$$\boxed{p_\mathrm{B} = k_\mathrm{H} x_\mathrm{B}} \quad (\text{Henry の法則}) \tag{8.53}$$

ここで k_H は溶媒-溶質間の分子間相互作用の強さに依存するもので，その値は実験的に決めなければならない．この式は，元来，液体に対する気体の溶解度に関して見い出された

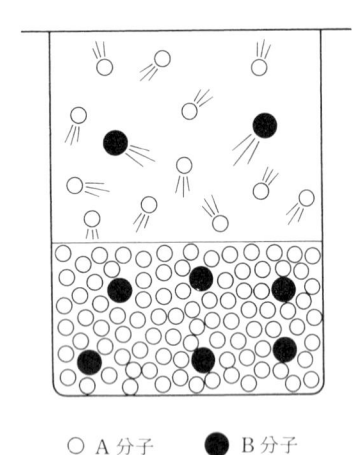

○ A 分子　● B 分子

図 8-27

Henry の法則に従う理想希薄溶液．B の逃散能は x_B に比例して Henry の法則 $p_\mathrm{B} = k_\mathrm{H} x_\mathrm{B}$ に従う．しかし x_B が大きくなれば B の周囲の状況が変わるので Henry の法則も成り立たなくなり，まして や k_H は p_B^* に等しくない．

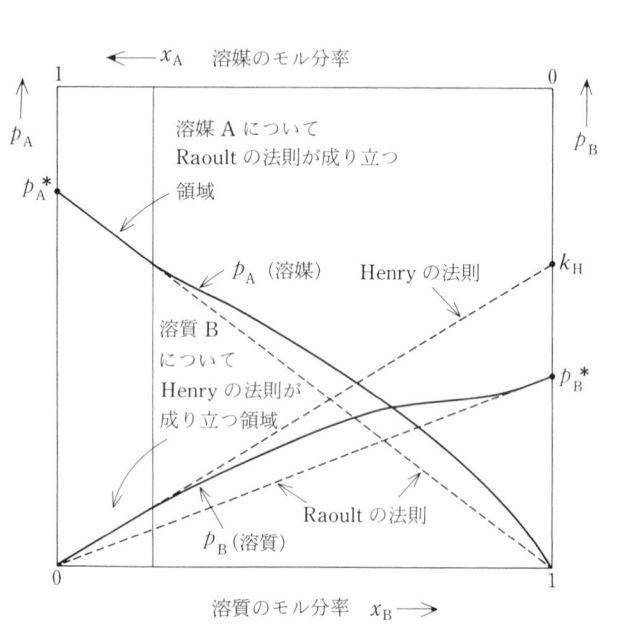

図 8-28　理想希薄溶液（Henry 則溶液）．B の濃度が低い（x_B が小）領域では理想溶液的に扱える．

Henry の法則にほかならない．この法則は，溶質が気体でなくて固体や他の液体の溶解の場合にも適用できることがわかっている．$k_H = p_B^*$ であれば，前述のように Raoult の法則であるが，この法則は $k_H \neq p_B^*$ の場合に相当する．一方，溶媒については Henry 則溶液中で $p_A = p_A^* x_A$ の Raoult の法則が成り立っているとみなされる．この様子を図 8-28 に示す．

理想溶液の化学ポテンシャルが $RT \ln x_B$ に比例して変化するのと同様に，理想希薄溶液でもまた，μ_B は $RT \ln x_B$（または $RT \ln C_B$）とともに変化する．しかし，両者には重大な差がある．理想溶液では各成分の純物質の状態を標準状態に選ぶことができるが，Henry の法則は希薄溶液についてのみ成り立つので，溶質については希薄溶液の性質に基づいて標準状態を選ばざるをえない．ただし，この理想希薄溶液の溶媒については，純物質を標準状態にとる．式 (8.45) を成分 B の平衡について書き直すと，

$$\mu_B^{(l)} = \mu_B^{(g)} = \mu_B^{0(g)} + RT \ln p_B$$

これに Henry の法則 $p_B = k_H x_B$ を代入すると

$$\mu_B^{(l)} = \mu_B^{0(g)} + RT \ln k_H + RT \ln x_B$$

この式をもとに，$x_B = 1$ まで Henry の法則が成り立つと仮想したときの $x_B = 1$ の状態を標準状態にとると，溶液中の溶質 B の化学ポテンシャルは次式で表される．

$$\boxed{\mu_B^{(l)} = \mu_B^{\circ(l)} + RT \ln x_B} \quad \text{（Henry の法則）} \tag{8.54}$$

ここで溶質の Henry の法則に従うとした標準化学ポテンシャルは

$$\mu_B^{\circ(l)} = \mu_B^{0(g)} + RT \ln k_H \quad \text{（Henry の法則）} \tag{8.55 a}$$

念のため，Raoult の法則の成り立つ理想溶液中の B の標準化学ポテンシャルは，

$$\mu_B^{*(l)} = \mu_B^{0(g)} + RT \ln p_B^*$$

（Raoult の法則） (8.55 b)

この 2 つの式を比べれば，Henry 則（理想希薄）溶液と Raoult 則（理想）溶液の標準状態の相違がわかるであろう．

式 (8.54) は，B の濃度をモル分率で表しているが，Henry の法則が適用できる理想希薄溶液については，容量モル濃度も質量モル濃度も x_B に比例するので

$$\mu_B = \mu_B^{\circ} + RT \ln C_B \quad \text{（または } m_B)$$
(8.56)

で表してもよい．これは Gibbs-Duhem

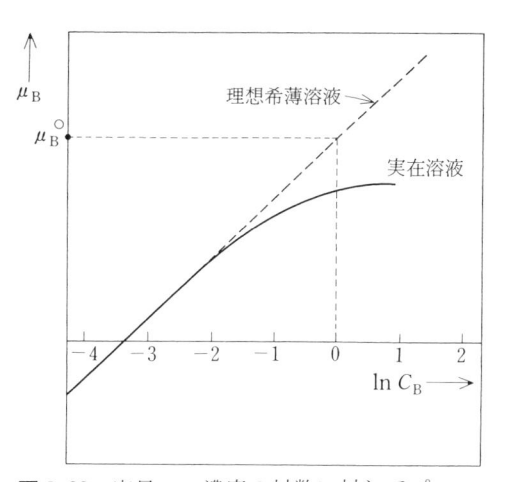

図 8-29 容量モル濃度の対数に対してプロットした化学ポテンシャル．標準化学ポテンシャルは Henry 則の成り立つ希薄溶液側から $C_B = 1$ に対して外挿した μ の値．

§ 8.7 溶液の熱力学

の式（後述）を用いて検討すれば妥当であることがわかる．

式（8.56）は，ある希薄溶液中の溶質の化学ポテンシャルの標準状態における化学ポテンシャル μ_B° に対する相対的な値を示すものである．ここで標準状態は，濃度が 1（$C_B = 1\,\mathrm{mol\,dm^{-3}}$ または $m_B = 1\,\mathrm{mol\,kg^{-1}}$）のときの値であるが，溶質分子はその分子のまわりを溶媒分子でぐるりと取り囲まれているとしている．しかし，$1\,\mathrm{mol\,dm^{-3}}$ や $1\,\mathrm{mol\,kg^{-1}}$ のような，かなり高い濃度領域では，もはや溶質は Henry の法則に従わなくなっているので，この標準状態は仮想的（hypothetical）状態である．この様子を図8-29に示す．

例題 8.9　n_A mol の溶媒と n_B mol の溶質からなる溶液に $(n_A' - n_A)$ mol の溶媒を加えて希釈（dilution）する．

$$(n_A' - n_A)\text{溶媒} + (n_A + n_B)\text{溶液} \longrightarrow (n_A' + n_B)\text{溶液} \tag{a}$$

この「希釈」という変化に伴うエンタルピー変化 ΔH_{dil} および体積変化 ΔV_{dil} を求めよ．

解　式（a）の左辺を反応前，右辺を反応後と見立ててエンタルピー変化を計算式で表すと

$$\Delta H_{\mathrm{dil}} = n_A' \bar{H}_A + n_B \bar{H}_B - [\{(n_A' - n_A)\bar{H}_A^*\} + \{n_A \bar{H}_A + n_B \bar{H}_B\}] \tag{b}$$

部分モルエンタルピー $\bar{H}$ は濃度に依存するので，一般に $\bar{H}_A^*$ と $\bar{H}_A$ は異なる．しかし，理想希薄溶液ではこれらが等しい．Henry の法則が成り立つかぎり（$x_B \to 0$, $x_A \to 1$, k_H は定数），次に示すように，$\bar{H}_A^* = \bar{H}_A$ が成り立つ．

$$\mu_B = \mu_B^\circ + RT \ln x_B, \qquad \mu_A = \mu_A^* + RT \ln x_A \tag{c}$$

に Gibbs–Helmholtz の式を応用すると，例題 8.8 と同様に

$$-\frac{\bar{H}_B}{T^2} = \left[\frac{\partial (\mu_B/T)}{\partial T}\right]_P = \left[\frac{\partial (\mu_B^\circ/T)}{\partial T}\right]_P \tag{d}$$

これは x_B に独立であるため，$\bar{H}_B$ も x_B に独立である．$\bar{H}_A$ については

$$-\frac{\bar{H}_A}{T^2} = \left[\frac{\partial (\mu_A/T)}{\partial T}\right]_P = \left[\frac{\partial (\mu_A^*/T)}{\partial T}\right]_P = -\frac{\bar{H}_A^*}{T^2} \tag{e}$$

以上のことから，式（b）を書き換えると，$\bar{H}_A$ と $\bar{H}_B$ に無関係に $\Delta H_{\mathrm{dil}} = 0$ となる．

$$\Delta H_{\mathrm{dil}} = (n_A' + n_A - n_A' - n_A)\bar{H}_A + (n_B - n_B)\bar{H}_B = 0 \tag{f}$$

同様な考え方で次式が導かれる．

$$\Delta V_{\mathrm{dil}} = 0 \tag{g}$$

注意　溶質粒子は標準状態でも希薄溶液状態でも同じように溶媒分子のみに囲まれた環境にあるので，エントロピーに依存しない部分モル量（$\bar{V}$ や $\bar{H}$ など）は同じである．

この項では理想溶液や理想希薄溶液の性質と化学ポテンシャルについて学んできた．ここで，Henry 則の成り立たないような実在の溶液では化学ポテンシャルはどのように表されるか，また，化学ポテンシャルは測定できるものなのか，測定できるとすればどんな方法があるのかを知りたいという探究心に駆られるであろう．そこで，次項では，少々程度が高くなるが，化学熱力学の精華ともいうべき Gibbs–Duhem の式について説明しよう．（初心者の段階では完全に理解できなくてもよい．結果がどう使われるのかさえ知ればよいであろう．）

8.7.3 Gibbs-Duhem の式と化学ポテンシャル

すでに第7章で Gibbs エネルギーについて次のことを学んできた．

$$\bar{G}_i = \left(\frac{\partial G}{\partial n_i}\right)_{T,P,n_{j(j\neq i)}} \equiv \mu_i$$

$$G = \sum_i n_i \bar{G}_i \equiv \sum_i n_i \mu_i \quad (T, P \text{ 一定})$$

これの全微分をとると次式になる．

$$dG = \sum_i n_i\, d\mu_i + \sum_i \mu_i\, dn_i \tag{8.57}$$

これと式 (6.84) の $dG = V\,dP - S\,dT + \sum \mu_i\, dn_i$ と比べれば，

$$V\,dP - S\,dT + \sum_i n_i\, d\mu_i = 0 \tag{8.58}$$

とくに T, P 一定の条件下では次式が得られる．

$$\boxed{\left(\sum_i n_i\, d\mu_i\right)_{T,P,n_{j(j\neq i)}} = 0} \quad (T, P \text{ 一定}) \tag{8.59}$$

この式が **Gibbs-Duhem の式**（the Gibbs-Duhem equation）である．一般に溶液の示量性の量を Y で表すと，その部分モル量 $\bar{Y}_i$ との間に，一般化された Gibbs-Duhem の式が次のように示される．

$$\boxed{\left(\sum_i n_i\, d\bar{Y}_i\right)_{T,P,n_{j(j\neq i)}} = 0} \quad (T, P \text{ 一定}) \tag{8.60}$$

ただし，

$$Y = \sum_i n_i \bar{Y}_i, \quad \left(\frac{\partial Y}{\partial n_i}\right)_{T,P,n_{j(j\neq i)}} = \bar{Y}_i$$

上式 (8.60) を $\sum_i n_i = n$（全物質量）で割れば，

$$\sum_i x_i\, d\bar{Y}_i = 0 \quad (T, P \text{ 一定}) \tag{8.61}$$

この式 (8.61) の意味する大切なことがらの1つは，部分モル量 $\bar{Y}_i$ はすべて独立ではなく，相互に依存し合う量であるということである．r 個の成分の溶液中で組成の関数として $(r-1)$ 個の $\bar{Y}_i$ の値を知れば，$\bar{Y}_r$ の値を知ることができる．これを A と B の2成分系の部分モル体積に適用すれば，

$$d\bar{V}_A = -\left(\frac{x_B}{x_A}\right)d\bar{V}_B = -\frac{x_B}{1-x_B}d\bar{V}_B \quad (T, P \text{ 一定}) \tag{8.62}$$

のようになり，$d\bar{V}_A$ と $d\bar{V}_B$ の相互依存関係がわかる．

化学ポテンシャルにあてはめれば，

$$x_A\, d\mu_A + x_B\, d\mu_B = 0 \quad (T, P \text{ 一定}) \tag{8.63}$$

これを書き換えると

$$x_A\left(\frac{\partial \mu_A}{\partial x_A}\right)dx_A + x_B\left(\frac{\partial \mu_B}{\partial x_B}\right)dx_B = 0 \quad (T, P \text{ 一定}) \tag{8.64}$$

ここで，$x_A + x_B = 1$，$dx_A + dx_B = 0$ であるから，$dx_B = -dx_A$ とおける．

したがって勾配である偏微分係数の $(\partial \mu_A/\partial x_A)_{T,P}$ と $(\partial \mu_B/\partial x_B)_{T,P}$ の比は，次のようにモル分率の比と等しくなる．

$$\frac{(\partial \mu_A/\partial x_A)_{T,P}}{(\partial \mu_B/\partial x_B)_{T,P}} = -\frac{x_B}{x_A} \qquad (T, P \text{ 一定}) \tag{8.65}$$

この式 (8.65) は，理想溶液でも非理想溶液でも成り立つ大事な式である．標準状態のとり方が A と B で異なっていてもかまわない．なぜなら，$d\mu_A/dx_A$ や $d\mu_B/dx_A$ の中にはそれらが入ってこないからである．

次に，濃度の濃い実在溶液の化学ポテンシャルを扱うには，もはや上で出てきた化学ポテンシャルでは役に立たず，新たな考えを導入しなければならない．Henry の法則には従わなくなった濃度の溶液での化学ポテンシャルは次のように表す．

$$\mu_A = \mu_A^* + RT \ln a_A \tag{8.66}$$

$$\mu_B = \mu_B^\circ + RT \ln a_B \tag{8.67}$$

ここで a_A と a_B はそれぞれ溶媒と溶質の**活量**（activities, 活動度という訳語も使われる）と呼ばれる．この活量とは，実在系の「理想性からのずれの要因」を取り込むことによって，化学ポテンシャルの式が理想溶液や理想気体の化学ポテンシャルの式と同じかたち（上の式を見比べよ）で表されるように工夫した「熱力学的濃度」(thermodynamic concentration) ともいうべきものである．活量は理想値に近づく極限で実際の濃度尺に近づくように定義されている．たとえば，理想希薄溶液の極限である $x_A \to 1$，$C_B \to 0$ に近くなれば a_A は x_A に，a_B は C_B に近づくようにとる．

この活量は**活量係数** (activity coefficient(s)) と呼ばれるものと濃度の積で表される．

$$\boxed{a_A = \gamma_A x_A} \qquad (\lim_{x_A \to 1} \gamma_A = 1) \tag{8.68}$$

$$\boxed{a_B = \gamma_B C_B} \qquad (\lim_{C_B \to 0} \gamma_B = 1) \tag{8.69}$$

この2つの式を見ると，明らかに理想希薄溶液の極限で γ は 1 に近づくようになっている．活量係数が 1 からずれることは，理想性からずれていることを示す．すなわち，活量係数は理想溶液からのずれ (deviation) の尺度となる．$\gamma_B < 1$ であるものは，溶質濃度が高くなると，その化学ポテンシャルは理想性が成り立つ場合に期待される値より小さくなる．これは，溶液中の溶質-溶質間相互作用が溶質の化学ポテンシャルを下げることを意味する．すなわち，$\gamma_B < 1$ のときは，溶質-溶質相互作用はエネルギー的に好都合の状況にある．逆に $\gamma_B > 1$ のときは，溶質-溶質の相互作用はエネルギー的に不安定さを増すので不都合な状況にあり，互いに反発し合う傾向があることを示している．

活量係数 γ の測定は，化学ポテンシャル μ_A と μ_B の決定法と同じ要領でできる．通常，溶媒の化学ポテンシャル μ_A は，たとえば蒸気圧測定から容易に決められる．不揮発性の溶質の化学ポテンシャルは，上で紹介した Gibbs-Duhem 式を用いれば，溶媒の蒸気圧測定のデータから計算によって求めることができる．

$$x_B \, d\mu_B = -x_A \, d\mu_A \tag{8.63}$$

の x_B に $1-x_A$ を代入し，さらに両辺を $1-x_A$ で割れば

$$d\mu_B = \frac{-x_A}{1-x_A} d\mu_A \tag{8.70}$$

μ_B の決定には，Henry の法則の成り立つ理想希薄溶液の範囲から，濃厚な実在溶液の範囲まで積分してやればよい．

$$\int_{希薄}^{濃厚} d\mu_B = -\int_{希薄}^{濃厚} \frac{x_A}{1-x_A} d\mu_A \tag{8.71}$$

原理的には，A の蒸気圧を測ってそのデータをグラフに描いて図上積分をすれば右辺が求まる．左辺は $\mu_B(濃厚)-\mu_B(希薄)$ であるので，$\mu_B(濃厚)=(右辺の結果)+\mu(希薄)$ で，求める $\mu_B(濃厚)$ を知ることができる．なお，$\mu_B(希薄)$ は式 (8.56) から計算できる．γ_B を決めるため，実際には式 (8.71) をさらに改良した式が用いられている．（式 (8.71) の応用例は W. L. Moore 著（細矢・湯田訳）「基礎物理化学」(上) p. 227（東京化学同人刊）に載っている．）

例題 8.11 γ_B を成分 B のモル分率活量係数とすると，B の蒸気圧は $\gamma_B x_B$ に比例することを示せ．ただし，蒸気は理想気体とみなす．

解 B の溶液中と蒸気相中の化学ポテンシャルを等しいとおくと
$$\mu_B^{0(g)} + RT \ln p_B = \mu_B^{°(l)} + RT \ln \gamma_B x_B$$

変形して
$$RT \ln \frac{p_B}{\gamma_B x_B} = \mu_B^{°(l)} - \mu_B^{0(g)}$$

RT で割って指数関数にすると
$$\frac{p_B}{\gamma_B x_B} = \exp\left\{\frac{\mu_B^{°(l)} - \mu_B^{0(g)}}{RT}\right\} \tag{8.72}$$

この右辺は，T, P 一定のとき一定であるので，$p_B = (\text{const}) \gamma_B x_B$ となる．

注意 この例題では，γ_B が x_B の増大につれて大きくなれば p_B 対 x_B 曲線の勾配が増大し，逆に γ_B が減少すれば p_B 対 C_B の曲線の勾配が減少することを示している．さらに，Henry 則の定数 k_H は $\exp\{[\mu_B^{°(l)} - \mu_B^{0(g)}]/RT\}$ に等しいことがわかる．

8.7.4 混合気体のフュガシティと溶液の活量

上に述べてきたように，理想性からのずれが大きい実在溶液まで含めて，簡単にしかも統一的に部分モル Gibbs エネルギーを表せるように，$\mu_i = \mu_i° + RT \ln a_i$ と表現し，ここに活量 a_i を導入した．一方，理想気体は化学ポテンシャルが $\mu_i = \mu_i^0 + RT \ln p_i$ で表されることを示してきたが，ご承知のとおり実在気体は P が 0 の極限に近いところでは $PV = nRT$ に従うが，高圧になるほど理想性からずれる．また圧平衡定数 K_p を §7.3 で学んだが，圧力が高くなると，一定であるはずの K_p が圧力によって変化してくるという不都合が生じる．溶液中の平衡定数も高濃度領域で一定でなくなることがわかったので，活量

§8.7 溶液の熱力学 | 221

という熱力学濃度が導入されたのである．

気体の場合も，実在気体にも使える化学ポテンシャルの式として，次式が提案された．

$$\mu_i = \mu_i° + RT \ln f_i \tag{8.73}$$

ここで f は G. N. Lewis がフュガシティ（fugacity，逃散能という訳語がある）と呼んだもので，「気体が希薄で圧力が 0 に近づき，理想気体の状態方程式に従うようになったときの圧力と等しくなるような量」である．つまり，次式を満たすように定義される．

$$\lim_{P \to 0} \frac{f_i}{p_i} = 1$$

なかなかなじみにくい感じのする量であるが，実在気体の分圧 p_i とはフュガシティ係数 γ_{f_i} で次のように関係づけられる．

$$\left. \begin{array}{c} \boxed{f_i = \gamma_{f_i} p_i} \\ \\ \lim_{P \to 0} \gamma_{f_i} = 1 \end{array} \right\} \tag{8.74}$$

この式を見ると，式(8.69)の溶質の活量の定義式に類似していることがわかるであろう．したがって，フュガシティという特別な名前を使わないで，気相の場合も活量（activity）と呼び，γ_f のことを活量係数と呼んでいる教科書も多い．定義からもわかるように，γ_f の値は水蒸気の場合，0〜100 ℃ のつまり数 mm Hg から 1 atm 程度の範囲内（数百 Pa から 0.1 MPa の範囲内）では 1 に近いが，数百〜数千気圧（数十 MPa〜数百 MPa）になると（低温ほど）γ_f の値は 1 より小さくなる．

溶液の溶媒の活量とその蒸気のフュガシティの関係を，簡単のため 2 成分系で示すと（図 8-30 参照），溶媒 A の気相の化学ポテンシャルは

$$\mu_A^{(g)} = \mu_A^{°(g)} + RT \ln f_A \tag{8.73}$$

溶液中では

$$\mu_A^{(l)} = \mu_A^{*(l)} + RT \ln a_A \tag{8.66}$$

溶液中の溶媒は，希薄溶液のとき x_A は 1 に近いので，活量 a_A は x_A に等しくなるように設定するのが便利であった（前項参照）．

$$\lim_{x_A \to 1} \left(\frac{a_A}{x_A} \right) = 1 \tag{8.75}$$

この式(8.75)は，$a_A = 1$ のときは $x_A = 1$ すなわち純溶媒であることを示している．

溶液相と蒸気相が平衡のときは，上の式(8.73)と式(8.66)を等しいとおける．

$$\mu_A^{°(g)} + RT \ln f_A = \mu_A^{*(l)} + RT \ln a_A \tag{8.76}$$

純 A の液体と平衡にある蒸気 A のフュガシティを f_A^* で表せば

$$\mu^{°(g)} + RT \ln f_A^* = \mu_A^{*(l)}$$

蒸気相：フュガシティ f_A
$\mu_A^{(g)} = \mu_A^{°(g)} + RT \ln f_A$

溶液相：
溶媒 A　活量 $a_A = \dfrac{f_A}{f_A^*}$
溶質 B
溶媒の化学ポテンシャル
$\mu_A^{(l)} = \mu_A^{*(l)} + RT \ln a_A$

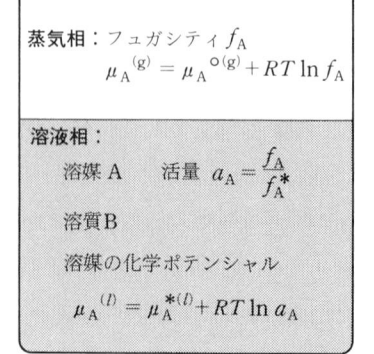

図 8-30　実在溶液の一般的な熱力学表現

であるので，これを式(8.76)に入れて整理すると
$$RT \ln a_A = RT \ln(f_A/f_A^*)$$
ゆえに，次式が成り立つ．
$$a_A = \frac{f_A}{f_A^*} \tag{8.77}$$

フュガシティあるいはフュガシティ係数の決定には，詳細を省くが，次の式に実測値を入れて α を計算し，その α を P に対してプロットしたグラフを図上積分することによる方法が用いられている．
$$\alpha = \frac{V_{\text{実測値}} - V_{\text{理想値}}}{n} = \frac{V}{n} - \frac{RT}{P} \tag{8.78}$$
α はモル体積の実測値からのずれを示すものである．また，f と P の間には次の関係が得られている．
$$\ln f = \ln P + \frac{1}{RT}\int_0^P \alpha\, dP \tag{8.79}$$
この式からフュガシティ f が求まる．

8.7.5 溶液の束一的性質

蒸気圧降下，沸点上昇，凝固点降下，浸透圧などの諸現象は，希薄な溶液において，溶質の粒子（分子，イオン）の数にのみ依存して，溶質の種類には関係がない．このような性質は**束一的性質**（colligative properties）と呼ばれている．以上の概要は第3章の§3.6から§3.8にかけてすでに学んできている．第3章では，たとえば凝固点降下の関係式 $\Delta T_f = K_f m_B$（式(3.23)）の比例定数が

$$\boxed{K_f = \frac{RT_f^2 M_A}{1000\,\Delta H_{\text{fus}}}} \tag{3.24}$$

であり，これを熱力学的に導出できることを示唆した．この項では，束一的性質の熱力学的説明を試みる．

これら束一的性質に共通している事項は何かといえば，溶媒 A に不揮発性溶質 B が混合することによって，溶液の蒸気圧が純溶媒に比べて下がること，これは同時に化学ポテンシャルが下がることを意味している．蒸気圧降下は Raoult の法則から簡単に示すことができる．純溶媒 A の蒸気圧を p_A^*，理想希薄溶液中の溶質濃度を x_B とすると
$$p_A = x_A p_A^* = (1-x_B)p_A^*$$
ゆえに
$$\Delta p = p_A^* - p_A = p_A^* x_B \tag{8.80}$$
である．p_A^* が比例定数になっていることがわかる．A の化学ポテンシャルから見ると，溶液が $\mu_A^{(l)} = \mu_A^{*(l)} + RT \ln x_A$，溶媒は $\mu_A^{*(l)}$ である．$x_A < 1$，$\ln x_A < 0$ であるので，

$\mu_A^{(l)} < \mu_A^{*(l)}$ であることが容易にわかる．また，$\mu_A - \mu_A^* = RT \ln x_A = RT \ln(1-x_B)$ であり，希薄溶液の場合 x_B は 1 に比べて小さいから，次の展開式

$$-\ln(1-x) = x - \frac{x^2}{2} + \frac{x^3}{3} + \cdots$$

$$\mu_A - \mu_A^* = -RT\left[x_B - \frac{x_B^2}{2} + \frac{x_B^3}{3} + \cdots\right] \tag{8.81}$$

を用いれば，[ ] 内の第 2 項以上が無視できるので，次式が得られる．

$$\mu_A - \mu_A^* \cong -RT x_B \tag{8.82}$$

溶液の束一的性質は，実在系（非理想系），たとえば高分子の分子量測定や重合度決定に応用されている．この際，溶質の濃度を $\mathrm{g\,cm^{-3}}$ で表すならわしがある．これを c_B で表し，B のモル質量をグラム単位で M_B とすると，B のモル分率 x_B と次のような関係がある．

$$x_B = \frac{n_B\,(\mathrm{mol})}{(n_A+n_B)\,(\mathrm{mol})} \simeq \frac{n_B\,(\mathrm{mol})}{n_A\,(\mathrm{mol})} = \frac{c_B\,(\mathrm{g\,cm^{-3}})}{M_B\,(\mathrm{g\,mol_B^{-1}})} \cdot \bar{V}_A\,(\mathrm{cm^3\,mol_A^{-1}})$$
$$(n_A \gg n_B) \tag{8.83}$$

$$x_B \simeq \frac{c_B \bar{V}_A}{M_B}$$

ただし，$\bar{V}_A$ は A のモル体積である．そうすると，上の式 (8.82) は

$$\mu_A - \mu_A^* \cong -RT\,\bar{V}_A\,\frac{c_B}{M_B} \tag{8.84}$$

もし，式 (8.81) で $x_B^2/2$ 以上の項が無視できなく，活量係数も不明な物質を取り扱う場合（実際にはこのような場合のほうが多い），式 (8.81) の高次の項に $B, C, \cdots$ の**ヴィリアル係数**（virial coefficient）をつけたかたちで一般化されている．

$$\mu_A - \mu_A^* = -RT\bar{V}\left(\frac{c_B}{M_B} + Bc_B^2 + Cc_B^3 + \cdots\right) \tag{8.85}$$

B はとくに**第 2 ヴィリアル係数**（second virial coefficient）と呼ばれて，その実測値を用いて高度な議論が可能である．この式 (8.85) をよく見ると，c_B が非常に小さく第 2 項 Bc_B^2 以上の項が無視できる範囲では，第 1 項だけで十分であり，式 (8.84) と一致することがわかる．また，活量係数 γ_B は第 2 項以上のヴィリアル係数に含まれていることもわかる．

ヴィリアル係数を用いての議論はやや複雑になるので，ここではこれ以上触れない．以上学んだことで大切なことは，溶液の化学ポテンシャルは，純溶媒のそれに比べて低くなることである．これによって，凝固点降下や沸点上昇が生じることを図 8-31 に示す．

凝固点降下と沸点上昇

図 8-31 に見られるように，純溶媒 A の液相と固相の化学ポテンシャルの交点を与える温度が純 A の凝固点 T_f であるが，溶液の化学ポテンシャル $\mu_A^{(l)}$ と $\mu_A^{*(s)}$ との交点は T_f' となっており，明らかに凝固点が下がっている（$\Delta T_f = T_f - T_f'$）．

融点では液相と固相が平衡状態にあるので，

$$\mu_A^{*(s)} = \mu_A^{(l)} = \mu_A^{*(l)} + RT \ln x_A \tag{8.86}$$

$\mu_A^{*(s)}$ は 1 atm (1.013×10^5 Pa) のもとでの純 A の固体の化学ポテンシャルである. 純物質の化学ポテンシャルはモル Gibbs エネルギーのことだから, これを $\bar{G}_A^{*(s)}$, $\bar{G}_A^{*(l)}$ で表すと, 式 (8.86) は

$$\ln x_A = \frac{\bar{G}_A^{*(s)} - \bar{G}_A^{*(l)}}{RT} = -\frac{\Delta G_{fus}}{RT}$$

ここで, ΔG_{fus} は 1 atm における A の凝固 (液→固) に伴うモルあたりの Gibbs エネルギー変化である. Gibbs-Helmholtz の式を用いると,

$$\frac{d \ln x_A}{dT} = \frac{\Delta H_{fus}}{RT^2} \qquad (8.87)$$

ここで ΔH_{fus} は A のモル凝固熱である.

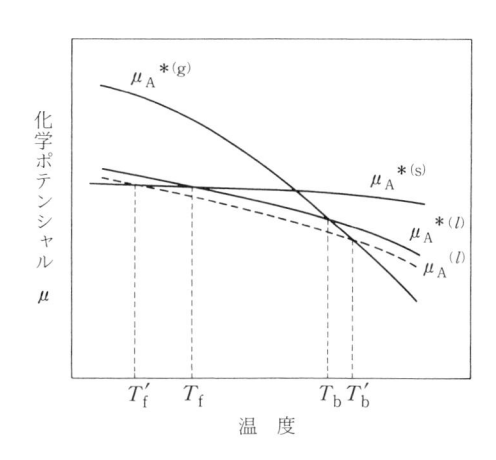

図 8-31 溶液の化学ポテンシャル (破線) が下がるため生じる凝固点降下と沸点上昇

ΔH_{fus} はこの温度範囲では一定とみなせるので, 上式を x_A について 1 から x_A まで, T について T_f から T_f' まで積分すると,

$$\int_1^{x_A} d \ln x_A = \frac{\Delta H_{fus}}{R} \int_{T_f}^{T_f'} \frac{1}{T^2} dT$$

$$\ln x_A = -\frac{\Delta H_{fus}}{R}\left(\frac{1}{T_f'} - \frac{1}{T_f}\right) = -\frac{\Delta H_{fus}}{R}\cdot\frac{\Delta T_f}{T_f' T_f} \qquad (8.88)$$

ここで $\Delta T_f = T_f - T_f'$ は凝固点降下である. 希薄溶液では式 (8.81) より $\ln x_A \simeq -x_B$ であり, $T_f' T_f \approx T_f^2$ と近似できるので, 次式が得られる.

$$\boxed{\Delta T_f = \frac{RT_f^2}{\Delta H_{fus}} x_B} \qquad (8.89)$$

束一的性質の測定には質量モル濃度を用いることが多いので, A のモル質量 M_A (g mol^{-1}) を用いると,

$$x_B \simeq \frac{n_B}{n_A} = \frac{m_B}{1000/M_A} = \frac{m_B M_A}{1000}$$

となり, この関係を用いて上式を書き直すと,

$$\Delta T_f = \left(\frac{RT_f^2 M_A}{1000 \Delta H_{fus}}\right) m_B = K_f m_B \qquad (8.90)$$

$$K_f = \frac{RT_f^2 M_A}{1000 \Delta H_{fus}} \qquad (3.34)$$

となる. K_f はモル凝固点降下定数 (molar freezing point depression constant) と呼ばれる.

以上と全く同じ考え方で, 沸点上昇についても次式が導き出される.

$$\Delta T_b = K_b m_B \qquad (3.20)$$

$$K_b = \frac{RT_b^2 M_A}{1000 \Delta H_{vap}} \qquad (3.21)$$

§8.7 溶液の熱力学 | 225

浸 透 圧

この現象については第3章§3.5で図3-7と図3-8を用いて説明をしてきた．熱力学的な説明をするために，図8-32にその原理を示す．左室の溶媒Aの化学ポテンシャルは，右室の溶液中のAの化学ポテンシャルより$RT|\ln x_A|$だけ高いから，Aは右室へ移動していく．このとき理想希薄溶液を考えているから，溶媒と溶質との混合に伴うΔH_{mix}（この場合はΔH_{dil}）はゼロである（例題8.9および式(8.52)参照）．したがって，溶媒Aの浸透を進行させる駆動力はエントロピー項$-T\Delta S_{mix}$または$-T\Delta S_{dil}$にほかならない．これがまた，束一的性質が溶質の粒子数のみに依存し，その種類に無関係な理由でもある．

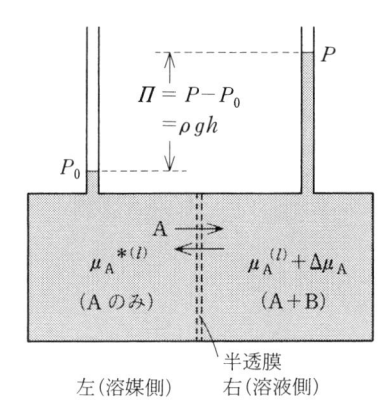

図8-32 浸透平衡に達した状態．右室の溶媒の化学ポテンシャル $\mu_A^{(l)}+\Delta\mu_A$ が左室の化学ポテンシャル $\mu_A^{\ominus(l)}$ とつり合っている．

ところで，Aの移動は無限に続くものではなく，図8-32のように膜を隔ててある圧力差 $\Pi=P-P_0=\rho g h$（(密度)×(重力加速度)×(高さ)）を生じたところで平衡に達する．左室から溶媒Aの浸透を防ぐ力としての圧力差を浸透圧（osmotic pressure）と呼ぶ．平衡においては，左右がつり合っているから次式が成り立つ．

$$\mu_A^{*(l)}\underset{(溶媒側)}{(T,P)} = \mu_A^{*(l)}\underset{(溶液側)}{(T,P+\Pi)} + RT\ln x_A$$

右辺の溶液側の標準化学ポテンシャルには浸透圧 Π の寄与を含んでいる．これを左辺の溶媒側の標準化学ポテンシャルを用いて右辺を書き直す．

$$\mu_A^{*(l)}\underset{(溶媒側)}{(T,P)} = \mu_A^{*(l)}\underset{(溶液側)}{(T,P)} + RT\ln x_A + \Delta\mu_A \tag{8.91}$$

ここで $\Delta\mu_A$ が Π に対応するものである．圧力が P_0 から P に変わるときの化学ポテンシャル変化は，式(6.91)より，

$$\Delta\mu_A = \int_{P_0}^{P} \bar{V}_A \, dP = \bar{V}_A(P-P_0) = \Pi\bar{V}_A \tag{8.92}$$

ここで，$\bar{V}_A$ は溶媒のモル体積であり，これは圧力変化が小さいので一定と仮定して上の積分が行われている．これを式(8.91)に代入すると，

$$\Pi = -\frac{RT}{\bar{V}_A}\ln x_A$$

希薄溶液ではすでに述べたように $-\ln x_A = x_B$ とおけるから

$$\Pi \simeq \frac{RT}{\bar{V}_A}x_B \simeq \frac{RT}{\bar{V}_A}\cdot\frac{n_B}{n_A} \tag{8.93}$$

となる．さらに，希薄溶液では溶媒の体積 $n_A\bar{V}_A$ は溶液全体の体積 V に等しいとみなせ

る．このように考えてくれば，第3章の式(3.26)が導き出されることがわかった．

$$\Pi = \frac{n_B}{V}RT = C_B RT \tag{3.26}$$

最後に高分子溶液の分子量測定などによく利用されるヴィリアル式で示すと，

$$\Pi = RT\left(\frac{c_B}{M_B} + Bc_B^2 + \cdots\right) \tag{8.94}$$

である．ここで c_B は $1\,\mathrm{cm}^3$ あたりの溶質Bのグラム数であるので，c_B/M_B が単位体積あたりの物質量（モル数）である．容量モル濃度 C_B を用いれば上式は

$$\boxed{\Pi = RT(C_B + B'C_B^2 + \cdots)} \tag{8.95}$$

と表される．

例題 8.12 モル質量が $1.20 \times 10^4\,(\mathrm{g\,mol^{-1}})$ のあるタンパク質の1%水溶液（$10.0\,\mathrm{mg\,cm^{-3}}$）は $25.0\,°\mathrm{C}$ でどれほどの浸透圧を示すか，推定せよ（気体定数の表し方に注意せよ）．

解
$$\Pi = RT\frac{c_B}{M_B} = 82.05\,\mathrm{cm^3\,atm\,K^{-1}\,mol^{-1}} \times 298\,\mathrm{K} \times \frac{1.00 \times 10^{-2}\,\mathrm{g\,cm^{-3}}}{1.20 \times 10^4\,\mathrm{g\,mol^{-1}}}$$
$$= 0.0204\,\mathrm{atm} = 15.5\,\mathrm{mmHg}\,(= 2.07 \times 10^3\,\mathrm{Pa})$$

注意 この結果は容易に実験できること，とくに高分子の分子量測定に浸透圧測定が適していることを示している．一方，沸点上昇や凝固点降下の方法では，高分子の分子量測定には ΔT が小さくなるため不適当であることがわかる．

8.7.6 分配平衡

互いに溶け合わない2液相（たとえば水とベンゼンの組み合わせ）の一方を α 相（水），他方を β 相（ベンゼン）としよう．この2液相に共通のある溶質（たとえば安息香酸）がそれぞれの濃度で溶けて平衡に達している．溶質の濃度をモル分率 $x^{(\alpha)}$ と $x^{(\beta)}$ で表すと，それぞれの化学ポテンシャルは，理想溶液であると仮定した場合

$$\left.\begin{array}{l} \mu^{(\alpha)} = \mu^{*(\alpha)} + RT \ln x^{(\alpha)} \\ \mu^{(\beta)} = \mu^{*(\beta)} + RT \ln x^{(\beta)} \end{array}\right\} \tag{8.96}$$

平衡にあれば $\mu^{(\alpha)} = \mu^{(\beta)}$ であるから

$$RT \ln\left(\frac{x^{(\alpha)}}{x^{(\beta)}}\right) = \mu^{*(\beta)} - \mu^{*(\alpha)}, \qquad \frac{x^{(\alpha)}}{x^{(\beta)}} = \exp\left(\frac{\mu^{*(\beta)} - \mu^{*(\alpha)}}{RT}\right) \tag{8.97}$$

の関係が導かれる．この右辺は，圧力一定を前提にしているので温度のみの関数であるが，温度一定のときは一定の値をとる．したがって，平衡定数の一種である．ただし，これを**分配係数**（partition または distribution coefficients）と呼んで次のように表す．濃度はモル分率に代わる，たとえば容量モル濃度でもよい．

§8.7 溶液の熱力学 | 227

$$\boxed{\frac{x^{(\alpha)}}{x^{(\beta)}} = K(T)} \qquad \text{(圧力一定)}$$

$$\frac{C^{(\alpha)}}{C^{(\beta)}} = K'(T) \qquad \text{(圧力一定)}$$

これらは **Nernst の分配の法則**（the Nernst distribution law）と呼ばれている．

分離・精製の手段として"分配"（distribution）は重要で，溶媒抽出（solvent extraction），帯溶融（zone melting）などに利用されている．帯溶融法は，棒状の固体に高熱の融解用環状装置を端からゆっくり熱していき，融けている部分を移動させていく．これを何度も繰り返すことによって，液体に溶けやすい不純物をしだいに片方の端に集中させて，分離する方法である．この方法によって，たとえば超高純度のシリコンが生産されている．この場合の分配係数は，$K = $（固体中の不純物濃度）/（融解液中の不純物濃度）である．K の値が大きいほど分離しにくく，小さいほど分離しやすい．

例題 8.13 分配係数の式（8.97）が Henry 則の係数比 $k_i^{(\beta)}/k_i^{(\alpha)}$ に等しいことを示せ．

解 溶質 i が図 8-33 のように α 相と β 相にそれぞれの濃度で分配され，共通の蒸気相と平衡にあるとする．

式（8.54）より，溶質 i の各相における化学ポテンシャルは

$$\mu_i^{(\alpha)} = \mu_i^{(g)} = \mu_i^{0(g)} + RT \ln p_i$$
$$= \mu_i^{0(g)} + RT \ln k_i^{(\alpha)} + RT \ln x_i^{(\alpha)} \qquad (1)$$
$$\mu_i^{(\beta)} = \mu_i^{0(g)} + RT \ln k_i^{(\beta)} + RT \ln x_i^{(\beta)} \qquad (2)$$

平衡時は (1) = (2) であり，$\mu_i^{0(g)}$ は両式に共通であるから，次式が導かれる．

$$\ln k_i^{(\alpha)} + \ln x_i^{(\alpha)} = \ln k_i^{(\beta)} + \ln x_i^{(\beta)}$$

$$\ln \frac{x_i^{(\alpha)}}{x_i^{(\beta)}} = \ln \frac{k_i^{(\beta)}}{k_i^{(\alpha)}}$$

これと式（8.97）より

$$\frac{x_i^{(\alpha)}}{x_i^{(\beta)}} = \frac{k_i^{(\beta)}}{k_i^{(\alpha)}} = \exp\left(\frac{\mu^{*(\beta)} - \mu^{*(\alpha)}}{RT}\right)$$

ゆえに，分配平衡時の濃度比は Henry 定数比の逆数に等しい．ただし，上のようにわざわざ化学ポテンシャルを持ち出して導かなくても，Henry の法則から簡単に導ける．図 8-33 のように，両相は共通の蒸気相（分圧 p_i）と平衡にあるので，$k_i^{(\alpha)} x_i^{(\alpha)} = p_i = k_i^{(\beta)} x_i^{(\beta)}$ とおける．これより

$$\frac{x_i^{(\alpha)}}{x_i^{(\beta)}} = \frac{k_i^{(\beta)}}{k_i^{(\alpha)}} = \text{分配係数}$$

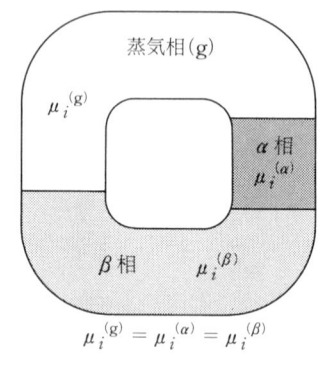

図 8-33 分配平衡

が導き出される．

第8章 演習問題

8.1 ベンゼンの標準沸点は 80.13 °C (= 353.28 K) で,この温度における蒸発熱は 31.65 kJ mol^{-1} である.大気圧が 982 hPa (ヘクトパスカル) のときの沸点を推定せよ.
(ヒント:1013 hPa を 1 atm とする.ベンゼンの蒸気圧が 987 hPa を示す温度を求めればよい.)

8.2 37 °C でベンゼンとトルエンは理想溶液をつくる.この温度における 1.00 mol のベンゼンと 9.00 mol のトルエンの混合に伴う ΔS_{mix}, ΔH_{mix}, ΔG_{mix} を求めよ.

8.3 42 °C において,ヘプタンと 2-メチルペンタンは理想溶液をつくる.
(a) これら 2 成分 10 g ずつからなる溶液の 42 °C における蒸気圧を求めよ.
(b) 蒸気相のヘプタンのモル分率を求めよ.
ただし,42 °C におけるヘプタンおよび 2-メチルペンタンの蒸気圧はそれぞれ 102 mmHg (1.36×10^4 Pa) および 405 mmHg (5.40×10^4 Pa) である.

8.4 20 °C におけるベンゼン (成分 1) とトルエン (成分 2) の蒸気圧は,それぞれ 74.7 mmHg (9.96×10^3 Pa) および 22.3 mmHg (2.97×10^3 Pa) である.この混合系が理想溶液であり,蒸気相も理想気体で示されるとする.
(a) 20 °C における圧力-組成図 (状態図) を描け.なお,図はトルエンのモル分率 x_2 を横軸にとり,液相領域を L,蒸気相領域を G を用いて示せ.計算は,液相中の組成 $x_2^{(l)} = 0.2, 0.4, 0.6, 0.8$ について行え.
(b) トルエンが 20% 含まれている溶液と,60% 含まれている溶液中の,ベンゼンの化学ポテンシャルはどれだけ異なるか.

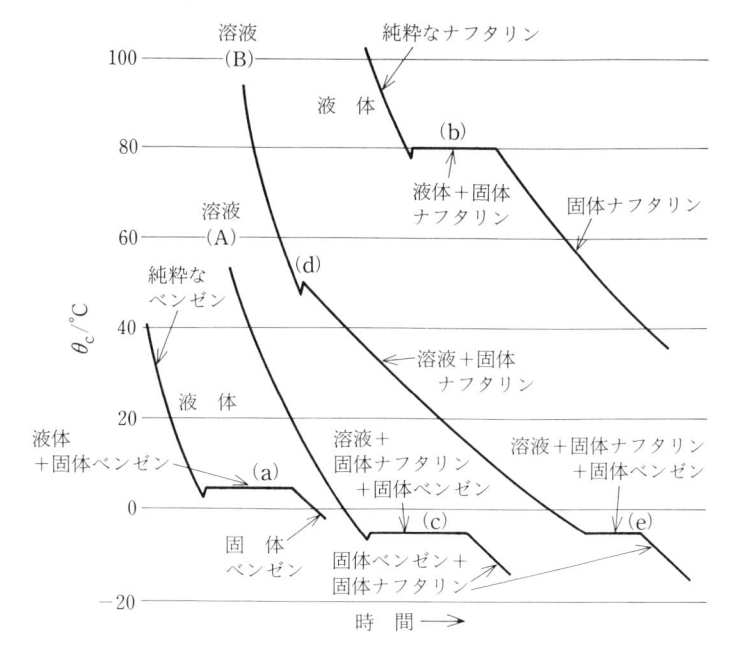

（ヒント：(a) 液相線は Raoult の法則に基づいて，気相線は Dalton の分圧の法則に基づいて得る（図 4-1 参照）．(b) $\mu_1 = \mu_1^* + RT \ln(1-x_2)$ を用いて比較せよ．）

8.5 次の図は種々の組成のベンゼン(1)-ナフタリン(2)系を一定の速度で冷却したときの系の温度を時間の関数として表したものである．これを冷却曲線という．ただし(A), (B) の組成はそれぞれ $x_2 = 0.128$, $x_2 = 0.540$ である．
次の各問に答えよ．
　(a) 純粋なベンゼンと純粋なナフタリンの凝固点はそれぞれ何 °C か，図から読み取れ．
　(b) 溶液(A)を冷却していくと小さな極小を経たのち水平な部分が現れて，(液体＋固体ナフタリン＋固体ベンゼン) の 3 相が共存していることを示している．この状態における自由度はいくらか．また，この状態を示す点(c) ($x_2 = 0.128$, $\theta_c = -5.3$ °C) を何というか．
　(c) 溶液(B)を冷却していくと，固体ナフタリンが先に凝固し，析出することを示している（点(d)を見よ）．純ナフタリンの固体の化学ポテンシャル $\mu_2^{*(s)}$ と，溶液中のナフタリンの化学ポテンシャル $\mu_2^{(l)}$ との間にはどのような関係があるか示せ．
　(d) 約 -5.3 °C 以下の温度では，この混合系はどんな状態か．
　(e) ベンゼン-ナフタリン系の温度-組成（圧力 1 atm ＝ 1.013×10^5 Pa）の関係を示す相図を描け．
　(f) 溶液(B)を冷却していくと，溶液相の組成はどのように変化するか．相図を用いて説明せよ．
（ヒント：第 4 章，図 4-11 参照．）

8.6 二硫化炭素の 1 atm (1.013×10^5 Pa) のもとでの沸点は 46.29 °C であり，蒸発熱は 352 J g^{-1} である．
10.00 g の二硫化炭素に 0.300 g の硫黄を溶かした溶液の沸点は，1 atm のもとで 46.57 °C であった．
　(a) 二硫化炭素のモル沸点上昇定数 k_b を求めよ．
　(b) 溶けている硫黄の分子量を求め，その分子式を書け．

8.7 次の溶液から 1 mol の純粋なベンゼンを分離するために必要な最小の仕事量を求めよ．(25 °C)．
　(a) 大量のベンゼンとトルエンからなるモル分率 $x_1 = x_2 = 0.5000$ の溶液（等モル混合溶液）．
　(b) 1 mol のベンゼンと 1 mol のトルエンとからなる溶液（等モル混合溶液）．

8.8 o-キシレン(1) と m-キシレン(2) は理想溶液をつくる．25 °C, 1 atm (1.013×10^5 Pa) で，$x_1 = 0.80$ の溶液から $x_1 = 0.60$ の溶液へ，1 mol の o-キシレンが移行するときの自由エネルギー変化を求めよ．ただし，両溶液は大量にあり，この移行による組成の変化は無視できるものとする．

9

化学反応の速度と反応機構

§9.1 はじめに

　第4章および第7章で化学平衡を取り扱ったが，そこでは平衡状態に達した後での反応系を問題とし，反応物から生成物へ至る変化の道筋には何ら関心を払わなかった．いま，AとBからPが生じる化学反応があるとしよう．このとき，AとBが1段階で反応してPに変わるという場合ももちろんあるが，途中にいくつかの中間体を経て最終的にPが生じるという場合も多い．たとえば，H_2とBr_2からHBrが生成する反応は，Br_2が2個の臭素原子に分裂し，それらの原子の1つがH_2と反応するという経路で起こる．このように，化学反応がいくつかの段階を経て進行する場合，それぞれの段階の反応を**素反応**（elementary reaction）と呼ぶ．また，そのときの反応物から最終生成物へ至る道筋，すなわち反応全体がどのような素反応から構成されているかを**反応機構**（reaction mechanism）という．出発物質（AとB）と最終生成物（P）だけに注意を向ける平衡論では，途中の反応経路については知りようがない．反応機構を知るためには，反応が時間の関数としてどのように起こっていくかを調べなければならない．

　反応過程を実験的に研究する方法は，反応の進行速度を測定し，その**反応速度**（reaction rate）が反応物質の濃度や温度にどのように関係するのかを調べることである．このような反応速度のデータから反応機構に関する情報を得ることができる．反応速度に関する実験データに基づいて反応機構を解明しようとするアプローチを**反応速度論**（reaction kinetics）というが，そこでは平衡論では現れなかった時間という変数が入ってくる．

　この章では，化学反応の速度に関する実験方法や実験結果の整理の仕方，また，反応速度のデータからどのようにして反応機構が推定されるのか等について学んでいこう．さらにまた，終わりのほうで，反応速度の理論にも簡単に触れよう．

§9.2 化学反応の速度

9.2.1 反応速度の定義

　化学反応の速度は，反応に関与するある物質に目をつけ，その物質の単位時間あたりに変化する物質量（モル数）として定義される．いま問題にしている反応が次の形をとるものとしよう．

$$\text{A} + \text{B} \longrightarrow \text{P}$$

この反応が進行して，dt 時間の間に A が dn_A mol だけ変化したとすれば，そのときの反応速度 v は

$$v = -\frac{dn_A}{dt} \tag{9.1}$$

で与えられる．dn_A は負だから，反応速度を正にするためマイナスの符号をつける．もし実験で B の量を測定した場合，反応速度は $v = -dn_B/dt$ で，また P の量を測定した場合は $v = dn_P/dt$ と表される．いまの反応の場合，反応物と生成物のすべてについて化学量論係数が等しいから，当然

$$v = -\frac{dn_A}{dt} = -\frac{dn_B}{dt} = \frac{dn_P}{dt} \tag{9.2}$$

となり，反応物または生成物のうちのどれを測定しても反応速度は同じになる．しかし，もっと複雑な反応の場合，注意が必要である．たとえば，次のような一般的な反応を考えてみよう．

$$\nu_A \text{A} + \nu_B \text{B} \longrightarrow \nu_C \text{C} + \nu_D \text{D}$$

この場合，反応によって A の ν_A mol が消費されたとき，B は ν_B mol 消費され，C は ν_C mol，また D は ν_D mol 生成する．したがって，各反応種について dn/dt の絶対値は同じにはならない．このような反応の反応速度は

$$v = -\frac{1}{\nu_A}\frac{dn_A}{dt} = -\frac{1}{\nu_B}\frac{dn_B}{dt} = \frac{1}{\nu_C}\frac{dn_C}{dt} = \frac{1}{\nu_D}\frac{dn_D}{dt} \tag{9.3}$$

として定義される．なお，反応の進行中，系の体積が変わらないとみなせる場合，反応種の物質量のかわりに容量モル濃度（C）を用いることができ，そのとき，式（9.3）のかわりに

$$v = -\frac{1}{\nu_A}\frac{dC_A}{dt} = -\frac{1}{\nu_B}\frac{dC_B}{dt} = \frac{1}{\nu_C}\frac{dC_C}{dt} = \frac{1}{\nu_D}\frac{dC_D}{dt} \tag{9.4}$$

で反応速度を定義することができる．実際上は，単位時間あたりの濃度の変化量（すなわち式（9.4））で反応速度を表す場合が多く，以後は濃度による表現を用いていこう．

9.2.2 実 験 方 法

反応速度を求めるには，反応物または生成物の濃度を反応開始後の時間の関数として測定すればよい．通常は，反応に関与する物質のうちのある 1 つの化学種に目をつけ，いろいろな時刻でその濃度を決定する．非常にゆっくり進行する反応では，反応混合物から少量の試料を取り出し，化学分析により目的物質の濃度を求めればよい．反応が速くなると，化学分析に要する時間内にも反応が進行し続けるため，分析結果を反応時間と正確に関係づけるのがむずかしくなる．この場合，1 つの手法として反応を凍結する方法がある．これは，反応速度を急激に落とすかまたは反応を停止させる操作を行い（たとえば，試料を

急速に冷却したり，あるいは希釈したりして），その後化学分析を行う．もっともよい方法は，反応混合物から試料を取り出すことなしに，ある種の物理的測定を利用して反応種の濃度変化を追跡していくことである．この場合，目的物質の濃度変化を正しく反映するものであればどんな物理的性質を用いてもよい．たとえば，体積一定の条件での気相反応の場合，圧力の時間変化により反応過程を追跡できる．また，溶液反応では，分光学的な性質，すなわちある特定の波長の光に対する吸光度で濃度の時間変化を追跡する方法がよく用いられる．

§9.3 速度式と反応の次数

化学反応の速度は一般に温度と反応物質の濃度に依存する．次のような最も簡単な型の化学反応を考えてみよう．

$$A \longrightarrow P \tag{9.5}$$

もしこの反応が1段階で進行するならば，反応により単位時間あたりに消失するA分子の数は，そこに含まれるAの個数に比例するだろう．すなわち，この場合，反応速度はAの濃度に比例することが直観的に考えてうなずけるだろう．したがって，反応速度とAの濃度 $[A]$ の間には次のような関係があることが予想される．

$$\boxed{v = -\frac{\mathrm{d}[A]}{\mathrm{d}t} = k[A]} \tag{9.6}$$

ここで，比例定数の k を反応の**速度定数**（rate constant）と呼ぶ．速度定数は温度の関数であり，一般に，反応温度が高くなるほどその値は大きくなる．

次に，

$$A + B \longrightarrow P \tag{9.7}$$

で表される反応について考えてみよう．ここでも，この反応は1段階で進むものとする．反応が起こるためにはAとBが出会うことが必要である．この出会いの頻度はAの濃度とBの濃度の積に比例する．したがって，この反応の速度は，次のような濃度依存性をもつものと予測されるだろう．ここで，Bの濃度を $[B]$ で示す．

$$\boxed{v = -\frac{\mathrm{d}[A]}{\mathrm{d}t} = k[A][B]} \tag{9.8}$$

式（9.6）や式（9.8）のように，反応速度を速度定数と反応物質の濃度の関数として表したものを**速度式**（rate equation）と呼ぶ．速度式の中に現れる濃度の指数の和を**反応の次数**（reaction order）という．たとえば，式（9.6）は1次であり，式（9.8）は2次である（後者の場合，Aについて1次，Bについて1次，全体として2次である）．また，n 次の速度式に従う反応を n 次反応と呼ぶ．

ここで，速度定数の単位に注意しよう．反応速度を濃度の変化率で表せば，その単位は

（濃度）（時間）$^{-1}$ となる．なお，時間は，速度の大きさに応じて秒（s），分（min），時間（h）など適当な単位を用いる．そうすると，反応の次数によって速度式に現れる濃度項が異なるので，速度定数の単位もまた反応次数により異なったものとなる．たとえば1次反応の場合，式（9.6）から見て k の単位は（時間）$^{-1}$ となるし，一方，2次反応では式（9.8）より明らかなように k の単位は（濃度）$^{-1}$（時間）$^{-1}$ である．

　上では，速度式がどのようなかたちをもつかを理解してもらうため反応式と結びつけて説明した．しかし，速度式は実験から決められるものであり，反応式のかたちと直接結びつくものではないことを強調しておこう．1段階で起こる反応の場合は上のような考察が成り立つが，いくつかの素反応からなる多段階反応では，反応式を見ただけでは速度式の予測はつかない．たとえば，NO の酸化反応は次式で表される．

$$2\,\mathrm{NO} + \mathrm{O}_2 \longrightarrow 2\,\mathrm{NO}_2$$

実験の結果，その速度式は

$$\frac{\mathrm{d}[\mathrm{NO}_2]}{\mathrm{d}t} = k\,[\mathrm{NO}]^2[\mathrm{O}_2]$$

で与えられ，この反応は3次反応である．ところが，SO_2 が過剰の酸素で接触酸化を受ける反応は，これと同じ化学量論

$$2\,\mathrm{SO}_2 + \mathrm{O}_2 \xrightarrow{\mathrm{Pt}} 2\,\mathrm{SO}_3$$

で起こるが，実験によればその速度式は

$$\frac{\mathrm{d}[\mathrm{SO}_3]}{\mathrm{d}t} = k\,[\mathrm{SO}_2][\mathrm{SO}_3]^{-1/2}$$

で与えられ，この場合は1/2次反応である．なお，後者の例からわかるとおり，反応の次数は必ずしも整数とは限らない．反応速度論の研究の第一歩は実験により速度式と速度定数の値を決定することであり，正しい速度式が得られた後，そこから反応機構の推定へと進んでいく．実験データからどのようにして速度式と速度定数を決定するのか，以下に例をあげながら示していこう．

§9.4　速度式の決定 —— 積分速度式

9.4.1　1 次 反 応

　ある反応が1次反応（first-order reaction）ならば，その反応速度は式（9.6）に従う．反応速度の実験では，通常いろいろな時刻における反応物質の濃度または濃度に関連した量を測定する．このような実験データは，式（9.6）のような微分形の速度式を用いるよりも積分したかたちと比べるほうが都合がよい．いま，反応が開始してから時間 t が経過したときの反応物 A の濃度が C_A であったとしよう．反応が1次の速度式に従うなら，この時刻における A の消失速度は，式（9.6）を C_A を使って一般化すると

$$-\frac{\mathrm{d}C_\mathrm{A}}{\mathrm{d}t} = k\,C_\mathrm{A} \tag{9.9}$$

で表される．変数を分離して積分すれば

$$\int \frac{dC_A}{C_A} = -\int k\,dt \qquad \therefore \quad \ln C_A = -kt + A$$

ここで A は積分定数である．A の初濃度（$t=0$ のときの濃度）を C_A^0 とすれば，これより積分定数が決まり，その結果次式が得られる．

$$\boxed{\ln C_A = -kt + \ln C_A^0} \tag{9.10}$$

したがって，t をいろいろ変えて C_A を測定し，$\ln C_A$ を t に対してプロットしたとき，それが直線になればその反応は 1 次反応であるということができる．さらにまた，その直線の勾配から速度定数の値が求められる．

式 (9.10) はまた次のようにも書ける．

$$\boxed{C_A = C_A^0 \exp(-kt)} \tag{9.11}$$

式 (9.11) から，1 次反応では反応物の濃度は時間とともに指数関数的に減少し，その減少の仕方（減少速度）が k によって決まることが示される．

1 次反応であるかどうかのもう 1 つの判定法は半減期（$t_{1/2}$）を利用することである．半減期とは，反応物の濃度が最初の値の半分に減るまでの時間のことである．そこで，$t = t_{1/2}$ と $C_A = C_A^0/2$ を式 (9.10) に代入すれば，

$$\boxed{t_{1/2} = \frac{\ln 2}{k} = \frac{0.693}{k}} \tag{9.12}$$

が得られる．式 (9.12) は，1 次反応の半減期は反応物の初濃度には無関係に速度定数のみで決まることを示している．一方，高次反応の場合，半減期は速度定数だけでなく初濃度にも依存する．したがって，いろいろな初濃度に対応した半減期を測定したとき，それがある一定の値を示せばその反応は 1 次反応であるということができる．

例題 9.1 過酸化水素水溶液中で H_2O_2 は水と酸素に分解する．

$$H_2O_2 \longrightarrow H_2O + \frac{1}{2}O_2$$

表 9-1

t/min	$[H_2O_2]$/mol dm^{-3}	t/min	$[H_2O_2]$/mol dm^{-3}
0	0.104	14	0.0550
2	0.0952	16	0.0503
4	0.0852	18	0.0452
6	0.0780	20	0.0413
8	0.0725	22	0.0380
10	0.0645	24	0.0341
12	0.0590		

この分解反応の進行は非常に遅いが，適当な触媒の存在下では加速される．25 °C で，0.104 mol dm^{-3} の過酸化水素水溶液に触媒として少量の $(NH_4)_2Fe_2(SO_4)_4$ を加えた後，溶液中の H_2O_2 濃度を時間の関数として測定したところ，表 9-1 に示すような結果が得られた．この反応が 1 次反応であることを示し，速度定数を求めよ．また，この反応の半減期は min 単位でいくらか．

解 表 9-1 の実験データを式 (9.10) に従ってプロットすると図 9-1 が得られる（ただし，ここでは自然対数のかわりに常用対数を用いている）．log $[H_2O_2]$ と t の間に良好な直線関係が認められ，これよりこの反応が 1 次反応であることが結論される．また，直線の勾配から $k = 0.0461$ min^{-1} が得られる．この k の値を式 (9.12) に代入して半減期を求めると，$t_{1/2} = 15.0$ min となる．

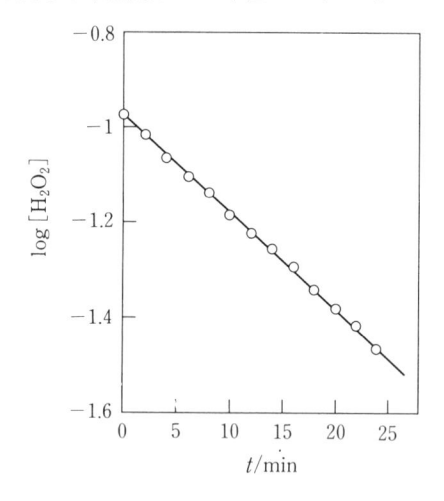

図 9-1 反応時間 t に対する log $[H_2O_2]$ のプロット

9.4.2 2 次 反 応

2 次反応 (second-order reaction) には 2 つの型の速度式があり，それらを区別して考える必要がある．1 つは，ただ 1 種類の物質 (A) が反応を起こし，その反応速度が A の濃度 (C_A) の 2 乗に比例するような場合で，一般化した速度式は次式で表される．

$$-\frac{dC_A}{dt} = k C_A^2 \tag{9.13}$$

もう 1 つは，2 種類の物質 A と B が反応に関与し，反応速度が C_A と C_B の積に比例する場合で，このときの速度式は次式で与えられる．

$$-\frac{dC_A}{dt} = k C_A C_B \tag{9.14}$$

はじめの場合は，その速度式（式 (9.13)）はすぐに積分できる．$t = 0$, $C_A = C_A^0$ から $t = t$, $C_A = C_A$ まで積分すると，

$$\int_{C_A^0}^{C_A} \frac{dC_A}{C_A^2} = -\int_0^t k\, dt$$

すなわち

$$\boxed{\frac{1}{C_A} - \frac{1}{C_A^0} = kt} \tag{9.15}$$

が得られる．したがって，反応開始後のいろいろな時刻で C_A を測定し，$1/C_A$ を t に対してプロットしたとき直線が得られれば，その反応は式 (9.13) の型の 2 次反応であるといえる．また，その直線の勾配から速度定数の値が求められる．さらに，式 (9.15) に $t = t_{1/2}$,

$C_A = C_A^0/2$ を代入すると，半減期として次式が得られる．

$$t_{1/2} = \frac{1}{kC_A^0}$$

すなわち，1次反応の場合の半減期（式(9.12)）とは異なり，この型の2次反応の半減期は速度定数だけでなく反応物質の初濃度にも依存する．

第2の型の2次反応の場合，その速度式（式(9.14)）は，Bの濃度（C_B）をAの濃度（C_A）で表すことができれば積分可能となる．C_AとC_Bの関係は反応の化学量論に依存する．ここでは簡単のため，反応式が

$$A + B \longrightarrow P$$

で表される反応を考えよう．AとBの初濃度をC_A^0およびC_B^0とし，反応開始後の時間tの間にAの濃度がxだけ減ったとしよう．そうすれば，時刻tのときのAとBの濃度はそれぞれC_A^0-xおよびC_B^0-xであるから，そのときの反応速度は式(9.14)より

$$-\frac{d(C_A^0-x)}{dt} = k(C_A^0-x)(C_B^0-x) \tag{9.16}$$

で与えられる．ここでC_A^0は定数であるから，式(9.16)は次のように書ける．

$$\frac{dx}{dt} = k(C_A^0-x)(C_B^0-x) \tag{9.17}$$

$t = 0$のとき$x = 0$であるから，式(9.17)を$t=0, x=0$から$t=t, x=x$まで積分すれば

$$\int_0^t k \, dt = \int_0^x \frac{dx}{(C_A^0-x)(C_B^0-x)}$$

$$kt = \frac{-1}{C_A^0-C_B^0}\int_0^x \left(\frac{1}{C_A^0-x} - \frac{1}{C_B^0-x}\right)dx = \frac{-1}{C_A^0-C_B^0}\left(\ln\frac{C_A^0}{C_A^0-x} - \ln\frac{C_B^0}{C_B^0-x}\right)$$

したがって，この型の2次反応の積分速度式として最終的に次式が得られる．

$$kt = \frac{1}{C_A^0-C_B^0} \ln\frac{C_B^0(C_A^0-x)}{C_A^0(C_B^0-x)} \tag{9.18}$$

ある時刻におけるAまたはBのどちらかの濃度がわかればxがわかる．そこで，いろいろな時刻でAまたはBの濃度を測定し，式(9.18)の右辺の量を時間に対してプロットしたとき，原点を通る直線になればその反応は2次反応であると結論できる．また，その直線の勾配から速度定数の値を決定することができる．

例題9.2 エタノール中で臭化イソブチルとナトリウムエトキシドを混合し，混合後の時間の関数として濃度を測定したところ表9-2に示すような結果が得られた．この反応が2次反応であることを示し，速度定数を求めよ．

解 この反応は次の反応式で表される．

$$(CH_3)_2CHCH_2Br + C_2H_5ONa \longrightarrow (CH_3)_2C=CH_2 + C_2H_5OH + NaBr$$

実験データから，種々の反応時間に対応した臭化イソブチルまたはナトリウムエトキシドの消失

表 9-2 臭化イソブチルとナトリウムエトキシの濃度の時間変化

t/min	$[C_4H_9Br]$ / mol dm^{-3}	$[NaOEt]$ / mol dm^{-3}	t/min	$[C_4H_9Br]$ / mol dm^{-3}	$[NaOEt]$ / mol dm^{-3}
0	0.0505	0.0762	30	0.0275	0.0532
2.5	0.0475	0.0732	40	0.0228	0.0485
5	0.0446	0.0703	50	0.0193	0.0451
7.5	0.0419	0.0676	60	0.0169	0.0427
10	0.0398	0.0655	70	0.0150	0.0407
13	0.0370	0.0627	90	0.0119	0.0376
17	0.0340	0.0596	120	0.0084	0.0341
20	0.0322	0.0580			

濃度 (x) を求める．この x と $t = 0$ におけるそれぞれの反応物の濃度 (初濃度) を用いて式 (9.18) の右辺の量を計算し，反応時間に対してプロットすれば図 9-2 のようになる．このプロットは原点を通る直線を与え，これよりこの反応が 2 次反応であることが示される．また，直線の勾配から速度定数を求めると $k = 0.33 \, \text{mol}^{-1} \, \text{dm}^3 \, \text{min}^{-1}$ が得られる．

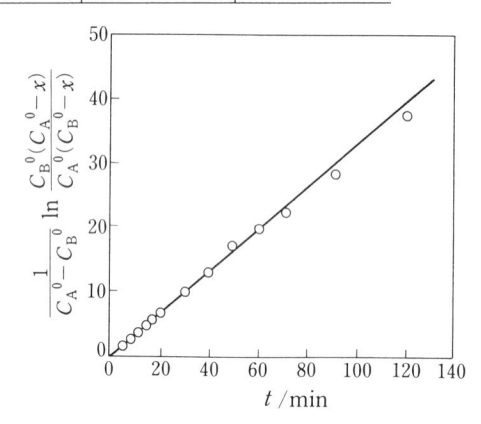

図 9-2 表 9-2 のデータに対する式 (9.18) のプロット

9.4.3 擬 1 次反応

速度式が式 (9.14) で与えられる 2 次反応で，反応物の一方 (たとえば B) が他方に比べて大過剰に存在する状況を考えてみよう．この場合，反応による B の減少量は，はじめの量に比べると非常にわずかな割合である．したがって，反応の進行中 B の濃度は実質上一定に保たれると考えてよい．このとき式 (9.14) は

$$-\frac{dC_A}{dt} = k' C_A \tag{9.19}$$

となり，1 次の速度式と同じ形になる．ただしこの場合，速度定数の中に B の初濃度 C_B^0 が含まれてくる．すなわち，

$$k' = k C_B^0$$

このように，ある 1 つの反応物質を除いてそれ以外の反応物質が大過剰に存在すると，反応は見かけ上 1 次反応になる．このような反応を **擬 1 次反応** (pseudo-first-order reaction) と呼ぶ．

溶液反応では，通常溶媒が大過剰に存在するため擬 1 次反応となる場合が多い．たとえば，よく知られたスクロース (ショ糖) の水溶液中での加水分解反応は次式で表される．

$$\mathrm{C_{12}H_{22}O_{11} + H_2O \longrightarrow C_6H_{12}O_6 + C_6H_{12}O_6}$$
スクロース　　　　　　　グルコース　フルクトース

この反応はスクロースに関する1次の速度式に従うが，それは，水がスクロースに比べて大量に存在し，反応の進行中，水の濃度は一定とみなすことができるためである．

　反応次数が高くなるにつれ，積分速度式は急速に複雑になり，反応の次数を決定するのに積分速度式を利用する方法は実際的ではなくなる．このようなとき，いくつかの反応物質を大過剰に存在させる方法が有効となる．たとえば，次のかたちの3次速度式を考えてみよう．

$$\frac{\mathrm{d}C_\mathrm{P}}{\mathrm{d}t} = k\,C_\mathrm{A}^{\,2}C_\mathrm{B}$$

ここで，C_P は生成物の濃度を表す．もし，Aが大量にあって実質的に一定であるとすれば，これはBについて擬1次となる．また逆にBのほうを大過剰にしておけば，この反応はAについて擬2次となる．こういう具合にして，反応速度に対する反応物質の寄与を個別に抜き出していく方法は，複雑な反応の速度式を決めるうえで役に立つ方法である．

§9.5　反応機構と速度式

　前節では，実験データからいかにして反応次数を決定するかについて示した．前にも述べたように，反応次数あるいは速度式は実験的にしか知ることができない．たとえ反応式が簡単なかたちであっても，その反応がいくつかの素反応からなる多段階反応であれば，実際の速度式は反応式から予測されるものとは異なってくる．ある反応について速度式が実験的に決まれば，次のステップは，その反応に対して無理のない反応機構を仮定し，その機構から導かれる速度式を実験で得られた速度式と比較することである．これにより，実験と一致しない速度式を与えるような機構はありえないものとして除外される．実験と一致する速度式を与えるような機構がいくつか考えられる場合，そのうちどれが正しい反応機構であるかを決定するには速度論とはまた別の手段を用いることが必要となる．

　この節では，仮定した反応機構から実験と比較できるような速度式を導く方法を，いくつかの簡単な例について示そう．なおここでは，物質の変化を表す矢印は，その変化が1段階で起こることを表すものとしよう．すなわち，1つの矢印は1つの素反応に対応する．また，矢印の上または下に，その素反応の速度定数を併せて示すことにしよう．

（1）　$\boxed{\mathrm{A} \xrightarrow{k} \mathrm{B}}$

AがBに変化する反応で，§9.3で考えたように，この場合の速度式は式（9.9）で与えられる．

（2）　$\boxed{2\,\mathrm{A} \xrightarrow{k} \mathrm{B}}$

2 分子の A から B ができる反応である．反応が起こるためには，A どうしが出会う（衝突する）必要があり，単位体積中の単位時間あたりの衝突数は A の濃度の 2 乗に比例する．したがって，速度式は式（9.13）で表される．

（3）　$\boxed{A + B \xrightarrow{k} C}$

これも §9.3 で述べたように，単位体積，単位時間あたりの A と B の衝突数は A の濃度と B の濃度の積に比例するから，速度式は式（9.14）で与えられる．

（4）　$\boxed{A \underset{k_{-1}}{\overset{k_1}{\rightleftarrows}} B}$

A と B の間で起こる**可逆的な反応**である．この場合，A は $k_1 C_A$ の速度で消失する一方，$k_{-1} C_B$ の速度で生じる．したがって，A の正味の減少速度は次式で与えられる．

$$-\frac{dC_A}{dt} = k_1 C_A - k_{-1} C_B \tag{9.20}$$

上式がこの型の反応に対する A についての速度式であるが，これを積分形に直すと有益な知見が得られる．A の初濃度が $C_A{}^0$ で，最初 B は存在しなかったとすれば，$C_A + C_B = C_A{}^0$ が常に成り立つ．したがって，式（9.20）より，

$$-\frac{dC_A}{dt} = k_1 C_A - k_{-1}(C_A{}^0 - C_A) = (k_1 + k_{-1}) C_A - k_{-1} C_A{}^0 \tag{9.21}$$

が得られる．式（9.21）は変数分離形の 1 階微分方程式で，その解は次のようになる．

$$C_A = \frac{k_1}{k_1 + k_{-1}} C_A{}^0 \exp[-(k_1 + k_{-1})t] + \frac{k_{-1}}{k_1 + k_{-1}} C_A{}^0 \tag{9.22}$$

式（9.22）は，A の濃度が反応時間とともに指数関数的に減少し，右辺第 2 項で与えられるある一定の値に近づいていくことを示している．なおここで，もし $k_{-1} = 0$（すなわち，逆反応が起こらない）ならば，式（9.22）は式（9.9）の解，すなわち式（9.11）と一致することに注意しよう．

この反応の最終状態はどうなるだろうか．t が無限大のときの A の濃度は，式（9.22）で $t = \infty$ として

$$C_A{}^\infty = \frac{k_{-1}}{k_1 + k_{-1}} C_A{}^0 \tag{9.23}$$

となり，また，B の濃度は

$$C_B{}^\infty = C_A{}^0 - C_A{}^\infty = \frac{k_1}{k_1 + k_{-1}} C_A{}^0 \tag{9.24}$$

となる．すなわち，この反応は A, B の濃度がそれぞれ式（9.23），（9.24）で与えられるような平衡状態に達する．そのときの濃度の比が平衡定数 K であるから，

$$K = \frac{C_B^\infty}{C_A^\infty} = \frac{k_1}{k_{-1}} \qquad (9.25)$$

である．こうして，1段階で起こる可逆1次反応に対する平衡定数が，式(9.25)によって速度定数と結びつけられることがわかる．

さらにまた，式(9.22)を C_A^∞ を用いて書き直すと次式が得られる．

$$C_A - C_A^\infty = (C_A^0 - C_A^\infty) \exp[-(k_1 + k_{-1})t] \qquad (9.26)$$

式(9.26)は，$C_A - C_A^\infty$ の対数を t に対してプロットすれば直線となり，その勾配から $k_1 + k_{-1}$ が求められることを示している．したがって，こうして得られた $k_1 + k_{-1}$ の値と平衡定数の値から，式(9.25)を用いて k_1 と k_{-1} の個々の値を求めることができる．

(5) $\quad A \xrightarrow{k_1} B \xrightarrow{k_2} C$

A が中間体 B を経て C に変化する反応である．このように，いくつかの連続した素反応からなる反応を**逐次反応**(consecutive reaction)という．この例では，3種の物質に対する速度式はそれぞれ次のように表される．

$$-\frac{dC_A}{dt} = k_1 C_A \qquad (9.27)$$

$$\frac{dC_B}{dt} = k_1 C_A - k_2 C_B \qquad (9.28)$$

$$\frac{dC_C}{dt} = k_2 C_B \qquad (9.29)$$

これらの速度式の積分形を求めて，各物質の濃度が時間とともにどのような変化の仕方をするか見てみよう．式(9.27)は式(9.9)と同じ形であり，その積分形は次式で与えられる．

$$C_A = C_A^0 \exp(-k_1 t) \qquad (9.30)$$

次に，式(9.28)の C_A に式(9.30)の関係を用いると，

$$\frac{dC_B}{dt} + k_2 C_B = k_1 C_A^0 \exp(-k_1 t)$$

が得られる．これは定数係数の1階線形微分方程式であり，$t = 0$ のとき $C_B = 0$ という初期条件のもとで解くと，その解として次式が得られる[*1(次ページ)]．

$$C_B = C_A^0 \frac{k_1}{k_2 - k_1} [\exp(-k_1 t) - \exp(-k_2 t)] \qquad (9.31)$$

中間体 B の濃度の時間変化は式(9.31)によって表される．反応開始時には A のみが濃度 C_A^0 で存在するものとすれば，$C_A + C_B + C_C = C_A^0$ が常に成り立つから，C_C の時間変化に対して

$$C_\mathrm{C} = C_\mathrm{A}^0 - (C_\mathrm{A} + C_\mathrm{B})$$

$$= C_\mathrm{A}^0\left[1 + \frac{k_1}{k_2 - k_1}\exp(-k_2 t) - \frac{k_2}{k_2 - k_1}\exp(-k_1 t)\right] \tag{9.32}$$

が得られる．以上の式（9.30）～（9.32）が，時間の関数としての A, B および C の濃度を表す関係である．$C_\mathrm{A}^0 = 1$，$k_1 = 1\,\mathrm{min}^{-1}$ として，(a) $k_2 = 0.1 k_1$ の場合と (b) $k_2 = 10 k_1$ の場合について，式（9.30）～（9.32）を用いて C_A, C_B および C_C を計算した結果を図 9-3 に

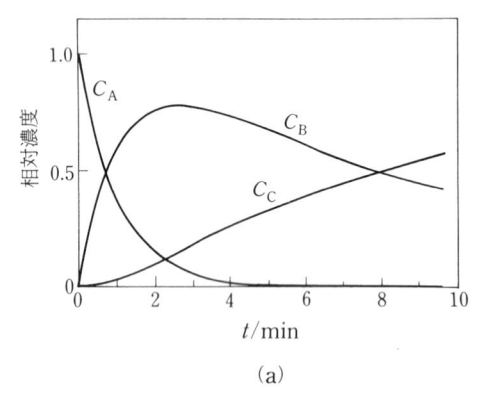

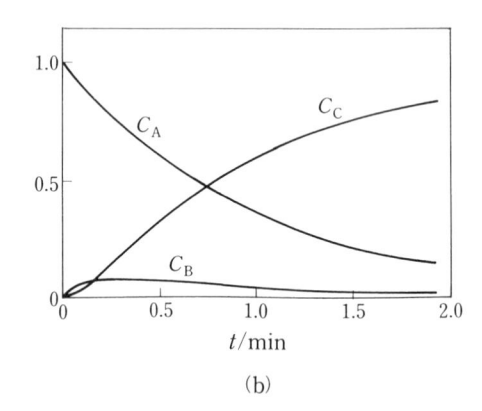

図 9-3 逐次 1 次反応における反応物（A），中間体（B），生成物（C）の濃度が時間とともに変化する様子．$C_\mathrm{A}^0 = 1$，$k_1 = 1\,\mathrm{min}^{-1}$ であるとき，(a) $k_2 = 0.1 k_1$ の場合，(b) $k_2 = 10 k_1$ の場合．

前ページ*1　微分方程式

$$\frac{dC_\mathrm{B}}{dt} + k_2 C_\mathrm{B} = k_1 C_\mathrm{A}^0 \exp(-k_1 t) \tag{a}$$

は次のような手順で解くことができる．式（a）の右辺をゼロとした方程式

$$\frac{dC_\mathrm{B}}{dt} + k_2 C_\mathrm{B} = 0$$

は変数分離形で，その解は次式で与えられる．

$$C_\mathrm{B} = A \exp(-k_2 t) \tag{b}$$

ここで，A は積分定数として導入されたものであるが，これを t の関数と考えて，もとの方程式（a）を満足するようにその関数形を決めれば式（a）の解が得られる．

式（b）を式（a）に代入して整理すると，

$$\frac{dA}{dt}\exp(-k_2 t) = k_1 C_\mathrm{A}^0 \exp(-k_1 t)$$

これは，次のように変数が分離される．

$$dA = k_1 C_\mathrm{A}^0 \exp[(k_2 - k_1)t]\, dt$$

上式を積分すれば，

$$A = \frac{k_1 C_\mathrm{A}^0}{k_2 - k_1}\exp[(k_2 - k_1)t] + B$$

したがって，式（a）の一般解は

$$C_\mathrm{B} = \frac{k_1 C_\mathrm{A}^0}{k_2 - k_1}\exp(-k_1 t) + B \exp(-k_2 t)$$

となり，ここで初期条件（$t = 0$ のとき $C_\mathrm{B} = 0$）を用いて積分定数を決めれば，

$$B = -\frac{k_1 C_\mathrm{A}^0}{k_2 - k_1}$$

となるから，最終的に式（a）の解として式（9.31）が得られる．

示す．それぞれの反応種の濃度が時間とともに変化する様子がわかるだろう．

さて，ここで最終生成物 C の生成速度に目を向けてみよう．式(9.29)の右辺の C_B に式(9.31)を代入すれば，C の生成速度は次式で与えられる．

$$\frac{dC_C}{dt} = C_A^0 \frac{k_1 k_2}{k_2 - k_1}[\exp(-k_1 t) - \exp(-k_2 t)] \tag{9.33}$$

これから明らかなように，C の生成速度は反応の第 1 段階の速度定数 k_1 と第 2 段階の速度定数 k_2 に依存する．そこで，k_1 と k_2 の大小関係に対して，次のような 2 つの極限の場合を考えてみよう．

（ⅰ）$k_1 \gg k_2$ の場合

この場合，式(9.33)は近似的に

$$\frac{dC_C}{dt} = k_2 C_A^0 \exp(-k_2 t) = k_2 C_B \tag{9.34}$$

となり，C の生成速度は B ⟶ C の変化速度と等しくなる．なお，上の関係で 2 番目の等式は式(9.31)に $k_1 \gg k_2$ の条件を用いて得られる．

（ⅱ）$k_1 \ll k_2$ の場合

このとき式(9.33)は次式で近似される．

$$\frac{dC_C}{dt} = k_1 C_A^0 \exp(-k_1 t) = k_1 C_A \tag{9.35}$$

したがって，この場合，C の生成速度は A ⟶ B の変化速度と等しくなる．

上の例は，多段階反応では，最終生成物の生成速度が最も遅い反応段階の速度で決まってくることを示している．すなわち，1 か所でも遅い段階があれば，それ以外の反応段階でいくら速く反応が進行しても，反応全体としてはこの遅い段階の進行速度に支配される．このように，反応全体の速度を支配する最も遅い反応段階を**律速段階**（rate-determining step）と呼ぶ．

これまで見てきた例から明らかなように，反応機構が複雑になると数学的な複雑さが急速に増してくる．こうなったとき，速度式の厳密解を得ることは手に負えないことになる．しかし，ある近似的な取り扱い方でこの困難さを回避することができる．次に，ここで考えている型の逐次反応を例にとって，この近似的な方法を見つけよう．

いま，k_2 が k_1 に比べて非常に大きいとしよう．これは，中間体 B の反応性が高い場合にあてはまる状況である．この場合，C_B と t の関係を表す式(9.31)で，右辺の第 2 項は第 1 項に比べて無視できるから，B の濃度は A の濃度の k_1/k_2 倍という小さい値になる．もし，A がゆっくりしか反応しないなら，B の濃度は長い時間にわたってこの小さい値に保たれることになる．この状況は図 9-3(b)に示されており，そこでは時間に対する C_B の変化量はわずかである．したがって，反応の開始時や終了時を除けば，近似的に

$$\frac{dC_B}{dt} \cong 0 \tag{9.36}$$

が成り立つとみなすことができよう．時間が経過しても中間体の濃度が一定に保たれるということは，言い換えれば中間体の生成速度と消失速度が等しいということであり，このような状態を**定常状態**（steady state）と呼ぶ．このように，反応の進行中，中間体が定常状態にあるとする仮定を**定常状態近似**（steady-state approximation）という．

定常状態近似を用いることにより速度過程の取り扱いが非常に簡単になる．式（9.36）が成り立っていれば，Bに対する速度式（式（9.28））は次式のように簡単化される．

$$\frac{dC_B}{dt} = k_1 C_A - k_2 C_B \cong 0$$

これより，

$$C_B \cong \frac{k_1}{k_2} C_A$$

が得られ，これを生成物Cに対する速度式（式（9.29））に代入すれば

$$\frac{dC_C}{dt} = k_2 C_B \cong k_1 C_A \tag{9.37}$$

となる．これは，式（9.27）～（9.29）の速度式の厳密な解（式（9.33））で $k_2 \gg k_1$ の場合に対して得られる式（9.35）と同じ結果である．

（6） $\quad A+B \underset{k_{-1}}{\overset{k_1}{\rightleftharpoons}} C \overset{k_2}{\longrightarrow} D$

AとBから，可逆的に生じる中間体Cを経て最終生成物Dができる反応である．それぞれの反応種に対する速度式は次のように書ける．

$$\frac{dC_A}{dt} = \frac{dC_B}{dt} = -k_1 C_A C_B + k_{-1} C_C \tag{9.38}$$

$$\frac{dC_C}{dt} = k_1 C_A C_B - (k_{-1} + k_2) C_C \tag{9.39}$$

$$\frac{dC_D}{dt} = k_2 C_C \tag{9.40}$$

これらの速度式を厳密に解くかわりに，中間体に定常状態近似が適用できる場合について，最終生成物の生成速度を与える表式を求めてみよう．Cが定常状態にあるならば次の関係が成り立つ．

$$\frac{dC_C}{dt} \cong 0$$

したがって，式（9.39）より

$$C_C \cong \frac{k_1}{k_{-1} + k_2} C_A C_B$$

が得られ，これを式（9.40）に代入すればDの生成速度として次式が得られる．

$$\frac{dC_D}{dt} = \frac{k_1 k_2}{k_{-1} + k_2} C_A C_B \tag{9.41}$$

それゆえ，この反応は2次反応となる．

　この型の反応では，中間体が生成物に変わる速度よりも反応物に戻る速度のほうが著しく大きい場合，すなわち $k_{-1} \gg k_2$ の場合がしばしば見られる．この場合，反応物と中間体の間に平衡が成り立っているとみなすことができる．このとき，式(9.41)の分母で k_2 は無視することができ，また k_1/k_{-1} は A+B $\rightleftharpoons$ C の平衡定数 K に相当するから，式(9.41)は次式のように書ける．

$$\frac{dC_D}{dt} = k_2 K C_A C_B \tag{9.42}$$

したがって，この場合，実験的に得られる2次速度定数の中身は，反応の第1段階の平衡定数と第2段階の速度定数が組み合わさったものになる．多段階反応で，最初の段階における中間体と反応物の間のこのような平衡を前駆平衡という．前駆平衡を伴う逐次反応の実例を以下に示そう．

NO の酸化反応

§9.3で述べたように，NO の酸化反応

$$2\,\mathrm{NO} + \mathrm{O}_2 \longrightarrow 2\,\mathrm{NO}_2$$

は，速度式が次式で表される3次反応である．ここで各化学種の濃度を [ ] で示す．

$$\frac{d[\mathrm{NO}_2]}{dt} = k[\mathrm{NO}]^2[\mathrm{O}_2] \tag{9.43}$$

この反応が1段階で進行するためには，3個の分子が一度に衝突することが必要となる．しかし，3個の分子が同時に衝突するようなことは，確率的にいってほとんど起こらない．さらにまた，この反応の速度は温度の上昇とともに小さくなるが，これはふつうの反応速度の振舞いとは逆である．これらのことから，この反応はいくつかの段階を経て起こるものと考えられる．そこで，次のような機構を仮定してみよう．

$$\mathrm{NO} + \mathrm{NO} \xrightleftharpoons{K} \mathrm{N}_2\mathrm{O}_2$$

$$\mathrm{N}_2\mathrm{O}_2 + \mathrm{O}_2 \xrightarrow{k_2} 2\,\mathrm{NO}_2$$

すなわち，最初の段階で2分子の NO から $\mathrm{N}_2\mathrm{O}_2$ が生じ，次いで $\mathrm{N}_2\mathrm{O}_2$ と O_2 が反応して最終生成物の NO_2 ができる．また，$\mathrm{N}_2\mathrm{O}_2$ と O_2 の反応速度は $\mathrm{N}_2\mathrm{O}_2$ が2分子の NO に分解する速度に比べて十分小さく，第1の段階では NO と $\mathrm{N}_2\mathrm{O}_2$ の間に平衡（平衡定数 K）が成り立っていると仮定する．中間体の $\mathrm{N}_2\mathrm{O}_2$ に定常状態近似を適用すれば，この機構から NO_2 の生成速度に対して次式が得られる．

$$\frac{d[\mathrm{NO}_2]}{dt} = k_2[\mathrm{N}_2\mathrm{O}_2][\mathrm{O}_2] = k_2 K[\mathrm{NO}]^2[\mathrm{O}_2]$$

これは3次の速度式であり，実験結果（式(9.43)）と一致する．また，実験的に得られる速度定数は $k = k_2 K$ となり，これより反応速度が温度とともに減少するという異常さも次のようにして説明できる．k_2 はふつうの化学反応と同様に温度とともに増大するだろう．

しかし，NO の 2 量化反応は発熱反応だから温度の上昇につれ K は小さくなり，K の減少の仕方が k_2 の増大の仕方を上回り，その結果 k は温度上昇により小さくなる．

酵 素 反 応

酵素（enzyme）は生体内で起こる化学反応に対して触媒として働くタンパク質である．酵素を E で表し，触媒作用を受ける物質（**基質**（substrate）という）を S とすれば，酵素反応は全体として次のように表される．

$$E + S \longrightarrow E + P$$

S が生成物 P に変換される際，酵素のほうは変化しない．正味の反応は単に S $\longrightarrow$ P であるが，実験によれば，P の生成速度は基質の濃度だけでなく酵素の濃度にも依存する．したがって，反応の途中に酵素が関与する段階があるに違いない．

酵素の作用機構は Michaelis と Menten によって提案され，その簡単なものは次のように表される．

$$E + S \underset{k_{-1}}{\overset{k_1}{\rightleftharpoons}} ES \overset{k_2}{\longrightarrow} E + P$$

ここで，ES は酵素に基質が結合した複合体で，これは速度定数 k_2 で生成物を生じるか，または速度定数 k_{-1} で分解してもとに戻る．この機構から以下のようにして P の生成速度を表す関係が得られる．ここでも各化学種の濃度を [　] で示す．

P の生成速度は次式で与えられる．

$$\frac{d[P]}{dt} = k_2[ES] \tag{9.44}$$

複合体 ES に対する速度式は

$$\frac{d[ES]}{dt} = k_1[E][S] - k_{-1}[ES] - k_2[ES]$$

と表されるから，ES に定常状態近似（$d[ES]/dt \cong 0$）を用いれば，

$$[ES] \cong \frac{k_1[E][S]}{k_{-1} + k_2} \tag{9.45}$$

が得られる．ここで，[E] と [S] は遊離酵素（基質と結合していない酵素）および遊離基質（酵素と結合していない基質）の濃度である．酵素の全量を $[E]_0$ とすれば，$[E] + [ES] = [E]_0$ の関係が成り立つ．また，基質が酵素に比べて大過剰に存在すれば（ふつうはこの条件下で実験が行われる），遊離の基質濃度は基質の全濃度と近似的に等しい．したがって，式 (9.45) は

$$[ES] \cong \frac{k_1([E]_0 - [ES])[S]}{k_{-1} + k_2}$$

となり，これを [ES] について解けば，

$$[ES] \cong \frac{k_1[E]_0[S]}{k_{-1} + k_2 + k_1[S]}$$

が得られる．これを式 (9.44) に代入すれば，P の生成速度として次式が得られる．

$$\frac{d[P]}{dt} = k_2[ES] \cong \frac{k_1 k_2 [E]_0 [S]}{k_{-1} + k_2 + k_1 [S]} = \frac{k_2 [E]_0 [S]}{K_m + [S]} \tag{9.46}$$

なおここで，$K_m = (k_{-1} + k_2)/k_1$ とおいた．式(9.46)は Michaelis-Menten の式と呼ばれ，また K_m を Michaelis 定数という．式(9.46)によれば，酵素反応の速度は，加えた酵素の量に比例する．それはまた基質の濃度にも依存し，基質濃度が高くなれば，$[S] \gg K_m$ となったときに速度は最大値に達することが予測されるが，これらのことは実験とよく一致する．

§9.6 反応速度の温度依存性 —— Arrhenius の式

前節では，速度式の中の濃度項が反応機構を推定するうえで重要な役割を果たすことを示した．しかし，これまでは速度定数には注意を払ってこなかった．ここでは，速度式に現れるもう1つの因子の速度定数に目を向けよう．とくに，温度が変わったとき速度定数がどのような変わり方をするかに関心をもつが，これは次節で述べるように，反応速度の分子論的な解釈においてたいへん重要なものとなってくる．

反応速度の実験をいろいろな温度で行うと，一般的には，速度式に現れる濃度との関係は変わらないが，速度定数の値は温度が高くなるにつれて大きくなる．速度定数と温度の間の関係は，Arrhenius によって経験的に見い出された次の式によって表される．

$$k = A \exp(-E_a/RT) \tag{9.47}$$

上式中の A と E_a は個々の反応で決まった値をとり，それぞれ**頻度因子**（frequency factor）および**活性化エネルギー**（activation energy）と呼ばれる．また，この式(9.47)を Arrhenius の式という．式(9.47)の対数をとったかたちは次のようになる．

$$\ln k = -\frac{E_a}{RT} + \ln A \tag{9.48}$$

または

$$\log k = -\frac{E_a}{2.303 RT} + \log A \tag{9.49}$$

上の関係は，いくつかの温度で速度定数を求め，その対数を絶対温度の逆数に対してプロットすれば直線になること，またその直線の勾配と切片から E_a と A が得られることを示している．実例を1つあげておこう．表9-3は，気相中でのヨウ化水素の分解反応 $2\mathrm{HI} \longrightarrow \mathrm{H}_2 + \mathrm{I}_2$ について，種々の温度で得られた速度定数の値を示したものである．図9-4は，これらのデータを式(9.49)に従ってプロットしたものであり，$\log k$ と $1/T$ の間に良好な直線関係が認められる．直線の勾配と切片から，この反応に対する活性化エネルギーおよび頻度因子として $E_a = 185\,\mathrm{kJ\,mol^{-1}}$ と $A = 8.5 \times 10^{10}\,\mathrm{mol^{-1}\,dm^3\,s^{-1}}$ が得られ

表9-3 種々の温度におけるヨウ化水素の気相分解反応の速度定数

T/K	$k/\text{mol}^{-1}\,\text{dm}^3\,\text{s}^{-1}$
781	3.95×10^{-2}
716	$2.5\ \times10^{-3}$
700	1.16×10^{-3}
683	5.12×10^{-4}
666	2.20×10^{-4}
647	8.59×10^{-5}
575	1.22×10^{-6}
556	3.52×10^{-7}

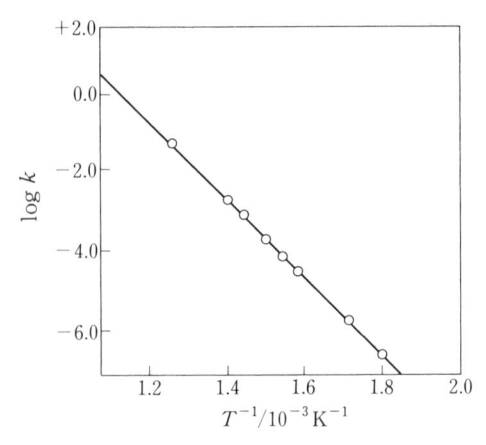

図9-4 ヨウ化水素の気相分解反応に対するArrheniusプロット

る．なお，図9-4のようなプロットをArrheniusプロットという．

速度定数の温度依存性を式(9.47)のかたちで整理することにより2つのパラメーター A と E_a が導入された．次に，これらの量の分子論的な意味を考えよう．これに関して簡単で定性的な理論はArrheniusによって展開された．

化学反応が起こるためには，反応物分子間で，ある結合が切れて別の結合ができるという結合の組み換えが起こらなければならない．そのためには，反応の途中に，古い結合が切れかけ，かつ新しい結合ができかけた状態を経ることが必要である．この状態は反応物や生成物よりも高いエネルギーをもち，**活性複合体**(activated complex)または**遷移状態**(transition state)と呼ばれる．すなわち，どのような素反応でも，高エネルギーの活性複合体を経て反応が進行する．言い換えれば，化学反応が起こるために越えなければならないエネルギーの山(山を障壁，barrierともいう)が反応経路中に存在する．この状況は，図9-5に模式的に示した反応のエネルギー図により理解できるだろう．

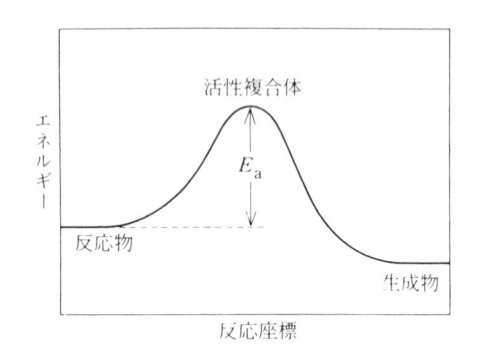

図9-5 反応のエネルギー図

いま，活性複合体が反応物より E_a だけ高いエネルギーをもつものとしよう．多数の分子が2つの異なるエネルギー状態をとりうるとき，それぞれのエネルギーをもった分子がどのような割合で存在するかは，統計力学に基づいたBoltzmann分布則で与えられる．それによれば，活性複合体の数と反応物分子の数の比は次式で表される．

$$\frac{\text{活性複合体の数}}{\text{反応物分子の数}} = \exp(-E_\text{a}/RT)$$

反応速度 v は，活性複合体の濃度に比例すると考えられるから，その比例定数を A とすれ

ば，v は次式により反応物の濃度と関係づけられるだろう．

$$v = A \times (活性複合体の濃度)$$
$$= A\exp(-E_a/RT) \times (反応物の濃度)$$

こうして，速度定数が式（9.47）のかたちで与えられることが導かれる．また，この Arrhenius の理論によれば，活性化エネルギーの実体は活性複合体と反応物の間のエネルギーの差であると解釈される．

例題 9.3 ある反応の速度定数は 25 ℃ で 15 min^{-1}，35 ℃ で 32 min^{-1} である．この反応の活性化エネルギーと 10 ℃ における速度定数を求めよ．

解 温度が T_1 および T_2 のときの速度定数をそれぞれ k_1 および k_2 とすれば，式（9.48）より次の関係が得られる．

$$\ln\frac{k_1}{k_2} = -\frac{E_a}{R}\left(\frac{1}{T_1} - \frac{1}{T_2}\right) \tag{E 1}$$

この式に，
$$T_1 = 298\,\text{K}, \quad k_1 = 15\,\text{min}^{-1}$$
$$T_2 = 308\,\text{K}, \quad k_2 = 32\,\text{min}^{-1}$$

を代入して E_a を求めると，

$$E_a = \frac{-8.31 \times 10^{-3}\,(\text{kJ K}^{-1}\,\text{mol}^{-1}) \times \ln 15\,(\text{min}^{-1})/32\,(\text{min}^{-1})}{1/298\,(\text{K}^{-1}) - 1/308\,(\text{K}^{-1})} = 57.8\,(\text{kJ mol}^{-1})$$

また，k_1 を 10 ℃ のときの速度定数とすれば，式（E 1）より

$$k_1 = k_2 \exp\left[-\frac{E_a}{R}\left(\frac{1}{T_1} - \frac{1}{T_2}\right)\right]$$
$$= 32\,(\text{min}^{-1}) \exp\left[-\frac{57.8\,(\text{kJ mol}^{-1})}{8.31 \times 10^{-3}\,(\text{kJ K}^{-1}\,\text{mol}^{-1})} \times \left(\frac{1}{283\,(\text{K})} - \frac{1}{308\,(\text{K})}\right)\right]$$
$$= 4.4\,(\text{min}^{-1})$$

式（9.47）または式（9.48）には 2 つの未知数 A と E_a が含まれるので，原理的には，上の例題で示したように，2 つの温度で速度定数を知れば活性化エネルギーと頻度因子を求めることができる．しかし，より正確な値を得るためには，多数の温度で k を測定し，図 9-4 に示したような Arrhenius プロットをするのがよい．また，この例題からわかるように，大ざっぱにいって活性化エネルギーが 60 kJ mol^{-1} あるいは 15 kcal mol^{-1} 程度の反応は，温度が 10 ℃ 上がると反応速度は約 2 倍になる．

§9.7 反応速度の理論 —— 衝突理論と遷移状態理論

速度定数の温度依存性が 2 つのパラメター A と E_a でうまく記述できることを前の節で示した．これらのパラメターは実験的に求められるものであるが，その中身はどう解釈できるだろうかというのがこの節の主題である．この解釈には，以下に示すように，**衝突理論**（collision theory）および**遷移状態理論**（transition state theory）と呼ばれる 2 つの考え方がある．なお，この節の内容は本書が対象とする読者にとっては多少程度が高いものかもしれない．細かいところはさておいて，考えの大筋を理解していただきたい．

9.7.1 衝突理論

2種の物質AとBが反応して別の物質に変わるためには，まず必要条件としてAとBの2つの分子が衝突しなければならないだろう．ただし，衝突すればすべて反応するとは限らない．すでに述べたように，化学反応が起こるためには結合の組み換えが必要であり，そのためにはあるエネルギーが必要である．つまり，ある大きさ以上の並進エネルギーをもった分子どうしの衝突が反応に対して有効な衝突となりうる．したがって，反応速度は，単位時間あたりのA分子とB分子の衝突回数に有効衝突となるためのエネルギー因子を掛けたものとして与えられるだろう．以上が衝突理論の考えである．単位時間あたりの2つの分子の衝突数は，気体に関しては気体分子運動論によりきちんと評価できる．それゆえ，衝突理論は気相反応の解釈に限られる．この理論により，気相反応の速度が分子パラメターを用いてどのように表されるかを以下に見ていこう．

まず，単位時間あたりのA分子とB分子の衝突回数を計算することが必要である．ここでは簡単のために，A, Bともに分子量 M をもつ直径 σ の球形分子であるとしよう．また，単位体積（$1\,\mathrm{cm}^3$）中に含まれるA, B分子の個数をそれぞれ N_A, N_B とし，それらの平均速度を $\bar{u}$ としよう．いま，ある1つの分子に目をつけると，その分子は単位時間に $\bar{u}$ の距離だけ進む．もし，いま注目した分子だけが動き，他は静止しているものとすれば，この分子は直径 2σ で長さ $\bar{u}$ の円筒内に存在する分子と衝突する（図9-6）．

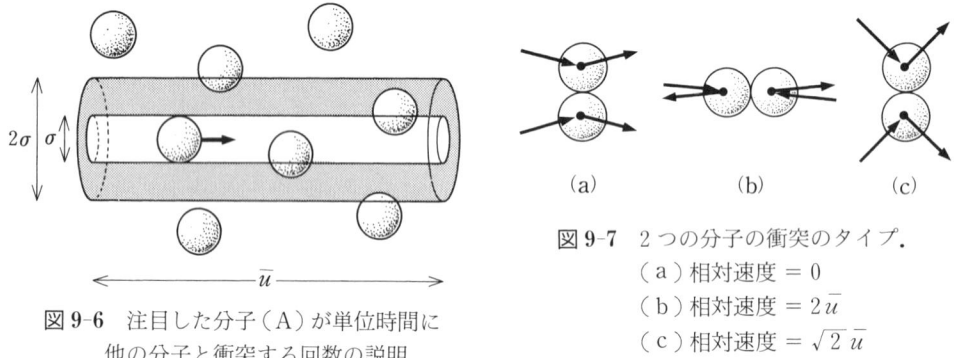

図9-6 注目した分子（A）が単位時間に他の分子と衝突する回数の説明

図9-7 2つの分子の衝突のタイプ．
（a）相対速度 $= 0$
（b）相対速度 $= 2\bar{u}$
（c）相対速度 $= \sqrt{2}\,\bar{u}$

単位体積中の気体分子の数を N_t とすれば（この N_t は N_A と N_B の和になる），この分子が単位時間に衝突する回数は

$$\pi\sigma^2 \bar{u} N_t$$

で与えられる．実際には，すべての分子が運動しているので，目をつけた分子の絶対的な速度 $\bar{u}$ のかわりに，他の分子に対する相対的な速度を使わなければならない．この相対速度は次のようにして評価できるだろう．2つの分子の衝突のタイプとして，極限の状況は図9-7の（a）と（b）のように考えられる．（a）は2つの分子が擦り合う場合で，（b）は正面衝突する場合である．これらの場合，相対速度はそれぞれ0と $2\bar{u}$ となる．そこで，平均的には相対速度は図9-7（c）に示したように $\sqrt{2}\,\bar{u}$ として見積もられるだろう．したがって，1個の分子が単位時間に衝突する回数 Z_1 は

$$Z_1 = \sqrt{2}\,\pi\sigma^2 \bar{u} N_\text{t}$$

と表される．単位体積あたりの全衝突数 Z_{11} は，N_t 個の分子がそれぞれ Z_1 回衝突するから

$$Z_{11} = \frac{1}{2} Z_1 N_\text{t} = \frac{1}{\sqrt{2}}\pi\sigma^2 \bar{u} N_\text{t}^2$$

で与えられる．ここで，1/2 の因子が入ってくるのは，そのままでは同じ衝突を 2 回数え上げているためである．Z_{11} には A と B の衝突だけでなく，A どうしおよび B どうしの衝突数も含まれている．A と B の衝突数 Z_AB は，Z_{11} から A どうしと B どうしの衝突数を差し引いて得られる．すなわち，

$$Z_\text{AB} = \frac{1}{\sqrt{2}}\pi\sigma^2 \bar{u}(N_\text{A}+N_\text{B})^2 - \frac{1}{\sqrt{2}}\pi\sigma^2 \bar{u} N_\text{A}^2 - \frac{1}{\sqrt{2}}\pi\sigma^2 \bar{u} N_\text{B}^2$$
$$= \sqrt{2}\,\pi\sigma^2 \bar{u} N_\text{A} N_\text{B}$$

さて，気体中では多数の分子がさまざまな速度で運動している．それらの速度がどのような分布の仕方をするかは Maxwell の速度分布則で与えられる．これを用いることにより気体分子の平均速度は次のように表される．

$$\bar{u} = \sqrt{\frac{8RT}{\pi M}}$$

したがって，単位体積中における単位時間あたりの A と B の衝突回数として次式が得られる．

$$Z_\text{AB} = 4\sigma^2 \sqrt{\frac{\pi RT}{M}} N_\text{A} N_\text{B} \tag{9.50}$$

こうして反応物分子間の衝突回数を表す関係が手に入った．次に必要なのは，これらの衝突のうちで，生成物分子を生じるための電子や原子の再配列（すなわち結合の組み換え）を起こすのに十分なエネルギーをもった衝突の割合である．この再配列に要する最低限のエネルギーを E_a とし，このエネルギーがすべて並進エネルギーから供給されるものとしよう．相対的に動く 1 対の分子のうち，E_a より大きい並進エネルギーをもつ割合は $e^{-E_\text{a}/RT}$ で与えられ，これが反応を起こすための有効衝突の割合となる．したがって，衝突理論による反応速度は次のようになる．

$$-\frac{dN_\text{A}}{dt} = -\frac{dN_\text{B}}{dt} = Z_\text{AB}\exp(-E_\text{a}/RT) = 4\sigma^2\sqrt{\frac{\pi RT}{M}} N_\text{A} N_\text{B} \exp(-E_\text{a}/RT) \tag{9.51}$$

次に，反応物の濃度を 1 cm³ 中の個数 N_A, N_B からモル濃度 C_A, C_B に変換しよう．アボガドロ数を L とすれば，

$$N_\text{t} = \frac{L}{10^3} C \quad \text{および} \quad dN_\text{t} = \frac{L}{10^3} dC$$

であるから，モル濃度の変化率で表した反応速度は次のようになる．

$$-\frac{dC_\text{A}}{dt} = -\frac{dC_\text{B}}{dt} = \frac{4\sigma^2}{10^3} L\sqrt{\frac{\pi RT}{M}}\exp(-E_\text{a}/RT)\,C_\text{A} C_\text{B} \tag{9.52}$$

したがって，速度定数を次の式（9.53）のように解釈すれば，この結果はAとBの間で起こる1段階の反応に対する速度式に対応している．

$$k = \frac{4\sigma^2}{10^3} L \sqrt{\frac{\pi RT}{M}} \exp(-E_\mathrm{a}/RT) \tag{9.53}$$

衝突理論から導かれた速度定数（式（9.53））をArrheniusの経験式（式（9.47））と比較すれば，実験的パラメターの頻度因子はその中身が次式で与えられるようなものであることがわかる．

$$A = \frac{4\sigma^2}{10^3} L \sqrt{\frac{\pi RT}{M}} \tag{9.54}$$

そこで，いま $\sigma = 3.5$ Å，$M = 50$ として，式（9.54）から A の値を計算してみると，

$$A = 6.7 \times 10^9 \sqrt{T} \text{ mol}^{-1} \text{dm}^3 \text{s}^{-1}$$

となる．いくつかの気相2次反応に対する速度定数の実測値を表9-4に示してある．この表を見ると，Aの測定値はおおよそ上の計算値に近い値をとっている．しかし，中には計算値より10の数乗も小さいものもある．この違いにはいくつか原因が考えられるが，1つは次のようなものだろう．衝突の結果反応が起こるためには，十分なエネルギーが必要なばかりでなく，衝突時に分子が相対的に適当な配向をもっていなければならない．言い換えると，生成物を生じるためには，衝突したとき分子中の反応性に富んだ部分どうしが接し合うことが必要である．大きな分子では，この立体因子は1より小さくなり，それは有効衝突の割合を減らす効果をもたらす．その結果，分子どうしの配向が関係する反応速度は，立体因子が1の場合に予測されるものよりも小さくなってくるだろう．

表9-4 気相2次反応の速度定数の例

反応	速度定数/mol^{-1} dm^3 s^{-1}
$\mathrm{H_2 + I_2 \longrightarrow 2\,HI}$	$2.0 \times 10^9 \sqrt{T} \mathrm{e}^{-42,500/RT}$
$\mathrm{2\,HI \longrightarrow H_2 + I_2}$	$3.3 \times 10^9 \sqrt{T} \mathrm{e}^{-38,900/RT}$
$\mathrm{2\,NO_2 \longrightarrow 2\,NO + O_2}$	$2.6 \times 10^8 \sqrt{T} \mathrm{e}^{-26,600/RT}$
$\mathrm{2\,NOCl \longrightarrow 2\,NO + Cl_2}$	$3.3 \times 10^9 \sqrt{T} \mathrm{e}^{-25,800/RT}$
$\mathrm{NO + Cl_2 \longrightarrow NOCl + Cl}$	$1 \times 10^8 \sqrt{T} \mathrm{e}^{-19,600/RT}$
$\mathrm{NO + O_3 \longrightarrow NO_2 + O_2}$	$6.3 \times 10^7 \sqrt{T} \mathrm{e}^{-2,300/RT}$
$\mathrm{CH_3I + HI \longrightarrow CH_4 + I_2}$	$5.2 \times 10^{10} \sqrt{T} \mathrm{e}^{-33,100/RT}$
$\mathrm{2\,C_2F_4 \longrightarrow} \mathit{cyclo}\text{-}\mathrm{C_4F_8}$	$3.8 \times 10^6 \sqrt{T} \mathrm{e}^{-25,600/RT}$

活性化エネルギーの単位は cal mol^{-1}

一般的にはA分子とB分子では，それらの分子量も分子直径も異なるだろう．その場合，上に示した式（9.51）〜（9.54）等の関係は多少修正されたものとなる．

9.7.2 遷移状態理論

衝突理論は，反応物分子間の衝突に注目し，気体分子運動論を基礎とするものであった．反応速度に関するもう1つの理論の遷移状態理論では，図9-5に示したような反応のエネ

ルギー曲線の極大点に対応する分子種（すなわち活性複合体または遷移状態）にもっぱら注意を向ける．活性複合体は，反応の途中に過渡的に現れるもので，その実体ははっきりしない．それにもかかわらず，Eyring により展開されたこの理論は，活性複合体を形式的に分子として取り扱い，反応物と複合体の間に熱力学的な平衡を仮定する．その意味で，遷移状態理論は熱力学的な考えに基礎をおいたものといえる．

いま，反応物 A, B が生成物 P に変わる際，途中に活性複合体 $AB^{\ddagger}$ を経るものとすれば，この反応は次のように表される．

$$A + B \rightleftharpoons AB^{\ddagger} \longrightarrow P$$

この反応の速度は，活性複合体の濃度と，活性複合体から生成物に変わる速度の2つの因子によって決まるだろう．

第1の因子である複合体の濃度は，反応物と複合体の間の平衡を仮定すれば，次の平衡式で与えられる．

$$K^{\ddagger} = \frac{C_{AB^{\ddagger}}}{C_A C_B}$$

すなわち

$$C_{AB^{\ddagger}} = K^{\ddagger} C_A C_B \tag{9.55}$$

ここで，$K^{\ddagger}$ は，いま考えている平衡の平衡定数である．

第2の因子，すなわち複合体から生成物が生じる速度は次のようにして見積もられる．活性複合体は不安定な分子であり，その中の原子はゆるい結合で互いに結ばれているだろう．その結合に沿って原子は振動しているが，その振幅が大きくなったとき，複合体は生成物分子となって離れていく．この振動の振動数が複合体の分解速度に相当する．ゆるく結合した分子間の振動では，振動数が小さいので，振動エネルギーは近似的に古典的エネルギー $k_B T$ とみなせるだろう（k_B は Boltzmann 定数）．そうすれば，この振動数 ν，すなわち活性複合体の生成物への分解速度は，Planck の式より，次式で与えられる．

$$\nu = \frac{k_B T}{h} \tag{9.56}$$

ここで，h は Planck 定数である．したがって，式(9.55)と式(9.56)を考え合わせれば，遷移状態理論による反応速度は次のように表される．

$$v = -\frac{dC_A}{dt} = -\frac{dC_B}{dt} = \nu C_{AB^{\ddagger}} = K^{\ddagger} \frac{k_B T}{h} C_A C_B \tag{9.57}$$

この式を，2次反応の速度式と比べると，速度定数 k が次のようになることがわかる．

$$k = K^{\ddagger} \frac{k_B T}{h} \tag{9.58}$$

平衡定数を熱力学的に解釈すると，式(9.58)から有用な結果が得られる．平衡定数が反応の標準自由エネルギー変化と結びつけられることは第8章で学んだ．それと同様に，反応物と活性複合体の間の平衡定数 $K^{\ddagger}$ は，活性複合体と反応物の標準状態における自由エネルギーの差 $\Delta G^{\ddagger}$ と次式で関係づけられる．

$$\Delta G^\ddagger = -RT \ln K^\ddagger$$

または

$$K^\ddagger = \exp\left(-\frac{\Delta G^\ddagger}{RT}\right) \tag{9.60}$$

この $\Delta G^\ddagger$ を活性化自由エネルギーと呼ぶ．一定温度における反応では，活性化自由エネルギーは，エンタルピーとエントロピーの寄与を用いて次のように表される．

$$\Delta G^\ddagger = \Delta H^\ddagger - T\Delta S^\ddagger \tag{9.60}$$

$\Delta H^\ddagger$ と $\Delta S^\ddagger$ は複合体と反応物の間の標準状態におけるエンタルピーおよびエントロピーの差であり，それぞれ活性化エンタルピー，活性化エントロピーと呼ばれる．式（9.60）の関係を式（9.59）に代入すれば，

$$K^\ddagger = \exp\left(\frac{\Delta S^\ddagger}{R}\right) \exp\left(-\frac{\Delta H^\ddagger}{RT}\right) \tag{9.61}$$

が得られ，この $K^\ddagger$ の表式を式（9.58）に用いれば，速度定数は次式のように表される．

$$k = \frac{k_B T}{h} \exp\left(\frac{\Delta S^\ddagger}{R}\right) \exp\left(-\frac{\Delta H^\ddagger}{RT}\right) \tag{9.62}$$

この式で，T が変化したとき，T そのものの変化は指数項の変化に比べて小さいことを頭において，式（9.62）を Arrhenius の経験式（式（9.47））と比較してみよう．その結果，遷移状態理論では Arrhenius の活性化エネルギーは活性化エンタルピーに相当すること，また，頻度因子の中身は次式で示されることがわかる．

$$A = \frac{k_B T}{h} \exp\left(\frac{\Delta S^\ddagger}{R}\right) \tag{9.63}$$

衝突理論では A 因子の値をある程度うまく予測することができた．遷移状態理論でそれを行おうとすれば，式（9.63）に含まれる活性化エントロピーの計算が必要となる．単原子分子の間の気相2次反応のような簡単な場合については，統計力学の取り扱いによりこれが可能であるが，一般的には，活性複合体の実体がはっきりしないため $\Delta S^\ddagger$ を見積もることはできない．したがって，遷移状態理論から速度定数に対する定量的な予測を引き出すことは一般にはできないことである．しかし，実験結果をこの理論に基づいて解釈することによって，活性化エンタルピーや活性化エントロピー，また活性化自由エネルギーが得られ，それらに基づいて遷移状態に対する定性的な考察を行うことは有益である．また，衝突理論はその適用が気相反応に限られるが，遷移状態理論は溶液反応の解釈にも用いることができる．

第 9 章 演習問題

9.1 27 °C で,ショ糖を水に溶かした後,時間の関数としてショ糖濃度を測定して次のデータを得た.

時間/min	0	60	130	180
ショ糖濃度/mol dm^{-3}	1.00	0.81	0.63	0.54

ショ糖の加水分解反応が 1 次反応であることを示し,速度定数を求めよ.

9.2 水酸化ナトリウムによる酢酸エチルの加水分解(けん化反応)は 2 次反応である.エステルとアルカリの初濃度をいずれも 0.0500 mol dm^{-3} として反応させ,いろいろな反応時間におけるエステルの減少濃度 x を調べたところ,次の結果が得られた.この反応の速度定数を求めよ.

時間/min	4	9	15	24	37	53	83
x/mol dm^{-3}	0.0059	0.0114	0.0163	0.0221	0.0272	0.0315	0.0364

9.3 ある有機化合物 A の加水分解反応の半減期を,2 つの異なる pH で測定した.半減期は,いずれの場合も A の初濃度には無関係であったが,pH には依存し,pH = 5 のときは 100 分,pH = 4 のときは 10 分であった.この反応の速度式が

$$-\frac{d[A]}{dt} = k[A]^a[H^+]^b$$

で表されるとすれば,a と b はそれぞれいくらか.
(ヒント:速度式が $-dC/dt = kC^n$ で与えられる反応の半減期と初濃度の関係から考えてみよ.)

9.4 A + B ⟶ C という反応に対して次のような機構を仮定したとき,この反応の速度式はどのように表されるか.中間体 M に定常状態近似を用いて解け.

$$2\,A \underset{k_{-1}}{\overset{k_1}{\rightleftarrows}} M, \quad M + B \overset{k_2}{\longrightarrow} A + C$$

9.5 アセトンジカルボン酸の水溶液中における加水分解反応の速度定数がいろいろな温度で調べられ,次のようなデータが得られている.この反応の活性化エネルギーはいくらか.

温度/°C	0	10	20	30	40	50	60
$k/10^{-5}\,\text{s}^{-1}$	2.46	10.8	47.3	163	576	1850	5480

9.6 ある化合物 A の溶液中での分解反応は 1 次反応に従い,その活性化エネルギーは 52.3 kJ mol^{-1} である.A の 0.1 mol dm^{-3} 溶液は,10 °C で 10 分間に 10% が分解した.(i) 10 °C における速度定数,(ii) 20 °C における速度定数,および (iii) 20 °C で 10 分間に分解する割合(%)を求めよ.

10

電解質溶液──イオンの移動と電気伝導

§10.1 はじめに

　溶媒に溶けたとき，イオンに解離するような物質を**電解質**（electrolyte）という．ここで，イオンとは電荷を帯びた化学種のことである．身近な電解質の例としては食塩（NaCl）があり，食塩が水に溶けるとナトリウムイオン（Na^+）と塩化物イオン（Cl^-）に解離する．これに対して，砂糖（ショ糖）のように，水に溶けてもイオンに解離せずに分子そのものとして溶けているものを**非電解質**（nonelectrolyte）という．溶液中で溶質がイオンに解離しているかどうかを知るには，その溶液が電気を通すかどうかを調べればよい．ある溶液が電気伝導性をもてば，その溶液中には電荷を帯びた粒子，すなわちイオンが存在することがわかる．食塩の水溶液は電気を通すが，砂糖の水溶液は通さない．一般的に，電解質溶液というとき，その溶媒は水とは限らない．しかし，水は最も身近でかつ重要な溶媒であり，この章ではもっぱら電解質水溶液について考えていく．

　電解質が溶液中でイオンに解離するという考えを，現在の考えに近い形で提唱したのはArrheniusである（1884）．しかし，Arrheniusのこの考えは，発表当時はすぐには信じてもらえず，多くの人は，「化学結合は強いものであり，単に水に溶けるだけでその結合が切れてイオンに分かれるとは考えられない」と主張した．この主張は，2つの点で誤っている．第1に，溶解前では，すなわち固体では，物質はイオンとしては存在しないと考えたこと．食塩は，それ自身Na^+イオンとCl^-イオンの集合体であり，この例のようにイオンが集まってできた固体はたくさんある．このような，もともとイオンが集まってできているものがイオンに分かれる場合，共有結合を切るほどの大きなエネルギーは必要でない．第2の誤りは，水中でイオンに解離する際，エネルギー的に得がないと考えたこと．実際には，個々のイオンに解離するために必要なエネルギーのうち，大部分は**水和**（hydration）によって補われる．水和とは，イオンに水分子が結合することをいう．水和の原因は，水分子の電気双極子とイオンの電荷との電気的な相互作用であり，水和が起こることによってエネルギーは下がる．この水和のため，固体状態とイオンに解離した状態を比べたとき，エネルギー的にはそれほど大きな違いはなくなる．とはいうものの，多くの電解質の溶解過程が吸熱であることからわかるように，水に溶けてイオンに解離した状態のほうが溶けずに固体として存在する状態よりもエネルギー（エンタルピー）は高い．にもかかわらず，溶解が自発的に進行するのは，イオンに解離することによってエントロピーの

得をするためである．電解質が水に溶けてイオンに解離するのは，エンタルピーで少し損をするが，エントロピーでたくさん得をして，結果的には，自由エネルギーの得をするからである．以上のような理由から，電解質は水中でイオンに解離して溶解する．なお，電解質がイオンに解離することを電離ともいう．なお，電気についてもっと理解を深めるためには，付録C（p.338）を参考にするとよい．

§10.2　伝導度と伝導率

電解質溶液に最も特徴的な性質として，電気伝導性があげられる．これは，前節で述べたように，電解質溶液中ではイオンという電荷を帯びた溶質が存在するためである．溶液中をイオンが移動することによって電荷が運ばれる，すなわち，電流が流れる．電解質溶液中を流れる電流の流れやすさは，存在するイオンの数，イオンが帯びている電荷の価数，および溶液中でのイオンの動きやすさ（移動度）によって決まる．したがって，溶液の電気伝導性は，溶液濃度や溶けている電解質の種類によって異なってくる．そこで，個々の電解質についてそれらを比較しようとする場合，電気伝導性を評価するための"ものさし"となる量が必要である．この節では，電解質溶液の電気伝導性をどのような量を用いて評価するか，また，その量をどのようにして測定するかについて示していこう．

10.2.1　伝　導　度

電解質溶液に2枚の電極を入れて，その両端を適当な電池につなぐと回路に電流が流れる．このとき，電極の両端の電位差（電圧）$\Delta\phi$ と流れる電流 I の関係を調べると，それらの間に比例関係が成り立つ．すなわち，電解質溶液も次のようなOhmの法則に従う．

$$\Delta\phi = IR \tag{10.1}$$

ここで，比例定数 R を**抵抗**（resistance）という．いま，電気伝導性のほうに目をつけると，式（10.1）の関係を次のように書き換えたほうがわかりやすい．

$$\boxed{I = \frac{1}{R}\Delta\phi = GV} \tag{10.2}$$

式（10.2）は，「溶液中を流れる電流は，かけた電圧に比例する」ことを表しており，その比例定数 G（すなわち，抵抗の逆数 $G = 1/R$）を**伝導度**（conductance）と呼ぶ．G は単位電圧あたりに流れる電流に相当し，溶液の電気伝導性の目安となる．

10.2.2　伝　導　率

伝導度（G）は，同じ溶液について測定した場合でも，溶液中に浸した電極の面積や電極間距離によって違ってくる．したがって，ある溶液の電気伝導性を評価するためには，これらを決めておく必要がある．そこで，面積 $1\,\text{cm}^2$ の電極が $1\,\text{cm}$ の距離だけ離れて置かれたときの伝導度を考え（図10-1），これを**伝導率**（conductivity）と呼び，ふつう κ とい

図 10-1　電解質溶液

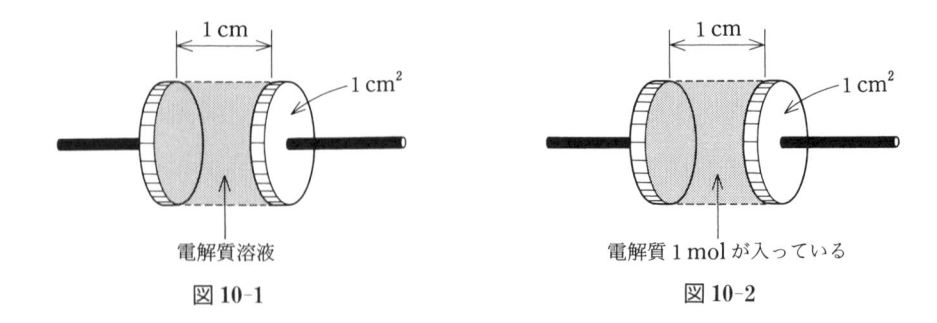

図 10-2　電解質 1 mol が入っている

う記号で表す．

伝導度は，電極の面積（A）に比例し，電極間距離（l）に反比例するから，G と κ の間には次の関係がある．

$$G = \kappa \frac{A}{l} \tag{10.3}$$

10.2.3　モル伝導率

上で定義した伝導率は，溶液中に含まれる単位体積あたりのイオンの個数によって，言い換えると電解質溶液の濃度によって違ってくる．いろいろな電解質について，その溶液の電気伝導性を比較しようとする場合，同じ濃度での伝導率を比べないと意味がない．そこで，1 cm 離れた 1 cm^2 の電極の間に電解質 1 モルが含まれているとき（濃度にすると 1 mol cm^{-3}）の伝導率を考え（図 10-2），これを**モル伝導率**（molar conductivity）と呼び，記号 Λ_m で表す．この濃度は，あくまで仮想的な濃度であり，現実にはこんなに高い濃度の溶液はつくれない．実際には，もっと薄い濃度で伝導率を求め，それをここで定義した単位濃度あたりに換算する．κ と Λ_m は，次のように関係づけられる．モル濃度が C（mol dm^{-3}）の溶液の伝導率が κ のとき，モル伝導率は

$$\Lambda_\mathrm{m} = \frac{\kappa}{C/1000} = \frac{1000\kappa}{C} \tag{10.4}$$

で与えられる．

10.2.4　当量伝導率

モル伝導率は，種々の電解質溶液の電気伝導性を比較するのに都合のよい量ではあるが，ここにもう 1 つ具合の悪いことが起こってくる．それは，モル伝導率はモル濃度を基準にしており，個々のイオンの価数の違いが考慮されていないことである．たとえば，同じモル濃度の溶液でも，NaCl と CaCl$_2$ では単位体積中のイオンの個数は異なる．そこで，モル濃度のかわりに，当量濃度を基準にとれば都合がよい．すなわち，1 cm^3 中に 1 当量（equivalent）の電解質を含む溶液の伝導率を定義し，**当量伝導率**（equivalent conductivity）と呼び，記号 Λ で表す．電解質の当量とは，Avogadro 数個の単位正負電荷対のことで，たとえば，NaCl の 1 mol は 1 eq. と等しく，Na_2SO_4 や $CuSO_4$ の 1 mol は 2 eq. に相当し，また $Fe_2(SO_4)_3$ の 1 mol は 6 eq. になる．当量濃度が C^*（eq. dm^{-3}）の溶液の伝導率が κ のとき，当量伝導率は

$$\Lambda = \frac{\kappa}{C^*/1000} = \frac{1000\kappa}{C^*} \quad (10.5)$$

で与えられる．1 価-1 価型電解質の場合，当然 $\Lambda_m = \Lambda$ である．以上見てきたように，電解質溶液の電気伝導性を評価する場合に最も都合のよい量は当量伝導率であるといえる．しかし，イオンの価数の問題を十分頭に置いたうえで，モル伝導率を用いる場合も多い．

10.2.5 伝導率の単位

ここで，伝導率の単位についてまとめておこう．まず，伝導度の単位を見てみると，伝導度（G）は抵抗の逆数だからその単位は Ω^{-1} である．この単位をジーメンスと呼び，記号 S で表す．伝導率 κ の単位は S cm^{-1}，モル伝導率 Λ_m の単位は S cm^2 mol^{-1}，また当量伝導率 Λ の単位は S cm^2 eq.$^{-1}$ となる．それぞれの定義についての関係，すなわち式（10.3）〜（10.5）に基づいて，これらの単位が確かにそうなることを確認してみよ．

10.2.6 伝導率の測定

電解質溶液の電気伝導性を評価する際の基本的な量となるモル伝導率や当量伝導率はどのようにして知ることができるだろうか．これらは仮想的な濃度のもとでの伝導率であり，直接測定することはできないが，適当な濃度の溶液について伝導率 κ を測定すれば，あとは単位濃度に換算することによって得られる．κ は，図 10-3 に示すような交流ブリッジを用いて測定することができる．図 10-3 中の D で示した検出器に電流が流れないように可変抵抗 $R_1 \sim R_3$ を調節する．このとき，溶液の抵抗（R_x）は $R_x = R_1 R_3 / R_2$ で与えられる．R_x が測定できれば，

$$\kappa = G \frac{l}{A} = \frac{1}{R_x} \frac{l}{A} \quad (10.6)$$

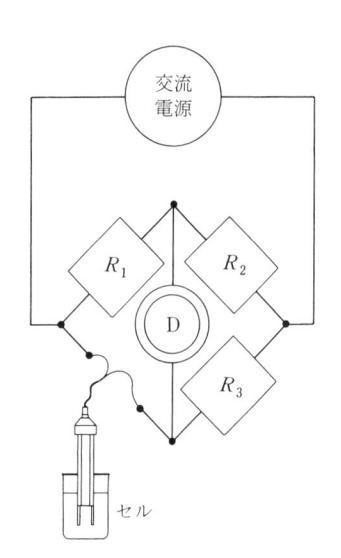

図 10-3 伝導率測定のためのブリッジ回路

の関係があるので，l/A がわかれば κ を知ることができる．l や A を実際に測定して正確に求めることは困難である．l/A は，個々の伝導率測定用セルごとにある決まった一定の値をもつので，$K_{cell} = l/A$ とおいて，この K_{cell} をセル定数という．セル定数は，伝導率が既知の標準試料をそのセルに入れて抵抗を測定すれば式（10.6）によって求められる．いったんセル定数を決め

ておけば，ある溶液の伝導率はそのセルを用いて抵抗 R_x を測定することにより

$$\kappa = \frac{K_{\text{cell}}}{R_x} \tag{10.7}$$

として求められる．なお，セル定数を決めるための標準試料としては KCl がよく用いられる．

例題 10.1　100 cm^3 の溶液中に 0.624 g の CuSO$_4$·5H$_2$O を含む水溶液を，電気伝導率測定用セル（セル定数 1.537 cm^{-1}）に入れて抵抗を測定したところ，25 ℃で 520 Ω であった．この溶液の当量伝導率を計算せよ．

解　セル定数（K_{cell}）がわかったセルを用いて R_x を測定したわけだから，式（10.7）より κ が求まる．これと溶液の当量濃度から Λ が得られる．

$$\kappa = \frac{K_{\text{cell}}}{R_x} = \frac{1.537\,(\text{cm}^{-1})}{520\,(\Omega)} = 2.955 \times 10^{-3}\,(\text{S cm}^{-1})$$

この溶液のモル濃度は，CuSO$_4$·5H$_2$O の式量が 249.7 だから，

$$C = \frac{0.624\,(\text{g})}{249.7\,(\text{g mol}^{-1})} \times \frac{1}{0.100\,(\text{dm}^3)} = 2.499 \times 10^{-2}\,(\text{mol dm}^{-3})$$

したがって，当量濃度は

$$C^* = 4.998 \times 10^{-2}\,(\text{eq. dm}^{-3})$$

$$\therefore \quad \Lambda = \frac{\kappa}{C^*/1000} = \frac{2.955 \times 10^{-3}\,(\text{S cm}^{-1})}{4.998 \times 10^{-2}\,(\text{eq. dm}^{-3})/1000\,(\text{cm}^3\,\text{dm}^{-3})} = 59.1\,(\text{S cm}^2\,\text{eq.}^{-1})$$

---

§10.3　当量伝導率の濃度変化

前節では，電解質溶液の電気伝導性の表し方について考察した．その結果，当量伝導率が最も都合のよい量であることがわかった．では，溶液の濃度が変わったとき，この当量伝導率はどうなるだろうか．ちょっと考えたところ，当量伝導率にしろモル伝導率にしろ，それらはある濃度で得られた伝導率を単位濃度あたりに換算したものだから，溶液濃度には無関係に一定の値になるものと思われるだろう．しかし，実際に実験をしてみると，当量伝導率は溶液濃度によって変化することがわかる．これは一見奇妙に思える現象であるが，この奇妙さの中からわれわれは電解質溶液中で起こっていることがらについて知ることができる．この節では，当量伝導率の濃度変化の問題をとりあげる．

図 10-4 は，塩化カリウムと酢酸について得られた当量伝導率と濃度の関係を示したものである．溶液濃度が増すにつれ，塩化カリウムの当量伝導率はわずかに減少していく．一方，酢

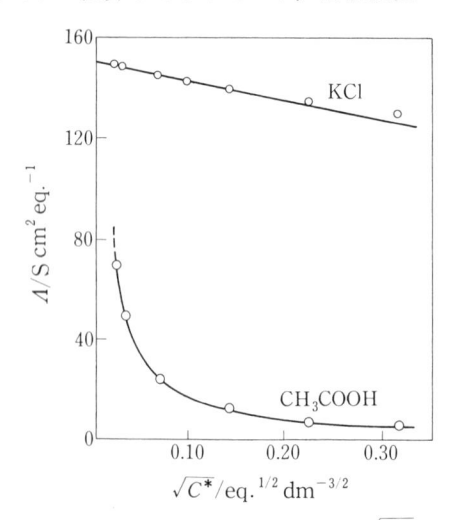

図 10-4　25 ℃における Λ と $\sqrt{C^*}$ との関係

酸のそれは，低濃度のところで急激に落ち，その後徐々に減少する．これら2つの電解質では，濃度に対する当量伝導率の変化の仕方が著しく異なっているが，多くの電解質について調べてみると，当量伝導率と濃度の関係は，一般にこの2つの型に類別される．大部分の塩類は，塩化カリウムと似た振舞いを示し，このタイプの電解質を**強電解質**（strong electrolyte）という．多くの有機酸やアンモニアの当量伝導率は酢酸と同様な濃度依存性を示し，このタイプの電解質を**弱電解質**（weak electrolyte）という．以下，強電解質と弱電解質について細かく見ていこう．

10.3.1 強電解質

強電解質溶液では，その濃度が十分に薄い場合，当量伝導率と濃度の平方根の間に直線関係が認められる．これは，Kohlraush によって実験的に見い出された関係で，次式で表される．

$$\Lambda = \Lambda_0 - k\sqrt{C^*} \tag{10.8}$$

ここで，k は実験的に決められる定数である．また，Λ_0 は濃度ゼロに補外した当量伝導率であり，**無限希釈における当量伝導率**（equivalent conductivity at infinite dilution）と呼ばれる．式（10.8）の関係を **Kohlrausch の平方根則**という．

C^* の増加とともに Λ が落ちてくる理由としては，以下に述べるような2つのことが考えられる．ある注目したイオンの近くには反対電荷のイオンが集まる傾向がある．これは，反対電荷を帯びたイオンどうしの間に作用するクーロン引力のためである．この反対電荷のイオンの集まりをイオン雰囲気といい，平均として球対称の形をしている（図10-5(a)）．このようなイオン性溶液に電場がかけられると（伝導率測定の際には電場がかけられる），正負イオンは互いに逆向きに移動する．もし，イオンの再配列がイオンの移動に比べて十分に速く起これば，イオン雰囲気は球対称を保ったまま移動するだろう．しかし，イオンは無限に速く集まるわけではないから，イオンが溶液中を移動するとき，そのイオン雰囲気は球対称から崩れた形となる（図10-5(b)）．イオンとそのまわりの雰囲気とは電荷が反対だから，結果としてイオンの運動が妨げられる（図10-5(b)の状況では，移動する陽イオンの背後で陰イオンの密度が高くなっているから，陽イオンに対して，移動方向とは逆向きの力が作用することになる）．このようなイオン雰囲気の球対称からのずれがイオンの移動を遅らせる効果を**非対称効果**（asymmetric effect）または**緩和効果**（relaxation effect）という．

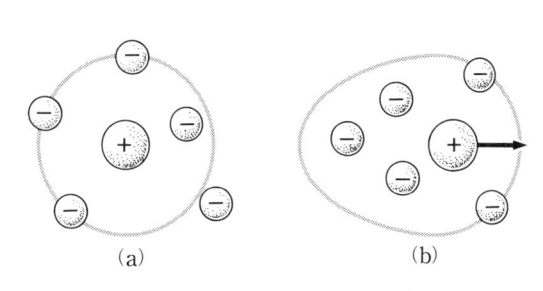

図10-5 イオン雰囲気の模式図

もう1つの理由として，次のことが考えられる．イオンは溶液中を動くとき粘性抵抗（第2章2.6節参照）を受ける．イオンは水和した水分子の集団を伴って移動するので，イオンどうしが十分に離れているのでないかぎり，反対電荷のイオンがそれぞれの水和層を互いにこすり合って動くことになる．その結果，粘性抵抗が増し，ひいてはイオンの移動速度が落ちる．このような水和層の重なりによる粘性抵抗の増大がイオンの移動を遅らせる効果を**電気泳動効果**（electrophoretic effect）という．いずれの効果も溶液中のイオン濃度が高くなるほど大きくなるので，強電解質のΛはC^*の増加とともに小さくなる．

上で見たように，イオン間の相互作用は強電解質の当量伝導率を下げる方向に作用する．無限に希薄な溶液では，イオン間の相互作用はなくなると考えられるから，無限希釈における当量伝導率Λ_0は，イオン間相互作用が取り除かれた状況のもとでの，その電解質に固有の伝導率とみなすことができる．いくつかの強電解質について得られたΛ_0の値を表10-1に示す．

表10-1　共通のイオンをもつ1対の電解質の無限希釈における当量伝導率

電解質	Λ_0/S cm² eq.⁻¹	電解質	Λ_0/S cm² eq.⁻¹	差
KCl	149.86	KNO₃	144.96	4.90
LiCl	115.03	LiNO₃	110.1	4.93
差	34.83		34.86	

この表を見ると，カリウム塩とリチウム塩のΛ_0を比較した場合，陰イオンの種類が異なっていてもその差がほぼ一定になっていること，また一方，塩化物と硝酸塩のΛ_0の差は陽イオンの種類によらず同じ程度の値になっていることに気がつく．すなわち，共通イオンをもつ2つの塩類のΛ_0の差はほぼ一定になる．このことは，電解質溶液の電気伝導に，陽イオンと陰イオンがそれぞれ相手とは独立に寄与していることを示している．したがって，無限希釈における陽イオンおよび陰イオンの当量伝導率をそれぞれλ_0^+およびλ_0^-とすれば，Λ_0はこれらの和として与えられるだろう．

$$\Lambda_0 = \lambda_0^+ + \lambda_0^- \tag{10.9}$$

式（10.9）の関係を**Kohlrauschのイオン独立移動の法則**（law of the independent migration of ions）という．弱電解質のΛ_0を実験値から濃度ゼロに外挿して求めることは困難だが（図10-4を見よ），イオン独立移動の法則があるため，これを計算により求めることができる．次に，その例を示そう．

例題10.2　酢酸ナトリウム，塩化水素，および塩化ナトリウムの水溶液の無限希釈における当量伝導率はそれぞれ91.0 S cm² eq.⁻¹，426.2 S cm² eq.⁻¹，および126.5 S cm² eq.⁻¹である．これらのデータを用いて，酢酸水溶液の無限希釈における当量伝導率を求めよ．

解　問題にあげた3つの電解質はすべて強電解質だから，それらのΛ_0は実験から知ることができる．酢酸のΛ_0は実験的には求められないが，イオン独立移動の法則より，

$$\Lambda_0(CH_3COOH) = \lambda_0(CH_3COO^-) + \lambda_0(H^+)$$

と表すことができる．したがって，

$$\begin{aligned}
\Lambda_0(CH_3COOH) &= \lambda_0(CH_3COO^-) + \lambda_0(H^+) \\
&= \lambda_0(CH_3COO^-) + \lambda_0(Na^+) + \lambda_0(H^+) + \lambda_0(Cl^-) - [\lambda_0(Na^+) + \lambda_0(Cl^-)] \\
&= \Lambda_0(CH_3COONa) + \Lambda_0(HCl) - \Lambda_0(NaCl) \\
&= 91.0 + 426.2 - 126.5 \\
&= 390.7 \, (S \, cm^2 \, eq.^{-1})
\end{aligned}$$

イオン独立移動の法則の有用性の1つは，上の例題で示したように，弱電解質の Λ_0 が求まるところにある．弱電解質の Λ_0 を知ることがどのように役立つのかは，すぐ後で明らかとなる．また，イオン独立移動の法則によれば，個々のイオンの λ_0 がわかっていれば，それらが組み合わさった電解質の Λ_0 を，実験をしなくても知ることができる．表10-2に，無限希釈におけるイオンの当量伝導率の例を示した．これらの値は，後で述べる輸率の測定から求められる．表からわかるように，λ_0^+ や λ_0^- はイオンの種類によって異なっている．λ_0 はイオン間の相互作用の影響を取り除いた後の当量伝導率だから，これがイオンによって違ってくるのは不思議に思えるかもしれない．なぜイオンによって λ_0 の値が違うのかは後に考察する．

表10-2　無限希釈におけるイオンの当量伝導率（25 °C）

陽イオン	$\lambda_0^+/S \, cm^2 \, eq.^{-1}$	陰イオン	$\lambda_0^-/S \, cm^2 \, eq.^{-1}$
H_3O^+	349.8	OH^-	198.3
Li^+	38.7	Cl^-	76.4
Na^+	50.1	Br^-	78.1
K^+	73.5	I^-	76.8
Ag^+	61.9	NO_3^-	71.4
NH_4^+	73.6	ClO_4^-	67.4
Mg^{2+}	53.1	CH_3COO^-	40.9
Ca^{2+}	59.5	SO_4^{2-}	80.0
Ba^{2+}	63.6	$Fe(CN)_6^{3-}$	100.9
Cu^{2+}	53.6	$Fe(CN)_6^{4-}$	110.5
Al^{3+}	63		

10.3.2 弱電解質

図10-4で示したように，弱電解質溶液では，濃度が増すとともに当量伝導率は急激に下がり，その後徐々に減少していく．この現象を説明するため，Arrhenius は「電解質溶液中では，電離によって生じるイオンと未解離の分子との間に平衡が存在している」と考えた（Arrhenius の電離説）．簡単のため，1価-1価型電解質を例にとれば，この電離平衡は

$$AB \rightleftharpoons A^+ + B^- \tag{10.10}$$

と表される．AB のうち，電離している割合を**電離度**（degree of electrolytic dissociation)と呼び，記号 α で表す．無限に希薄な溶液では，弱電解質も完全に電離するので，その場合 $\alpha = 1$ である．濃度が高くなると，電離度は小さくなるので，溶液中のイオンとしての濃度は，溶かした弱電解質の濃度から期待されるものよりも低くなる．その結果，当量伝導率は濃度の増加とともに小さくなる．（電離平衡が成り立っていれば，α が濃度によって変わる様子は，直観的には第5章で学んだ Le Chatelier の原理により理解できる．各自，これを説明してみよ．）こうして，式(10.10)のような電離平衡を考えると，弱電解質の Λ の濃度変化は，濃度により電離度が変わるためとして説明されるし，また逆に，以下に示すように，Λ を求めることによって α を知ることができる．

式(10.10)の電離平衡が成り立っている溶液では，当量伝導率は電離度と次のように関係づけられる．

$$\Lambda = a\lambda(A^+) + a\lambda(B^-) = a[\lambda(A^+) + \lambda(B^-)] \tag{10.11}$$

ここで，$\lambda(A^+)$ および $\lambda(B^-)$ はそれぞれ A^+ および B^- のイオン当量伝導率である．弱電解質では電離度が小さいため，A^+ や B^- の濃度はきわめて低く，これらのイオン当量伝導率 λ は無限希釈におけるイオン当量伝導率 λ_0 で近似できる．そうすれば，式(10.11)は近似的に

$$\Lambda = a[\lambda_0(A^+) + \lambda_0(B^-)]$$

となるが，ここで $\lambda_0(A^+) + \lambda_0(B^-)$ は電解質 AB の無限希釈における当量伝導率 Λ_0 にほかならない．したがって，これらの関係から

$$\boxed{\alpha = \frac{\Lambda}{\Lambda_0}} \tag{10.12}$$

が得られる．式(10.12)が弱電解質の電離度 α と当量伝導率 Λ の関係を表すもので，これより，Λ を測定することによって α を求めることができる．なお，Λ_0 の値はイオン独立移動の法則を利用して計算で求められることは前に示したとおりである．

この章のはじめにも述べたように，Arrhenius が電離説を発表した当時，この考えは疑いの目で見られた．しかし，電離説を裏づける実験事実が van't Hoff による浸透圧の実験からもたらされた．van't Hoff の実験によれば，電解質溶液の浸透圧 Π と容量モル濃度 C の関係は

$$\Pi = iCRT \tag{10.13}$$

で表され，この式の i を **van't Hoff 係数**という．強電解質溶液の浸透圧を測定してみると，NaCl や KCl では $i = 2$，BaCl$_2$ や K$_2$SO$_4$ では $i = 3$，また LaCl$_3$ では $i = 4$ という値が得られ，浸透圧が束一的性質であることを考え合わせると，これらの電解質は溶液中で完全に電離していることが示唆される．ところが，弱電解質溶液の場合，実験的に決定した i は整数とはならない．もし Arrhenius のいうように，弱電解質が溶液中で式(10.10)のような電離平衡にあるならば，van't Hoff 係数は電離度 α と

$$i = (1-\alpha) + 2\alpha = 1 + \alpha \tag{10.14}$$

で結びつくに違いない．この関係から，i がわかればそれから α を知ることができる．この方法で浸透圧の実験から求めた電離度は，伝導率測定から式（10.12）を用いて得られた電離度とよく一致し，Arrhenius の電離説が正しいことが示された．ただし，Arrhenius はすべての電解質について電離平衡を考えたが，正しくは，これは弱電解質についてのみあてはまる．強電解質は溶液中で完全に電離しており，強電解質溶液の当量伝導率が濃度とともに多少下がってくるのは，電離平衡によるためではなく，前に述べたように，非対称効果や電気泳動効果などのイオン間相互作用によるためである．

　Ostwald は，Arrhenius の電離説を一歩進めて，電離平衡に質量作用の法則を適用した．いま，水に溶かした弱電解質 AB の濃度を C mol dm^{-3}，AB の電離度を α とすれば，溶液中の各溶質の濃度（mol dm^{-3}）は下のように表される．

$$\mathrm{AB} \rightleftharpoons \mathrm{A^+} + \mathrm{B^-}$$
$$C(1-\alpha) \quad\quad C\alpha \quad\;\; C\alpha$$

したがって，この電離平衡の平衡定数（電離定数）K は

$$K = \frac{C\alpha \cdot C\alpha}{C(1-\alpha)} = \frac{C\alpha^2}{1-\alpha} \tag{10.15}$$

で与えられる．そこで，$\alpha = \Lambda/\Lambda_0$ を用いれば，

$$\boxed{K = \frac{C(\Lambda/\Lambda_0)^2}{1-\Lambda/\Lambda_0} = \frac{\Lambda^2 C}{\Lambda_0(\Lambda_0-\Lambda)}} \tag{10.16}$$

が得られる．式（10.16）は，弱電解質の電離定数と当量伝導率の関係を与えるもので，**Ostwald の希釈律**（Ostwald's dilution law）と呼ばれる．これより，Λ を測定することにより電離定数を求めることができる．

例題 10.3　1.00×10^{-2} mol dm^{-3} の酢酸水溶液を電気伝導率測定用セル（セル定数 K_cell = 0.367 cm^{-1}）に入れて抵抗を測定したところ，2220 Ω であった．この濃度における酢酸の電離度および電離定数を求めよ．ただし，酢酸水溶液の $\Lambda_0 = 390.7$ S cm^2 eq.$^{-1}$ である．

　解　抵抗値から κ を，また κ から Λ を求めれば $\alpha = \Lambda/\Lambda_0$ より α がわかる．この α を用いて式（10.15）より K_cell が求まる．式（10.7）より

$$\kappa = \frac{K_\mathrm{cell}}{R_x} = \frac{0.367\,(\mathrm{cm^{-1}})}{2220\,(\Omega)} = 1.65\times 10^{-4}\,(\mathrm{S\,cm^{-1}})$$

$$\Lambda = \frac{1000\kappa}{C^*} = \frac{1000\times 1.65\,(\mathrm{S\,cm^{-1}})}{1.00\times 10^{-2}\,(\mathrm{eq.\,dm^{-3}})} = 16.5\,(\mathrm{S\,cm^2\,eq.^{-1}})$$

$$\therefore\quad \alpha = \frac{\Lambda}{\Lambda_0} = \frac{16.5\,(\mathrm{S\,cm^2\,eq.^{-1}})}{390.7\,(\mathrm{S\,cm^2\,eq.^{-1}})} = 4.22\times 10^{-2}$$

また，式（10.15）より

$$K = \frac{C\alpha^2}{1-\alpha} = \frac{1.00\times 10^{-2}\,(\mathrm{eq.\,dm^{-3}})\times (4.22\times 10^{-2})^2}{1-4.22\times 10^{-2}}$$
$$= 1.86\times 10^{-5}\,(\mathrm{eq.\,dm^{-3}} = \mathrm{mol\,dm^{-3}})$$

もちろん，Λ を式（10.16）に直接代入しても K が得られる．

いろいろな濃度の酢酸水溶液について，Ostwald の希釈律から得られた電離定数の値を表 10-3 に示した．この表からわかるように，希薄な領域では電離定数は広い濃度範囲にわたってほぼ一定の値になる．このように，Ostwald の希釈律は，希薄な弱電解質溶液についてよくあてはまり，このことはまた Arrhenius の電離説を裏づけるものである．

表 10-3 種々の濃度で得られた酢酸の電離定数（25 °C），
$\Lambda_0 = 390.7$ S cm² eq.$^{-1}$

C/mol dm^{-3}	Λ/S cm² eq.$^{-1}$	$\alpha = \Lambda/\Lambda_0$	$K/10^{-5}$ mol dm^{-3}
0.00002801	210.4	0.5385	1.760
0.0001532	112.0	0.2867	1.767
0.001028	48.15	0.1232	1.781
0.002414	32.22	0.08247	1.789
0.005912	20.96	0.05365	1.798
0.01283	14.37	0.03678	1.803
0.05000	7.36	0.01884	1.808

§10.4 イオンの移動度

前節までに述べてきたように，電解質溶液に最も特徴的な性質は，それが電気を通すということである．溶液中の電流，すなわち電荷の流れは，溶液中のイオンにある力が働いてイオンが特定の方向に移動することによってもたらされる．溶液中のイオンにはいろいろな力が働いている．1つは，溶媒分子がイオンに衝突することによって生じる．これらの衝突は方向も大きさも乱雑に起こるから，均一な溶液中ではイオンに対して特定の方向への運動を引き起こすことはない．いま，溶液中に2枚の電極を入れ，その両端を適当な電池につないでみる．このとき，電極間に電位差が生じ，イオンは電気的な力を受け，電極へ向かって動き出す．その結果，溶液中で電荷が運ばれ，電流が流れることになる．この節では，このようなイオンの動きを考えていこう．

10.4.1 イオンの移動度

電解質溶液に2枚の電極を入れて電池につなぐと，電極にはさまれた部分の電位は場所によって異なってくる．このように，場所により電位が異なる空間を電場といい，また，その場所による電位の変わり方，すなわち，電位勾配を電場の強さという．図 10-6 に示したように，距離 l（m）だけ離れた2枚の電極間の電位差が $\Delta\phi$（V）で，電極間で電位が直線的に変化する場合，電場の強さ E（V m^{-1}）は

図 10-6 電場に置かれた荷電粒子に働く力

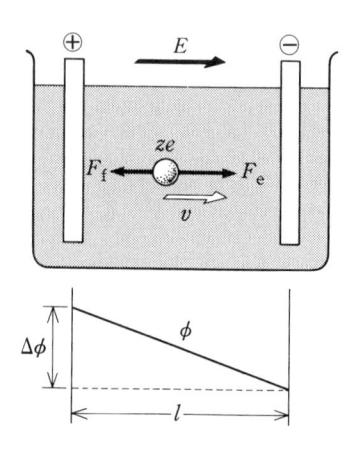

$$E = -\frac{\Delta \phi}{l} \tag{10.17}$$

と表される．ここで，マイナスの符号をつけた理由はすぐ後でわかる．

価数 z のイオンは ze（C）の電荷をもつ（C はクーロン）．ここで，e はプロトンの電荷で，その値は 1.60×10^{-19} C であり，また z にはイオンの正負の符号をも含める（たとえば，2 価の陰イオンなら $z = -2$ というふうに）．いま，ze C の電荷をもつイオンが，強さ E の電場に置かれたとき，イオンに対して

$$F_e = ze\,(\text{C}) \times E\,(\text{V m}^{-1} = \text{J C}^{-1}\,\text{m}^{-1})$$
$$= zeE\,(\text{N}) \tag{10.18}$$

の電気的な力が作用する．図 10-6 の状況だと，右向きを正にとれば，$\Delta \phi < 0$ だから $E > 0$ となり，$z > 0$ のイオンに対しては $F_e > 0$ すなわち右向きの力が，逆に $z < 0$ のイオンに対しては $F_e < 0$ すなわち左向きの力が作用する．このように，力の向きを正しく表すために式（10.17）にはマイナスの符号をつけてある．こうして，イオンを含む溶液に電場をかけると，そのイオンは電気的な力を受けるため動き出す．そうすると，F_e とは逆向きに摩擦力が作用する．

摩擦力 F_f はイオンの運動速度 v に比例した大きさで，運動方向とは逆向きに作用するから

$$F_f = -fv \tag{10.19}$$

と表される．ここで，比例係数の f は摩擦係数と呼ばれ，次の Stokes の式により，イオンの半径 a と媒質の粘性係数 η に関係づけられる．

$$f = 6\pi a \eta \tag{10.20}$$

イオンに働く正味の力 F は，式（10.18）の電気的な力と式（10.19）の摩擦力の和となり，式（10.21）で表される．

$$F = F_e + F_f = zeE - fv \tag{10.21}$$

電気的な力によりイオンは加速されるが，それとともに摩擦力も大きくなり，やがてはこの 2 つの逆向きに働く力がつり合い，正味の力がゼロになる状態に達する．この状態を**定常状態**（stationary state）と呼び，そこでは $F = 0$ だから，イオンは等速で運動する．定常状態に達したときのイオンの速度は，式（10.21）より

$$v_s = \frac{zeE}{f} \tag{10.22}$$

であることがわかる．この関係は，イオンの移動速度が電場の強さに比例することを示している．このときの比例係数を u で表し，この u をイオンの**移動度**（mobility）と呼ぶ．すなわち，

$$\boxed{v_s = uE} \tag{10.23}$$

u は E が 1 のときの v_s だから，移動度は，電場の強さが単位強さ（たとえば $1\,\text{V cm}^{-1}$）

のときのイオンの移動速度とみなすことができる．

電解質溶液の電気伝導性は溶液中をイオンが動くことによってもたらされるから，伝導率とイオンの移動度の間には何か関係がありそうなことは直観的にもわかるだろう．そこで次に，移動度と伝導率の関係を見つけよう．

10.4.2 イオンの移動度と溶液の伝導率の関係

移動度は，実験とは無関係に，電場に置かれた溶液中のイオンに働く力を考えることから導かれる．一方，伝導率は実際の測定によって得られる．これらの性格を異にする2つの量がどのようにして結びつけられるかを以下に示す．まず，考え方の大筋を述べよう．電解質溶液に，2枚の電極を距離 l だけ離して置き，その間に $\Delta\phi$ の電位差をかけるものとしよう．図10-7に示したように，電極にはさまれた溶液中に，面積 A の仮想的な断面を考える．単位時間あたりに運ばれる電荷が電流だから，電流はこの断面を単位時間に通過するイオンの個数と関係づけられる．このイオンの個数はイオンが動く速度，すなわち移動度で決まるから，電流は移動度と結びつけられる．一方，電流はまた Ohm の法則によって伝導率と結びつく．この2つの関係から，電流を仲立ちとして移動度と伝導率が関係づけられることになる．このような手順で，移動度と伝導率の関係を手にすることができるが，以下，順を追って計算してみよう．

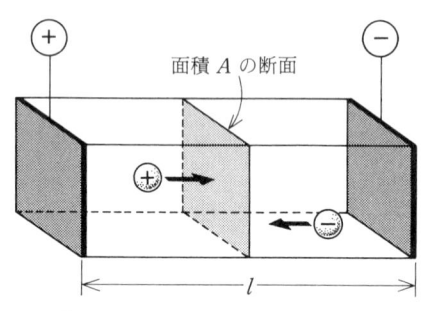

図 10-7 電場に置かれたイオンの動きと電流の関係の説明

ここでは簡単のために，対称電解質（z-z 型電解質）を考えることにする．濃度 C^* eq. dm^{-3} の溶液 1 cm^3 中に含まれる陽イオン，陰イオンそれぞれの個数は

$$\frac{C^*}{1000z} L$$

で与えられる．ここで，L は Avogadro 数である．まず陽イオンについて考えてみると，その移動速度を v_s^+ とすれば，Δt 時間に面積 A の断面を通過する個数は

$$v_s^+ \Delta t\, A\, \frac{C^*}{1000z} L$$

であるから，単位時間あたりに運ばれる電荷，すなわち電流 I^+ は

$$I^+ = \frac{v_s^+ \Delta t\, A\, \dfrac{C^*}{1000z} Lze}{\Delta t} \tag{10.24}$$

となる．ここで，$Le = F$（Faraday 定数）および $v_s^+ = u^+ E$ を用いれば，陽イオンによる電流は

$$I^+ = u^+ A\, \frac{C^*}{1000} FE \tag{10.25}$$

のように表せる．陰イオンについても同様に，

$$I^- = u^- A \frac{C^*}{1000} FE \tag{10.26}$$

が得られるから，全電流 I は

$$I = I^+ + I^- = (u^+ + u^-) A \frac{C^*}{1000} FE \tag{10.27}$$

で与えられる．こうして電流とイオンの移動度の関係が得られた．なお，ここで，電場の強さ $E = |\Delta\phi|/l$ を用いて式 (10.27) を次のように書き換えておこう．

$$I = (u^+ + u^-) \frac{C^*}{1000} FA |\Delta\phi|/l \tag{10.28}$$

次に，電流と伝導率の関係は，Ohm の法則より

$$I = \frac{|\Delta\phi|}{R} = \kappa A |\Delta\phi|/l \tag{10.29}$$

で与えられる．ここで，右端の関係は，式 (10.3) の

$$\frac{1}{R} = G = \kappa \frac{A}{l} \tag{10.3}$$

を用いて，抵抗を伝導率で表したものである．式 (10.28) と式 (10.29) を比較すると，

$$\kappa = (u^+ + u^-) \frac{C^*}{1000} F \tag{10.30}$$

であることがわかる．この式 (10.30) が移動度と伝導率を結びつける関係である．これより，当量伝導率は式 (10.5) の関係から，

$$\boxed{\Lambda = (u^+ + u^-) F} \tag{10.31}$$

となり，さらにまた，各イオンの当量伝導率と移動度の関係として

$$\boxed{\begin{aligned} \lambda^+ &= u^+ F \\ \lambda^- &= u^- F \end{aligned}} \tag{10.32}$$

が得られる．

以上の結果をまとめると，当量伝導率は移動度と Faraday 定数の積として与えられることになる．こうして，溶液中のイオンに働く力から導かれる移動度と，測定によって得られる伝導率が結びつけられた（式 (10.31)）．ただし，式 (10.32) に現れる個々のイオンの当量伝導率 λ^+ や λ^- がどのようにして得られるか，ということについてはまだ示していない．この残された問題を次に考えよう．

§10.5 輸　率

電解質溶液に電場をかけたとき，たとえば図 10-7 のような状況であれば，陽イオンは右側へ，また陰イオンは左側へ移動する．その結果，正の電荷が右側へ運ばれる．すなわち，

電流が左から右へ流れる．全電流は陽イオンが運ぶ電流と陰イオンが運ぶ電流をたし合わせたものになるが，各イオンに基づく電流は，その移動度と関係していて（式(10.25)，(10.26)を見よ），動きやすいイオンほど全電流に対する寄与が大きくなる．そこで，全電流のうち，特定のイオンが運ぶ割合を考え，これを**輸率**（transport number）と呼び，記号 t で表す．

10.5.1 輸率とイオン当量伝導率の関係

陽イオンの輸率は，全電流 I に対する陽イオンが運ぶ電流 I^+ の割合だから，

$$t^+ = \frac{I^+}{I} = \frac{I^+}{I^+ + I^-} = \frac{u^+}{u^+ + u^-} \tag{10.33}$$

と表される．ここで，最後の等式は式(10.25)，(10.26)の関係から得られる．同様にして，陰イオンの輸率は

$$t^- = \frac{u^-}{u^+ + u^-} \tag{10.34}$$

となり，当然，

$$t^+ + t^- = 1 \tag{10.35}$$

の関係がある．このように，輸率は移動度と式(10.33)，(10.34)の関係で結びつけられる．また一方，移動度は，前節で見たように，イオンの当量伝導率と $\lambda^\pm = u^\pm F$ で関係づけられるから（式(10.32)），輸率とイオン当量伝導率の関係として

$$\left. \begin{array}{l} t^+ = \dfrac{\lambda^+}{\lambda^+ + \lambda^-} = \dfrac{\lambda^+}{\Lambda} \\[2mm] t^- = \dfrac{\lambda^-}{\lambda^+ + \lambda^-} = \dfrac{\lambda^-}{\Lambda} \end{array} \right\} \tag{10.36}$$

が得られる．

したがって，イオンの輸率が測定できれば，それと別に測定した Λ を組み合わせることによって個々のイオンの当量伝導率（$\lambda^\pm$）を知ることができ（式(10.36)），また，こうして得られた $\lambda^\pm$ を Faraday 定数で割ることによってイオンの移動度（$u^\pm$）が求まることになる（式(10.32)）．表10-2に示した $\lambda_0^\pm$ の値はこのようにして得られたものである．では，イオンの輸率はどのようにして求まるのだろうか．これについては後で述べることにして，ここで，これらの関係を使った例題をあげておこう．

例題 10.4 $0.100\ \text{mol dm}^{-3}$ LiCl 水溶液について，当量伝導率と Li^+ の輸率を測定したところ，それぞれ $103.2\ \text{S cm}^2\ \text{eq.}^{-1}$ および 0.318 であった．この溶液中における Li^+ イオンおよび Cl^- イオンのイオン当量伝導率（λ^+ と λ^-）と移動度（u^+ と u^-）を求めよ．

解 まず式(10.36)から λ^+ と λ^- がわかる．$\Lambda = 103.2\ \text{S cm}^2\ \text{eq.}^{-1}$，$t_{Li} = 0.318$ より

$$\lambda_{\text{Li}} = t_{\text{Li}}\varLambda = 0.318 \times 103.2 = 32.8\,(\text{S cm}^2\,\text{eq.}^{-1})$$

また，$t_{\text{Cl}} = 1 - t_{\text{Li}} = 0.682$ だから，
$$\lambda_{\text{Cl}} = t_{\text{Cl}}\varLambda = 0.682 \times 103.2 = 70.4\,(\text{S cm}^2\,\text{eq.}^{-1})$$

次に，式 (10.32) から $u^{\pm}$ がわかる．
$$u_{\text{Li}} = \lambda_{\text{Li}}/F = \frac{32.8\,(\text{S cm}^2\,\text{eq.}^{-1})}{96500\,(\text{C eq.}^{-1})} = 3.40 \times 10^{-4}\,(\text{cm}^2\,\text{s}^{-1}\,\text{V}^{-1})$$
$$u_{\text{Cl}} = \lambda_{\text{Cl}}/F = 70.4/96500 = 7.30 \times 10^{-4}\,(\text{cm}^2\,\text{s}^{-1}\,\text{V}^{-1})$$

なおここで，λ を F で割って得られる u の単位が $\text{cm}^2\,\text{s}^{-1}\,\text{V}^{-1}$ となることを確かめてみよ．

10.5.2 輸率の測定

輸率の測定には，移動界面法，Hittorf 法，起電力測定法の 3 種の方法が用いられるが，ここでは Hittorf の方法による輸率の求め方について記そう．図 10-8 は，Hittorf が輸率測定のために考案した装置を示したもので，また図 10-9 は，測定の原理を示すため，2 枚の電極の間の溶液を 3 つの部屋に分けて描いたものである．いま，この装置に電解質溶液を満たして，Q C の電気量を流したとする．このとき，陽極付近で起こるイオンの当量数の変化を調べてみよう．まず，電極上で放電するため Q/F eq. の陰イオンが消失する．一方，図 10-9 に示した中央の部屋から陰イオンが流れ込む．流れた全電気量のうち，陰イオンが運んだ分は t^-Q C だから，この流れ込んだ陰イオンの当量数は $t^-(Q/F)$ となっている．したがって，陽極室での陰イオンの当量数の変化 Δn_{anode} は

$$\Delta n_{\text{anode}} = -\frac{Q}{F} + t^-\left(\frac{Q}{F}\right) = -(1-t^-)\frac{Q}{F} = -t^+\frac{Q}{F}$$
$$\therefore \quad t^+ = \frac{-\Delta n_{\text{anode}}}{Q/F} \tag{10.37}$$

同様にして，陰極室での陽イオンの当量数の変化 $\Delta n_{\text{cathode}}$ と陰イオンの輸率は

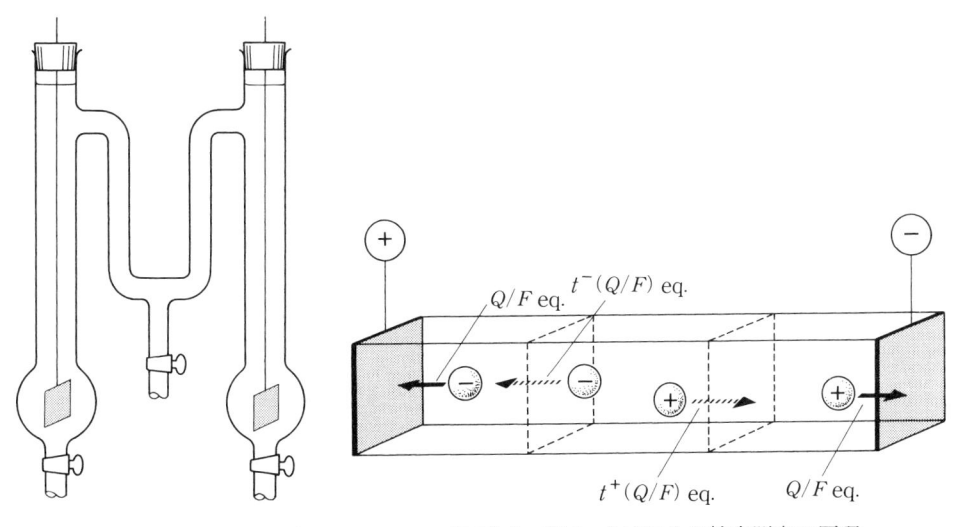

図 10-8 Hittorf の輸率測定装置

図 10-9 Hittorf 法による輸率測定の原理

$$t^- = \frac{-\Delta n_{\text{cathode}}}{Q/F} \tag{10.38}$$

で関係づけられる．陽極室では，陽イオンは陰極方向へ移動するためその数が減少するが，この減少した陽イオンの当量数は，陰イオンの正味の減少量と全く同じである．したがって，電極付近での電解質濃度を通電前後で測れば，その差から輸率が求まる．$t^+ + t^- = 1$ だから，どちらか一方の輸率を測定すれば他方は求まる．しかし，両方を調べることは実験の妥当性を検討するために有効である．

例題 10.5 ある濃度の KCl 溶液について，Hittorf 法により輸率の測定を行った．電流を通じる前のこの溶液は 50.0 cm³ 中に 264.8 mg の KCl を含んでいた．2.0 A の電流を 5 分間流した後，100 cm³ の陽極室から取り出した 25.0 cm³ の溶液は 76.8 mg の KCl を含んでいた．以上の結果から K^+ と Cl^- の輸率を求めよ．

解 陽極室 100 cm³ 中の通電前後の KCl の当量数（= モル数）の変化量がわかればよい．通電前のモル数は

$$\frac{0.2648\,(\text{g})/74.6\,(\text{g mol}^{-1})}{50.0\,(\text{cm}^3)} \times 100\,(\text{cm}^3) = 7.10 \times 10^{-3}\,(\text{mol})$$

通電後のモル数は

$$\frac{0.0768\,(\text{g})/74.6\,(\text{g mol}^{-1})}{25.0\,(\text{cm}^3)} \times 100\,(\text{cm}^3) = 4.12 \times 10^{-3}\,(\text{mol})$$

$$\therefore \Delta n_{\text{anode}} = -2.98 \times 10^{-3}\,\text{mol}$$

また，流れた電気量は

$$Q = 2.0\,(\text{A} = \text{C s}^{-1}) \times 300\,(\text{s}) = 600\,\text{C}$$

したがって，式 (10.37) より

$$t_K = \frac{-\Delta n_{\text{anode}}}{Q/F} = \frac{2.98 \times 10^{-3}\,(\text{mol})}{600\,(\text{C})/96500\,(\text{C mol}^{-1})} = 0.48$$

また，

$$t_{Cl} = 1 - t_K = 0.52$$

10.5.3 再びイオンの移動度について

前に示したように，輸率が測定されればイオン当量伝導率が求まり，それからさらにイオンの移動度を知ることができる．こうして得られた水溶液中におけるイオンの移動度の

表 10-4 無限希釈におけるイオンの移動度（10^{-4} cm² s⁻¹ V⁻¹，25 ℃）

陽イオン	u_0^+	陰イオン	u_0^-
H_3O^+	36.3	OH^-	20.6
Li^+	4.01	Cl^-	7.92
Na^+	5.19	NO_3^-	7.40
K^+	7.62	ClO_4^-	6.98
Mg^{2+}	5.50	HCO_3^-	4.61
Ca^{2+}	6.17	CH_3COO^-	4.24
Ba^{2+}	6.59	SO_4^{2-}	8.29

例を表10-4に示す．これらの値をながめてみるといくつかのことに気がつくだろう．

まず，イオンの移動度の値は，H_3O^+ と OH^- を除けば，おおよそ $4\sim 8\times 10^{-4}\,\mathrm{cm^2\,s^{-1}\,V^{-1}}$ の範囲にある．これから，イオンは $1\,\mathrm{V\,cm^{-1}}$ の電位勾配のもとで $4\sim 8\times 10^{-4}\,\mathrm{cm\,s^{-1}}$ の速度で動くことがわかる．これは遅いように思えるかもしれないが，分子のものさしで考えるとそうではない．分子の大きさは $10^{-8}\,\mathrm{cm}$ 程度だから，この速度は，イオンが毎秒10000個の溶媒分子を通り過ぎることに相当している．

次に，イオンの種類による移動度の違いが何に起因するのか考えてみよう．溶液中を運動するイオンが受ける粘性抵抗力に対してStokesの式を仮定すれば，式(10.20)，(10.22)および式(10.23)より移動度は次のように表される．

$$u = \frac{ze}{6\pi a\eta} \qquad (10.39)$$

式(10.39)は，u がイオンの半径 a に依存することを示している．すなわち，小さいイオンほど移動度は大きくなる．そこで，たとえばアルカリ金属イオンについて比べてみると，イオン半径は $Li^+ < Na^+ < K^+$ の順に大きくなるから，移動度は $Li^+ > Na^+ > K^+$ の順に小さくなるものと思われる．ところが表10-4を見てみると，この予測とは逆の順になっている．この不一致は，イオンの水和を考えに入れれば説明がつく．前にも述べたように，イオンの電荷と水分子の双極子の電気的な力によって水分子はイオンに結合している．そのため，水和層をも含めたイオンの実効的な大きさは，イオンそのものの大きさよりも大きくなっている．イオンは小さいほど強い電場をつくり，水分子を引きつける電気的な力は強くなる．したがって，小さいイオンほど水和の程度が大きい．すなわち，アルカリ金属イオンでは，水和層も含めた有効半径は $K^+ < Na^+ < Li^+$ の順に大きくなり，移動度は $K^+ > Na^+ > Li^+$ の順になる．無限希釈におけるイオン当量伝導率 $\lambda_0^{\pm}$ がイオンの種類により異なる（表10-2）理由もこれで理解できるだろう．イオンの違いによる有効半径の違いが移動度に反映され，その結果 $\lambda_0^{\pm}$ にイオンによる違いが現れてくるのである．

表10-4を見て気がつくことの最後は，H_3O^+ と OH^- の移動度は他のイオンに比べて異

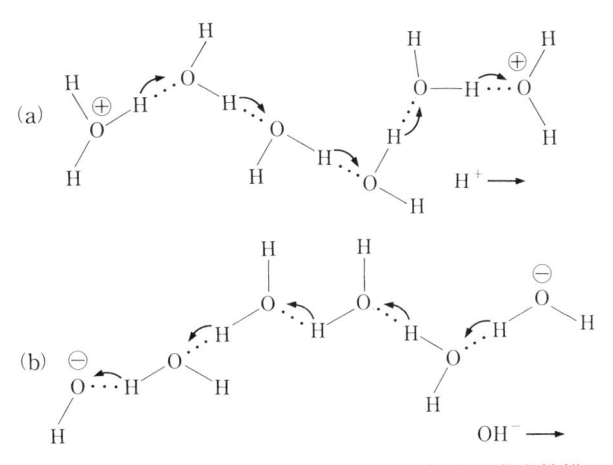

図 10-10 水中での H_3O^+ (a) と OH^- (b) の移動機構

常に大きいということである．これは，H_3O^+ と OH^- がそれ自身実際に溶液中を動いていくことのほかに，別の機構でも移動が起こっているためとして説明される．水中には，たくさんの水分子が水素結合によって鎖状に連なった構造が存在しており，この鎖の中の隣接した水分子を介してプロトンが受け渡されていき，結果的にはプロトンが移動したことになるという機構が考えられている（図 10-10）．

第 10 章 演習問題

10.1 25 ℃ において，電気伝導率測定用セルに 0.02 M の KCl を入れたところ，その抵抗値は 250 Ω であった．同じセルに 6×10^{-3} M の NH_4OH を入れたところ，抵抗値は 1000 Ω であった．6×10^{-3} M の NH_4OH の当量伝導率を求めよ．ただし，25 ℃ における 0.02 M KCl 溶液の伝導率 κ は 0.00277 S cm^{-1} である．

10.2 $CaSO_4$ の溶解度は 25 ℃ で 0.667 g dm^{-3} である．表 10-2 を用いて，25 ℃ における $CaSO_4$ 飽和水溶液の伝導率を計算せよ．

10.3 25 ℃ で，KCl，KNO_3 および $AgNO_3$ の無限希釈における当量伝導率はそれぞれ 149.9 S cm^2 eq.$^{-1}$，144.9 S cm^2 eq.$^{-1}$ および 133.3 S cm^2 eq.$^{-1}$ である．この温度で，AgCl の無限希釈における当量伝導率はいくらか．

10.4 セル定数 0.2063 cm^{-1} の伝導率測定用セルを用いて 0.020 mol dm^{-3} の酢酸水溶液の抵抗を測定したところ，888 Ω であった．この濃度における酢酸の電離度および電離定数を計算せよ．

10.5 弱電解質溶液の当量伝導率 Λ を濃度 C の関数として測定し，ΛC を $1/\Lambda$ に対してプロットすれば直線になること，また，その直線の傾きと Λ_0 の値から電離定数 K が求まることを示せ．クロロ酢酸水溶液について得られた次のデータ（25 ℃）を用いて，このプロットによりクロロ酢酸の電離定数を求めよ．ただし，$\Lambda_0 = 362$ S cm^2 eq.$^{-1}$ である．

C^{-1}/mol^{-1} dm^3	16	32	64	128	256	512	1024
Λ/S cm^2 eq.$^{-1}$	53.1	72.4	96.8	127.7	164	205.8	249.2

10.6 HCl と NaCl の混合水溶液があり，HCl および NaCl の濃度をそれぞれ C，C'（mol dm^{-3}）とする．3 種のイオンの輸率（t_H, t_{Na}, t_{Cl}）をそれぞれの移動度（u_H, u_{Na}, u_{Cl}）と濃度で表す関係を示せ．

10.7 水溶液中 25 ℃ の H^+，Na^+，Cl^- の移動度は，それぞれ 3.63×10^{-3} cm^2 s^{-1} V^{-1}，5.19×10^{-4} cm^2 s^{-1} V^{-1} および 7.92×10^{-4} cm^2 s^{-1} V^{-1} である．（i）1×10^{-3} mol dm^{-3} の塩酸で，H^+ が運ぶ電流の割合はいくらか．（ii）NaCl をこれに加え，塩が 1.0 mol dm^{-3} になるようにしたとき，H^+，Na^+ および Cl^- が運ぶ電流の割合はそれぞれどうなるか．電流の輸送がイオンの移動度と濃度によって支配される様子に注意せよ．

11

平衡電気化学——電池の起電力とその応用

§11.1 はじめに

化学反応に際して，反応物の間で電子のやりとりが起こる場合，その反応を**酸化還元反応**（redox reaction）という．たとえば，鉄に希硫酸を加えると水素が発生するというおなじみの反応

$$Fe + 2H^+ \longrightarrow Fe^{2+} + H_2$$

では，Fe と H^+ の間で電子のやりとりが起こっている．いま，A が B に電子を与えて A′ に変わり，B は A から電子を受け取って B′ に変わるとき，反応全体としては

$$A + B \longrightarrow A' + B' \tag{11.1}$$

と書ける．電子のやりとりをあらわなかたちで表せば，この反応は

$$A \longrightarrow A' + e^-$$
$$B + e^- \longrightarrow B'$$

のように，2つに分けて書くこともできる．このとき，A は B によって酸化されたといい，また B は A によって還元されたという．逆の言い方をすれば，A は B を還元した，あるいはまた B は A を酸化したということにもなる．すなわち，**電子を与えたとき酸化された**（このとき相手を還元する），**電子を受け取ったとき還元された**（このとき相手を酸化する）というふうに表現する．

さてここで，式(11.1)の反応の行わせ方について考えてみよう．1つの方法は，溶液中で A と B を混ぜることである．この場合，図11-1 に示すように，A と B はランダムに衝

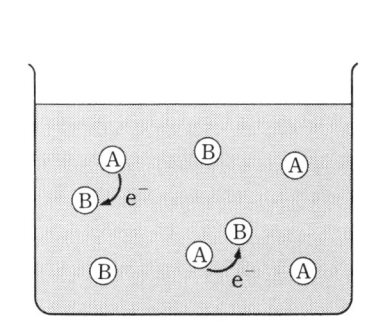

図 11-1　溶液中での酸化還元反応における電子の移動

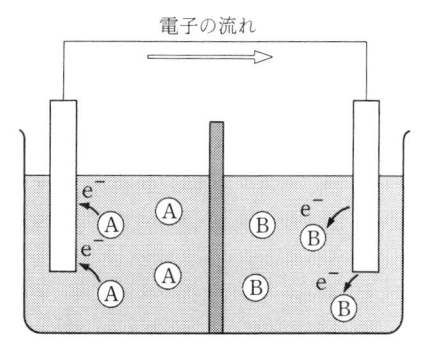

図 11-2　電池の中での酸化還元反応における電子の流れ

§11.1　はじめに　275

突し，そのときAからBへ電子が移動してA′とB′が生じる．この方法では，この化学反応から有効な仕事は得られない．もう1つの方法として，図11-2に示すように，AとBの溶液を素焼板のような多孔質の隔壁で仕切った別々の部屋に入れておき，そこへ金属棒などの電極を入れ，その両端を導線でつなぐという方法がある．この場合，図11-2の左側の部屋では，Aが電極に電子を渡し，その電子は導線を伝わって反対側の電極に移動し，それをBが受け取る．こうすれば導線中を電子が流れ，そこから電気的な仕事を得ることができる．このように，電極を仲立ちとして酸化還元反応を行わせ，電気的な仕事を取り出すように工夫されたものを**電池**（cell）と呼ぶ．

　電池には，われわれが日常生活で使用する実用電池と物理化学的な測定のために用いられる電池がある．この章で取り扱うのはもっぱら後者の電池である．2つの電極間の電位差を**起電力**（electromotive force）と呼ぶが，この起電力を測定することによって電池内で起こる化学反応に関するさまざまな情報を手にすることができる．この章では，まず電池の起電力が何によって決まるのかを調べ，その後，起電力測定によってどのような情報が得られるのかについて学んでいくことにしよう（本章の学習においても付録Cを一度参考にするとよかろう）．

§11.2　半電池の電極電位

　電池を構成するためには，図11-2に示したように，酸化還元反応を起こす反応種を含んだ溶液に電極を浸したものを2つ組み合わせなければならない．この組み合わせるべきそれぞれを**半電池**（half cell）という．半電池では，電極と溶液の間に電位の違い（すなわち**電位差**（electric potential difference））が現れる．この節では，この電位差が何によって決まるのかを，最も簡単なタイプの半電池を例にとって示していく．そのために，まず，ある金属Mを同じ金属のイオンM^{z+}を含む溶液に浸したときに何が起こるかを考えることから始めよう．

11.2.1　電極電位

　M^{z+}を含む溶液に金属電極Mを入れたときに起こる現象として，2通り考えられる．1つは，図11-3(a)のように，電極中のMがM^{z+}イオンとなって溶液中に溶け出していく．この場合，金属中には電子が残されることになり，電極上に負電荷が生じ，電極の電位は溶液のそれよりも低くなる．もう1つは，図11-3(b)のように，逆に溶液中のM^{z+}イオンが電極から電子を奪い，Mとなって電極上に付着する．この場合，金属は電子を奪われるため正に荷電し，電極の電位は溶液のそれよりも高くなる．このように，電極を浸した直後は，図11-3(a)の場合は

$$M \longrightarrow M^{z+} + z\,e^-$$

また図11-3(b)の場合は

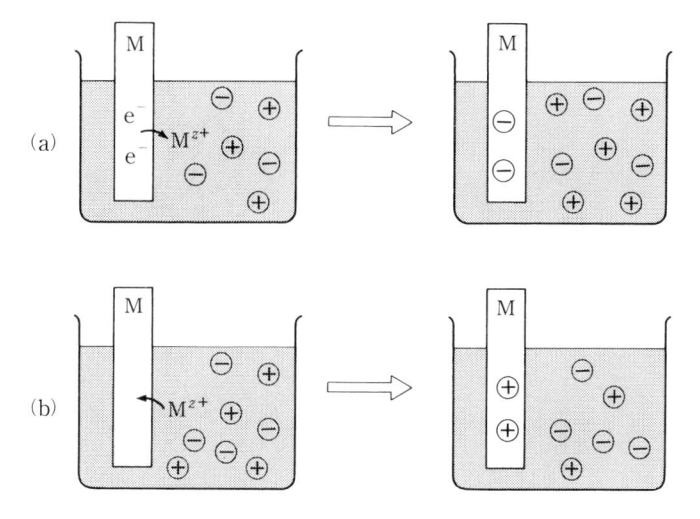

図11-3 金属 M をそのイオン M^{z+} を含む溶液に浸したときに起こる変化

$$M^{z+} + z\,e^- \longrightarrow M$$

の変化が起こる．しかし，この変化はいつまでも続くわけではない．たとえば図11-3(b)の場合だと，この変化が進行するにつれ電極上の正電荷は増していき，それに伴い，新たに M^{z+} が M となって電極上に正電荷を付け加えることはエネルギー的に不利になる．また逆に M が M^{z+} となって電極の正電荷を打ち消そうとする変化も起こってくる．したがって，ある時間が経過すると，やがては次のような平衡状態に達する．

$$M^{z+} + z\,e^- \rightleftharpoons M \tag{11.2}$$

このとき，電極と溶液の電位差はある値に達する．われわれは，この**平衡状態での電位差**に関心をもつ．その理由は，平衡に達した状況に対しては，熱力学の法則を適用することができ，それに基づいた解析が可能となるからである．半電池で起こる酸化還元反応が平衡状態になったときの，電極と溶液の間の電位差を**電極電位**（electrode potential）または界面電位差と呼ぶ．

11.2.2 電気化学ポテンシャル

上に述べたことから，平衡状態での電位差が式(11.2)の化学平衡と関係がありそうなことは容易に理解できるだろう．ただし，この化学平衡は第4章や第7章で取り扱ったものとはいくぶん状況が異なっている．その違いは，式(11.2)が，**電位の異なる2つの相の間での電荷を帯びた化学種の化学平衡**であるという点にある．すなわち，M^{z+} は溶液相に，e^- と M は金属相にあり，かつ，溶液相と金属相では電位が異なる．通常の化学平衡を考える場合，第7章で見たように，反応種の化学ポテンシャルが重要な役割を果たしたが，この化学ポテンシャルには電気的なエネルギーは含まれていない．いまの場合，電荷を帯びた反応種が電位の異なる相の間で化学反応を起こすわけだから，電気的なエネルギーをも考慮に入れる必要がある．

§11.2 半電池の電極電位 | 277

いま，i 成分が $z_i e$（C）の電荷をもつ荷電粒子であるとしよう．これが電位 ϕ（V = J C^{-1}）のところに置かれたとき，$z_i e \phi$（J）の電気的エネルギーをもつ．したがって，i 成分 1 モルあたりの自由エネルギー $\overline{\mu_i}$ は，化学ポテンシャル μ_i に電気的なエネルギーを付け加えて，次のように与えられるだろう．

$$\overline{\mu_i} = \mu_i + L z_i e \phi = \mu_i + z_i F \phi \tag{11.3}$$

ここで，L は Avogadro 数であり，また F は Faraday 定数である．この $\overline{\mu_i}$ のことを**電気化学ポテンシャル**（electrochemical potential）と呼ぶ．その定義（式(11.3)）からわかるように，電荷を帯びた化学種であっても電位がゼロならば，あるいはまた，電位がゼロでなくても電荷をもたなければ，その成分の電気化学ポテンシャルはふつうの化学ポテンシャルと同じものになる．電位が異なる相の間での電荷を帯びた化学種間の平衡に対しては，通常の化学平衡に対して化学ポテンシャルが果たしたものと同じ役割を電気化学ポテンシャルが果たす．電気化学ポテンシャルを用いることによって，電極電位を表す関係式を手にすることができる．その手順を最も簡単な例を用いて説明しよう．その前に，用語についての注意を1つ．これまで"**電極**（electrode）"という言葉を，たとえば上の例では，溶液に浸した金属棒そのものを示すのに用いてきた．これは狭い意味での使い方である．電極という用語は，広い意味では，金属棒と溶液とを含めたもの（すなわち半電池全体）を指すのに使われる．電極という言葉が出てきた場合，それがどちらの意味で使われているかは文脈から容易に判断できるだろう．

11.2.3　金属イオン｜金属　電極

M^{z+} イオンを含む溶液に金属 M を浸した半電池を考えよう（図 11-4）．このタイプの半電池を 金属イオン｜金属 電極と呼び，電極の表記法では M^{z+}｜M と表す．例として，AgNO$_3$ 溶液に Ag を浸したもの（Ag$^+$｜Ag）や CuSO$_4$ 溶液に Cu を浸したもの（Cu^{2+}｜

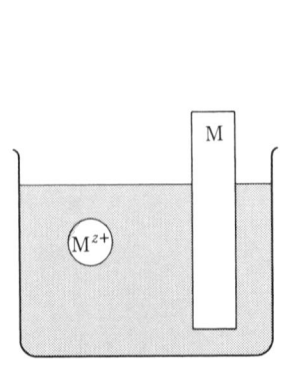

図 11-4　金属 M を M^{z+} 溶液に浸した半電池

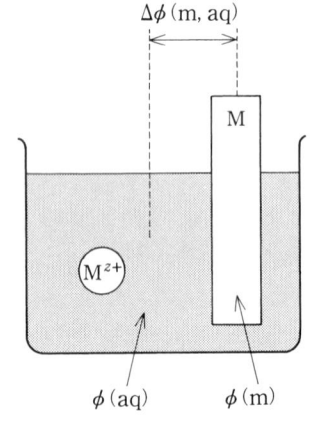

図 11-5　金属と溶液の間の電位差 $\Delta \phi$ の説明

Cu）などがあげられる．なお，電極の表記法で，縦線は，その間に相の界面が存在することを表す．すなわち，いまの例では，M^{z+} イオンの溶液と金属の間に界面があるので，M^{z+} と M の間に縦線が引かれている．

この電極では，前に述べたように，金属を溶液に浸した時点からある時間が経過すると，溶液中の M^{z+} イオンと金属中の M および電子は次のような化学平衡の状態に達する．

$$M^{z+} + ze^- \rightleftharpoons M$$

平衡状態では，反応物と生成物の電気化学ポテンシャルは等しく（化学平衡の条件），したがって

$$\bar{\mu}_{M^{z+}}(aq) + z\bar{\mu}_{e^-}(m) = \bar{\mu}_M(m) \tag{11.4}$$

の関係が成り立っている．ここで，$\bar{\mu}(aq)$ および $\bar{\mu}(m)$ はそれぞれ溶液中および金属中における電気化学ポテンシャルを表す（括弧の中の aq は水溶液（aqueous solution）に，また m は金属（metal）に対応する）．いま，平衡状態に達したとき，溶液の電位が $\phi(aq)$，金属の電位が $\phi(m)$ になっているものとすれば（図 11-5），それぞれの化学種の電気化学ポテンシャルは，式（11.3）を参照して，

$$\bar{\mu}_{M^{z+}}(aq) = \mu_{M^{z+}}(aq) + zF\phi(aq) \tag{11.5}$$

$$\bar{\mu}_{e^-}(m) = \mu_{e^-}(m) - F\phi(m) \tag{11.6}$$

$$\bar{\mu}_M(m) = \mu_M(m) \tag{11.7}$$

と表される．なお，M は電気的に中性だから，式（11.7）には電気的エネルギーの項が入ってこないことに注意しよう．式（11.5）〜（11.7）を式（11.4）に代入すると，

$$\{\mu_{M^{z+}}(aq) + zF\phi(aq)\} + z\{\mu_{e^-}(m) - F\phi(m)\} = \mu_M(m) \tag{11.8}$$

したがって，溶液と金属の間の電位差を $\Delta\phi(m, aq)$ とすれば，

$$\Delta\phi(m, aq) = \phi(m) - \phi(aq)$$

$$= \frac{1}{zF}\{\mu_{M^{z+}}(aq) + z\mu_{e^-}(m) - \mu_M(m)\} \tag{11.9}$$

という関係が得られる．この $\Delta\phi(m, aq)$ は平衡状態での溶液と金属の間の電位差，すなわち電極電位である．なお，金属の電位 $\phi(m)$ から溶液の電位 $\phi(aq)$ を引いたものを $\Delta\phi(m, aq)$ の記号で表すことに約束しよう．

式（11.9）は，電極電位が電極反応に関与する化学種の化学ポテンシャルの大小関係で決まることを意味している．たとえばいま，

$$\mu_{M^{z+}}(aq) + z\mu_{e^-}(m) > \mu_M(m)$$

だとしよう．もし $\phi(aq) < 0$，$\phi(m) > 0$ ならば，M^{z+} と e^- のエネルギーは下がる，すなわち，電気化学ポテンシャルは化学ポテンシャルよりも低くなる．その結果，

$$\bar{\mu}_{M^{z+}}(aq) + z\bar{\mu}_{e^-}(m) = \bar{\mu}_M(m) \quad (= \mu_M(m))$$

となったところで平衡状態になる．したがって，この場合，平衡状態では $\Delta\phi(m, aq) > 0$ となるはずで，これは式（11.9）から予測されることと一致する．また，$\Delta\phi(m, aq)$ の大きさは $\mu_{M^{z+}}(aq) + z\mu_{e^-}(m)$ と $\mu_M(m)$ の差が大きいほど大きくなる．

ところで，式(11.9)に現れる化学ポテンシャルのうち，$\mu_{M^{z+}}(\mathrm{aq})$ は溶液中の M^{z+} の活量（大ざっぱには濃度）に依存する．したがって，$\Delta\phi(\mathrm{m,aq})$ もまた溶液中の M^{z+} の活量に依存して変わってくる．そこで次に，電極電位と溶液濃度（活量）の関係を調べてみよう．

すでに第 8 章で見たように，M^{z+} の化学ポテンシャルは温度 T において，次式によって活量に関係づけられる．

$$\mu_{M^{z+}}(\mathrm{aq}) = \mu^\circ_{M^{z+}}(\mathrm{aq}) + RT \ln a_{M^{z+}} \tag{11.10}$$

ここで，$\mu^\circ_{M^{z+}}(\mathrm{aq})$ は標準化学ポテンシャル，すなわち，エネルギーを測るための基準として選んだ状態での化学ポテンシャルである（エネルギーを測るための基準としては $a_{M^{z+}} = 1$ の状態を選ぶ）．式(11.10)を式(11.9)の中の $\mu_{M^{z+}}(\mathrm{aq})$ に代入し，整理して活量の項を抜き出すと，

$$\Delta\phi(\mathrm{m,aq}) = \frac{1}{zF}\{\mu^\circ_{M^{z+}}(\mathrm{aq}) + z\mu_{e^-}(\mathrm{m}) - \mu_M(\mathrm{m})\} + \frac{RT}{zF} \ln a_{M^{z+}} \tag{11.11}$$

が得られる．この式の右辺第 1 項は，溶液中の M^{z+} の活量とは無関係に温度と圧力によって決まるある一定の値をもつ．そこでこれを $\Delta\phi^\circ(\mathrm{m,aq})$ で表し，**標準電極電位**（standard electrode potential）と呼ぶ．そうすれば，式(11.11)は

$$\boxed{\Delta\phi(\mathrm{m,aq}) = \Delta\phi^\circ(\mathrm{m,aq}) + \frac{RT}{zF} \ln a_{M^{z+}}} \tag{11.12}$$

と書ける．これからわかるように，$\Delta\phi^\circ(\mathrm{m,aq})$ は $a_{M^{z+}} = 1$ のときの電極電位に相当する．こうして，任意の活量のときの電極電位を標準電極電位と活量で表す関係（式(11.12)）が得られた．とはいっても，「$\Delta\phi^\circ(\mathrm{m,aq})$ の値がわからないと $\Delta\phi(\mathrm{m,aq})$ を知ることはできないではないか」という疑問をもつかもしれない．しかし，$\Delta\phi^\circ(\mathrm{m,aq})$ の絶対値は知る必要はないし，また知ることはできないものである．後でわかるように，この問題は適当な基準を設けることによって解決できる．

例題 11.1 $CuSO_4$ 溶液に Cu を浸した状況を考えよう（25 °C）．平衡状態に達したときの $CuSO_4$ 濃度が 10^{-3} mol dm^{-3} のときと 10^{-2} mol dm^{-3} のときを比べると，溶液と Cu の間の電位差 $\Delta\phi(\mathrm{m,aq})$ はどちらがどれだけ大きいか．Cu^{2+} の活量を濃度で近似して計算せよ．

解 Cu^{2+} の活量が a_1 のときと a_2 のときの $\Delta\phi(\mathrm{m,aq})$ の差は，式(11.12)より

$$\Delta\Delta\phi(\mathrm{m,aq}) = \Delta\phi(a_1) - \Delta\phi(a_2) = \frac{RT}{2F} \ln \frac{a_1}{a_2} = \frac{2.303RT}{2F} \log \frac{a_1}{a_2}$$

$a_1 = 10^{-2}$ mol dm^{-3}, $a_2 = 10^{-3}$ mol dm^{-3} として，

$$\Delta\Delta\phi(\mathrm{m,aq}) = \frac{2.303RT}{2F} = \frac{2.303 \times 8.31\,(\mathrm{J\,K^{-1}\,mol^{-1}}) \times 298\,(\mathrm{K})}{2 \times 9.65 \times 10^4\,(\mathrm{C\,mol^{-1}})}$$

$$= \frac{0.0591}{2} = 0.0295\,(\mathrm{J\,C^{-1} = V})$$

電位差は 10^{-2} mol dm^{-3} の濃度のほうが 29.5 mV だけ大きい．

電卓が発達した今日では，強いて自然対数を常用対数に変換する必要はないかもしれないが，直観的には常用対数のほうがわかりやすい．常用対数に掛かる係数の値 $2.303RT/F = 59.1$ mV

(25 ℃)は，記憶しておくと便利である．

§11.3　イオンの活量

　半電池の電極電位は，標準電極電位と電極反応に関与する化学種の活量で与えられることを前節で明らかにした．電極反応の反応種には必ずイオンが含まれてくる．そこで，イオンの活量について，ここで簡単に触れておこう．溶液中の溶質の活量については，それが"熱力学的な濃度"であり，実際の濃度に活量係数を掛けたものとして与えられることを第8章で学んだ．電解質の電離によって生じるイオンが溶質となる場合，非電解質溶質では見られなかった複雑さが現れてくる．それは，イオンは陽イオンあるいは陰イオンとして単独では存在しえないことに起因する．

　いま，1価-1価型電解質 MX を水に溶かしたとしよう．MX は水中で電離して M^+ イオンと X^- イオンを生じる．

$$MX \longrightarrow M^+ + X^-$$

溶液中での MX の化学ポテンシャル μ_{MX} は陽イオンの化学ポテンシャル μ_+ と陰イオンの化学ポテンシャル μ_- の和として次のように表される．

$$\mu_{MX} = \mu_+ + \mu_- = \mu_+^\circ + RT \ln a_+ + \mu_-^\circ + RT \ln a_- \tag{11.13}$$

ここで，a_+ と a_- はそれぞれ陽イオンおよび陰イオンの活量である．いま，イオンの濃度を重量モル濃度 (m_+, m_-) で表せば，濃度と活量の間の関係は次式で与えられる．

$$\left.\begin{array}{l} a_+ = \gamma_+ m_+ \\ a_- = \gamma_- m_- \end{array}\right\} \tag{11.14}$$

ここで，γ_+ と γ_- はそれぞれ陽イオン，陰イオンの活量係数である．これらの活量係数がわかれば，それと実際の濃度からイオンの活量を知ることができる．一般に γ_+ と γ_- は異なった値をとるだろう．しかし，それらを個別に評価することはできない．なぜなら，陽イオンや陰イオンが単独で存在する状況はつくり出せないからである．そこで，それぞれのイオンの活量係数を γ_+ と γ_- の幾何平均で代用するという方法がとられる．すなわち，陽イオンも陰イオンも，ともにその活量係数を

$$\boxed{\gamma_\pm = (\gamma_+ \gamma_-)^{1/2}} \tag{11.15}$$

として取り扱い，この $\gamma_\pm$ を**平均イオン活量係数**（mean ionic activity coefficient）と呼ぶ．こうする意味は，次のように考えるともっとはっきりするだろう．

　式(11.14)を用いれば，式(11.13)は

$$\mu_{MX} = \mu_+^\circ + RT \ln m_+ + \mu_-^\circ + RT \ln m_- + RT \ln \gamma_+ \gamma_- \tag{11.16}$$

と書けるが，最後の項は式(11.15)で定義した平均イオン活量係数を用いて

$$2RT \ln \gamma_\pm$$

と表される．これを陽イオンと陰イオンに等しく振り分ければ，それぞれのイオンの化学

ポテンシャルは

$$\left.\begin{array}{l}\mu_+ = \mu_+^\circ + RT \ln m_+ + RT \ln \gamma_\pm \\ \mu_- = \mu_-^\circ + RT \ln m_- + RT \ln \gamma_\pm \end{array}\right\} \quad (11.17)$$

として評価することができる．これは，言い換えれば，イオン性溶液の理想性からのずれ具合を，正負両イオンに平等に割り当てることに相当する．

 溶液中のイオンの濃度と活量の間の橋渡しとなる平均イオン活量係数は，溶液中におけるイオン平衡やそれに関連した種々の現象を熱力学的に解析するうえで重要なものである．平均イオン活量係数は，希薄な溶液の場合，Debye-Hückel の理論から導かれる次の式によって見積もることができる．

$$\boxed{\log \gamma_\pm = -0.509 |z_+ z_-| \sqrt{I}} \quad (11.18)$$

ここで，z_+, z_- はそれぞれ陽イオンおよび陰イオンの価数であり，また I は**イオン強度**（ionic strength）と呼ばれ，次式で定義される．

$$I = \frac{1}{2}(m_+ z_+^2 + m_- z_-^2)$$

式(11.18)は，Debye-Hückel の極限則と呼ばれ，濃度が $10^{-3} \sim 10^{-2}$ mol kg^{-1} 以下の希薄溶液中におけるイオンの平均活量係数を与えてくれる有用な関係である．しかし，イオン濃度がもっと高くなると，式(11.18)は成り立たなくなり，その場合，活量係数は実験的に求めなければならない．電池の起電力測定が，イオンの平均活量係数を決めるための有効な手段となることがこの章の後のほうで明らかとなるだろう．

§11.4 種々の電極電位

 この章の§11.2 では，金属イオン｜金属 電極の電極電位について考えた．そこでは，電気化学ポテンシャルを用いることによって電極電位と溶液中の金属イオン濃度（活量）の関係が導かれることを示した．ここでは，いろいろなタイプの電極について，その電極電位がどのように表されるかを調べていこう．

11.4.1 気体｜不活性金属 電極

 水素電極（hydrogen electrode）を例にとってこの型の電極を説明しよう．水素電極は，図 11-6 に模式的に示したように，H^+ を含む溶液（たとえば HCl 溶液）に Pt などの不活性金属を浸し，そこへ H_2 ガスを吹き付けるもので，電極の表示法では $H^+|H_2|Pt$ または $H^+|H_2, Pt$ と表される．水素ガスは，溶液中に浸した Pt の表面を泡となっておおい，Pt に電子を与えて H^+ に変わる．また一方，溶液中の H^+ が Pt から電子を奪って H_2 ガスになる変化も起こる．したがって，平衡状態に達したときの電極反応は

$$H^+ + e^- \rightleftharpoons \frac{1}{2} H_2 \quad (11.19)$$

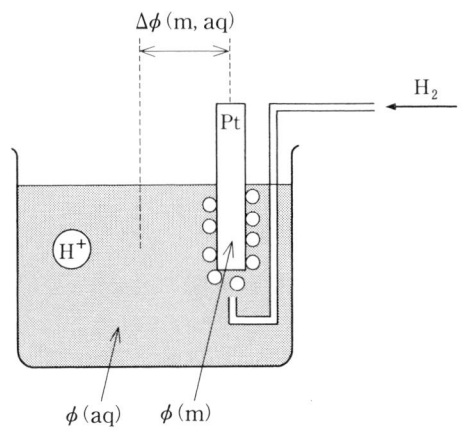

図 11-6 水素電極の模式図

で表される．なお，不活性金属は電子のやりとりの仲立ちとなるだけで，他の反応には関与しない．

さて，この電極反応が平衡状態に達していれば，化学平衡の条件より

$$\bar{\mu}_{H^+}(aq) + \bar{\mu}_{e^-}(m) = \frac{1}{2}\bar{\mu}_{H_2}(g) \tag{11.20}$$

が成り立っている．そこで，溶液の電位を $\phi(aq)$，Pt の電位を $\phi(m)$ とすれば，それぞれの反応種の電気化学ポテンシャルは

$$\left.\begin{array}{l}\bar{\mu}_{H^+}(aq) = \mu_{H^+}(aq) + F\phi(aq) \\ \bar{\mu}_{e^-}(m) = \mu_{e^-}(m) - F\phi(m) \\ \bar{\mu}_{H_2}(g) = \mu_{H_2}(g)\end{array}\right\} \tag{11.21}$$

で与えられる．これらを式 (11.20) に代入して整理すると，電極電位と反応種の化学ポテンシャルの関係として次式が得られる．

$$\begin{aligned}\Delta\phi(m, aq) &= \phi(m) - \phi(aq) \\ &= \frac{1}{F}\left\{\mu_{H^+}(aq) + \mu_{e^-}(m) - \frac{1}{2}\mu_{H_2}(g)\right\}\end{aligned} \tag{11.22}$$

ここでも，電極反応にかかわる化学種の化学ポテンシャルの大小関係が電極電位を決めることがわかる．式 (11.22) に現れる化学ポテンシャルのうち，μ_{H^+} は溶液中の H^+ の活量 a_{H^+} に依存し，また μ_{H_2} は H_2 ガスのフガシティ f_{H_2}（大ざっぱには圧力 p_{H_2}）に依存する．それらの関係は

$$\left.\begin{array}{l}\mu_{H^+}(aq) = \mu_{H^+}^\circ + RT \ln a_{H^+} \\ \mu_{H_2}(g) = \mu_{H_2}^\circ + RT \ln f_{H_2}\end{array}\right\} \tag{11.23}$$

で与えられ，式 (11.23) を式 (11.22) に代入し，整理すると

$$\Delta\phi(m, aq) = \frac{1}{F}\left(\mu_{H^+}^\circ + \mu_{e^-} - \frac{1}{2}\mu_{H_2}^\circ\right) + \frac{RT}{F}\ln\frac{a_{H^+}}{f_{H_2}^{1/2}} \tag{11.24}$$

が得られる．この式の右辺第 1 項は，H^+ の活量や H_2 ガスのフガシティには無関係なも

§11.4 種々の電極電位

ので，そこでこれを再び $\Delta\phi°(\mathrm{m,aq})$ とおこう．そうすれば，式(11.24)は次のように書ける．

$$\Delta\phi(\mathrm{m,aq}) = \Delta\phi°(\mathrm{m,aq}) + \frac{RT}{F} \ln \frac{a_{\mathrm{H}^+}}{f_{\mathrm{H}_2}^{1/2}} \tag{11.25}$$

式(11.25)が水素電極の電極電位を溶液中の H^+ の活量および H_2 ガスのフガシティと関係づけるものである．なおここで，標準電極電位の $\Delta\phi°(\mathrm{m,aq})$ は $a_{\mathrm{H}^+} = 1$ かつ $f_{\mathrm{H}_2} = 1$ のときの電極電位に相当する．

11.4.2 イオン｜不溶性塩｜金属 電極

この型の電極の例としては**銀-塩化銀電極**があげられる．その構成は，図11-7に示すように，Agの表面をその不溶性の塩AgClの膜でおおったものをCl⁻を含む溶液に浸したものであり，Cl⁻｜AgCl｜Ag または Cl⁻｜AgCl, Ag と表される．この電極は2つの界面をもつ系と考えられる．1つはAgとAgCl膜の間の界面で，そこでは，たとえば，AgCl中のAg⁺が金属から電子を奪ってAgに変わる反応が起こる．

$$\mathrm{AgCl(salt) + e^- \longrightarrow Ag(m) + Cl^-(salt)}$$

このとき，AgCl膜中にはCl⁻が残されることになる．もう1つの界面は，AgCl膜と溶液の間の界面で，そこではAgCl膜中に残されたCl⁻が溶液中に溶け出す変化が起こる．

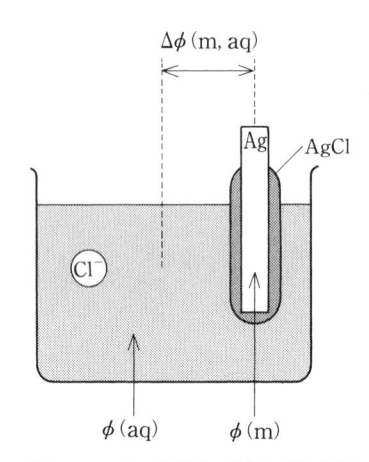

図11-7 銀-塩化銀電極の模式図

$$\mathrm{Cl^-(salt) \longrightarrow Cl^-(aq)}$$

したがって，全体としての反応は

$$\mathrm{AgCl(salt) + e^- \longrightarrow Ag(m) + Cl^-(aq)}$$

となる．この反応の逆反応も起こるわけで，そこで銀-塩化銀電極の電極反応は，

$$\mathrm{AgCl(salt) + e^- \rightleftharpoons Ag(m) + Cl^-(aq)} \tag{11.26}$$

のように表される．

電極反応が平衡状態に達したときの溶液と金属の間の電位差は，式(11.26)に化学平衡の条件を適用することによって，前に示したのと同様の手順により導かれる．その結果，銀-塩化銀電極の電極電位に対して次式が得られる．

$$\Delta\phi(\mathrm{m,aq}) = \Delta\phi°(\mathrm{m,aq}) - \frac{RT}{F} \ln a_{\mathrm{Cl}^-} \tag{11.27}$$

なおここで，標準電極電位 $\Delta\phi°(\mathrm{m,aq})$ は，溶液中のCl⁻の活量が1のときの電極電位に相当する．

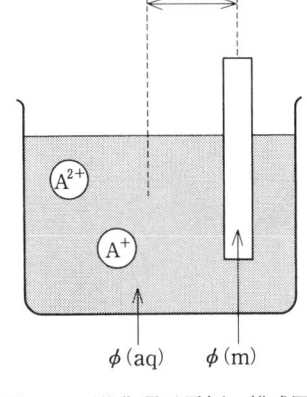

この型の電極のもう1つの例に**甘こう電極（カロメル電極）**と呼ばれるものがある．これは，金属水銀がその不溶性塩の甘こう（Hg_2Cl_2）と接し，甘こうがまたCl^-溶液と接しているものである（$Cl^-｜Hg_2Cl_2, Hg$）．その電極反応は

$$\frac{1}{2}Hg_2Cl_2(salt) + e^- \rightleftharpoons Hg(m) + Cl^-(aq)$$

で表され，電極電位はやはり式（11.27）で与えられる．銀-塩化銀電極や甘こう電極は取り扱いやすく，また電位も安定しているので，参照電極としてよく用いられる．

11.4.3 酸化還元電極

ある1つの化学種（A）が，溶液中で2つの異なった酸化状態（たとえばA^+とA^{2+}）で存在するとしよう．いまこの溶液に，Ptなどの不活性金属を入れたとき，A^+とA^{2+}の間の移り変わりが，電極を仲立ちとした電子のやりとりで起こる場合，溶液と金属の間に電位差が生じる．この型の電極を酸化還元電極と呼び，$A^{2+}, A^+｜M$で表す（図11-8）．

この場合，電極反応は

$$A^{2+} + e^- \rightleftharpoons A^+$$

で表され，電極電位は

$$\boxed{\Delta\phi(m, aq) = \Delta\phi°(m, aq) + \frac{RT}{F}\ln\frac{a_{A^{2+}}}{a_{A^+}}}$$

（11.28）

図 11-8 酸化還元電極の模式図

で与えられる．式（11.28）からわかるように，この型の電極の電極電位は溶液中の酸化型（A^{2+}）の活量と還元型（A^+）の活量の比で決まる．

例題11.2 $Fe^{3+} + e^- \rightleftharpoons Fe^{2+}$の反応に基づく標準電極電位は，後で述べる約束に従えば$\Delta\phi°(m, aq) = 0.771\,V\,(25\,°C)$と決められる．25 °Cで，$Fe^{2+}$と$Fe^{3+}$を含む溶液にPtを浸したところ，平衡状態で$Fe^{2+}$の濃度が$5\times10^{-2}\,mol\,dm^{-3}$，$Fe^{3+}$の濃度が$1\times10^{-3}\,mol\,dm^{-3}$であった．このときの酸化還元電位はいくらになるか．活量を濃度で近似して計算せよ．

解 式（11.28）より，

$$\Delta\phi(m, aq) = \Delta\phi° + \frac{2.303RT}{F}\log\frac{a_{Fe^{3+}}}{a_{Fe^{2+}}}$$

$$= 0.771\,(V) + 0.0591\,(V)\times\log\frac{1\times10^{-3}}{5\times10^{-2}} = 0.671\,(V)$$

これまでいくつかのタイプの電極について，電極電位と反応種の活量の関係を見てき

た．これらの電極電位は，金属とそれを浸した溶液の間の電位差であった．次に，これらの電極電位とは多少おもむきを異にする電位差について触れておこう．

11.4.4 液間電位

電位差はイオン性溶液の接合部（2種類の溶液が接する部分）にも生じる．簡単な例は濃度の異なる塩酸の接合部で見られる．図 11-9 に示すように，多孔質の隔壁で仕切った2つの部屋に異なる濃度の塩酸が入っている状況を考えよう．H^+ も Cl^- も濃度が高いほうから低いほうへ拡散によって移動する．このとき，H^+ のほうが移動度が大きいため，図の左側の部屋では負電荷が過剰に，また右側の部屋では正電荷が過剰になり，隔壁をはさんで電位差が生じる．この電位差はイオンの拡散速度の違いから生じるもので，異なる電解質溶液の接合部にも現れる．このような電位差を液間電位と呼ぶ．また液間電位を生じるような電解質溶液の接合を液体連絡（liquid junction）または略して**液絡**という．イオンの拡散は非平衡現象であり，液間電位は熱力学的に解析することはできない．

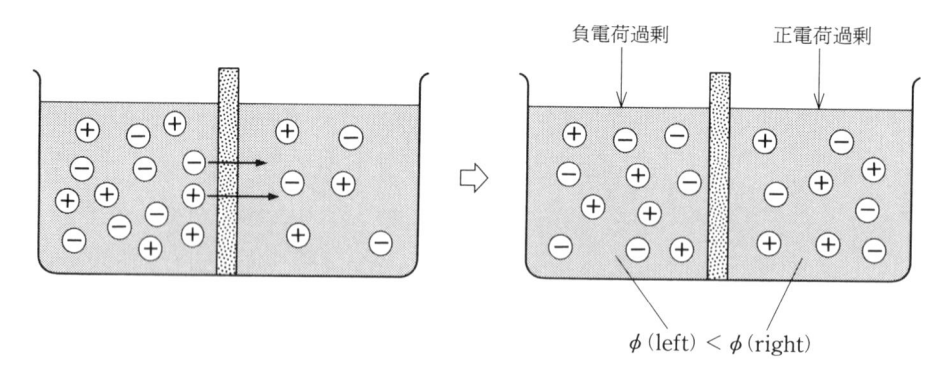

図 11-9 液間電位

11.4.5 膜 電 位

上に述べた液間電位は，濃度の異なる電解質溶液を，イオンが自由に透過できるような隔壁で仕切ったときに現れる非平衡状態での電位差であった．もし，この隔壁のかわりに，たとえば陽イオン M^{z+} だけが透過できるような膜で仕切った場合（図 11-10），状況は違ってくる．仕切った直後は，濃度が高いほうから低いほうへ（図 11-10 では左側から右側へ）M^{z+} が移動する．これは，M^{z+} の化学ポテンシャルの違いによって起こる拡散現象である．M^{z+} の移動につれて，左側の部屋では負電荷が過剰になり，また逆に右側の部屋では正電荷が過剰になる．その結果，M^{z+} の電気化学ポテンシャルは左側の部屋では下がり，右側の部屋では上がってくる．そして，やがては両側の部屋で電気化学ポテンシャルが等しくなり，そのとき見かけ上 M^{z+} の移動は止まる．このとき，膜をはさんで高濃度側の陽イオン $M^{z+}(h)$ と低濃度側の陽イオン $M^{z+}(l)$ の間で次のような平衡が成り立つ．

$$M^{z+}(h) \rightleftarrows M^{z+}(l)$$

この平衡状態に達したときの膜の両側の電位差 $\Delta\phi(l, h)$ は次式で与えられ，これを膜電位

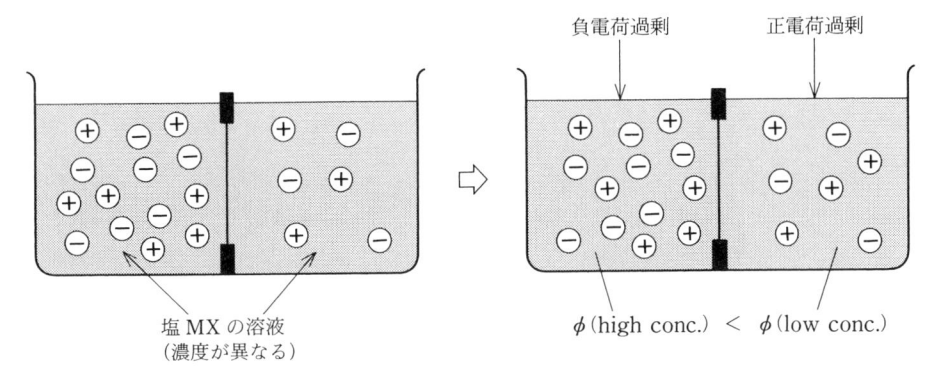

図 11-10 膜電位

と呼ぶ.

$$\Delta\phi(l, h) = \phi(l) - \phi(h) = \frac{RT}{zF} \ln \frac{a_{M^{z+}}(h)}{a_{M^{z+}}(l)} \tag{11.29}$$

ここで,括弧内の記号 h と l はそれぞれ高濃度側および低濃度側の溶液を示す.膜電位を表す関係式には標準電極電位に相当する項が現れてこないことに注意しよう.これは,$M^{z+}(h)$ と $M^{z+}(l)$ の標準化学ポテンシャルが同じものであり,化学ポテンシャルの差をとったとき打ち消し合って消えてしまうからである.したがって,膜電位は膜をはさんだ両側の電解質の活量比だけで決まる.

例題 11.3 哺乳動物の神経細胞は K^+ をよく通すが,他のイオンは通しにくい.また,細胞内の K^+ 濃度は細胞外の K^+ 濃度の約 20 倍である.細胞の内と外の電位差が K^+ の濃度差によって生じているとして,25 °C における膜電位を見積もってみよ.

解 K^+ の活量を濃度で近似すれば,式 (11.29) より

$$\Delta\phi(\text{in}, \text{out}) = \frac{RT}{F} \ln \frac{[K^+(\text{out})]}{[K^+(\text{in})]}$$

いま,$\frac{[K^+(\text{out})]}{[K^+(\text{in})]} = \frac{1}{20}$ だから

$$\Delta\phi(\text{in}, \text{out}) = 0.059 \log\left(\frac{1}{20}\right) = -0.077 \,(\text{V})$$

すなわち,細胞の内側のほうが外側より約 77 mV だけ電位が低いことになる.この値は,実際に観測される値に近いものであり,このことから神経細胞の膜電位は大ざっぱにいって K^+ の細胞内外の濃度差によって生じているものと考えられる.

11.4.6 電極電位と反応種の活量の関係についてのまとめ

これまで,いくつかの電極について,電極電位を表す関係式を示してきた.それらは電極の型によって異なっているが,電極反応と電極電位の表式を見比べてみると,それらの間にある規則性があることに気がつくだろう.したがって,電極反応がわかりさえすれば,いちいち電気化学ポテンシャルから出発して導出しなくても,電極電位の表式を書き下す

ことができる．以下にその手順について示そう．

まず，電極反応を，**還元反応として**（すなわち，電子が反応式の左辺にくるように），かつ，**電子 1 モルについて**書くことに約束する．この約束に従って，ある電極反応が次のように書かれたとしよう．

$$\nu_A A + e^- \rightleftharpoons \nu_B B \tag{11.30}$$

ここで，ν は化学量論係数を表す．すると，この反応による電極電位は，標準電極電位 $\Delta\phi°$ と反応種の活量を含む項の和として

$$\boxed{\Delta\phi(m, aq) = \Delta\phi° + \frac{RT}{F} \ln \frac{a_A^{\nu_A}}{a_B^{\nu_B}}} \tag{11.31}$$

のように表される．対数項の分子には，反応式の左辺の反応種の活量の ν_A 乗が，また分母には，反応式の右辺の反応種の活量の ν_B 乗が入ってくることに注意しよう．電極反応に関与する化学種がもっと多い場合は，それぞれの化学種の活量に化学量論係数だけのべき乗をしたものの積が入ってくる．

この規則に従って，甘こう電極の電極電位を書き下してみよう．甘こう電極の電極反応は，前にも示したように，次式で表される．

$$\frac{1}{2} Hg_2Cl_2(salt) + e^- \rightleftharpoons Hg(m) + Cl^-(aq)$$

この場合，電極電位の表式中の対数項の分子は $(a_{Hg_2Cl_2})^{1/2}$，分母は $a_{Hg} a_{Cl^-}$ となり，$\Delta\phi(m, aq)$ は

$$\Delta\phi(m, aq) = \Delta\phi° + \frac{RT}{F} \ln \frac{(a_{Hg_2Cl_2})^{1/2}}{a_{Hg} a_{Cl^-}} \tag{11.32}$$

と書ける．ここで，Hg_2Cl_2 と Hg は純物質だから，それらの活量は 1 である．したがって，これより甘こう電極の電極電位として式（11.27）が得られる．

おそらく，化学平衡の平衡定数を書き下すことにはなじみがあるだろう．この場合，いったんその原理を理解した後では，いちいち化学ポテンシャルにまでさかのぼって平衡定数の表式を導出することはしない．それと同様に電極電位の表式についても，その導出過程を納得したら，あとは電気化学ポテンシャルまでさかのぼらなくても，電極反応がわかればそれから形式的に導き出せるものである．

§11.5 電 池

この章のはじめにも述べたように，2 つの電極（半電池）を組み合わせることによって電池がつくられる．例として，図 11-11 は銀-塩化銀電極と水素電極を組み合わせた電池を示している．電池の表記法では，これは Ag｜AgCl｜HCl｜H_2｜Pt または Ag, AgCl｜HCl｜H_2, Pt のように表される．こうして構成した電池の 2 つの電極間の電位差を起電力と呼び，記号 E で表す．

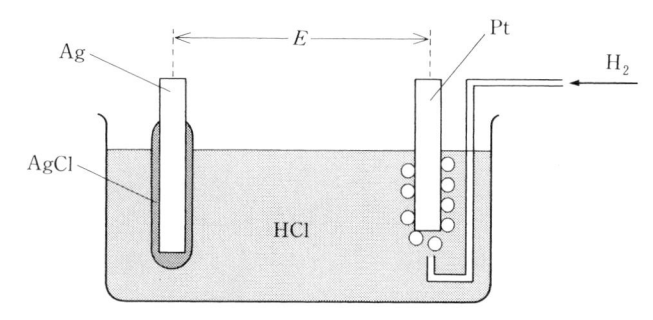

図 11-11 銀–塩化銀電極と水素電極から構成された電池の模式図

電池の起電力を測定することによって，物理化学的な研究をするうえで有用なデータを得ることができる．この節以降で，起電力測定からどのような情報がどのようにして得られるかについて示していく．起電力を知るには，原理的には2つの半電池を組み合わせて電極間の電位差を測定すればよい．しかし，実際にその測定をする場合，いくつかの問題点が生じてくる．そこでまず，起電力測定の際に気をつけなければならない点を述べることから始めよう．

11.5.1 起電力測定のためのいくつかの問題点

2つの電極間の電位差を知ろうとする場合，それを測定するための何らかの装置（計測器）につながなければならない．このとき，電気回路が構成されることになるが，この回路に電流が流れると，電池内部で電極反応が進行し，溶液中のイオン濃度が変わる．それに伴って，電極間の電位差も変わってくる．つまり，外部回路に電流が流れると電極反応の平衡がくずれてくる．われわれが必要とするのは電極反応が平衡状態にあるときの電極間の電位差，すなわち電極電位の差である（熱力学的な解析が可能なのは平衡状態に限られることを思い起こそう）．起電力を測るために講じた手段が平衡を乱すのでは具合が悪い．したがって，起電力は電流を流さずに測定することが必要となる．これを実現するためには電位差計を用いればよい（図 11-12）．この方法では，外部回路に別の電源を入れ，可変

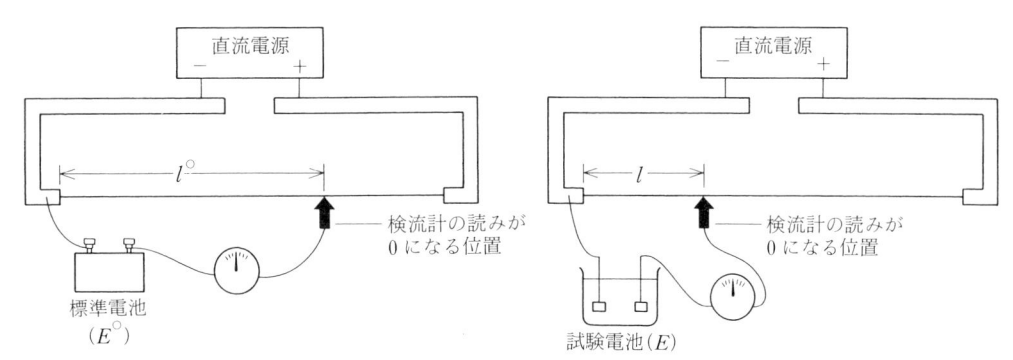

図 11-12 電位差計による電池の起電力の測定．標準電池の起電力を E° とし，一定の直流電源に対する試験電池と標準電池のつり合いの位置を l, l° とすれば，試験電池の起電力は $(l/l^\circ)E^\circ$ となる．

抵抗を調節して，測定しようとする電池の電位とつり合わせる．このつり合いの位置を，標準電池を用いたときのつり合いの位置と比較すれば目的とする電位差がわかる．こうすれば，つり合いの位置を探すための多少の電流は必要になるが，わずかな電流を流すだけで2つの電極間の電位差を知ることができる．

第2の問題点は，前節で述べた液間電位と関連したものである．図11-11のような電池では，2つの電極の電解質溶液は共通しているので，この問題は生じてこない．しかし，異なる電解質溶液を用いる電極を組み合わせる場合，電解質溶液間に液絡が現れる．液絡はイオンの不可逆的な移動を伴うので，電池反応に対して熱力学的な不可逆性をもたらすことになり，都合が悪い．液絡によって生じる不可逆性の効果を最小限に抑える方法の1つは，**塩橋**（salt bridge）を用いて2つの半電池を接続することである．塩橋は，正負イオンの移動度がほぼ等しい塩（KClやKNO$_3$）の濃厚溶液を寒天やゼラチンでゲル状に固めたもので，これをU字管などに詰め，図11-13に示したようにして2つの電極を接続する．電池の表記法では，塩橋の使用などによって半電池間の液絡が取り除かれている場合 ∥ を使って表す．たとえば，M_1 | M_1^{z+} ∥ M_2^{z+} | M_2 と書かれた場合，この電池は M_1^{z+} イオンを含む溶液と M_2^{z+} イオンを含む溶液の間の液絡が消去されていることを示す．

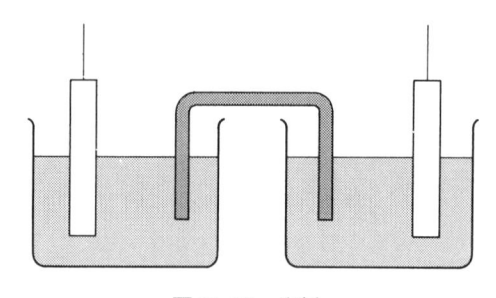

図11-13 塩橋

第3に接触電位差の問題がある．2種類の金属を接触させた場合，その接合部分に電位差が生じる．これも一種の界面電位差である．電池内の電極は，一般に異なる金属で形成されているので，導線を使って計測器に接続する場合，その結線部の接触電位差のための複雑さが生じる．この接触電位差の影響を防ぐために，電池の端子や導線は，2つの電極で同じ材質のものを用いるようにする．電池の端子としては，ふつう，白金が用いられる．

以上述べたような起電力測定の際の注意すべきことを頭においたうえで，次に起電力と電極電位の関係について見ていこう．

11.5.2　起電力と電極電位

前にも述べたように，電流が流れない状態で白金端子を用いて測定した2つの電極間の電位差が，その電池の起電力である．図11-14は，一般的な，液絡のない電池について，起電力と各部分の電位の関係を示したものである．この図から，起電力 E は次のように表せることがわかるだろう．

$$E = \Delta\phi(\text{Pt}, \text{m}_1) + \Delta\phi(\text{m}_1, \text{aq}) + \Delta\phi(\text{aq}, \text{m}_2) + \Delta\phi(\text{m}_2, \text{Pt}) \tag{11.33}$$

ここで，白金端子をも含めた右側と左側の半電池の電極電位は，それぞれ

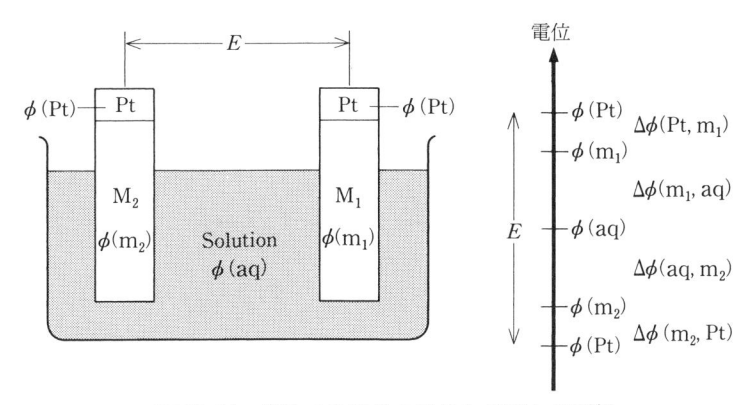

図 11-14 電池の各部分の電位と起電力の関係

$$E_R = \Delta\phi(\mathrm{Pt}, \mathrm{m}_1) + \Delta\phi(\mathrm{m}_1, \mathrm{aq})$$
$$E_L = \Delta\phi(\mathrm{Pt}, \mathrm{m}_2) + \Delta\phi(\mathrm{m}_2, \mathrm{aq})$$

であり，また，$\Delta\phi(\mathrm{Pt}, \mathrm{m}_2) = -\Delta\phi(\mathrm{m}_2, \mathrm{Pt})$，$\Delta\phi(\mathrm{m}_2, \mathrm{aq}) = -\Delta\phi(\mathrm{aq}, \mathrm{m}_2)$ であることを考え合わせると，起電力は E_R と E_L の差，すなわち，

$$E = E_R - E_L \tag{11.34}$$

で与えられることになる．もし，左右の半電池を入れ替えると，起電力の絶対値は同じだが，その符号は反対になる．したがって，起電力の符号について，何らかの約束を設けておかないと混乱が生じる．そこで，起電力は，電池の表記法に従って**右側に書かれた半電池の電極電位から左側に書かれた半電池の電極電位を差し引いたもの**というふうに約束する．ダニエル電池を例にとって説明しよう．これは電池の表記法では次のように書ける．

$$\mathrm{Zn} \mid \mathrm{ZnSO}_4(C_1) \parallel \mathrm{CuSO}_4(C_2) \mid \mathrm{Cu}$$

上の電池式を見て，この電池が「濃度 C_1 の ZnSO_4 溶液に Zn を浸した半電池と濃度 C_2 の CuSO_4 溶液に Cu を浸した半電池を組み合わせ，かつ，塩橋等により液絡が取り除かれた電池」であることが読み取れる．この電池の起電力が，いまたとえば $0.2\,\mathrm{V}$ であったとしよう．すなわち，

$$E = E_R - E_L = 0.2\,\mathrm{V}$$

このとき，E_R および E_L は，それぞれ $\mathrm{CuSO}_4(C_2) \mid \mathrm{Cu}$ および $\mathrm{ZnSO}_4(C_1) \mid \mathrm{Zn}$ の電極電位に対応し，前者のほうが後者より $0.2\,\mathrm{V}$ だけ高いわけである．この電池を，もし

$$\mathrm{Cu} \mid \mathrm{CuSO}_4(C_2) \parallel \mathrm{ZnSO}_4(C_1) \mid \mathrm{Zn}$$

と書いたならば，その起電力は

$$E = E_R - E_L = -0.2\,\mathrm{V}$$

となり，この場合の E_R, E_L とそれぞれの電極との対応関係は上とは逆になる．このように，起電力を記載する場合は必ず電池式によりその構成を明示しなければならない．もちろんこれは，実際に実験する場合に，ある半電池を右に置くか左に置くかということとは無関係のことであり，電池の構成の表し方と起電力の符号のとり方の間に設けた約束事で

ある．

上で見たように，電池の起電力は，それを構成する2つの半電池の電極電位で決まる．ところで，半電池の電極電位は，前節で示したように，電極反応に関与する反応種の濃度（活量）に依存する．したがって，起電力もまた，反応種の濃度によって変わってくる．そこで次に，起電力と電極反応にかかわる反応種の濃度（活量）の関係を調べよう．

11.5.3　起電力の濃度依存性 —— Nernstの式

次のような，ダニエル電池のタイプの電池を考えよう．

$$M_1 \mid M_1^+ \parallel M_2^+ \mid M_2$$

この電池の右側の半電池の電極反応は

$$M_2^+ + e^- \rightleftarrows M_2$$

であり，その電極電位は

$$E_R = \Delta\phi(Pt, m_2) + \Delta\phi(m_2, aq)$$

$$= \Delta\phi(Pt, m_2) + \Delta\phi^\circ + \frac{RT}{F} \ln a_{M_2^+}$$

$$= E_R^\circ + \frac{RT}{F} \ln a_{M_2^+} \tag{11.35}$$

のように表される．ここで，白金端子と金属間の接触電位差をも含めた標準電極電位を E_R° で表した．左側の電極については，その電極反応は

$$M_1^+ + e^- \rightleftarrows M_1$$

であり，電極電位は，上と同様にして

$$E_L = E_L^\circ + \frac{RT}{F} \ln a_{M_1^+} \tag{11.36}$$

と表される．したがって，起電力は

$$E = E_R - E_L = E_R^\circ - E_L^\circ + \frac{RT}{F} \ln \frac{a_{M_2^+}}{a_{M_1^+}} \tag{11.37}$$

で与えられる．ここで，

$$E^\circ = E_R^\circ - E_L^\circ \tag{11.38}$$

とおけば，この型の電池の起電力と反応種の活量の関係は次式のように表される．

$$\boxed{E = E^\circ + \frac{RT}{F} \ln \frac{a_{M_2^+}}{a_{M_1^+}}} \tag{11.39}$$

E° は $a_{M_1^+} = 1$，$a_{M_2^+} = 1$ のときの起電力に相当し，これを**標準起電力**と呼ぶ．起電力を，電極反応に関与する化学種の活量に結びつける式(11.39)のような関係を **Nernstの式**という．Nernstの式の対数項の中身は電池を構成する半電池の種類によって異なるが，半電池の電極反応がわかれば，その電池に対するNernstの式を書くことは容易にできるだろう．

例題 11.4 図 11-11 の電池に対する Nernst の式を書け．

解 図 11-11 の電池 Ag, AgCl | HCl | H$_2$, Pt の電極電位はそれぞれ

$$E_R = E_R^\circ + \frac{RT}{F} \ln \frac{a_{H^+}}{f_{H_2}^{1/2}}, \qquad E_L = E_L^\circ - \frac{RT}{F} \ln a_{Cl^-}$$

である．したがって，

$$E = E_R - E_L = E^\circ + \frac{RT}{F} \ln \frac{a_{H^+} a_{Cl^-}}{f_{H_2}^{1/2}}$$

11.5.4 標準電極電位

上で示したように，電池の起電力は，標準起電力と電極反応の反応種の濃度（活量）によって表される．この関係，すなわち Nernst の式から，ある濃度のときの起電力を予測するためには，その電池の標準起電力の値 E° がわかっていなければならない．E° は，式（11.38）により 2 つの半電池の標準電極電位（E_R° および E_L°）の差として与えられる．ところが，E_R° や E_L° は，その絶対値を知ることはできない．そこで，ある基準となる半電池を決め，その基準電極に対する相対的な電位として任意の電極の電極電位を評価するという方法をとる．基準となる半電池としては，H$^+$ の活量が 1 で，H$_2$ のフュガシティが 1 atm（1.013×10^5 Pa）であるような水素電極を選び，その電極電位を 0 と決める．この電極，すなわち

$$H^+(a_{H^+} = 1) \mid H_2(f = 1\,\text{atm}) \mid Pt$$

を**標準水素電極**（standard hydrogen electrode；SHE）という．

このような約束を設ければ，標準水素電極を他の半電池と組み合わせて電池を構成し，その起電力を測定すれば，それがその半電池の電極電位になる．また，この半電池の反応種の活量がすべて 1 のときの起電力が標準電極電位に相当し，こうして任意の電極の標準電極電位を決めることができる．標準電極電位が決められた半電池は，また別の電極と組み合わせることによって，その標準電極電位を決めるために利用できる．ただし，反応種の活量が 1 の溶液を調製することは必ずしも容易ではないので，ある工夫が必要である（標準電極電位を決定する実際の方法についてはすぐ後で示す）．なお，この場合，**標準水素電極を左側の電極に，また調べようとする電極を右側の電極にする**ように約束する．こうして得られた標準電極電位を**標準還元電位**（standard reduction potential）と呼ぶ．標準還元電位は SHE と組み合わせた電池の標準起電力に相当するもので，今後これを記号 E° で表そう．いくつかの電極について，その標準還元電位を表 11-1 に示した．

さてここで，起電力の符号の意味することについて考えてみよう．再び，

$$M_1 \mid M_1^+ \parallel M_2^+ \mid M_2$$

の型の電池を例にとる．いま，この電池は $E > 0$ としよう．電流が流れない状況では（起電力測定はこの条件で行われる），右側の電極では

表 11-1　25 °C における標準電極電位（標準還元電位）

電　極	電極反応	$E°/\text{V}$
	酸性溶液	
$\text{Li}^+ \mid \text{Li}$	$\text{Li}^+ + \text{e} \rightleftarrows \text{Li}$	-3.045
$\text{K}^+ \mid \text{K}$	$\text{K}^+ + \text{e} \rightleftarrows \text{K}$	-2.925
$\text{Cs}^+ \mid \text{Cs}$	$\text{Cs}^+ + \text{e} \rightleftarrows \text{Cs}$	-2.923
$\text{Ra}^{2+} \mid \text{Ra}$	$\text{Ra}^{2+} + 2\,\text{e} \rightleftarrows \text{Ra}$	-2.92
$\text{Ba}^{2+} \mid \text{Ba}$	$\text{Ba}^{2+} + 2\,\text{e} \rightleftarrows \text{Ba}$	-2.906
$\text{Ca}^{2+} \mid \text{Ca}$	$\text{Ca}^{2+} + 2\,\text{e} \rightleftarrows \text{Ca}$	-2.866
$\text{Na}^+ \mid \text{Na}$	$\text{Na}^+ + \text{e} \rightleftarrows \text{Na}$	-2.714
$\text{Mg}^{2+} \mid \text{Mg}$	$\text{Mg}^{2+} + 2\,\text{e} \rightleftarrows \text{Mg}$	-2.363
$\text{Pu}^{3+} \mid \text{Pu}$	$\text{Pu}^{3+} + 3\,\text{e} \rightleftarrows \text{Pu}$	-2.03
$\text{Al}^{3+} \mid \text{Al}$	$\text{Al}^{3+} + 3\,\text{e} \rightleftarrows \text{Al}$	-1.662
$\text{Zn}^{2+} \mid \text{Zn}$	$\text{Zn}^{2+} + 2\,\text{e} \rightleftarrows \text{Zn}$	-0.763
$\text{Fe}^{2+} \mid \text{Fe}$	$\text{Fe}^{2+} + 2\,\text{e} \rightleftarrows \text{Fe}$	-0.440
$\text{Cd}^{2+} \mid \text{Cd}$	$\text{Cd}^{2+} + 2\,\text{e} \rightleftarrows \text{Cd}$	-0.403
$\text{Sn}^{2+} \mid \text{Sn}$	$\text{Sn}^{2+} + 2\,\text{e} \rightleftarrows \text{Sn}$	-0.136
$\text{Pb}^{2+} \mid \text{Pb}$	$\text{Pb}^{2+} + 2\,\text{e} \rightleftarrows \text{Pb}$	-0.126
$\text{H}^+ \mid \text{H}_2 \mid \text{Pt}$	$2\,\text{H}^+ + 2\,\text{e} \rightleftarrows \text{H}_2$	0
$\text{S}_2\text{O}_3^{2-}, \text{S}_4\text{O}_6^{2-} \mid \text{Pt}$	$\text{S}_4\text{O}_6^{2-} + 2\,\text{e} \rightleftarrows 2\,\text{S}_2\text{O}_3^{2-}$	$+0.08$
$\text{Sn}^{4+}, \text{Sn}^{2+} \mid \text{Pt}$	$\text{Sn}^{4+} + 2\,\text{e} \rightleftarrows \text{Sn}^{2+}$	$+0.15$
$\text{Cu}^{2+}, \text{Cu}^+ \mid \text{Pt}$	$\text{Cu}^{2+} + \text{e} \rightleftarrows \text{Cu}^+$	$+0.153$
$\text{Cl}^- \mid \text{AgCl} \mid \text{Ag}$	$\text{AgCl} + \text{e} \rightleftarrows \text{Ag} + \text{Cl}^-$	$+0.222$
$\text{Cu}^{2+} \mid \text{Cu}$	$\text{Cu}^{2+} + 2\,\text{e} \rightleftarrows \text{Cu}$	$+0.337$
$\text{Fe(CN)}_6^{4-}, \text{Fe(CN)}_6^{3-} \mid \text{Pt}$	$\text{Fe(CN)}_6^{3-} + \text{e} \rightleftarrows \text{Fe(CN)}_6^{4-}$	$+0.36$
$\text{I}^- \mid \text{I}_2 \mid \text{Pt}$	$\text{I}_2 + 2\,\text{e} \rightleftarrows 2\,\text{I}^-$	$+0.536$
$\text{Fe}^{2+}, \text{Fe}^{3+} \mid \text{Pt}$	$\text{Fe}^{3+} + \text{e} \rightleftarrows \text{Fe}^{2+}$	$+0.771$
$\text{Hg}_2^{2+} \mid \text{Hg}$	$\text{Hg}_2^{2+} + 2\,\text{e} \rightleftarrows 2\,\text{Hg}$	$+0.788$
$\text{Ag}^+ \mid \text{Ag}$	$\text{Ag}^+ + \text{e} \rightleftarrows \text{Ag}$	$+0.799$
$\text{Hg}_2^{2+}, \text{Hg}^{2+} \mid \text{Pt}$	$2\,\text{Hg}^{2+} + 2\,\text{e} \rightleftarrows \text{Hg}_2^{2+}$	$+0.920$
$\text{Br}^- \mid \text{Br}_2 \mid \text{Pt}$	$\text{Br}_2 + 2\,\text{e} \rightleftarrows 2\,\text{Br}^-$	$+1.065$
$\text{Mn}^{2+}, \text{H}^+ \mid \text{MnO}_2 \mid \text{Pt}$	$\text{MnO}_2 + 4\,\text{H}^+ + 2\,\text{e} \rightleftarrows \text{Mn}^{2+} + 2\,\text{H}_2\text{O}$	$+1.23$
$\text{Cr}^{3+}, \text{Cr}_2\text{O}_7^{2-}, \text{H}^+ \mid \text{Pt}$	$\text{Cr}_2\text{O}_7^{2-} + 14\,\text{H}^+ + 6\,\text{e} \rightleftarrows 2\,\text{Cr}^{3+} + 7\,\text{H}_2\text{O}$	$+1.33$
$\text{Cl}^- \mid \text{Cl}_2 \mid \text{Pt}$	$\text{Cl}_2 + 2\,\text{e} \rightleftarrows 2\,\text{Cl}^-$	$+1.359$
$\text{Ce}^{3+}, \text{Ce}^{4+} \mid \text{Pt}$	$\text{Ce}^{4+} + \text{e} \rightleftarrows \text{Ce}^{3+}$	$+1.61$
$\text{Co}^{2+}, \text{Co}^{3+} \mid \text{Pt}$	$\text{Co}^{3+} + \text{e} \rightleftarrows \text{Co}^{2+}$	$+1.808$
$\text{SO}_4^{2-}, \text{S}_2\text{O}_8^{2-} \mid \text{Pt}$	$\text{S}_2\text{O}_8^{2-} + 2\,\text{e} \rightleftarrows 2\,\text{SO}_4^{2-}$	$+2.01$
	塩基性溶液	
$\text{OH}^- \mid \text{Ca(OH)}_2 \mid \text{Ca} \mid \text{Pt}$	$\text{Ca(OH)}_2 + 2\,\text{e} \rightleftarrows 2\,\text{OH}^- + \text{Ca}$	-3.02
$\text{H}_2\text{PO}_2^-, \text{HPO}_3^{2-}, \text{OH}^- \mid \text{Pt}$	$\text{HPO}_3^{2-} + 2\,\text{H}_2\text{O} + 2\,\text{e} \rightleftarrows \text{H}_2\text{PO}_2^- + 3\,\text{OH}^-$	-1.565
$\text{ZnO}_2^{2-}, \text{OH}^- \mid \text{Zn}$	$\text{ZnO}_2^{2-} + 2\,\text{H}_2\text{O} + 2\,\text{e} \rightleftarrows \text{Zn} + 4\,\text{OH}^-$	-1.215
$\text{SO}_3^{2-}, \text{SO}_4^{2-}, \text{OH}^- \mid \text{Pt}$	$\text{SO}_4^{2-} + \text{H}_2\text{O} + 2\,\text{e} \rightleftarrows \text{SO}_3^{2-} + 2\,\text{OH}^-$	-0.93
$\text{OH}^- \mid \text{H}_2 \mid \text{Pt}$	$2\,\text{H}_2\text{O} + 2\,\text{e} \rightleftarrows \text{H}_2 + 2\,\text{OH}^-$	-0.828
$\text{OH}^- \mid \text{Ni(OH)}_2 \mid \text{Ni}$	$\text{Ni(OH)}_2 + 2\,\text{e} \rightleftarrows \text{Ni} + 2\,\text{OH}^-$	-0.72
$\text{CO}_3^{2-} \mid \text{PbCO}_3 \mid \text{Pb}$	$\text{PbCO}_3 + 2\,\text{e} \rightleftarrows \text{Pb} + \text{CO}_3^{2-}$	-0.509
$\text{OH}^-, \text{HO}_2^- \mid \text{Pt}$	$\text{HO}_2^- + \text{H}_2\text{O} + 2\,\text{e} \rightleftarrows 3\,\text{OH}^-$	$+0.878$

$$\text{M}_2^+ + \text{e}^- \rightleftarrows \text{M}_2$$

の平衡が，また左側の電極では

$$\text{M}_1^+ + \text{e}^- \rightleftarrows \text{M}_1$$

の平衡が成り立っている．もし，この電池から電流を取り出せば，右側の電極では

$$\text{M}_2^+ + \text{e}^- \longrightarrow \text{M}_2$$

また，左側の電極では
$$M_1 \longrightarrow M_1^+ + e^-$$
の反応が進行する．これは，$E_R > E_L$ だから，電流は右側の電極から左側の電極へ流れ，電子は左側の電極から右側の電極へ導線を伝わって移動することを考えれば容易に理解できるだろう．言い換えると，$E > 0$，すなわち，$E_R > E_L$ ということは，右側の電極では還元反応が，また左側の電極では酸化反応が起ころうとすることを意味する．$E < 0$ の場合は，これとは逆になる．

以上のことを頭において，標準還元電位の表を見てみよう．標準還元電位が高いほど，その電極反応は還元方向に進行する傾向が強い．したがって，2つの電極反応を組み合わせたとき，高い電極電位をもつほうの反応種が還元され，低い電極電位のほうの反応種が酸化されるような変化が起こる．たとえば，

$$\frac{1}{2}Cu^{2+} + e^- \rightleftharpoons \frac{1}{2}Cu \text{ に対して} \quad E° = +0.337 \text{ V}$$

$$\frac{1}{3}Al^{3+} + e^- \rightleftharpoons \frac{1}{3}Al \text{ に対して} \quad E° = -1.662 \text{ V}$$

だから，この2つの反応を組み合わせれば，Cu^{2+} が還元されて Cu になり，Al が酸化されて Al^{3+} になることが予測できる．実際，Cu^{2+} を含む溶液に Al を浸すと，Al の表面に Cu が樹枝状に析出することはおなじみの現象であろう（銅樹）．このとき，Al は Al^{3+} となって溶液中に溶け出す．このように，標準還元電位の表をながめるだけで酸化還元の方向を知ることができ，これはこの表の有用性の1つである．

11.5.5 標準電極電位の決定

ある任意の電極の標準電極電位を決めるには，原理的には，その電極反応に関与する反応種の活量がすべて1の状態で，SHE と組み合わせて構成した電池の起電力を測定すればよい．しかし，反応種の活量が1の溶液を調製することは一般的には困難である．そこで，実際には以下に示すような方法がとられる．銀–塩化銀電極を例にとろう．この電極の $E°$ を決めるためには，次の電池の起電力を測定する．

$$\text{Pt, H}_2(1 \text{ atm}) \mid \text{HCl}(m) \mid \text{AgCl, Ag}$$

ここで，m は HCl の質量モル濃度である．この電池の起電力は

$$E = E° - \frac{RT}{F} \ln a_{H^+} a_{Cl^-} \tag{11.40}$$

で与えられる（例題 11.4 を見よ）．活量と濃度の関係は，§11.3 で見たように，

$$a_{H^+} = \gamma_\pm m_{H^+}$$

$$a_{Cl^-} = \gamma_\pm m_{Cl^-}$$

であり，また，いまの場合，

$$m_{H^+} = m_{Cl^-} = m$$

である．これらの関係を式(11.40)に代入して

$$E = E° - \frac{RT}{F}\ln m^2 - \frac{RT}{F}\ln \gamma_\pm^2 \tag{11.41}$$

が得られるが，これは次のように書き換えられる．

$$E + \frac{2RT}{F}\ln m = E° - \frac{2RT}{F}\ln \gamma_\pm \tag{11.42}$$

ここで，Debye-Hückelの極限則(式(11.18))を用いれば，$\gamma_\pm$をmで表すことができ，1価-1価型電解質の場合，その関係は次式で与えられる．

$$\log \gamma_\pm = -0.509\sqrt{m} \tag{11.43}$$

そこで，式(11.42)と式(11.43)から次式が得られる．

$$E + \frac{2RT}{F}\ln m = E° + \frac{2.34RT}{F}\sqrt{m} \tag{11.44}$$

したがって，mを種々に変えてEを測定して，式(11.44)の左辺の量をmの平方根に対してプロットし，それを$m = 0$に外挿すれば，その切片の値として$E°$が得られる．このプロットの例を図11-15に示した．

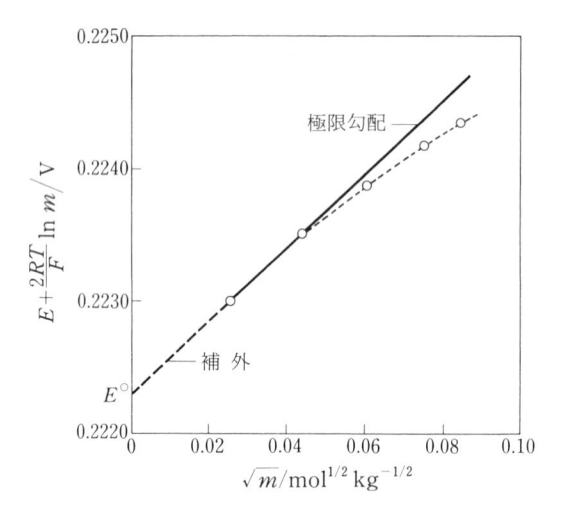

図11-15 標準電極電位の実験的決定

§11.6 標準電極電位と平衡定数

前節でも述べたように，電池から電流を取り出せば電極反応が進行し，反応種の濃度が変化していく．それに伴い起電力は落ちていき，最後には$E = 0$の状態に達する．この間の事情を少し詳しく見てみよう．ここでも，簡単のため次の電池を例にとって考えよう．

$$M_1 | M_1^+ \| M_2^+ | M_2$$

この電池の起電力が正($E > 0$)ならば，電流を流し始めたとき，電池全体として

$$M_2^+ + M_1 \longrightarrow M_2 + M_1^+$$

の反応が起こる．反応が進行するにつれて，M_2^+濃度は減少し，M_1^+濃度は増加してい

くが，やがては，イオン濃度は次の化学平衡で決められる平衡濃度に達するであろう．

$$M_2^+ + M_1 \rightleftharpoons M_2 + M_1^+ \tag{11.45}$$

このとき，電極反応は見かけ上進行しないので起電力はゼロになる．この平衡状態でのNernstの式は，式(11.39)より

$$0 = E° + \frac{RT}{F} \ln\left(\frac{a_{M_2^+}}{a_{M_1^+}}\right)_e \tag{11.46}$$

となる．ここで，イオンの活量は平衡状態（equilibrium state）での活量であることをはっきりさせるために添字 e をつけた．また，$E°$ は標準起電力，すなわち $E° = E_R° - E_L°$ であり，この $E_R°$, $E_L°$ はそれぞれ $M_2^+|M_2$ および $M_1^+|M_1$ の標準還元電位である．一方，電池反応（式(11.45)）の平衡定数 K は

$$K = \left(\frac{a_{M_2} a_{M_1^+}}{a_{M_2^+} a_{M_1}}\right)_e$$

で与えられるが，$a_{M_1} = 1$, $a_{M_2} = 1$ であるから，これは

$$K = \left(\frac{a_{M_1^+}}{a_{M_2^+}}\right)_e \tag{11.47}$$

となる．したがって，式(11.46)と(11.47)を比較することにより

$$\boxed{E° = \frac{RT}{F} \ln K} \tag{11.48}$$

が得られる．こうして式(11.48)を用いることによって，酸化還元平衡の平衡定数を標準還元電位の値から求めることができる．

なおここで，われわれは電池反応について2通りの平衡を考えていることに注意しておこう．1つは電流を流さない状況下での平衡である．この場合，2つの電極の間に電位差が存在し，この平衡は電気化学ポテンシャルで記述される電気化学的平衡である．逆の言い方をすれば，この平衡が電位差つまり起電力を決める．もう1つは，電池から電流を取り出してしまった後に到達される平衡である．この場合，電極間の電位差は消失しているので，この平衡は化学ポテンシャルで決められる化学平衡である．標準還元電位と結びつけられるのは後者のほうの平衡であり，これら2つの平衡を混同しないよう注意が必要である．

標準還元電位から平衡定数を求める実例を次の例題で示そう．

例題 11.5 表11-1にあげられた標準電極電位を用いて，次の反応の 25 ℃ における平衡定数を求めよ．

$$Cu(s) + Cl_2(g) \rightleftharpoons CuCl_2(aq) \tag{E1}$$

解 まずやるべきことは，与えられた反応を2つの電極反応に分けて表すことである．その際，両方とも還元反応として，かつ，電子 1 mol の移動について書くようにしよう．この方式に従えば，この場合の電極反応は次のように表される．

§11.6 標準電極電位と平衡定数 | 297

$$\frac{1}{2}\mathrm{Cl}_2(\mathrm{g}) + \mathrm{e}^- \rightleftharpoons \mathrm{Cl}^-(\mathrm{aq}) \tag{E2}$$

$$\frac{1}{2}\mathrm{Cu}^{2+}(\mathrm{aq}) + \mathrm{e}^- \rightleftharpoons \frac{1}{2}\mathrm{Cu}(\mathrm{s}) \tag{E3}$$

式 (E 2) と式 (E 3) を組み合わせれば (E 1) の反応になる (ただし, 化学量論係数は異なるが). すなわち, この反応は $\mathrm{Cu}\,|\,\mathrm{CuCl}_2\,|\,\mathrm{Cl}_2, \mathrm{Pt}$ で起こる電池反応に対応する. §11.4 で見たように, この2つの電極の電極電位の表式を書くことは容易にできるだろう. それらは, それぞれ次のように表される.

$$E_\mathrm{R} = E_\mathrm{R}^\circ + \frac{RT}{F}\ln\frac{f_{\mathrm{Cl}_2}^{1/2}}{a_{\mathrm{Cl}^-}} \tag{E4}$$

$$E_\mathrm{L} = E_\mathrm{L}^\circ + \frac{RT}{F}\ln\frac{a_{\mathrm{Cu}^{2+}}^{1/2}}{a_{\mathrm{Cu}}^{1/2}} \tag{E5}$$

式 (E 4) と式 (E 5) からこの電池に対する Nernst の式 (次式) が得られる. ただし, ここで $a_\mathrm{Cu} = 1$ を用いた.

$$E = E^\circ + \frac{RT}{2F}\ln\frac{f_{\mathrm{Cl}_2}}{a_{\mathrm{Cu}^{2+}}a_{\mathrm{Cl}^-}^2} \tag{E6}$$

電池反応が平衡状態に達したとき $E = 0$ だから,

$$0 = E^\circ + \frac{RT}{2F}\ln\left(\frac{f_{\mathrm{Cl}_2}}{a_{\mathrm{Cu}^{2+}}a_{\mathrm{Cl}^-}^2}\right)_\mathrm{e} \tag{E7}$$

また, 式 (E 1) の反応の平衡定数は

$$K = \left(\frac{a_{\mathrm{Cu}^{2+}}a_{\mathrm{Cl}^-}^2}{f_{\mathrm{Cl}_2}}\right)_\mathrm{e} \tag{E8}$$

式 (E 7) と式 (E 8) より,

$$E^\circ = \frac{RT}{2F}\ln K \tag{E9}$$

ここで E° は, 表 11-1 中の値 $E_\mathrm{R}^\circ = 1.359\,\mathrm{V}$ と $E_\mathrm{L}^\circ = 0.337\,\mathrm{V}$ から

$$E^\circ = E_\mathrm{R}^\circ - E_\mathrm{L}^\circ = 1.022\,\mathrm{V}$$

であることがわかるので, 式 (E 9) を解けば平衡定数 K が得られる. 結果は次のとおり.

$$K = \exp\left(E^\circ \Big/ \frac{RT}{2F}\right) = 3.9\times 10^{34}$$

ここで, 式 (E 6) および式 (E 9) 中の対数にかかる係数の分母に 2 が入っていることに注意しよう. これは, 式 (E 1) の反応が電子 2 mol の移動を伴うことに由来する. 一般に, 電子 n mol の移動を伴う反応に対しては, 式 (11.48) を

$$\boxed{E^\circ = \frac{RT}{nF}\ln K} \tag{E10}$$

と修正すればよい.

---

§11.7 起電力測定から得られる熱力学的データ

酸化還元反応の平衡定数は標準起電力 E° と関係づけられることを前節で見た. 平衡定数はまた, 反応の標準 Gibbs エネルギー変化 ΔG° と関係したものであることを第 8 章で学んだ. したがって, E° は ΔG° とも結びつけられ, E° から ΔG° を知ることができるだろうということは容易に想像がつく. このように, 起電力から反応の $\Delta G, \Delta H, \Delta S$ 等の熱力学的なデータを手に入れることができるわけで, このことは物理化学的な研究に対する起電力測定の有用性の 1 つである. この節では, 熱力学的諸量と起電力の関係を調べていこう.

11.7.1 起電力と Gibbs エネルギー変化

次のような反応を例にとって考えよう．

$$A + B^+ \rightleftharpoons A^+ + B \tag{11.49}$$

この反応の Gibbs エネルギー変化は

$$\Delta G = \Delta G° + RT \ln \frac{a_{A^+} a_B}{a_A a_{B^+}} \tag{11.50}$$

で与えられる（第 8 章参照）．ここで，$\Delta G°$ は標準 Gibbs エネルギー変化であり，反応種の活量がすべて 1 のときの ΔG に相当する．式 (11.49) の反応は，次のような電池の中で起こる反応とみなすことができる．

$$A \,|\, A^+ \,\|\, B^+ \,|\, B$$

この電池の起電力に対する Nernst の式は

$$E = E° + \frac{RT}{F} \ln \frac{a_A a_{B^+}}{a_{A^+} a_B} \tag{11.51}$$

と表される．式 (11.49) の反応が平衡状態に達したとき，ΔG も E もゼロとなるから，式 (11.50) および式 (11.51) はそれぞれ

$$0 = \Delta G° + RT \ln \left(\frac{a_{A^+} a_B}{a_A a_{B^+}} \right)_e \tag{11.52}$$

$$0 = E° + \frac{RT}{F} \ln \left(\frac{a_A a_{B^+}}{a_{A^+} a_B} \right)_e \tag{11.53}$$

となり，これよりただちに

$$\boxed{\Delta G° = -FE°} \tag{11.54}$$

であることがわかる．式 (11.54) が反応の標準 Gibbs エネルギー変化と標準起電力の関係を与えるものである．また，この関係を頭において式 (11.50) と式 (11.51) を比較すれば

$$\boxed{\Delta G = -FE} \tag{11.55}$$

であることもわかる．式 (11.55) は，反応種の活量が任意の値のときの反応の Gibbs エネルギー変化と起電力の関係を示すものである．こうして，標準起電力（これは標準還元電位の表からわかる）から反応の標準 Gibbs エネルギー変化が，また，起電力を測定することから，反応種の活量がある値のときの Gibbs エネルギー変化が求まることになる．なお，式 (11.54) と式 (11.55) はいずれも電子 1 mol の移動に対する関係であることに注意しよう．n mol の電子の移動を伴う場合，その反応の Gibbs エネルギー変化は，それぞれの式の右辺を n 倍してやれば得られる．この間の事情は，次の例題により明らかとなるだろう．

例題 11.6 次の反応

$$\text{Pb(s)} + \text{PbO}_2\text{(s)} + 2\,\text{H}_2\text{SO}_4\text{(aq)} \rightleftharpoons 2\,\text{PbSO}_4\text{(s)} + 2\,\text{H}_2\text{O}(l) \tag{E 11}$$

について，25 °C における（ⅰ）反応の $\Delta G°$，および（ⅱ）硫酸濃度が $10^{-4}\,\text{mol dm}^{-3}$ のときの ΔG を求めよ．標準還元電位（25 °C）は次の値を用いよ．

$$\left.\begin{array}{c} \dfrac{1}{2}\text{PbO}_2\text{(s)} + \dfrac{1}{2}\text{SO}_4^{2-}\text{(aq)} + 2\,\text{H}^+\text{(aq)} + \text{e}^- \rightleftharpoons \dfrac{1}{2}\text{PbSO}_4\text{(s)} + \text{H}_2\text{O}(l) \\ E° = 1.68\,\text{V} \end{array}\right\} \tag{E 12}$$

$$\left.\begin{array}{c} \dfrac{1}{2}\text{PbSO}_4\text{(s)} + \text{e}^- \rightleftharpoons \dfrac{1}{2}\text{Pb(s)} + \dfrac{1}{2}\text{SO}_4^{2-}\text{(aq)} \\ E° = -0.36\,\text{V} \end{array}\right\} \tag{E 13}$$

解 この反応は鉛蓄電池で起こる反応である．式（E 12）から式（E 13）を引けば，電池全体としての反応

$$\dfrac{1}{2}\text{Pb(s)} + \dfrac{1}{2}\text{PbO}_2\text{(s)} + \text{H}_2\text{SO}_4\text{(aq)} \rightleftharpoons \text{PbSO}_4\text{(s)} + \text{H}_2\text{O}(l) \tag{E 14}$$

が得られる．式（E 14）は電子 1 mol の移動に対する反応式で，式（E 11）と比べて化学量論係数が 1/2 になっていることに注意しよう．

（ⅰ）標準起電力は

$$E° = 1.68\,\text{V} - (-0.36\,\text{V}) = 2.04\,\text{V}$$

である．したがって，式（11.54）より

$$\begin{aligned}\Delta G° &= -FE° \\ &= -9.65 \times 10^4\,(\text{C mol}^{-1}) \times 2.04\,(\text{V}) \\ &= -1.97 \times 10^5\,(\text{J mol}^{-1}) = -197\,(\text{kJ mol}^{-1})\end{aligned}$$

この値は，電子 1 mol あたりの $\Delta G°$，すなわち式（E 14）の $\Delta G°$ である．Pb 1 mol あたりに対しては上の値を 2 倍して，

$$\Delta G° = -394\,\text{kJ mol}^{-1}$$

となる．なお，このエネルギーは，すべての反応種が標準状態にあるという条件下で Pb 1 mol（207 g）が消費されるときに得られる電気的な仕事の最大量に相当する．

（ⅱ）硫酸濃度が $10^{-4}\,\text{mol dm}^{-3}$ のときの起電力がわかれば式（11.55）から ΔG が求まる．式（E 14）に対する Nernst の式は

$$E = E° + \dfrac{RT}{F} \ln a_{\text{H}^+}^2 a_{\text{SO}_4^{2-}} \tag{E 15}$$

活量を濃度で近似すれば

$$E = 2.04 + \dfrac{RT}{F} \ln (2 \times 10^{-4})^2 (1 \times 10^{-4}) = 1.37\,(\text{V})$$

したがって，

$$\Delta G = -FE = -132\,(\text{kJ mol}^{-1})$$

これは電子 1 mol あたりの ΔG であり，Pb 1 mol あたりに対しては

$$\Delta G = -264\,(\text{kJ mol}^{-1})$$

となる．

11.7.2 起電力の温度依存性

上で見たように，電池の起電力は式（11.55）によって電池反応に対する Gibbs エネルギー変化に関係づけられる．一方，ΔG の温度変化は

$$\left(\frac{\partial \Delta G}{\partial T}\right)_P = -\Delta S \tag{11.56}$$

によって反応のエントロピー変化に結びつく（第8章参照）．したがって，起電力の温度変化は次式によって電池反応の ΔS と関係づけられる．

$$\boxed{\Delta S = F\left(\frac{\partial E}{\partial T}\right)_P} \tag{11.57}$$

式 (11.57) によれば，いくつかの温度で起電力を測定し，その温度勾配を求めることによって電池反応に伴うエントロピー変化が求まることになる．同じ方法を $E°$ に適用すれば，反応の標準エントロピー変化 $\Delta S°$ が得られる．すなわち，

$$\boxed{\Delta S° = F\left(\frac{\partial E°}{\partial T}\right)_P} \tag{11.58}$$

さらに，$\Delta G = \Delta H - T\Delta S$ の関係があるから，$\Delta G, \Delta S$ の値から反応のエンタルピー変化 ΔH を，また $\Delta G°, \Delta S°$ の値から標準エンタルピー変化 $\Delta H°$ を知ることもできる．なおここでも，式 (11.57) や式 (11.58) は電子1モルの移動に対するエントロピーの変化量であることに注意すること．起電力の温度依存性から反応のエントロピー変化，エンタルピー変化を求める例を次の例題で示そう．

例題 11.7 Pt, H_2 | HCl | Hg_2Cl_2, Hg の標準起電力は，20 °C で 0.2692 V，30 °C で 0.2660 V である．この電池反応の 25 °C における $\Delta G°$，$\Delta H°$，および $\Delta S°$ の値を求めよ．

解 電子 1 mol の移動に対応した電池反応は

$$\frac{1}{2}Hg_2Cl_2(s) + \frac{1}{2}H_2(g) \rightleftharpoons \frac{1}{2}Hg(l) + HCl(aq)$$

である．$\Delta G°$ は式 (11.54) から求められる．

$$\Delta G°_{293\,K} = -FE°_{293\,K}$$
$$= -9.65 \times 10^4\,(C\,mol^{-1}) \times 0.2692\,(V) = -25.98\,(kJ\,mol^{-1})$$
$$\Delta G°_{303\,K} = -FE°_{303\,K} = -25.67\,(kJ\,mol^{-1})$$

したがって，25 °C (298 K) における $\Delta G°$ は，上の2つの平均をとって次のようになる．

$$\Delta G°_{298\,K} = -25.83\,(kJ\,mol^{-1})$$

また，25 °C における $E°$ の温度係数は，

$$\left(\frac{\partial E°}{\partial T}\right)_P = \frac{E°_{303\,K} - E°_{293\,K}}{303 - 293} = -3.2 \times 10^{-4}\,(V\,K^{-1})$$

と見積もられるから，式 (11.58) より

$$\Delta S°_{298\,K} = F\left(\frac{\partial E°}{\partial T}\right)_P$$
$$= 9.65 \times 10^4\,(C\,mol^{-1}) \times (-3.2 \times 10^{-4}\,(V\,K^{-1}))$$
$$= -31\,(J\,K^{-1}\,mol^{-1})$$

が得られる．さらに，$\Delta H°_{298\,K}$ は $\Delta G°_{298\,K}$ と $\Delta S°_{298\,K}$ から次のようにして求められる．

$$\Delta H°_{298\,K} = \Delta G°_{298\,K} + T\Delta S°_{298\,K}$$
$$= -25.83\,(kJ\,mol^{-1}) + 298\,(K) \times (-31 \times 10^{-3}\,(kJ\,K^{-1}\,mol^{-1}))$$

§11.7 起電力測定から得られる熱力学的データ

$$= -35.1\,(\mathrm{kJ\,mol^{-1}})$$

なお，ここでも，これらの値は電子1 mol の移動に対するものであることに注意しよう．Hg_2Cl_2 1 mol の変化は電子2 mol の移動を伴うので，Hg_2Cl_2 1 mol あたりの量は，上で得られた値を2倍すれば得られる．すなわち，$\Delta G°_{298K} = -51.67\,\mathrm{kJ\,mol^{-1}}$, $\Delta S°_{298K} = -62\,\mathrm{J\,K^{-1}\,mol^{-1}}$, および，$\Delta H°_{298K} = -70.2\,\mathrm{kJ\,mol^{-1}}$ となる．

§11.8 起電力測定の応用

前の2つの節で，電池の起電力測定が，反応の熱力学的諸量（$\Delta G, \Delta H, \Delta S$）の便利なデータ源となることを示した．ここでは，それ以外の起電力測定の応用例を2,3示そう．

11.8.1 イオンの平均活量係数

すでにたびたび見てきたように，起電力は，標準起電力と電極反応に関与する反応種（イオン）の活量で決まる．したがって，標準起電力がわかっていれば，ある任意のイオン濃度のときの電池の起電力を測定するだけで，その濃度に対する平均イオン活量係数を決定することができる．たとえば，質量モル濃度が m の HCl 溶液中のイオンの平均活量係数を知りたい場合，その濃度の溶液を調製し，

$$\mathrm{Pt, H_2(1\,atm)\,|\,HCl}(m)\,|\,\mathrm{AgCl, Ag}$$

の電池を組み立て，その起電力を測定すれば，式(11.41)を使って$\gamma_\pm$を決定することができる．このように，起電力測定はイオンの平均活量係数を求めるための便利な方法である．

11.8.2 難溶性塩の溶解度積

塩化銀などの難溶性の塩 MX の溶解度は

$$\mathrm{MX(s) \rightleftharpoons M^+(aq) + X^-(aq)}$$

の平衡に基づいて理解される．純固体 MX の活量は1であるから，上の平衡の平衡定数は

$$K_{\mathrm{sp}} = a_{\mathrm{M^+}} a_{\mathrm{X^-}} \tag{11.59}$$

となる．難溶性塩では，M^+ や X^- の濃度は非常に小さいから活量を濃度で近似することができて，式(11.59)はまた

$$K_{\mathrm{sp}} = m_{\mathrm{M^+}} m_{\mathrm{X^-}} \tag{11.60}$$

と書くことができる．この K_{sp} を溶解度積という．難溶性塩の溶解度積は，イオン濃度が非常に小さいため通常の化学分析によって求めるのは困難であるが，以下に述べるようにして標準電極電位の値から知ることができる．AgCl を例にとって，その手順を示そう．まずやるべきことは，AgCl の溶解平衡

$$\mathrm{AgCl(s) \rightleftharpoons Ag^+(aq) + Cl^-(aq)} \tag{11.61}$$

を電池反応とするような電池を見つけることである．次の2つの電極反応

$$\mathrm{AgCl(s) + e^- \rightleftharpoons Ag(s) + Cl^-(aq)} \tag{11.62}$$

$$\mathrm{Ag^+(aq) + e^- \rightleftharpoons Ag(s)} \tag{11.63}$$

を考えれば，式 (11.62) と式 (11.63) の差として式 (11.61) が得られる．したがって，式 (11.61) の反応を電池反応とする電池は次のようなものである．

$$\mathrm{Ag \mid AgNO_3(aq) \parallel KCl(aq) \mid AgCl, Ag}$$

式 (11.62) と式 (11.63) の電極反応に対する標準電極電位は，それぞれ $E_\mathrm{R}^\circ = 0.222$ V および $E_\mathrm{L}^\circ = 0.799$ V であるから，この電池の標準起電力は

$$E^\circ = E_\mathrm{R}^\circ - E_\mathrm{L}^\circ = -0.577 \text{ V}$$

である．したがって，式 (11.61) の平衡定数，すなわち AgCl の溶解度積は，式 (11.48) を用いて

$$K_\mathrm{sp} = \exp(-0.577F/RT) = 1.70 \times 10^{-10}$$

と求められる．

11.8.3 pH 測 定

起電力は，溶液中のイオンの活量や濃度を測定するための有効な手段であり，その目的のために広く利用されている．なかでも，水溶液中の水素イオン濃度（すなわち pH）の測定は実験室で日常的に使用され，最もなじみ深いものである．この pH 測定の原理は，次の例題で明らかであろう．

例題 11.8 次の電池

$$\mathrm{Pt, H_2 \mid HCl \mid Hg_2Cl_2, Hg}$$

の標準起電力は，25 °C において $E^\circ = 0.2680$ V である．ある濃度の塩酸を用いたときのこの電池の起電力は 0.7820 V であった（$p_\mathrm{H_2} = 1$ atm, 25 °C）．この塩酸の pH はいくらか．

解 この電池の起電力に対する Nernst の式は

$$E = E^\circ + \frac{2.303RT}{F} \log \frac{f_\mathrm{H_2}^{1/2}}{a_\mathrm{H^+} a_\mathrm{Cl^-}}$$

である．これに，$E^\circ = 0.2680$ V，$E = 0.7820$ V，$f_\mathrm{H_2} = 1$ atm，$a_\mathrm{H^+} = a_\mathrm{Cl^-}$ を代入して計算すれば，

$$\mathrm{pH} = -\log a_\mathrm{H^+} = \frac{E - E^\circ}{2 \times 2.303RT/F} = \frac{0.7820 - 0.2680}{2 \times 0.0591} = 4.3$$

上の例題からわかるように，$\mathrm{H^+}$ を反応種として含む電極（水素電極のような）を用いて電池を組み立て，その起電力を測定することによって溶液の pH を求めることができる．水素電極は取り扱いがやっかいなため実際にはあまり用いられない．そのかわりに，pH 測定用としては，ガラス電極が現在最も一般的に用いられている．

第11章 演習問題

11.1 次の各電池について，(i) 半電池反応および全電池反応を書け．(ii) 表 11-1 を参照して各電池の標準起電力 (25 °C) を求めよ．
  a) Pt, H_2 | HCl(aq) | AgCl, Ag
  b) Pt | $FeCl_2$, $FeCl_3$ ‖ $SnCl_4$, $SnCl_2$ | Pt
  c) Ag, AgCl | HCl(aq) ‖ HBr(aq) | AgBr, Ag
  d) Cu | $CuCl_2$ ‖ $MnCl_2$, HCl | MnO_2, Pt

11.2 次の (a)〜(c) の酸化反応を行わせるために，下にあげた酸化剤のうちどれを用いればよいか．各反応式の右側に記した標準電極電位から判断して，該当するものをすべて選べ．
　　　　(a) $Cl^- \longrightarrow Cl_2$　　(b) $Pb \longrightarrow Pb^{2+}$　　(c) $Fe^{2+} \longrightarrow Fe^{3+}$
  (1) $MnO_4^- + 8H^+ + 5e^- \rightleftharpoons Mn^{2+} + 4H_2O$　　$E° = 1.51$ V
  (2) $Cl_2 + 2e^- \rightleftharpoons 2Cl^-$　　$E° = 1.360$ V
  (3) $Ag^+ + e^- \rightleftharpoons Ag$　　$E° = 0.799$ V
  (4) $Fe^{3+} + e^- \rightleftharpoons Fe^{2+}$　　$E° = 0.771$ V
  (5) $Cu^{2+} + 2e^- \rightleftharpoons Cu$　　$E° = 0.337$ V
  (6) $Pb^{2+} + 2e^- \rightleftharpoons Pb$　　$E° = -0.126$ V
  (7) $Mg^{2+} + 2e^- \rightleftharpoons Mg$　　$E° = -2.363$ V

11.3 $MnO_4^- + e^- \rightleftharpoons MnO_4^{2-}$ の標準還元電位は $+0.564$ V (25 °C) である．MnO_4^- と MnO_4^{2-} の混合溶液で MnO_4^- が 80% 含まれるとき，25 °C における酸化還元電位はいくらになるか．

11.4 Cu | Cu^{2+}(aq) ‖ H^+(aq) | H_2, Pt で表される電池について次の問に答えよ．
  (1) 電池反応を書け．
  (2) この電池の起電力に対する Nernst の式を書け．
  (3) 反応種の活量およびフガシティがすべて 1 のときの 25 °C における起電力はいくらか．
  (4) Cu^{2+}, H^+ の活量および H_2 のフガシティがそれぞれ 0.01, 0.06 および 0.9 atm のときの起電力 (25 °C) はいくらになるか．
  なお，必要があれば表 11-1 を参照せよ．

11.5 $CuSO_4$ と $ZnSO_4$ の濃度がそれぞれ 0.5 mol dm^{-3} および 0.1 mol dm^{-3} のダニエル電池 Zn | $ZnSO_4$(aq) ‖ $CuSO_4$(aq) | Cu を組み立てた．それぞれの溶液の活量係数は，$CuSO_4$ では $\gamma_\pm = 0.068$，$ZnSO_4$ では $\gamma_\pm = 0.150$ である．この電池の起電力 (25 °C) を計算せよ．なお，必要があれば表 11-1 を参照せよ．

11.6 次の標準電極電位を用いて，反応 $Cu + Cu^{2+} \rightleftharpoons 2Cu^+$ の平衡定数 (25 °C) を計算せよ．
　　　　$Cu^{2+} + 2e^- \rightleftharpoons Cu$　　$E° = 0.337$ V
　　　　$Cu^{2+} + e^- \rightleftharpoons Cu^+$　　$E° = 0.153$ V

11.7 (i) $Pb^{2+} + Sn^{2+} \rightleftharpoons Pb + Sn^{4+}$ を電極反応とする電池を設計せよ (電池の表記法に従って書き表せ)．
  (ii) 表 11-1 のデータを用いて，この電池の標準起電力 (25 °C) を求めよ．
  (iii) この反応の 25 °C における平衡定数を計算せよ．

11.8 Pt, H_2(1 atm) | HCl(aq) | AgCl, Ag の 25 °C での起電力が 0.332 V であるとき，HCl 溶液の pH はいくらか．

11.9 Ag | AgI(aq) | AgI, Ag の標準起電力は 25 °C で -0.9509 V である．水に対する AgI の溶解度，および，溶解度積 (いずれも 25 °C) を求めよ．

付録 A　基礎物理化学を学ぶうえで必要な数学とその応用：微分積分から Boltzmann 分布まで

　化学を理解し，発展させるためには，いやでも物理学と数学を避けて通ることはできない．とくに物理化学を通して化学の大きな体系に取り組むとき，物理化学の重要事項を説明または表現する，最も簡潔な言葉が数式であることを認識しなければならない．数式の物理学的な意味を理解し，数学的に正しく取り扱うことによって，はじめて化学の真実の姿が描き出される．学生諸君の中には，高校の課程を終えてきたばかりで，大学の数学の講義でもまだ学んだことのない高度の，しかもなじみのない数式表現を見て，驚いた人もいるかもしれない．単に驚きだけでなく，恐れをなして，化学に対する意欲をそがれた者もいるかもしれない．しかし，一見高度に見える数式も，高校の数学をあらまし理解してきたものにとっては，さしてむずかしいものではない．少なくとも初歩的物理化学に必要な数学的知識は，大学の 1～2 年で学ぶ基礎的数学で十分補われる．したがって，大学に入ってからの数学も，化学を究めるためには，物理学と同様，必須の科目であるので，おろそかにしないことが大切である．

　化学で用いる数学は，あくまでも，化学の理論を構築するうえで用いる「言語」であり「道具」であるから，数学そのものを議論するためのものではない．したがって，化学の学徒は，その言語または道具に使いなれ，抵抗感や違和感を感じないで使いこなせることが大切であろう．ここでは，基礎物理化学に必要で使用頻度の高い数学についての簡単な説明を実際に沿いながら行う．また，諸公式を掲げることにする．

§A.1　独立変数 1 個を用いた系の数学的記述

　図 A-1 は，大気圧下における水の凝固点付近の体積を温度の関数として示したものである．1 mol の水を**熱力学的系**（thermodynamic system(s)）として考え，温度によって変化する**状態変数**（variable(s) of state）として体積 V をとることができる．このとき，温度 T が独立変数，V が従属変数であり，このことを数学的には次式のように表す．

$$V = V(T) \tag{A.1}$$

実際には，V は次のような温度の関数である．

$$V = a + bT + cT^2 + fT^3 + \cdots \tag{A.2}$$

図 A-1 の曲線は，式（A.2）の定数 $a, b, c, f, \cdots$ を実測値に合うように適当に選んでやれば，その物質（この場合は H_2O）に適合した T-V の関数が得られる．いったん決まれば，独立変数 T のどんな値からでも従属変数 V の値を決めることができるので，式（A.2）の熱力学的関数 V は数学的関数関係を満足している．

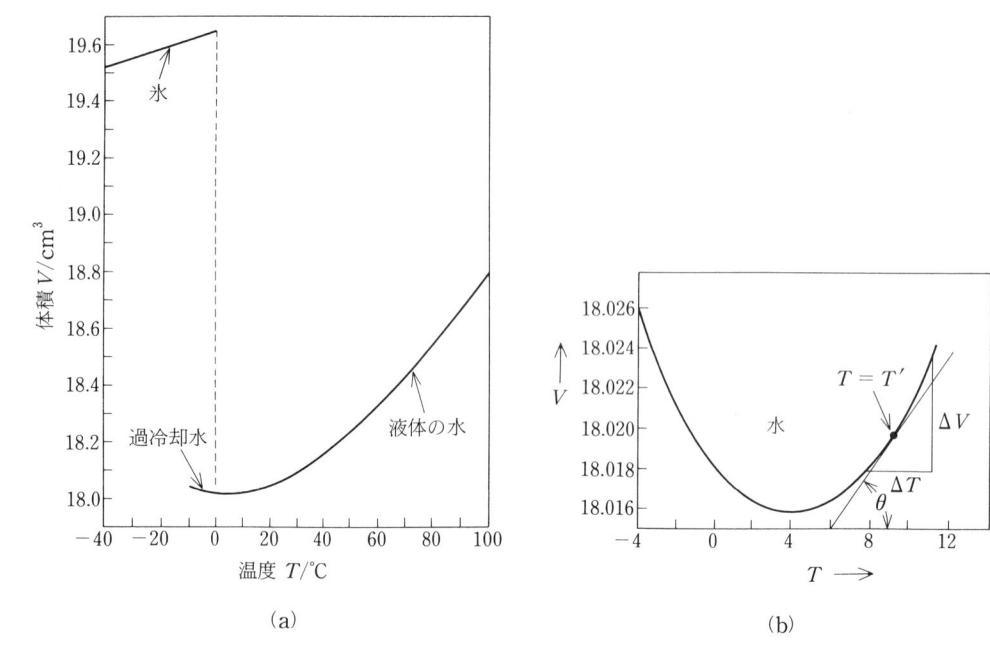

図 A-1 水のモル体積の温度変化（1 atm）．右の図に 4 ℃（最高密度の温度）付近を拡大して示す．温度 T' における接線は T 軸に対して θ の角度をもつ．T' における接線勾配は $(dV/dT)_{T'} = \tan\theta$．

関数を論じるとき，図 A-1 の曲線または式（A.2）のどちらにおいても，関数の**微分**を考えてみることは有意義である．微分の定義を図で例示すると，図 A-1(b) の拡大図のように表される．点 T' における曲線 $V(T)$ に接線を引き，T 軸と接線のなす角が θ であれば，T に関する V の微分係数 dV/dT は θ に等しい．微分係数は，したがって，任意の温度 T' における**曲線の傾き（勾配）の大きさ**を表すものである．式（A.2）を微分すれば，微分係数が次式となることは高校の数学で学んできたことである．

$$\frac{dV}{dT} = \frac{d(a+bT+cT^2+fT^3+\cdots)}{dT} = b + 2cT + 3fT^3 + \cdots$$

例題 A.1 熱膨張係数 α は，次式で示されるような熱力学関数である．

$$\alpha = \frac{1}{V}\frac{dV}{dT} \tag{A.3}$$

これは，物質の温度が上昇したときの膨張あるいは収縮の尺度である．図 A-1 を見ながら，-4 ℃ から 0 ℃ の間の氷の領域での α と，0 ℃ から $+10$ ℃ の間の液体領域での α について考察せよ．

解答例 熱膨張係数 α は，4 ℃ においてゼロである．なぜなら，この温度では傾き dV/dT がゼロになるからである．0 ℃ から 4 ℃ の間で α は負である（曲線の傾きが負であるから）．0 ℃ 以下の氷，および 4 ℃ 以上の液体の水の膨張係数の符号は正である．-4 ℃ における氷の膨張係数は約 $1.5\times 10^{-4}\,\mathrm{K}^{-1}$ である．

例題 A.2　$-4\,°\mathrm{C}$ から $+12\,°\mathrm{C}$ までの範囲では，液体の水の体積は $\mathrm{cm}^3\,\mathrm{mol}^{-1}$ の単位で表すと，次式で与えられている．

$$V(t) \cong 18.017 + \left(\frac{0.009}{8^2}\right)(t-4)^2 - \left(\frac{0.001}{8^3}\right)(t-4)^3$$

ただし，t は $°\mathrm{C}$ 単位の温度である．熱膨張係数 α を温度 t の関数として示せ．

解
$$\frac{\mathrm{d}V}{\mathrm{d}t} = \frac{0.018}{8^2}(t-4) - \frac{0.003}{8^3}(t-4)^2$$

この式中の有効数字を考慮すると，V の値は 18 とおいてよいので，

$$\alpha \cong \frac{1}{18}\left[\frac{0.018}{8^2}(t-4) - \frac{0.003}{8^3}(t-4)^2\right]$$

例題 A.3　一定圧力下の理想気体では，熱膨張係数が，$\alpha = 1/T$ であることを示せ．

解　$PV = nRT$ より

$$\alpha = \frac{1}{V}\frac{\mathrm{d}V}{\mathrm{d}T} = \frac{1}{V}\frac{\mathrm{d}}{\mathrm{d}T}\left(\frac{nRT}{P}\right)_{P-\text{定}}$$
$$= \frac{P}{nRT}\cdot\frac{\mathrm{d}}{\mathrm{d}T}\left(\frac{nRT}{P}\right)_{P-\text{定}} = \frac{P}{nRT}\cdot\left(\frac{nR}{P}\right)_{P-\text{定}} = \frac{1}{T}$$

図 A-1 の (b) 図を参照すると，$\mathrm{d}V/\mathrm{d}T$ がわかっていれば，独立変数 T の微小変化 ΔT に応じて変化する，従属変数の微小な変化量 ΔV を近似的に推定できる．図 A-1(b) の三角形から

$$\frac{\mathrm{d}V}{\mathrm{d}T} = \theta \cong \frac{\Delta V}{\Delta T} \tag{A.4}$$

したがって

$$\Delta V \cong \frac{\mathrm{d}V}{\mathrm{d}T}\cdot\Delta T \tag{A.5}$$

§A.2　2個以上の変数を用いた系の数学的記述

一定量（質量または物質量（モル数）に関して）の水の体積は，温度のみならず圧力の関数でもある．§A.1 よりもっと完全な関数表示では，次の式となる．

$$V = V(T, P) \tag{A.6}$$

この式では2つの独立変数がある．もし，その水が溶質を含んだ水溶液であれば，体積は溶質の濃度の関数である．したがって，溶質 $1, 2, \cdots$ が溶けている場合，上式は $V = V(T, P, C_1, C_2, \cdots)$ のような独立変数が追加されてくる．ただし，この節では，独立変数 2 個の系を例にあげて考えよう．

液体の水を温度と圧力の関数として模式的に示したのが図 A-2 である．体積は図中に示

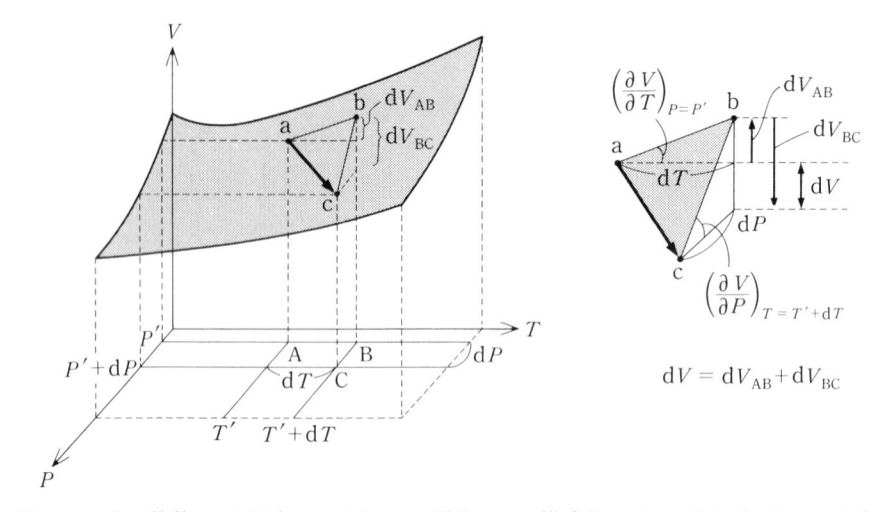

図 A-2 水の体積 V を温度 T，圧力 P の関数として模式的に示した図．曲面が V を表す．水の状態が $a(T', P')$ から $c(T'+dT, P'+dP)$ へ変化したときの微小な体積変化 dV が次式の関係で与えられることを，右の拡大図が示す．

$$dV = dV_{AB} + dV_{BC} = \left(\frac{\partial V}{\partial T}\right)_P dT + \left(\frac{\partial V}{\partial P}\right)_T dP$$

される立体の表面である．任意の T と P について，表面の V 座標の値が体積を示す．上の式（A.2）と同様に，$V(T, P)$ を表す実験式を求めることができる．いま，その実験式が次式で表されるとしよう．

$$V = a + bT + cT^2 - eP - fTP + gP^2 \tag{A.7}$$

ここで，$a, b, \cdots, g$ は定数である．この関数は，どの任意の T と P の値についても，V に対してある値を与えているので，数学的に関数の定義を満たしている．

単一の独立変数をもつ関数と同様に，微分によって多変数関数の特質を知ることができれば，有用である．$V(T, P)$ については，2つの**偏微分係数**（partial derivatives）

$$\left(\frac{\partial V}{\partial T}\right)_P \quad と \quad \left(\frac{\partial V}{\partial P}\right)_T$$

がある．ここで偏微分係数とは，一方の変数（他のすべての独立変数）を一定とおいて，着目した1個の変数に関して関数（この場合は $V(T, P)$）の変化率を与えるものである．これらの偏微分を図示的に図 A-2 で示している．

いま，VT 平面に平行な面を，$P = P'$ のところで切り取って考えよう．この $P = P'$ における切断面は曲線 ab に沿っている．曲線 ab の点 T' における接線の傾きが次の偏微分である．

$$\left(\frac{dV}{dT}\right)_P$$

下つきの P は，曲線 ab に沿って圧力が一定であることを示している．いま，温度 T が T' から $T'+dT$ まで微小量 dT だけ上昇したのに伴って，体積が dV_{AB} ほど増大した．その dV_{AB} は次式で示される（図 A-2 中の右の拡大した図を参照のこと）．

$$\mathrm{d}V_{\mathrm{AB}} = \left(\frac{\partial V}{\partial T}\right)_P \mathrm{d}T \tag{A.8}$$

同様に $\left(\frac{\partial V}{\partial P}\right)_T$ は，$T'+\mathrm{d}T$ のところで PV 面に平行に切り取った切断面上の曲線 bc の，点 c ($T = T'+\mathrm{d}T$, $P = P'+\mathrm{d}P$) における接線勾配である．水の体積は圧力の増大に伴って減少するので，点 c の $V(T, P)$ は，点 b のそれより小さい．したがって b→c に沿った変化では，その微分は負の値をもつ．このときの体積変化 $\mathrm{d}V_{\mathrm{BC}}$ は次式で表される．

$$\mathrm{d}V_{\mathrm{BC}} = \left(\frac{\partial V}{\partial P}\right)_T \mathrm{d}P$$

次に，水が点 a ($T = T'$, $P = P'$) の状態から，点 c ($T = T'+\mathrm{d}T$, $P = P'+\mathrm{d}P$) まで変化したときの，体積の変化量 $\mathrm{d}V$ は，図 A-2 中の右の拡大図を参照すれば

$$\mathrm{d}V = \mathrm{d}V_{\mathrm{AB}} + \mathrm{d}V_{\mathrm{BC}}$$

すなわち，

$$\boxed{\mathrm{d}V = \left(\frac{\partial V}{\partial T}\right)_P \mathrm{d}T + \left(\frac{\partial V}{\partial P}\right)_T \mathrm{d}P} \tag{A.9}$$

であることが理解されるであろう．

例題 A.4 式 (A.7) の関数 $V(T, P)$ の 1 次偏微分係数と 2 次偏微分係数を求めよ．

解 T に関する偏微分係数 $(\partial V/\partial T)_P$ をとるときは，P を一定値とおいて，T についてのみ V を，ふつうの微分の仕方で微分すればよい．

1 次偏微分は，

$$\left(\frac{\partial V}{\partial T}\right)_P = \frac{\partial}{\partial T}[a+bT+cT^2-eP-fTP+gP^2]_P = b+2cT-fP$$

$$\left(\frac{\partial V}{\partial P}\right)_T = \frac{\partial}{\partial P}[a+bT+cT^2-eP-fTP+gP^2]_T = -e-fT+2gP$$

2 次偏微分は，

$$\left(\frac{\partial^2 V}{\partial T^2}\right)_P = \frac{\partial}{\partial T}\left[\left(\frac{\partial V}{\partial T}\right)_P\right]_P = \frac{\partial}{\partial T}[b+2cT-fP]_P = 2c$$

$$\left(\frac{\partial^2 V}{\partial P^2}\right)_T = \frac{\partial}{\partial P}\left[\left(\frac{\partial V}{\partial P}\right)_T\right]_T = \frac{\partial}{\partial P}[-e-fT+2gP]_T = 2g$$

注意 2 次の偏微分をとるとき，同じ変数を一定に保って，単に 1 つの変数だけで微分をとればよい．

例題 A.5 式 (A.7) の関数について，次の混合 2 次偏微分 (mixed second partial derivative(s))

$$\frac{\partial^2 V}{\partial P \partial T} = \frac{\partial^2 V}{\partial T \partial P} \tag{A.10}$$

が成り立つ．この偏微分は，分母の左側にある変数を一定とおいて右側の変数でまず微分し，次に右側の変数を一定として左側の変数で微分することを示している．ここで左辺と右辺を比べてみると，微分する順番が単に入れ換わっているだけであるが，等号で結んであることは，微分行為の順番に関係なく，同じ結果が得られることを示している．この関係は，熱力学において「状態量」と呼ばれる量に共通して成り立つもので，状態量を表す関数として，必要不可欠な性質である．式(A.10)が成り立つことを示せ．

解
$$\frac{\partial^2 V}{\partial P \partial T} = \frac{\partial}{\partial P}\left[\left(\frac{\partial V}{\partial T}\right)_P\right]_T = \frac{\partial}{\partial P}[b+2cT-fP]_T = -f$$

$$\frac{\partial^2 V}{\partial T \partial P} = \frac{\partial}{\partial T}\left[\left(\frac{\partial V}{\partial P}\right)_T\right]_P = \frac{\partial}{\partial T}[-e-fT+2gP]_P = -f$$

ゆえに，
$$\frac{\partial^2 V}{\partial T \partial P} = -f = \frac{\partial^2 V}{\partial P \partial T}$$

次に全微分というものについて述べておこう．関数全体の微小変化量（微分量）は各独立変数に関する微小変化量を総和したものである．すでに，図A-2を参考にしながら，状態変数が T', P' から $T'+dT, P'+dP$ に微小変化（それぞれ dT, dP だけ）したとき，体積の全微小変化 dV が式(A.9)で表されることを示した．この T と P に関する微小変化を足し合わせた dV を，関数 V の**全微分**（total differential）と呼ぶ．

一般に $z = z(x, y, u, \cdots)$ のような関数に対して，全微分 dz は次のように定義される．

$$dz = \left(\frac{\partial z}{\partial x}\right)_{y,u,\cdots} dx + \left(\frac{\partial z}{\partial y}\right)_{x,u,\cdots} dy + \left(\frac{\partial z}{\partial u}\right)_{x,y,\cdots} du + \cdots \quad (A.11)$$

式を見てわかるように，z の全微小変化は，各独立変数が $dx, dy, du, \cdots$ ほど微小量変化したときに生じる変化量とみなせる．

例題 A.6 次の関数の全微分をとれ．ただし，a と b は定数である．
$$z = ax^2y + b$$

解
$$\left(\frac{\partial z}{\partial x}\right)_y = 2axy, \quad \left(\frac{\partial z}{\partial y}\right)_x = ax^2$$
$$\therefore \quad dz = 2axy\, dx + ax^2\, dy$$

---

§A.3 完全微分と不完全微分 —— 状態量の微小変化と熱や仕事の微小変化 ——

上で見たように，独立変数に関する微小変化によって生じる全体の変化量は，それらの総和で表され，数学的には全微分と呼ばれるものである．いろいろな性質（properties）は関数で表現されるので，その性質の微小な変化量は，関数の全微分で表すことができる．このような関数の全微分を，**完全微分**（exact differential）とも呼んでいる．したがって，ある性質または状態の微小変化は完全微分によって表現できる．

完全微分の一例として $dz = 2axy\, dx + ax^2\, dy$ があげられ，これが $z = ax^2y + b$ の全微

分であることを，上の例題 A.6 で学んだ．同様に，次の微分も完全微分である．
$$dV = (b+2cT-fP)dT + (-e-fT+2gP)dP$$
なぜなら，この式は，数式（A.7）の全微分であるからである．

微分には，これとは違って，**不完全微分**（inexact differentials）と呼ばれるものがある．これらは $dz = z'(x, y)$ のような関数形はあっても，もとになる数学的関数 $z = z(x, y)$ のようなものは存在しない．たとえば，$dz = xy\,dx + xy\,dy$ がそれである．全微分がこの dz となるような関数 $z(x, y)$ は存在しない．このような不完全微分には，注目すべき特性がある．それというのは，独立変数 x と y の変化によって生じる z の変化量 Δz は，「x と y の始めの値と終わりの値だけに依存するのではなく，x と y の変化の道筋（すなわち，変化のさせ方）によって，いろいろな値をとる」ことである．このことを，図 A-3 を使って，完全微分と対比させながら検討してみよう．

表 A-1 完全微分と不完全微分の例

	完全微分	不完全微分
関数形	$z = z(x, y) = x^2y + c$	なし
微分形	$dz = 2xy\,dx + x^2\,dy$	$dz = xy\,dx + xy\,dy$
状態1から状態2へ変化したときの総変化量 Δz	$\Delta z = 2\int_{x_1}^{x_2} xy\,dx + \int_{y_1}^{y_2} x^2\,dy$	$\Delta z = \int_{x_1}^{x_2} xy\,dx + \int_{y_1}^{y_2} xy\,dy$

例題 A.7 図 A-3 において，始点 I $(x = 0, y = 0)$ から終点 F $(x = 1, y = 1)$ まで変化させるのに，経路 a，経路 b および点 D を経由する経路 c（$= c_1 + c_2$）とがある．すなわち

 経路 a $y = x$ に沿って変化する
 経路 b $y = x^2$ に沿って変化する
 経路 c
  経路 c_1 $y = 0$，x 軸上を $x = 1$ まで変化する
  経路 c_2 $x = 1$ に沿って $y = 1$ まで変化する

以上の変化に対して，完全微分の可能な関数がある場合（$dz = 2xy\,dx + x^2\,dy$）と，不完全微分の場合（$dz = xy\,dx + xy\,dy$）との変化量 Δz を求めて，それぞれを比較せよ．

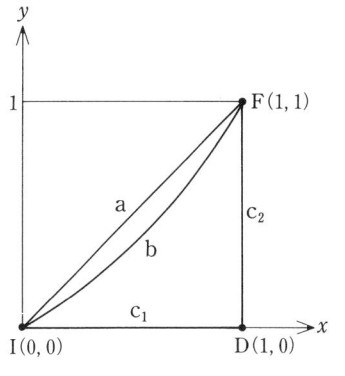

図 A-3 完全微分と不完全微分の違いを見る．始点 I $(0,0)$ から終点 F $(1,1)$ までの変化の道筋 a, b, c ($c_1 + c_2$)

解 （1） 完全微分の場合
 （経路 a の Δz）
$$dz = 2x \cdot x\,dx + y^2\,dy$$
$$\Delta z = 2\int_{x=0}^{x=1} x^2\,dx + \int_{y=0}^{y=1} y^2\,dy = \frac{2}{3}[x^3]_0^1 + \frac{1}{3}[y^3]_0^1 = \frac{2}{3} + \frac{1}{3} = 1$$

 （経路 b の Δz）
$$dz = 2x \cdot x^2\,dx + y\,dy$$

$$\Delta z = 2\int_{x=0}^{x=1} x^3\,dx + \int_{y=0}^{y=1} y\,dy = \frac{2}{4}\,[x^4]_0^1 + \frac{1}{2}\,[y^2]_0^1 = \frac{1}{2} + \frac{1}{2} = 1$$

(経路 c の Δz)

$$\Delta z = 2\underbrace{\int_{x=0}^{x=1} x\cdot 0\,dx + \int_{y=0}^{y=0} x^2\,dy}_{c_1} + \underbrace{2\int_{x=1}^{x=1} xy\,dx + \int_{y=0}^{y=1} 1^2\,dy}_{c_2}$$

$$= 0 + 0 + 0 + [y]_0^1 = 1$$

ゆえに，いずれの経路を通っても $\Delta z = 1$ である．

（2）不完全微分の場合

（経路 a の Δz）

$$dz = x\cdot x\,dx + y\cdot y\,dy$$

$$\Delta z = \int_{x=0}^{x=1} x^2\,dx + \int_{y=0}^{y=1} y^2\,dy = \frac{1}{3}\,[x^3]_0^1 + \frac{1}{3}\,[y^3]_0^1 = \frac{1}{3} + \frac{1}{3} = \frac{2}{3}$$

（経路 b の Δz）

$$dz = x^3\,dx + y^{\frac{3}{2}}\,dy$$

$$\Delta z = \int_{x=0}^{x=1} x^3\,dx + \int_{y=0}^{y=1} y^{\frac{3}{2}}\,dy = \frac{1}{4}\,[x^4]_0^1 + \frac{2}{5}\,[y^{\frac{5}{2}}]_0^1 = \frac{1}{4} + \frac{2}{5} = \frac{13}{20}$$

（経路 c の Δz）

$$\Delta z = \underbrace{\int_0^1 x\cdot 0\,dx + \int_{y=0}^{y=0} x\cdot 0\,dy}_{c_1} + \underbrace{\int_{x=1}^{x=1} 1\cdot y\,dx + \int_{y=0}^{y=1} 1\cdot y\,dy}_{c_2}$$

$$= 0 + 0 + 0 + \frac{1}{2}\,[y^2]_0^1 = \frac{1}{2}$$

ゆえに，不完全微分の場合は，変化の経路によって Δz の値が異なることがわかる．

結論として，「完全微分を与える関数 z の変化量 Δz は，始点と終点の値だけで決まり，変化の道筋には依存しない．一方，不完全微分の場合は，変化の道筋によって，変化量 Δz の値が異なる」ということがわかる．

以上の結果から，性質や状態の変化量を取り扱うには，不完全微分は不適切であることが予想できよう．性質とか状態は関数関係で表されるものであり，その変化量は始めの状態と終わりの状態だけ依存するもので，変化の経路，行程には無関係でなければならない．

以上述べてきた数学的な説明は，熱力学にとって最も重要なことがらであるので，以下のことと一緒にしっかり頭の中に叩き込んでおいてほしい．いま1つの系が，ある与えられた始めの状態（initial state）から，ある終わりの状態（final state）へ変化する過程で，熱（heat）と仕事（work）は，その過程のあり方によって変わってくる．すなわち，熱や仕事は状態変化がたどる道筋によって，それらの値が違ってくる．これらの微小変化は，したがって不完全微分である．内部エネルギーの微小変化 dU（これは状態量の変化であり，完全微分である．あとでまた触れる）は，熱と仕事の微小変化の和で表される．このとき，熱や仕事は不完全微分であるので，完全微分と区別するため，その微小変化を $d'Q$ および $d'W$ のように，ダッシュをつけて表す．

$$\boxed{dU = d'Q + d'W} \tag{A.12}$$

ついでながら，上式左辺の積分は，状態1から状態2に変わったとき，次式で表される．

$$\int_{U_1}^{U_2} \mathrm{d}U = U_2 - U_1 = \Delta U$$

この場合，右辺の積分値は，$\int \mathrm{d}'Q = \Delta Q$，$\int \mathrm{d}'W = \Delta W$ のようにはとらないことにも注意しておこう．式（A.12）の積分形は左辺の状態量（完全微分可能な量）には Δ を付けて

$$\boxed{\Delta U = Q + W} \tag{A.13}$$

と表される．一方，右辺の Q や W という表記は，それらが不完全微分の積分値であることを示している．式（A.12）と式（A.13）は，別の章で詳しく説明されるが，**熱力学第一法則**（first law of thermodynamics）の数学的表現である．

熱や仕事は性質（properties）ではないので，"系の温度"ということはあっても"系の熱"という概念はない．（病気のとき体内で発熱反応が盛んに起こって体温が上がったとき，「熱がある」とか「熱が高い」という言い方をすることがあるが，それは誤りである．庶民が長い間，熱と温度の概念を混同して，その誤用を定着させてしまった．念のため．）同様に「系の仕事」（work of a system）という概念はない．ただし，系がなした仕事，なされた仕事（work done by a system）という言い方はある．

熱や仕事とは対照的に，体積やエネルギーの変化は，その道筋によることのない，完全微分で表されるものである．したがって，「系の体積」や「系のエネルギー」という言葉には意味があり，これらの性質を表す関数があるのである．ただし，そのような関数が存在することは理解できたであろうが，その関数がどんなかたち（状態方程式）をとっているか，その正確なところは，実験してみなければわからないものである．

Euler の完全微分の条件

いま与えられた微分が完全微分であるか不完全微分であるかを判定する方法として，**Euler の完全微分の条件**（Euler's criterion of exactness）と呼ばれているものがある．2変数をもつ微分は，完全であれ不完全であれ，次のように書き表される．

$$\mathrm{d}z = M(x, y)\,\mathrm{d}x + N(x, y)\,\mathrm{d}y \tag{A.14}$$

ここで，M と N は x と y の何らかの関数である．もし $\mathrm{d}z$ が完全微分であれば，関数 $z(x, y)$ の全微分でなければならない．$z(x, y)$ の全微分を次式で表せるので，

$$\mathrm{d}z = \left(\frac{\partial z}{\partial x}\right)_y \mathrm{d}x + \left(\frac{\partial z}{\partial y}\right)_x \mathrm{d}y \tag{A.15}$$

式（A.14）と式（A.15）を比較すれば，次の関係が得られる．

$$M(x, y) = \left(\frac{\partial z}{\partial x}\right)_y \quad \text{および} \quad N(x, y) = \left(\frac{\partial z}{\partial y}\right)_x$$

関数の混合2次微分は互いに相等しく，$\partial^2 z/\partial y\,\partial x = \partial^2 z/\partial x\,\partial y$ でなければならないことはすでに述べたとおりである．したがって，式（A.14）の微分が完全微分であるなら，次の

関係式に従わねばならない．

$$\left[\frac{\partial}{\partial y}M(x,y)\right]_x = \frac{\partial^2 z}{\partial y\,\partial x} = \frac{\partial^2 z}{\partial x\,\partial y} = \left[\frac{\partial}{\partial x}N(x,y)\right]_y \tag{A.16}$$

これが Euler の条件である．微分 dz がこの式に従えば，その式は完全微分である．従わなければ不完全微分であり，z に相当する数学的関数は存在しない．

例題 A.8 n mol の理想気体の温度と圧力が微小な変化をしたときに生じる，体積の微小変化 dV が，次式で表されることを示せ．

$$dV = \frac{nR}{P}\,dT - \frac{nRT}{P^2}\,dP \tag{A.17}$$

解 理想気体では

$$V = V(T,P) = \frac{nRT}{P}$$

V の全微分をとると，以下のように，式（A.17）が導かれる．

$$dV = \left(\frac{\partial V}{\partial T}\right)_P dT + \left(\frac{\partial V}{\partial P}\right)_T dP \tag{A.18}$$

$$= \frac{\partial}{\partial T}\left(\frac{nRT}{P}\right)_P dT + \frac{\partial}{\partial P}\left(\frac{nRT}{P}\right)_T dP$$

$$= \frac{nR}{P}\,dT - \frac{nRT}{P^2}\,dP$$

例題 A.9 理想気体の場合，dV が完全微分である（または，別の言い方をすれば，体積は理想気体の"性質"あるいは"状態変数"である）ことを証明せよ．

解 Euler の条件，式（A.16）を用いれば，

$$M(T,P) = \frac{nR}{P} \quad;\quad N(T,P) = -\frac{nRT}{P^2}$$

$$\left[\frac{\partial}{\partial P}\left(\frac{nR}{P}\right)\right]_T = -\frac{nR}{P^2} = \left[\frac{\partial}{\partial T}\left(-\frac{nRT}{P^2}\right)\right]_P = -\frac{nR}{P^2}$$

Euler の条件を満足しているので，dV は完全微分である．

例題 A.10 気体が可逆的に膨張するとき，系が外界に対してなす仕事が

$$d'W = -P\,dV$$

で表されることを学んだ（第 6 章，式（6.5）と図 6-2 参照）．この式と式（A.17）とを結びつけると，理想気体の可逆膨張の仕事は次式となる．

$$d'W = -nR\,dT + \frac{nRT}{P}\,dP \tag{A.19}$$

d$'W$ が完全微分ではないこと（別の言い方をすれば，仕事は理想気体の"性質"ではないこと）を証明せよ．

解 Euler の条件を用いると,

$$M(T, P) = -nR \quad ; \quad N(T, P) = \frac{nRT}{P}$$

$$\frac{\partial}{\partial P}[-nR]_T = 0 \neq \frac{\partial}{\partial T}\left[\frac{nRT}{P}\right]_P = \frac{nR}{P}$$

両者は等しくない. ゆえに, $d'W$ は不完全微分である.

---

§A.4 対数・指数および積分

熱力学に限らず,物理化学では,積分をしばしば行う.積分(integral(s))の基礎は高等学校で学んできているはずであるが,ここではその簡単なおさらいと,化学の領域でよく使われる関数形の積分と微分の両方を表にしてまとめておくので,将来においても利用するとよい.また,化学(のみならず自然科学全般にわたって)では,対数や指数が頻繁に用いられるので,まずこれらから説明していこう.

A.4.1 対数と指数

いま $x = a^s$ の関係式があるとすると, s は a を底(base)とする x の対数であるといい, $\log_a x = s$ で表す.対数の底として最も大切なものは無理数 $e = 2.71828\cdots$ で,これは次式で与えられる.

$$e = \lim_{v \to 0}(1+v)^{1/v} \tag{A.20}$$

底 e の対数を**自然対数**(natural logarithm(s))と呼び, $\ln x$ のように書く.一方,実用上簡便な 10 を底とする**常用対数**(common logarithm(s))があり,これは $\log x$ のように表す.ここで注意すべきは,高校の数学では,自然対数のほうを $\log_e x$ または $\log x$ で表し,常用対数のほうを $\log_{10} x$ で表した.しかし,物理学や化学のような自然科学の分野では,次の右辺の表示法を用いる.

$$\log_e x \equiv \ln x \tag{A.21}$$

$$\log_{10} x \equiv \log x \tag{A.22}$$

自然対数が重要であるのは,次の積分が自然科学現象の中にしばしば見い出されるためである.

$$\int \frac{1}{x}\,dx = \ln x + c \quad (\text{積分定数}) \tag{A.23}$$

対数の定義から

$$10^t = x \quad \text{のとき} \quad \log x = t \tag{A.24}$$

$$e^s = x \quad \text{のとき} \quad \ln x = s \tag{A.25}$$

であり,これらは次の関係をもつ.

$$e^{\ln x} = x \quad ; \quad 10^{\log x} = x \tag{A.26}$$

さらに, $e^{\ln x} = x = \ln e^x$ であるので,指数関数(exponential function)と対数関数は互

いに逆の関係があるといえる．また，e^x は $\exp x$，あるいは $e^{f(x)}$ は $\exp(f(x))$ として表されることがある．$f(x)$ の関数形が複雑である場合は，下の左辺のように書くことよりも，右辺のように書き表すことが多い．

$$e^{-\frac{E_a}{RT}} = \exp(-E_a/RT)$$

$e^1 = e$, $e^0 = 1$ であり，また $e^{-\infty} = 0$ であるから，式(A.25)より

$$\ln e = 1, \quad \ln 1 = 0, \quad \lim_{x \to 0} \ln x = -\infty \tag{A.27}$$

対数の重要な性質は，$\ln xy = \ln x + \ln y$ である．これを証明してみよう．

$e^s = x$, $e^t = y$ とおくと，$s = \ln x$, $t = \ln y$ であるので，$e^s e^t = xy$, または，$e^{s+t} = xy$. このことは $\ln xy = s+t$ であるので，ゆえに $\ln xy = \ln x + \ln y$. 同様に $\ln(x/y) = \ln x - \ln y$ である．以上をまとめると，

$$\ln xy = \ln x + \ln y \quad ; \quad \ln(x/y) = \ln x - \ln y \tag{A.28}$$

さらに，$e^s = x$ の関係を両辺 k 乗(kth power)すると，$e^{ks} = x^k$ であり，$\ln x^k = ks$.

$$\therefore \quad \ln x^k = k \ln x \tag{A.29}$$

常用対数と自然対数の関係を次に見てみよう．式(A.26)より $e^{\ln x} = 10^{\log x}$ であるので，この式の底 10 の対数をとり $\log y^k = k \log y$ の関係を用いれば，

$$\ln x \log e = \log x \log 10 = \log x$$

したがって，$\ln x = \log x / \log e = \log x / 0.43429$ であるから

$$\ln x = 2.3026 \log x \tag{A.30}$$

最近の携帯用電子計算器（電卓）を用いれば，簡単に自然対数を求められるようになっているが，かつては「常用対数表」をもっぱら用いて常用対数値をまず求め，その値を 2.303 倍して自然対数値を求めていた．少し古い教科書（10 年程度昔）を読むと $2.303 \log x$ のように表したものが多い．なお $\ln x$ を $\ln x$ と筆記する初心者がいるが（エル (l) とアイ (I) を区別できない大学生がいるとは嘆かわしい！），教科書に活字体で ln と書いてあっても，ノートには ℓn で書く習慣を身につけておくとよい．

A.4.1 積分計算

ある関数 $y(x)$ の微分が，x に関するある関数 $f(x)$ であるとき，その積分 $y(x)$ を知りたいことがしばしばある．

$$\frac{dy}{dx} = f(x) \tag{A.31}$$

式(A.31)を満足する一般的関数は不定積分と呼ばれている．

$$y(x) = \int f(x) \, dx + c$$

ただし，c は積分定数と呼ばれる．ある任意の定数である．たとえば，もし $f(x) = x$ であれば，その不定積分(infinite integral(s))は $y(x) = \frac{1}{2} x^2 + c$ であり，また

$(d/dx)\left(\dfrac{1}{2}x^2+c\right)=x$ であることは，前節で示した．

次に簡単でしかもよく用いられる $f(x)$ の微分と積分を一覧表にしておく（表 A-2）．ただし，積分定数は省略して載せている．

表 A-2 いろいろな関数の微分と積分

$f(x)$	$df(x)/dx$	$\int f(x)\,dx$
x^n	nx^{n-1}	$x^{n+1}/(n+1)$
$1/x$	$-1/x^2$	$\ln x$
$1/x^2$	$-2/x^3$	$-1/x$
e^{ax}	$a\,e^{ax}$	e^{ax}/a
$x\,e^{ax}$	$(ax+1)\,e^{ax}$	$e^{ax}(ax-1)/a^2$
a^x	$a^x \ln a$	$a^x/\ln a$
$\ln x$	$1/x$	$x\ln x - x$
$\sin x$	$\cos x$	$-\cos x$
$\cos x$	$-\sin x$	$\sin x$
$\tan x$	$\sec^2 x$	$-\ln \cos x$
$\sinh x$	$\cosh x$	$\cosh x$
$\cosh x$	$\sinh x$	$\sinh x$

（1）定積分

連続な関数 $y=f(x)$ の $x=a$ から $x=b$ の間の積分が，次式のように表されることはすでに承知のことであろう．

$$\int_a^b f(x)\,dx$$

図 A-4 を見ながら説明しよう．関数 $y=f(x)$ が図中に示される太い実線の曲線であるとする．$x=a$ から $x=b$ まで n 等分し，その幅を Δx とする．図中影をつけた部分の面積は $f(x_i)\Delta x$ であり，$i=1$ から n までの矩形の面積の総和が

$$\sum_{i=1}^{n} f(x_i)\,\Delta x$$

で表されること，および Δx を無限に 0 に近づけて総和をもったものが，次式に示されるように，定積分（definite integral(s)）の定義であることを思い出したであろう．

$$\int_a^b f(x)\,dx \equiv \lim_{\Delta x \to 0}\sum_{i=1}^{n} f(x_i)\,\Delta x \tag{A.32}$$

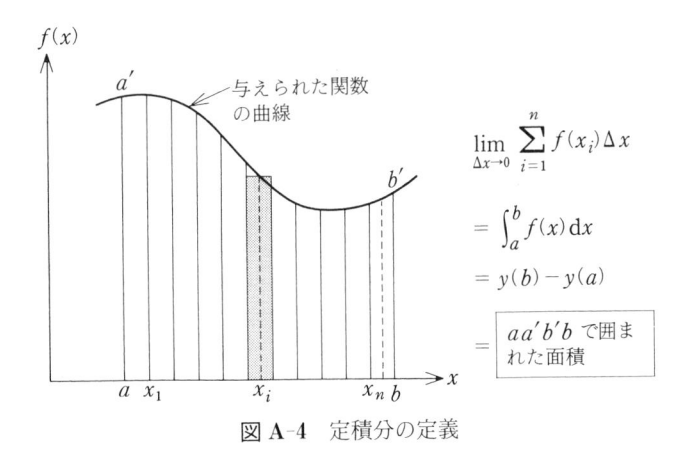

図 A-4 定積分の定義

また，次のことも知っているはずである

$$y(x)=\int f(x)\,dx + c\;\left(\text{したがって}\;\dfrac{dy(x)}{dx}=f(x)\right)\;\text{であれば，}$$

$$\int_a^b f(x)\,dx = y(b)-y(a) = -\int_b^a f(x)\,dx \tag{A.33}$$

また，次の例題のように，変数を置換して簡単に積分することができる．

例題 A.11 $\int_1^3 x \exp(x^2) \, dx$ を計算せよ．

解 $x^2 \equiv z$ とおけば

$$\frac{dz}{dx} = 2x \qquad \therefore \qquad dz = 2x \, dx$$

$$\int_1^3 x \, e^{x^2} \, dx = \frac{1}{2} \int_1^9 e^z \, dz = \frac{1}{2} [e^z]_1^9 = \frac{1}{2}(e^9 - e) \fallingdotseq 4050$$

（2） 2変数関数の積分

関数 $y(x, z)$ が次の関係を満足するものとする．

$$\left[\frac{\partial y(x, z)}{\partial x}\right]_z = f(x, z) \tag{A.34}$$

$f(x, z)$ の不定積分は次式のとおりである．

$$\int f(x, z) \, dx = y(x, z) \tag{A.35}$$

たとえば，$f(x, z) = xz^3$ であれば $y(x, z) = \frac{1}{2} x^2 z^3 + g(z)$ であり，g は z の任意の関数である．もし y が式（A.34）を満足するものであれば，その定積分は次式で表される．

$$\int_a^b f(x, z) \, dx = y(b, z) - y(a, z) \tag{A.36}$$

一例をあげてみよう．

$$\int_2^5 xz^4 \, dx = \frac{1}{2}(5)^2 z^4 - g(z) - \left\{\frac{1}{2}(2)^2 z^4 - g(z)\right\} = \frac{21}{2} z^4$$

注意すべき点は，$f(x, z)$ の x に関する定積分は，上で見るように，z の関数である（x の関数ではない）．すなわち，次の式が成り立つ．

$$\frac{d}{dz} \int_a^b f(x, z) \, dx = \int_a^b \frac{\partial f(x, z)}{\partial z} \, dx \tag{A.37}$$

上の例 $f(x, z) = xz^4$ を用いて，このことを確かめてみよう．

$$（左辺）: \quad \frac{d}{dz} \int_2^5 xz^4 \, dx = \frac{d}{dz}\left(\frac{21}{2} z^4\right) = 42 z^3$$

$$（右辺）: \quad \left(\frac{\partial f(x, z)}{\partial z}\right)_x = 4xz^3$$

であるから

$$\int_2^5 4xz^3 \, dx = \frac{4}{2} [x^2 z^3]_2^5 = 2z^3 (25 - 4) = 42 z^3$$

以上見てきたように，2変数関数の積分では，第2の変数（この場合は z）を積分過程で定数としてみなせば，ふつうの $f(x)$ の関数を x について積分するのと同じであった．このとき z は変数としてでなく，パラメター（parameter）として関与しているという．

熱力学では，2つ（またはそれ以上）の変数をもつ関数を積分することがしばしばある．

このとき，積分過程ではすべての変数が同時に変化している．このような積分を線積分という．次にその線積分を学習しよう．

（3）線 積 分

熱力学で気体が可逆的に，状態 1 (V_1, T_1) から状態 2 (V_2, T_2) へ膨張するときの仕事 W_{rev} は次式で表されることを示した．

$$W_{\text{rev}} = -\int_1^2 P \, dV \qquad \text{（閉鎖系の可逆的変化）} \tag{A.38}$$

この積分はふつうの積分ではない．閉鎖系（物質量 n が一定）では，$P = P(V, T)$ の状態方程式であるので，上式を下のように書き改める．

$$W_{\text{rev}} = -\int_1^2 P(V, T) \, dV \tag{A.38$'$}$$

これらの式で積分記号に 1, 2 をつけているのは，状態 1, 2 を意味している．

前に 2 変数の関数について説明したが，その場合は 2 変数のうち第 2 の変数 z は積分する過程で定数として扱った．しかし，ここでは，2 つの独立変数 T と V が膨張過程で一般に両方とも同時に変わる場合を考える．したがって，仕事の値を求めるためには，T と V がどのように変化するか知っておかねばならない．系が膨張仕事をするときの T と V の変化を VT 面に投影した曲線で示そう．

図 A-5(a) に，考えられうるいろいろな変化の道筋を示しているが，これらは始点と終点はどれも同じである．線積分の式 (A.38$'$) は，変化の道筋上の無限小量 $P(V, T) \, dV$ の総和であると定義づけられる．図 A-5(a) の経路 C に相当する変化の道筋（過程）を小分けした様子を示すものが図 (b) である．すると経路 C の総和は近似的に，次式で表されることが理解できよう．

$$\sum_i P(V_i, T_i) \Delta V_i \tag{A.39}$$

ここで ΔV_i は i 番目の小片 (segment) に生じた体積変化であり，$P(V_i, T_i)$ は i 番目のところにおける圧力の値である．$\Delta V_i \to 0$ の極限が線積分であると考えればよい．

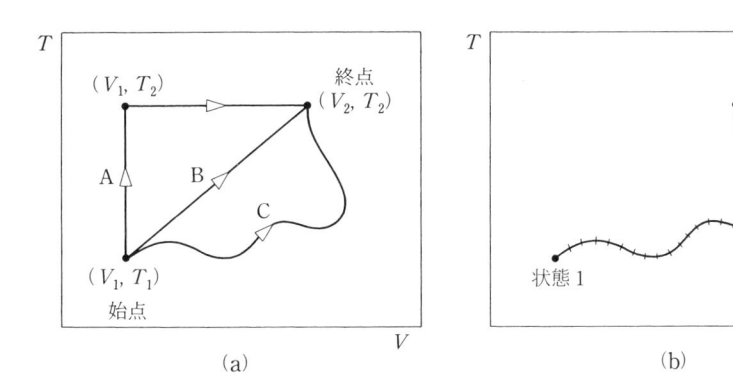

図 A-5　線積分を学ぶ．(a) 始点から終点へ至るいろいろな道筋 (A, B, C)．(b) 線積分の定義

例題 A.12 いまある実在気体の状態方程式が $PV = bT^2$ であるとする（b は定数）．この気体が状態1から2へ可逆的に膨張して仕事 $-W$ を，図 A-5（a）に示した経路 A および B を通って変化させた場合について求めよ．

解 $PV = bT^2$ より，線積分の式は次のようになる．

$$-W = b\int_1^2 \frac{T^2}{V}dV \tag{A.40}$$

経路 A の場合：この過程は2つに分けて考える．第1は $V = V_1$ に保ったまま温度 T_1 から T_2 に上昇させる．第2は，(V_1, T_2) から (V_2, T_2) に変化させる．ここで第1の場合，体積一定であるから $dV = 0$，したがって仕事としては0である．第2の過程では，温度一定 $(T = T_2)$ で膨張するのであるから，これが仕事に相当する．

$$-W_{\text{rev}} = bT_2^2 \int_1^2 \frac{dV}{V} = bT_2^2(\ln V_2 - \ln V_1) = bT_2^2 \ln \frac{V_2}{V_1} \tag{a}$$

経路 B の場合：T が V に対して直線的に上昇している．すなわち $T = cV + d$（c と d はある既知の定数）である．したがって式（A.40）中の T にこの関係を代入すると，次のような1変数のふつうの積分になる．

$$-W_{\text{rew}} = \int_1^2 \frac{(cV+d)^2}{V}dV = \int_1^2 \left[c^2 V + (c+d) + \frac{d^2}{V}\right]dV$$

$$= \frac{c^2}{2}(V_2^2 - V_1^2) + (c+d)(V_2 - V_1) + d^2 \ln \frac{V_2}{V_1} \tag{b}$$

（a）と（b）は一致していない．

上の例からもわかるように，系がなした仕事（または系になされた仕事）は，変化の道筋の違いで異なる値をもつ．可逆仕事 $-W_{\text{rev}}$ は，V_1 から V_2 へ変わる際に圧力がどんな変わり方をするかによって，その値が異なることをここでも注意しておく．なお，図 A-5（a）の経路 C を通って変化した場合の仕事は，曲線の関数形 $T = f(V)$ を示してないので，式（A.40）を応用できないため，計算で求めることができない．

§A.5 理想気体の分子運動の速度と速さの分布

A.5.1 Maxwell の分布則の導き方・考え方

第1章において，理想気体の根平均2乗速度 $\sqrt{\overline{u^2}}$ が次式で表されることを学んできた．

$$u_{\text{rms}} \equiv \sqrt{\overline{u^2}} = \left(\frac{3RT}{M}\right)^{\frac{1}{2}} = \left(\frac{3k_{\text{B}}T}{m}\right)^{\frac{1}{2}}$$

ここで m は分子1個の質量，M はモル質量（$M = Lm$），k_{B} は Boltzmann 定数，R は気体定数（$R = Lk_{\text{B}}$）である．温度 T において熱平衡にある気体分子は，さまざまな速度で飛んでおり，それらが衝突し合って，1つ1つはエネルギーを与えたりもらったりしながら，その温度に応じた平均速度で運動している．（また，この運動エネルギーの総和が，その系（理想気体）の内部エネルギーに相当することを学んだ．）したがって，その速さは小から大までいろいろ分布（distribution）している．

速さ（speed(s)）を u で表し，その無限小の速さの幅を du とし，速さ u と $u + du$ の範

囲内に何個の気体分子があるか？　を考えてみよう．その数を dN_u とする．この dN_u はアボガドロ数 6×10^{23} に比べれば無限小であるが，1 に比べればはるかに大きい数字である．いま着目している系の分子の総数が N であるとすると，速さ u から $u+du$ にある割合は dN_u/N である．この割合は幅 du のとり方によって違うから，$dN_u/N \propto du$ の比例関係がある．しかし同時に，この割合は u の値のどのあたりで幅 du をとるかによっても違うであろう（図 A-6）．したがって，次のように書くことができよう．

$$dN_u/N = F(u)\,du \tag{A.41}$$

ここで $F(u)$ は，何らかのかたちをした u の関数である．これを分子運動の速さの**分布関数**（distribution function）という．どんな関数なのか，それを今から考えていこう．dN_u/N は 1 つの分子が u と $u+du$ の間の速さにある**確率**（probability）であるとみなせるから，$F(u)\,du$ は一種の確率を表すものである．この $F(u)$ は，また，確率密度（probability density）とも呼ばれる．

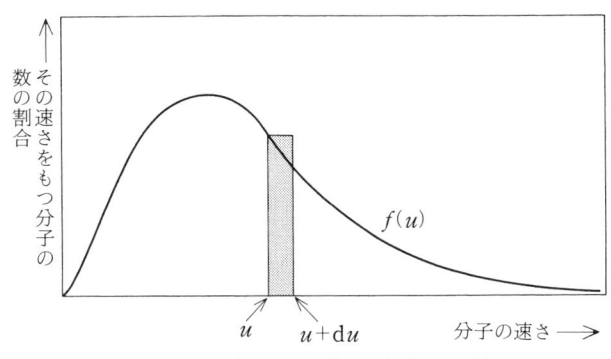

図 A-6　速さ u の関数 $f(u)$ の曲線

$Pr(u_1 \leq u \leq u_2)$ を分子の速さが u_1 と u_2 の間にある確率であるとしよう．この確率を知るために，u_1 から u_2 までの間を無限小の幅 du で小分けし，それぞれの幅の中にある確率を足し合わせれば

$$Pr(u_1 \leq u \leq u_2) = F(u_1)\,du + F(u_1+du)\,du + F(u_1+2\,du)\,du + \cdots + F(u_2)\,du \tag{A.42}$$

この式は，次の定積分にほかならない．

$$Pr(u_1 \leq u < u_2) = \int_{u_1}^{u_2} F(u)\,du \tag{A.43}$$

1 つの分子の速さは $0 \leq u \leq \infty$ であり，$u_1 = 0$ から $u_2 = \infty$ の速さの範囲内には必ず分子が存在するから，その確率は 1 であることになる．

$$\int_0^\infty F(u)\,du = 1 \tag{A.44}$$

この $F(u)$ は，1860 年 Maxwell によってみごとに導かれたものである．しばし，彼のお手並を拝見することにしよう．理論の展開にあたって，まず次の仮定をおこう．仮定：(1) 速度分布は方位に依存しない．（すでに気体の分子運動論で学んだように，速度の $x, y,$

z 軸の成分について $\overline{u_x^2} = \overline{u_y^2} = \overline{u_z^2}$ が成り立つこと．）(2) 1 個の分子がもつ u_y または u_z の値は，その分子がもつ u_x の値に影響しない．この仮定（1）については，エネルギー均分則（等分配の法則ともいう．law of equipartition of energy）で説明されるように，分子の運動が空間の全方位に対して等価であることを示している（いま，外部からの電場や重力場の影響はないとみなしている）．仮定（2）もあたりまえのことといえよう．

$F(u)$ を知るために，まず**速度**（velocity）u の x 軸に沿った成分 u_x の分布関数を考える．この関数を f で表し，仮定（2）を用いると f は u_x のみに依存する．

$$\mathrm{d}N_{u_x}/N = f(u_x)\,\mathrm{d}u_x \tag{A.45}$$

ここで $\mathrm{d}N_{u_x}$ は，速度の x 成分が u_x と $u_x+\mathrm{d}u_x$ の間にある分子数を示す．速度 u_x の範囲は $-\infty$ から $+\infty$ までであり，また式（A.44）と同様に f は次式を満足しなければならない．

$$\int_{-\infty}^{\infty} f(u_x)\,\mathrm{d}u_x = 1 \tag{A.46}$$

同様に u_y と u_z についても成り立つが，ただし，仮定（1）によって u_y と u_z の分布関数は u_x のそれと同じかたちをしているはずである．

$$\mathrm{d}N_{u_y}/N = f(u_y)\,\mathrm{d}u_y, \qquad \mathrm{d}N_{u_z}/N = f(u_z)\,\mathrm{d}u_z \tag{A.47}$$

さて，1 個の分子が，"その速度の x 成分を u_x と $u_x+\mathrm{d}u_x$ の間に，y 成分を u_y と $u_y+\mathrm{d}u_y$ の間に，また，z 成分を u_z と $u_z+\mathrm{d}u_z$ の間"に，同時にもつ確率はどうなるか考えてみると，仮定（2）より各成分は互いに独立であるので，その確率はそれぞれの積 $f(u_x)\,\mathrm{d}u_x \times f(u_y)\,\mathrm{d}u_y \times f(u_z)\,\mathrm{d}u_z$ に等しいことがわかる．上に示した速度範囲の中にある分子の数を $\mathrm{d}N_{u_x,u_y,u_z}$ とすると，

$$\mathrm{d}N_{u_x,u_y,u_z}/N = f(u_x)f(u_y)f(u_z)\,\mathrm{d}u_x\,\mathrm{d}u_y\,\mathrm{d}u_z \tag{A.48}$$

式（A.41）の関数 $F(u)$ は**速さ**（speed(s)）の関数であったが，式（A.48）の $f(u_x)f(u_y)f(u_z)$ は，**速度**（velocity）の関数である．速度は，その成分として u_x, u_y, u_z をもつ $\boldsymbol{u}$ で表されるようなベクトル（vector）である．

図 A-7 に速度空間（velocity space）と呼ばれる座標で，$\boldsymbol{u}$ と成分の関係および $\mathrm{d}u_x\,\mathrm{d}u_y\,\mathrm{d}u_z$ の積分素片を図示している．式（A.48）に示した確率 $\mathrm{d}N_{u_x,u_y,u_z}/N$ は，図 A-7 中の小さな直方体にその速度をもつ分子が存在する確率を意味している．仮定（1）によって，速度の分布は方位に依存しないから，したがって $\mathrm{d}N_{u_x,u_y,u_z}/N$ はその速度ベクトルの方

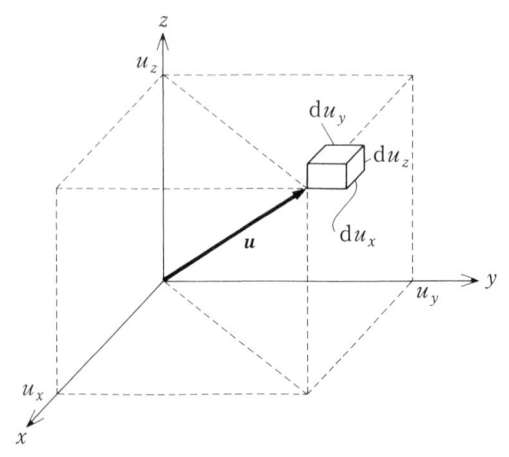

図 A-7 速度空間に示された速度ベクトル $\boldsymbol{u}$ と体積素片 $\mathrm{d}u_x\,\mathrm{d}u_y\,\mathrm{d}u_z$

向に無関係で，もっぱらその大きさ（すなわち，速さ，speed）だけに依存する．それゆえ，確率密度 $f(u_x)f(u_y)f(u_z)$ は速さ u だけの関数である．これを $\phi(u)$ とする．

$$f(u_x)f(u_y)f(u_z) = \phi(u) \tag{A.49}$$

この $\phi(u)$ は，以下の議論でわかるように，式 (A.41) の $F(u)$ と同じものではない．第 1 章ですでに，

$$u^2 = u_x{}^2 + u_y{}^2 + u_z{}^2 \tag{1.6}$$

であることを知っている．

関数 f を求めるために，式 (A.49) を u_x で偏微分 $(\partial/\partial u_x)_{u_y, u_z}$ をとると，

$$f'(u_x)f(u_y)f(u_z) = \frac{\mathrm{d}\phi(u)}{\mathrm{d}u} \frac{\partial u}{\partial u_x}$$

式 (1.6) から，$2u\,\mathrm{d}u = 2u_x\,\mathrm{d}u_x + 2u_y\,\mathrm{d}u_y + 2u_z\,\mathrm{d}u_z$ であるから，全微分の節で学んだところを考え合わせると $\partial u/\partial u_x = u_x/u$ であることがわかる．また，$u = (u_x{}^2 + u_y{}^2 + u_z{}^2)^{1/2}$ を直接微分することによっても，この関係は得られる．

$$f'(u_x)f(u_y)f(u_z) = \phi' \cdot u_x/u$$

であるから，これを $u_x f(u_x)f(u_y)f(u_z) = u_x \phi(u)$ で割ると，

$$\frac{f'(u_x)}{u_x f(u_x)} = \frac{1}{u} \frac{\phi'(u)}{\phi(u)} \tag{A.50}$$

式 (1.6) と式 (A.49) において，u_x, u_y, u_z は互いに対称的であるから，上と同様に $\partial/\partial u_y$ と $\partial/\partial u_z$ をとると式 (A.50) と同様の関係が得られる．

$$\frac{f'(u_y)}{u_y f(u_y)} = \frac{1}{u} \frac{\phi'(u)}{\phi(u)} \quad \text{および} \quad \frac{f'(u_z)}{u_z f(u_z)} = \frac{1}{u} \frac{\phi'(u)}{\phi(u)} \tag{A.51}$$

式 (A.50) と式 (A.51) から

$$\frac{f'(u_x)}{u_x f(u_x)} = \frac{f'(u_y)}{u_y f(u_y)} = \frac{f'(u_z)}{u_z f(u_z)} \equiv b \tag{A.52}$$

ここで定義した b は u_x, u_y, u_z に対して独立であり，ある値をもつ定数であることがわかる．

式 (A.52) をよく考えると，$bu_x = (\partial f/\partial u_x)/f$ または $\mathrm{d}f/f = bu_x\,\mathrm{d}u_x$ である．この積分をとると，$\ln f = \frac{1}{2}bu_x{}^2 + C$（$C$ は積分定数）である．したがって，$f = \exp(bu_x{}^2/2) \cdot \mathrm{e}^C$，すなわち，

$$f = A \exp\left(\frac{bu_x{}^2}{2}\right) \tag{A.53}$$

ここで $A \equiv \mathrm{e}^C$ は定数である．これで u_x に対する分布関数のかたちがわかった．念のため，式 (A.49) を満足するかたちは，次式となるであろう．

$$f(u_x)f(u_y)f(u_z) = A^3 \exp\left[b(u_x{}^2 + u_y{}^2 + u_z{}^2)/2\right] = A^3 \mathrm{e}^{\frac{bu^2}{2}}$$

A を知るために，式 (A.53) を式 (A.44) に代入すると，次式を得る．

$$A \int_{-\infty}^{\infty} \exp\left(\frac{b}{2} u_x^2\right) \mathrm{d}u_x = 1 \tag{A.54}$$

この式を見て，b は負の値であることがわかるであろう．正であれば，この積分は存在しえない．

表 A-3 に気体の分子運動論に関係する定積分のいくつかを載せている．表中の積分 2 と 5 は，積分 3 と 6 の n が 0 の特殊な場合のものにそれぞれ相当している．

表 A-3 積分公式表（気体の分子運動論関連）

x の偶数乗	x の奇数乗
1. $\int_{-\infty}^{\infty} x^{2n} \mathrm{e}^{-ax^2} \mathrm{d}x = 2\int_{0}^{\infty} x^{2n} \mathrm{e}^{-ax^2} \mathrm{d}x$	4. $\int_{-\infty}^{\infty} x^{2n+1} \mathrm{e}^{-ax^2} \mathrm{d}x = 0$
2. $\int_{0}^{\infty} \mathrm{e}^{-ax^2} \mathrm{d}x = \dfrac{\pi^{1/2}}{2a^{1/2}}$	5. $\int_{0}^{\infty} x\,\mathrm{e}^{-ax^2} \mathrm{d}x = \dfrac{1}{2a}$
3. $\int_{0}^{\infty} x^{2n} \mathrm{e}^{-ax^2} \mathrm{d}x = \dfrac{(2n)!\,\pi^{1/2}}{2^{2n+1} n!\, a^{n+1/2}}$	6. $\int_{0}^{\infty} x^{2n+1} \mathrm{e}^{-ax^2} \mathrm{d}x = \dfrac{n!}{2a^{n+1}}$

ただし，$a > 0$, $n = 1, 2, 3, \cdots$

$n = 0$，$a = -b/2$ とおいて，積分 1 と 2 を用いると，式（A.54）から $A = (-b/2\pi)^{1/2}$ とわかり，式（A.53）は次のようになる．

$$f(u_x) = (-b/2\pi)^{1/2} \exp\left(\frac{bu_x^2}{2}\right) \tag{A.55}$$

次に，b は次のような手順で決められる．b を決めるためには，1 分子あたりの平均運動エネルギーは，式（1.11）より，Boltzmann 定数 k_B×Kelvin 温度 T の 3/2 倍である．

$$\bar{\varepsilon} = \frac{1}{2} m\overline{u^2} = \frac{3}{2} m\overline{u_x^2} = \frac{3}{2} k_\mathrm{B} T$$

であり，したがって次式が得られる．

$$\overline{u_x^2} = k_\mathrm{B} T/m \tag{A.56}$$

ここで，式（A.55）の分布関数から $\overline{u_x^2}$ を計算し，その結果と式（A.56）を比較してみれば，b を決められるであろう．

一般にある量 s の平均値 $\bar{s}$（今の場合は u_x^2 の平均値）は，s のある値 s_i をもつものの数が n_i であるとすると，総数 N との間に次の関係がある．

$$\bar{s} = \frac{1}{N} \sum_i s_i n_i \quad\quad \text{ただし} \quad\quad N = \sum n_i$$

いまクラスの男子学生の身長を s と考え，身長 s_i のものが n_i 人いて，男子学生の総数を N と考えれば，上式の意味が簡単にわかるであろう．ここで，考え方を押し広げて，N が非常に大きいと，すると n_i/N は s_i の出現確率 $P(s_i)$ であるとみなせるので

$$\bar{s} = \frac{1}{N} \sum_i n_i s_i = \sum_i \frac{n_i}{N} s_i = \sum_i P(s_i) s_i$$

いま，一般に $g(s)$ が s の関数であるとすると，$g(s)$ の平均値 $\overline{g(s)}$ は

$$\overline{g(s)} = \sum P(s)g(s) \tag{A.57}$$

さらに一般化してみる．連続的な変数 w の分布関数が $f(w)$ であるとする．これは変数が w と $w+\mathrm{d}w$ の間にある確率が $f(w)\,\mathrm{d}w$ であることを意味している．いまある関数 $g(w)$ の平均値は次式で与えられる［平均値の定理（mean value theorem）］．

$$\overline{g(w)} = \int_{w(下限)}^{w(上限)} g(w)f(w)\,\mathrm{d}w \tag{A.58}$$

さて，今われわれが関心のあるのは，u_x^2 の平均値 $\overline{u_x^2}$ であった．上の式（A.58）の w とあるのが u_x のことであり，$g(w)$ が u_x^2 である．$f(u_x)$ は式（A.55）で与えられているから，次式を得る．

$$\overline{u_x^2} = \int_{-\infty}^{\infty} u_x^2 f(u_x)\,\mathrm{d}u_x = \int_{-\infty}^{\infty} u_x^2 \left(\frac{-b}{2\pi}\right)^{1/2} \exp\left(\frac{bu_x^2}{2}\right)\mathrm{d}u_x \tag{A.59}$$

表 A-3 の積分 1 と 3 で，$n=1$，$a=-b/2$ を適用すると，

$$\overline{u_x^2} = 2\left(\frac{-b}{2\pi}\right)^{1/2} \frac{2!\,\pi^{1/2}}{2^3\,1!\,(-b/2)^{3/2}} = \frac{1}{-b}$$

式（A.56）と比較すると $-1/b = k_\mathrm{B}T/m$ であるから，$b = -\dfrac{m}{k_\mathrm{B}T}$ であることがわかる．

以上より，u_x に関する分布関数，式（A.55）および式（A.45）は次のとおりになる．

$$\frac{1}{N}\frac{\mathrm{d}N_{u_x}}{\mathrm{d}u_x} = f(u_x) = \left(\frac{m}{2\pi k_\mathrm{B}T}\right)^{1/2} \exp\left(-\frac{mu_x^2}{2k_\mathrm{B}T}\right) \tag{A.60}$$

この式は一見複雑に見えるが，より簡単には $f = \mathrm{const} \times \mathrm{e}^{-\varepsilon_x/kT}$ のかたちに書ける．ここで，$\varepsilon_x = (1/2)mu_x^2$ であり，分子の x 方向における並進（直進）運動のエネルギーである．同時に指数関数の前に掛けている定数は $\int_{-\infty}^{\infty} f\,\mathrm{d}u_x = 1$ という制約によって決まるものである．上の式で現れた $k_\mathrm{B}T$ は，特異なエネルギーの値であり，統計力学では常時出てくるものであるので，記憶にとどめておくことが望ましい．これまで $f(u_x)$ について述べてきたが，他の $f(u_y)$ と $f(u_z)$ も上の式（A.60）と同じである．

$f(u_x)$ がわかったので，速さの分布関数 $F(u)$ は簡単に求まる．$F(u)\,\mathrm{d}u$ は分子の速さが u と $u+\mathrm{d}u$ の間にある確率であるが，図 A-7 の速度空間で示した小さな体積素片 $\mathrm{d}u_x\,\mathrm{d}u_y\,\mathrm{d}u_z$ 中に，速度 $\boldsymbol{u}$ をもつ分子のいる確率は次式で示される．

$$f(u_x)f(u_y)f(u_z)\,\mathrm{d}u_x\,\mathrm{d}u_y\,\mathrm{d}u_z = \left(\frac{m}{2\pi k_\mathrm{B}T}\right)^{3/2} \exp\left(-\frac{mu^2}{2k_\mathrm{B}T}\right)\mathrm{d}u_x\,\mathrm{d}u_y\,\mathrm{d}u_z \tag{A.61}$$

次に図 A-8 の半径 u と $u+\mathrm{d}u$ の間にある厚さ $\mathrm{d}u$ の球殻は，上の直方体 $\mathrm{d}u_x\,\mathrm{d}u_y\,\mathrm{d}u_z$ が集積したものと考えることができる．したがって，

$$F(u)\,\mathrm{d}u = \sum_{殻全体}\left(\frac{m}{2\pi k_\mathrm{B}T}\right)^{3/2} \exp\left(-\frac{mu^2}{2k_\mathrm{B}T}\right)\mathrm{d}u_x\,\mathrm{d}u_y\,\mathrm{d}u_z$$

$$= \left(\frac{m}{2\pi k_\mathrm{B}T}\right)^{3/2} \exp\left(-\frac{mu^2}{2k_\mathrm{B}T}\right)\sum_{殻全体}\mathrm{d}u_x\,\mathrm{d}u_y\,\mathrm{d}u_z$$

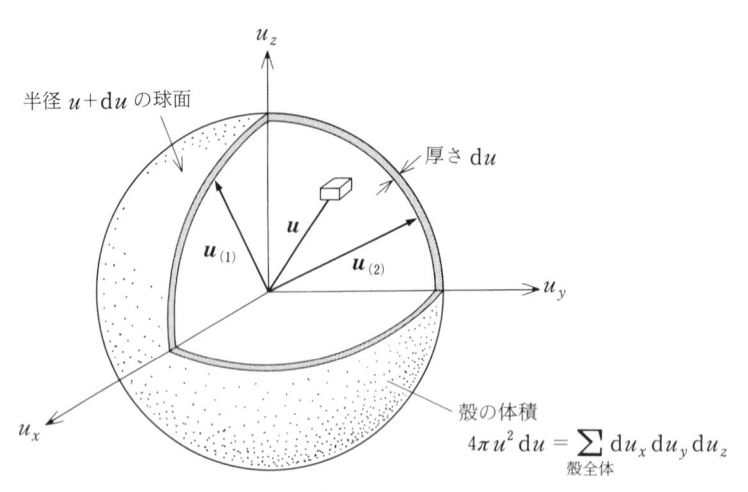

図 A-8 速度空間の厚さの薄い球殻

殻の体積は $\frac{4}{3}\pi(u+du)^3 - \frac{4}{3}\pi u^3$ である．この第1項を展開すれば du^2 や du^3 の項は du に比べてうんと小さくて無視できるから，結果として $4\pi u^2 du$ が得られる（もちろん $4\pi u^2 du$ は $\frac{4}{3}\pi u^3$ の微分値である）．したがって，上式で $\sum_{\text{殻全体}} du_x du_y du_z$ を $4\pi u^2 du$ で置き換えると，最終的に次の速度分布の関数を得ることできる．

$$\frac{dN_u}{N} = F(u)\,du = \left(\frac{m}{2\pi k_B T}\right)^{3/2} \exp\left(-\frac{mu^2}{2k_B T}\right) 4\pi u^2\,du \tag{A.62}$$

さらに，$m/k_B = Lm/Lk_B = M/R$ である（M はモル質量）から，M と R を使って上式を書き換えることができる．式（A.62）は **Maxwell の速度分布則**（Maxwell distribution law）と呼ばれていた．整理すると，

$$\begin{aligned}F(u) = \frac{N_u}{N} &= 4\pi u^2 \left(\frac{m}{2\pi k_B T}\right)^{3/2} \exp\left(-\frac{mu^2}{2k_B T}\right) \\ &= 4\pi u^2 \left(\frac{M}{2\pi RT}\right)^{3/2} \exp\left(-\frac{Mu^2}{2RT}\right)\end{aligned} \tag{A.63}$$

式（A.62）は Maxwell によって最初に得られたが，後に Boltzmann が一般化したので，式（A.63）を **Maxwell-Boltzmann の速度分布則**と両人の名を連ねて呼ばれるようになった．

A.5.2 速度分布則の吟味

以上で，問題の速度分布則の導出は終わったが，学生諸君はここでとどまることなく，さらに探求心を盛んにして，考察を深められるように案内していこう．

例題 A.13 式（A.63）の速度分布則はエネルギー分布のかたちにも直せる．分子運動のエネルギーを ε で表すと，次式となることを示せ．

$$F(\varepsilon) = \frac{2}{\sqrt{\pi}\,k_\mathrm{B}T}\left(\frac{\varepsilon}{k_\mathrm{B}T}\right)^{1/2} \exp\left(-\frac{\varepsilon}{k_\mathrm{B}T}\right) \tag{A.64}$$

解 速度 u をもつ分子数はエネルギー ε をもつ分子数と同じであるから

$$N_u\,\mathrm{d}u = N_\varepsilon\,\mathrm{d}\varepsilon$$

$$N_\varepsilon = N_u \frac{\mathrm{d}u}{\mathrm{d}\varepsilon}$$

$$\varepsilon = \frac{1}{2}mu^2 \quad \text{より} \quad \mathrm{d}\varepsilon = mu\,\mathrm{d}u \text{ または } \mathrm{d}u = \left(\frac{1}{mu}\right)\mathrm{d}\varepsilon$$

$$\therefore \quad N_\varepsilon = 4\pi u^2 N \left(\frac{m}{2\pi k_\mathrm{B}T}\right)^{3/2} \exp\left(-\frac{\varepsilon}{k_\mathrm{B}T}\right)\left(\frac{1}{mu}\right) = \frac{2}{\sqrt{\pi}} \cdot \frac{N}{k_\mathrm{B}T} \cdot u \left(\frac{m}{2k_\mathrm{B}T}\right)^{1/2} \cdot \exp\left(-\frac{\varepsilon}{k_\mathrm{B}T}\right)$$

$$= \frac{2N}{\sqrt{\pi}\,k_\mathrm{B}T}\left(\frac{\varepsilon}{k_\mathrm{B}T}\right)^{1/2}\exp\left(-\frac{\varepsilon}{k_\mathrm{B}T}\right)$$

確率のかたちに直せば，

$$F(\varepsilon) = \frac{2}{\sqrt{\pi}\,k_\mathrm{B}T}\left(\frac{\varepsilon}{k_\mathrm{B}T}\right)^{1/2}\exp\left(-\frac{\varepsilon}{k_\mathrm{B}T}\right)$$

ここで，分布曲線の意味するものについて吟味しよう．速さ（speed）と速度（velocity）の2つの概念にとかく混乱を生じやすいので，もう少し検討を進めてみる．

関数 $f(u_x)$ は式（A.55）で見てきたとおり，$A\,\mathrm{e}^{-Cu_x^2}$ の形をとっており，その極大値は $u_x = 0$ のところにある．図 A-9 に2つの温度での N_2 ガスの速度 u_x 分布の様子を $f(u_x)$ 対 u_x のプロットで示している．この分布は**正規**（normal）または**ガウス分布**（gaussian distribution）と呼ばれるもので，運動論以外に，学生集団の試験の成績，身長などや測定誤差の分布もこの曲線の形をとることで知られている．一方，速さの分布関数 $F(u)$ を図 A-10 に示そう．u が非常に小さいときは指数項は1に近づき，$F(u)$ は u の2乗に比例するであろう．一方 u が非常に大きくなると，指数関数の $-u^2$ 項が支配的となり，$F(u)$ は u の増大に伴って急速に減少する．また，T が増大するにつれ，分布曲線の極大は高スピードのほうにずれていく．この様子を図 A-11 に示す．この図は，同じ系で低温の

図 **A**-9　300 K と 1000 K における N_2 気体中の u_x に対する分布関数

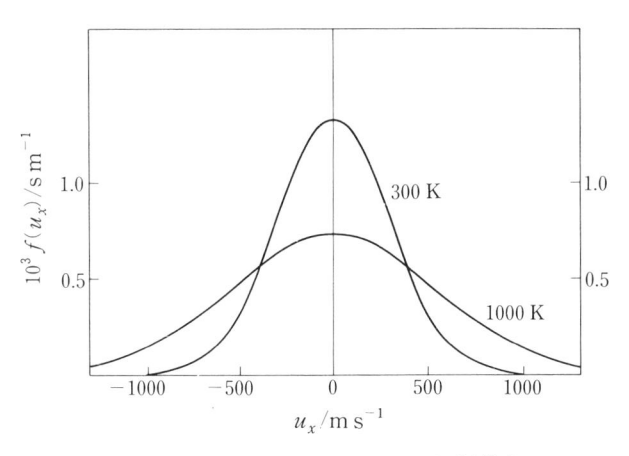

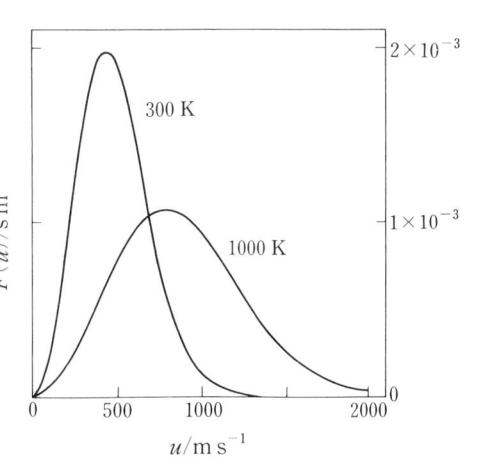

図 **A**-10　N_2 の 300 K と 1000 K における分子の速さ（speed）の分布関数

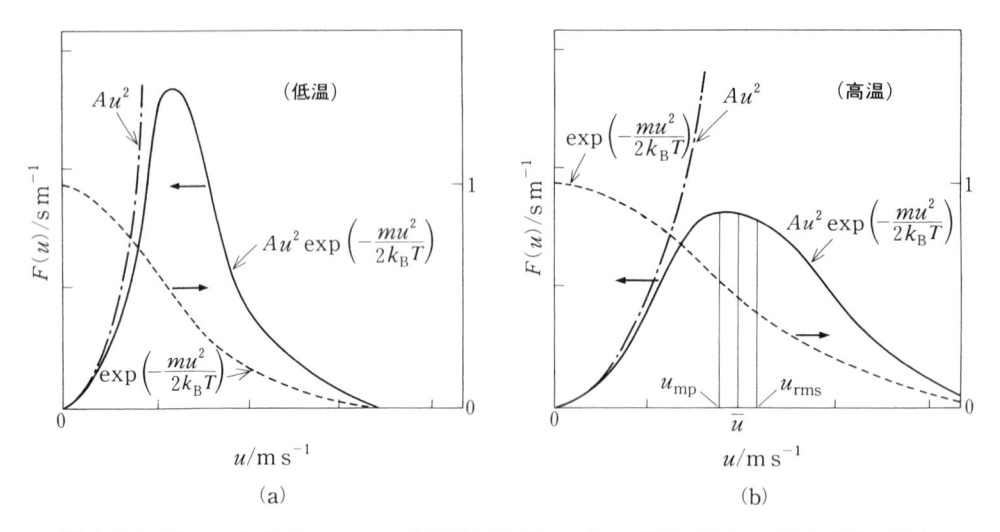

図 A-11 Maxwell–Boltzmann の分布則の模式図.（a）低温の場合,（b）高温の場合

とき（a）と,高温のとき（b）の曲線（実線）とに違いがあることを模式的に示している.

例題 A.14 図 A-11 の速度分布曲線の最大値をとる速度（すでに述べたように,厳密には速さのこと）を最大確率速度（most probable velocity, u_{mp}）と呼ぶ. 極大では $\mathrm{d}F(u)/\mathrm{d}u = 0$ であることから,u_{mp} を求めよ.

解 式（A.63）より
$$\frac{\mathrm{d}F(u)}{\mathrm{d}u} = 4\pi \left(\frac{m}{2\pi k_\mathrm{B} T}\right)^{3/2} \frac{\mathrm{d}}{\mathrm{d}u}\left\{u^2 \exp\left(-\frac{mu^2}{2k_\mathrm{B}T}\right)\right\} = 0$$
このときの u が u_{mp} であるので
$$2u_{\mathrm{mp}} \exp\left(-\frac{mu_{\mathrm{mp}}^2}{2k_\mathrm{B}T}\right) - \frac{2mu_{\mathrm{mp}}}{2k_\mathrm{B}T} \cdot u_{\mathrm{mp}}^2 \cdot \exp\left(\frac{-mu_{\mathrm{mp}}^2}{2k_\mathrm{B}T}\right) = 0$$
$$2u_{\mathrm{mp}} - \frac{mu_{\mathrm{mp}}^3}{k_\mathrm{B}T} = 0$$
$$u_{\mathrm{mp}} = \left(\frac{2k_\mathrm{B}T}{m}\right)^{1/2} = \left(\frac{2RT}{M}\right)^{1/2} \tag{A.65}$$

例題 A.15 分子運動の平均の速さ $\bar{u}$ を求めよ.

解 式（A.58）の考え方にならえば,速さは 0 から無限大までの範囲をとるので $\bar{u} = \int_0^\infty u F(u)\, \mathrm{d}u$ で求められる.
$$\bar{u} = \int_0^\infty u F(u)\, \mathrm{d}u = 4\pi \left(\frac{m}{2\pi k_\mathrm{B} T}\right)^{3/2} \int_0^\infty u^3 \exp\left(-\frac{mu^2}{2k_\mathrm{B}T}\right)\mathrm{d}u$$
表 A-3 の積分公式の 6 に $n=1$,$a = m/2k_\mathrm{B}T$ を適用すれば
$$\bar{u} = 4\pi \left(\frac{m}{2\pi k_\mathrm{B} T}\right)^{3/2} \frac{1}{2(m/2k_\mathrm{B}T)^2} = \left(\frac{8k_\mathrm{B}T}{\pi m}\right)^{1/2} = \left(\frac{8RT}{\pi M}\right)^{1/2} \tag{A.66}$$

注意 この平均値は速度の平均（これはゼロであるはず）ではなく speed の平均であることに注

意すること．

例題 A.16 式(A.63)から $\overline{u^2}$ を求めてみよ．

解 上と同様の考え方により
$$\overline{u^2} = \int_0^\infty u^2 F(u)\,du = 4\pi\left(\frac{m}{2\pi k_B T}\right)^{1/2} \int_0^\infty u^4 \exp\left(-\frac{mu^2}{2k_B T}\right) du$$

表 A-3 の積分公式 3 で $n = 2$, $a = \dfrac{m}{4k_B T}$ とおけば，
$$\overline{u^2} = 4\pi\left(\frac{m}{2\pi k_B T}\right)^{3/2} \cdot \frac{4!\,\pi^{1/2}}{2^5 \cdot 2!\left(\dfrac{m}{4k_B T}\right)^{5/2}} = \frac{3k_B T}{m} = \frac{3RT}{M} \tag{A.67}$$

これは第1章で学んだ式(1.14)と同じものである．

例題 A.17 分子の平均運動エネルギー $\overline{\varepsilon}$ を式(A.64)から求めよ．

解
$$\overline{\varepsilon} = \int_0^\infty \frac{2}{\sqrt{\pi}\,k_B T} \cdot \varepsilon \cdot \left(\frac{\varepsilon}{k_B T}\right)^{1/2} \cdot \exp\left(-\frac{\varepsilon}{k_B T}\right) d\varepsilon$$

これを解いていけばよいが，これには工夫が必要である．$\varepsilon^{\frac{1}{2}} = s$ とおくと，$ds = \dfrac{1}{2}\varepsilon^{-\frac{1}{2}}d\varepsilon$ であるから，
$$d\varepsilon = 2\varepsilon^{1/2}\,ds = 2s\,ds$$
$$\overline{\varepsilon} = \frac{2}{\sqrt{\pi}(k_B T)^{3/2}} \int_0^\infty \varepsilon^{3/2} \exp\left(-\frac{\varepsilon}{k_B T}\right) ds = \frac{2}{\sqrt{\pi}(k_B T)^{3/2}} \int_0^\infty s^3 \exp\left(-\frac{s^2}{k_B T}\right) \cdot 2s\,ds$$
$$= \frac{4}{\sqrt{\pi}(k_B T)^{3/2}} \int_0^\infty s^4 \exp\left(-\frac{s^2}{k_B T}\right) ds \tag{A.68}$$

表 A-3 の積分で $n = 2$, $a = \dfrac{1}{k_B T}$ を適用すれば
$$\overline{\varepsilon} = \frac{3}{2}k_B T$$

これは第1章の式(1.11)で示したのと同じ結果が得られた．

上の例題において，確率が最大の速さ u_{mp}，速さの平均値 $\overline{u}$ と速さの2乗の平均値 $\sqrt{\overline{u^2}} = u_{\mathrm{rms}}$ を求めた．すでに気づいたものと思うが
$$\overline{u}^2 = \frac{8RT}{\pi M}, \qquad \overline{u^2} = \frac{3RT}{M}$$

であるから，平均値の2乗と2乗値の平均値は異なる．すなわち $\overline{u}^2 \neq \overline{u^2}$ であることに注意しなければならない．これらの比をとると，
$$u_{\mathrm{mp}} : \overline{u} : u_{\mathrm{rms}} = \sqrt{\frac{2RT}{M}} : \sqrt{\frac{8RT}{\pi M}} : \sqrt{\frac{3RT}{M}} = 1 : 1.12 : 1.225$$

となる．これらの違いを図 A-11(b) に示している．

以上述べてきたことから，もう一度速さ（speed）と速度（velocity）の違いをはっきりさせておこう．すぐ上で最大確率の速さは $u_{mp} = \sqrt{2RT/M}$ であることを示したが，一方最大確率を与える速度 u_x の値はゼロである．図 A-9 をもう一度見るとよい．同様に u_y も u_z もそれぞれゼロのところが極大値であるから，最大確率の速度はゼロである．速度空間にいろいろな u_x, u_y, u_z の値をとる u を点で示して確率を3次元的に表現するならば，各領域の点の密度が速度 $\boldsymbol{u}$ がそこにあるという確率に比例する．そうすると $u_x = u_y = u_z = 0$ の原点のところで最大の密度が得られる．この様子を $u_x = 0$ のところで $u_y u_z$ 平面（断面）をとって表した．

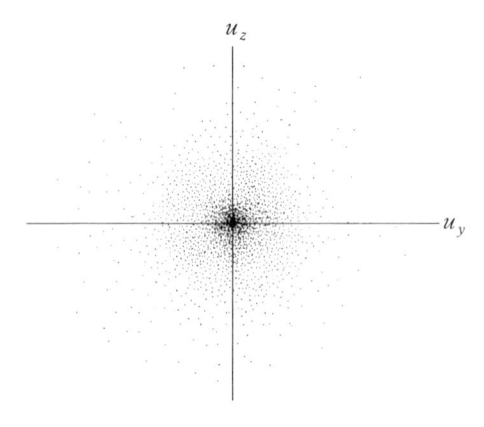

図 A-12　速度の確率密度

$f(u_x)$ は**速度**の x 成分 u_x から $u_x + du_x$ の範囲にある分子の割合 dN_{u_x}/N ［式（A.60）および図 A-9 を参照のこと］であり，一方，**速さ** u と $u + du$ の範囲内にある分子の割合 dN_u/N が $F(u)du$ ［式（A.63）および図 A-10］である．この両者の関係が次式であることを再認識しよう．

$$F(u) = f(u_x)f(u_y)f(u_z) \cdot 4\pi u^2 \tag{A.69}$$

図 A-9 の $f(u_x)$ の様子や図 A-12 を見るかぎり，速度各成分の最確値はゼロであるにもかかわらず，図 A-10 を見れば速さの最確値はゼロではない．この見かけ上の矛盾をどう納得すればよいか考えてみよう．確かに，$f(u_x)f(u_y)f(u_z)$ の確率密度は原点（$u_x = u_y = u_z = 0$）で最大値をとり，速度が増大すればその確率密度は減少する（図 A-12）が，しかし，薄い球殻の体積である $4\pi u^2$（図 A-8）は u の値が増大すると，2乗であることがきいてその値は急激に増大する．しかも原点では $4\pi u^2 = 0$ である．これら2つの相反する要因が速さの最大確率値をゼロでないものとしているのである．

A.5.3　気圧の式と Boltzmann 分布

先に，1つの容器に入った気体分子が熱的平衡にあって温度 T を示すときでも，分子のもつエネルギー（言い換えれば速度）に分布があることを示してきた．地球の重力場にある空気（いまこれを簡単のため，理想気体とみなす）は，高いところへいくほど気圧が下がることを諸君は知っている．また，位置が高いほどポテンシャルエネルギーが大きいことも知っている．いま，大気中に図 A-13 のような仮想的な円筒を考えよう．上にある気体分子は下に比べて高いポテンシャルエネルギーをもつので，高度に応じてエネルギー分布があると考えられる．高度（海抜）z のところで，厚さ dz，質量 dm，断面積 A の薄切りの層を考えよう．いま高度 z においては，圧力 P の力が下から上へ向けて働いている．その力

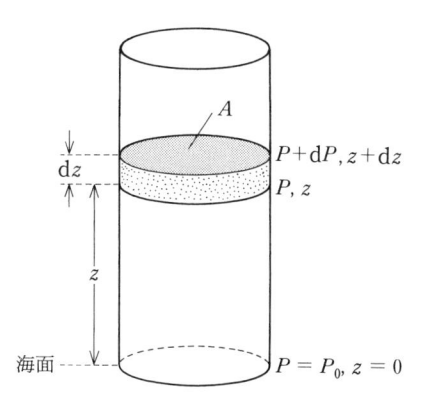

図 **A**-13 重力場にある大気の圧力と高度（海抜）の関係．dz の薄い層を考える．

を $F_{上向き}$ とすると，$F_{上向き} = PA$ である（圧力×面積＝力）．断面には薄層中の気体の質量 dm に g（重力の加速度）を掛けた重力 $g\,\mathrm{d}m$ と $P+\mathrm{d}P$ の圧力がかかっている．下向きの力は $F_{下向き} = g\,\mathrm{d}m + (P+\mathrm{d}P)A$．いま，この気体層は機械的に平衡状態にあるから，$F_{上向き} = F_{下向き}$ より次式を得る．

$$\mathrm{d}P = -(g/A)\,\mathrm{d}m \tag{A.70}$$

理想気体の状態方程式より，$PV = P(A\,\mathrm{d}z) = (\mathrm{d}m/M)RT$．したがって，d$m = (PMA/RT)\,\mathrm{d}z = -(A/g)\,\mathrm{d}P$ であり，次式が成り立つ．

$$\frac{\mathrm{d}P}{P} = -\left(\frac{Mg}{RT}\right)\mathrm{d}z \tag{A.71}$$

ここで，T は高度によらず一定である（事実には反するが）ということと，g も高度によって変化しないという仮定（近似）を，簡単のためにおこう．この近似的取り扱いから，式（A.71）は次の積分ができる．

$$\int_{P_0}^{P} \frac{\mathrm{d}P}{P} = -\left(\frac{Mg}{RT}\right)\int_0^z \mathrm{d}z$$

これより，$\ln(P/P_0) = -(Mg/RT)z$ であるから，P は指数関数で表される．

$$P = P_0 \exp(-Mgz/RT) \tag{A.72}$$

または

$$P = P_0 \exp(-mgz/k_\mathrm{B}T) \tag{A.72'}$$

ただし，この式の m は分子の質量である．重力場において高さ z にある分子のポテンシャルエネルギーは $\varepsilon_\mathrm{p}(z) = mgz$ であり，またその状態にある分子数を $N(z)$ とする．一方，海面ではそれぞれ $\varepsilon_\mathrm{p}(0), N(0)$ とおくと，

$$\frac{P}{P_0} = \frac{N}{N_0} = \exp\left[\{\varepsilon_\mathrm{p}(z) - \varepsilon_\mathrm{p}(0)\}/k_\mathrm{B}T\right] = \exp\left(-\frac{\Delta\varepsilon_\mathrm{p}}{k_\mathrm{B}T}\right) \tag{A.73}$$

が得られる．ここで，圧力比 P/P_0 は同一体積の非常に薄い層中での分子数比 N/N_0 に等しいから，上式の関係が成り立つ．

式 (A.73) ではエネルギーの高さ (準位という) ε_p は重力場におけるポテンシャルエネルギーであった．ε_p は他のどんなポテンシャルエネルギー，たとえば原子内の電子のポテンシャルエネルギーに対してもあてはまるし，またポテンシャルエネルギーは運動エネルギーと互いに変換し合うものであるから，結局，式 (A.73) はどんな種類のエネルギーに対しても成り立つものである．式 (A.73) は Boltzmann 分布と呼ばれるものにほかならない．

速度 u_x の分布に関する式 (A.60) をもう一度見直してみよう．$(1/2)mu_x^2$ は分子の並進 (または直進ともいう，translation) 運動エネルギーであるから，これを ε_{tr} とおけば $dN_{u_x}/N = A\exp(-\varepsilon_{tr}/k_BT)$ である．dN_1 と dN_2 を，それぞれ u_{x_1} から $u_{x_1}+du_{x_1}$ および u_{x_2} から $u_{x_2}+du_{x_2}$ の速度範囲にある分子数であるとすると，次式が得られる．

$$\frac{dN_2}{dN_1} = \exp\left[-(\varepsilon_{tr,2}-\varepsilon_{tr,1})/k_BT\right] = \exp\left(-\frac{\Delta\varepsilon_{tr}}{k_BT}\right) \tag{A.74}$$

これまで見てきた式 (A.73) と式 (A.74) は，次の Boltzmann 分布の特別な場合である．

$$\boxed{\frac{N_2}{N_1} = \exp\left(-\frac{\Delta\varepsilon}{k_BT}\right) \quad \text{ここで} \quad \Delta\varepsilon \equiv \varepsilon_2-\varepsilon_1} \tag{A.75}$$

この式で，N_1 はエネルギー値が ε_1 にある状態 1 をとっている分子の数であり，同様に N_2 はエネルギー値 ε_2 の状態 2 にある分子の数である．ここでいう粒子の状態 (state) とは，古典力学でいうところの「位置」と「速度」で定められるものである．式 (A.75) は，統計力学で導かれたものであるから，諸君は「統計熱力学」または「化学統計力学」の講義の最初に出会うことであろう．

ここで Boltzmann 分布に関連して 1 つ 2 つ注意事項を述べてみよう．

エネルギーは，大きな物体の運動を取り扱うときには連続した値をとるものとして考えてさしつかえないが，分子・原子・電子といったミクロな粒子の状態を論じるときは，エネルギーを連続的なものとして扱えないことが知られている．たとえば，水素原子に属する電子の挙動を古典力学 (Newton 力学ともいう) では説明できない．放電管に低圧の水素を入れて放電する (高いエネルギーを与える) と発光が見られるが，この光をプリズムに通すと，いろいろな波長 (したがっていろいろな色彩) の線スペクトルが得られる．その線スペクトルの波長 λ は，$n=1,2,3,\cdots$ というような正の整数と簡単な関係があることが見い出された．この現象は 20 世紀初頭 Planck (1900) によって，振動数 ν の光が放出または吸収されるとき，ν にある定数 h (Planck の定数) を掛けた

$$\varepsilon = h\nu \tag{A.76}$$

で表されるエネルギーが単位 (わかりやすくいえば，エネルギーが粒のように 1 つ 2 つと数えられる性質をもつ) として出入りするものとすれば，説明がつくことがわかった．電子という物質としては最小の粒子が，粒子としての性質と波動としての性質の両方を兼ね

備えていること（de Broglieの物質波，material waveの考え方）や，エネルギーと物質とは質的に等価であること（Einsteinの光量子説）の認識のうえに，量子力学（quantum mechanics）が築かれてきた．詳細は量子化学の講義や参考書を通して学んでもらうことにするが，微視的（microscopic）な世界では，エネルギーはとびとびの（離散的なともいう，discrete）値をもつ，すなわち量子化されているということをここで頭に入れておくとよい．この量子化されたエネルギーをもつ分子集団に Boltzmann 分布の式（A.75）をあてはめて，統計熱力学は微視的世界の力学体系（量子力学）と巨視的（macroscopic）な系の物性論である熱力学体系との橋渡しをしている．

式（A.75）に立ち戻ると，ε_2 が ε_1 より大きいとき，$\Delta\varepsilon$ は正であるから N_2 は N_1 より小さいことを式は示しており，また，ある状態にある分子の数は，その状態におけるエネルギー値が大きくなるにつれて減少することを示すものである．

次に，速さのMaxwell 分布の式（A.62）中の u^2 の項がついているので，式（A.75）の Boltzmann 分布と比べると，一見矛盾しているように感じられる．しかし，これは矛盾しているのではなくて，式（A.75）中の N_1 なる量はある与えられた状態1にある分子数であるが，同じエネルギーをもちながら違う状態にあるということもここで考えなければならない．分子は，同じ速さ（speed）をもっていても速度（velocity）（運動の方向）が異なれば，並進運動エネルギーは同じだが状態は異なる．すなわち，分子の並進運動のベクトルはさまざまな方向に向いているが，その長さは同じであるから，図 A-8 の薄い球殻の中に収まっている．したがって式（A.62）中の $4\pi u^2$ は，ベクトル $\boldsymbol{u}$ は異なるが同じ速さ u をもつ分子数に対応する量である．これは，量子力学や統計力学でしばしば出てくるエネルギーの統計的重率（statistical weight）または縮重率（degeneracy）と呼ばれるものに相当する．

統計的重率とは同じエネルギーをもった異なる状態（これを厳密には量子状態という）の数のことである．これを考慮して，式（A.75）をさらに一般化すれば，次のように書き表される．

$$\frac{N_i}{N_j} = \frac{g_i}{g_j} \exp\{-(\varepsilon_i - \varepsilon_j)/k_\mathrm{B}T\} \tag{A.77}$$

全分子数 N のうち，あるエネルギーの高さ（高さのことを準位，energy level という）ε_i にある分子数 N_i は，最低エネルギー準位 ε_0 にある分子数を N_0 とすると，

$$N_i = N_0(g_i/g_0) \exp\{-(\varepsilon_i - \varepsilon_0)/k_\mathrm{B}T\}$$

である．全分子数とは，いろいろなエネルギー準位にわたる N_i のすべてを足し合わせたものであるから，

$$N = \sum_i N_i = \frac{N_0}{g_0} \sum g_i \exp\{-(\varepsilon_i - \varepsilon_0)/k_\mathrm{B}T\}$$

より，次式が成り立つ．

$$\frac{N_i}{N} = \frac{g_i \exp\left(-\dfrac{\varepsilon_i}{k_\mathrm{B}T}\right)}{\sum\limits_{i=0}^{\infty} g_i \exp\left(-\dfrac{\varepsilon_i}{k_\mathrm{B}T}\right)} \tag{A.78}$$

この式の分母のエネルギー準位に関する総和を分子分配関数（molecular partition function）という[*1]．これを次式で表す．

$$Z \equiv \sum_{i=0}^{\infty} g_i \exp\left(-\frac{\varepsilon_i}{k_\mathrm{B}T}\right) \tag{A.79}$$

したがって，式（A.78）は次式で表される．

$$\frac{N_i}{N} = \frac{g_i \exp\left(-\dfrac{\varepsilon_i}{k_\mathrm{B}T}\right)}{Z} \tag{A.80}$$

N_i/N はまた，エネルギー準位 ε_i をとる確率でもある．この分配関数は統計熱力学で最も重要なものであり，微視的な分子のエネルギーと巨視的な系の熱力学的な量，たとえば内部エネルギー，エントロピー，熱容量，自由エネルギーなどを関連づける．この教科書ではこれ以上触れないが，Boltzmann 分布や分配関数が化学にとって重大な地位にあることを認識しておいてほしい．

[*1] ε_i が1つの分子のエネルギー準位を表すので，分子分配関数という．巨視的系の分配関数は系分配関数という．

付録 B 熱力学的諸公式

P, V, U, H, T, S, A, G などの量が導入された．これらの相互関係はある程度第 8 章までに出ているが，ここでまとめてみることにしよう．

まず基本になる 4 つの関係式を下に示す．これらはいずれも**可逆的**という条件のもとで成り立つ式である．

微小変化では，T, P が一定と見られるから，
$$\mathrm{d}U = T\,\mathrm{d}S - P\,\mathrm{d}V \tag{B.1}$$

H については，式 (6.19) $H = U + PV$ を微分すると，
$$\mathrm{d}H = \mathrm{d}U + P\,\mathrm{d}V + V\,\mathrm{d}P$$

式 (B.1) を用いれば，次式が得られる．
$$\mathrm{d}H = T\,\mathrm{d}S + V\,\mathrm{d}P \tag{B.2}$$

次に，A については，式 (7.58) を微分して式 (B.1) を用いると，
$$\mathrm{d}A = \mathrm{d}U - T\,\mathrm{d}S - S\,\mathrm{d}T = -P\,\mathrm{d}V - S\,\mathrm{d}T \tag{B.3}$$

また，G については，式 (7.61) を微分して式 (B.2) を用いると，
$$\mathrm{d}G = \mathrm{d}H - T\,\mathrm{d}S - S\,\mathrm{d}T = V\,\mathrm{d}P - S\,\mathrm{d}T . \tag{B.4}$$

となる．

以上，式 (B.1) から式 (B.4) までの 4 つの基本式を次の微分公式と組み合わせると，いくつかの重要な関係式が得られる．

i) X が y, z の関数であれば，
$$\mathrm{d}X = \left(\frac{\partial X}{\partial y}\right)_z \mathrm{d}y + \left(\frac{\partial X}{\partial z}\right)_y \mathrm{d}z = K\,\mathrm{d}y + L\,\mathrm{d}z$$

と表されるので，
$$K = \left(\frac{\partial X}{\partial y}\right)_z, \quad L = \left(\frac{\partial X}{\partial z}\right)_y$$

の関係が成立する．これを式 (B.1) に適用すれば，$K = T$, $L = -P$, $y = S$, $z = V$ ととることができるから，
$$T = \left(\frac{\partial U}{\partial S}\right)_V \tag{B.5}$$

$$-P = \left(\frac{\partial U}{\partial V}\right)_S \tag{B.6}$$

以下同様に，式 (B.2) から次の関係が与えられる．

$$T = \left(\frac{\partial H}{\partial S}\right)_P \tag{B.7}$$

$$V = \left(\frac{\partial H}{\partial P}\right)_S \tag{B.8}$$

式(B.3)からは,

$$-P = \left(\frac{\partial A}{\partial V}\right)_T \tag{B.9}$$

$$-S = \left(\frac{\partial A}{\partial T}\right)_V \tag{B.10}$$

式(B.4)からは,

$$V = \left(\frac{\partial G}{\partial P}\right)_T \tag{B.11}$$

$$-S = \left(\frac{\partial G}{\partial T}\right)_P \tag{B.12}$$

などが導かれる.

ⅱ) X が y の関数, y が u の関数として, かつ $z = \text{const}$ の条件では,

$$\left(\frac{\partial X}{\partial u}\right)_z = \left(\frac{\partial X}{\partial y}\right)_z \left(\frac{\partial y}{\partial u}\right)_z$$

したがって,

$$\left(\frac{\partial X}{\partial y}\right)_z = \frac{\left(\frac{\partial X}{\partial u}\right)_z}{\left(\frac{\partial y}{\partial u}\right)_z}$$

が成り立つので, いま, $X = G$, $y = H$, $u = T$, $z = P$ ととれば,

$$\left(\frac{\partial G}{\partial H}\right)_P = \frac{\left(\frac{\partial G}{\partial T}\right)_P}{\left(\frac{\partial H}{\partial T}\right)_P} = \frac{-S}{C_\text{p}} \tag{B.13}$$

が得られる.

ⅲ) $dX = \left(\frac{\partial X}{\partial y}\right)_z dy + \left(\frac{\partial X}{\partial z}\right)_y dz$ において $X = \text{const}$, すなわち $dX = 0$ ととれば,

$$\left(\frac{\partial y}{\partial z}\right)_X = -\frac{\left(\frac{\partial X}{\partial z}\right)_y}{\left(\frac{\partial X}{\partial y}\right)_z}$$

となるので, たとえば,

$$\left(\frac{\partial V}{\partial T}\right)_P = -\frac{\left(\frac{\partial P}{\partial T}\right)_V}{\left(\frac{\partial P}{\partial V}\right)_T} \tag{B.14}$$

となる. ここで, 次のような3つの定義式を設けて

$$\frac{1}{V}\left(\frac{\partial V}{\partial T}\right)_P = \alpha \quad （熱膨張係数）$$

$$\frac{1}{P}\left(\frac{\partial P}{\partial T}\right)_V = \beta \quad （圧力係数）$$

$$-\frac{1}{V}\left(\frac{\partial V}{\partial P}\right)_T = \chi \quad （圧縮率）$$

これらを代入すれば，式(B.14)は次式となる．
$$\alpha = P\beta\chi \tag{B.15}$$

iv) i)の公式から
$$\left(\frac{\partial K}{\partial z}\right)_y = \left\{\frac{\partial}{\partial z}\left(\frac{\partial X}{\partial y}\right)_z\right\}_y$$

$$\left(\frac{\partial L}{\partial y}\right)_z = \left\{\frac{\partial}{\partial y}\left(\frac{\partial X}{\partial z}\right)_y\right\}_z$$

であるから，次式が成り立つ．

$$\boxed{\left(\frac{\partial K}{\partial z}\right)_y = \left(\frac{\partial L}{\partial y}\right)_z} \tag{B.16}$$

この関係を用いると，式(B.1)より，
$$\left(\frac{\partial T}{\partial V}\right)_S = -\left(\frac{\partial P}{\partial S}\right)_V \tag{B.17}$$

式(B.2)より，
$$\left(\frac{\partial T}{\partial P}\right)_S = \left(\frac{\partial V}{\partial S}\right)_P \tag{B.18}$$

式(B.3)より，
$$\left(\frac{\partial P}{\partial T}\right)_V = \left(\frac{\partial S}{\partial V}\right)_T \tag{B.19}$$

式(B.4)より，
$$\left(\frac{\partial V}{\partial T}\right)_P = -\left(\frac{\partial S}{\partial P}\right)_T \tag{B.20}$$

などの関係が得られる．

付録 C 化学に必要な静電気に関する基礎知識

　原子は**正電荷**をもつ核と負電荷をもつ電子から構成されており，その原子が種々組み合わさって分子ができている．それゆえ，分子自体がおのずから電気的・磁気的性質をもちあわせることになる．分子がもつ性質としては，**双極子モーメント，分極率，磁気分極率**などがあげられる．そのなかで分極率は，屈折率，光学活性，さらに分子間力などに深く関係している．磁気分極率のほうは磁化率と関係がある．これらを真に理解し，応用へとつなげていくためには，静電気に関する素養を欠かすことができない．ここでは主として静電気力と電界について概要を述べることから始める．

§C.1 静電気力

　物質が電気をもつ（**帯電**する）のは，物質内の電子に過不足が起こるためであり，電子が不足すると**正**に，電子を余分にもつと**負**に帯電する．電気を通さない物質（**不導体，絶縁体**）どうしで摩擦してやると，**摩擦電気**が生じ，ものによって正に帯電したり，負に帯電したりする．**帯電体**どうしを近づけたとき，反対の（異種の）電荷をもっているときは**引力**を，同種の電気をもっているときは**斥力**を互いに及ぼし合う．静止した電気の間に働くこの力を**静電気力**という．

C.1.1 静電誘導

　はく（箔）検電器という装置を諸君は，高校までの理科の時間に見たことがあるであろう．金箔またはスズ箔が 2 枚，対になったものが導体（金属の棒）の下端に，また，その棒の上端には金属板が取り付けられていて，下の箔の部分はガラスびんに納められている．上についた金属板に帯電体を近づけると，箔が静電反発（斥力）して開き，帯電体の電荷が箔に伝わったことがわかるというしかけである．

　一般に，導体の近くに帯電体を近づけると，帯電体の近くには異種の電気が現れ，遠い側（箔検電器の場合は 2 枚の箔）には帯電体と同種の電気が現れる．この現象を**静電誘導**という．

不導体の誘電分極

　発泡スチロールは電気の不導体であるが，その細片は正負いずれを問わず帯電した物体を近づけると，それに吸い寄せられる．これは，不導体に帯電体を近づけたとき，不導体の表面に異種の電荷が現れ，両者が引き合うからである．不導体を構成している原子や分子中の電子の配置にずれが生じるからである．不導体は導体と違って，自由に動き回れる

自由電子はない．それにもかかわらず，不導体の表面付近の原子や分子は，接近した帯電体から静電的影響を受ける．すなわち不導体も静電誘導を受けることを意味する．この現象をとくに**誘電分極**という．また，不導体（絶縁体）のことを**誘電体**ともいう．化学にとって，この2つの言葉は重要である．

C.1.2　クーロンの法則

帯電体のもつ電気の量を**電気量**という．静電気力 F ニュートン（N）と電気量 q_i クーロン（C）や距離 r メートル（m）の間には一定の関係がある．q_1 C の電気量をもつ帯電体1と q_2 C の帯電体2との間の距離が r m であるとき，静電気力を N 単位で表すと

$$F = k \frac{q_1 q_2}{r^2} \tag{C.1}$$

の関係がある．比例定数 k の値は，帯電体を取り囲む物質（媒質）によって異なる（いわゆる誘電率と呼ばれる重要な量に関係しているので，この k には注意しておくこと）．式（C.1）は，2つの帯電した小球体の間に働く静電気力は，それぞれの電気量の積に比例し，距離の2乗に反比例することを示している．これを**静電気力に関するクーロン（Coulomb）の法則**という．

q_1 と q_2 の符号は電気の符号と同じにとるので，式（C.1）の値が正のときは斥力が，負のときは引力が働いていることに相当する．

電気量の単位は，真空中で電気量の等しい2つの帯電体を1 m 離したときに働く静電気力が 8.9876×10^9 N であるときの電気量を 1 coulomb（C）とする．式（C.1）の k の値を真空中で求めたときの値をとくに k_0 とすると

$$k_0 = 8.9876 \times 10^9 \text{ N m}^2 \text{ C}^{-2} \fallingdotseq 9.0 \times 10^9 \text{ N m}^2 \text{ C}^{-2}$$

で示される．空気中での k の値は，真空中の k_0 値で近似できる．

電子または陽子の電気量の絶対値は，1.6022×10^{-19} C であり，これは電気量の最小単位であるので，**電気素量**と呼ばれ，e で表される．電気的性質を表す理論式にしばしば登場してくる量である．

次に**比誘電率**について述べる．一般に不導体（これを**誘電体**と呼ぶことのほうが多い）中では，式（C.1）の k の値は k_0 より小さい．すなわち2つの帯電体間に働く静電気力 F は真空中よりも不導体中では弱められていることになる．これは誘電体（不導体）中に置かれた帯電体のために誘電体に**誘電分極**が起こり，帯電体のまわりに異種の電気が現れて，帯電体どうしの作用の一部を打ち消すからである（図 C-1）．

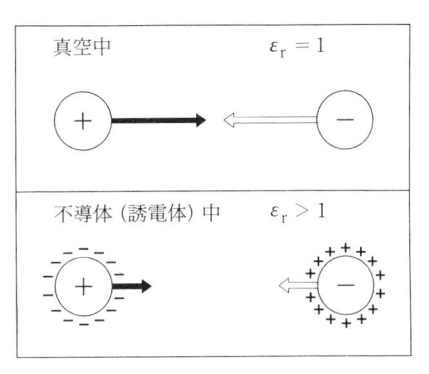

図 C-1　比誘電率の違いの様子

$$\varepsilon_\mathrm{r} = \frac{k_0}{k} \tag{C.2}$$

とおき，ε_r をその誘電体の**比誘電率**と呼ぶ．ε_r は誘電体がどれだけ静電気力を弱めるかを示す値で，真空中では $\varepsilon_\mathrm{r} = 1$，空気中でも $\varepsilon_\mathrm{r} \fallingdotseq 1$ であるが，一般の不導体中では ε_r は 1 より大きい．図 C-1 にその様子を描いている．

ここで，単に**誘電率**という言葉も文献中でしばしば出てくるので補足しておく．式 (C.1) 中の k と誘電率 ε との間には

$$k = \frac{1}{4\pi\varepsilon}$$

真空中では，

$$k_0 = \frac{1}{4\pi\varepsilon_0}$$

したがって，$\varepsilon = \varepsilon_\mathrm{r}\varepsilon_0$ の関係がある．このことから「比誘電率が高い」というかわりに，単に「誘電率が高い」といわれることが多い．誘電率は物質の電気的性質を論じるうえで重要な役目を果たす示強性の量である（詳しくは，後述のコンデンサーに関する節を参照のこと）．

§C.2　電　界

C.2.1　電界と電気力線（ガウス（Gauss）の定理）

帯電体どうしの間に働く静電気力の伝わり方は，機械的な力の伝わり方と違って目に見えないものであるので，これを問題にしてみよう．そのためには，まず**電界**という場を考えることから始める．

帯電体のもつ電気を**電荷**と呼び，電気量の正，負に従ってそれぞれ**正電荷**，**負電荷**という．また，帯電体のもつ電気量をさして電荷ともいう．

電荷が他の電荷に及ぼす静電気力の伝わり方は，電荷の周囲の空間が他の電荷に静電気力を及ぼすような，特別な性質をもった状態に変化して，その空間媒体によって次々に力が伝わるものとみなすと，いろいろな電気現象を理解するのに好都合とされている．その静電気力が及ぶ空間を**電界**または**電場**という．

電界を調べる思考実験として，「試験電荷」をいろいろな点に置いたときにそれが受ける力を考えればよい．試験電荷として 1 C の正電荷を用い，これに働く力の方向・向きを**電界の方向・向き**と定め，1 C あたりの力の大きさを用いて**電界の強さ**を定義する．この方向・向きと大きさをもつ量として電界ベクトル $\boldsymbol{E}$ を定義する．電界ベクトルが $\boldsymbol{E}$ である点に q (C) の点電荷を置いたときに受ける力は，1 C の電荷が受ける力の q 倍であるから

$$\boldsymbol{F} = q\boldsymbol{E} \tag{C.3}$$

となる（$\boldsymbol{E}$ の大きさ，すなわち電界の強さの単位は $\mathrm{N\,C^{-1}}$）．

次に**電荷（点電荷）のまわりの電界**について考える．帯電体が空間に置かれるや，ただち

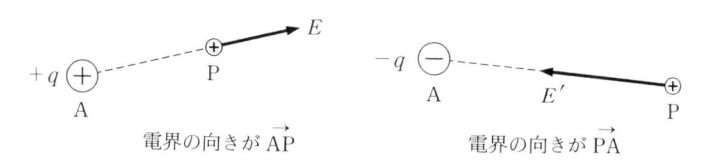

図 C-2　電荷のまわりの電界

にそのまわりに電界が生じる．点 A に q (C) の正電荷を置いたときに生ずる電界は，距離が r (m) 離れた点 P に +1 C の試験電荷が受ける力の大きさが，クーロンの法則によって $k\dfrac{q}{r^2}$ (N) であるから，点 P に生じる電界の向きは $\overrightarrow{\text{AP}}$ である．すなわち，A から遠ざかる向きに働く（斥力）電界の強さ E (N C^{-1}) は次式で与えられる（図 C-2）．

$$E = k\frac{q}{r^2} \tag{C.4}$$

逆に点 A に $-q$ (C) の負電荷を置いたとき，点 A からの距離 r (m) の点 P に生じる電界の向きは $\overrightarrow{\text{PA}}$ となり，すなわち負電荷に近づく向き（引力）で，その電界の強さ E (C N^{-1}) は式 (C.4) で表される（図 C-2 の右）．

2 点 A と B に $+q$ と $-q$ の電荷があるとき，任意の点 P に生じる電界は，各電荷によって点 P に生じる電界を，図 C-3 のようにベクトル的に合成することによって示される．

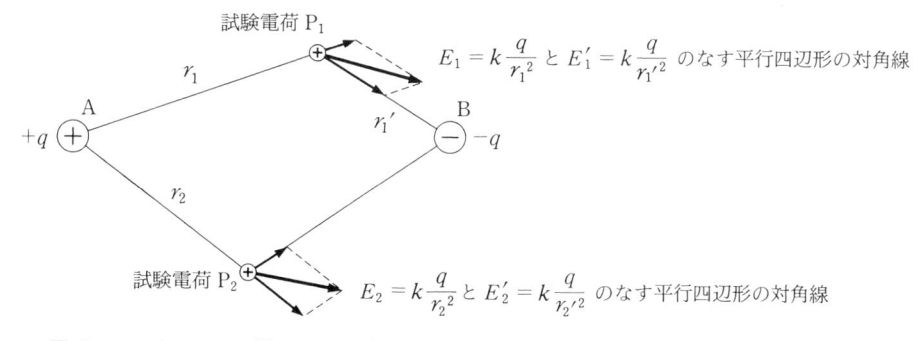

$E_1 = k\dfrac{q}{r_1{}^2}$ と $E_1' = k\dfrac{q}{r_1'{}^2}$ のなす平行四辺形の対角線

$E_2 = k\dfrac{q}{r_2{}^2}$ と $E_2' = k\dfrac{q}{r_2'{}^2}$ のなす平行四辺形の対角線

図 C-3　2 点 A, B に置いた正と負の電荷によって生ずる電界（電界ベクトルの合成）

電界の中に電荷が置かれていると，そこから**電気力線**なるものが放射されている（この電気力線の存在は，簡単な実験で目視できる）．電気力線は，電界の中の各点において示さ

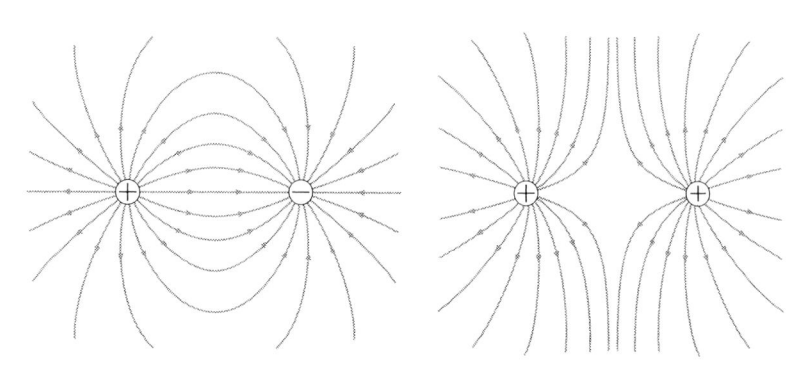

図 C-4　2 つの電荷による電界の電気力線を示す．

§C.2　電　　　界

れる．電界ベクトルを接線としてもつ曲線で，正の電荷から出て負の電荷に入るものとみなす．その様子を異種電荷どうし（左）と同種電荷どうし（右）の場合について図示すると，図 C-4 のようになる．

電気力線は，電界の強さが E（N C^{-1}）であるところには，電界の方向に垂直な断面を通り抜けるが，そのときその断面の単位面積（1 m^2）あたり E 本の電気力線が通り抜けているものとみなす．電界が強いところでは電気力線が密集しており，弱いところではまばらということになる．また，2 つの電荷は電気力線を通して力を及ぼし合っているといってよいし，2 つの電荷はその間に生じた電界を通して作用し合っていると見てよい．

q（C）の正電荷から出る電気力線の総数に関する**ガウス（Gauss）の定理**がある．電荷から距離 r（m）の点における電界の強さは $E = k\dfrac{q}{r^2}$ であり，電界の方向は電荷を中心とした半径 r（m）の球面に直交した方向である．電気力線の総数は，球面の単位面積あたりに E 本であるから，球の総面積 $4\pi r^2$ では $4\pi r^2 E = 4\pi kq$ 本となる．すなわち，総量 q（C）の電荷から出る電気力線の総数は $4\pi kq$ である（ガウスの定理）．

C.2.2 電 位 差

電位，電位差あるいは電圧という言葉は聞きなれているし，化学でもしばしば用いられる術語であるので，ここで定義をはっきりしておこう．

+1 C の試験電荷を，無限に遠い地点から電界の中の任意の点 A まで加速しないで運ぶときに外力がなした仕事そのものを電位と定義する．この値を ϕ_A とおく．

図 C-5 の左半分を見ながら説明すると，点 A の電位は正であり，正電荷に近いほど高くなる．また図 C-5 の右は，点 A′ の電位が負であり，負電荷に近いほど電位が低くなることを示している．A から B へ，または A′ から B′ へ試験電荷を運ぶ仕事が，これら 2 点間の

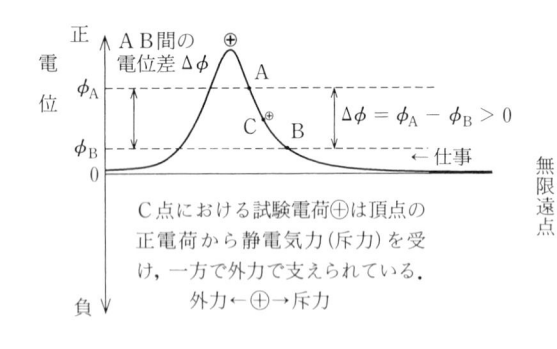

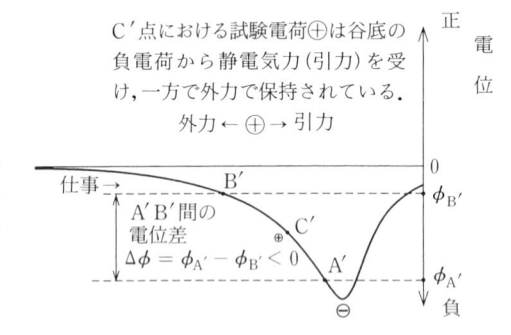

(描いた曲線をもとに 3 次元空間での電界を想像するとよい．
 山や谷の傾斜が急なところほど電界が強い．)

図 C-5 電界中で試験電荷を運ぶ仕事

差に相当し，**電位差**または**電圧**と称されるものである．

電位差の単位は，+1 C の試験電荷を運ぶ仕事が 1 J である場合の，2 点間の電位差をとりこれを 1 volt（記号 V）とする．

電位差 $\Delta\phi$ volt（V）の 2 点間を高電位のほうへ q coulomb（C）の正の電荷を運ぶときの仕事 W は joul 単位（J）で表すと，+1 C の場合の q 倍であるから，次式が与えられる．

$$W = q\,\Delta\phi \tag{C.5}$$

$q\,\Delta\phi$ の単位を点検してみよう．C×$\Delta\phi$ = (A s)·(m² kg s⁻³ A⁻¹) = m² kg s⁻² = J．ここで A は電流の単位 ampare のことである（序章参照のこと）．

また，電荷 q（C）から距離 r（m）の点で電位 ϕ（V）は，無限遠を基準点とするとき，次式で表される．

$$\phi = k\frac{q}{r} \tag{C.6}$$

次に，**電界と電位差との関係**を調べてみよう．電界中の任意の点 A から電気力線に沿ってその向きに d（m）離れた点 B まで動かされたときの仕事 W（J）は，式（C.3）を参照すると力 $\boldsymbol{F} = q\boldsymbol{E}$ であり，これは $F = qE$ で表されるので，力×距離 = 仕事 より，

$$W = qEd \tag{C.7}$$

ここで AB 間の電位差を $\Delta\phi$（V）とすると，式（C.5）より $W = q\,\Delta\phi$ であるから式（C.7）と比較すると次の関係式を得る．

$$\Delta\phi = Ed, \qquad E = \frac{\Delta\phi}{d} \tag{C.8}$$

式（C.8）から，電界の強さの単位として N C⁻¹ のかわりに V m⁻¹ を用いてもよいことがわかる．

C.2.3 コンデンサーと電気容量

化学で関心のある誘電体のもつ誘電率を理解するうえで，**コンデンサー**の原理と電気容

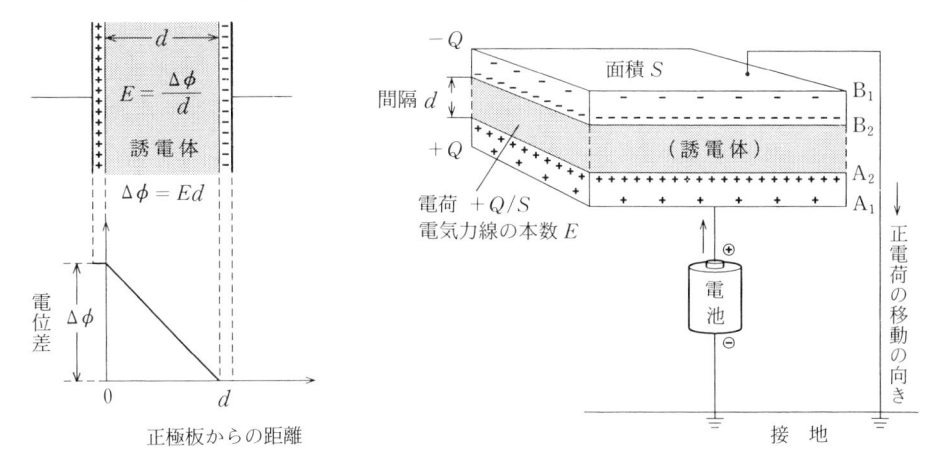

図 C-6 平行板コンデンサーの極板間の電界と電位差

量の定義を知っておくことが望ましい．

コンデンサーとは，図 C-6 に示すように向かい合った一対の導体の板（金属板）A と B の間に，内側の A_2 面と B_2 面の表面付近に正と負の電荷がそれぞれ多量に蓄えられるものである．

平行な 2 枚の極板の間には一様な電界が生じていて，とりまく環境の影響を無視できるものとして考えよう．平行板間の電界の強さ E（V m^{-1}），極板の面積 S（m^2），間隔を d（m）とし，極板に与えた電気量 Q（C）とすると，極板の単位面積あたり Q/S（C m^{-2}）の割合で電荷が分布している．ガウスの定理により，電界の強さ E との間には次式が成り立つ．

$$E = 4\pi k \frac{Q}{S} \tag{C.9}$$

このとき，極板間に生じた電位差 $\Delta\phi$（V）は

$$\Delta\phi = Ed = 4\pi k \frac{d}{S} Q \qquad \therefore \quad Q = \frac{1}{4\pi k} \cdot \frac{S}{d} \cdot \Delta\phi \tag{C.10}$$

ここで式（C.10）の係数部分を次のようにおくと，式（C.12）の関係を得る．

$$C = \frac{1}{4\pi k} \frac{S}{d} \tag{C.11}$$

$$Q = C \Delta\phi \tag{C.12}$$

電気量 Q は電位差 $\Delta\phi$ に比例する．式（C.12）は他のコンデンサーにも一般的に成り立ち，C をコンデンサーの**電気容量**という．この単位には，1 V の電位差を与えたときに 1 C の電気量を蓄えるコンデンサーの電気容量とし，1 farad（F）と定める．実用上は 10^{-6} F や 10^{-12} F の大きさを μF や pF として用いることが多い．

式（C.11）で $k = 1/4\pi\varepsilon$，または $\varepsilon = 1/4\pi k$ とおき，ε をその誘電体（不導体）の**誘電率**という．真空の ε を ε_0 と書き，これを**真空の誘電率**と呼び，その値は，クーロンの法則の節で述べたことからすれば，次のようになる．

$$\varepsilon_0 = \frac{1}{4\pi k_0} = 8.8542 \times 10^{-12} \text{ C}^2 \text{ N}^{-1} \text{ m}^{-2}$$

比誘電率については以前述べたように定義する．

$$\varepsilon_\mathrm{r} = \frac{k_0}{k} = \frac{\varepsilon}{\varepsilon_0} = \frac{C}{C_0} \tag{C.13}$$

ただし，C_0 は真空中の電気容量である．この量は市販されている交流ブリッジを使って容易に測定できる．

§C.3 分子の電気的性質

以上の節で静電気に関する基礎（高校物理の復習）ができた．ようやく弓矢がそろったので，以下いくつかの分子の電気的性質に挑戦してみよう．

C.3.1 双極子モーメントとその決定

上で求めた ε_r を分子の性質に関係づける．このためには，誘電体（絶縁性の試料物質）の**分極**（polarization）P という量を導入する．（分極 polarization という言葉には注意しなければならない．電池や電気分解を扱う電気化学の領域で用いる分極という言葉は，電気分解中に電極に生じた物質が，再びイオン化しようとする傾向があるために，逆起電力が生じることなどが原因の現象をさす．ただし，この言葉は過電圧に置き換えられている文献が多い．さらに，光学の分野では polarization は偏光と訳されている．）ここでいう分極とは，**単位面積あたりの電荷**であるが，これはまた，**単位体積あたりの平均の双極子モーメント**（dipole moment per unit volume）でもある．

図 C-7 に示すように，面上の全電荷は PA で，反対の面では $-PA$ であり，これらの面の間隔が d ならば PAd の双極子を構成する．誘電体の体積が Ad であるから，$P = PAd/Ad$ の関係より，P が単位体積あたりの平均双極子モーメントであることがわかる．

電気双極子と双極子モーメント μ

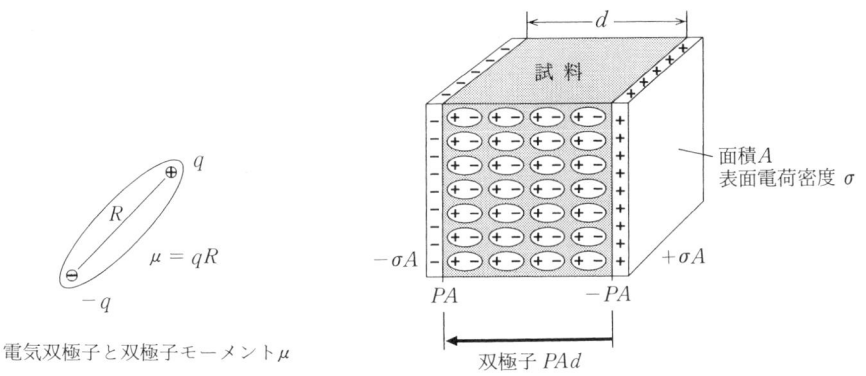

図 C-7 コンデンサー中の誘電体（媒質の分子）の分極．個々の分子（電気双極子）が外部電界によって配列して，その誘電体の表面に電荷を生じるが，試料内部では電荷が互いに打ち消し合う．

P と ε_r の関係を知るには，誘電体が存在しないとき極板間の電界の強さ（これを単に電場と表現する教科書も多い）と表面電荷密度や誘電率との関係を知る必要がある．式（C.9）で Q/S とした量が表面電荷密度 σ であり，$\varepsilon_0 = 1/4\pi k_0$ であるから，$E_0 = \sigma/\varepsilon_0$ となる．誘電体が極板間に入れてあり，電荷の量が前と同じであるとき，電界の強さは E となり，$E = \sigma/\varepsilon = \sigma/\varepsilon_0\varepsilon_r$ で表される．別の考え方によれば，媒質（誘電体）の効果は σ を $\sigma - P$ に減少させるものと仮定して $E = (\sigma - P)/\varepsilon_0$ とおくことができる．なぜなら P は試料の単位面積あたりの電荷密度という次元をもっているとも考えられるからである．この2つの式から σ を消去すれば

$$P = \varepsilon_0(\varepsilon_r - 1)E \tag{C.14}$$

が得られる．これが**分極と誘電体内部の電界の強さとの関係**を示す式である．この P のことを日本化学会では，とくに**誘電分極**と称している．

これからは，話の内容が険しくなるが，近道をして目標到達を試みよう．まず**電気感受率**（electric susceptibility）について学ぶことにする．誘電体のどこかに存在する1個の分子に着目して，この分子が電界の強さ E のもとで局所的にどうなっているかを考える．注目の分子のまわりには空洞があるとみなして，その空洞表面にある電荷が局所場の電界を変えて E のほかに余分の値をもつようになる．

図C-8に示すように，その余分な電界の強さは $(1/3)(P/\varepsilon_0)$ とされている．この値は統計力学によって導き出されたものであるが，それはともかく，分子の位置での全電界強さ E^* について次式が与えられている．

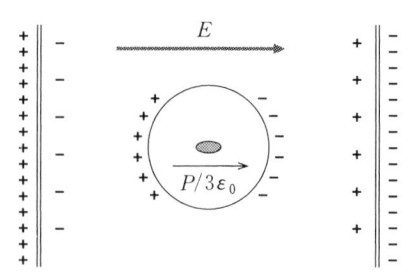

図C-8 誘電体の中の球状の空洞．空洞の表面電荷が余分の電界をつくり，空洞内の有効な電界の強さは $E^* = E + (1/3) \times (P/\varepsilon_0)$ となる．

$$E^* = E + \frac{1}{3}\frac{P}{\varepsilon_0} = \frac{1}{3}\frac{P(\varepsilon_r+2)}{\varepsilon_0(\varepsilon_r-1)} \tag{C.15}$$

ここで，誘電体の分極は分子に働く電界の強さに比例すると仮定し，比例定数を $\varepsilon_0 \chi_e$ と表せば次式となる．

$$P = \varepsilon_0 \chi_e E^* \tag{C.16}$$

ここで用いた χ_e が**電気感受率**と呼ばれるものである．これは分子の種類に依存する．χ_e は E^* の場にあって，分子がどのようにして正味の双極子モーメントを得るかを示す指標である．これはまた次のように誘電率と関係づけられている．

$$\chi_e = \frac{3(\varepsilon_r-1)}{\varepsilon_r+2} \tag{C.17}$$

例題を考えてみよう．いま，ここに誘電率を測る装置があって，その空の試料セルの電気容量が 6.0 pF であり，これにアセトンを満たして測定したところ，20 ℃ で $C = 124.2$ pF であった．アセトンの比誘電率は，空気の誘電率を1とみなせば，$\varepsilon_r = (124.2\,\mathrm{pF})/(6.0\,\mathrm{pF}) = 20.7$ と計算される（式(C.13)）．電気感受率は式(C.17)より，$\chi_e = 3(20.7-1)/(20.7+2) = 2.60$ となる．

電気感受率は分子の性質の1つ双極子モーメント p を反映する量である．分子が双極子モーメント p をもっていても，外部電場がないときの液体試料では，平均の双極子モーメントは0になる（熱運動でランダムに配向しているため）．試料が電界に入れられたとき，図C-7に示すような配向をそろえようとする（このほうがエネルギー的に安定）効果と，一方で熱運動でばらばらになろうとする効果が競争し合うのが現実である．温度 T における熱運動の効果も考慮すると，付録Aで述べたBoltzmann分布を用いた計算により，分子の平均双極子モーメントについて次式が得られている（数学的説明は省略する）．

$$p_{\text{av}} \approx \frac{p^2 E^*}{3k_{\text{B}} T} \tag{C.18}$$

分子の数密度(単位体積あたりの分子数)を $\bar{N}$ とすると,電界の強さ E^* のもとで単位体積あたりの正味の双極子モーメント P は,次式で与えられる.

$$P = \bar{N} p_{\text{av}} = \frac{\bar{N} p^2 E^*}{3k_{\text{B}} T} \tag{C.19}$$

これは式(C.16)と同じであるから,$\chi_{\text{e}} = \bar{N} p^2 / 3\varepsilon_0 k_{\text{B}} T$ となる.

この結果,液体または溶液の誘電率は,分子の双極子モーメント p と温度 T を関数として含んでいることがわかる.それらの間には次の関係が成り立つ.

$$\frac{\bar{N} p^2}{3\varepsilon_0 k_{\text{B}} T} = \frac{3(\varepsilon_{\text{r}} - 1)}{\varepsilon_{\text{r}} + 2} \tag{C.20}$$

$\bar{N}$ は密度 ρ とモル質量 M_{m} がわかれば,$\bar{N} = L\rho/M_{\text{m}}$ で表される.したがって ε_{r} を測定すれば双極子モーメントの値が求まる.

ここで誘電分極の機構について整理してみると,1)原子内の核と電子の相互位置の変化により生じる**電子分極**,2)分子内の原子やイオンの平衡位置が相対的にずれることに基づく**原子分極**(変形分極ともいう),3)有極性物質における双極子が電界の方向に向きを変えることによって生じる**配向分極**,4)異種物質の相が混在する場合,誘電体の境界面に電荷が蓄積されることによって生じる**界面分極**などがあげられる.

C.3.2 分極率と双極子モーメントの関係

電界の強さ E が極端に大きくないときには,誘起双極子モーメントの大きさ p_{ind} は,E に比例するので,α を比例係数とすれば次式で示される.

$$p_{\text{ind}} = \alpha E \tag{C.21}$$

この比例係数が**分極率**(polarizability)と呼ばれるものである.この分極率 α は,E を $V\,m^{-1}(= J\,C^{-1}\,m^{-1})$ で,また,p_{ind} を $C\,m$ で表せば,その単位が $J^{-1}\,C^2\,m^2$ となる.この単位はやっかいなので,$4\pi\varepsilon_0$(この単位は $J^{-1}\,C^2\,m^{-1}$)で割って分極率を体積の単位 cm^3 で表されることが多い.これは**分極率体積**と呼ばれて,$\alpha' = \alpha/4\pi\varepsilon_0$ が使われている.α' の体

表 C-1

	$p/10^{-30}\,C\,m$	p/D	$\alpha' \times 10^{24}/cm^3$	$\alpha \times 10^{40}/J^{-1}\,C^2\,m^2$
He	0	0	0.20	0.22
H_2	0	0	0.819	0.911
HCl	3.60	1.08	2.63	2.93
H_2O	6.17	1.85	1.48	1.65
CCl_4	0	0	10.5	11.7
CH_3Cl	6.24	1.87	4.53	5.04
CH_4	0	0	2.60	2.89
NH_3	4.90	1.47	2.22	2.47

積を 10^{-24} cm^3 で示すのがふつうである．ただの分極率 α と体積分極率 α' のほかに，双極子モーメント p を 10^{-30} C m 単位で表したものと，D (debye) 単位で表したものを，いくつかの物質について表 C-1 に示す．ただし，双極子モーメントの単位の一種である D は C m との間に 1 D = 3.336×10^{-30} C m の関係がある．

表 C-1 を見て，(1) 分子が対称的なものは $p=0$ であるが，電場に置かれればこれらも誘起双極子モーメントが生じて分極すること，(2) α' の体積は分子の大きさに平行して大きくなることなどが読み取れるであろう．

表に示された分子種に対しては，E^* に基づいて求められたものであり，誘起された双極子モーメントは $p_{\mathrm{ind}} = \alpha E^*$ である．この双極子が媒質の誘電分極に寄与するので，全分極は

$$P = \bar{N}\left(\alpha + \frac{p^2}{3k_\mathrm{B}T}\right)E^* \tag{C.22}$$

分子が H_2 や CCl_4 のように，永久双極子モーメントをもたなければ，α の項だけ残るが，有極性分子の場合にも誘電分極が可能であるので，上式の右辺全体が関係するようになる．式 (C.16) と式 (C.22) を比較すると，電気感受率 χ_e が求まり，式 (C.17) から **Debye の式** と呼ばれる次式が得られる．

$$\frac{\bar{N}}{\varepsilon_0}\left(\alpha + \frac{p^2}{3k_\mathrm{B}T}\right) = \frac{3(\varepsilon_\mathrm{r}-1)}{\varepsilon_\mathrm{r}+2} \tag{C.23}$$

同じ形の式で永久双極子モーメントからの寄与の項 (2 番目のカッコ内の第 2 項) の入ってないものを **Clausius-Mossotti の式** という．この式は **屈折率** (refractive index) と関係づけられる式であり，あとでもう一度登場する．

式 (C.23) をもとに，1 mol あたりの **モル分極率** (molar polarizability) の式が，密度 ρ，モル質量 M_m，およびアヴォガドロ数 L を使って，次のように与えられる．

$$P_\mathrm{m} = \frac{M_\mathrm{m}}{\rho}\frac{\varepsilon_\mathrm{r}-1}{\varepsilon_\mathrm{r}+2} \tag{C.24}$$

$$= \frac{L}{3\varepsilon_0}\left(\alpha + \frac{p^2}{3k_\mathrm{B}T}\right) \tag{C.24'}$$

式 (C.24′) は，式 (C.24) に従って，ε_r と ρ の測定値から $P_\mathrm{m}\times 3\varepsilon_0/L$ の値を求めて，それを $1/T$ に対してプロットしたグラフ (直線が得られる) をつくれば，得られた直線の勾配が $p^2/3k_\mathrm{B}$ を与え，また $1/T = 0$ への外挿値 (すなわち切片) から α を決定できることを示している．

C.3.3 高周波分極率と分極率

上は静電場中の分子についての話であったが，外から与える電界が振動数の高い電磁波，すなわち可視光線の領域では **電子分極率** (electronic polarizability) だけが寄与する．分極という現象は電磁波の周波数に依存するからである．電磁波の周波数が高くなるにつれ，

たえず変動している E の方向に永久双極子モーメントがその速すぎる変動についていけなくなり，したがって再配向できなくなる．さらに振動数を高くすると（赤外線の振動領域）では変形分極（原子分極）も全分極に対して寄与しなくなる．これは式 (C.23) の Debye の式があてはまらなくなることを意味する．

可視光の振動数のもとでは，その振動数における誘電率 $\varepsilon_r(\nu)$ と，同じ振動数での媒質の屈折率 $n_r(\nu)$ との間には，次の簡単な関係が成り立つ．

$$\varepsilon_r(\nu) = n_r^2(\nu) \tag{C.25}$$

この式は，逆に，光の振動数における分極率 $\alpha(\nu)$ は，試料（媒質）の屈折率を測定すれば決められることを意味する．Debye の式の永久双極子モーメントの項のない Clausius-Mossotti の式は次のように与えられる．

$$\alpha(\nu) = \frac{3\varepsilon_0 M_m}{\rho L} \frac{n_r^2 - 1}{n_r^2 + 2} \tag{C.26}$$

ここで例題として，20 ℃ の水の 434 nm の光のもとでは屈折率が 1.3404 であるので，このときの振動数における水分子の分極率を計算してみよう．ただし，モル質量 $M_m = 18.015\,\mathrm{g\,mol^{-1}}$，密度 $\rho = 0.9982\,\mathrm{g\,cm^{-3}}$ を用いる．

$$\frac{n_r^2 - 1}{n_r^2 + 2} = \frac{1.3404^2 - 1}{1.3404^2 + 2} = 0.20983$$

$$\frac{3\varepsilon_0 M_m}{\rho L} = \frac{3 \times (8.8542 \times 10^{-12}\,\mathrm{J^{-1}\,C^2\,m^{-1}})(18.015\,\mathrm{g\,mol^{-1}})}{(6.022 \times 10^{23}\,\mathrm{mol^{-1}})(0.9982\,\mathrm{g\,cm^{-3}})}$$

$$= 7.96061 \times 10^{-40}\,\mathrm{J^{-1}\,C^2\,m^2}$$

ゆえに，分極率 α と分極率体積 α' は次の値をとる．

$$\alpha = (7.9606 \times 10^{-40}\,\mathrm{J^{-1}\,C^2\,m^2}) \times 0.20983 = 1.6704 \times 10^{-40}\,\mathrm{J^{-1}\,C^2\,m^2}$$

$$\alpha' = \frac{\alpha}{4\pi\varepsilon_0} = \frac{1.6704 \times 10^{-40}\,\mathrm{J\,C^2\,m^2}}{4\pi \times (8.8542 \times 10^{-12}\,\mathrm{J^{-1}\,C^2\,m^{-1}})}$$

$$= 1.5013 \times 10^{-24}\,\mathrm{cm^3}$$

光の波長が短くなるほど，すなわち振動数が大きくなるほど屈折率は大きくなり，同時に分子が分極しやすくなる（波長 589 nm のとき，屈折率 1.330，$\alpha' = 1.4717 \times 10^{-24}\,\mathrm{cm^3}$）．このように，高い振動数になるほど分子が分極しやすくなるのは，入射光のエネルギーが高いので，より多くの励起エネルギーを分子に与えるからである．

Clausius-Mossotti の式の結果を表すのに，**モル屈折**（molar refractivity）$R_m(\nu)$ がよく使われるので，知っておくがよかろう．

$$R_m(\nu) = \frac{M_m}{\rho} \frac{n_r^2 - 1}{n_r^2 + 2} \tag{C.27}$$

この式から R_m と $\alpha(\nu)$ または $\alpha'(\nu)$ を求める式が次のように示される．

$$\alpha(\nu) = 3\varepsilon_0 R_m(\nu)/L \tag{C.28}$$

$$\alpha'(\nu) = 3R_m(\nu)/4\pi L \tag{C.28'}$$

さらにモル屈折がわかっておれば，密度のデータからモル体積 V_m を求めて次式に入れれば屈折率が計算できる．

$$n_\mathrm{r} = \left(\frac{V_\mathrm{m}+2R_\mathrm{m}}{V_\mathrm{m}-R_\mathrm{m}}\right)^{1/2}, \qquad V_\mathrm{m} = M/\rho \tag{C.29}$$

以上で，誘電率，双極子モーメント，分極率および屈折率などの相互関係がわかった．屈折率に関連して**光学活性，旋光分散**（optical rotatory dispersion），あるいは**円2色性**（circular dichroism）という現象があり，有力な分析手段として応用されているが，本書では省略する．また，磁気的性質に関しても全く本書は触れていない．広範に応用される分野であるので，諸君も遠からず原子や分子の磁気的性質に関する知識を求められるようになると思う．その際にも，本書で学んだことが基礎として必要であると再認識するであろう．

〔この付録の章を執筆するにあたって，次の著書を大いに参照ないし引用させて頂いた．〕

（1） 伏見康治・小田稔・山本常信・後藤憲一・宮本重徳共著『三訂版・物理I』数研出版，東京，昭和52年（1977）．

（2） 千原秀昭・中村亘男訳，P. W. Atkins著『物理化学（下）』第2版，東京化学同人，東京，1985．

（3） 日本化学会編『改訂4版・化学便覧 基礎編II』丸善，東京，平成5年（1993）．

付録 D

(a) 基本的数値・物理定数

定数	記号	数値
円周率	π	3.141593
自然対数の底	e	2.718282
ln 10		2.302585
真空の誘電率	ε_0	8.854188×10^{-12} F m^{-1}
真空中の光の速度	c	2.997925×10^8 m s^{-1}
電気素量	e	1.602189×10^{-19} C
プランクの定数	h	6.626176×10^{-34} J s^{-1}
アボガドロ定数	L	6.022045×10^{23} mol^{-1}
原子質量単位	u	1.660566×10^{-27} kg
電子の静止質量	m_e	9.109534×10^{-31} kg
ファラデー定数	F	9.648456×10^4 C mol^{-1}
気体定数	R	8.31441 J K^{-1} mol^{-1}
		8.2056×10^{-2} dm^3 atm K^{-1} mol^{-1}
ボルツマン定数	k_B	1.380662×10^{-23} J K^{-1}
セルシウス温度のゼロ	0 ℃	273.15 K
標準大気圧		1.01325×10^5 Pa
理想気体の標準モル体積		2.241383×10^{-2} m^3 mol^{-1}
重力の標準加速度	g_n	9.80665 m s^{-2}

(b) 非 SI 単位と SI 単位の関係

物理量	単位の名称	単位記号	単位の定数
長さ	オングストローム	Å	10^{-10} m
体積	立方デシメートル	dm^3	10^{-3} m^3
力	ダイン	dyn	10^{-5} N
エネルギー	エルグ	erg	10^{-7} J
濃度	モル/立方デシメートル	M	10^3 mol m^{-3}, mol dm^{-3}
圧力	気圧	atm	1.01325×10^5 N m^{-2}
圧力	ミリメートル水銀柱	mmHg	$13.5951 \times 980.665 \times 10^{-2}$ N m^{-2}
エネルギー	電子ボルト	eV	$1.6021917 \times 10^{-19}$ J（換算係数）
エネルギー	カロリー	cal	4.184 J

（c） エネルギー換算表

	J molecule^{-1}	kJ mol^{-1}	erg molecule^{-1}	kcal mol^{-1}	eV
1 J molecule^{-1}	1	0.16605×10^{-20}	1×10^7	1.43935×10^{20}	6.2416×10^{18}
1 kJ mol^{-1}	6.0222×10^{20}	1	0.16605×10^{-13}	0.23900	0.010364
1 erg molecule^{-1}	1×10^{-7}	6.0222×10^{-13}	1	1.43935×10^{13}	6.2416×10^{11}
1 kcal mol^{-1}	0.69476×10^{-20}	4.1840	0.69476×10^{-13}	1	0.043364
1 eV	0.16022×10^{-18}	96.4877	0.16022×10^{-11}	23.0606	1

付録 E　原子量表（1983）

元素名	元素記号	原子番号	原子量	元素名	元素記号	原子番号	原子量
アインスタイニウム	Es	99	(252)	テクネチウム	Tc	43	(98)
亜　　　　　　鉛	Zn	30	65.39	鉄	Fe	26	55.847
アクチニウム	Ac	89	(227)	テルビウム	Tb	65	158.9254
アスタチン	At	85	(210)	テ　ル　ル	Te	52	127.60
アメリシウム	Am	95	(243)	銅	Cu	29	63.546
ア　ル　ゴ　ン	Ar	18	39.948	ト　リ　ウ　ム	Th	90	232.0381
アルミニウム	Al	13	26.98154	ナトリウム	Na	11	22.98977
アンチモン	Sb	51	121.75	鉛	Pb	82	207.2
硫　　　　　黄	S	16	32.066	ニ　オ　ブ	Nb	41	92.9064
イッテルビウム	Yb	70	173.04	ニッケル	Ni	28	58.69
イットリウム	Y	39	88.9059	ネオジム	Nd	60	144.24
イリジウム	Ir	77	192.22	ネ　オ　ン	Ne	10	20.179
インジウム	In	49	114.82	ネプツニウム	Np	93	(237)
ウ　ラ　ン	U	92	238.0289	ノーベリウム	No	102	(259)
エルビウム	Er	68	167.26	バークリウム	Bk	97	(247)
塩　　　　　素	Cl	17	35.453	白　　　　　金	Pt	78	195.08
オスミウム	Os	76	190.2	バナジウム	V	23	50.9415
カドミウム	Cd	48	112.41	ハフニウム	Hf	72	178.49
ガドリニウム	Gd	64	157.25	パラジウム	Pd	46	106.42
カ　リ　ウ　ム	K	19	39.0983	バ　リ　ウ　ム	Ba	56	137.33
ガ　リ　ウ　ム	Ga	31	69.723	ビ　ス　マ　ス	Bi	83	208.9804
カリホルニウム	Cf	98	(251)	ヒ　　　　　素	As	33	74.9216
カルシウム	Ca	20	40.078	フェルミウム	Fm	100	(257)
キ　セ　ノ　ン	Xe	54	131.29	フ　ッ　素	F	9	18.998403
キュリウム	Cm	96	(247)	プラセオジム	Pr	59	140.9077
金	Au	79	196.9665	フランシウム	Fr	87	(223)
銀	Ag	47	107.8682	プルトニウム	Pu	94	(244)
クリプトン	Kr	36	83.80	プロトアクチニウム	Pa	91	(231)
ク　ロ　ム	Cr	24	51.9961	プロメチウム	Pm	61	(145)
ケ　イ　素	Si	14	28.0855	ヘ　リ　ウ　ム	He	2	4.002602
ゲルマニウム	Ge	32	72.59	ベリリウム	Be	4	9.01218
コ　バ　ル　ト	Co	27	58.9332	ホ　ウ　素	B	5	10.811
サマリウム	Sm	62	150.36	ホルミウム	Ho	67	164.9304
酸　　　　　素	O	8	15.9994	ポロニウム	Po	84	(209)
ジスプロシウム	Dy	66	162.50	マグネシウム	Mg	12	24.305
臭　　　　　素	Br	35	79.904	マ　ン　ガ　ン	Mn	25	54.9380
ジルコニウム	Zr	40	91.224	メンデレビウム	Md	101	(258)
水　　　　　銀	Hg	80	200.59	モリブデン	Mo	42	95.94
水　　　　　素	H	1	1.00794	ユウロビウム	Eu	63	151.96
スカンジウム	Sc	21	44.95591	ヨ　ウ　素	I	53	126.9045
ス　ズ	Sn	50	118.710	ラジウム	Ra	88	(226)
ストロンチウム	Sr	38	87.62	ラ　ド　ン	Rn	86	(222)
セシウム	Cs	55	132.9054	ランタン	La	57	138.9055
セリウム	Ce	58	140.12	リ　チ　ウ　ム	Li	3	6.941
セ　レ　ン	Se	34	78.96	リ　ン	P	15	30.97376
タ　リ　ウ　ム	Tl	81	204.383	ルテチウム	Lu	71	174.967
タングステン	W	74	183.85	ルテニウム	Ru	44	101.07
炭　　　　　素	C	6	12.011	ルビジウム	Rb	37	85.4678
タ　ン　タ　ル	Ta	73	180.9479	レ　ニ　ウ　ム	Re	75	186.207
チ　タ　ン	Ti	22	47.88	ロジウム	Rh	45	102.9055
窒　　　　　素	N	7	14.0067	ローレンシウム	Lr	103	(260)
ツ　リ　ウ　ム	Tm	69	168.9342				

（　）をつけた数字は，その元素の同位体の中で最も長い半減期をもつものの質量数である．

演習問題解答

―― 第 1 章 ――

1.1 8.5 dm³

1.2 3.24×10^{18}　　**1.3** 0.0277 dm³ mol⁻¹

1.4 （a）1.01×10^3 m s⁻¹　（b）1.10×10^3 m s⁻¹

1.5 分離比 = 1.004，²³⁵U の 0.4％濃縮，分離比は温度に依存しない．

1.6 理想気体の圧力 = 2.00 atm，van der Waals の気体の圧力 = 1.98 atm

1.7 右の図を参考にして，5.28×10^{-30} C m，34.5％

1.8 van der Waals の式のパラメーターに $a = 3P_c V_c^2$，$b = V_c/3$ を代入し臨界状態で式を整理すると結論が得られる．

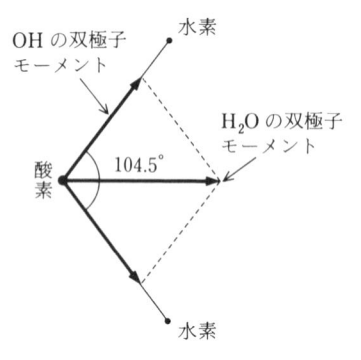

―― 第 2 章 ――

2.1 1.41 atm = 1.07×10^3 mmHg = 1.43×10^5 Pa

2.2 370 K（97 ℃）

2.3 （a）略　（b）24.7 kJ mol⁻¹
（c）538 mmHg

2.4 1.34×10^{-6} m³ mol⁻¹ = 1.34 cm³ mol⁻¹

2.5 右図を見よ．

2.6 $\eta_2 = \dfrac{\eta_1 \rho_2 t_2}{\rho_1 t_1}$

$= \dfrac{0.7973 \text{ m Pa s} \times 0.9058 \text{ g cm}^{-3} \times 268 \text{ s}}{0.9957 \text{ g cm}^{-3} \times 96.2 \text{ s}}$

$= 2.02$ m Pa s

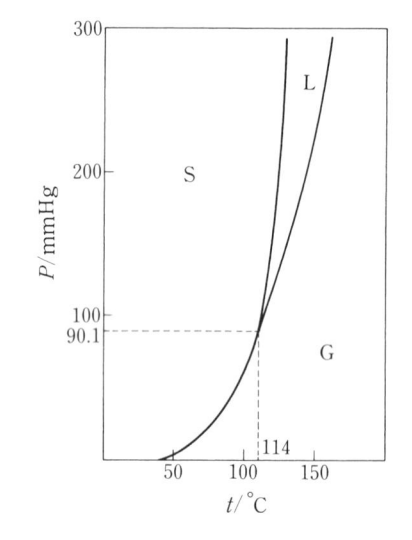

―― 第 3 章 ――

3.1 0.847 mol kg⁻¹，0.829 mol dm⁻³

3.2 0.0989 atm

3.3 0.688，0.688 atm

3.4 0.642 dm³

3.5 61.1 g mol⁻¹

3.6 S₈

3.7 水の蒸気圧 = 721.7 mmHg，1-オクタノールの蒸気圧 = 38.3 mmHg，よって沸点 98.6 ℃，モル比は 0.0531

3.8 （a）3140 Pa　（b）100.26 ℃　（c）11.9×10^5 Pa = 11.7 atm

3.9 40 K mol⁻¹ kg，178

3.10 10.1 mm

第 4 章

4.1 38.0 mmHg, 0.589

4.2 略

4.3 （a） 約 59 ℃ で沸騰し始め，沸点は徐々に上昇し，64.4 ℃ で沸点は一定となる．
（b） 64.4 ℃ で沸騰し，沸点は一定である．
（c） 約 63 ℃ で沸騰し始め，沸点は徐々に上昇し，64.4 ℃ で沸点は一定となる．

4.4 2 成分 2 相系だから Gibbs の相律により，$f = c - p + 2 = 2$．この系の自由度は 2 である．したがって定圧下では，それぞれの液相の溶解度は温度のみに依存する，つまり温度が決まれば各相の組成（溶解度）は決まる．

4.5 （a） 単調に冷却し，凝固点降下線の 50 ％ 組成のところの温度で固体の析出が起こり冷却速度は遅くなる．融液の組成は凝固点降下線に沿って Pb 側に移動する．246 ℃（共融点）で共晶が析出し，その間温度は一定である．

4.6 79 ％

4.7 $K_p = 2.8 \times 10^{-3}$ atm

4.8 $K_c = 380$ mol^{-2} dm^6, $K_p = 0.25$ atm^{-2}

4.9 （ⅰ） $K_c = 6.94$ mol^{-1} dm^3 （ⅱ） 4.75 モル

4.10 （ⅰ） $\alpha = 0.0363$ （ⅱ） $K_a = 1.32 \times 10^{-4}$ mol dm^{-3} （ⅲ） $\alpha = 0.115$
（ⅳ） 略

4.11 酢酸：126 cm^3，酢酸ナトリウム：874 cm^3

第 5 章

5.1 1764 J

5.2 -1.72 kJ

5.3 $Q = -W = 13.25$ kJ, $\Delta U = \Delta H = 0$

5.4 -628 J

5.5 （1） 5710 J （2） 5410 J

5.6 $\Delta H = 736$ J mol^{-1} $= 32.22(T-300)+1.11(T^2-300^2)$ とおいて T を求める．

5.7 226.8 kJ mol^{-1}

5.8 -174 kJ, -174 kJ

5.9 -55.61 kJ mol^{-1}

5.10 $\{(432+239)+92\times 2\}\div 2 = 428$ kJ mol^{-1}．表 5-8 の 431.4 kJ mol^{-1} は 298 K の値である．この差は，分子の並進や回転の運動が加わってくることに基づく．

第 6 章

6.1 $+334.1$ J K^{-1}

6.2 -1222 kJ

6.3 （a） $-W_{max} = 1.98 \times 10^5$ J （b） $\Delta S = 660$ J K^{-1}

6.4 $-W = 2.03 \times 10^4$ J, $\Delta U = \Delta H = 0$, $Q = -W = 2.03 \times 10^4$ J

6.5 （a） $\Delta S = -40.1$ J K^{-1}, $V_i = 73.85$ dm^3 $V_f = 14.77$ dm^3
（b） $\Delta S = 60.2$ J K^{-1} （c） $\Delta S = -40.1+60.2 = 20.1$ J K^{-1}

6.6 $\Delta S = \dfrac{180}{18.0}\left\{30.54 \ln\dfrac{273+1200}{273+200}+10.29\times 10^{-3}(1473-473)\right\} = 449.8$ J K^{-1} $= 450$ J K^{-1}

6.7 分子 1 個あたり，2 通りの配置の仕方があるので，L（Avogadro 数）個では

$$S = k \ln 2^L = R \ln 2 = 5.76 \text{ J K}^{-1} \text{ mol}^{-1}$$

6.8 $1.66 \times 10^3 \text{ J K}^{-1}$

6.9 $\Delta S = 93.4 \text{ J K}^{-1}$, $\Delta A = -2.94 \text{ kJ}$, $\Delta G = 0$

6.10 $\Delta A = \Delta G = 12.0 \text{ kJ}$

6.11 $\Delta G_{\text{mix}} = \Delta H_{\text{mix}} - T \Delta S_{\text{mix}}$

$\Delta S_{\text{mix}} = -R(n_A \ln x_A + n_B \ln x_B)$
$= -R(2.0 \ln 0.40 + 3.0 \ln 0.60) = 28 \text{ J K}^{-1}$

理想混合であるので，$\Delta H_{\text{mix}} = 0$

$\Delta G_{\text{mix}} = -T \Delta S_m = -8.4 \text{ kJ}$

6.12 $0.0583 \text{ dm}^3 \times 24.0 \text{ atm} = 142 \text{ J}$

6.13 （a）$\Delta H^\ominus = 49.4 \text{ kJ}$, $\Delta S^\ominus = 88.3 \text{ J K}^{-1}$, $\Delta G = 23.1 \text{ kJ}$
（b）$T > 560 \text{ K}$

6.14 $\Delta H_f^\ominus = -285.83 \text{ kJ mol}^{-1}$, $\Delta S^\ominus = -163.17 \text{ J K}^{-1} \text{ mol}^{-1}$
$\Delta G^\ominus = -237181 \text{ J mol}^{-1} \fallingdotseq -237.18 \text{ kJ mol}^{-1}$
$\Delta A^\ominus = -233.463 \text{ J mol}^{-1} \fallingdotseq -233.46 \text{ kJ mol}^{-1}$

第 7 章

7.1 （a）$K_p = K_c = 50.3 \fallingdotseq 50$
（b）HI の量を x mol とすると
$$x^2/(0.050 - x/2)(0.010 - x/2) = 50$$
$x = 0.1108$ と 0.0196 のうち後者が適当．$x \fallingdotseq 0.020$ mol
（c）$x^2/(0.50 - x/2)^2$, $x = 0.779 \fallingdotseq 0.78$ mol
残る I_2 は，$(1 - 0.799)/2 = 0.1105 \fallingdotseq 0.11$ mol   全圧は 5.9 atm

7.2 $K_{p(2)} = K_{p(1)} e^{-0.842} = 375$
発熱反応であるから高温では K_p が小さくなっている．

7.3 $\ln K_p = -\Delta G^\ominus / RT = 800.85 \times 10^3 / 8.314 \times 298 = 323$
$K_p = 10^{140}$
K_p は巨大な数値であり，$H_2O(l)$ は $Hg(g)$ よりさらに $\Delta G^\ominus$ 値は小さくて（大きな負）安定であるから，反応は完全に右へ進む．

7.4 （a）$\Delta H^\ominus_{(298)} = -67.2 \text{ kJ mol}^{-1}$, $\Delta S'^\ominus_{(298)} = -159.24 \text{ J K}^{-1} \text{ mol}^{-1}$
$\Delta G^\ominus_{(298)} = -19.88 \text{ kJ mol}^{-1}$, $\Delta C_p = 3.21 \text{ J K}^{-1} \text{ mol}^{-1}$
（b）$K_p = \exp(19.88 \times 10^3 / 8.314 \times 298.15) = 3041$
（c）$\int_{T_1}^{T} d(\Delta H^\ominus(T)) = \int_{T_1}^{T} \Delta C_p \, dT' = \Delta C_p \int_{T_1}^{T} dT'$
$\Delta H^\ominus(T) = \Delta H^\ominus(T_1) + \Delta C_p(T - T_1)$
（d）$\ln K_{p(400)} = \ln K_{p(298)} + \int_{298}^{400} \frac{\Delta H^\ominus_{(298)} + \Delta C_p(T - 298)}{RT^2} dT$
$= 1.119$
$K_p = 3.060$
（e）$\Delta S^\ominus_{(400)} = \Delta S^\ominus_{(298)} + \int_{298}^{400} \frac{\Delta C_p}{T} dT = -158.3 \text{ J K}^{-1} \text{ mol}^{-1}$

7.5 $\Delta G = -55600 + RT \ln \dfrac{1}{(1 \times 10^{-3})(7 \times 10^{-6})} = -55.6 \text{ kJ} + 46.5 \text{ kJ} < 0$
ΔG が負であるので沈殿が自発的に生じる．

7.6 $\ln K_p$ 対 $1/T$ のグラフ（略）において，よい直線が得られる．その勾配から $\Delta H = -89.1 \text{ kJ mol}^{-1}$

第 8 章

8.1 $\ln \dfrac{982}{1013} = -\dfrac{31.64 \times 10^3}{8.314}\left(\dfrac{1}{T_2} - \dfrac{1}{353.28}\right)$

$T_2 = 352.26\,\text{K} = 79.1\,°\text{C}$

8.2 $\Delta S_{\text{mix}} = 27.0\,\text{J K}^{-1}$, $\Delta H_{\text{mix}} = 0$, $\Delta G_{\text{mix}} = -8.38\,\text{J K}^{-1}$

8.3 (a) 265 mmHg (b) 0.178

8.4 (a) $x_2^{(l)} = 0.2$ のとき, $p_2 = 22.3 \times 0.2 = 4.5\,\text{mmHg}$, $x_1^{(l)} = 0.8$ であるから, $p_1 = 74.7 \times 0.8 = 59.8\,\text{mmHg}$. 全圧 $P = p_1 + p_2 = 64.3$. 蒸気相の組成 $x_2^{(g)} = p_2/P = 0.07$. このようにして計算した結果は次表のとおり.

$x_2^{(l)}$	0	0.2	0.4	0.6	0.8	1.0
p_1	0	4.5	8.9	13.4	17.8	22.3
p_2	74.7	59.8	44.8	29.9	14.9	0
P	74.7	64.3	53.7	43.3	32.7	22.3
$x_2^{(g)}$	0	0.07	0.17	0.31	0.54	1

この表の値をグラフ化すれば, 下左図が得られる.

(b) $x_2^{(l)} = 0.20$ のとき $\mu_1^{(l)} = \mu_1^{\ominus(l)} + RT\ln 0.80$ (1)

$x_2^{(l)} = 0.60$ のとき $\mu_1^{(l)} = \mu_1^{\ominus(l)} + RT\ln 0.40$ (2)

(1)−(2) = $RT\ln(0.80/0.40) = RT\ln 2$
$= 8.314 \times 293 \times 0.693 = 1.69 \times 10^3\,\text{J mol}^{-1}$

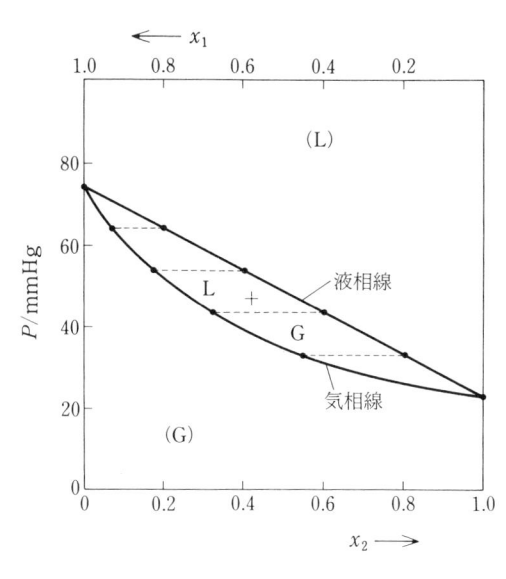

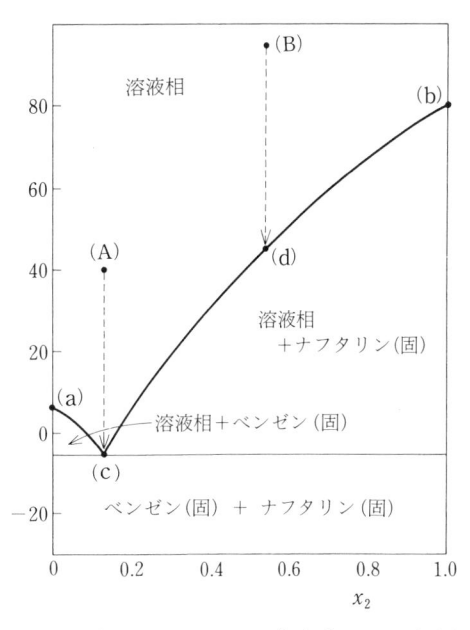

ベンゼン-ナフタリン2成分系の T-x 相図

約 1.7 kJ ほど前者のほうの化学ポテンシャルが高い.

8.5 (a) ベンゼン m.p. = 5.5 °C, ナフタリン m.p. = 80.2 °C. ただし, 図からはベンゼンが約 5 °C, ナフタリンが 80 °C 付近に凝固点があるように見える.

(b) 圧力 1 atm に設定してある実験であるから, Gibbs の相律は $f = c - p + 1$. $c = 2$, $p = 3$. ∴ $f = 0$. 点 (c) は共融点と呼ばれる (注意:共融点は圧力が変われば, T も x も変わるのがふつうである).

（c） 純固体と平衡にあるので $\mu_2^{(s)} = \mu_2^{\ominus(s)} = \mu_2^{(l)}$.
$$\mu_2^{\ominus(s)} = \mu_2^{\ominus(l)} + RT \ln x_2^{(l)} = \mu_2^{\ominus(l)} + RT \ln 0.540$$
ただし，T はナフタリンが析出し始めた温度約（273＋50）K
（d） ベンゼンの結晶とナフタリンの結晶の混合物．
（e） 前ページ下右図参照．
（f） 図中（B）→（b）→ 曲線に沿って溶液の組成は（c）へと変化．（c）にてベンゼンが析出し始め，温度を下げていくとベンゼンがすべて結晶化する．

8.6 （a） $k_b = 2.41$　（b） S_8

8.7 定温・定圧で，系にある変化を起こさせるために必要な仕事量は，系の Gibbs エネルギー変化に等しい．$x_1 = x_2 = 0.5000$ の溶液におけるベンゼンの化学ポテンシャルは，$\mu_1 = \mu_1^{\ominus} + RT \ln 0.5000$．純粋なベンゼンでは $\mu_1 = \mu_1^{\ominus}$ であり，大量の溶液から 1 mol のベンゼンをとっても，もとの状態はほとんど影響を受けないものとみなされる．したがって，
$$W = \Delta G = \mu_1^{\ominus} - (\mu_1^{\ominus} + RT \ln 0.5000)$$
$$= -RT \ln 0.5000 = 1717 \text{ J}$$
（b） この場合，1 mol のトルエンが残る．定温・定圧におけるこの操作の Gibbs エネルギー変化量は，
$$W = \Delta G = (\mu_1^{\ominus} + \mu_2^{\ominus}) - \{(\mu_1^{\ominus} + RT \ln 0.5) + (\mu_2^{\ominus} + RT \ln 0.5)\}$$
$$= -2RT \ln 0.5 = 3434 \text{ J}$$

8.8 定温・定圧で，キシレンの濃度が $x_1 = 0.80$ から $x_1 = 0.60$ へ薄められたことを意味するので，
$$\Delta G = (\mu_1^{\ominus} + RT \ln 0.60) - (\mu_1^{\ominus} + RT \ln 0.80)$$
$$= RT \ln \frac{0.60}{0.80} = -713 \text{ J}$$

第 9 章

9.1 式（9.10）のプロットが直線になることを確かめよ．その傾きより，$k = 3.45 \times 10^{-3}\,\text{min}^{-1}$ が得られる．

9.2 2 つの反応物の濃度が等しいときの 2 次反応速度式は式（9.15）で与えられる．この式に基づくプロットをしてみよ．$k = 0.643\,\text{mol}^{-1}\,\text{dm}^3\,\text{min}^{-1}$

9.3 $a = 1$，$b = 2$

9.4 $\dfrac{dC_C}{dt} = \dfrac{k_1 k_2 C_A^2 C_B}{k_{-1} + k_2 C_B}$

9.5 97.0 kJ mol^{-1}

9.6 （i） $1.05 \times 10^{-2}\,\text{min}^{-1}$　（ii） $2.25 \times 10^{-2}\,\text{min}^{-1}$　（iii） 20 %

第 10 章

10.1 $\Lambda = 115\,\text{S cm}^2\,\text{eq.}^{-1}$

10.2 $\kappa = 1.37 \times 10^{-3}\,\text{S cm}^{-1}$

10.3 $138.3\,\text{S cm}^2\,\text{eq.}^{-1}$

10.4 $\alpha = 0.0297$，$K = 1.82 \times 10^{-5}\,\text{mol dm}^{-3}$

10.5 Ostwald の希釈律，式（10.16）を変形すれば，$\Lambda C = K\Lambda_0^2(1/\Lambda) - K\Lambda_0$ となり，ΛC と $1/\Lambda$ が直線関係にあること，またその傾きと Λ_0 から K が求まることが示される．
$K = 1.53 \times 10^{-3}\,\text{mol dm}^{-3}$

10.6 $t_H = u_H C / \{u_H C + u_{Na} C' + u_{Cl}(C + C')\}$，$t_{Na} = u_{Na} C' / \{u_H C + u_{Na} C' + u_{Cl}(C + C')\}$，
$t_{Cl} = u_{Cl}(C + C') / \{u_H C + u_{Na} C' + u_{Cl}(C + C')\}$

10.7 （ⅰ） $t_H = 0.82$
（ⅱ） 問題10.6の結果を用いよ． $t_H = 2.8 \times 10^{-3}$, $t_{Na} = 0.395$, $t_{Cl} = 0.602$

──────────── 第 11 章 ────────────

11.1 a） R：$AgCl + e \rightleftharpoons Ag + Cl^-$　　L：$H^+ + e \rightleftharpoons (1/2)H_2$
R-L：$AgCl + (1/2)H_2 \rightleftharpoons Ag + HCl$, 　$E° = 0.222$ V

b） R：$(1/2)Sn^{4+} + e \rightleftharpoons (1/2)Sn^{2+}$　　L：$Fe^{3+} + e \rightleftharpoons Fe^{2+}$
R-L：$(1/2)Sn^{4+} + Fe^{2+} \rightleftharpoons (1/2)Sn^{2+} + Fe^{3+}$, 　$E° = -0.631$ V

c） R：$AgBr + e \rightleftharpoons Ag + Br^-$　　L：$AgCl + e \rightleftharpoons Ag + Cl^-$
R-L：$AgBr + Cl^- \rightleftharpoons AgCl + Br^-$, 　$E° = -0.151$ V

d） R：$(1/2)MnO_2 + 2H^+ + e \rightleftharpoons (1/2)Mn^{2+} + H_2O$　　L：$(1/2)Cu^{2+} + e \rightleftharpoons (1/2)Cu$
R-L：$(1/2)MnO_2 + 2H^+ + (1/2)Cu \rightleftharpoons (1/2)Mn^{2+} + H_2O + (1/2)Cu^{2+}$,
$E° = 0.893$ V

11.2 （a） MnO_4^-　　（b） MnO_4^-, Cl_2, Ag^+, Fe^{3+}, Cu^{2+}　　（c） MnO_4^-, Cl_2, Ag^+

11.3 0.600 V

11.4 （1） $H^+ + (1/2)Cu \rightleftharpoons (1/2)H_2 + (1/2)Cu^{2+}$
（2） $E = E° + (RT/2F) \ln a_{H^+}^2 / \{(f_{H^+} a_{Cu^{2+}})\}$
（3） -0.337 V　　（4） -0.349 V

11.5 1.110 V

11.6 $K = 6.16 \times 10^{-7}$

11.7 （ⅰ） $Pt \mid Sn^{2+}, Sn^{4+} \parallel Pb^{2+} \mid Pb$　　（ⅱ） $E° = -0.266$ V　　（ⅲ） $K = 9.9 \times 10^{-10}$

11.8 $pH = 0.93$

11.9 溶解度：8.99×10^{-9} mol kg^{-1}, 溶解度積：8.08×10^{-17}

さく引

あ行

Einstein の光量子説　333
圧縮因子　15
圧縮率（compressibility）　337
圧平衡定数　65, 66, 165
圧力（pressure）　84
圧力一定（constant pressure）の条件　98
圧力係数　337
圧力-組成図　200
アニリン（aniline, C_6H_7N）　48
Avogadro 数（定数）（Avogadro number（constant））　2, 137
Avogadro の分圧の法則　158
アモルファス（amorphous）　28
Arrhenius の式　247
Arrhenius の電離説　263
Arrhenius プロット（Arrhenius plot）　248
安定相　187
アンモニアの蒸気圧　37
硫黄分子のモル質量（分子量）　48
イオン化率　24
イオン強度（ionic strength）　282
イオン独立移動の法則　262
イオンの移動度（ionic mobility）　266, 272
イオンの活量　281
イオンの平均活量係数　302
イオン｜不活性塩｜金属 電極　284
イオン雰囲気（ion atmosphere）　261
1 次反応（first-order reaction）　234
1 次偏微分係数　309
1 成分系（純物質）の相平衡　191
1 成分系の状態図　192
1 相領域　201
引力　338
ヴィリアル係数　224
運動エネルギー（kinetic energy）　94, 118
運動量の変化　10
永久双極子　19
液間電位（liquid（junction）potential）　286
液相（liquid phase）　55, 185
液相-液相平衡　60
液相化学平衡　166
液相-気相状態図　200
液相-気相状態図の熱力学的解析　204

液相-気相平衡　194, 198
液相線　56, 61, 200, 208
液体（liquid）　25
液体エタノール　160
液体膜　34
液体連絡　286
液絡（liquid junction）　286
SI 基本単位　3
SI 単位（SI unit(s)）　4, 34, 35
SI 単位系（Système International d'Unités）　3
SI 単位の記号（symbol(s)）　3, 4
SI 単位の接頭語（prefix(es)）　4
SI 単位の定義　4
SI 単位の名称　3
SI 誘導単位　4
エタノール水溶液の粘度　37
X 線回折（X-ray diffraction）　29
X 線の波長　30
n 次反応　233
並進運動エネルギー　8
エネルギー均分則（等分配の法則, law of equipartition of energy）　12, 322
エネルギー準位　333
エネルギーの極小化（minimization of energy）　125
エネルギーの形態と保存　91
エネルギーの項（energy term）　150
エネルギー保存の法則（the law of energy conservation）　92
塩化ナトリウム結晶の水への溶解　150
塩基（base(s)）　71
塩基解離定数（base dissociation constant）　74
塩基性（basicity, basic（形））　72
塩基の強さ　71
塩橋（salt bridge）　290
エンタルピー（enthalpy）　84, 98, 99, 112, 123, 154
エンタルピー変化　101
エントロピー（entropy）　84, 91, 123, 334
エントロピー生成（entropy production）　134
エントロピー増　133
エントロピー増大の法則　134
エントロピーと乱雑さ　134
エントロピーの項（entropy term）　150
エントロピーの分子論的解釈　134

円 2 色性（circular dichroism）　350
Euler の完全微分の条件（Euler's criterion of exactness）　131, 313
Euler の基準（Euler's criterion）　131
Ohm の法則　257
Ostwald 型粘度計　35, 37
Ostwald の希釈律　265
温度（temperature）　84
温度-組成図　202
温度変化に伴うエントロピー変化　140

か行

外界（surroundings）　83
回転（rotation）　95, 103, 118, 119
回転運動（motion of rotation, rotational motion）　12, 102
界面電位差　277
界面分極　347
解離（dissociation）　67
解離エネルギー　120
解離度（degree of dissociation）　67
Gauss の定理　342
化学種　109
化学的仕事（chemical work）　89
化学反応のエントロピー変化　146
化学反応（の）速度（chemical reaction rate(s)）　231
化学平衡（chemical equilibrium(-bria)）　63, 162
化学平衡の条件　162
化学ポテンシャル（chemical potential(s)）　84, 155, 163, 189, 214
化学ポテンシャルの表現　157
化学量論係数（stoichiometric coefficient(s)）　66, 109, 162, 232
可逆圧縮　106
可逆過程（reversible process）　87, 152
可逆過電池　152
可逆サイクル　129
可逆仕事　104, 153, 320
可逆循環過程　129
可逆反応（reversible reaction）　63, 152
可逆変化　153
可逆膨張（reversible expansion）　89
拡散流出法（effusion method）　24
核分裂（nuclear fission）　93

確率 (probability)	135, 321, 322
確率分布	14
確率密度 (probability density)	321
化合物 (compound(s))	2
活性化エネルギー (activation energy)	247
活性化エンタルピー	254
活性化エントロピー	254
活性化自由エネルギー	254
活性複合体 (activated complex)	248, 253
活動度 (activity)	220
活量 (activity)	172, 173, 220
活量係数 (activity coefficient(s))	173, 220
下部臨界温度	61
ガラス体	28
カルノーサイクル (Carnot cycle)	109, 126
Carnot の循環過程 (cycle)	126
カロメル電極 (calomel electrode)	285
甘こう電極 (calomel electrode)	285
寒剤	211
換算状態式 (reduced characteristic equation)	23
換算変数 (reduced variable(s))	23
緩衝作用 (buffer action)	76
緩衝溶液 (buffer solution(s))	75
完全弾性衝突 (perfectly elastic collision)	10
完全微分 (exact differential(s))	91, 131, 310
完全溶液 (perfet solution(s))	171
緩和効果	261
擬1次反応 (pseudo-first order reaction)	238
気化	186
機械的 (mechanical) 平衡	125
機械的仕事 (mechanical work)	89
機械的平衡状態	331
希ガス	103
基質 (substrate)	246
基準点 (reference point)	97
気相 (gas phase)	55, 185
気相-液相平衡	56
気相化学平衡	164
気相線	56, 200
気体定数 (gas constant)	8, 320
気体定数の値	9
気体のヴィリアル方程式 (virial equation for gases)	86
気体の液化と臨界現象	20
気体の混合	143
気体の分子運動論	86, 135, 324
気体の溶解	42
気体｜不活性金属 電極	282
気体分子運動論 (kinetic-molecular model (theory) of gases)	10, 250
規定濃度 (normality)	39
起電力 (electromotive force (e. m. f.))	78, 276, 290
起電力と Gibbs エネルギー変化	299
起電力の温度依存性	300
起電力の濃度依存性	292
希薄溶液 (dilute solution(s))	42, 43, 47
揮発性 (volatile, volatility)	46, 48
Gibbs エネルギーの圧力および温度による変化	153
Gibbs-Duhem の式	219
Gibbs のエネルギー	154
Gibbs の自由エネルギー (Gibbs free energy)	148, 149
Gibbs の相律 (Gibbs' phase rule)	191
Gibbs-Helmholtz の式	154, 178, 205, 225
基本物理量	3
逆浸透	52
吸収係数	42
吸着 (adsorption)	118
吸熱過程 (endothermic process)	99
吸熱反応 (endothermic reaction(s))	70, 110, 125, 150
境界 (boundary)	83
凝固 (freezing)	31
凝固曲線	61
凝固点 (freezing point)	31
凝固点降下 (depression of freezing point)	49, 225
凝固点降下測定装置	50
強酸 (strong acid(s))	72
凝集 (condensation)	33
凝集状態	97
凝縮 (condensation)	25
凝縮線	57
凝縮相	110
凝縮熱 (heat of condensation)	33, 36
共晶 (eutectic crystal)	62
共通イオン (common ion(s))	75, 78
共通イオン効果 (common ion effect)	78
強電解質	261
共沸混合物 (azeotropic mixture)	58, 207
共沸組成	207
共役塩基 (conjugate base(s))	71
共役酸 (conjugate acid(s))	71
共融混合物 (eutectic mixture)	62, 211
共融組成	211
共融点 (eutectic point)	62, 211
極性 (polar)	18
巨視的状態	135, 136
Kirchhoff の式	113, 146
均一系 (homogenious system(s))	2, 38
銀-塩化銀電極 (silver-silvercloride electrode)	284
金属イオン｜金属 電極	278
金属イオンの定性分析	79
金属間化合物 (intermetallic compound)	63
金属硫化物	79
空間格子 (space lattice)	28
空気の組成	143
屈折率 (refractive index)	84, 87, 348
Clausius の不等式	133
Clausius-Mossotti の式	348
グラファイト (graphite)	110, 112, 121
Clapeyron-Clausius の式	31, 47, 194
Clapeyron-Clausius の式の応用	194
グリセリン (glyserin)	53
Graham の法則	13
系 (system(s))	83
経験式 (empirical relationship(s))	85, 102
結合エネルギー (bond energy)	118, 122
結合エネルギー差	119
結合解離エネルギー (bond dissociation energy)	120, 121
結合の生成エネルギー	121
結晶 (crystal(s))	28
結晶格子 (crystal lattice)	28
Kelvin 温度 (熱力学温度)	8, 95
原子分極	347
原子量 (aotmic weight)	2
元素 (element)	1
光学活性体＝旋光性物質 (optically active substance)	350
格子面 (lattice plane)	28
格子面間距離 (面間隔；spacing)	30
酵素 (enzyme)	246
酵素反応	246
光度 (luminous intensity)	3
氷と水の比熱容量	160
氷の蒸気圧	99
氷の密度	32
Kohlrausch の平方根則	261
黒鉛 (グラファイト, graphite)	30
国際単位系 (International System

of Units)	3	
固相(solid phase)	55,185	
固相-液相平衡	61,196	
固相-気相平衡	196	
固相線	61,208	
固体(solid(s))	28	
古典力学(Newton 力学)	332	
固溶体(solid solution)	38,61,208	
孤立系(isolated system(s))	84	
混合(mixing)に伴うエントロピー変化	137,142	
混合エントロピー変化	143,216	
混合気体	38,41	
混合のエンタルピー(enthalpy of mixing)	158	
混合のエンタルピー変化	216	
混合のエントロピー(entropy of mixing)	158	
混合の Gibbs エネルギー変化	216	
混合の体積変化	216	
混合物(mixture)	38	
コンデンサー(condenser)	343	
根平均2乗速度(root mean square velocity)	12	

さ 行

最大確率速度(most probable velocity)	14,328,330
最大仕事量	159
最大値(最大仕事)	105
作業物質	127
錯イオン(complex ion)	78
酸(acid(s))	71
酸-塩基平衡	71
酸解離指数(acid dissociation exponent)	74
酸解離定数(acid dissociation constant)	73
酸化還元電極	285
酸化還元反応(oxidation-reduction reaction, redox reaction)	275
酸化(燃焼)反応	93
三重結合	120
三重点(triple point)	33,192
酸性(acidity, acid または acidic (形))	72
3相共存	210
3相共存線	213
酸電離定数	73
酸の強さ	71
時間(time)	3
磁気分極率	338
示強性(intensive)	84
示強性の状態量	155
示強性量(intensive quantity—property)	2

示強変数(intensive variable(s))	89
式量(formula weight)	2
シクロヘキサン (cyclohexane, C_6H_{12})	120,121
次元(dimension)	1
仕事(work)	83,87,126
仕事から熱へ	93
仕事と熱の互換性	93
指数関数(exponential function)	315,327,331
自然対数(natural logarithm(s))	4,315
質量(mass)	3
質量作用の法則(mass action law)	65,164
質量百分率(weight percent)	39
質量分率	40
質量モル濃度(molality)	39,40,168,225
自発的変化(spontaneous change)	134,147,151
自発変化	124
自発変化の方向	123,147
自発変化の要因	123
弱塩基(weak base(s))	74
弱酸(weak acid(s))	72
弱電解質	261,263
斜方硫黄	30,112
Charles の法則	7
自由エネルギー(free energy)	84,91,112,147,334
従属変数	305
自由電子	339
自由度(degree of freedom)	103,190
重量百分率(weight percent)	39
重量モル濃度(molality)	39,168
重力(gravity)	90,331
重力の加速度(gravitational acceleration)	34,51,331
重力場	331
Joule の法則	9,92,101,140
縮重率(または縮退)(degeneracy)	333
出現確率	135,138,324
循環過程(cyclic process)	90
循環積分	91
準静的過程(quasi-static process)	87
準静的に膨張(収縮)	104
準静的変化(可逆変化)	129
純物質の状態図	32
昇華(sublimation)	31
昇華曲線	33
昇華熱	99,196

蒸気圧(vapor pressure)	25,27,33,43,186,194,198
蒸気圧曲線	33
蒸気圧降下(depression of vapor pressure)	43,225
蒸気相の組成	48
蒸気組成と蒸気圧の関係	200
状態関数(state function)	86,139
状態図	56,192
状態変数(variables of state)	84,305,314
状態方程式(equation of state)	85
状態量(properties, variables of state, quantity of state)	98,100,131,146,310
衝突回数	250
衝突理論(collision theory)	250
ショウノウ(camphor, $C_{10}H_{16}O$)	50,53
蒸発(vaporization)	25,118,186
蒸発熱(heat of vaporization)	26,33,99,145,186
上部臨界温度	61
正味の仕事(仕事の総計)	128
常用対数(common logarithm(s))	4,315
蒸留(distillation)	58,204
シラン(silane, SiH_4)	159
シリコン(silicon)	159
示量性(extensive)	85
示量性状態量	131,144
示量性量(extensive quantity—property)	2,143
示量変数(extensive variable(s))	87,89
真空の誘電率	344
伸縮振動(stretching vibration)のエネルギー	103
浸透(osmosis)	51
振動(vibration)	95,103,118,119
浸透圧(osmotic pressure)	51,226
振動運動	102
振動数(frequency)	20,332
伸長仕事	90
浸透	226
水蒸気蒸留(steam distillation)	45,48,53
水素電極(hydrogen electrode)	282
水和(hydration)	256
図上積分法	146
Stirling の近似式	137
Stokes の式	267
正	338
正規(normal)またはガウス分布(Gaussian distribution)	327
性質(properties)	83
生成系	110

生成熱（heat of formation） 112	総熱量一定の法則（law of constant heat summation） 110	単原子理想気体 102
生成物（product(s)） 64, 118, 119, 162	相の数 190	単斜硫黄 30
正電荷 340	相の変化に伴うエントロピー変化 143	単体（element または simple body） 1
静電気力 338	相分離（phase separation） 60	断熱可逆圧縮 108
静電気力に関するCoulombの法則 339	相平衡（phase equilibrium） 55, 185, 187	断熱可逆過程 107, 140
静電的な力（electrostatic force） 18	相平衡の条件 188, 204	断熱可逆膨張 127
静電誘導 338	相変化（phase transition） 1, 185	断熱過程（adiabatic process） 98, 104, 106, 107
成分の数 190	相律（phase rule） 188	断熱系（adiabatic system(s)） 84, 92
積分（integral(s)） 315	束一的性質（colligative property） 45, 223	断熱の条件 98
積分速度式 234	速度（velocity） 322, 333	断熱不可逆膨張 108
斥力 338	速度空間（velocity space） 322, 325, 326	断熱壁 84
絶縁体 338	速度勾配 35	逐次反応 241
摂氏温度（Celsius' temperature scale） 8	速度式 233	中性（neutrality, neutral（形）） 72
接触電位差 290	速度定数（rate constant(s)）65, 233	中性子（neutron） 93
絶対温度（absolute temperature） 8	速度の確率密度 330	張力 90
絶対零度 8, 95, 120, 144	速度ベクトル 322	定圧過程（constant pressure process(es)） 98
セルシウス（Celsius）温度 8	束縛エネルギー（bound energy） 151	定圧条件 98
全圧（total pressure） 41	組成（composition） 42, 44	定圧熱容量（heat capacity at constant pressure） 100, 113
遷移状態（transition state） 248, 249, 253	組成-圧力図 56	定圧燃焼熱 111, 122
遷移状態理論（theory of transition state） 252	素反応（elementary reaction step） 231	定圧比熱容量 36
前駆平衡 245		定圧モル熱容量（molar heat capacity at constant pressure） 100, 103, 122, 145, 146, 159
旋光分散（optical rotatory dispersion） 350	**た 行**	定温圧縮 133
線積分 319	帯域融解法（zone melting method, zone refining） 62, 209	定温可逆圧縮 160
センチポイズ（cP） 35	第一法則の応用 109	定温可逆膨張 122, 159
全微分（total differential） 140, 310	第三法則エントロピー（third law entropy） 145	定温・定圧変化 149
全微分の微係数 153	第三法則モルエントロピー 36	定温膨張 133
相（phase） 38, 55, 185	体積（volume） 87	定温膨張または圧縮に伴うエントロピー変化 142
相応状態（corresponding state） 23	体積百分率（volume percent） 39	抵抗（resistance） 257
相応状態の原理（principle of corresponding state） 23	体積分率 40	定常状態（steady state）85, 244, 267
相化合物 213	体積変化（volume change） 156	定常状態近似 244
双極子（dipole） 18	帯電 338	定積過程（constant volume process(es)） 98
双極子-双極子相互作用（dipole-dipole interaction） 18	帯電体 338	
双極子モーメント（dipole moment） 18, 24, 160, 338	第2ヴィリアル係数 224	定積条件 98
双極子モーメント間相互作用 19	第2，第3，ヴィリアル係数（2nd, 3rd, virial coefficient(s)） 86	定積熱容量（heat capacity at constant volume） 100
双極子-誘起双極子相互作用 19	ダイヤモンド（diamond） 30, 110	定積分（definite integral(s)） 317
相互作用（interaction） 96	タイライン（tie line） 201	定積変化 96
相互作用ポテンシャルエネルギー 96	単位（unit(s)） 1	定積モル熱容量（molar heat capacity at constant volume） 100, 108
相互溶解度（mutual solubility） 60	単位格子（または単位胞；unit cell） 28	Taitの式 86
相互溶解度曲線 60	単位体積あたりの平均の双極子モーメント 345	てこの関係（relation of lever） 201
相図（phase diagram） 32, 56, 192	単位面積あたりの自由エネルギー 34	Debyeの式 348
相対蒸気圧降下 43	単位面積あたりの電荷 345	Debye-Hückelの極限則 282
相対粘度（relative viscosity） 36	単結晶 30	電圧 343
相対モル数 39	単原子分子 96, 101	転移（transition） 30
相転移（phase transition） 144, 145, 186		転移温度（transition temperature） 144
相転移熱 186, 194		

電位勾配	266	
電位差 (potential difference)	276, 343	
転移点	30, 145	
転移熱 (heat of transition)	30, 145	
電荷	340	
電界	340	
電解質 (electrolyte(s))	256	
電界と電位差との関係	343	
電界の強さ	340	
電界の方向・向き	340	
電荷 (点電荷) まわりの電界	340	
電荷の分布	18	
電気泳動効果	262	
電気化学ポテンシャル (electrochemical potential)	277	
電気感受率 (electric susceptibility)	346	
電気双極子モーメント	160	
電気素量 (elementary electric charge)	339	
電気的仕事 (electrical work)	89, 152	
電気伝導性	257	
(電気) 伝導度 ((electrical) conductivity)	77, 257	
電極 (electrode)	278	
電極電位 (electrode potential)	276	
電気力線 (line of electric force)	341	
電気量	339	
電気容量 (eletric capacity, capacitance)	344	
電子分極	347	
電子分極率	348	
電池 (electrical cell(s)), battery	276, 288	
伝導性の単位	259	
伝導率	257	
電場	266, 340	
電離 (electrolytic dissociation)	72, 257	
電離度	263	
電離平衡	72, 74	
電流 (electric current)	3	
等温可逆過程	107	
等温可逆過程の仕事	128	
等温可逆膨張	126, 159	
等温過程 (isothermal process = constant temperature process)	104, 107	
統計的重率 (statistical weight)	333	
統計力学的な処理	119	
逃散能 (fugacity, escaping tendency)	216, 222	
同素体 (allotropic form(s))	1	
当量数 (equivalent number(s))	39	
当量伝導率	258	
当量伝導率の濃度変化	260	
独立変数	305	
閉じた系 (closed system(s))	83	
突沸 (bumping)	26	
de Broglie の物質波	333	
Dalton の分圧の法則 (Dalton's law of partial pressures)	41	

な 行

内部エネルギー (internal energy)	8, 84, 95, 112, 123, 154, 334	
内部エネルギー変化	101	
内部エネルギー変化の分子論的解釈	94	
長さ (length)	3	
ナフタレン (naphthalene, $C_{10}H_8$)	53	
鉛蓄電池	152	
難溶塩	77	
2 原子分子	103	
二酸化炭素	32	
二酸化炭素の固体	24	
2 次反応 (second-order reaction)	236	
2 次偏微分係数	309	
2 成分系の液相-気相状態図	200	
2 成分系の固相-液相平衡	208	
2 成分系の相平衡	197	
2 成分理想溶液	199	
2 相共存線	193	
2 相領域	201	
2 変数関数の積分	318	
Newton の粘性の法則 (Newton's law of viscosity)	35	
二硫化炭素 (carbon disulfide)	47, 53	
熱 (heat)	83, 87, 98, 126	
熱エネルギー差 (thermal energy difference)	119	
熱化学 (thermochemistry)	109	
熱化学方程式 (thermochemical equation(s))	99, 110, 112	
熱から仕事へ	93	
熱機関 (heat engine)	126, 127	
熱機関の効率	128	
熱測定 (calorimetric measurement(s))	97	
熱的平衡 (thermal equilibrium)	125, 129	
熱伝導性	84	
熱の吸収	96	
熱膨張係数	306, 337	
熱容量 (heat capacity)	89, 100, 142, 334	
熱力学関数	306	
熱力学第一法則 (the first law of thermodynamics)	125, 313	
熱力学第二法則 (the second law of thermodynamics)	123, 126	
熱力学第三法則 (the third law of thermodynamics)	144	
熱力学的温度 (thermodynamic temperature)	3	
熱力学的諸公式	335	
熱力学的平衡 (thermodynamic equilibrium)	85	
熱力学的平衡定数	174	
熱力学量	99	
熱量変化	99, 104	
Nernst の式	292	
Nernst の熱定理 (the Nernst's heat theorem)	144	
Nernst の分配の法則	228	
粘性 (viscosity)	33	
粘度 (viscosity)	35, 84, 87	
濃度平衡定数	65, 66, 166, 168	

は 行

場合の数 (number of way)	136	
配向分極	347	
排除体積 (excluded volume)	17	
排除体積効果	17	
発熱過程 (exothermic process)	99	
発熱反応 (exothermic reaction)	70, 110, 123, 147	
波動 (wave)	332	
速さ (speed(s))	320, 322, 333	
パラメーター (parameter)	318	
半減期 (half-life)	235, 237	
反射の次数	30	
半電池 (half cell)	276	
半透膜 (semipermeable membrane(s))	51	
反応機構 (reaction mechanisms)	231	
反応系	110	
反応進行度	163	
反応速度 (rate of reaction)	64, 65, 231	
反応速度の温度依存性	247	
反応速度の理論	249	
反応速度論 (theory of reaction rates)	231	
反応熱 (heat of reaction)	70, 109, 110	
反応熱の分子論的解釈	118	
反応の次数 (reaction order)	233	
反応物 (reactant(s))	63, 118, 119, 162	
P-V 状態図	127	
pK_a	74	
pK_b	74	

さ く 引 | 365

ppm（part per million） 39
ppb（part per billion） 39
非結晶体（amorphous state） 28
微視的（microscopic）な世界 333
微視的状態 135, 136
非対称効果 261
比体積（specific volume） 33, 84
Hittorf 法 271
非電解質（nonelectrolyte(s)） 256
比熱（specific heat） 84, 100
比熱容量 100
比誘電率 339, 340
標準エンタルピー 109
標準エンタルピー変化 113
標準エントロピー（standard entropy） 144, 145, 159, 160
標準化学ポテンシャル（standard chemical potential） 158, 214
標準還元電位 293
標準起電力 292
標準 Gibbs エネルギー（standard Gibbs energy） 159
標準 Gibbs エネルギー変化 164
標準状態 110, 160, 217
標準水素電極 293
標準生成エンタルピー 112
標準生成エントロピー 146
標準生成 Gibbs エネルギー 150
標準生成熱（standard enthalpy of formation） 111, 122, 160
標準電極電位 280, 293
標準電極電位と平衡定数 296
標準反応熱 70, 178
標準沸点 26
標準沸点とモル蒸発熱 28
表面拡張仕事 90
表面張力（surface tension） 33, 90
開いた系（open system(s)） 83
非理想溶液 172, 206, 215
非理想溶液中の化学平衡 172
頻度因子（frequency factor） 247
負 338
van der Waals 式 23, 86
van der Waals 定数 16, 20
van der Waals の状態方程式 15, 154
van der Waals 力（van der Waals force(s)） 18
van't Hoff 係数 264
van't Hoff の式 178
van't Hoff プロット（plot） 178
van't Hoff の浸透圧の法則 52
van't Hoff の定圧平衡式 70
不可逆過程 104, 105
不可逆サイクル 132
不可逆的に断熱膨張 109
不可逆変化 132

不完全微分（inexact differential） 91, 100, 131, 311
不揮発性（nonvolatile, nonvolatility） 46
不揮発性物質 53
不均一系（heterogenious system(s)） 2, 38
物質（matter, substance） 83, 86, 87
物質量（quantity of substance） 3
沸点（boiling point） 26, 145, 186, 198
沸点上昇（elevation of boiling point） 45, 46, 225
沸点図 58, 203
沸騰（boiling） 26
沸騰線 57
不定積分（infinite integral(s)） 316
負電荷 340
不導体 338
部分モルエンタルピー（partial molar enthalpy） 84
部分モルエントロピー（partial molar entropy） 84
部分モル Gibbs エネルギー 155
部分モル体積（partial molar volume） 84, 155, 156, 214
部分モル体積決定法 157
部分モル内部エネルギー（partial molar internal energy） 84
部分モル量（partial molar quantity） 219
フュガシティ（fugacity） 222
フュガシティ係数（fugacity coefficient(s)） 222
Bragg の反射条件 29, 30
Planck の定数（Planck's constant） 20, 332
プロトン供与体（proton donor） 71
プロトン受容体（proton acceptor） 71
分圧（partial pressure） 41, 198
分圧の法則 43
分極 345
分極と誘電体内部の電界の強さとの関係 345
分極率 19, 338, 347
分極率体積 347
分光学的実験 119
分散力（dispersion force） 19
分子運動の平均の速さ 328
分子運動論 102, 321
分子間 118
分子間相互作用 94, 167, 213
分子間力（intermolecular force） 8, 10, 16, 25, 38
分子速度の分布 13
分子内相互作用 118

分子の速さ（speed）の分布関数 327
分子の平均運動エネルギー 329
分子分配関数（molecular partition function） 334
分子量（molecular weight） 2, 52
分子量測定 224, 227
Bunsen の吸収係数（absorption coefficient） 42
分配平衡 227
分布（distribution） 320
分布関数（distribution function） 321, 325
分別蒸留（fractional distillation） 58
分留（fractional distillation） 58, 204
平均イオン活量係数 281
平均運動エネルギー 324
平均速度 14
平均値の定理（mean value theorem） 325
平均 2 乗速度（mean square velocity） 11
平均モル体積 156, 157
平衡（equilibrium） 44
平衡温度（equilibrium temperature） 144
平衡条件 162
平衡状態 25, 54
平衡定数（equilibrium constant(s)） 64, 241
平衡定数と標準変化量 174
平衡定数の圧力変化 181
平衡定数の温度変化 70, 176
平衡の位置 68
平衡濃度（equilibrium concentration(s)） 64
平衡の条件 149
閉鎖系の可逆的変化 319
並進 118
並進運動（motion of translation, translational motion） 12, 95, 102, 103
並進運動エネルギー 11
並進（直進）運動のエネルギー 325
pH 72
ベクトル（vector） 322
Hess の法則 109, 110, 111, 146
Beckmann 温度計 47, 49
Helmholtz エネルギー 154
Helmholtz の自由エネルギー（Helmholtz free energy） 148
ベンゼン（benzene, C_6H_6） 160
ベンゼンの蒸発熱および標準沸点 27
偏微分 323
偏微分係数（partial derivatives）

	308	モル屈折 349
ヘンリー則溶液	215	モル質量（molar mass） 2,52
Henry の法則	42,46,215	モル昇華熱 196
Poisson の式	107	モル蒸発熱 27,194
ポアズ（poise, P）	35	モル体積 27
Boyle-Charles の法則	10,107	モル体積の温度変化 306
Boyle の法則	7	モル転移熱 31
膨張仕事	90,104,319	モル伝導率（molar conductance） 258
飽和蒸気	25	モル内部エネルギー 110
飽和溶液	77	モル沸点上昇定数 46
ポテンシャルエネルギー（potential energy）	20,94,96,112,118,124	モル分極率 348
Boltzmann 定数（Boltzmann constant）	12,135,320,324	モル分率（mole fraction） 39,40,42,44,46
Boltzmann の気体の分子運動の分布則	135	モル分率とモル濃度 168
Boltzmann 分布	13,332,333	モル融解熱 49,196

ま 行

Maxwell の速度分布則	251,320,326
Maxwell 分布の式	333
Maxwell-Boltzmann の式	25
Maxwell-Boltzmann の速度分布則	326
Maxwell-Boltzmann の分布式	14
膜電位	286
摩擦係数	267
摩擦電気	338
摩擦力	267
水	32
水-エタノール系	156
水の 1 atm における物理化学的性質	36
水のイオン積（ionic product）	72
水の電離平衡	72
密度（density）	33,34,36,51,84,160
Michaelis 定数	247
Michaelis-Menten の式	247
無極性（non-polar）	18
無限希釈における当量伝導率	261
無秩序性（disorder）	125
無秩序な運動エネルギー	135
無理数	315
Mayer の関係式	102
メタン（methane, CH_4）	159
毛管上昇（capillary rise）	34
毛細管（capillary）	34
モルエンタルピー	110,112
モル凝固点降下定数	49,50,225

や 行

融解（fusion）	31,118,186
融解曲線	33,61
融解熱（heat of fusion）	31,99,145,160,186,197
誘起効果	19
誘起双極子の相互作用	19
有効仕事（available work, net work）	148,151
有効衝突	251
有効数字（significant figure(s)）	1,5,108
融点（melting point）	31,145,186
融点図	61
誘電体	339
誘電分極	339,345
誘電率（dielectric constant）	84,340,344
輸率（transference number, transport number）	269
輸率の測定	271
溶液（solution）	38
溶液組成と蒸気圧の関係	200
溶液の熱力学	213
溶解性（solubility）	46
溶解度（solubility）	77
溶解度積（solubility product(s)）	77,79,302
溶質（solute(s)）	38,46
溶質の濃度（solute concentration）	84
溶相（solution phase）	38
ヨウ素の状態図	37
溶媒（solvent(s)）	38,46
溶媒抽出	228
容量モル濃度（molarity）	39,52,168

ら 行

Raoult の法則	38,46,48,86,198,213
Raoult の法則からのずれ	206
乱雑さ（randomness）	125
乱雑さの尺度	125
理想気体（ideal gas(es)）	7,86,101,158,160
理想気体の運動エネルギー	97
理想気体の可逆膨張の仕事	314
理想気体の根平均 2 乗速度	320
理想気体の状態方程式	102,104,105,128,154,331
理想気体の等温圧縮	106
理想気体の内部エネルギー	95
理想希薄溶液	170,215
理想希薄溶液中の化学平衡	169
理想混合気体	164
理想混合のエントロピー	138
理想溶液（ideal solution）	44,166,167,198,213
理想溶液中の化学平衡	167
理想溶液の化学ポテンシャル	167
律速段階（rate-limiting step(s)）	243
立体因子	252
硫酸ナトリウムの結晶	53
粒子	332
流動性（fluidity）	25
量子力学（quantum mechanics）	96,333
理論段数（number of theoretical plates）	58
臨界圧力（critical pressure）（P_c）	21
臨界温度（critical temperature）（T_c）	16,21
臨界共溶温度（critical solution temperature）	61
臨界体積（critical volume）（V_c）	21
臨界値（critical value(s)）	20
臨界点（critical point）	21
Le Chatelier の原理	68,178,182
冷却曲線	50
London の分散力	19

改訂第3版　化学熱力学中心の 基礎物理化学

1995 年 1 月	第　1　版	第 1 刷	発行
1998 年 5 月	第　1　版	第 4 刷	発行
1999 年 12 月	改 訂 増 補	第 1 刷	発行
2001 年 3 月	改 訂 増 補	第 2 刷	発行
2003 年 11 月	改訂第 2 版	第 1 刷	発行
2008 年 3 月	改訂第 2 版	第 3 刷	発行
2011 年 3 月	**改訂第 3 版**	**第 1 刷**	**発行**
2022 年 3 月	**改訂第 3 版**	**第 5 刷**	**発行**

著　者　　杉原　剛介
　　　　　井上　　亨
　　　　　秋貞　英雄

発 行 者　　発田　和子

発 行 所　　株式会社　学術図書出版社

〒113-0033　東京都文京区本郷 5-4-6
電話　03-3811-0889　振替 00110-4-28454
FAX　03-3811-2464

印刷　三美印刷（株）

定価はカバーに表示してあります．

本書の一部または全部を無断で複写（コピー）・複製・転載することは，著作権法で認められた場合を除き，著作者および出版社の権利の侵害となります．あらかじめ，小社に許諾を求めてください．

© 1995, 1999, 2003, 2011　G. SUGIHARA, T. INOUE, H. AKISADA
Printed in Japan
ISBN 978-4-7806-0232-6　C3043